创新村镇规划 促进乡村复兴

——第三届全国村镇规划理论与实践研讨会暨
第二届田园建筑研讨会论文集（2016）

中国城市规划学会乡村规划与建设学术委员会
中国城市规划学会小城镇规划学术委员会 编
中国城市科学规划设计研究院
华中科技大学建筑与城市规划学院

U0253904

中国建筑工业出版社

图书在版编目（CIP）数据

创新村镇规划　促进乡村复兴：第三届全国村镇规划理论与实践研讨会暨第二届田园建筑研讨会论文集.2016/中国城市规划学会乡村规划与建设学术委员会等编.北京：中国建筑工业出版社，2016.12
ISBN 978-7-112-20174-7

Ⅰ.①创…　Ⅱ.①中…　Ⅲ.①乡村规划-中国-文集②农村住宅-住宅区规划-中国-文集　Ⅳ.① TU982.29-53 ② TU984.12-53

中国版本图书馆CIP数据核字（2016）第297968号

责任编辑：杨　虹
责任校对：李欣慰　李美娜

创新村镇规划　促进乡村复兴
——第三届全国村镇规划理论与实践研讨会暨第二届田园建筑研讨会论文集（2016）

中国城市规划学会乡村规划与建设学术委员会
中国城市规划学会小城镇规划学术委员会
中国城市科学规划设计研究院　　　　　　　编
华中科技大学建筑与城市规划学院

*

中国建筑工业出版社出版、发行（北京海淀三里河路9号）
各地新华书店、建筑书店经销
北京嘉泰利德公司制版
北京画中画印刷有限公司印刷

*

开本：880×1230毫米　1/16　印张：30$\frac{1}{2}$　字数：1022千字
2016年12月第一版　2016年12月第一次印刷
定价：**95.00**元
ISBN 978-7-112-20174-7
　　　　（29673）

村镇地区的可持续发展是我国城乡发展战略中的重要议题。针对我国传统城镇化进程中存在的问题，中央开创性地提出了新型城镇化战略，统筹城乡发展、推进美丽村镇建设成为引领我国城镇化健康发展的重要任务。从中央各部委到各级地方政府，以及从学界到社会各界，近年来将更多的关注和更多的发展资源投入到了村镇地区，为进入城市时代的中国村镇地区发展带来了新的机遇和动力。

2008年中国《城乡规划法》实施，2011年中国城市规划学科调整为城乡规划学一级学科，村镇规划成为城乡规划事业中的重要组成部分。加强在村镇规划领域的研究工作，不仅有着时代发展的紧迫要求，也有着学科发展的内在动力。

2014年，国家住房和城乡建设部有关部门在银川举办了首届"全国村镇规划理论与实践研讨会"，对于及时总结和交流实践经验，积极推进新时代背景下的村镇规划理论发展发挥了重要影响。2015年在昆明召开的第二届"全国村镇规划理论与实践研讨会"盛况空前，并增加了"田园建筑"研讨内容，村镇建设规划领域的学术研讨对象和内容更趋丰富。

为进一步凸显研讨会的学术性，本届研讨会由中国城市规划学会乡村规划与建设学术委员会、小城镇规划学术委员会以及中国城市科学规划设计研究院共同主办，华中科技大学建筑与城市规划学院、湖北省城市规划学会承办。

本届研讨会延续前两届的方式，向社会各界广泛征集论文，分为村镇规划理论与方法、村镇建设发展研究、田园建筑、湖北省村镇规划建设实践经验四个方面内容。依托中国城市规划学会有关学术委员会，研讨会组委会专门邀请国内相关领域专家共同参与评审，充分考虑学术领域代表性和地域性，择优评选出部分论文汇集出版。

我们相信，在国家积极推动村镇地区规划建设的宏观背景下，紧密结合实践、积极开展学术成果交流，将有助于推进符合中国国情的村镇规划理论的发展，对于适应实践工作需要和人才培养也将发挥积极的作用。

编者

2016年12月3日

001 | "美丽乡村"视角下的山地乡村景观规划设计研究——以重庆市渝北区天险洞村为例
辛儒鸿　张园园

010 | AHP-SWOT 分析法在古村落区域旅游竞合中的应用——以余姚市古村落保护规划为例
谢湘权

018 | 乡村生态规划设计思考与实践
丁蕾　陈思南　张伟

025 | 从"政府组织"到"多方参与"——对一次参与式乡村规划的观察和思考
孙莹

028 | 大都市郊区村庄规划的困境——以上海市青浦区为例的需求侧与供给侧分析
冯立

035 | 村庄规划 3.0 版的探索与思考——以全国村庄规划试点村北京市门头沟区炭厂村为例
赵之枫　骆爽　张建

044 | 高水平城镇化地区小城镇发展演变及其展望——对苏州案例的研究
陈晨　方辰昊

049 | 县（市）域村庄布局总体规划编制思路探索
李竹颖

056 | 基于农民意愿的农村居民点布局优化调整研究——以浙江省海宁市为例
曹秀婷

062 | 经济欠发达地区乡村公共空间渐进式规划设计探析——以临清市乡村地区为例
姜宇逍　孟令君　马东　运迎霞　任利剑

068 | 城乡空间统筹视角下的山地乡镇总体规划——以勐库镇总体规划为例
孙美静　韩璐

074 基于农村土地流转视角下的村庄规划探讨
高宁

080 基于人居安全环境塑造的山地小镇规划设计——以四川大邑县斜源镇为例
蒋蓉　赵炜　谯苗苗

088 面向村民主体的村庄规划方法探析
郭亮　潘洁

092 基于自然人文视角下的乡村风貌控制方法研究——以循化县县域乡村为例
康渊　王军　靳亦冰

101 基于宗族结构的古村落空间形态保护更新方法研究
赵紫含　李津莉　鲁世超

107 嘉兴市"多规合一"基础上的村庄规划探讨——以嘉兴海宁市周王庙镇石井村为例
脱斌锋

111 江苏省溧阳市"美丽乡村建设总体规划"编制方法研究
华新贤

116 匠心营造　刻画乡村——浅析乡村建设中设计之"走心"
寇建帮　顾焙凡

120 结合公众参与的《村规民约》修订创新方式探索——以全国村庄规划试点村北京市门头沟区炭厂村为例
张建　金晶　赵之枫

127 以自然资源有效利用为导向的乡村规划编制方法初探——以辽宁省抚顺市清原县王家堡村为例
杨隆　曲凯　马克佳

132 句法视角下陕西礼泉袁家村村落空间解读
曹俊华　王军　王一林

139 县域村庄整合评价方法研究——以河北蔚县为例
杨帆　董仕君　孙莉钦

144 以安吉县为例从"气形"理论视角——浅谈对"美丽乡村"建设过程的认识
丁剑秋　郭心禾　王欠

147 浙江特色乡村规划设计实践探索
江勇　赵华勤　杨晓光　王丰

150 "成片连线"新农村规划建设发展战略研究——以成都市探索与实践为例
张婉嫕

157 "四在农家·美丽乡村"基础设施六项行动计划——中国贵州省改善乡村地区发展基础的战略性措施
奚慧　邹海燕　杨犇

165 "四则合一"下古村落保护模式探究——以晋江市福全历史文化名村为例
陈维安　张杰

174 | "田园综合体"概念下的莫干山镇乡村发展策略研究
闫展珊　王军　康渊

181 | EPC模式下的乡建实践探索
肖奕平　梅耀林　段威　姜欢　郑涛　寇建都

188 | 诸暨次坞传统村落保护与有机更新的建议与思考
沈正南　陈勇　蔡云超　俞宸亭

196 | 电商生态小镇——向互联网学习新型城镇化建设
宋健健　李振宇

202 | 成都乡村规划师制度探讨与实践
张佳

207 | 发达地区小城镇基础设施规划建设与投融资机制研究——以苏南地区沙溪镇为例
陈旭　赵民

218 | 河北省蠡县梁庄村一二三产业融合研究
霍伟　李超

224 | 基于POI数据的德国典型旅游小城镇商业业态空间分析及其启示——以马尔巴赫为例
范文艺　Noel B.Salazar

231 | 城乡统筹视野下的成都市乡村治理模式研究
刘毅　韦玉臻

237 | 基于景观意象的乡村景观规划探索——以宿迁市郑楼镇梁庄村景观规划为例
王忠霞

242 | 基于可持续发展的村庄文化遗产保护与再利用模式探讨——以广州南沙区塘坑村为例
叶杰　罗丹　张俊杰

246 | 基于模糊综合评价法的乡村公共空间满意度评价——以宋家庄镇为例
孙莉钦　赵祥　杨帆

250 | 基于生活圈理论下的皖北地区县域基本公共服务设施配置研究——以蒙城县为例
周裕钧　姚寅

258 | 基于生态与产业联动的乡村生态修复和环境治理探究——以孔家坊村美丽乡村生态修复专项规划为例
刘晓晖　刘恋

264 | 基于自发建设模式的火马冲镇中心居住社区规划设计研究
白郁欣

272 | 加拿大大瀑布城郊大型社区低影响开发的实践与启示
高喜红

278 | 论新农村建设景观改造中的地方精神
彭琳琳　王琪

285 | 美丽乡村建设背景下重庆村庄建设特征与空间发展策略探析
　　龙彬　张菁

291 | 山岳型旅游村镇开发模式的探究及思考——以四川天马山旅游区村镇规划与开发为例
　　尹添枫

297 | 美丽乡村发展趋势与模式初探——以南京市江宁区为例
　　梅耀林　汪涛　许珊珊　李弘正　葛早阳

304 | 农村社区转型与居住空间分异
　　运迎霞　姜宇逍　王善超　任利剑

307 | 台湾农村社区再造对大陆乡村复兴的启示——台湾土沟村为例
　　罗璨

311 | 特色小镇导向下的小城镇发展路径探索——以浙江省兰溪市马涧镇为例
　　耿虹　李明祥

317 | 文化变迁论视野下的古村落空间特征解析——以福建泉州市国家历史文化名村土坑村为例
　　张杰　孙晓琪　沈姝君

325 | 系统论视角下特色小城镇循环发展的规划路径研究——以扬州市邵伯镇为例
　　汪涛　王婧　张伟

329 | 浙江省安吉县美丽乡村发展路径研究
　　郑国全　夏婷　郑建华　蒋晨　吴斌

335 | 小议历史村镇的绿化环境改善与生活氛围保育——以上海新场古镇设计实践为例
　　袁菲

340 | 新乡村建设实验的思考与探索——以浙江黄岩实践为例
　　承晨

343 | 新型城镇化背景下乡村整治规划方法研究——以济宁市任城区长沟镇水牛陈东村为例
　　吕学昌　荣婷婷

349 | 以体验为核心的全域旅游景观建设
　　郑辽吉　马廷玉

355 | 智慧小城镇的发展模式与空间支撑初探——以北京副中心通州小城镇集群为例
　　曾鹏　朱柳慧

360 | 土地使用分区管制与土地超限利用危机——以台湾乌来地区为例
　　林子新　甯方玺

365 | 乡村复兴视角下文化遗产旅游业的开发——以顺德为例
　　罗丹　张俊杰　叶杰

369 | "山地石头村"民居地域适应性营建智慧分析——以天津市蓟县西井峪村为例
　　肖琳琳　王军　康渊

375 | 传统山地民居垂直性空间的象征意义——以山西盂县梁家寨乡灯花村为例
　　贺然　张天新

382 | 对传统毛石墙的美学解读：从建筑到景观的转变
　　任雷　张天新

386 | 桂北侗族村寨空间形态浅析——以广西柳州市三江侗族自治县平岩侗寨为例
　　陈建滨

391 | 下沉式窑洞传统营造与现代更新研究——以河南陕县官寨头村为例
　　房琳栋

395 | "功能复合"概念下的乡村公共空间整合与利用——以木桥村养猪场空间改造为例
　　由懿行　王军　康渊

401 | 鄂西地区传统民居传承性设计实践——以恩施大峡谷沐抚女儿寨为例
　　陈永琪

406 | 基于 AHP 分析法的南太行传统民居韧性保护对策研究——以河南省林州市石板岩镇为例
　　胡俊辉　运迎霞　张赛

414 | 人文和谐导向下的乡村聚落整治改造分析——以信阳郝堂村村庄整治为例
　　王峰玉　闫芳　赵淑玲　罗萌

419 | 基于生态视角下的乡村建筑材料应用研究——以生土材料为例
　　李楠　张宇　郎鸣雪　张宝祥

424 | 多元主体协同参与的乡村规划落地实施研究——以湖北省房县土城镇黄酒民俗村建设实践为例
　　姜新月　罗翔

431 | 土地流转背景下的乡村旅游规划策略——以武汉市江夏区杨湖村为例
　　沈乐　赵丽元

438 | 新型城镇化背景下的乡村三生空间的转型与重构——以武汉法泗镇大路村为例
　　方卓君

443 | 湖北改善农村人居环境的发展态势与策略选择
　　何佳　李红

447 | 乡贤文化视角下的美丽乡村建设——以湖北省美丽乡村建设实践经验为例
　　熊周蕾　赵守谅　陈婷婷

452 | GIS 技术支撑下山地村庄居民点布局优化研究——以恩施五峰山地区为例
　　李彦群　王绍勋　杨珺

459 | 村镇规划"多规合一"的技术路径探讨——以湖北省宜城市为例
　　张星

464 | 村镇规划建设中心村选择的因子分析研究——以鄂东平原地区为例
　　洪光荣

468 湖北生态平原小镇"三生"空间重构研究——以安陆市巡店镇为例
　陈剑

475 基于村民自治的过程式村庄规划探索
　张静　沙洋

478 后记

"美丽乡村"视角下的山地乡村景观规划设计研究
——以重庆市渝北区天险洞村为例

辛儒鸿　张园园

摘　要：我国是一个多山国家，山地乡村占比更为广阔，我国将"美丽乡村"作为建设美丽中国的新起点，具有重要战略意义。然而如何科学推进山地型"美丽乡村"规划建设，尚未形成成熟的理论体系和统一标准。本文立足"美丽乡村"视角，以重庆市渝北区天险洞村为例，从生态性景观、生产性景观、生活性景观、设施性景观和人文性景观五个层面，提出山地乡村景观规划设计策略与方法，以期为建设打造环境优美、产业发展、村容整洁、设施健全、特色突出的山地型美丽乡村提供理论参考。

关键词：美丽乡村；山地；乡村景观；规划设计

1　美丽乡村建设提出的背景及内涵

1.1　乡村景观发展的突出问题

截至 2012 年，我国城市化率已突破 50%，从统计学意义上讲，我国已经成为"城市化"国家。然而，在快速城镇化浪潮的推动下，中国的乡村在发生剧烈变化的同时也凸显了诸多问题与矛盾。首先，拆村并居，让农民进城上楼，使得千百年厚重历史积淀而成的山地乡村面临着被吞噬的命运[1]。其次，很多乡村建设追求田方路直、整齐统一的标准化建设，致使风貌的地域性、文化的独特性、记忆的唯一性等"乡村本色"快速遗失[2]。再次，乡村原本炊烟袅袅、鸡犬相闻、老幼嬉闹的生活场景现已成为记忆中的乡愁，取而代之的是环境破坏，设施残缺，农业凋敝，村民减少，乡村正在一步步走向没落萧条[3]。

1.2　"美丽乡村"的发展愿景

2012 年，"十八大"明确提出"美丽中国"的概念，确立了生态文明建设的终极目标，即建设生态空间山清水秀、生活空间宜居适度、生产空间集约高效的美好家园[4]。2013 年，中央一号文件首次提出建设"美丽乡村"的奋斗目标，要求进一步加强农村环境保护、生态建设和综合整治工作。可见，"美丽乡村"的美好愿景已然成

为现阶段乃至今后一段时间解决乡村地区发展的一个重要举措和方向。

1.3　山地乡村景观的规划需求

我国是一个多山国家，山地面积占陆地总面积的70%，居住着全国 1/3 的人口，在这 1/3 的人口当中，又有近一半生活在乡村。山地乡村在景观格局、景观形式和景观功能等方面都与平原乡村有着很大不同，具备独特性和唯一性。然而，近年来山地乡村的自然资源造成了巨大浪费，人文特色造成了严重破坏，山地乡村面临潜在危机。因此，山地乡村价值亟需受到新的认识和评估。

2　"美丽乡村"与山地乡村的关系

2.1　"美丽乡村"的概念内涵

"美丽乡村"不仅强调乡村外部环境美，更加强调乡村内在实质美，它不仅要以促进人与自然和谐相处、提升农民生活品质为核心，还要推进乡村生态人居体系、乡村生态环境体系、乡村生态产业体系以及乡村生态文化体系的全面建设[5]。"美丽乡村"的终极目标，是让乡村居民过上美的生活，得到美的享受，让城乡之间、乡乡之间各美其美、美美与共。

2.2　山地乡村的景观特征

2.2.1　山地乡村景观的定义

山地乡村所涵盖的范围较为广泛，本文所定义的山地乡村景观是相对于地形平缓、海拔较低的平原乡村景观而言，主要指以重庆市为代表的西南山地乡村景观，

辛儒鸿：天津大学
张园园：西安外国语大学

它们处于高山、丘陵、江河、台地等复杂地形之间，具有独特的社会性、经济性、生态性、文化性和历史性。

2.2.2 山地乡村景观的构成

山地乡村景观融合了乡村自然景观、乡村田园景观及乡村人文景观于一体。自然景观是山地乡村区域范围内生态条件和状况的集中反映，具体包括气候、山体、土壤、水文、植被、动物等要素[6]。田园景观是山地乡村范围内生产功能和状况的集中反映，具体包括菜园景观，果园景观及养殖景观。文化景观是山地乡村范围内社会文化和风土人情的集中反映，主要分为物质因素和非物质因素。物质因素包括聚落、街道、服饰、植物等可以被人感知到的、有形的因素。非物质因素是指人类在长期的历史发展中为了满足某种需要，利用自然物质加以创造，并通常附加在自然景观之上的意识形态景观（图1）。

2.2.3 山地乡村景观的特征

由于特殊的地形地貌、气候条件以及发展历史等因素的影响，山地乡村景观具备了丰富的自然生态本底和独特的乡土人文气息，具体表现为以下特征。

（1）景观类型多样、垂直带分布明显：由于历史发展原因，山地乡村具备了台、吊、坡、拖、梭、靠、跨、架、错、分、合、挑等建筑构建手法，以及错层、分台、掉层、架空、吊脚和悬挑等造型特征（图2）。类型丰富且各具特色的民族聚落，使得山地乡村人文景观具备了多样性[7]。

（2）景观异质性高：与平原乡村环境相比，山地乡村景观中的基质性绿地覆盖率较高，系统较完善，种类较丰富，复杂程度高；河流廊道往往呈现出切割深、曲度和垂直高差都较平原河流大的特征；耕地斑块、林地斑块形状复杂、体量不一、破碎程度高，具有较明显的非规整度和非均衡性。传统的山地村落，主要以山地为生存空间，大环境较为封闭内聚，小环境大多以宗祠、庙宇等公共空间为中心向四周展开，由此形成由内向外

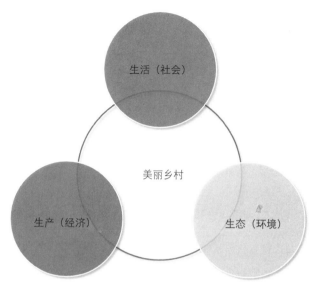

图1 山地乡村景观构成
（资料来源：作者自绘）

图3 山地乡村景观特点
（资料来源：作者自绘）

生长的格局特征[8]（图3）。

（3）景观稳定性强：山地乡村景观具有较高的自然属性和生态属性，从而拥有较强的生态稳定性。山地村落注重与周边环境的高度融合，结合地形走势依山而建、面水而居，从而形成带状或点状的嵌入型村落，景观稳定性较强（图4）。

架空

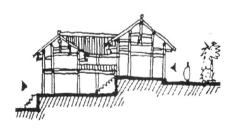

吊脚   分台

图2 山地乡村建筑造型
（资料来源：作者自绘）

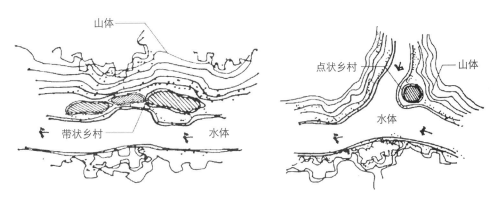

**图 4　山地村落与周边环境
关系图**
（资料来源：作者自绘）

3 "美丽乡村"视角下的山地乡村景观规划设计策略与实践

3.1 山地乡村景观现状——以重庆市渝北区天险洞村为例

3.1.1 区位交通

规划区位于渝北区大盛镇东部，距镇区 7km，占地约 13.3km²，交通便利，可达性高（图 5）。

3.1.2 景观现状

本文结合景观"生态空间网络图示语言"分类，及"三生"景观空间理论分类，以"美丽乡村"的内涵特征为切入点，结合山地乡村特点，认为山地乡村景观应当分为五种类型，即：生态性景观、生产性景观、生活性景观、设施性景观和人文性景观（图 6）。

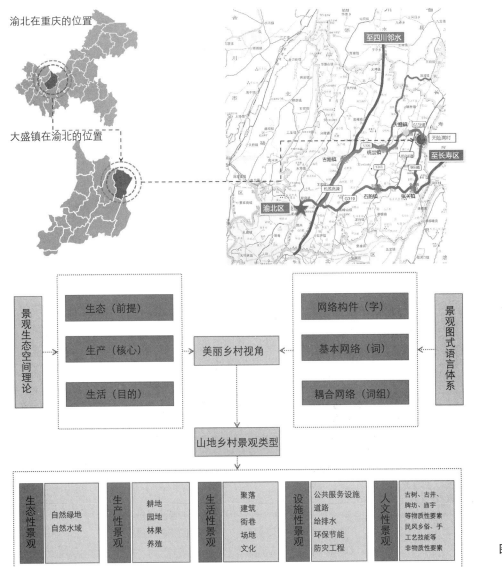

图 5　规划区位
（资料来源：作者自绘）

图 6　山地乡村景观分类
（资料来源：作者自绘）

生态环境方面

乡村周边整体自然风貌良好，植被资源及水资源较为丰富，但整体缺乏景观性，局部区域有荒地裸露现象；村前水域被过度分割，水面较为破碎。

农田产业方面

村内耕地面积较大，但农田利用率不高，正在逐年林地化，产业较为单一；部分产业园绿化养护管理粗放，生产效率较低，产业设施荒废情况严重。

乡村风貌方面

乡村整体风貌保留了山地乡村基本特征与框架，聚落空间相对集中且具规模，古院落空间完整，建筑风貌独特，富有地方特点和民族特色。

基础设施方面

村内人行道形式多样，但材质单一，破损严重，连通性不高。村内无公共厕所，现有垃圾中转站布局及数量不能满足环保需求，外观形式单一，风格现代，与村落整体环境不协调。电力线路在村内四处穿梭，破坏景观，照明系统尚未形成。

3.2 规划设计策略与实践

3.2.1 规划目标与原则

（1）规划目标：将天险洞村建设成为环境优美、产业发展、设施健全、幸福宜居的山地型美丽乡村。

（2）规划原则：因地制宜：保留村庄原生态本底，路网、空间体系尽可能在原有基础上进行建设，尊重乡村发展的历史脉络。

合理利用：以自然为本，天险洞村土地资源广阔，灌溉便利，以农业产业为主，重视基本农田保护，做到村庄建设与农业发展相协调，注重土地集约利用，恢复田园自然风光。

持续发展：加强公共服务设施和基础设施建设，加强生态环境保护，完善村落的雨污排放及环卫系统，为村庄营造良好的人居环境（图7）。

3.2.2 生态性景观规划设计

首先通过局部移植基调树种，补植背景林，对砍伐较为严重的基质性绿地进行修复，在保证绿量的同时丰富背景林色彩；其次，对聚落周边的斑块性绿地进行补充，增加斑块数量，扩大斑块规模，丰富斑块色彩；再次，沿道路、沟渠、溪流等线性景观适当补充一定植被，补充和丰富廊道性绿地，并将斑块性绿地和基质性绿地串联形成系统（图8）。

3.2.3 生产性景观规划设计

将传统的粗放式破碎化的生产方式和空间进行重新梳理和分配，使其精细化、规模化、高效化、多元化发展。将服务业与居住空间进行叠加与融合，形成"前店后宅"的功能格局，将部分闲置空间转变成农家客厅、农家客

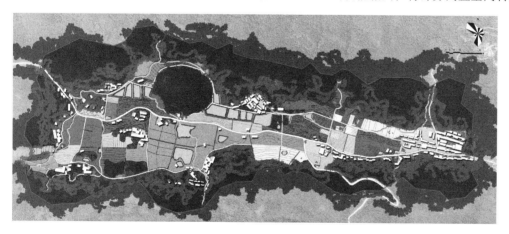

图7 总平面图

（资料来源：作者自绘）

绿地景观现状图

绿地景观规划图

图8 绿地景观现状、规划对比

（资料来源：作者自绘）

农田景观现状图

农田景观效果图

图9　生产性景观现状、效果对比

（资料来源：作者自绘）

图10　建筑现状

（资料来源：作者自摄）

栈和农家酒店。首先在尊重整体地形的前提下，通过去除杂乱田埂，开拓边角耕地等方式，将琐碎农田进行整合统一，形成纵横交错但富有韵律的农田肌理；其次，利用植物品种选择、种植规模及色彩搭配，营造大气、生动、旷野的农田色彩。再次，结合生产道和田间道对生产用地的划分，利用植物的栽植密度、层次来表达乡村的农田序列；最后，在梳理过程中，保留耕地原有大树，在田埂交界处适当补植香樟、黄葛树等孤植树，增加乡野文化气息（图9）。

3.2.4　生活性景观规划设计

生活性景观主要通过对建筑与空间的更新打造，凝固乡村纯净原始的美丽风貌，从而将现代便利的生活方式带入到山地乡村，让山地乡村居民安居乐业。

（1）建筑：村落内部现有建筑多为木结构、土墙结构、自然石结构的建筑，其房屋结构发生明显倾斜、位移、裂缝、扭曲等现象；主梁、屋架发生严重扭曲，或结构构件严重腐朽；受压墙、柱沿受力方向产生多条超过层高1/2的竖向裂缝（图10）。

针对此类建筑，主要以拆除质量不完善的建筑，更新结构安全风貌独特的建筑为主，具体遵循以下原则：

更新过程（图11）：

更新效果（图12）：

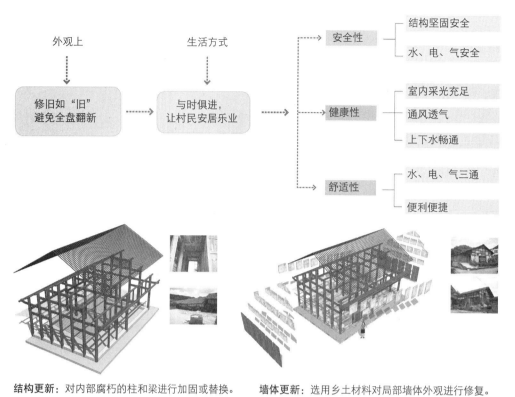

外观上　　　　生活方式

修旧如"旧"
避免全盘翻新

与时俱进，
让村民安居乐业

安全性
- 结构坚固安全
- 水、电、气安全

健康性
- 室内采光充足
- 通风透气
- 上下水畅通

舒适性
- 水、电、气三通
- 便利便捷

结构更新： 对内部腐朽的柱和梁进行加固或替换。　　　**墙体更新：** 选用乡土材料对局部墙体外观进行修复。

屋顶更新： 增加亮瓦及通风口，改善居住舒适性。　　　**饰面更新：** 更新破旧门窗，增加通风采光窗口，丰富立面景观。

更新后正立面图　　　　　　　　　　　　更新后左立面图

更新后右立面图　　　　　　　　　　　　更新后透视图

图11　建筑更新过程
（资料来源：作者自绘）

更新前　　　　　　　　　　　　　　　　　　　　更新后

图 12　建筑更新效果对比
（资料来源：作者自绘）

（2）空间：在建筑周边具有一定场地、建筑体量较大且能形成围和空间的建筑群内，规划布局院落空间，方便居民开展必要性生活活动；在较为开放、联系较为紧密的邻里之间、街巷交汇处，规划布局邻里空间，方便邻里之间开展日常沟通交流等自发性活动，使山地乡村空间趋于多元；在居民较为集中的聚落空间周围，结合祠堂、庙宇及村委会驻地等开放场所，规划布局公共空间 4 处，方便居民开展社戏、祭祀等大型社会性活动；在进入规划区东、西两侧，规划入口空间 2 处，提高美丽乡村的可识别性（图 13）。

3.2.5　设施性景观规划设计

（1）道路交通：从整体出发，结合天险洞村发展规模，系统规划车行道、步行道及停车场，将生态、生活、生产空间进行联系和贯通，从而形成完善的路网体系（图 14）。

车行道

在原有路基的基础上，梳理交通空间，规划 1 条 3m 宽村道，串联各村，打破社区相互独立的局面；以方便生产运输为原则，结合生产性用地范围，规划 5 条 3m 宽田间道，二者相互关联，并最终与乡道张白路相连，共成体系。具体设计方法如下（图 15）：

图 13　生活性空间规划图
（资料来源：作者自绘）

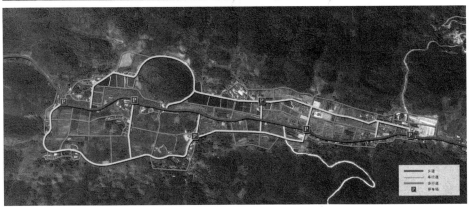

图 14　道路交通规划图
（资料来源：作者自绘）

类型	现状及问题	策略及效果
车行道	护栏生硬，道路两旁植物杂乱，路基与周边环境关系突兀，景观性差	更换道路围栏形式，增加藤蔓植物，美化院落与道路间的过渡带
车行道	道路边坡堡坎荒草杂乱，堡坎老旧，景观性差	保留原有岩石肌理，种植藤蔓植物，更加自然野趣，丰富景观效果

图 15 车行道设计策略
（资料来源：作者自绘）

类型	现状及问题	策略及效果
步行道	道路泥泞，杂草丛生，岔路口无指示系统，景观性差	选用石材铺装，种植草花植物，设置指示系统，增加篱笆、石磨等文化元素
步行道	道路形式呆板，铺装材质单一，道路两旁几乎无景观，视觉导向性差	选用自然石铺装材料，增加篱笆分隔空间，补植色叶乔木，加强视觉导向

图 16 步行道设计策略
（资料来源：作者自绘）

步行道

人车分离，形成乡村内部独立的生活步行体系，并最终与村道相连；结合现有田埂路基，以提高生产可达性和方便生产为原则，规划0.6~1.2m不等的生产道，形成独立的生产步行体系，并最终与田间道相连接；在此基础之上，结合乡村周边山地地形，规划健身步道，供乡村居民及外来游客体验自然之美。步行道均选用片石、条石或木材等乡土材质，营造乡野趣味。具体设计方法如下（图16）：

（2）环卫设施：根据规划区村落布点现状和常住人口情况，共规划公共卫生间6处，垃圾收集点6处；考虑乡村人流量及垃圾产生量，每隔50~100m设置垃圾箱1处。

（3）给排水：生活污水处理方面：使用无动力污水处理系统，由收集管网、化粪池、集水池、调节池、生态塘、潜流湿地、表面流湿地组成。完全依靠自流和可控的生物自净能力来处理污水。并且采用粪尿分集技术，保留乡村生态肥的传统，解决乡村厕所脏臭易滋生蚊虫的弊端（图17）。

3.2.6 人文性景观规划设计

保留大型黄葛树，留存乡野气息；修缮位于聚落核心位置的四合院；利用公共空间，组织村民开展健身、太极等公共活动，培养乡村居民健康养生的生活理念；开展棋牌竞技等活动，满足山地人特有的"麻将"情怀，给乡村带来活力，找到记忆，寻回乡愁。在现有活动元素的基础上去繁就简，组合、渗入、演变新元素，让更

化粪池	调节池	污水设备	储水设备

图 17 生活污水处理示意
（资料来源：作者自绘）

多人能够很快了解、参与并体验其中的精髓与乐趣，培育山地乡村新文化。最终呈现出亭台间，曲廊摆布，老人对弈，孩童嬉戏；街巷口，邻里聚头，闲话家常的山地乡村"慢生活"人文景象。

4 总结

"美丽乡村"建设作为生态文明建设的重要组成部分，直接影响着乡村居民的生活质量，而山地乡村作为独具特色的乡村类型更应从"美丽乡村"的建设视角出发进行规划设计。本文归纳了"美丽乡村"视角下的山地乡村景观类型，包括生态性景观、生产性景观、生活性景观、设施性景观和人文性景观，提出在生态修复时要做到适地适树，注重乡土树种的选用；在产业布局时要考虑与周边乡村的差异化布局和互补式发展；在建筑更新时要注重依山就势、新旧融合；在设施规划时要尊重地形地貌和乡村规模；在塑造人文时要注意去留有度，突出特色。在具体规划设计时，要注重山地乡村"产"、"村"、"景"一体化，将生态性景观、生产性景观、生活性景观、设施性景观和人文性景观贯通考虑，相互渗透，从而提高景观融合度。

主要参考文献

[1] 同济大学城市规划系乡村规划教学研究课题组. 乡村规划：规划设计方法与 2013 年度同济大学教学实践 [M]. 北京：中国建筑工业出版社，2014：57.

[2] 朱启臻等. 留住美丽乡村：乡村存在的价值 [J]. 北京：北京大学出版社，2014.12.

[3] 田光进，刘纪远，张增祥等. 基于遥感与 GIS 的中国农村居民点规模分布特征 [J]. 遥感学报. 2002（04）：307-313.

[4] 中央文献研究室第五编研部. 感悟十八大——十八大报告新思想新观点新论断 [J]. 党的文献. 2013（01）：95-104.

[5] Forman R.TT.Some general principals of landscape ecology[J].Landscape Ecology, 1996, 10（3）：133-142.

[6] 肖笃宁. 景观生态学：理论、方法与应用 [M]. 北京：中国林业出版社，1991.

[7] Edward A, Cook HN, Vanliner. Landscape Planning and Ecological Networks（M）. Amsterdam：Elservei, 1994.

[8] MasaoTsuji. Principal and Approachon Rural Planning, Rural Land Use in Asia and the Pacific[R].Tokyo：APO, 1992：118-124.

AHP-SWOT 分析法在古村落区域旅游竞合中的应用
——以余姚市古村落保护规划为例

谢湘权

摘　要：传统的 SWOT 分析法没有定量的数理模型支持，缺乏全面评价战略决策的可能性，而将 AHP（层次分析法）运用于 SWOT 分析法中则能够扬长避短，有的放矢。由于景点分散、特色迥异、位置偏远、设施落后等原因，余姚市古村落的发展难以独善其身。在古村落区域旅游中，同质化问题阻碍了古村落的发展，旅游竞合是古村落旅游发展的最佳道路。本文选取余姚市柿林村、横坎头村、浪墅桥村、中村、晓云村和冠佩村等六个典型的古村落作为研究对象，将 AHP（层次分析法）运用于传统的 SWOT 分析法中进行区域研究，分析古村落旅游发展环境，利用相同的战略因素对不同的古村落进行战略地位判断，构建战略坐标系和战略向量，得出古村落的发展战略，并提出余姚市区域旅游竞合的策略。本文是对 AHP-SWOT 分析法运用于区域旅游竞合中的尝试，这种方法也可以在乡村规划、城镇群的竞合研究等不同层面广泛应用。

关键词：AHP-SWOT；古村落；区域旅游竞合；余姚市

随着物质财富的不断积累，人们更希望探求生存的意义，对精神生活的需求促进了旅游业的发展。同时，旅游业作为现代服务业的重要组成部分，对拉动内需、加速经济发展、增加就业岗位等具有推动作用，国家先后出台多项政策鼓励旅游产业的发展。

古村落作为重要的历史遗存，其建筑风貌、历史价值、文化底蕴、民风民俗理应得到充分的保护与发掘。对古村落进行旅游开发，不仅可以对古村落的保护提供资金支持，也可以提高当地居民的生活水平，促进乡村发展。

在古村落区域旅游中，由于同质化问题严重，古村落发展日渐衰微，旅游竞合是古村落旅游发展的最佳道路。通常我们采用传统的 SWOT 分析法判断古村落的内部和外部环境，但它没有定量的数理模型支持，缺乏全面确定古村落发展方向的可能性，而将 AHP（层次分析法）运用于 SWOT 分析法中，识别关键要素，则能够扬长避短，有的放矢。本文以余姚市古村落保护规划为例，探讨 AHP-SWOT 分析法在古村落区域旅游竞合中的应用。

1　研究方法与技术路线

1.1　研究方法的流变

1.1.1　SWOT 分析法的应用及不足

SWOT 分析法又称态势分析法，即优势（Strength）、劣势（Weakness）、机会（Opportunity）和危机（Threat）分析，最早是由美国旧金山大学的管理学教授在 20 世纪 80 年代初[1]提出来的。SWOT 分析法是一种用来分析内部和外部环境的常用工具，是一种系统的判断方法，用来支撑项目决策。SWOT 分析法在管理学领域应用广泛，20 世纪 90 年代以后，SWOT 分析方法开始大量地应用于城市规划、土地利用规划和旅游规划当中。传统的 SWOT 分析简单直观，但它却有以下不足：没有数据支撑，缺乏全面评价战略决策的可能性；虽然能够罗列出项目的优势、劣势、机会和危机，但却不能准确定位各战略要素的轻重缓急；战略要素与可选择的战略决策之间没有定量的数理模型支持。

1.1.2　AHP（层次分析法）

层析分析法（Analytic Hierar-chy Process，AHP）是 20 世纪 70 年代美国运筹学家、匹兹堡大学 T. L. Saaty 教授提出的一种分析方法，它通过把复杂的问题分解为多目标、多标准或多选项的多层复合结构，进行多指标分析，从而实现目标决策。[2]层析分析法的一般步骤为：明确问题目标；找出问题涉及的因素，并按照同级或隶属关系构建阶梯层次模型；对各层次中的因素进行两两比较构造判断矩阵并赋值（多为专家打分法）；计算判断矩阵，得出重要性的层次排序。

1.1.3　AHP-SWOT 分析法

本文是将 SWOT 分析法和 AHP 同时运用于战略决策

谢湘权：华中科技大学建筑与城市规划学院

当中：SWOT 分析法能够提供决策分析的基本框架网络，而 AHP 能够使 SWOT 分析的结论更具有数据性。AHP-SWOT 分析法能够使 SWOT 分析法中定性的战略要素定量化，并将战略决策从分析者的主观好恶中分离出来：定性和定量的决策结果相称；目标的设定更为灵活；主观好恶、专家意见和客观信息会共同影响决策的结果。

1.2 技术路线（图1）

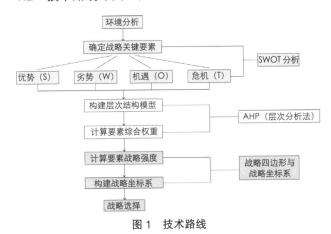

图 1 技术路线

2 余姚市古村落旅游发展环境分析

2.1 研究区域概况

2.1.1 余姚市概况

余姚位于东经 120 度至 121 度，北纬 29 度至 30 度。地处美丽富庶的长江三角洲南翼，东与宁波市江北区、鄞州区相邻，南枕四明山，与奉化、嵊州接壤，西连上虞市，北毗慈溪市，西北于钱塘江、杭州湾中心线与海盐县交界。[3] 余姚历史悠久，文化灿烂，是浙江省历史文化名城。位于境内被中外历史学家视为奇迹的河姆渡遗址距今已有七千多年的历史。主要河流姚江，自西向东流经中部，汇入宁波市甬江出海。南部山区地势险要，为浙东战略要地。

2.1.2 古村落旅游概况

近年来，余姚市已经成为区域重要的旅游休闲节点。2015 年，余姚市共接待国内外游客 1011 万人次，实现旅游收入 92.6 亿元，分别同比增长 12% 和 13%。[4] 其中余姚市星星点点地分布的十几座古村落成为游客旅游的首选地，它们历史悠久、民风淳朴、文化底蕴深厚、建筑古朴典雅，是浙东古村落的典型代表。

余姚市的古村落大都集中在四明山区内，主要涵盖市内的四明山镇、大岚镇、梁弄镇、鹿亭乡、大隐镇和陆埠镇的范围，在这一区域内，主要坐落着柿林村、横

坎头村、芝林村、中村、晓云村、宋岙村等数十个古村落，由于地处偏远山区，交通可达性不高，这些古村落得以保存下来。2012 年，余姚市实施城乡公交一体化改革，投放城乡公交 73 条，公交车 320 辆，基本覆盖了全市的 265 个行政村，这也给古村落的旅游发展带来了极大的契机。

目前，余姚市古村落中的柿林村、横坎头村等古村落已经进行了旅游开发，旅游带来的经济效益促进了区域的发展，提高了村民的生活水平。以柿林村为例，自柿林古村落的丹山赤水风景区自 2002 年下半年开业以来，村民已相继开办了十余家农家乐、数家农家旅馆和十余个商店、酒家等。这些旅游开发在带动就业、提高农产品附加值方面发挥了巨大的作用。

但与此同时，余姚市的古村落旅游开发也面临着很多问题：由于没有良好的整合机制和合作途径，古村落旅游发展各自为政，不科学的开发和竞争使古村落的整体吸引力下降，对余姚市的旅游发展极为不利。因此，探索一条区域联动的竞合之路，提高古村落的整体发展水平，是余姚市古村落发展面临的重要问题。

2.2 研究对象选取

通过以上环境分析，本文选取了中村、柿林村、横坎头村、浪墅桥村、晓云村和冠佩村六个古村落（图2）作

图 2 研究对象区位图

为研究对象，这六个古村落区位迥异、历史悠久、文化深厚，建筑风貌和民风民俗各具特色，面临的发展条件和困难也各不相同，可以作为区域旅游竞合探究的典型代表：

中村：鹿亭乡中村地处余姚市南部的四明山脉东麓，距余姚城区、宁波城区均约40km。中村村域内不仅拥有金牛山、晓鹿溪等自然景观，还有仙圣庙、古戏台、白云桥等人文景观和仙圣庙会中的舞龙、沙船、抬阁等民俗风情资源以及竹木制品等风物特产。村中房屋多为明清建筑，布局独具特色。

柿林村：柿林村原名"峙岭"村，又名"士林"，位于余姚市大岚镇东南部，宁波丹山赤水风景名胜区内，距余姚市约50km。柿林村全村单姓沈，因此有"一个姓，一条心"之说。村内以石墙青瓦为特色的传统建筑分布密集，古建筑类型较为丰富，具有一定山村建筑的特点。现存建筑多为清晚期至民国时期之庙宇、民居建筑、桥梁、碑刻、古井以及人文景观。

横坎头村：位于余姚市西南部，居于四明山东北、梁弄盆地东南，地势四周高、中间低。唐宋时期就形成了繁华的小集镇，是姚南山区乡镇的商贸集散地，历史悠久。现存浙东区党委旧址、浙东银行（新浙东报社旧址）、谭启龙、何克希住所、行政公署（军政干校老屋、教导大队）等一批革命旧址。

浪墅桥村：浪墅桥村为河姆渡镇芦山寺村下辖的一个自然村，旧名"浪墅钱"。为单一钱姓村落，西南临姚江，东南为全国重点文保单位河姆渡遗址，大泾浦河南北经过村东流入姚江。钱氏大屋规模较大，主体为清代建筑，部分为民国加建，局部雕刻精美，是浙江世家宅第的代表之一，具有一定的历史、艺术价值。

晓云村：晓云村地处余姚南部山区，位于鹿亭乡西部，荷梁线穿村而过，是鹿亭通往梁弄的便捷之路，晓云曾又名晓岭，整个村庄被南北两面逶迤起伏的群山挟裹，晓鹿大溪由西而东贯穿其中，两旁民居粉墙黛瓦，依水傍山。村内清乾隆时期的大方桥、褚氏宗祠以及新四军浙东游击纵队的后方医院旧址等。

冠佩村：冠佩村位于浙江省余姚市梨洲街道，距余姚城区约7km，距旅游重镇梁弄8km。冠珮溪穿村而过，村民用当地特有的林木、石料建造自己的住宅，村庄基本保持清代的建筑风格，块石砌墙、卵石铺路、裸墙黛瓦、梯阶狭弄，且多依山坡地递接而建。

3 余姚市古村落旅游发展 AHP-SWOT 分析

3.1 确定战略关键要素

根据以上环境因素的分析和古村落样本基本情况的

判读，同时听取了高校和规划单位十位专家的意见，列出了余姚市古村落保护与利用的战略关键要素见表1，表中主要显示了古村落自身资源和外部环境给古村落带来的发展机会，以及古村落的劣势和竞争环境形成的危机。

战略关键要素		表1
优势（S）	S₁	旅游开发：古村落适合旅游开发，且开发模式可以借鉴
	S₂	地理环境：地理位置优越，地形丰富多变，水网纵横，气候宜人
	S₃	资源禀赋：旅游资源丰富且具有稀缺性
	S₄	明显特色：旅游资源组合好，自然与人文交相辉映
劣势（W）	W₁	自身限制：本身规模有限，交通不便，基础设施建设落后，集散功能不足
	W₂	生态隐患：保护与发展之间存在矛盾，资源和环境承载力有限
	W₃	外部硬件：旅游发展存在资金缺口，人才、技术匮乏
	W₄	外部软件：未形成突出的形象与品牌效应，管理体制不健全
机遇（O）	O₁	法律保障：古村落的发展和保护受法律保护
	O₂	政策支持：多级政府支持旅游业发展，《条例》《意见》相继出台
	O₃	措施跟进：历史文化名村扩员，古村落旅游服务日渐完善
	O₄	发展趋好：旅游信息化发展，游客数量稳步增长
危机（T）	T₁	市场波动：出境游蓬勃发展，市场需求灵活多变与旅游建设周期长存在矛盾
	T₂	同质竞争：区域旅游同质化竞争激烈
	T₃	人口流失：城市化进程加速，古村落劳动力人口流失
	T₄	外部冲击：开发冲击、文化冲击以及游客对环境的破坏

3.2 计算要素综合权重

根据所确定的战略关键要素，构建层次结构模型如图3所示，并再次邀请前述专家进行打分，构造各层次判断矩阵，对各层指标进行两两重要性判断，并采用Saaty提出的1-9比率标度法，确定各个指标的权重。我

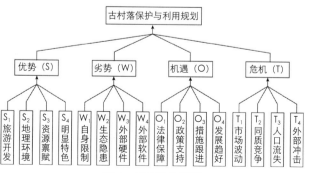

图3　层次结构模型

们将专家打分的结果利用层次分析法软件 Yaahp V10 进行计算，得出 SWOT 组以及各组的判断矩阵见表2~ 表6。

按照最大特征根法对各判断矩阵进行层次排序，并对一致性进行检验，计算 *CR* 值。结果显示各层 *CR* 值均小于10%，我们认为判断具有满意的一致性，即认为决策者各层次思维是一致的，层次分析法得出的结论是合理的。计算结果见表7。

SWOT 组判断矩阵　　　　　表2

SWOT 组	S	W	O	T	权重
优势（S）	1.0000	1.0000	2.0000	3.0000	0.3581
劣势（W）	1.0000	1.0000	3.0000	2.0000	0.3458
机遇（O）	0.5000	0.3333	1.0000	2.0000	0.1228
危机（T）	0.3333	0.5000	0.5000	1.0000	0.1733

CR=0.0386

优势（S）组判断矩阵　　　　　表3

优势（S）组	S_1	S_2	S_3	S_4	权重
（S_1）旅游开发	1.0000	0.3333	0.2000	0.1429	0.0560
（S_2）地理环境	3.0000	1.0000	0.3333	0.2500	0.1264
（S_3）资源禀赋	5.0000	3.0000	1.0000	0.3333	0.2700
（S_4）明显特色	7.0000	4.0000	3.0000	1.0000	0.5476

CR=0.0444

劣势（W）组判断矩阵　　　　　表4

劣势（W）组	W_1	W_2	W_3	W_4	权重
（W_1）自身限制	1.0000	7.0000	5.0000	3.0000	0.5548
（W_2）生态隐患	0.1429	1.0000	0.2500	0.1429	0.0468
（W_3）外部硬件	0.2000	40000	1.0000	0.3333	0.1224
（W_4）外部软件	0.3333	7.0000	3.0000	1.0000	0.2760

CR=0.0703

机遇（O）组判断矩阵　　　　　表5

机遇（O）组	O_1	O_2	O_3	O_4	权重
（O_1）法律保障	1.0000	0.3333	0.1429	0.2000	0.0556
（O_2）政策支持	3.0000	1.0000	0.1667	0.2500	0.1064
（O_3）措施跟进	7.0000	6.0000	1.0000	2.0000	0.5280
（O_4）发展趋好	5.0000	4.0000	0.5000	1.0000	0.3199

CR=0.0444

危机（T）组判断矩阵　　　　　表6

危机（T）组	T_1	T_2	T_3	T_4	权重
（T_1）市场波动	1.0000	0.3333	3.0000	5.0000	0.2644
（T_2）同质竞争	3.0000	1.0000	5.0000	7.0000	0.5692
（T_3）人口流失	0.3333	0.2000	1.0000	2.0000	0.1056
（T_4）外部冲击	0.2000	0.1429	0.5000	1.0000	0.0608

CR=0.0257

要素综合权重　　　　　表7

SWOT 组	SWOT组权重	战略关键要素	要素组内权重	要素综合权重
优势（S）组	0.3581	（S_1）旅游开发	0.0560	0.0200
		（S_2）地理环境	0.1264	0.0453
		（S_3）资源禀赋	0.2700	0.0967
		（S_4）明显特色	0.5476	0.1961
劣势（W）组	0.3458	（W_1）自身限制	0.5548	0.1918
		（W_2）生态隐患	0.0468	0.0162
		（W_3）外部硬件	0.1224	0.0423
		（W_4）外部软件	0.2760	0.0955
机遇（O）组	0.1228	（O_1）法律保障	0.0556	0.0068
		（O_2）政策支持	0.1064	0.0131
		（O_3）措施跟进	0.5280	0.0648
		（O_4）发展趋好	0.3199	0.0381
危机（T）组	0.1733	（T_1）市场波动	0.2644	0.0458
		（T_2）同质竞争	0.5692	0.0987
		（T_3）人口流失	0.1056	0.0183
		（T_4）外部冲击	0.0608	0.0106

将要素综合权重评价直观地表现为图4。不同组的要素被划分在不同的区域之内，线的长度表示各个要素的重要程度。古村落的优势和劣势是古村落旅游发展的首要要素，很大程度上影响古村落战略决策。古村落得

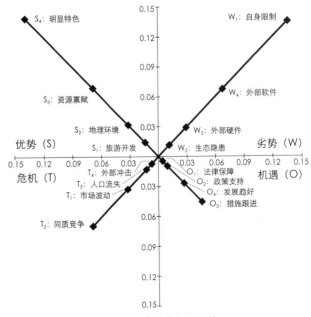

图4　要素综合权重评价

天独厚的旅游资源和历史文化名村扩员后的措施跟进为旅游发展注入了新的活力，而单一个体的缺陷和同质竞争则成为阻碍古村落发展的主要原因。

3.3 计算要素战略强度

再邀请各位专家通过对各古村落内部和古村落之间的横向和纵向比较，对各古村落进行要素打分，从而得到各要素的强度值。强度范围为0~4，其中优势（S）和机遇（O）得分为正，劣势（W）和危机（T）得分为负，绝对值越大表示强度越大，强度共分九级。对各村要素强度的评分见表8~表13。

中村要素强度　　　　　表8

优势要素强度				劣势要素强度			
S_1	S_2	S_3	S_4	W_1	W_2	W_3	W_4
4	4	3	3	−2	−3	−4	−4
机遇要素强度				危机要素强度			
O_1	O_2	O_3	O_4	T_1	T_2	T_3	T_4
4	4	4	2	−3	−4	−4	−2

柿林村要素强度　　　　　表9

优势要素强度				劣势要素强度			
S_1	S_2	S_3	S_4	W_1	W_2	W_3	W_4
4	3	4	4	−2	−4	−2	−2
机遇要素强度				危机要素强度			
O_1	O_2	O_3	O_4	T_1	T_2	T_3	T_4
4	4	4	4	−2	−2	−4	−4

横坎头村要素强度　　　　　表10

优势要素强度				劣势要素强度			
S_1	S_2	S_3	S_4	W_1	W_2	W_3	W_4
4	3	2	4	−2	−4	−3	−3
机遇要素强度				危机要素强度			
O_1	O_2	O_3	O_4	T_1	T_2	T_3	T_4
4	4	4	4	−2	−3	−4	−4

浪墅桥村要素强度　　　　　表11

优势要素强度				劣势要素强度			
S_1	S_2	S_3	S_4	W_1	W_2	W_3	W_4
2	4	3	3	−2	−4	−2	2
机遇要素强度				危机要素强度			
O_1	O_2	O_3	O_4	T_1	T_2	T_3	T_4
4	4	3	3	−2	−2	−3	−3

晓云村要素强度　　　　　表12

优势要素强度				劣势要素强度			
S_1	S_2	S_3	S_4	W_1	W_2	W_3	W_4
3	3	2	2	−3	−3	−4	−4
机遇要素强度				危机要素强度			
O_1	O_2	O_3	O_4	T_1	T_2	T_3	T_4
4	4	3	2	−3	−4	−3	−2

冠佩村要素强度　　　　　表13

优势要素强度				劣势要素强度			
S_1	S_2	S_3	S_4	W_1	W_2	W_3	W_4
3	3	2	2	−2	−3	−4	−3
机遇要素强度				危机要素强度			
O_1	O_2	O_3	O_4	T_1	T_2	T_3	T_4
4	4	3	2	−2	−2	−4	−3

在确定了各古村落各要素的综合权重和要素强度值后，对应相乘并求和可得出各要素的总强度的大小，这里我们称之为"战略强度"。以优势（S）为例，计算公式如下：

$$S=\sum_{i=1}^{n}(S_i \times S_i')$$

式中：S 为古村落优势（S）要素战略强度；S_i 为第 i 个优势（S）要素的综合权重；S_i' 为第 i 个优势（S）要素的强度值。结合各古村落要素的综合权重和强度值（表7-13），得到各古村落要素战略强度见表14。

古村落要素战略强度　　　　　表14

		中村	柿林村	横坎头村	浪墅桥村	晓云村	冠佩村
要素战略强度	S	1.1396	1.3871	1.1937	1.0996	0.7815	0.7815
	W	−0.9834	−0.7240	−0.8618	−0.7240	−1.1752	−0.8879
	O	0.4150	0.4531	0.4150	0.3883	0.3502	0.4531
	T	−0.6266	−0.4046	−0.5033	−0.3757	−0.6083	−0.3940

3.4 古村落旅游发展的战略选择（图5~图10）

建立SWOT要素战略坐标系，在坐标系的S轴、W轴、O轴和T轴上分别标上已经计算出的各要素战略强度值S、W、O、T，依次连接各坐标轴上的战略强度值形成战略四边形。这个战略四边形就代表古村落发展的战略地位。

四边形的重心坐标 $P(X,Y)=(\Sigma x_i,\Sigma y_i)$ 所在象限决定战略的类型。在SWOT分析中，以战略方位角 θ（$\tan\theta=\frac{y}{x}$，$0 \leqslant \theta \leqslant 2\pi$）判断选择的战略类型，以战略

系数 ρ 判断选择的战略强度，其中：

$$\rho=\frac{U}{U+V}$$

而 $U=O\times S$，$V=T\times W$，

在战略选择坐标系中，形成以方位角为 θ，模为 ρ 的战略向量（ρ，θ），通过战略向量就可以识别战略类型和战略强度，从而进行战略选择。

通过对以上六个村庄战略选择坐标系的分析，不难看出，各古村落的战略选择有所不同：其中柿林村和浪

墅桥村宜采取开拓型战略区的实力型战略；中村和横坎头村分属于抗争型战略区的调整型和进取型战略；冠佩村属于争取型战略区的调整型战略；而晓云村则属于保守型战略区的退却型战略。

就战略系数 ρ 而言，柿林村和浪墅桥村本身具有的实力占主导地位，ρ 越大，优势越大，应借助实力，采取积极进取的战略；冠佩村所面临的机遇占主导地位，随着 ρ 增大，机遇不断增强，因此应抓住机遇，采取努力开拓的战略；晓云村本身处于劣势地位（但战略系数

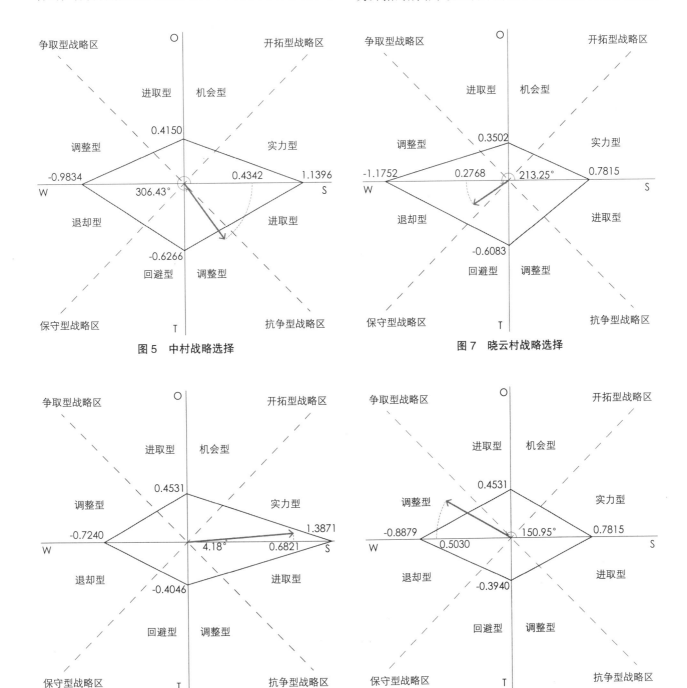

图5　中村战略选择

图7　晓云村战略选择

图6　柿林战略选择

图8　冠佩村战略选择

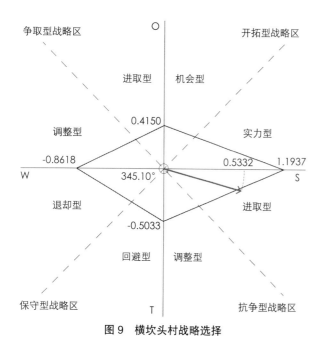

图9 横坎头村战略选择

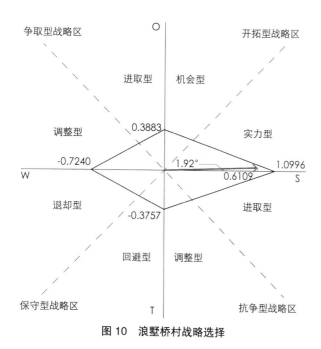

图10 浪墅桥村战略选择

较小，劣势较弱），因此应扬长避短，努力调整；中村和横坎头村所面临的威胁占主导地位，应化威胁为机遇，采取转化的战略。

由此可见，余姚市古村落内部的旅游发展水平参差不齐，古村落旅游处于重复复制开发，整体发展水平不高；古村落的旅游发展还面临着较大的外部竞争压力，区域合作刻不容缓。同时，区域旅游资源的相似性与差异性并存，共同的市场目标确定了共同发展的愿望，为区域旅游竞合提供了强烈的动力。

3.5 余姚市古村落区域旅游竞合探究

3.5.1 优化古村落旅游发展空间结构

凭借余姚市丰富的旅游资源及日趋完善的公共交通体系，优化古村落旅游发展空间布局。以姚江和四明山脉为主要旅游发展轴线，整合杭甬高速沿线古村落旅游资源，发挥潜力；构建旅游发展组团，将区域交通快捷、资源共享方便的古村落打包发展，同时注意区域旅游资源的同质和差异的组合。通过对空间布局中发展轴线和面域的合理规划，确定古村落旅游发展的新格局。

3.5.2 协同合作，增强古村落的空间联动

依托四明山和姚江的旅游大区域，树立余姚强有力的旅游形象，共同打造旅游品牌，在基础设施建设、旅游市场开拓等方面密切合作。余姚市的古村落虽然相对集中于四明山区，但一些村落位置偏远，公共交通虽已到达，但交通便利程度较差。目前，古村落的旅游亟需形成明确的旅游线路，合理分配好古村落的旅游时间和旅游资源。根据古村落的分布和交通现状，可规划古村落团队旅游线路和自驾游线路，又由于余姚市分布着数条宋朝古道，亦可规划徒步旅行的游线。通过旅游线路的设计，实现线路上旅游资源的互补，以能更好地实现区域旅游竞合的模式。

3.5.3 错位发展，差异化设计旅游村形象

发现古村落自身优势，准确定位，发展自身优势项目，在合作中竞争，便能打破古村落各自为政的局面。这种合作中的竞争并非古村落间的相互抑制，而是确定不同古村落的主题与特色，进行差异性的开发，设计不同的旅游形象，利用错位发展相互补充。如采取"实力型战略"的柿林村和浪墅桥村可以定位为特色农旅村和遗址夕拾村，而采取"进取型战略"的横坎头村则可以打造红色旅游村充实游线，同样，发展状况相对后进的晓云村则可利用宗祠复兴和世家传承的特色走出一条适合自己的道路。

4 结语

本文以余姚市古村落保护规划为例，利用AHP-SWOT分析法，确定古村落战略关键要素，进行战略选择。这种方法把定性判断与定量研究相结合，使决策更为准确实用。AHP-SWOT分析法不仅可以运用于古村落区域旅游竞合中，也可以运用于乡村规划、城镇群的竞合研究等不同层面。

主要参考文献

[1] 哈罗德·孔茨，海因茨·韦里克.管理学[M].（第 10 版）.张晓君等译.北京：经济科学出版社，1998：201.

[2] Sharma, M. J., Moon, I. and Bae, H.. Analytic hierarchy process to assess and optimize distribution network[M].Applied Mathematics and Computation, Vol. 2008：202, 256-265.

[3] 余姚市人民政府网站.http：//www.yy.gov.cn/col/col20856/index.html.2016 年 4 月访问.

[4] 余姚市旅游局 2015 年度工作总结.http：//zfxxgk.yy.gov.cn/govdiropen/jcms_files/jcms1/web24/site/art/2016/2/1/art_29785_523143.html.2016 年 4 月访问.

乡村生态规划设计思考与实践

丁蕾　陈思南　张伟

摘　要：随着全国范围内美丽乡村建设的开展，乡村领域的规划也逐渐受到重视，不少学者提出了相比于现有城乡规划体系中"村庄规划"更为完善的乡村规划体系。但是现有的各类乡村规划编制更多的是注重乡村物质空间的建设，忽视对乡村生态的管控以及在建设中生态理念的引导，乡村生态规划往往受到忽视。本文从"三层次、三类型"的乡村规划体系着手，结合实践案例，从区域、村域和自然村三个层次对乡村生态规划设计进行系统性思考与研究，认为区域层次的乡村生态规划应以遵循上位规划中的生态规划要求，村域生态空间格局的构建和村庄的生态设计是乡村生态规划的重点内容。

关键词：乡村；生态规划；生态设计

1　前言

美丽乡村建设行动已在全国各地如火如荼地展开多年，各地区相继建成一批"环境美、建筑美、生活美、地方美"的美丽宜居乡村。由于我国的乡村"量大面广"，现阶段美丽乡村建设行动更加注重的村庄环境卫生整治，包括绿化整治、道路建设、基础设施配套、民房建设等各项工程，美丽乡村的规划编制也侧重乡村物质空间的提升，而往往忽视乡村地区的生态环境提出明确的规划措施。由于规划编制过程中未足够重视乡村生态规划的内容，导致在美丽乡村建设工程中，一些村庄采取不合适的建设方式，对乡村的生态环境造成破坏。

乡村规划领域内的生态规划研究

相比于城市生态规划已演化出城市生态学这一系统学科领域，乡村生态规划设计的研究远未达到整合成一个独立领域的地步，还停留于初期探索实践的阶段，更多地侧重于乡村生态旅游规划、生态农业规划。

我国乡村领域最早出现类似生态规划理念的探究和实践探索是1970年代末1980年代初的生态村建设，其产生发展是伴随我国生态农业的发展而产生。范涡河等在总结安徽淮北平原三个村生态农业建设经验时，提出了以生态农业建设为基础建设生态村庄的设想，指出生态村庄是指在一定的空间、范围内把农林牧副渔、农产品加工、商品经营、村庄建设、运输等作为一个完整的生态系统[1]。进入新世纪以来，对村庄发展问题的研究也更具综合性。孙新章等明确提出了"生态村庄"的概念：生态村庄是指运用农学、生态学、经济学、系统学和社会学的原理，在保证村庄生态环境良性循环前提下，通过对村庄自然——经济——社会复合系统结构的优化设计和村庄生态文明建设[2]。

2　乡村生态环境的特征

2.1　自然性突出

有异于城市生态系统是以人居生态系统为核心，以自然生态系统嵌入其间，自然系统作为其辅助的生态系统。乡村生态系统的模式是以自然为核心的生态系统，嵌入人居生态系统。而乡村生态系统则是以自然生态系统、农田生态系统为主，从中嵌入人居生态系统[3]（图1、图2）。

2.2　景观多样性

2.2.1　自然景观

乡村生态系统中的生态要素主要有山体、农田、果园、林地、草地、水系等。乡村景观多样性一方面体现在乡村景观的自然属性，另一方面，也反映在人类活动对土地利用和景观格局的改变也影响着乡村景观多样性。

2.2.2　人文景观

乡村人文景观是人类活动长期与自然界相互作用的产物。有形的人文景观包括建筑、街道、场地、人物、生产性作物等；无形的人文景观主要指风俗习惯、宗教信仰、生活方式、生产关系等。本文涉及的人文景观要素主要有建筑、场地、生产空间等。

丁蕾：江苏省城镇与乡村规划设计院
陈思南：江苏省城镇与乡村规划设计院
张伟：江苏省城镇与乡村规划设计院

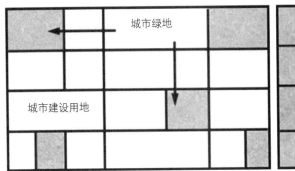

图 1　城市生态系统模式意向图

图 2　乡村生态系统模式意向图

"三层次、三类型"的乡村规划体系　　表 1

层次	类型	主要内容及规划深度	对应的名称
县、镇域片区	乡村总体规划	·规划区内城乡建设控制：划定生态保护边界 ·村庄布点：布点的数量、位置，不定边界 ·乡村地区发展引导：分区域确定乡村产业发展重点 ·区域层次基础设施与公共设施乡村公共设施配置标准与体系，跨村域的基础设施和公共设施	乡村建设规划 镇村布局规划 村庄布点规划 美丽乡村示范区规划
村域（行政村）	村庄规划	·规划区内村庄建设用地控制 ·村域用地布局 ·村庄布点：划定村庄建设用地边界 ·村域产业发展引导：村庄产业发展 ·村域基础设施与公共设施	村庄规划
村庄（自然村）	村庄建设规划	·村庄建设用地边界 ·村庄平面布局 ·村庄详细设施 ·基础设施与公共设施布局	村庄建设规划 村庄环境整治规划 新社区详细规划设计

2.3　生态易塑性

乡村建设缺乏强制性的约束措施，生态环境相较城市更容易受到人为活动的影响。但是，由于乡村自身的生态群落较为丰富，在科学合理的修复性措施指导下，乡村生态系统的修复速度相比城市生态系统更快。

3　乡村生态规划的内容

3.1　乡村规划体系

在现有城乡规划体系中，涉及乡村的规划只有"村庄规划"，但在实践过程中，不难发现乡村规划类型庞杂，编制的规划从层次、形式、内容到深度等不一致。根据实践的经验总结，已有学者提出乡村规划的体系可分为"三层次、三类型"[4]，即县、镇域片区——村域（行政村）——村庄（自然村）三个层次，对应"乡村总体规划——村庄规划——村庄建设规划"三种规划类型，每种规划类型的内容和深度都不相同，也有不同对应的规划名称（表 1）。

3.2　乡村生态规划的内容

笔者认为，对应"三层次、三类型"的乡村规划体系，

乡村生态规划也应遵循这个体系，从宏观层面到微观层面实现全方位的覆盖。

在县、镇域片区层次乡村生态规划重点是区域生态保护与控制；村域（行政村）层次乡村生态规划重点是村域的生态格局构建；村庄（自然村）层次的乡村生态规划应以自然村为生态尺度，重点在村庄更新过程中对重要空间的生态设计（表 2）。

乡村规划体系与乡村生态规划尺度　　表 2

层次	类型	乡村生态规划的内容
县、镇域片区	乡村总体规划	区域：生态保护与控制
村域（行政村）	村庄规划	村域：生态格局构建
村庄（自然村）	村庄建设规划	村庄：生态设计

区域乡村规划生态内容的确定是基于所涉及生态要素的研究范围决定，例如河流、山体等大型生态要素在空间上涉及的范围更广，对区域内乡村的生态系统均能够产生重大影响。因此，在区域空间层次，乡村生态规划的重点在通过对影响乡村发展的大型生态要素的研究，

理清生态要素，提出保护和控制要求，构建生态系统。

村域空间较广，一般可以形成相对完整的斑块、廊道和基质的生态网络格局，村域内的乡村生态规划需要对村域内的生态适宜性、敏感性进行评价，在评价的基础上划分生态功能区划及管制要求，同时对斑块、廊道和基质三类生态要素提出具体的保护要求和修复措施，构建生态网络格局。

由于生态要素规模和内容的特性，自然村层次无法形成完整的生态格局，这一层次需要通过在村域尺度获得详细的生态要素特性，注重将村域层面的乡村生态单元与村庄层面的设计要素形成有机结合的整体，在村庄内部空间进行具体的生态设计，将景观生态单元的控制要求通过各类设计要素得以乡土化的体现。

4 乡村生态规划中的设计策略

4.1 区域乡村生态保护策略

区域层次生态系统的构建一般在县或镇总体规划、镇村布局规划或者区域生态专项规划中都提出明确规划要求，因此，区域层次的乡村生态规划更多的需要落实上位规划中涉及的生态规划内容，通过对上位规划中涉及的生态规划内容的研究，确定村庄在区域内的生态地位。

4.2 村域生态保护策略

村域由于所覆盖的面积较广，一般能够涵盖较多的生态要素，形成较为完整的生态格局。村域生态规划侧重于对生态网络的构建，主要分为六方面内容：

"理清生态要素"，对村域范围内斑块、廊道和基质

所对应的生态要素进行分析评价，评估其现状状况。以河北省宽城满族自治县东大地村美丽乡村规划为例，在村域生态规划中，对村域范围的生态要素去进行分析评估，充分了解村域生态系统现状（表3）。

东大地村村域生态要素评估表　　表3

类型	名称	现状评估
斑块	村庄建设区	环境卫生较差、缺乏绿地、基础设施配套落后
	矿区	破坏山体、扬尘污染
廊道	省道	路况较差、道路绿化不足、局部道路红线被侵占
	村域内部道路	路况较好、缺乏道路绿化
基质	山体	部分山体遭破坏
	林地	板栗、山楂林
	农田	玉米、小米

"分析生态安全格局"，以全域的视角，分析影响村庄生态安全的要素，掌握村庄的生态特征。东大村地处燕山山脉腹地，四周山体环绕，山体是影响村庄生态安全的最重要因素。在村域生态规划中，着重对山体高程、坡度和坡向进行分析，充分掌握村域范围的生态安全特性（图3~图5）。

"生态廊道控制"，对村域的生态廊道进行控制与维护，主要包括河流和道路。划定廊道建设控制地带，跨地域的河流廊道宽度宜控制在50~60m，区域性的河流廊

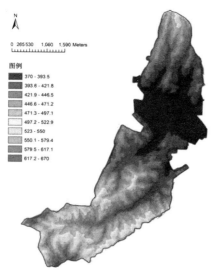

图3　村域高程分析图
（地势南北高，中部地区低，地形起伏，地貌较为丰富，规划区域内最高峰为南侧，海拔670m。区域中部地势较低，地形较为平坦。）

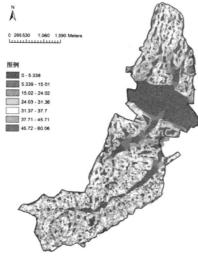

图4　村域坡度分析图
（坡度变化较大，坡度较小区域主要位于中部村庄范围；区域南北地区坡度相对较大。）

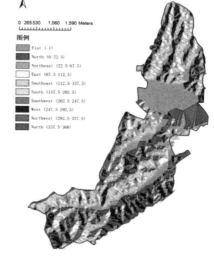

图5　村域坡向分析图
（整体地形南北高、中间低，大部分地区以北向及西北向坡为主，中部平原地区以平地为主。）

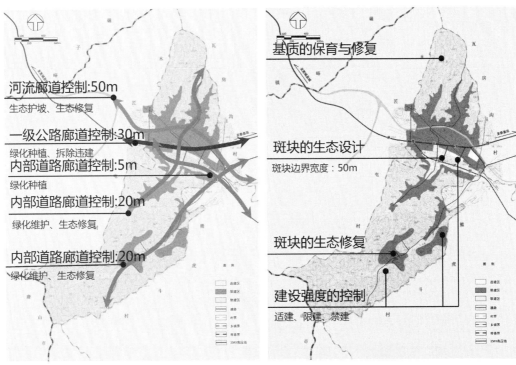

图6　东大地村村域廊道控制要求　　　　图7　东大地村村域建设强度控制

道宽度宜控制在30~50m，区域内的河流廊道宽度宜控制在10~30m，河流廊道控制地带以生态保育和修复为主，尽可能的采用软质护坡，禁止大规模建设和砍伐植被的行为，禁止向河流内排放未经处理的废水。高速公路的廊道宽度宜控制在40~60m，一级公路的廊道宽度宜控制在30~40m，二级公路和其他道路的廊道宽度宜控制在10~30m，穿越村庄建成区内的路段可适当降低廊道控制宽度，可控制在5~10m。道路廊道控制地带以绿化种植和生态修复为主，禁止砍伐树木，拆除道路红线内的违法建设，严禁侵占道路红线（图6）。

"生态斑块设计与修复"，自然村是村域内的重要生态斑块，对于村庄斑块应根据实际情况划定斑块边界宽度，一般不应低于50m；另一方面，村庄斑块应详细的生态设计和建设引导。对于村域内已遭到破坏的生态斑块，如矿坑、岛屿等应及时根据其特性采取科学的生态修复措施，防止其进一步遭到破坏，影响村域的生态安全。

"生态基质保育与修复"，对村域内的生态基质主要采取生态保育措施，保护山体、林地和农田，严禁破坏山体、砍伐林木和侵占农田，对于已遭到破坏的生态基质采用合理的措施进行生态修复。

"建设强度控制"，综合考虑村域内斑块、廊道和基质的控制和保护要求，合理确定村域内各个区块的开发建设强度，划定禁建区、限建区和适建区，引导和控制建设行为（图7）。

4.3　村庄生态设计策略

自然村的生态设计需要在满足村域层次相关生态要素的规划要求下，结合各类生态要素的特性和村庄内部空间进行具体设计。根据村庄的人居环境特征，村庄的生态设计又可分为生态人居设计、生态环境设计、生态设施设计和生态产业设计四大类。

4.3.1　生态人居设计

村庄生态人居设计是指在人居环境提升工程中融入生态设计的理念，提升和维护村庄的生态环境，主要包括新建建筑布局、绿色农房改造、道路生态化改造和特色景观设计四方面内容。

新建建筑布局应充分尊重原有建筑组群空间，延续传统的格局肌理；结合村庄的实际情况，对建筑的门窗、阳台、供暖和供热系统等进行改造，实现农房"绿色化"；乡村道路生态化改造一方面是指道路铺装的乡土化改造，在满足功能的前提下，尽可能选用乡土材料进行生态化铺装，优选拆除危旧房、旱厕等建筑产生的废弃建材作为铺装材料，另一方面是道路两侧绿化树种的补植，车行道路应实现全面绿化，绿化覆盖率不能低于90%，人行道路两侧绿化宜乡土自然，种植果树、蔬菜和乡土花卉等乡土绿化树种，保留村庄的乡土气息；特色景观设计主要是指利用生态的设计手法、生态材料进行景观节点和景观小品的建造，如透水技术、废弃材料和生态绿化技术等。在南京市江宁区胜家桥社区美丽乡村建设规

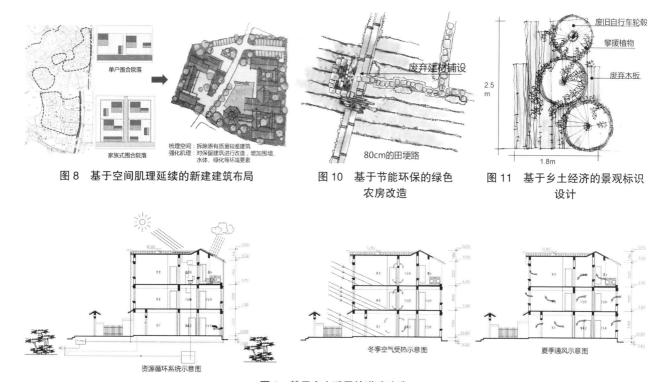

图 8 基于空间肌理延续的新建建筑布局

图 10 基于节能环保的绿色农房改造

图 11 基于乡土经济的景观标识设计

图 9 基于乡土适用的道路改造

划的实践中，结合村庄生态人居设计的理念，从公共服务中心建设、绿色农房示范、游步路改造和景观标识设计四个方面进行具体设计（图8~图11）。

4.3.2 生态环境设计

生态环境设计是自然村层次生态规划的重要内容，主要包括村庄地形地貌维护、植被群落保育与构建、水岸生态保育与修复三方面内容。

美丽乡村建设过程中多会涉及对村庄地形地貌的改造，但在改造过程中应维护具有乡土代表性的地形地貌，对于原有场地的整理，应延续场地的生态特性，强化其传统肌理，凸显其乡土景观性。在南京市江宁区胜家桥社区美丽乡村建设规划中，通过利用乡土废旧建材对原有垅埂进行梳理，维护并强化原有地形地貌，营造阡陌田园的乡土景观（图12）。

植被是村庄内部重要的生态本底。对于村庄内部原有植被群落应加强维护，禁止对其砍伐。同时，结合村内开阔空间构建次生群落。在胜家桥社区美丽乡村规划中，一方面维护村内山体上现有的植物生境，局部遭受破坏之处，进行生态补植。另一方面，在山体与水体间的开阔地带，种植果林，营造次生群落。次生群落的构建也有助于村庄生态缓冲带的形成，在村庄与外部道路和山体之间应种植植被，建立生态缓冲带，宽度不应低于10m。植被群落的构建也应注重时空上的变化，通过对不同高度、体量

的植被进行搭配，结合地形，塑造植被群落在垂直和水平方向不同的空间序列；根据植被在不同季节与年际表现出的生物学特性，进行合理的季相搭配，展现植被群落在时节上表现出的韵律美。植被群落的构建也有助于动物生境的形成，从而构成多样化的生态系统（图13）。

村庄水岸生态系统有水体和驳岸构成。水岸生态系统的修复一方面将村内淤塞的河塘进行清淤和沟通，使水体流动起来；另一方面，清除自然驳岸周边的有害水生植物，补植乡土水生植物，同时，对没有防洪要求的硬质驳岸进行生态化改造，采用卵石驳岸或者木桩驳岸。

4.3.3 生态设施设计

村庄生态设施主要为村庄雨洪管理系统的构建、污水处理设施和能源设施的建设。

雨洪管理系统构建。"海绵城市"建设已在全国范围内展开，和城市相比，多数村庄处于山林田园之中，自身的"海绵体"充足，因此只需适当引导建立雨洪管理系统，即可形成"自然积存、自然渗透、自然净化"的"海绵村庄"。在胜家桥社区美丽乡村建设规划中，利用村内的地形、水塘、沟渠等现有设施，构建"收集—滞留—渗透"的雨洪管理系统（图14）。将屋顶雨水、路面雨水和硬质场地雨水就近排放至滞留塘、菜地和绿地内，将原有土沟改造为生态沟渠，连接滞留塘和农田排水沟。同时，村内新建场地均采用透水材料，就地实现雨水

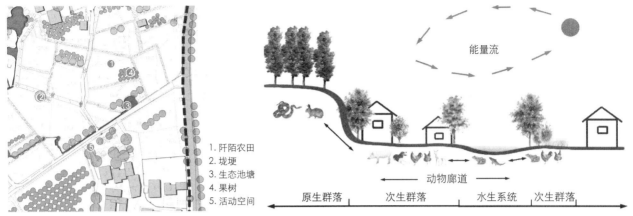

图12　基于空间肌理延续的地形改造	图13　基于生态保育的植被群落营造

1. 阡陌农田
2. 垅埂
3. 生态池塘
4. 果树
5. 活动空间

能量流

动物廊道

原生群落　　次生群落　　水生系统　　次生群落

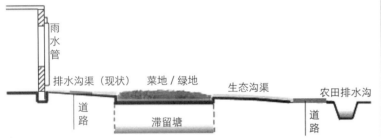

图14　收集—滞留—渗透的雨洪管理系统示意

图15　透水场地

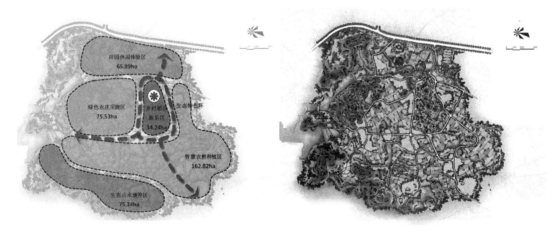

图16　胜家桥社区生态农业规划图

渗透（图15）；绿地、菜地的设计标高均比周边场地低10~15cm，便于雨水汇集与渗透。

污水处理设施和能源设施。污水处理设施优选生态污水处理设施，对于干旱缺水的地区也可采用生物微动力处理设施。在胜家桥社区美丽乡村建设规划中，采用生物与生态处理组合的新型农村生活污水处理技术，具有投资、能耗和运行成本低、管理简单等优点。同时，利用村庄的秸秆、玉米梗等农作物废弃物和人畜粪便建设生物质沼气站，充分利用生态能源。

4.3.4　生态产业设计

生态产业的发展是影响乡村地区能否可持续发展的关键。乡村地区生态产业应重点发展农业，联动发展传统手工业和乡村旅游业，同时限制工业的发展。乡村地区应积极调整农业结构，构筑综合生态农业发展模式。推进高产、优质、高效的生态农业理念，实现农业生态经济良性循环。通过生态农业的发展，带动乡村旅游业发展。在胜家桥社区美丽乡村建设规划中，积极与外部企业的合作，调整农业结构，在村庄建成区外围种植桃林、藕田、绿色果蔬等农作物，适当融入休闲旅游活动和人文景观，构建"生态农业＋休闲农业＋乡村文化＋民俗农耕"的可持续发展模式，将其打造为城市近郊高品质的特色农业观光及科普示范基地，山水田园体验休闲目的地（图16）。

5　结语

从区域、村域和村庄三个层次对乡村生态规划进行系统性思考与研究，笔者认为区域层次的乡村生态规划应以遵循上位规划中的生态规划内容为主，而村域生态空间格局的构建和村庄的生态设计是乡村生态规划的重点内容。村域生态格局的构建保证其生态系统的安全性与多样性，村庄的生态设计提升了村庄的生态水平，村域与自然村生态规划设计的联动，才能共同促进乡村焕发生态美。

主要参考文献

[1] 范涡河，史进，傅陪憬等．村庄生态系统研究国际学术研讨会论文集 [M].北京：中国环境科学出版社，1987：100-103.

[2] 孙新章，成升魁，闵庆文．生态村庄工程：解决中国"三农"问题的新思维 [J].农业现代化研究.2004，25（2）：86-89.

[3] 李咏华，傅晓，马淇蔚．基于绿色基础设施评价的低碳乡村景观优化策略初探 [J].西部人居环境学刊，2015，30（2）：11-14.

[4] 梅耀林，许珊珊，杨浩．更新理念、重构体系、优化方法——对当前我国乡村规划实践的反思和展望．乡村规划建设 [J]，2015（2）：67-86.

从"政府组织"到"多方参与"
——对一次参与式乡村规划的观察和思考

孙莹

摘　要：大量自上而下的乡村规划安排，缺乏对乡村实际需求的了解，得不到村庄主体的有效回应，不符合乡村发展实际，以村庄为主体的参与式规划愈来愈受到重视。笔者通过对浙江 F 市组织开展的一次参与式规划过程的观察，总结其在规划组织、参与主体、规划内容和工作方式中的若干创新点，并思考和探讨了开展参与式乡村规划的路径。

关键词：乡村规划；参与式发展；规划路径

1　引言

　　自十五届五中全会提出"建设社会主义新农村"以来，国家出台了一系列推动乡村发展建设的政策，各地涌现出大量政府主导的乡村规划与建设实践。尽管推进乡村规划全覆盖的地方实践方兴未艾，但现实中，大量自上而下的乡村规划，因为缺乏对乡村实际需求的了解，得不到村庄主体的有效回应，"不符合农村实际"、"缺乏操作性和实施性"成为当前乡村规划的大问题（丁奇，2009）。

　　政府及规划专业者逐渐认识到政府主导下的村庄规划编制与实施建设中呈现的村民主体缺失的问题，在实践中开展越来越多的"参与式规划"的尝试和研究。乔路、李京生（2015）认为村庄规划必须尊重村民意愿。许世光、魏建平、曹轶等（2012）结合珠三角村庄规划的实践，讨论了规划编制不同阶段公众参与的形式选择。李开猛、王锋、李晓军（2014）通过广州市美丽乡村规划实践，探索了"全方位"村民参与的方法，包括参与对象、参与流程、参与内容和参与表达等方面。边防（2015）探讨了在决策、规划和实施三个层面多途径的参与模式，以提高农民公众参与的强度和深度。

　　但是，在当前的政府管理和规划体系下践行参与式规划的过程，仍然面临许多问题。长期以来村民对村庄建设缺乏发言权，普遍对规划的参与意识较弱。王雷、张尧（2012）调查了苏南地区村民参与乡村规划的认知和意愿，发现村民的规划参与能力很弱。段德罡、桂春琼、黄梅（2016）等对其在黔东南州从江县国家传统村落规划中探索村庄参与式规划路径的经验总结，政府权力的

孙莹：同济大学建筑与城市规划学院博士研究生

开放度、分享度低是当前发展阶段践行村庄参与式规划的难点所在。"自上而下"的政府管理模式很大程度上剥夺了村庄基层对村庄建设的决策权，同时也导致村民参与意识的丧失。

　　因此，如何引导村庄发展主体的有效参与、反映自下而上的真实需求、提升村庄的自治能力，成为当前乡村规划需要探讨的问题。笔者透过浙江 F 市日前组织开展的"乡愁经济"试点村规划选拔活动，观察其在规划组织、参与主体、规划内容和方式中的若干创新性尝试，思考和探讨参与式乡村规划的新路径。

2　F 市开展参与式乡村规划的创新路径

　　F 市为促进乡村复兴、积极利用乡村资源、发展乡村旅游，组织了全市范围内的试点村规划选拔。为了调动社会资源参与乡村发展，同时积极挖掘村庄内生发展动力，F 市改变了传统的由政府选点、委托规划、投资建设的做法，从规划组织、编制到具体实施行动，创新性地进行一次"全民参与"的尝试。

2.1　规划组织：培训 – 申报 – 选拔

　　在规划组织上，通过"培训 – 申报 – 选拔"三个阶段，进行规划的全民动员和参与理念的引导。

　　第一阶段，由市政府主办、乡愁经济学堂承办，开展"参与式规划"的"全民"培训，培训对象包括村干部、专业者（乡村规划相关专业人员）和热心乡村发展的"创客"。培训由具有丰富社区营造经验的台湾大学城乡所教师、具有参与式规划实践经验的设计师及村干部现身说法，主要内容是乡村社区营造和参与式规划的实践案例、经验分享和课堂模拟训练。培训既是一次全民参与的动

员，更是一次规划理念的引导，让村干部、专业者和创客都理解乡村社区营造和参与式规划的理念、规划方式和方法。

第二阶段，村干部、专业者和"创客"自由组成规划团队，选择一个村庄，提出规划试点申请。自由组队、自主申请的方式，一定程度上体现了基于实际需求的"自下而上"的发展意愿，而不是政府自上而下的指令式项目安排。主办方评价申请方案入选的条件之一，是考量规划团队对乡村社区"外联内造"的能力，和未来对参与式规划的贯彻决心。

第三阶段：申请入选的 11 个村庄团队获得基本保底行动经费，开展为期 3 个月的规划，提交"规划"方案。市政府和乡愁经济评委团从中评选出 5 个村庄，将获得上级政府的村庄建设经费补贴。对自下而上实际发展建设需求的评议，避免了自上而下进行乡村项目和资金投放的盲目性。

2.2　规划团队：多元主体的直接参与

村庄方案申请前，要求由村干部、专业者和"创客"三类主体共同组成规划团队，打破了传统的政府或者村庄委托专业机构进行规划的模式。村干部，代表了村庄发展的诉求；热心于乡村发展的"创客"，是有意向对乡村建设进行投入的外部社会资本；专业者，是规划过程的技术协调者。由于是自由组队，不同的村庄团队，人员构成力量也呈现多样性（表 1），不同的参与团队，对村庄发展问题的关注点和解决路径也各有不同。

影响村庄发展的不同主体直接进入规划团队，从制定规划目标开始就参与其中，提出各自的诉求，影响方案的形成。这样的目的，是尽可能地减小规划方案成为专业人员的"精英式"蓝图，而更多地成为融合和协调不同发展需求的一致行动。另外，规划团队是自由组队而成，各参与方本身就具有"参与"的积极性和主动性，并且经过第一阶段的培训，在"参与式发展"的理念上也较易取得一致性。

部分规划试点候选村庄的规划组队人员对比　表 1

	团队力量
SQ 村	村书记强势且行动有力，热心创客协助，专业人员辅助
YK 村	创客＋设计师联盟，外部社会资源丰富，村干部辅助
NA 村	村庄内"新村民"和"返乡"青年主导，村干部支持，专业人员较少
SM 村	规划专业人员力量强大，村干部热心支持，本村企业家（创客）支持
LS 村	村书记＋专业人员联盟，创客有限，缺少本村有生力量

2.3　规划内容：以问题和需求为导向

规划内容不做统一要求，各团队从村庄发展的需求和实际问题出发，提出规划解决方案。在问题和需求导向下，规划内容突破了传统村庄规划的套路和模式，成为一次"非典型"的乡村规划实验。比如参与试点的候选村庄中，SQ 村的突出问题是城中村的改造保留和本村外来人口的社会融合，规划内容主要是局部危旧房改造、环境整治和建立共融性公共空间；YK 村外来社会资本介入建立乡村艺术基地，规划内容侧重于老屋的选择性回收和改造，及与村民利益协调的关系；SM 村的规划出发点则是如何充分挖掘利用本村独特的竹林资源，结合现有产业和传统民居空间，提升村庄吸引力和知名度，规划内容是针对传统资源空间的提升改造，等等。

即使在同一地区，不同村庄面临的需求和问题差异也很大，有的是人口流失后的空心村衰败问题、有的是农业产业经济提升的问题、有的是资本介入后的村庄开发控制和利益协调问题，不同的问题需要不同的规划应对，乡村规划的内容不局限于物质性空间建设，在规划内容和成果要求上都有所创新。

2.4　工作方式：重视行动和社会过程

此次规划选拔的目标是最终争取政府在村庄建设上的资金补助，因此十分重视规划的操作性和实施性，更重视规划的社会行动。为了保障规划项目的有效实施，各个候选村庄规划团队都需要重视乡村社区营建，激发和培育村庄的在地内生动力。在传统的村庄规划中，参与的程度往往只限于向村民征询意见，而此次规划过程更强调社区"人"的营造，培育全面参与的在地力量。规划工作方式突破了传统内容，借鉴中国台湾、日本等地社区营造的经验，开展了一系列凝聚共识、发动村民的社区营建行动（表 2）。

部分规划试点候选村庄的社区营造行动　表 2

	社区营造行动	目标
YK 村	组织艺术家创客开展"村庄最美老人"摄影	加强外来创客与村民的沟通和理解，社区共同感的培育
DJ 村	以"吾爱吾庭"为主题，组织村民进行村庄清扫和村庄环境整理	凝聚共识、激发村共同参与意识
	邀请专家入村培训，启发村庄产业转型	启发和培育村庄在地活力
LS 村	召开村民规划大会，广泛征求村民意愿	尊重村民意愿、共同规划行动
	组织村庄集体大清扫	凝聚社区共识、激发村民参与的主体性

3 开展参与式乡村规划与传统规划的不同

通过 F 市开展的参与式乡村规划的观察，发现其与传统乡村规划的不同在于：

3.1 政府和村庄的角色转换

政府从建设主导者转变为帮扶补助者，乡村从被动的接受者转变成为主动的申请者。在参与式发展中，村庄从自身发展需求提出规划申报，经政府评议选拔后，给予建设支持。从自上而下的资源分配转变成自下而上的资源竞争，一方面，政府的自上而下的资金和项目投放能够与村庄自下而上的发展需求相结合，避免了政府在乡村地区投放资金的盲目性，又不脱离村庄发展的实际。另一方面，政府通过选拔审议的过程，也能够对乡村规划和建设给予有效的引导和控制。

在乡村规划建设中，要有效地实现政府和村庄角色的转换，制度性的安排是关键。以 F 市的工作为例，一个重要的制度安排就是前期开展的参与式规划培训，这是一次全面的动员：既培训专业团队，使其有效投身乡村规划建设，更重要的是对村委村民的培训，提高村庄自主自治发展的意识。通过对"人"的培训和营造，实现乡村规划建设理念的转变，是比开展物质性空间建设更重要的制度性安排。

3.2 规划内容和方法的转变

参与式乡村规划强调不同主体的全程参与，重社村庄内生发展动力的培育，因此在规划内容和方法上都与传统规划有所不同。

规划内容上，不再是简单的物质性空间建设规划，是以村庄实际需求和问题为导向解决方案，可以是产业经济发展、可以是空间改造设计，更可以是社会行动策略。规划类型更加多样，规划内容也更加注重行动项目和社会过程。

在规划方法上，专业人员需要引导多方参与，沟通和交流技能变得更加重要，一些社会学、心理学的工作方式方法被引介进来：如何与村民沟通、如何凝聚村庄共识、如何培育村庄赋权能力，等等。从日本、中国台湾的经验来看，参与式规划还要求规划专业人员更多地采用驻地式工作方式、不仅仅是以问卷、访谈开展调研，更需要进入村庄、与村民共同工作和长期体察。

3.3 规划专业者的转变

规划专业者不再是政府的技术委托人，而是面对多方参与主体的协调者。这里的"规划专业者"，不再是空间蓝图的绘制者，更是地是多方利益的协调者，不断地

在政府、市场和村民之间进行沟通，既要有专业的引导，更要有社区的工作方法，更多地从专业技术员向社会工作者的多元身份转变。

4 结语与讨论

在乡村地区探索参与式规划的方式方法，更符合乡村地区发展实际，也更有利于乡村规划的有效实施。本文通过对 F 市组织开展的一次全民参与的乡村规划试验的观察，探讨了它所带来的乡村规划主体和工作内容的转变。

现实的观察，仍然可以看到参与式乡村规划的开展所面临的障碍和困难，需要进一步探索和突破。参与式规划更偏重于社会性规划，过程费时费力，短期内难以看到"建设"成效，往往难以得到村委村民的理解，对村民参与意识和参与能力的培育怎么做？如何更好地引导多方参与乡村规划建设，又能有效地对乡村建设发展进行干预？长期开展驻地式工作是对传统规划工作方式的挑战，行业规范和酬金制度如何保障专业人员的工作持续性？进入项目实施阶段后，如何在不同部门项目资金安排上进行统筹性的制度创新？如何在项目招工招标制度上突破，以有效保证村民在实施阶段的参与性？F 市的参与式规划仍未完成，种种问题，都有待后续进一步观察，也需要政府、规划专业者、村庄、社会组织的持续探索。

主要参考文献

[1] 丁奇，张静. 新农村规划建设实施后的动态述评——以北京市远郊区村庄为例 [J]. 安徽农业科学，2009（20）：9779-9781.

[2] 段德罡，桂春琼，黄梅. 村庄"参与式规划"的路径探索——芭扒的实践与反思. 上海城市规划，2016（04）：35-41.

[3] 王雷，张尧. 苏南地区村民参与乡村规划的认知与意愿分析——以江苏省常熟市为例 [J]. 城市规划，2012（02）：66-72.

[4] 乔路，李京生. 论乡村规划中的村民意愿 [J]. 城市规划学刊，2015（02）：72-76.

[5] 许世光，魏建平，曹轶，等. 珠江三角洲村庄规划公众参与的形式选择与实践 [J]. 城市规划，2012（02）：58-65.

[6] 李开猛，王锋，李晓军. 村庄规划中全方位村民参与方法研究——来自广州市美丽乡村规划实践 [J]. 城市规划，2014（12）：34-42.

大都市郊区村庄规划的困境
——以上海市青浦区为例的需求侧与供给侧分析

冯立

摘　要： 本文运用新制度经济学有关产权、交易成本、制度变迁等理论，以上海市青浦区部分村庄为例，通过深入剖析大都市郊区村庄的就业、住房、公共服务、基础设施的实际需求与现状供给条件的矛盾，指出了在高速城镇化背景下，村庄的经济、社会已发生巨大的变化，而以土地产权为核心的农村地区原有制度越来越不适应这样的新形势。文中提出了规划不能解决这些矛盾的原因在于制度，应在更高层面进行制度创新，通过制度保障降低农村资源产权优化重组的交易成本，才能使农村地区更好地融入城乡一体化发展的格局中。

关键词： 村庄规划；供给与需求；产权；交易成本；制度

1　引言

2008 年实施的《城乡规划法》赋予了村庄规划新的历史内涵与作用，村庄规划成为与控制性详细规划同等地位和效能的法定规划。然而，由于受长期"城市偏向"的规划方法影响，以及对乡村发展的特殊复杂性认识不足，实地调研获取数据费时费力等因素，村庄规划编制与管理仍然处于不断探索的过程中，许多重点、难点问题急需厘清解决。

富伟等（2014）通过对江苏省大量村庄规划编制和实施情况的研究发现，村庄规划在有序引导村庄集约节约建设、促进基础设施向农村延伸和基本公共服务均等化，进而推动经济社会发展方面发挥了不同程度的积极作用。但也存在着重建设轻统筹协调，规划方法简单机械，公共设施综合效益低且后续运营维护困难，对村情民意了解不充分以致部分规划设想与村民意愿不符等问题。但是，对于问题产生的原因和解决建议，作者更偏重于从技术方法层面寻找答案。

孟莹等（2015）强调了乡村空间生产过程的特殊性与规划手段的单一性，以及规划主体与客体之间目标的不一致性等目前我国乡村规划面临的诸多问题。作者建议从机制上保持乡村规划和乡村自然空间生长与空间生产的逻辑吻合，提供ethod更加弹性的方法，将规划从静态图纸转变为动态响应机制。但是，文中对乡村问题的认识暗含着以传统农业型乡村为指向，缺乏对乡村发展模式多样化的认识，特别是对那些受高速城镇化影响的大都市区周围农村和半城市化地区的认识。

马亚利等（2014）研究发现，快速城镇化背景下，我国农村剩余劳动力转移的路径，乡村地区工业化发展的动力以及建设用地扩张的途径，受户籍制度、土地制度以及社会经济发展政策的影响而呈现出独特性，城乡联系更加复杂和多元。此外，受信息化和全球化的影响，生产要素的流动已经打破城乡这一封闭系统，在更广阔的领域进行配置，我国乡村社会经济联系方向更为广阔多元，乡村聚落空间结构受生产要素重组的影响也变得更加复杂。传统城乡二元理论对解释我国快速城市化地区城乡空间关系具有局限性，亟需探索新的城乡互动关系理论。

然而，通过城乡统筹来推进农村发展，特别是大都市郊区半城市化地区的发展往往会遇到我国城乡二元土地产权制度的制约。田莉（2013）比较了城中村改造中成都模式的强制性制度变迁和顺德模式的诱致性制度变迁后认为，应该主动进行产权制度创新，推荐采用强制性制度变迁，运用自上而下的宏观调控工具，诱发乡村自我发展的动力，从而实现自上而下与自下而上的良性互动，在社会和环境成本较低的情况下实现城乡统筹发展。

总结来看，许多研究对于村庄规划和发展中存在的问题进行了较为深入的探讨，但是对于问题的原因解释各异。本文以 2015-2016 年上海市青浦区 22 个村庄的实地调研所获资料和数据为基础，对传统规划方法所提供的空间和政策的供给，与上海大都市区高速城镇化背景下的农村需求变化之间的错位和矛盾展开分析，尝试从

冯立：苏州大学金螳螂建筑学院建筑与城市规划系

制度、产权和交易成本的角度寻找问题产生的原因。

2 需求侧分析

青浦区是上海市9个郊区行政区之一，东部紧邻上海主城区，城镇化水平较高，西部与江苏和浙江接壤，是传统农业区域，中部是青浦新城核心区和产业区。假设上海大都市区是一个以主城区为核心的同心圆，则青浦区可看成是西向的一个扇形断面，是上海大都市郊区具有代表性的样本区段。本文选取的22个村庄分布于全区各个街镇，可以有效反应区内不同区域的特征。

2.1 人口与收入

调查发现，村庄人口显现出本地人口流出、外地人口流入的特征。户籍人口特别是年轻人口外流明显。户籍常住比例大于70%的村仅占样本村的30%，户籍常住比例50%~70%之间的村占一半，20%的村户籍人口大量流出，常住比例小于50%。户籍常住比例的区域差异不明显，说明无论青东还是青西，都存在本地人外流的情况。结合实际走访发现，户籍常住人口以中老年为主，年龄通常在45岁以上。外出人口一般为在外工作的年轻人及在外就学的青少年。与户籍人口不同，外来人口比重的区域差异很大。青东地区和中部产业区等城镇化水平较高地区的村庄外来人口比重普遍超过7成，个别接近8成，而青西地区的村庄外来人口比重很小，大多不足10%。

从就业情况来看，青东地区劳动力非农化就业比例接近100%，除青西地区个别村的非农化比例在70%左右，其余村的非农化就业比例都超过90%。由此可见，整体农村人口脱农化的情况十分普遍，可以说本地农民已经基本不种地了。

收入分布进一步验证了这样的情况。各村家庭务农收入中位数的平均值5400元/年，各村家庭务工收入中位数的平均值是57100元/年[①]，务农收入不到务工收入的10%。此外，村民家庭收入来源还包括投资经营收益、土地流转费收入、集体分红、房屋租赁等，可以说大多数家庭基本没有或者不依赖务农收入。

2.2 土地流转

近年来，土地确权工作已基本完成，尤其是在中央政策层面明确了农村土地三权分立的原则，农民流转土地的积极性非常高。青浦区除了白鹤镇农民因为通过草

---

① 根据详细入户调查数据先得出各村收入的中位数，再将所有中位数取平均值。

莓种植可以在规模不大的土地上获得较高的收益而愿意保有土地承包经营权之外，其他村本地农民保有土地并耕作的意愿很低。调查显示，超过8成的样本村土地已全部流转，其余的村土地流转比例也超过80%。

但是，调查也发现，各村人均耕地大多在1.5亩左右，按户均4.5亩计算，土地流转的收入是十分有限的，即使每亩1200元实际流转价格已超出上海市农地流转指导价格，每户每年土地流转费也仅为5400元左右。

2.3 住房需求变化

由于近年来农村社会结构和形态发生了较大的变化，农民对住房的需求也有了明显的变化。主要体现在几个方面。其一，农民对住房形式需求开始分化，由于生活方式越来越城镇化，许多农民喜欢公寓式住房，但仍有不少人喜欢独立式住房，两种形式的比例接近。其二，对居住地点需求也有明显的倾向性，调查显示，大多数农民首选的居住地点是青浦新城或附近新市镇，其次是靠近城镇的集中安置点，再次是集中建设的中心村。其三，由于家庭规模的减小，空余房屋增加，希望出租房屋的人越来越多，特别是外来人口较多的地区，为了获取更多的租金，很多农户建房面积很大甚至不惜违章搭建；如果动迁或置换，农户希望在相同面积的情况下获得更多套房屋以便于出租。其四，对于产权的渴望越来越强烈，大多数农村家庭希望拥有可上市交易的产权房，部分家庭已经购买了城镇商品房，也有部分家庭通过动迁获得了配套商品房，但是在调查范围内的总量相对较少。

2.4 交通出行

近年来由于建设投入加大，农村道路交通条件得到明显改善，村庄道路已全部硬化，公交也实现了村村通。由于交通方式选择多样，小汽车、摩托车和电动车等个体化交通方式比例较高，农民交通出行总体满意度尚可。主要需求是希望增加公交班次和增加村内停车空间。也有个别村由于建筑密度较高，村内道路狭窄，车辆通行不便。

2.5 市政基础设施

调查发现，村庄供水供电和农田水利等设施比较完备。供水全部实现了市政管网供水，淘汰了乡镇小型供水设施；农村电网近年来的建设力度很大，供电安全性和稳定性逐年提高；农田水利设施的持续投入为农业生产和防洪排涝提供了良好的保障。但是调查也发现，农民不满意的地方主要集中在环境卫生设施。所有被调查村庄污水都没有纳入市政管网，采用了分散小型生化污

水处理设施的村只有 60% 左右，其中有的村小型污水处理设施还没有覆盖全村。公厕、垃圾房等普遍品质一般，管理落后。

2.6 公共服务

通过调查发现，农村社会结构的变化导致对公共服务设施需求的变化，其特点主要有：一，教育设施全面退出农村，所有样本村均没有小学，只有一个村有一所为外来人口服务的幼儿园。二，卫生室是农村最基本的医疗服务点，虽然村民普遍希望前往上海市区、新城或新市镇的大医院就医，但是，数据显示超过一半的医疗服务仍然是由村卫生室提供。三，养老设施欠缺，只有三分之一的村有老年日间照料中心，但也仅能提供简单餐食。四，文体活动十分贫乏，村文化活动室基本是作为棋牌室在使用，虽然每个村都有室外活动场地，但是设施比较简陋；笔者观察到流动演出十分受村民欢迎，但是频率非常低，一般数月才有一次，且只在部分村开展。五，商业服务设施发展缓慢，各村都设有一座为农服务站（超市），村民对商品数量、种类和质量满意度不高；仅有个别村由于交通区位较好，有餐饮、理发等服务设施。农村电商服务十分缺乏，物流服务不能延伸至村内。

2.7 村容村貌

通过对村民的走访发现，近几年的新农村建设和村庄整治，使村容村貌有了一定程度的改善，但是大家的普遍感觉是一般，没有特色，房前屋后的空间比较杂乱。个别村的村民反映仍有脏乱差的地方需要整治。

3 供给侧分析

3.1 就业与收入

目前上海市郊区农民可以获得收入的途径主要有几个来源。一是农业产出收入，二是务工和经商收入，三是集体分红，四是土地流转和房屋租赁等财产性收入。

3.1.1 农业

包括青浦区在内的上海郊区主要粮食作物是水稻和小麦，一年收获两季。笔者结合统计数据和农户走访发现，包括各类补贴在内粮食种植毛收入为每年 3075 元/亩，但是种植成本平均每年为 1915 元/亩，如果是种粮大户、家庭农场或农业合作企业，还需考虑农地流转成本。即使按上海市 2015 年农地流转指导价格 950 元/亩计算，每亩种粮收益已不足千元，然而调研发现青浦区实际农地流转价格普遍在 1200 元左右，种粮收益堪称微薄。有农户认为种粮基本赚的就是农业补贴的钱，笔者认为并

不为过。

水果种植是青浦区另一大主要农业收入来源、分两种情况，一种是利用耕地与粮食作物轮作，如草莓、西瓜等；另一种是专业化果园，如柑橘、梨、桃等。其中，草莓的种植收入较高，调研发现白鹤镇由于有草莓种植传统且已形成品牌效应，收益可达到每亩 1~2 万元。

其他农产品的生产规模主要受到土地利用总体规划关于耕地和基本农田规模的制约。按《基本农田保护条例》（1998）的规定，基本农田只能用于种植粮食和蔬菜。效益较好且标准较高菜田需要完备的农业设施投入和一定的规模（连片不小于 100 亩），经过行政审批程序后方可纳入农业和水利建设项目库，申请相关财政资金的扶植。与此类似，养殖业特别是水产养殖业也在推进规模化和标准化建设，零星养殖水面在近几年大多已经复垦为农田。这些政策使得一般农户基本不能参与高标准菜田和标准化养殖项目。

由此可见，在这样的市场和政策条件下，农业收入不能成为主要的收入来源。

3.1.2 务工

上海通过几十年的工业化进程，特别是改革开放及浦东开发开放的近二三十年的高速发展，提供了大量的就业岗位，不仅吸引了 900 多万外来人口，也为本地人口提供了广阔的发展机遇。以青浦区为例，根据《青浦区统计年鉴 2016》，2015 年全区常住人口为 120.91 万人（其中户籍人口 47.2 万人）。非农"四上企业"[①] 总计 1425 家，从业人数为 27.66 万人，其中第二产业从业人员 19.39 万人，第三产业 8.27 万人。平均劳动报酬达到 6.86 万元。以上数据反映了正式就业岗位供给规模总体偏小，特别是第三产业就业岗位数量偏少，劳动报酬较全市平均水平偏低，与嘉定、松江等邻区相比也偏低，而本文调查数据显示的农民务工收入水平更是低于统计数据显示的全区平均水平。

此外，由于近年推进城市开发边界划定工作，处于开发边界之外的建设用地未来将持续减量，会导致就业岗位进一步向工业园区和城镇化地区集中。

由此看来，即使青壮年劳动力大量离家进城务工，农村居民获取非农就业机会无论在数量、收入水平还是就业区位上都处于弱势地位。

3.1.3 集体分红

调查发现区内各集体经济组织实力差异非常大。青

---

① "四上企业"是指规模以上工业企业、资质等级建筑业企业、限额以上批零住餐企业、规模以上服务业等四类规模以上企业的统称。

东地区由于城市化水平比较高，各村建设用地规模较大，集体经济组织的收入较为丰厚，分红较多。而青西地区农村建设用地较少，为数不多的企业对集体经济的贡献也大多为少量的房租和地租，仅能作为维持村庄日常管理费用的补充，基本无力分红。且近年来推进农村地区工业用地减量，还将减少这部分收入。政策层面倡导的所谓"造血机制"尚未探索出明确可行的路径，集体经济组织对于农民增收发挥的作用比较弱。

3.1.4 房屋租赁

作为大都市近郊区普遍存在的房屋租赁经济在青浦区也表现的十分明显。青东地区和靠近新城的村庄房屋租赁情况十分普遍，且成为部分家庭主要的收入来源之一[①]。从农村家庭层面看，农村家庭住房面积普遍较大，而家庭人口规模有限，空余房屋较多。在租赁需求比较大的地区，有的家庭不惜违章搭建和群租，由此产生了一定的治安和安全隐患，这是政府不愿意看到的。但是由于城中村改造、农居集中居住等工作推进较为缓慢，而控制外来人口过快增长又是超大城市比较采取的行动，所谓"以房控人"实际针对的就是郊区农村租赁住房，农民与政府的博弈仍在持续。

3.2 住房

农民居民住房采用的是一户一宅的政策，宅基地无偿分配给农户使用的，过去存在村庄建设比较粗放和无序的现象。现行政策是《上海市农村村民住房建设管理办法》（2007）和《上海市青浦区农村村民住房建设管理实施细则（修订）》（2014）。根据政策，4人及以下户的宅基地总面积控制在150~180m²以内，建筑占地面积控制在80~90m²以内，建筑面积不超过180m²，人口较多的家庭可适当增加面积。但是笔者研究了各镇土地利用总体规划后发现，用于农村住房的土地指标远远少于需求，不仅不可能满足所有农村家庭一户一宅的建房，宅基地还需要大规模缩减才能实现土总规的目标。但是，上文关于住房形式的调查显示仍然有相当多的农民喜欢独立式住宅，目前大规模强制推行"农民上楼"的条件还未成熟。

在城镇化水平比较高的地区，农民对于公寓式住宅的接受度较高，但操作层面目前尚无统一的法规和政策，会遇到土地性质的问题。在实际工作中，用于农民集中建房的土地性质一般为集体建设用地，在集体土地上建成的楼房实际上是某种形式的"小产权房"，没有实现真正的城镇化，对农民而言是不能上市交易的。如果将土地转变为国有，则属于需要走"招拍挂"的程序，按照经营性住宅用地的要求操作，会大大增加建房成本，加大农民的负担。

因此，政府在推进农民集中居住集中建房还是批准农民自建房上举棋不定，然而现有的农村住宅大多建造于20世纪80~90年代，房屋老旧破损的情况很多，加上部分分户的需求，农民改善住房条件的愿望十分迫切，矛盾很有可能在短期内集中爆发。

3.3 公共服务

公共服务供给不足是农村地区普遍的现象。结合农村地区社会结构变迁的现状以及针对村民的问卷和访谈，医疗、养老和文体设施是村民比较关切的公共服务内容。然而无论是现状、规划还是政策层面都不能解决公共服务短缺的问题。

首先在规划层面，受限于村庄人口、用地和规划范围的限制，大中型公共服务设施基本不可能布局在村内。规划实践中往往仅能针对村委办公室、卫生室、文化活动室、为农服务站、健身点等农村基本公共服务设施提出要求。而实际上各村此类设施都有配置，而且许多村还配有老年日间照料中心和村民举办红白喜事的会所，只是规模和质量上稍有差异。因此，实际上大多数村庄规划基本没有提出新建公共服务设施，规划在公共服务设施上到底能提供什么一直困扰着规划人员。

但是，调查中村民普遍反映看病不便、空巢老人缺乏照料、文体活动贫乏等问题又是切实存在的。这些问题显然无法由村庄自身解决，需要从更大范围统筹解决。然而，城乡统筹、基本公共服务均等化等政策思路目前延伸到农村还存在诸多困难。远郊地区基本公共服务设施的服务半径往往非常大，出行距离长，使用成本高，限制了居民对服务设施使用的频率。即使是城中村或者邻近城镇的近郊村也存在这样的情况。调查发现，地方政府认为这些村庄迟早要撤并改造，现在投入过多反而是浪费。

3.4 交通及市政设施

应该承认的是随着国家对农村地区投入的加大，乡村的道路交通出行条件和市政基础设施比过去有了明显的改善。但是从设施供给的角度可以发现一些特点。

首先，交通设施的设计和建设标准非常低。主要道

---

① 通过访谈得知青东某村一般家庭可出租房屋在6~10间房间左右，月租金收入数千元甚至超过万元。

路的宽度按照相关农村道路的设计规范[①]最大为6m，其次为4~5m，村内支路的宽度仅为2.5m。因为按照土地部门的相关规范，6m以下道路的用地性质可算为农地大类下的农村道路用地，而不是建设用地；超过6m的道路必须征地，并办理"农转用"后方可建设。而且6m宽度断面内必须包括路面、路肩、边沟等全部道路工程设施内容，实际可通行宽度一般只有4m多，这样的宽度是不能满足双向通行的。

其次，供应类设施（如供水、供电、通信等）由于可以收费，建设单位有一定的积极性。而绿化、景观、环卫等设施是属于纯投入的公共产品，即使通过各种渠道筹集到建设资金，后续的维护保养费用压力也使得这类设施的运营管理存在诸多问题。

水利设施是上海郊区江南水乡地区投入较大的基础设施工程。大型防洪工程和农田水利设施都采用的是百姓受益、政府买单的模式。青浦全区共有大小河道1800条，岸线总长2200km，受水流速度慢和潮汐的影响，很容易发生淤塞。在需求庞大而供给有限的情况下，水务部门只能轮流对河道进行一般性的疏浚整治，周而复始。而农田水利设施的建设投入有时还会出现与农民生产需求不符而被闲置浪费的情况。

4 产权与制度解析

以上矛盾问题出现的根本原因在于农村的经济、社会状况已经发生了根本性的变化，而产权、制度等结构性要素的变迁非常缓慢，结构（structure）供给越来越无法满足行动者（agents）的需求。

4.1 产权重组的困境

根据科斯的理论，在交易成本大于零的现实世界，产权初始分配状态不能通过无成本的交易向最优状态转化，而且这种交易只有在产出增长大于交易成本时才会发生，因而产权初始界定会对经济效益产生影响。在我国农村，资源产权的现状（产权的初始界定）不仅是模糊不清的，而且受到各种限制，非常不利于产权的优化重组。

对于继续从事农业生产的人来说，高附加值化和规模化是提高收益的有效手段。但是，高附加值产品的生产受到耕地保护政策的限制（基本农田只能种植粮食和蔬菜），规模化生产虽然有农地流转政策的支持，但是流转本身不是正式的交易制度，流转所获产权的权能较弱。

[①] 《土地开发整治项目规划设计规范》（TD/T1012-2000），《上海市土地开发整治项目工程建设标准》（DG/TJ08-2079-2010）

特别是在推行农地"三权分立"后，农民土地承包权实际上具有准所有权的性质，权能强化且分散，有可能对集体所有权和经营使用权产生不利影响。而对于脱农务工的人来说，其原来所控制的资源如土地承包权、集体经济份额、农村住房等都不能通过交易转化为更适于城市化就业和生活所需的资源，由此产生了所谓"半城市化"的问题。

关于宅基地的问题，根据现行的法规和政策，笔者认为宅基地只是农民在本集体范围内所享有的住房用地使用权。这种产权是配给制遗留的产物，就如学校和军队中分配给个人的宿舍床位一样，有统一的尺寸标准，可以使用、调换，所不同的是它可以继承，但是这种产权受到极大的限制，固化且不能交易，不利于城镇化背景下的劳动力再生产，也与农民追求财产权利的朴素愿望相矛盾。即使通过集体建房改善房屋本身的条件，只要土地权利不转变，从产权的角度看与传统宅基地并无区别。对于农民个体而言，此种产权唯一的收益方式只剩出租这一条路了。

而在规划中为农村预留非工业性质的经营性用地到底属于什么性质的土地，拥有何种权能，采用何种开发方式，如何分配收益，这些问题始终困扰着规划编制和管理人员，也使得有志于投资农村地区的企业犹豫不前。

由此可见，产权明晰是市场经济交易活动的前提条件，而目前农村地区产权的模糊是市场机制不能在农村发挥作用的根本原因。

4.2 交易成本问题

模糊的产权也不是绝对不能交易。根据巴泽尔（1997）的产权理论，产权是人们对财产使用的一组权利属性束，人们不可能定义和占有资产的全部产权属性，产权也不是完全法定和由政府保护的，只要资产的某项属性可以被某人利用并获益，且他保护这项产权的成本低于收益，这种非法定的经济权利就会实际存在。所以，人们会问宅基地有价值吗？当然有，因为它至少可以在村集体内部交易，甚至可以与村集体以外的人交易。只是，与村外人的交易不能得到法律保护，从而导致高昂的交易成本。这个理论还可以用来解释农村地区常见的村民违章搭建、村集体违规出租使用土地等问题，只要违规行为能带来收益，并且政府管理力量比较薄弱时（违法成本低），这项经济权利就很容易建立起来。

4.3 公共产品

当产权具有排他性和竞争性时，这种产权属于私有产权。排他性指一个资产一旦属于某人所有，其他人就不能免费享用；竞争性指增加一个消费者对某项物品的消费，就需要增加该物品的数量，从而增加物品生产的成本。而公共产品指不能采用收费的方式限制其他人享用，而且增加消费者数量也不需要额外增加成本的非竞争性非排他性产品。但是，由于物品本身的多重属性特征，以及交易成本的存在，纯公共产品是极少的，常见的大多属于竞争性而非排他性的"准公共产品"（如道路）或是排他性而非竞争性的"俱乐部产品"（如村委会）。

一	排他性	非排他性
竞争性	私人产品	准公共产品
非竞争性	俱乐部产品	纯公共产品

公共空间、公共服务、道路和市政基础设施等公共产品在农村地区供给不足的现象也是由其产权特性和交易成本导致的。供水供电通讯等设施由于可以计量收费，设施条件越来越好，因而不属于公共产品。而污水、环卫、文体活动等设施可以算俱乐部产品（服务于某村），但问题在于村集体提供设施却不能向村民收费（正外部效应不能内化）。因此，当集体经济效益比较好的富裕村由村集体买单时，公共服务设施就比好；而那些比较贫穷的村，公共服务设施就相对较差。

道路的建设维护一般由上级政府提供，不同区域之间竞争这些资源，因而属于竞争性而非排他性准公共产品。这类设施也不能向村民收费，因而产品提供者倾向于低投入、低标准、广覆盖。具体的做法体现为虽然道路村村通，但宽度很窄、路网稀疏、缺乏路灯、公交线路曲折。医疗、养老、环卫、农田和水利设施的情况都与道路类似。这类公共产品想要改善，从目前的制度安排来看，很难引入市场化机制，只能依赖政府加大投入。

4.4 集体行动与个体行动

村庄规划中常常还会遇到集体行动与个体行动矛盾的问题。如规划道路与个别村民宅基地矛盾导致道路无法实施；再如迁村并点时，有人搬有人不愿意搬导致新村已建而旧村未拆，土地周转指标无法归还的问题等。由于农村建设的基本动力和资金主要来自农户，建房的原则是自愿，在缺乏强制力的情况下，谈判协调的交易成本就会异常高，有时甚至导致产权调整和重组无法进行。根据博弈理论，个体利益最大化并不必然导致群体利益最大化，帕累托最优不能实现。因此，村庄规划中

不考虑交易成本的技术上的空间最优方案往往很难实施。规划部门更应该做的是制订平衡技术最优和交易成本后的可行方案以及实现方案的制度路径。

4.5 制度变迁

从以上论述中可以看出制度的重要性。制度可以抑制人际交往中可能出现的不确定性和机会主义行为，从总体上降低交易成本；同时，制度也与人的动机、行为有内在联系，是人的利益及其选择的结果，因此，制度是社会共有的"公共产品"，保证了社会群体依靠某种惩罚和激励机制，将人们的行为导入可以合理预期的轨道（诺斯1994）。制度不是静态的，会随着人类社会的发展，不断演化、发展和变迁。

然而，在改革不断深化的今天，农村地区的制度变迁仍然显得保守谨慎，以至于在一定程度上抑制了农村发展的活力。笔者认为，虽然制度变迁带来的收益十分诱人，但是，制度变迁的成本同样十分惊人，行动者的净收益、原有制度收益的损失、新制度收益的不确定性都是制度变迁的机会成本。从现有制度来看，乡村与城镇的关系仍然是单向的流动，乡村为城镇发展提供土地、劳动力和农产品，但又享受不到城镇的公共资源，也抓不住城镇外溢的机遇。虽然近些年，乡村也开始为城市提供少量的旅游、休闲、养老等服务，但是在制度和产权层面仍然得不到稳定的保障。如果在制度层面不改变这样的单向流动关系，城乡统筹发展以及农民最关心的增收致富问题就无法实现。

5 结论

规划师普遍感觉村庄规划很难做，有时觉得没什么好做的，有时觉得问题太多无从下手，即使勉强制订了一个方案，对于能否实施以及实施到什么程度心里也是没底的。关键的问题是在高速城镇化背景下，乡村的生产生活状态已经发生了根本性的变化，围绕农村地区的资源，重新确定人与人之间的关系（制度变迁）是把村庄规划好和发展好的前提条件。

但是，现实的情况是农村资源的重组面临产权上的困境，现有机制的交易成本十分高昂，即使背靠上海这样的超级城市，也无法抓住城市外溢出的各种机遇，反而出现了村庄空间的凋敝，以及公共产品供给和协调村民集体行动的重重困难。制度层面的限制又导致乡村在内生动力不足的情况下，除了得到政府有限的财力支持以外，无法获得更多的外在市场力量。由此可见，村庄规划作为国家法定规划体系中最底层的行动计划，承担

不了农村地区资源产权优化重组的重任。只有在产权和制度层面进行创新，才有可能发挥资源潜力，使上海大都市郊区的乡村发展跟上迈向卓越全球城市的步伐。

主要参考文献

[1] 富伟，于春，崔曙平（2014）村庄规划实施绩效评价及对策探讨——基于江苏283个自然村的调查分析，中国城市规划年会，2014.

[2] 孟莹，戴慎志，文晓斐.当前我国乡村规划实践面临的问题与对策.规划师，2015（2）：143-147.

[3] 马亚利，李贵才等.快速城市化背景下乡村聚落空间结构变迁研究评述.城市发展研究，2014，21（3）：55-60.

[4] 田莉.城乡统筹规划实施的二元土地困境：基于产权创新的破解之道.城市规划学刊，2013（1）：18-22.

[5] 葛丹东，华晨.论乡村视角下的村庄规划技术策略与过程模式.城市规划，2010（6）：55-59.

[6] 周锐波，甄永平，李郇.广东省村庄规划编制实施机制研究.规划师，2011（10）：76-80.

[7] 上海市青浦区统计局，《青浦区统计年鉴2016》. http：//stat.shqp.gov.cn/gb/special/node_38106.htm.

[8] 巴泽尔 Y.产权的经济分析.费方域，段毅才译，上海：上海三联出版社，1997.

[9] 诺思（D. North，1994）.制度、制度变迁与经济绩效.杭行 译，韦森 审校.上海：上海三联书店，2008（10）.

村庄规划3.0版的探索与思考
——以全国村庄规划试点村北京市门头沟区炭厂村为例 *

赵之枫　骆爽　张建

摘　要：随着新型城镇化的逐步推进，乡村转型发展日益受到关注。村庄的转型与多元化发展要求村庄规划思路与方法的转变。本文试从2016年住房城乡建设部办公厅选取的全国试点村庄规划中北京市入选村庄——炭厂村村庄规划实践中，梳理以往村庄规划的经验与不足，探索村庄规划3.0版，改变以往多以空间规划与建设为指向的村庄规划方式，探索基于权属关系的契约化村庄规划建设及管理模式，形成产业、空间和社会的综合规划，突出社会治理，将规划延伸至村庄发展、建设与管理，建立长效机制，以期能为以后的村庄规划工作提供参考和借鉴。

关键词：村庄规划；规划试点；长效

逐步深入推进新型城镇化，乡村的转型发展是其中一大重点。根据住建部《关于开展2016年县（市）域乡村建设规划和村庄规划试点工作的通知》，炭厂村是此次全国试点村庄规划中北京市的入选村庄。本次试点的目的是改革创新乡村规划理念和方法，树立一批符合农村实际、具有较强实用性的乡村规划示范，以带动乡村规划工作。

笔者所在的规划团队正是在此试点目标及内容上进行炭厂村村庄规划创新探索。本文旨在介绍其中规划思路的转变及在炭厂村村庄规划中的实践经验与创新探索，以期为同类村庄规划提供参考和借鉴。

1 炭厂村概况、基本特征及现状问题

1.1 炭厂村基本情况

炭厂村位于北京市门头沟区妙峰山镇镇域西北部，东邻上苇甸村，北邻大沟村、禅房村，西邻雁翅镇田庄村。村庄距北京天安门直线距离约40km，距离门头沟新城约18.9km，距离妙峰山镇政府所在地陇驾庄村9.6km。炭厂村为深山区村落，总面积12.59km²，211户，人口376人。村集体经营的国家3A级景区神泉峡位于村庄以西一公里处，面积5平方公里，已于2010年正式对外开放（图1）。

1.2 炭厂村基本特征

特征一：炭厂村是典型的山区村落。

炭厂村产业发展以旅游业、林果业为主导产业。人口规模小，村民以看山护林、外出务工、服务景区等为主。

村落空间形态依山傍水，坐北朝南，村庄宅基地呈阶梯式布局。村域由炭厂西沟、炭厂东沟、潭子涧沟三条山沟组成。村庄北靠虎头山，民居依山而建，形成三层台地。村前两侧分别为东、西涧沟支流，于村口汇成一水洼，名为龙扒洼（现在为龙水湖水世界），村东北400m处，有一人工湖龙潭湖。村口向西行1km即为村庄自主经营的国家3A级景区神泉峡（图2、图3）。

经过新农村建设（2006-2013）和险村搬迁工程（2014-2016），各项设施较为完备。炭厂村的对外交通较为便捷，公交车每日早中晚来村各一次，方便村民出行。

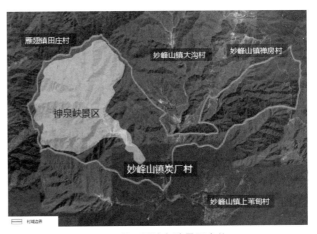

图1　炭厂村神泉峡景区方位
（资料来源：项目组成员绘制）

赵之枫：北京工业大学城镇规划设计研究所
骆爽：北京工业大学城镇规划设计研究所
张建：北京工业大学城镇规划设计研究所

* 此文受到国家自然科学基金项目（51578009）资助。

图 2 村庄形态示意图
（图片来源：项目组成员绘制）

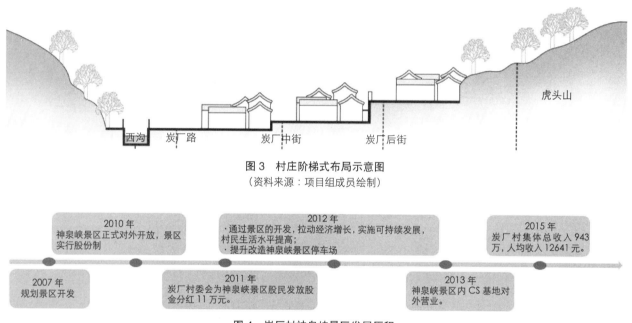

图 3 村庄阶梯式布局示意图
（资料来源：项目组成员绘制）

图 4 炭厂村神泉峡景区发展历程
（资料来源：项目组成员绘制）

村内道路已实现硬化、亮化的全覆盖。公共服务设施和市政设施相对完善，基本满足村民需求。具有一定的历史文化资源。明朝朝廷在此地设立炭厂，用以收购宫廷所需木炭，村民多以烧炭为生，约至清代初期繁衍成村。炭厂村现有 1 处市级、2 处区级非物质文化遗产，多处历史环境要素体现"炭厂文化"。

特征二：拥有村集体开发的 3A 景区——神泉峡景区。

2007 年景区由村委会筹办开发，2010 年正式对外开放，现为国家 3A 景区，年均接待量 3 万人次。近年来先后开发诗路花语迎宾景观带，山谷游览景廊，CS 野战基地、林果采摘基地等（图 4）。

景区以自然山水的沟域特色为依托，原生态特色突出，一期开发的旅游设施相对完善，旅游格局初步形成。景区内现有有四条旅游线路，景区入口附建有炭文化博物馆、儿童戏水园、真人 CS 基地，农耕体验、采摘园等项目；景区内部，凭借自然环境的丰富，主打自然游览。

特征三：村庄民主管理健全有序。

炭厂村近年来的发展得到了各级政府部门及领导重视及大力支持，主要用于村庄的基础设施建设、村庄民房改造、景区发展，取得了一定的成绩。村庄集体管理制度完善；领导班子团结，凝聚力强；组织机构完备，民主议事制度、档案管理健全；有村志记录、村规民约的制定。多年以来，村集体获得了多项集体荣誉。村民对村庄发展和居住环境的认可度较高，90% 村民希望发展旅游（图 5）。

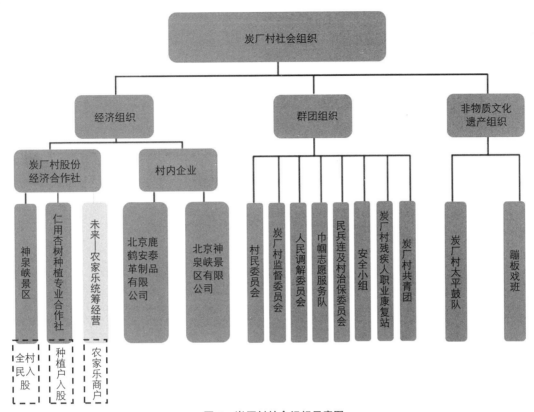

图 5　炭厂村社会组织示意图
（资料来源：项目组成员绘制）

1.3　炭厂村现状问题

1.3.1　村庄旅游业发展遇瓶颈

从全域旅游体系建设的角度，村域旅游资源有待发掘。

景区住宿餐饮等服务配套设施需完善，部分市政设施需扩容。村庄与景区联动，初步形成游玩、餐饮及住宿的休闲旅游模式。村中开展农家乐经营的户数有 11 家。神泉峡景区每年游客量约为 3.5 万人次，游玩与住宿餐饮配套严重不匹配。村中缺乏商店、游客接待中心等旅游公共服务设施，缺乏产业规划带动村庄建设。

1.3.2　空间环境品质待提升

建设引导问题。经过"险村搬迁"的民宅原址改扩建工程，村民住宅舒适度得到普遍提升，但是建设引导缺失，山村特有的传统格局受到侵蚀。部分加建 3 层的住宅影响了炭厂村"民居错落，三层台地的空间格局"（图 6）。

公共空间问题。村庄公共空间缺乏特色，村庄和景区空间不相协调，例如缺乏可供游客停留和交往的室外公共空间、村庄空间特色被破坏、现有公共空间垃圾和施工材料杂乱堆放、现有公共空间缺乏绿化景观、村庄与风景区公共空间未形成村域整体景观系统、现有公共空间品质缺乏人性化设计等。山区民居建筑地域性特色缺失，院落封顶，庭院、厅堂文化流失。

1.3.3　发展模式需探索

村民集体以及村民个体的利益诉求需要有更好的协同机制。主要体现在：①村民对农家乐的发展模式有疑惑。已开展农家乐农户，对此消极心理较大，因村集体未制定统一菜品、服务标准等统一标准，怕日后会恶性竞争、流失客流、声誉减损。然而，申报农家乐的农户对成立合作社期望较高，因为可以得到村集体帮助，减少农家乐改造的资本，规避竞争风险；②村民自行翻建房屋，加建楼层，甚至加建房屋，影响村庄整体形态和风貌。村民自行在宅基地上加建楼层，影响周围村民生活；随意做院落封顶，造成室内采光不足。甚至存在个人宅基地占用村集体用地等现象。因此，在全域旅游下，

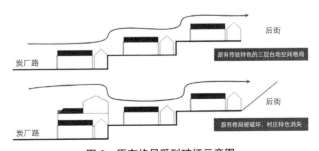

图 6　原有格局受到破坏示意图
（资料来源：项目组成员绘制）

如何探索集体产业与个体经济双生双赢，对炭厂村的可持续发展具有重要意义。

各方力量参与还需加强。炭厂村在乡村旅游、生态农业等方面资源禀赋，在良好的生态文化资本与丰富的生产要素之间互助提升，旅游发展前景良好、村民创收、村风和谐。却仅有单一的行政管理组织和经济发展型组织，这与炭厂村良好的发展基础相矛盾，需要加强各方力量的参与。

2 规划编制中的思想转变

2.1 炭厂村村庄规划沿革

2.1.1 村庄规划 1.0 版——《炭厂村村庄规划（2009-2020 年）》

《炭厂村村庄规划（2009-2020 年）》的规划背景是2007 年开始的新农村建设，规划重点主要是空间层面上的公共设施建设与村容村貌的提升，由政府主导，是一种自上而下的规划思路。

2.1.2 村庄规划 2.0 版——《门头沟区妙峰山镇险村搬迁工程》

炭厂村属于山区地质灾害易发区，村民房屋年久失修，抗震等级低。根据市、区相关政策，《关于成立"7·21"特大自然灾害灾后重建工作指挥部的通知》，为改善村民居住条件，妙峰山镇于2013 年开始实施《门头沟区妙峰山镇险村搬迁工程》。

村庄改造过程中形成了契约化管理的"炭厂"模式，即与农户签订搬迁合同或文书，在达到要求标准并通过验收后，再兑付建房部分的搬迁政策资金及抗震节能改造资金到每户，同时预留了部分搬迁基础设施费用由村委会统筹组织基础设施建设。

"险村搬迁工程"的规划背景是近年来开展的美丽乡村运动及乡建运动，着重于空间上的住宅改造，体现了村民自主与对政策的整合，但本质上还是一种自上而下的规划思路。

2.2 村庄规划 3.0 版的创新探索

2.2.1 村庄规划 3.0 版与之前版本的差异与优势

村庄规划 1.0、2.0 版的主要问题均是无法建立以持续发展为目标的长效机制，无法在长时间段内促进村庄发展，进而改善民生。

村庄规划 3.0 版的探索则以现在以人为本的主流规划思路为背景，不只着眼于村庄空间的品质提升，还在产业发展、社会治理等多方面多维度进行规划工作。其优势就在于结合了自上而下带来的政策资金优势与自下而上带来的村民自治，使村庄建立起具有更强且具有可操作性的长效机制。

2.2.2 村庄规划 3.0 版创新探索思路

改变以往多以空间规划与建设为指向的村庄规划方式，探索基于权属关系的契约化村庄规划建设及管理模式，将规划延伸至村庄发展、建设与管理，建立长效机制（图 7）。

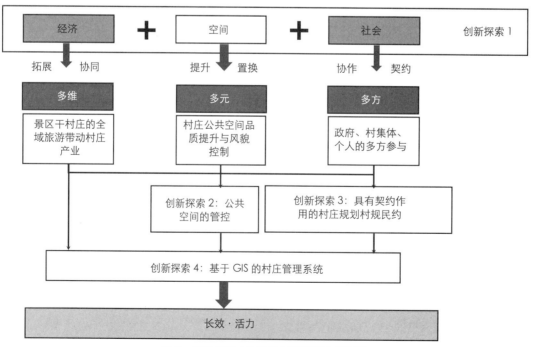

图 7 村庄规划 3.0 版创新探索思路示意图
（资料来源：项目组成员绘制）

3　村庄规划3.0版创新思路在炭厂村村庄规划中的应用

3.1　产业规划

3.1.1　产业现状发展情况及资源挖掘

在妙峰山镇域村庄集体企业经营的旅游风景区2015年的接待量和收入统计排名中，炭厂村的神泉峡景区排名第二，具有较好的旅游基础和发展潜力。

炭厂村位于京西古道中的驼铃古道路段，串联炭厂村、上苇甸村和上苇甸村，蕴含独特的历史文化。深度发掘炭厂村的炭文化历史，使之作为炭厂村的独特的旅游产业资源。

3.1.2　产业定位

依照《妙峰山镇"十三五"规划》中对各村庄产业发展的定位，炭厂村可依托神泉峡景区基础设施的改造提升，深度挖掘驼铃古道的历史价值和炭厂村炭文化的传承与利用，通过镇域西北部的驼铃古道和东北部的妙峰山古香道联动周边村庄旅游产业的发展，激活镇域北部村庄的区域活力（图8）。

综合考虑，本版村庄规划产业定位为"神泉幽峡·炭厂古韵"，即依托神泉峡景区自然生态景观资源优势，发掘炭厂村木炭文化历史价值，以驼铃古道为联络线连接景区和村庄，以生态休闲旅游产业为主导，打造北京西郊的特色民俗旅游示范村。

提出以旅游七要素为线索的炭厂村全域旅游策划包括：食（香味谷烧烤、泉饼宴、活鱼食堂）、宿（特色民宿、香味谷小木屋）、行（观光"小火车"、徒步行）、游（驼铃古道、太平鼓民俗活动）、购（特色商品、山区特产）、娱（水幕电影、真人CS）、育（炭文化体验基地、地质文化教学基地、民俗文化体验基地）等（图9）。

同时在镇域、村域、村庄三个层次提出产业空间布局规划方案：在妙峰山镇域范围内，以驼铃古道和妙峰山古香道为联络带，串联镇区各个村庄旅游资源，形成全镇域旅游格局，多村统筹发展。在炭厂村村域范围内，村域西部继续开发神泉峡景区的自然生态资源、完善旅游配套基础设施，东部打造东沟自然保护区，中部潭子涧沟发展香味谷古炭烧烤和特色木屋露营，村庄打造文化体验产业，并通过驼铃古道联络带将景区和村庄衔接

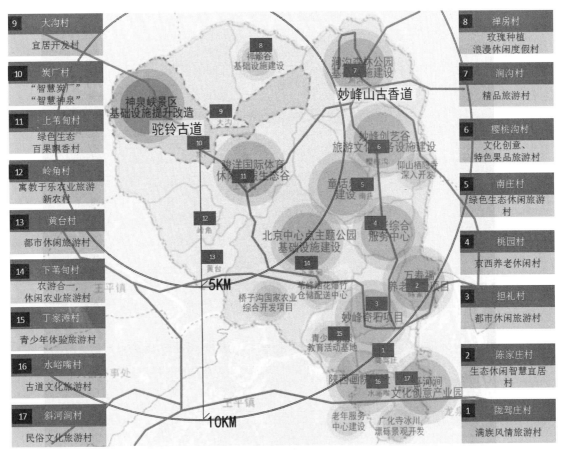

图8　妙峰山镇"十三五规划"中各村庄产业定位分析图
（资料来源：项目组成员绘制）

图9 旅游策划项目示意
（资料来源：项目组成员绘制）

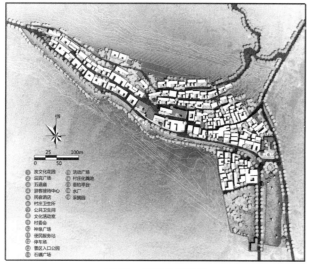

图10 村庄总平面图
（资料来源：项目组成员绘制）

起来，从而形成全域旅游产业格局。村庄范围内，依托独特的炭文化和驼铃古道历史资源，通过炭厂村村庄内部三条主要街道，形成村庄游览慢行路线，将村庄内部设立文化体验项目节点空间串联，激活村庄旅游相关产业发展（图10）。

3.2 空间规划

通过对村庄现状的分析，进行村庄导则的设计，进而引导村庄内公共空间的建设，达到提升人居环境的目标。

村庄空间引导重点在对公共空间的管控与引导，防止旅游日益发展后村民个体住宅对公共空间的随意侵入（例如农家乐扩建或者搭建临时设施等对公共空间的侵占等），通过改善公共空间品质提升作为旅游服务区的村庄环境。

3.2.1 街巷空间引导

（1）院落内外连接台阶和坡道属于各户私人用地，院墙外其他区域都属于村庄集体用地；

（2）院外台阶和坡地宽度不超过2m，长度不超过4m；

（3）院落外花坛和室外休息区宽度不超过2m；

（4）鼓励利用相邻院落的夹角空间；

（5）各户不得占用院落之间空隙和道路；

（6）院落外花坛和室外休息区到河道边界的最小距离不小于5.5m。保证足够的车行和人行空间。

沿街立面整治引导：沿街建筑作为村庄对外的展示界面应保持统一格局和当地传统特色风貌，院落建议保持三合院形式；厢房建议不再加建二层，保持街巷原有的高宽比；院落入口形式应统一规划，引导村民自觉打造入口微公园（图11）。

3.2.2 微公园引导

微公园旨在为路人提供一个可以放松和享受城市的公共场所，在一些缺乏城市公园或人行道宽度不足，无法满足街头活动的地方设置。微空间不仅解决了街道缺乏活力、游客无处休憩、居民缺乏公共交流空间等问题，而且在提倡自行车出行的同时，解决了机动车占用公共空间的问题。

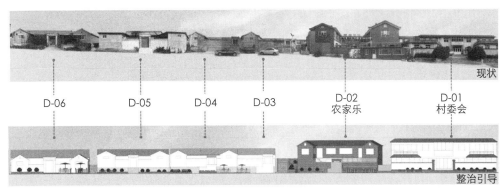

图11 沿街立面整治引导示意（部分）
（资料来源：项目组成员绘制）

改造措施包括：注重每户院落入口两侧微公园的营造道路北侧增加座椅，利于游客停留休息；室外台阶处种植多种花草，丰富景观环境；民宿外设置花坛和休息座椅，供游客使用等。

3.3 社会治理规划

3.3.1 村庄规划中村民参与村庄建设的发展历程

村庄规划1.0注重改善物质的条件，仅以征求村民意愿的方式进行村民参与，其特征主要为一次性的针对规划；村庄规划2.0注重乡村的特色，开始在规划中调动村民的积极性，村民参与的特征为一段时间内参与规划；村庄规划3.0则注重乡村文化的复兴，村民从规划到后期发展、建设与维护进行长时期的参与，并建立起长时间持续参与的长效机制（图12）。

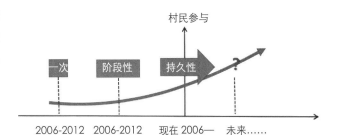

图12 村民在村庄规划中的角色演变
（资料来源：项目组成员绘制）

3.3.2 进行多方参与的村庄规划

以村民为主体的政府行政管理组织、经济组织、行业自律组织等多方参与的村庄建设，为村庄发展注入持久活力（图13）。

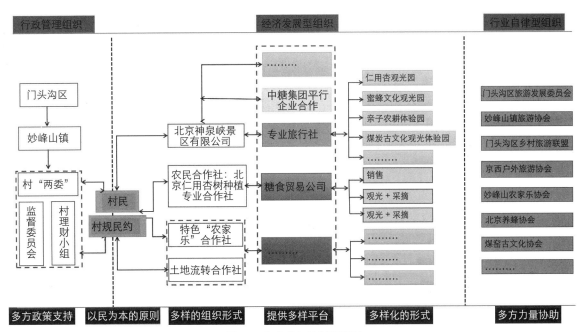

图13 多方参与的村庄规划
（资料来源：项目组成员绘制）

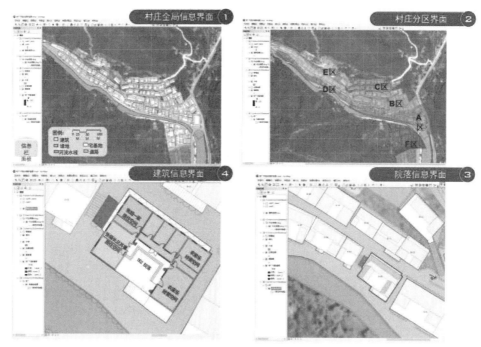

图 14 炭厂村村庄管理系统不同界面展示
（资料来源：项目组成员绘制）

3.3.3 建立炭厂村村庄管理系统

主要包括村庄基础信息数据汇总（院落编号、院落户主、院落权属、院落照片、建筑编号、建筑层数、建筑面积等）、规划决策可视化分析（高度控制、现有农房风貌控制）、村庄规划实施动态监测及管理（土地用途管制、建设空间功能控制、建设规划管理、农房建设管理）。其中村庄基础信息数据汇总部分主要为了给村民进行查询展示，规划决策可视化分析和村庄规划实施动态监测及管理则主要为之后规划师、管理人员进行规划、建设及审批管理提供相关依据（图 14）。

3.3.4 制定村民认可的村规民约

需要结合村庄实际情况制定具有当地特色的村规民约。具有契约性质的村规民约是从国家治理走向社会契约的体现，也是旅游景区效益日益增加阶段村庄健康发展的保证。

炭厂村第一版村规民约（2008）是引导型村规民约，内容较为空洞，且不够全面。炭厂村第二版村规民约（2013）是条文型村规民约，内容相对丰富，但是形式单一，无炭厂村特色。根据调研访谈发现，以往的两版村规民约都未得到村民的广泛知晓和认同。本次的 3.0 版村规民约，针对以往存在的问题做出较大改进。将村庄规划内容纳入到村规民约；突出炭厂特色、形式简单、朗朗上口；用图文并茂、通俗易懂的方式解读村规民约，便于村民理解；在村中组织规划和村规民约宣讲活动，提高村民参与和认知度（图 15）。

> **《炭厂村村规民约三字经》初稿**

炭厂村	是我家	要发展	先规划
新目标	新理念	创示范	扬天下
神泉峡	依山水	靠优势	搞旅游
三台地	是特色	护风貌	要保留
加层数	毁村貌	控高度	保格局
西涧沟	龙水湖	保清洁	添灵气
大街路	是门面	客必经	勿占道
小广场	属集体	客停留	勿打扰
建住宅	先申请	守规划	顾形象
三合院	是特色	加封顶	应报批
坡屋顶	薄石板	若翻建	应统一
小门楼	立影壁	建设好	家安宁
五道庙	是古迹	要保护	靠大家
农家乐	有标准	讲规则	都遵守
游人来	要礼让	有礼貌	树新风
倒垃圾	不随意	先分类	讲文明
猪有圈	狗有窝	要圈养	重管理
炭文化	是名片	游客闻	慕名来
太平鼓	蹦蹦戏	人人爱	世代传
村民约	为村民	勤建言	乐参与
传美德	睦邻邦	齐遵守	共发展

图 15 炭厂村村规民约 3.0 版（初稿）
（资料来源：项目组成员绘制）

4 总结

规划思路的转变已经成为不可逆转的大趋势。由之前只关注空间层次的品质提升转变为综合产业、空间、社会治理多方面考量的规划思路，需要不断在村庄规划实践中进行检验，逐步摆脱旧有规划思路限制，才能真正的带动村庄经济，提升人居环境，使村庄规划更有意义和价值。

主要参考文献

[1] 胡冬冬，杨婷."三生协调"思路下的村庄规划编制方法研究——以随州市丁湾村村庄规划为例 [J]. 小城镇建设，2014（12）：70-75.

[2] 周宣东. 因村而异，分类编——制—徐州地区村庄规划编制实践 [J]. 规划师，2015（11）：77-82.

[3] 陶小兰. 乡村视角下的广西县域村庄规划编制体系探讨 [J]. 规划师，2015（S2）：159-161.

高水平城镇化地区小城镇发展演变及其展望*
——对苏州案例的研究

陈晨　方辰昊

摘　要：当前，我国城镇化率54%，已经进入"城镇化的下半场"。而部分先发地区，如苏州市城镇化率高达74%，已经进入了高水平城镇化地区的行列。因此，苏州小城镇发展的经验对于我国高水平城镇化地区的小城镇发展规划具有重要的参考价值。本文以苏州为例，归纳其小城镇发展演变的历史特征，认为在高水平城镇化地区的小城镇发展既要关注"聚焦镇区"的"特色小镇"发展，更要关注"兼顾全域"的"特色小城镇"发展。进一步地，本文还提出了高水平城镇化地区未来发展的三种情景。

关键词：高水平城镇化地区；小城镇；特色小镇；苏州

1　引言

当前，我国城镇化率54%，已经进入"城镇化的下半场"。"新常态"下我国经济发展将保持中高速，城镇化将稳步推进。而部分先发地区，如苏州市城镇化率高达74%，已经进入了高水平城镇化地区的行列。展望未来的5~10年内，将有更多的省、市、地区进入"城乡统筹阶段"（城镇化率50%~70%）及"城乡一体化阶段"（城镇化率70%+）（赵民、陈晨、周晔、方辰昊，2016）。因此，研究和总结苏州的小城镇发展演变可以为后发地区提供先进经验，具有重要的实践价值和理论意义。

新世纪以来，苏州已跨越了以城市为偏向的发展阶段，通过以城带乡，基本实现了城乡融合，并为进入城乡共生阶段进行了一系列的制度探索。在长达7年的城乡一体化建设实践中，苏州的城乡关系已经全面超越单一的以土地资源为中心的、以城市为偏向的资源配置模式；就采取的方法而言也已超越了围绕土地和经济增长而展开的城乡统筹，更多的是将城市和乡村作为一个运作共同体，以实现城乡空间统一规划、产业空间统一布局、各项资源空间重置、基础设施统一布局、公共服务均等化、就业保障一体化、生态环境资源和社会管理资源共享的目标。这种发展思路上的转变是对城乡关系认识的重大突破。通过制度建设，苏州已全面形成了城乡

规划一体化、城乡产业布局一体化、城乡资源配置一体化、城乡基础设施建设一体化、城乡生态环境建设一体化、城乡公共服务均等化、城乡就业社保和社会管理一体化七个方面的长效推进机制，并取得了较为显著的成效。上述特征是苏州小城镇的历史演变及其发展趋势的重要背景。

本文以苏州为例，归纳其小城镇发展演变的历史特征，认为在高水平城镇化地区的小城镇发展既要关注"聚焦镇区"的"特色小镇"发展，更要关注"兼顾全域"的"特色小城镇"发展。进一步地，本文还提出了高水平城镇化地区未来发展的三种情景。苏州小城镇发展的经验对于我国高水平城镇化地区的小城镇发展规划具有重要的参考价值。

2　苏州市城乡关系的历史演进

本文先从历史演进的角度定位苏州的城乡发展阶段。改革开放以来，苏州城乡关系的发展经历了三个阶段，伴随着苏州城乡关系的历史演进，苏州乡村地区的发展主体、发展平台、农业经营主体等都经历了从初级到成熟的历史性跨越，其城乡关系已经逐渐进入了城镇化发展的"高级阶段"，这是苏州小城镇发展演变的基本背景。具体来说：

第一阶段是"城乡二元时期"，即乡镇企业主导的农村工业化推动时期。20世纪80年代，苏州紧紧抓住农

---

*本文受国家自然科学基金项目"特大城市郊区半城市化地域的成因解释及规划策略研究"（批准号：51608366）和同济大学高密度人居环境生态与节能教育部重点实验室自主及开放性科研课题资助。

陈晨：同济大学建筑与城市规划学院
方辰昊：同济大学建筑与城市规划学院

村改革的历史机遇，大力发展乡镇企业，实现了"离土不离乡"的历史性跨越，加快了农村工业化进程。同时乡镇企业的快速发展，带动了小城镇的繁荣与发展。这一时期是"苏南模式"发展的典型阶段。但这一时期苏州的城镇化率仍处在较低的水平，城市经济发展水平较低，无力带动广大乡村地区，此时的城乡处于分割和分治状态。

第二阶段是"以城带乡时期"，即以城市开发区建设为主导，辐射农村地区的发展。1990 年代初到 20 世纪末，苏州紧紧抓住国家沿海地区和上海浦东开发开放的历史机遇，大力发展开放型经济，工业园区、开发区的建设促进了产业集聚，率先实现了"内转外"的历史性跨越；同时也加快了城镇化步伐，形成了以中心城市为主、中小城镇功能互补的相对均衡的城乡体系。具体来说，1990 年代初，针对乡镇企业竞争力弱，产能过剩等问题，苏州进行了乡镇企业产权制度改革，乡镇企业合并，"三集中"等多项改革，经济发展的载体逐渐转向城市。1990 年代后，在国际产业转移背景下，上海浦东成为对外开放的重点；苏州发挥临近上海的文化和地缘优势，设立与上海"接轨"的各类工业园区，并主动以市场化手段将上海作为资源利用平台，加快引资步伐，大力发展外向型经济。在此基础上，开发区管理实现了区镇一体的新模式，这客观上打破了行政区划，推动了区域范围内的城乡一体化发展。同时，苏州还通过撤乡并镇，建设乡镇开发区，推动中心镇的快速发展，形成了以中心城市为主的结构合理、功能互补及相对均衡的城镇体系。但此阶段农村和农业发展空间受到了很大挤压。

第三阶段是"城乡一体化时期"，即由城乡统筹走向城乡融合、城乡共生。新世纪以来，高新技术产业的迅速发展带来了全球产业结构的大调整和新一轮国际产业的大分工，出现了以国际产业大转移为特征的世界产业布局的重新调整，苏州利用承接国际产业资本大量转移的历史机遇，积极实施招商引资战略，成为国际资本和技术转移的重要场所。通过一系列措施，苏州建立起以园区为载体，以打造现代国际制造业基地为引擎，以工建农、以城带乡为城乡发展模式的"新苏南模式"。同时，苏州采取了一系列推动城乡一体化发展的政策措施，通过"三集中"、"三置换"、"三大合作"以及股权固化改革、政经分离改革以及农村产权交易（流转）机制、农村承包土地确权登记颁证等制度创新和"三形态"、"三大并轨"、"四个百万亩"等重点工作，进一步解放了生产力，推动苏州城乡一体化进入以社会建设为中心的城乡一体化发展新阶段。

3 村镇地区的阶段性演变与初见端倪的"特色小镇"

3.1 苏州村镇地区的阶段性演变

随着苏州城乡关系的演化跨越多个发展阶段，苏州市小城镇的发展也显示出阶段性的演变特征。特别地，调研发现，苏州村镇地区的发展主体、发展平台、农业经营主体等都经历了从初级（1.0 版）到成熟（3.0 版）的历史性跨越。具体来说：

首先，苏州乡村地区的发展主体——即村级集体经济组织的发展经历了三个阶段，即 1.0 阶段是"村村冒烟"——办乡镇企业，在农村地区发展工业，通过乡镇企业、村办企业的利税来充实村级集体收入；2.0 阶段是"村村盖厂"——在农村地区盖厂房，通过厂房出租来充实村级集体收入；3.0 阶段是"村村投资"——村级集体经济组织的投资载体从"有形的厂房物业"等转向"无形的金融资本运作"，村集体的可支配财政收入直接投向资本市场，以追求更高的回报率。

其次，苏州乡村地区的发展平台也经历了三个阶段，即 1.0 阶段是"一村独建"或"多村自发合作"；2.0 阶段是"乡镇统筹，并以乡镇为单元成立集体企业性质的投资平台，扶持以村集体经济组织为核心的龙头公司。"具体操作模式是：村集体经济组织出资并直接办企业、集中建物业。镇政府参股，但不参与办企业，集中办物业；3.0 阶段是"区县统筹，面向薄弱村，成立惠村公司"，投资和发展跳出一村一镇的局面。

最后，新型农业的经营主体也经历了三个阶段的发展，即 1.0 阶段是"家庭农场"；2.0 阶段是通过农户合作形成的"集体农场"；3.0 阶段是合作社及纳入工商登记；4.0 阶段即局部地区已经出现了完全基于市场化运作的现代农业企业。

可见，自下而上的创新变革贯穿了苏州小城镇发展历程，对我国高水平城镇化地区小城镇发展的具有借鉴意义，其经验可为其他地区提供宝贵经验。

3.2 初见端倪的"特色小镇"：聚焦"镇区"还是"镇域"？

在浙江经验的启发下，三部委文件对特色小镇的创建面积（3km^2 左右）、在一定年限内的投资强度（3 年 50 亿）等给出了指导性意见，这意味着三部委文件对特色小镇的创建范围的定义是"镇区"而不是"镇域"，并聚焦在某一个特色产业上。

目前，苏州市的特色小镇的试点工作仍在探索中，但是大多数自下而上的特色小镇创建申请中也在遵循

"聚焦镇区"的发展思路。一方面，首批试点特色小镇选择标准的基本设定与浙江省特色小镇的设定是类似的，即：①产业类型以新兴产业、现代服务业类、文化旅游类等特色产业为重点，有良好的成长空间，有一定的行业地位；②有一定的产业基础，特色产业发展基本成型，有相应的龙头企业和一定的品牌效应，产业区域集聚度高；③特色小镇的区域四至清晰，有明确的建设管理主体；④同时具备旅游、文化、生态等资源禀赋的优先。

另一方面，考察各地上报的特色小镇名称，如虎丘婚纱特色小镇、高新区苏绣小镇、工业园区基金小镇、吴中区雕刻工艺小镇、相城区太平书镇、吴江区丝绸小镇、张家港市足球小镇、常熟市红色水乡小镇、太仓市江河文化小镇、昆山市跨境电商小镇、高新区金融小镇、吴中区纪录片小镇、吴江区林海酒乡小镇等，大多也显示出其对某一个特定产业的聚焦。

然而，苏州小城镇的发展与浙江小城镇的发展存在一定的基本差异：首先，苏州的城镇化和工业化模式，造成苏州村镇地区的土地价值大大高于浙江大多数地区的乡镇土地经济价值，这也导致了苏州的农民是不愿意将集体建设用地用作工业以外的用途，必须用一定的政策手段改变这种现状；其次，作为特大城市周边地区的乡村地域，苏州乡村地区在经济、社会、文化等方面存在着多个维度的价值或潜在价值；第三，苏州地区还有多样化的生态有机农产品、具有全国或区域性品牌的乡村旅游品牌等。

上述特征，使得苏州小城镇通常同时具有较强的工业经济、有特色的自然环境以及比较深厚的文化积淀，这种多元化的特征使得苏州"特色小镇"的发展较难聚焦在某一个特定产业或是一个特定区域上，即苏州"特色小镇"的创建很可能要在"聚焦镇区"的基础上做到"兼顾全域"。因此，苏州小城镇的发展模式要走特色化、差异化的道路，至少与浙江模式存在较大区别。

4 高水城镇化地区小城镇发展的三种情景

以苏州经验为例，在"全镇域"范围内，本文认为："进入高水平城市化阶段以后，小城镇发展有多种发展可能，一是有农业没有农村（如加拿大和美国），大农场大农村（如法国）；也可以继续保持自然农村形态，维持传统小农经济（如日本、韩国、台湾地区等）。"根据各地区的资源禀赋、社会环境等现实发展情况，高水平城镇化地区分为多种目标情景，发展模式可能是以下情景中的一种：

4.1 东亚模式：基于'更大补贴力度'的城乡公共服务均等化

在严格保护乡村地区、存续传统小农经济或合作农业经济的基础上，农村人口所占比重已经下降到总人口的5%~10%。此时，政府可以全面推行旨在"实现城乡居民福利均等化"的系列措施，虽然财政支出对农业的投入将会相当大，但由于经济发展进入一个新境界，支农投入在苏州经济总量中的占比将是可承受的。

以苏州为例，市辖虎丘区、吴中区、相城区、工业园区等地区的小城镇发展适用这一情景。上述地区农村人口占总人口比例已经很低，已经达到可以进入全面的"工业反补农业"的境界。

图1 日本农村现状

图2 我国台湾地区农村现状

（资料来源：同济大学—国家开发银行苏州分行联合课题组.苏州市"十三五"城乡一体化发展的理念和模式研究（研究报告）.2016.）

4.2 欧洲（法国）模式：基于'农村人口大分流'的现代农场 + 农村社区

在严格保护乡村地区传统文化和景观的基础上，苏州须进一步集中推进城镇化和工业化，直至农村人口所占比重下降到总人口的 15%~20%。在此基础上，苏州也可推行全面的农场化、规模化经营，但同时要精心维系农村社区及其传统文化，挖掘具有本地特色的农产品，并发展乡村工商业、传统手工业、旅游服务业、甚至乡村养老业。由于传统小农经济模式的消解，农村地区的土地得到释放，城乡要素的流动会更加流畅，可以撬动更多的社会资本进入农村地区，并充分利用市场的动力解决农业、农村和农民的问题。比如，农村地区可以发展 1+2+3 的六次产业荟萃的"精致农业"模式。在这一模式中，政府的财政压力会减小，但对乡村地区发展的监管任务相对较重。

以苏州为例，太仓、常熟等地的小城镇发展适用这一情景。上述地区还保留了较高的农业农村比例，其农业产出对地区粮食和生态安全有重要意义，且其农业农村发展的历史文化价值还被长期保留下来，值得进一步探索通过发扬农业本体功能，及'农村人口大分流'的

现代农场 + 农村社区模式来重现乡村地区丰产丰收的美景，推动本地城乡一体化发展进入"工农协作"的境界。

4.3 乡村振兴模式：基于'人地对应'的乡村社区重构和振兴

在严格保护乡村地区、存续传统小农经济或合作农业经济的基础上，苏州须进一步集中推进城镇化和工业化，直至农村人口所占比重下降到总人口的 15%~20%。在此基础上，通过精明的政策干预，即通过管理"城镇精明增长"和"农村精明收缩"来实现乡村振兴模式。其目的是在实现农村人口向城镇地区充分转移的情况下，一是振兴乡村产业，使得乡村发展可以永续，农村地区可以发展 1+2+3 的六次产业荟萃的"精致农业"模式；二是促使现有的乡村厂房物业等逐渐退出乡村地区，并使得苏州江南水乡特征的传统景观风貌得以恢复和存续，"城市更像城市、乡村更像乡村"；三是促使并不从事农业，而仅是依附于城乡二元制度上的食利群体退出农村地区；四是保持乡村地区的活力，避免走入日本和韩国农村高度老龄化、空心化的怪圈。

以苏州为例，昆山、张家港、吴江等地的小城镇发

图 3　法国乡村现状
（资料来源：同上）

图 4　美国乡村现状
（资料来源：同上）

图 5　乡村地区对城镇居民生活品质的提升：优质农产品、休闲旅游、乡村文化
（资料来源：同上）

展适用这一情景。上述地区昆山、张家港两地的城镇化和工业化对乡村地区的侵蚀最为严重，其城乡建设用地规模占行政区面积的比重过高，必须通过在农村地区"做减法"的方式来恢复乡村景观风貌和发展六次产业荟萃的"精致农业"，并为城镇地区"做加法"的项目推进腾出空间。吴江是因为自然资源禀赋，特别是密集的水网地形限制了它进行农场式建设的条件，但在过于分散的乡村聚落群体中大面积推进公共服务均等化也必将给政府财政带来巨大压力，因此通过在城镇地区"做加法"和在农村地区"做减法"相结合的方式来解决资金、空间、社会治理的问题，可能是最合适的发展模式。

5 结语

作为高水平城镇化地区的典型代表，苏州经验对于我国小城镇建设有着重要的参考价值。笔者对苏州经验的相关区域范围进行了评价推算。评价准则为同时具备以下3个条件，即：①经济高度发达的大城市及其周边地区（中心城市户籍人口超过100万城镇化率在55%以上）；②中心城市所在都市区内有较强的村镇经济（各乡镇年均财政超过5000万）；③位于主要人口流入地区（常住人口＞户籍人口的地区）。经初步推算，笔者认为在未来的20年里，苏州经验或将直接影响约3亿中国人的人居环境质量。

结合当下的热点问题——"特色小镇"的建设来说，笔者认为即使在高水平城镇化地区，特色小镇的选取标准其实也是相当严格的。国家三部委文件中同时强调"发展壮大既有工业（产业）"与"利用小城镇特色文化、自然等资源，发展旅游业"，但是现场调研发现，工业与自然、文化资源并不一定存在紧密联系。它既要求现有产业继续发展壮大，也要求该产业必须是与自然、文化资源相关的高产值产业，否则就与"特色小镇"建设的其他目标产生矛盾。

据此，笔者认为，高水平城镇化地区的小城镇发展既要关注"聚焦镇区"的"特色小镇"的发展，更要关注"兼顾全域"的"特色小城镇"的发展。其中，"特色小镇"发展更多的是一种引爆点和催化剂的角色，而最终的高级阶段的小城镇发展战略才是关于全镇域的可持续发展的百年大计。

致谢

本文基于国家开发银行苏州分行与同济大学联合课题组所完成的《苏州市十三五城乡一体化发展的理念和模式研究》课题；对赵民教授、周晔博士以及其他有关部门及领导和专家所给予的支持致以诚挚谢意。

主要参考文献

[1] 李强. 特色小镇是浙江创新发展的战略选择 [J]. 小城镇建设，2016（3）：16-19.

[2] 马斌. 特色小镇：浙江经济转型升级的大战略 [J]. 浙江社会科学，2016（3）：39-42.

[3] 石忆邵. 城乡一体化理论与实践：回眸与评析 [J]. 城市规划学刊，2003（1）：49-54.

[4] 苏州市农村经济研究会课题组，孟焕民，徐伟荣，等. 新型城市化背景下长三角地区的小城镇功能定位与发展定向——苏州市小城镇建设调查 [J]. 现代经济探讨，2009（3）：67-71.

[5] 同济大学—国家开发银行苏州分行联合课题组. 苏州市"十三五"城乡一体化发展的理念和模式研究（研究报告）.2016.

[6] 赵群毅. 城乡关系的战略转型与新时期城乡一体化规划探讨 [J]. 城市规划学刊，2009（6）：47-52.

[7] 郑国，叶裕民. 中国城乡关系的阶段性与统筹发展模式研究 [J]. 中国人民大学学报，2009（6）：87-92.

[8] 赵民、陈晨、周晔、方辰昊. 论城乡关系的历史演进及我国先发地区的政策选择——对苏州城乡一体化实践的研究 [J]. 城市规划学刊.2016（6）.

[9] 住房城乡建设部，国家发展改革委，财政部. 住房和城乡建设部等部门发出通知开展特色小镇培育工作 [J]. 城市规划，2016（8）：6-7.

县（市）域村庄布局总体规划编制思路探索

李竹颖

摘　要： 在以县（市）为主体建设新农村的背景下，为发挥规划引领作用，本文基于四川省成都市、遂宁市的实践，以关注农村、农业、农民及其之间联系为切入点，探索县（市）域村庄布局总体规划编制思路，明确"以农村人口转移为基础，以农业发展与农民增收为核心，以成片推进新农村建设为载体"的总体导向，以期为其他城市县（市）域村庄规划有所贡献。

关键词： 县（市）域；村庄布局；规划编制思路

1　研究背景

中央"1号文件"连续12年聚焦"三农"问题，持续关注农业发展、农民增收和新农村建设。自2012年以来，中央着重强调农村的改革创新，强调推动"物的新农村"和"人的新农村"建设齐头并进[1]，明确提出建设"美丽乡村"的目标，并出台《美丽乡村建设指南》GB/T32000-2015[2]，为新农村的建设提供了技术指导。

与此同时，全国各地开展了诸多新农村规划实践，研究解决其重点与难点问题。2013年，四川省在总结灾后重建经验的基础上，提出"以新农村建设示范片为主要平台，以县（市）为主体，以建制村为单位"的幸福美丽新村建设，并制定一系列的政策保障、编制办法和技术导则、行动方案等[3]。

笔者基于成都市全域村庄布局总体规划、遂宁市幸福美丽新村建设总体规划的实践，从县（市）域统筹的角度对村庄规划建设进行全面性研究，探索作为县（市）域村庄规划顶层设计的村庄布局总体规划编制思路，对下层次村庄规划编制具有重要的指导意义，亦以期为其他城市提供参考与借鉴。

2　规划编制思路

"三农"问题是一个关于居住地域、从事行业和主体身份三位一体的问题，农村、农业、农民三者密不可分[4]。因此，编制县（市）域村庄布局总体规划，必须突破以往"就村论村"的做法，将"三农"问题作为一个系统性的论题予以看待，并通过"以农村人口转移为基础，以农业发展与农民增收为核心，以成片推进新农村建设为载体"的总体导向，以解决农民增收、农业发展、农村稳定的问题。

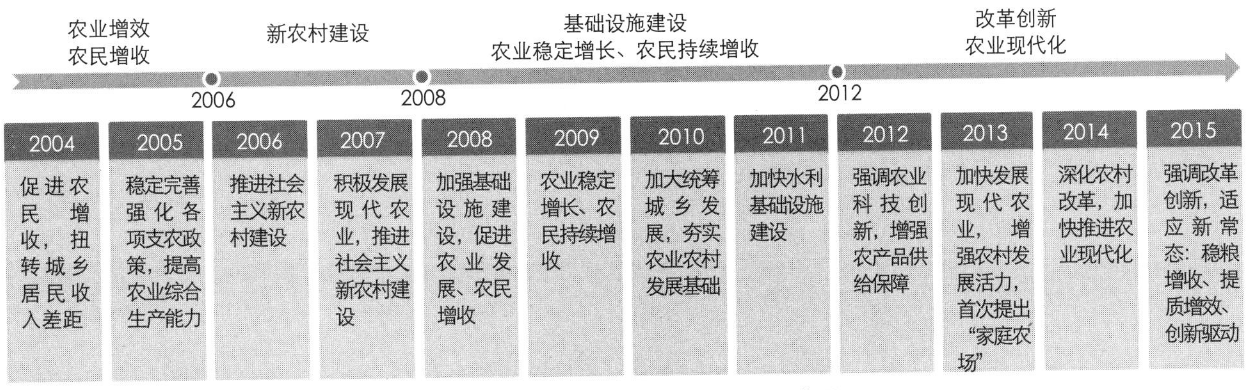

图1　2004~2015年"中央1号文"一览图

李竹颖：成都市规划设计研究院

2.1 以人为本、县（市）域统筹，梯度引导农村人口转移

农民是农村这一空间的使用主体，因此，在城乡一体化发展大格局中，按照县（市）域统筹的思路，科学谋划新农村建设工作，主动融入新型城镇化，推进"以人为本"的新型城镇化，合理引导农村人口流动，是确定县（市）域村庄布局的重要基础。

2.1.1 农村人口流动趋势判断

在分析以往农村人口流动特征与规律的基础上，结合国家、省市政策与上位规划要求，重点分析过往农村人口外流与回流特征，研判未来农村人口流入与流出趋势，对农村人口流动总量作出预判，从而为明确县（市）农村人口总量预测奠定基础。

2.1.2 农村人口总量预测

从农村的发展趋势来看，城乡人口将基本稳定，农村人口向城镇的净流入将逐渐转变为城乡之间的双向流动；与此同时，由于城镇扩展而大规模征用农村土地的状况也将基本结束，城乡土地的分工基本定型，从而实现"人、地、房"三者的统一[5]。因此，科学预测农村常住人口，并按照"以人定地"的思路，合理确定未来新农村的建设总量，对于避免由于"人户分离"导致的

大量住房空心化现象有着重要作用。

笔者在总结四川省成都市、遂宁市规划实践的基础上，认为农村人口总量预测应以加快农村发展、提升农村活力为导向，采用自上而下与自下而上相结合的方法：一方面，从城镇化发展趋势的角度出发，对接城市总体规划所确定的城镇化路径，自上而下以城镇人口确定农村人口；另一方面，从农村产业发展需求的角度出发，将种植业、养殖业、生活服务业等纳入其中，并以提升生产力水平为导向，自下而上预测农村人口。

2.1.3 农村人口分区转移指引

以生态保护为前提，综合考虑县（市）域的地形地貌和河流水系、植被等生态资源分布情况，结合城镇化分区，划定融入城镇区、外迁引导区和优化提升区三类政策区域，分区引导农村人口转移[8]。

（1）融入城镇区：主要指城区和重点镇周边的临近区域。鼓励该区域内的村庄融入城镇，引导城（镇）郊的农村人口向城（镇）转移，并依托城镇产业带动村庄发展，与城镇共享基础设施和公服设施。

（2）外迁引导区：主要指生态环境脆弱、经济基础薄弱、用地条件较差的深丘及山地区域。控制该区域内

成都市农村人口预测（自下而上）过程一览表[6]　　　　表1

分类		生产资源	生产力水平	人口	生产力水平对标参考与测算
种植业从业者	粮油	550万亩	36亩/人	15.2万人	上海松江地区：80%规模经营，42亩/人；20%其他方式，12亩/人
	粮菜	90万亩	22.4亩/人	4.0万人	上海松江地区：80%规模经营，25亩/人；20%其他方式，12亩/人
	蔬菜	40万亩	19.8亩/人	2.0万人	上海松江地区：60%规模经营，25亩/人；40%其他方式，12亩/人
	经济作物（食用菌、茶叶、中药材等）	90万亩	29.7亩/人	3.0万人	上海松江地区：亩均工时为蔬菜的2/3
	经济林木（水果、林竹等）	360亿元产值	27.4万元/人	13.1万人	上海松江地区：规模化经营户均年产约74万元
养殖业从业者	养猪存栏	450万头	15.6头/人	28.8万人	绍兴合作社：散户30%，5~6头/人；规模化70%，50头/人
	家禽存栏	4500万只	900只/人	5.0万人	散户存栏10%与种植兼业；规模化存栏占90%，1000只/人
	水产养殖	17万吨	3.1吨/人	5.5万人	赣渝水产合作社：人均淡水生产生产力3.1吨/人
生活服务业从业者		—	—	63.5万人	根据就业意愿测算：根据《2013年成都市城乡居民城镇化基本情况抽样调查报告》，务农意愿占比25.2%，从事服务业意愿占比20.9%[7]
市域内外出务工人员		—	—	52.5万人	根据经验比例测算：根据成都市第五次、第六次人口普查资料，市域内外出务工人员占比约21%
老幼家眷		—	—	57.5万人	根据年龄结构测算：根据成都市第五次、第六次人口普查资料，老幼家眷占比约23%
合计		—	—	250万人	—

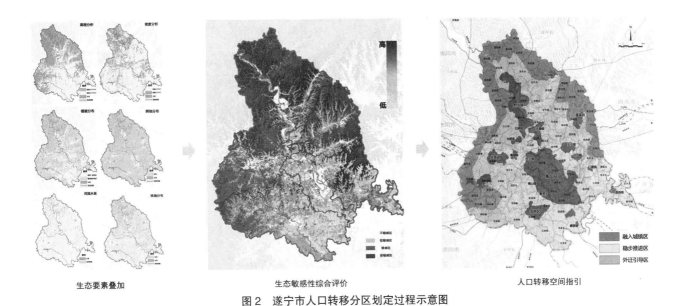

图2 遂宁市人口转移分区划定过程示意图

的村庄现有规模，并积极引导有条件的村庄的农村人口逐步外迁，以降低生态环境压力。

（3）优化提升区：主要指除融入城镇区和外迁引导区外的区域。该区域内的农村人口依托一般乡镇和中心村就近聚居，相对集中布局。

2.1.4 各区县（镇乡）农村人口预测

以农村人口分区转移指引为基础，对接城市总体规划所确定的城镇体系，遵循"城乡一体"的发展理念，预测各区县（镇乡）农村人口，形成梯队推进的人口转移格局，亦为下层次村庄规划编制提供依据[6]。

市域城镇体系规划

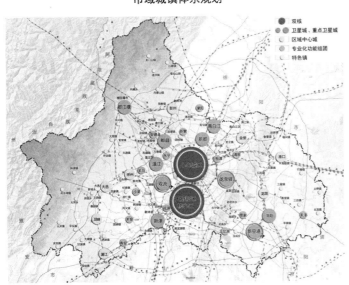

- **1个特大中心城市**：双核（成都中心城区+天府新区核心区）
- **10个卫星城**：3个重点卫星城（龙泉驿、双流、新空港）+7个卫星城（新津、温江、都江堰、新都、青白江、郫县、简阳）
- **8个区域中心城**：彭州、淮口、崇州、大邑、邛崃、蒲江、金堂、龙简
- **14个特色小城市**：濛阳、永宁、花源、羊马、三岔、新繁、石板滩、清泉、安德、沙渠、羊安、寿安、贾家、禾丰
- **79个特色镇**

各区县农村人口预测

梯队	区县	农村人口（万人）	备注
1	双流	13	城镇化率约90%
	龙泉	3	
	新都	13	
	青白江	5	
	郫县	10	
	温江	8	
2	都江堰	19	城镇化率约80%
	新津	12	
	崇州	23	
	邛崃	18	
	大邑	15	
	彭州	18	
3	简阳（含空港新城、龙简新城）	50	城镇化率约75%
4	金堂	32	城镇化率约65%
	蒲江	11	
	合计	250	

图3 成都市各区县农村人口预测过程示意图

2.2 产村相融、成片连线，合理优化村庄建设格局

回归经济产业基础与生产生活形态相匹配这一根源问题，注重产业发展与新村建设的互动相融，推动农业现代化、规模化经营，引导第一产业向第二产业、第三产业的延伸与转变，提升发展优势农业产业，积极培育农村新型业态，以产业作支撑，以新村为载体，推进村庄建设与农村产业建设，实现"产村融合"，从而促进农业、农村、农民三者的互动发展与可持续发展。

2.2.1 宏观层面：以"成片连线"确定总体格局

回顾新村建设历程，其经历了从"就点论点"到"串点成线"的转变；而今，随着"四化"同步、"产村相融"等理念的不断深入，新村建设更加关注与产业的联动，以规模化的农业示范片区为依托，"成片连线"已逐渐成为推进新村建设的主流方式。

具体来说，与粮经产业示范基地、现代都市农业产业、示范线、绿道、历史文化遗产廊道等布局相结合，延续村庄沿山、沿河、沿路分布的趋势，在满足自身选址与建设要求的前提下，依托自然山体、水系和交通干道形成"走廊式"的总体格局[6]。

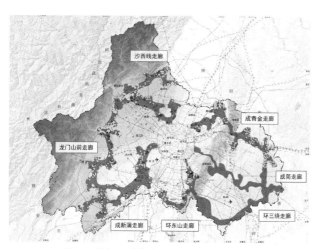

图4 成都市"走廊式"总体格局示意图

2.2.2 中观层面：以"产村单元"促进资源流动

针对乡村地区行政单元规模小、产业发展同质性强、产业化水平偏低等普遍问题，笔者提出以抱团发展和规模化经营为导向的"产村单元"发展模式。

（1）"产村单元"内涵："产村单元"以农业产业化为核心，在确定1~2种主要农产品的基础上，打破以行政村为单位组织生产生活的传统模式，推进农业规模化、现代化、机械化，并依托产业基地或产业园区布局新村，形成涵盖"产业+新村"的空间和管理单元，从而实现发展资源跨行政村的高效融合。

（2）"产村单元"构成："产村单元"的基本构成为"1个产业基地（园区）+1个中心村+N个一般村"。其中，应根据区位、规模、经济、设施和集中度等条件，结合村庄分布及特殊资源情况，选取区位条件相对较好、人口相对集中、经济实力相对较强、公共服务及基础设施配套相对齐全的村庄作为中心村优先发展、重点发展，并着重解决其布局、配套，发挥辐射带动作用，使其成为"产村单元"的发展中心、服务中心。

遂宁市中心村评价标准一览表[8]　　　表2

评价因子	评价指标	评分占比	类别占比
区位因素	地理位置	4	9%
	交通状况	4	
	自然资源	1	
规模大小	人口规模	17	26%
	建设用地面积	3	
	耕地面积	6	
经济实力	集体经济总量	14	42%
	人均收入	28	
设施条件	教育资源	2	7%
	医疗状况	1	
	商业服务	1	
	水电设施	1	
	年度基础设施投资数额	1	
	老年活动中心	1	
集中程度	单位面积居民点数量	8	16%
	与场镇距离	8	

（3）"产村单元"规模："产村单元"的规模主要基于对产业发展、交通出行、公共服务三方面因素的考虑。其中，规模化生产所需土地规模决定了"产村单元"的规模下限；生产出行半径、公共设施服务半径所对应规模决定了"产村单元"的规模上限。由于地形差异导致的产业门类、出行习惯的不同，平原、丘陵、山地区域的"产村单元"规模亦有所差异。

2.2.3 微观层面：以"聚散结合"引导新村布局

由自然地理条件和发展阶段的不同，新村布局亦呈现出不同的特征与趋势。因此，应坚持因地制宜、因村施策，注重不同地区、不同类型的特色化发展，形成"聚散结合"的新村布局模式，实现真正意义上的"宜散则散，宜聚则聚"，从而形成现代城市和现代农村和谐相融的新型城市形态。

成都市新村布局模式一览表[9]　　　　　表3

特征	大聚居模式	小聚居模式	组团聚居模式
示意图			
集中居住度	高（＞80%）	高（＞80%）	高（＞80%）
社区规模	平坝规模大（300户以上）；山地规模中等（约150户）	规模中等（100~200户）	社区总规模大（300户以上）；社区组团规模小（20~50户）
配套成本	低	中等	中等
耕作半径	大	小	中等
特征与问题	需要较强的非农产业支撑，否则社区居民失业率高	适宜农业现代化生产，中心聚居点功能较弱	生态性好，利于林盘保护；需要高水平的规划设计
适用地区	平原地区有综合产业支撑的村庄；山地地区配套困难的村庄	主要农业生产区	林盘资源丰富、乡村旅游条件较好的地区

成都市村庄建设管控措施一览表　　表4

建设方式	核心导向	管控措施
保护	以特色保护与文化传承为核心	整体保护历史文化村落、传统村落；严格保护各级文物保护单位，严格保护树龄在100年以上的古树、胸径20cm以上的树木，以及在历史上或社会上有重大影响的中外名人、领袖人物所植或者具有极其重要的历史、文化价值、纪念意义的名木；积极保护其他具有历史文化价值的古遗址和祠堂、碑牌甬道、戏楼等乡土建（构）筑物以及具有地域特色的风貌建设、院落街巷空间、自然景观等
改造	以环境和功能提升为导向	在尊重现有空间肌理和发展格局的基础上，进行循序渐进式的更新、整治与改造；加大夹道建设、密不透风等环境整治力度；引导风貌提升改造
新建	以"产村相融"为理念	坚持防灾避险与安全第一；节约集约用地，少占耕地，避免与城镇粘连发展；不挖山、不填塘、不改渠、不毁林、不改路、不疏道；在尊重农民意愿的基础上，引导新建聚居点向具有产业基础的农业产业园区集聚

2.3　生态安全、因地制宜，科学确定村庄选址原则

作为指导下层次村庄规划编制的顶层设计，县（市）域村庄布局总体规划无需达到确定各新村布局的深度，但须明确其布局与选址的原则与思路。

一是遵循"防灾避险、安全第一"的原则，从生态保护、自然灾害、文物保护、环境保护等多个方面明确禁止建设的区域。

二是控制夹道发展、粘连发展，控制村庄选址与道路、铁路、河流及城镇之间的距离，延续自然格局，突出田园风貌。

2.4　传承记忆、彰显特色，规范明确村庄建设要求

2.4.1　建设方式

从日本、上海等先进国家和地区的农村发展历程来看，大规模的新建将不再是未来新村建设的唯一方式，保护、改造也应纳入新村建设范畴之中。因此，应在全面梳理与充分调查的前提下，明确"以保护为前提，以改造为主体，以新建为补充"的村庄建设管控原则，根据采取措施的不同，将村庄分为保护型、改造型与新建型三大类，从而实现"建改保"相结合。

2.4.2　建设要求

按照"生态优先、文化传承、因地制宜、彰显特色"的总体思路，从建筑风貌、道路控制、环境景观、河流廊道、山体保护等多个方面明确村庄建设要求。

成都市村庄建设要求一览表[10]　　　　　　　　　　　　　　表4

分类	要求	示意图
建筑风貌	建筑布局要组团布局，不要成片成面	
	建筑立面要地域风貌，不要简单复制	
	建筑墙体要干净整洁，不要违章搭建	
道路控制	道路线型要随弯就势，不要直线生硬	
	道路标高要随坡就势，不要大挖大填	
	路边植被要成组成团，不要成行成列	
	路边建筑要严格退距，不要夹道建设	
环境景观	地面植被要自然生态，不要裸露土地	
河流廊道	河道岸线要尊重自然，不要截弯取直	
	河流驳岸要生态自然，不要三面抹光	
山体保护	山边建设要靠山上坡，不要占用良田	

3 结语

县（市）域村庄布局总体规划是村庄规划的顶层设计，是对村庄规划体系的有效补充，也是对"三农"问题的系统性思考。笔者基于自身的实践，以"三农"问题的互动性为出发点，从农村人口转移、"产村相融"发展、村庄选址与建设等方面对其编制思路进行了有益的探索，希望能为其他城市提供一些思考的线索。然而，"三农"问题是一个涉及社会、经济、文化等方方面面的系统性命题，县（市）域村庄布局总体规划仅能在一定程度上有所回应，更多的规划思路与方法有待大家共同的深入研究。

主要参考文献

[1] 新华社. 要"物的新农村"更要"人的新农村"[N]. 新华日报，2014-12-24.

[2] GB/T32000-2015，美丽乡村建设指南 [S]. 北京：中华人民共和国国家质量监督检验检疫总局，中国国家标准化管理委员会，2015.

[3] 董进智. 四川：促进幸福美丽新村建设 与脱贫攻坚深度融合 [N]. 新华网，2016-07-29.

[4] 咏雯. 2016 全国三农问题热点提案议案 [N]. 中国人才网，2016-03-12.

[5] 人民日报社论. 适应新常态 实现农业农村新发展 [N]. 人民日报，2015-02-02（1）.

[6] 成都市规划设计研究院. 成都市全域村庄布局总体规划 [Z]. 成都，2015.

[7] 成都市社情民意调查中心. 2013 年成都市城乡居民城镇化基本情况抽样调查报告 [R]. 成都，2013.

[8] 成都市规划设计研究院. 遂宁市幸福美丽新村建设总体规划 [Z]. 成都，2015.

[9] 王波. 成都市农村新型社区布局模式探讨 [J]. 规划师，2012（S1）：12-15.

[10] 成都市规划管理局，成都市建设委员会. 成都市社会主义新农村规划建设技术导则 [R]. 成都，2011.

基于农民意愿的农村居民点布局优化调整研究
——以浙江省海宁市为例

曹秀婷

摘 要：文章以尊重农民意愿为前提，对目前海宁市农村居民的住房情况及住房意愿进行摸底调研，力争切实有效解决海宁市村庄布点的现实问题，破解农民建房难题，为优化村庄布点规划提供科学有利依据。通过调研"两新"工程实施情况、农村住房意愿、未来农村人口演变趋势，预测海宁市未来农村集聚点规模、村庄建设用地规模，并提出村庄布点规划调整的模式及相关保障政策。该研究为新型城镇化背景下科学合理布局规划农村居民点提供方法借鉴。

关键词：意愿；农村居民点；布局

引言

村庄布点的优化与完善是节约利用存量建设用地，保障耕地总量占补平衡，缓解城市用地压力，促进城乡统筹发展的有效手段，更是关乎群众切身利益的民生问题。引导散乱分布的农村居民点进行集中布局，可以减少农村基础设施投入成本，有利于改善农村生产、生活环境，提高农民生活质量。在城镇化快速发展的阶段，村庄布点的优化与完善主要以新农村建设和农村居民点整理、集聚为主要形式，诸多学者对我国农村居民点整理的模式开展研究谷晓坤等（2007、2008）、探讨了发达地区农村居民点整理的动力与模式，之后（2009）又以大都市郊区的上海市金山区为例，提炼农村居民点整理模式，并评价其经济可行性、资源利用性及农村发展性；张祎娴（2010）通过对将上海宅基地置换试点研究，归纳出四类模式并选择其中的典型案例进行比较研究，分析置换试点在不同社会经济条件下的运行机制、政策绩效和面临的问题。与上述研究侧重于宏观视角和定性的研究方法不同，王德等（2012）从农户微观视角出发，模拟在自然状态和空心村整理政策实施下的人口和用地演变，从微观角度出发尝试运用模拟方法对于一般农村地区的整理政策效果进行预测，为研究农村居民点的整理提供了可供参考的研究方法。

总体上，现有研究多是基于快速城市化时期农村居民点整理的路径探讨，但在目前新型城镇化发展的背景下，城乡关系以及农村地区的发展路径发生变化，特别是农村居民点的集聚与美丽乡村建设同步实施，以集聚为主要途径的村庄布点规划实施出现了不容忽视的问题和矛盾。因此，本文从农民意愿角度，采用情景分析的方法，以长三角地区率先实施城乡统筹嘉兴市海宁市为例，开展农民住房意愿的调研，并将其作为村庄布点调整的依据，对村庄布点进行优化完善。通过调研"两新"工程实施情况、农村住房意愿、未来农村人口演变趋势，预测海宁市未来农村集聚点规模、村庄建设用地规模，并提出村庄布点规划调整的模式及相关保障政策。

1 调研设计及过程

1.1 调研对象及内容

海宁市位于长江三角洲嘉兴市西部的县级市，紧邻杭州市（图1），全市下辖8个镇4个街道，163个行政村

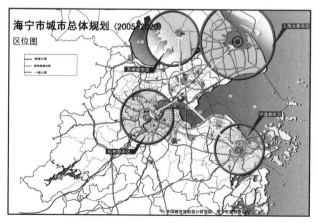

图1 海宁市区位图

曹秀婷：嘉兴市城市发展研究中心

（社区），农村户籍人口 489432 人（六普数据）。选择海宁市作为调研对象基于以下原因：①海宁市农村个体经济发达，是典型的浙江模式，对于农村居民集聚将带来的生产方式改变的问题，敏感并突出，探索海宁新一轮村庄布点具有显著代表性；②海宁市所属城乡统筹发展的试点市浙江省嘉兴市，在城乡统筹、一体化发展的指引下，海宁市村庄布局优化一直以政府主导的集聚为主要方式，目前，该方式的实施出现了不容忽视的问题和矛盾；③海宁市从东到西各镇经济发展水平、发展方式及农民住房意愿存在明显的差异，能有效反映不同经济发展水平下农民的住房意愿；④海宁市土地利用总体规划正在编制，可以将村庄建设用地需求反映在其中，研究成果的应用性较强。

1.2 村庄布局政策及实施效果回顾

作为统筹城乡发展的示范地区，自 2009 年以来，海宁市开始实施"新市镇、农村新社区"（简称"两新"）建设，深入开展农村土地综合整治，引导农民集聚，推进村庄布局调整。在《海宁市域总体规划》中建设"10+37"的农村社区体系引导下，海宁市"两新"建设有序推进。

至 2013 年末，海宁市共集聚农户 31246 户。从农房集聚的空间选择看，新市镇社区由于区位优势明显，集聚户数占到 64%，成为农房集聚的主阵地。从农房集聚动因及形式看，结合项目征地拆迁安置市农房集聚的主要动因，征地拆迁安置占 68%，住房类型中以自建房安置为主，占 73.8%，自建房安置是农房集聚的主要类型。从用地规模看，公寓房安置户均占地 0.35 亩，自建房安置户均占地 0.75 亩。

1.3 研究框架

首先是农村居民住房意愿。农村居民住房意愿受到年龄构成、人口自然变化、人口迁移变化、房屋质量（以建房年代划分）、建房周期、政府政策等因素影响（王德、刘律，2012）。其中年龄构成影响到未来农村居民居住区域（城镇或乡村）的选择；人口自然变化与迁移变化关系着未来农村人口规模的变化，可以直接导致房屋与用地变化；房屋质量与近期农村居民刚需建房需求密切相关，建房周期是农户对于房屋自然更新的时间选择，两者均可直接影响村庄建设用地变化。本研究通过问卷调查、现场访谈等形式开展调研工作。

其次预测宅基地规模，本研究分为近远期两个阶段，近期以 5 年为期。远期以一个建房周期 25 年为期，通过近几年农村户籍人口规模及年龄结构变化，预测未来一到两个建房周期后农村户籍人口规模及年龄结构，从而预测所需宅基地的规模及村庄建设用地规模。近期农村新建宅基地规模预测主要考虑农村居民刚需建房需求及建房意愿两大因素。

最后是农村居民点布局优化调整模式探讨。本研究结合海宁实际，提出 5 种调整模式，并对各行政村调整模式进行引导，探寻促进农村居民点集中的路径。

1.4 调研过程

本研究农民住房意愿调查分为访谈和问卷两种类型：访谈内容包括基本情况（受访者年龄、住房情况），家庭第二代、第三代成员对城镇、农村生活的想法，对农房集聚的顾虑等内容。调查问卷设计分为新社区居民问卷和农村居民问卷，内容包括现有住房情况，建房需求，建房原因、对新建改建房用地面积、形式、位置的期望，对宅基地置换的态度等内容。

调研范围涉及海宁市域 8 个镇、4 个街道、125 个行政村、16 个新社区。研究共发放问卷 3020 份，收回有效问卷 2205 份（有效问卷比例 73%），发放新社区居民问卷 330 份，收回有效问卷 267 份（有效问卷比例 89%），并对 249 位社区居民、农村居民访谈。

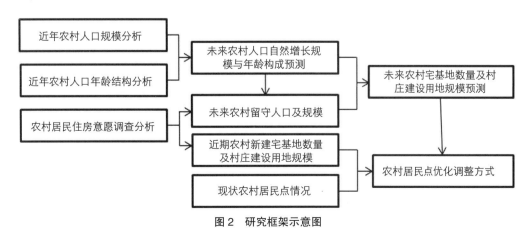

图 2　研究框架示意图

图3 调研线路示意图

2 农村居民住房意愿

2.1 受访人群职业特征

农村中纯粹务农的比例为10%（访谈中了解到主要是老年人），而57%的农村家庭收入主要来源是工厂打工，20%的家庭经营家庭作坊或者做生意等，另有13%的家庭主要收入是务农及其他。访谈中了解到，农民兼业现象比较普遍。

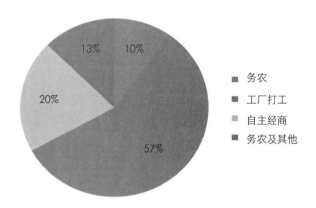

图4 海宁市农村居民职业特征

2.2 建房年代分析

调查数据中显示，1990年代所建房屋占49%，1980年代及以前所建房屋占21%。根据农村住宅20~25年的建房周期推算，1980年代及之前所建房屋基本已到翻新或重建的时期。从空间分布上看，西区所建房屋相对较新，东区所建房屋相对早。因此可以预计未来自西向东刚性建房需求越来越大。

2.3 建房计划分析

近期五年内约38%的农民（需求较为迫切）有建房计划，5~10年间有7%的农民计划建房，6%的农民在10后才会有建房计划，49%的农民没有建房计划。

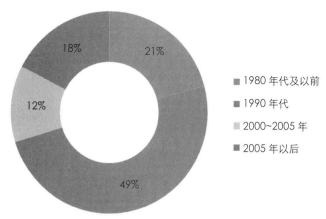

图5 农村建房年代分析

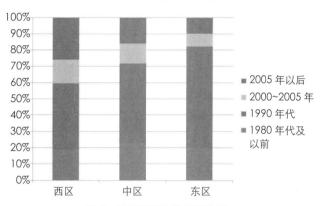

图6 农村建房年代区域分析

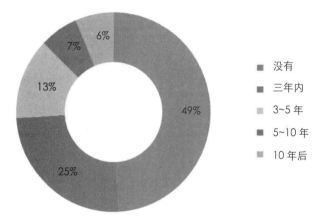

图7 农民新建改建房时间计划

2.4 新建改建房空间选择

85%的农民选择更愿意在农村地域生活，而愿意进入镇区、县城等仅不足15%。对于刚需建房的农民来讲，到本（行政）村内集聚多数可接受。

2.5 农民新建改建房形式选择意愿

大面积的独院住宅更受农民青睐。73%的农民更愿意接受独户院落式住宅，6%的农民愿意住公寓房（已经进入新社区公寓房的两种情况：基本脱离农业生产的家庭和生活条件较困难家庭）。

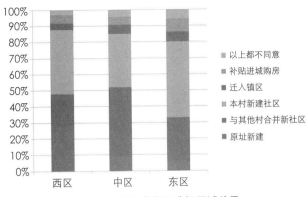

图8　农村建房空间选择区域差异

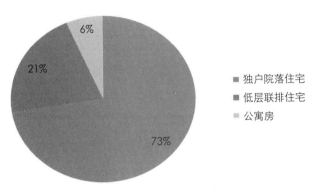

图9　农村建房形式选择意愿

3　远期全市农村人口规模及宅基地规模预测

3.1　农村人口自然增长规模预测

采用综合分析法、Logistic 模型预测法和一元回归模型的综合分析预测，分别得到远期海宁市农村人口规模。考虑到农村居民建房周期一般为 25 年左右，人口规模预测周期为 25 年。

农村人口自然增长规模预测　　　单位：人　表1

预测周期	综合分析法预测	Logistic 模型预测	一元回归模型	最终预测结果
一个25年后	469286	465372	472483	470000

3.2　农村居民年龄结构预测

二胎政策的全面放开，农村人口年龄结构比例有所优化。

农村人口年龄结构比例预测　　　表2

预测周期	55 岁以上	18~55 岁	18 岁以下
目前	23%	63%	14%
一个周期后	20%	64%	16%

3.3　农村人口机械演变模型分析

第一代人：坚决留守，第一代农民未来愿意定居村里的比例是 93%，最主要的原因是住房（42%）和生活习惯（33%）。第二代人：已经进城的想留下，留在农村的以后希望维持现状，均不愿放弃宅基地，综合分析，第二代人有 73% 希望未来留在农村，愿意留在城里的主要因为教育资源（35%），就业（26%）；第三代人：多数不回农村，未来也更意愿留在城市生活（72%）。

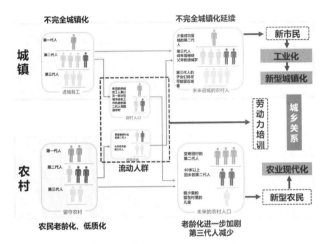

图10　农村人口机械演变模型

3.4　远期农村留守人口所需宅基地规模

村庄布点优化应与农民建房需求及客观规模符合，本研究远期为 1 个建房时间（25 年）。通过情景分析研究远期农村人口规模及村庄建设用地规模，有利于长远对村庄布局进行控制，并与土地利用总体规划对接，保障农民建房用地。

根据目前三代人的居住意愿，预测远期农村留守人口所需宅基地数量为 76826 户，村庄建设用地 5.32 万亩（按 0.7 亩/户计算）。

2013 年底海宁市农村人口结构　　　表3

	比例	数量（人）
X1 第一代人（55 岁以上）	23%	100201
X2 第二代人（18-55 岁）	63%	274463
X3 第三代人（18 岁以下）	14%	60992

随着农业现代化发展及城镇产业对农村剩余劳动力吸纳能力增加，留守农村的人口逐渐减少，期间留守在农村的第三代人开始建房。

远期海宁市农村留守人口及所需宅基地规模预测　　表4

	比例（%）	规模（人）	留守比例（%）	规模（人）	宅基地数量（户）
X1：现第一代人	0	0	0	0	0
X2Y1：现第二代人、远期第一代人	20%	94497	73%	68983	34491
X3Y2：现第三代人、远期第二代人	64%	302389	28%	84669	42334
Y3：远期第三代人	16%	75597	—	—	0
合计					76826

4　近期农村刚需建房用地规模预测

4.1　近期农村刚需建房规模预测

海宁市近期农房建设重点满足农民刚需建房需求，破解农民建房难题。研究根据不同问题导向，提出低、中、高三个方案，并在三个方案的基础上计算最为接近海宁实际的推荐方案。

低方案考虑村民最基本要求，以各镇、村上报的建房刚需户为准。

中方案主要考虑危旧房建房需求。农村建房周期一般 20~25 年，因此，中方案重点考虑 1980 年代及以前建房的农户建房需求。

$$N=A \times \alpha \times \beta \times \gamma$$

N：近期海宁农村刚需建房规模；

A：各镇现状农村宅基地数量；

α：各镇 1980 年代及以前建造的住房比例；

β：各镇 1980 年代及以前建造的住房 5 年需新建的比例；

Γ：各镇 1990 年代及以前建房的农民意愿在农村地区新建房的比例。

以海宁市盐官镇为例，计算结果如下：

乡镇	A（各镇现状农村宅基地数量）	α：各镇1990年代以前建造的住房比例	β5：各镇1990年代以前建造的住房5年需新建的比例	Γ：各镇1990年代以前建造的住房意愿在农村地区新建的比例
盐官镇	10786	17.95%	59.4%	85.00%

则有盐官 3 年内在农村地区新建的户数为盐官镇农村居民总户数 × 其90年代以前建造房屋的比例 × 五年内需要新建的比例 × 新建房意愿在农村地区的比例 = 10786 × 66.67% × 59.4% × 85%=978 户。

高方案充分考虑村民意愿，以问卷调研的5年有内建房意愿的农民为主要考虑因素。

$$M=A \times \beta \times b$$

M：近期海宁农村刚需建房规模；

A：各镇现状农村宅基地数量；

β：各镇计划 5 年需新建房的农村居民比例；

b：各镇计划在农村地区新建房的农村居民比例。

近期农村刚需建房规模预测　　表5

城镇	中方案			推荐方案		
	低	中	高	低	中	高
许村镇	906	951	7003	1393	2326	9593
长安镇	344	638	2511	510	881	3601
周王庙镇	539	1047	2709	820	1476	3944
斜桥镇	510	438	1228	646	1681	1538
丁桥镇	568	1328	3856	746	2060	5859
盐官镇	323	576	2209	507	843	3044
袁花镇	460	748	2339	713	657	3839
黄湾镇	392	119	701	647	342	1791
合计	4958	5845	22556	7161	11266	33209

推荐方案在中方案的基础上，将近 5 年内有分户需要的农户及强烈建房意愿的农户算在内，根据访谈结论，因此推荐方案将在中方案基础上乘以 1.3 系数。根据测算，近期 3 年内农村新建住房规模 7400 户，5 年内新建 15000 户。

海宁市近期农村新建住房规模测算（户）　　表6

	中方案 农村新建住房规模（户）		推荐方案 农村新建住房规模（户）	
	3 年	5 年	3 年	5 年
许村镇	1393	2326	1741	2914
长安镇	510	881	638	1104
周王庙镇	820	1476	1025	1849
斜桥镇	438	1681	548	2106
丁桥镇	746	2060	933	2581
盐官镇	507	843	634	1056
袁花镇	713	1657	891	2076
黄湾镇	647	342	809	429
马桥街道	77	698	96	875
合计	5922	11964	7400	15000

4.2　近期农村刚需建房用地规模预测

推荐方案基础上，预测海宁市近期农村刚需建房用地规模。根据目前新社区建设用地情况，农民自建房户均用地 0.7~0.8 亩，公寓房安置户均用地 0.35 亩左右。根据问卷调研农民意愿，约 90% 的农民愿意选在自建房（排屋），10% 的农民愿意接受公寓房安置。计算近期海宁市农村建房用地需要 10350 亩，其中自建房用地需 9825 亩，公寓房安置需 525 亩。

5　村庄布局调整对策

5.1　村庄布局调整模式

村庄布局调整模式是指在一定发展阶段不同地区应用的具有代表性的农村居民点调整的操作模式。本轮村庄规划体系在"1+X"基础上适当增加保留点，调整为"1+X+Y"的体系结构，结合目前海宁市村庄建设实际，确定五种调整模式，并对各行政村调整模式进行引导（附件3）：

5.1.1　拆迁安置点

项目推动型，动迁范围内居民点整体拆除，原宅基地用于市政基础设施或工业园区等。根据规划情况实施村庄布局调整。

5.1.2　"1+X"两新优化点

各镇可在原两新规划确定的"1+X"点基础上，进行优化完善；做大"1"中的新市镇集聚点，X点的数量及面积可根据新一轮村庄布局规划的村庄建设用地规模做适当增减。

5.1.3　保留提升点（Y点）

①人口相对集中，大于50户或各点大于30户连成片的；②有一定产业基础的，交通方便，且基础设施已投入较大的村庄整治点；③历史文化村落点、特色村落点。（附二历史文化村落特色村建议保留名单）

5.1.4　近期撤并点

城镇规划控制区范围内村庄点，小于30户，纳入近五年拆迁计划或近五年农村土地综合整治区的村庄点。

5.1.5　中远期控制点

除上述区块外，其余均归入中远期控制点。

各镇(街道)可根据各自实际优化完善村庄布点规划，对以上五类点所占空间资源比例作合理的布局。

5.2　不同类型集聚点建房引导

5.2.1　拆迁安置

根据规划情况实施。

5.2.2　"1+X"两新优化点

刚需建房与土地整治复垦项目按原两新建房政策，鼓励选择公寓房安置。

5.2.3　保留提升点（Y点）

各镇（街道）在不超过两新双联排占地面积和不得新建生产用房的基础上，利用经济杠杆从紧把握确定新建翻建占地面积，檐口高不超过10.2m，不得保留原生产用房，经镇（街道）人民政府审批后报市国土局、住建局备案；若要进行维修的，可向镇（街道）人民政府提出维修申请，并出具的房屋维修加固方案，报当地镇政府审批同意方可实施。

5.2.4　近期撤并点

一律不得维修或翻建，新建和翻建必须进入"1+X+Y"点建房。

5.2.5　中远期控制点

一般需进入"1+X+Y"点建房；房屋经鉴定为危房的刚需建房户，可向镇（街道）人民政府提出维修申请，并出具的房屋维修加固方案，报当地镇（街道）政府审批同意方可实施。

5.3　明确村居设计要求

5.3.1　完善村庄规划设计体系

建立健全具有海宁特色的"村庄布点规划－村庄建设规划－村庄设计－村居设计"的规划设计层级体系，强化规划的法定地位。

5.3.2　推进村庄设计工作

村庄设计要融村居建筑布置、村庄环境整治（美丽乡村综合整治）、景观风貌特色控制引导、基础设施配置布局、公共空间节点设计等内容为一体。

5.3.3　注重村居建筑设计

进一步规范农村建筑设计市场管理。建筑设计要充分考虑现代化农业生产和农民生活习惯的要求，做到经济适用、就地取材、错落有致、美观大方，既富有时代气息，又与环境有机协调。编制符合地域特色、农民能接受采用的村居建筑通用图集。

6　结论与展望

通过农村居民居住意愿的调研，摸清居民建房需求，为新一轮村庄布点规划中村庄合并、保留、新建居民点的数量、空间布局、用地规模等内容提供依据，是美丽乡村建设中村庄布点规划在集约利用土地、保障农村居民住房方面的积极探索。下一步将在农村居民点的数量、规模及空间布局选址等方面展开要进一步研究。

主要参考文献

[1] 谷晓坤，陈百明，代兵.经济发达区农村居民点整理驱动力与模式：以浙江省嵊州市为例[J].自然资源学报，2007，22（5）：701-706.

[2] 罗嘉明.我国农村居民点整理研究综述.安徽农业经济，2007，35（7）：2156-73.

[3] 谷晓坤，代兵，陈百明.中国农村居民点整理的区域方向[J].地域研究与开发，2008，27（12）：95-99.

[4] 张袆娴.上海郊区宅基地置换试点模式及案例研究[J].城市规划，2010，34（5）：56-65.

[5] 王德，刘律.基于农户视角的农村居民点整理政策效果研究[J].城市规划，2012（06）：47-54.

经济欠发达地区乡村公共空间渐进式规划设计探析 *
——以临清市乡村地区为例

姜宇逍　孟令君　马东　运迎霞　任利剑

摘　要：乡村公共空间是村民共同生活、工作的场所，对乡村文化的发展具有重要的促进作用。本文在对乡村公共空间进行界定的基础上，结合对聊城临清7个乡村的规划研究，对乡村公共空间所存的问题进行总结。然后从资源紧缺、地权观念、文化传承等方面解析乡村公共空间规划的难点，并据此提出合理的规划策略，满足乡村公共空间的重构、营建、维系的要求。以求乡村公共空间与村民的生产、生活需求相适应，对乡村文化的发展起到积极的促进作用。

关键词：乡村公共空间；资源紧缺；地权观念；文化传承；管理维护

1　引言

乡村公共空间作为乡村空间的核心部分，与人们的生活息息相关，是促进村民日常交流，邻里交往的重要场所。乡村公共空间在促进村庄社会整合和提升村庄凝聚力方面有着不可忽视的作用，承载着村庄历史和记忆的载体。伴随国家新型城镇化、美丽乡村等政策的推动，乡村规划、新农村建设正如火如荼的进行，对乡村公共空间的认识、研究也逐渐趋于全面、理性。然而由于乡村空间环境的复杂性以及传统文化的多元性，对乡村公共空间的规划也会体现出地域化和差异性。

临清市地处山东省西北部经济欠发达地区，本次规划的背景是以提升村容村貌为依托，改善现有乡村公共空间，规划建设满足村民基本需求的新型公共空间。通过该项目的实践，探索新时期乡村公共空间的规划建设模式，为乡村公共空间的渐进式规划建设提供可借鉴的设计思路。

2　研究对象

2.1　对象界定

乡村公共空间的概念可以从物质空间与社会生活两个层面来认识，乡村公共空间不仅仅是乡村聚落中容纳公共活动的实体要素所建构的空间与场所，也是在这些场所中产生的一些制度化的组织和活动形式①。本文的主要研究对象物质空间来说，具体就是广场、运动场地、戏台等公共开放空间，而对于聚落交通空间（如巷道、街道等）、公共建筑（如活动中心、小卖等）、宗教礼仪建筑（如祠堂、寺庙等）、生态空间（如田地、山林空间等）等空间形态，不在主要研究范畴内。

2.2　村庄区位及概况

规划对象位于山东省聊城市临清新华路街办（图1），共涉及7个村庄分别是东西闫庄，东西陶屯，刁庄、北廖庄、李庄。7个村庄相互毗邻，位于临清市东三环以东，在产业结构上均是以农业为主，经济基础较为薄弱。在发展的过程中拥有相似的大环境，村庄特征相近，共性大于个性，联系大于区别（图2）。

2.3　乡村公共空间现状

通过对临清乡村公共空间的调研，现存公共开放空间主要有古树、古井、坑塘等，其承载的功能主要以聊天为主。相对比较独特的公共空间为坑塘周边空间。各村内坑塘数量较多，具有防洪蓄水，养殖以及景观观赏的作用。不同形式的乡村公共空间，有不同的弱化与兴盛趋势，根据现场问卷调查分析，村内现存公共空间多存在空间局促、功能单一、缺少管理、环境脏乱等问题，已难以满足人们的日常生活需求（见表1）。

---

* 本篇论文受国家科技支撑计划课题《城镇群高密度空间效能优化关键技术研究》（课题号：2012BAJ15B03）资助。

---

① 基于乡土记忆的乡村公共空间营建策略研究与实践. 严嘉伟.

姜宇逍：天津大学建筑学院
孟令君：天津大学建筑学院
马东：山东建筑大学建筑城规学院
运迎霞：天津大学建筑学院
任利剑：天津大学建筑学院

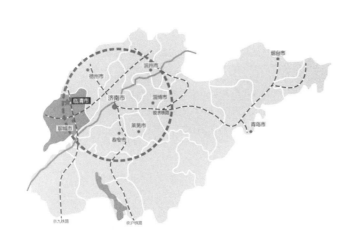

图1　临清区位图
（资料来源：小组绘制）

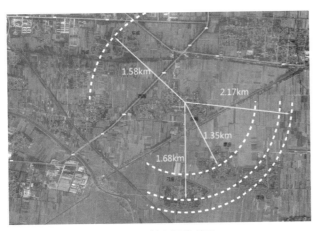

图2　七村空间关系图
（资料来源：小组绘制）

现状公共空间汇总表		表1
乡村公共空间形式	主要承载功能	存在问题
广场空间	广场舞、运动	空间狭小、功能单一
坑塘空间	防洪蓄水、钓鱼	景观杂乱、安全隐患
古树空间	乘凉、聊天	空间狭小、功能单一
水井空间	取水、聊天	功能闲置、使用率低

（资料来源：作者自绘）

3　现状问题总结

3.1　空间形式与活动内容单一

传统的乡村公共空间，如井台、树下空间等，曾是承载乡村公共生活的重要场所。然而随着物质生活水平的提高，越来越少的人外出到井台、树下乘凉交流，乡村公共空间不再是获取信息的主要来源，它被更为现代化的电脑、电视等方式所代替。另一方面，这些传统的

公共空间自身物质环境的一成不变，缺乏对村民的吸引力，例如树下空间缺少公共桌椅以及宽敞舒适的（硬化）空间，照明设施不足，可达性较差等。

在调研过程中发现村民的集体活动比较单一，对于大部分村民来说在家看电视成为主要的娱乐活动，少数人的公共互动主要集中为串门聊天和棋牌，对于出门就近务工的村民来说公共活动更为有限。原来极具乡土特色的传统公共活动诸如唱戏、放电影等伴随着现代生活方式的渗透逐渐从村民公共活动销声匿迹。总的来说，村民公共活动的有限及单一也反映出现状乡村公共空间的缺乏和功能的缺失。

3.2　现存功能与村民需求脱节

随着经济社会的发展，村民物质生活水平的提高，其对于精神层面的要求和身心健康发展的需求也越来越凸显。在调研过程中走访得知村民的迫切需求。他们需要广场空间、需要相应的体育运动设施、需要一定面积数量的绿地休闲空间等。本次研究对象中的7个村庄均普遍存在现状公共空间面积狭小，多以村头、村中心的空闲地和小卖部为主，尤其是现状坑塘主要以防洪排涝功能为主，周边多是杂草丛生，垃圾成堆的空间，景观风貌较差；传统古井空间也是被闲置一边，没有形成特色的公共空间。各村庄现存的公共空间功能已难以满足村民对公共空间的迫切需求。

3.3　缺少安全保障及人性关怀

在本次研究对象中，各村庄均存在多处坑塘。尤其是刁庄、李庄和北廖庄的坑塘均串联在三个村庄的主

要空间，主要起到防洪排涝的功能。部分坑塘深度可达8m，岸边为土护坡，缺少护栏，处于连接村庄的主要空间，存在较大的安全隐患。此外，现状坑塘本是可以充分利用，成为村庄的特色公共空间，却由于其周边缺少相应的人性化设施诸如休闲座椅、健身器材、公厕、植物配置等逐渐废弃，甚至被遗忘。

传统乡村公共空间消失殆尽，既有乡村公共空间活力不足，村民的公共活动空间作为乡土记忆的载体面临重构危机。基于实地调研与观察分析的基础上，发现既有的传统乡村公共空间存在形式单一、活力不足、功能与需求不符等多重问题，作为传承乡土文化，承载村民共同记忆与集体价值观的重要载体正逐步走向衰败面临重构危机。所以笔者认为，对于乡村公共空间的营造应该在坚持以人为本的前提下，以村民需求为导向，以传承乡土记忆为关键，以因地制宜为原则，重塑乡村公共空间营造观念，探寻适合乡村的公共空间营造策略，促进乡村公共空间的健康发展。

4 规划难点分析

4.1 资源紧缺

4.1.1 土地紧缺

各村庄土地利用主要分为村庄建设用地和非建设用地两大部分，其中村庄建设用地主要由村民住宅用地、村庄公服务设施用地以及其他建设用地构成，非建设用地主要是坑塘沟渠。现状村庄土地利用不集约，村庄住宅用地占据村庄建设用地的70%~90%，各村庄人均建设用地均处于180~240m^{2}之间，远远超过《山东省村庄建设规划编制技术导则》中规定的城郊居民点人均建设用地 ≤ 90m^2 的标准。在高度不集约的土地利用和高比例的村庄住宅用地下，致使村庄其他建设用地（V9）数量被严重压缩，新建乡村公共空间的土地从哪里来？

4.1.2 资金紧缺

新世纪初，国家取消了农业税，集体不再能够自主地向农民收取集资、摊派，用于村庄公共事业。国家主要通过项目资源和"一事一议"的方式解决乡村公共品供给的问题。致使公共空间的规划建设、维护使用都难以得到相应的资金投入。

4.2 地权观念

地权观念是地权实践的产物，地权观念一旦形成，又会对人的土地行为产生影响[①]。现今乡村的地权观念导

致村民集体观念弱化，难以参与到乡村公共空间的建设和维护来。主要原因体现在：①受制于国家相关制度安排，农村集体很难在土地上实现自己的所有权权能，从而导致集体能力的低下、集体职能的虚化和农民集体观念的弱化[①]；②乡村土地都属于集体所有，但乡村公共空间与宅基地的区别在于：村民拥有宅基地的使用权和房屋的所有权，乡村公共空间用地的所有权和使用权都收归集体所有。

这种地权观念导致了"各人自扫门前雪，莫管他人瓦上霜"的尴尬局面。乡村公共空间由于集体缺少资金的投入来维持它的管理和维护，村民淡薄的集体观念又难以促使他们参与进乡村公共空间的维护，致使乡村公共空间出现卫生脏乱、环境恶化等情况。在这种地权观念的影响下，集体权能难以发挥，村民参与难以实现。如何通过规划来提高乡村公共空间的使用，减少乡村公共空间日常的维护、管理费用？

4.3 特色塑造

现状特色的乡村公共空间趋于消亡，规划的公共空间又多以大广场为主，脱离乡村的自然环境风貌与街巷格局，如何振兴现状趋于消亡的公共空间使其再现活力？又如何挖掘村庄的特色环境，打造新型的特色公共空间，满足村民日益增长的物质文化需求？规划所面对的7个乡村，都拥有较多的坑塘，在延续坑塘防洪排涝功能的基础上，如何有针对性地对坑塘进行整治规划，改善景观、美化环境，以此提升乡村公共空间的特色及吸引力？

5 规划对策

渐进式的乡村公共空间规划设计，是一个有机的新陈代谢过程，是与当地社会经济条件相适应的公共空间的新建、补建、整治、修缮。强调规划设计与村民需求相适，管理维护与资金投入相适。规划主要从以下3个方面提出规划对策，以维持乡村社会长时期积淀形成的邻里关系，满足村民的不同需求。

5.1 空间共享策略

从尊重产权与保护耕地出发，在增加公共空间与减少人均建设用地的矛盾中，规划从空间的共享来寻求折衷的解决方法。

以东陶村和西陶村为例（图3），两村空间上相邻，都存在土地利用不集约，人均村庄建设用地较大，村内多空置的宅基地，缺少村庄其他建设用地等问题。村内

---

① 田孟. 浅议地权的集体观念——基于山西省北辛兴村的实地调查[J]. 中国土地，2014（11）：35-36.

图3 西陶乡村整治现状图
（资料来源：小组绘制）

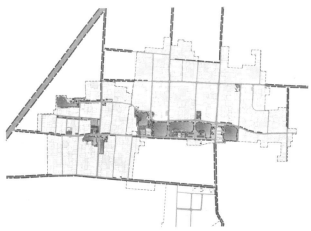

图4 东西陶乡村整治规划图
（资料来源：小组绘制）

空闲地由于用地不完整、交通不便利等问题导致新建公共空间的用地选择较为困难。规划分析东西陶两村毗邻位置的用地，在空间上位于两村的中心位置；交通上，贯穿两村的两条主要道路通过此处；良好的服务半径和便捷的交通条件对这片用地的规划提供了条件。

规划以空间的共享为出发点，选取东西陶两村间的用地为新建的公共空间，可减少村庄建设用地、建设资金的投入，增加服务人群的规模，提高土地的使用效率（图4）。

5.2 功能复合策略

乡村公共空间不同于城市公共空间的地方在于：乡村公共空间的功能不是单一的，是复合的。以篮球场为例，在城市中篮球场多数仅发挥打篮球的场地功能。而在乡村中，篮球场除了打篮球还可以搭台戏、播电影、晒东西、开大会等一系列活动。这是乡村公共空间的特点，规划中要认识这种不同，利用这种不同。

规划中对功能的复合性主要体现在：①乡村公共空间与其他公共服务的集聚：乡村公共空间与村委会、学校、文化活动室等公共服务的集聚，可提高公共空间的公共性和使用频率，更大程度地实现土地的利用效率。公共空间的维护和管理可以通过与村委会、学校的共享来减少成本的投入，以此实现公共空间的有序运转。②乡村公共空间自身功能的复合：乡村公共空间是生活空间和生产空间高度复合的空间，也是老人、儿童、青年等不同团体共同使用的空间。乡村公共空间需要提供可容纳多种功能的复合型空间，既可以满足生活性要求，必要时还可以作为生产空间；又需要提供多种满足不同群体需要的专业型空间：儿童活动场所、老人活动场所等。

在东陶屯的公共空间规划中（图5），将乡村公共空间与村委会、文化活动室、养老院集中布置在一起，可实现公共空间与其他公共服务的集聚，提高空间使用频率，减少维护成本投入。在东陶屯的公共空间中，百姓大舞台作为复合型空间，既可承担演出、展示、广场舞等生活功能，又可承担晒谷物等生产功能；林荫树阵、四角亭、运动场地等空间，可提供多种选择，以满足不

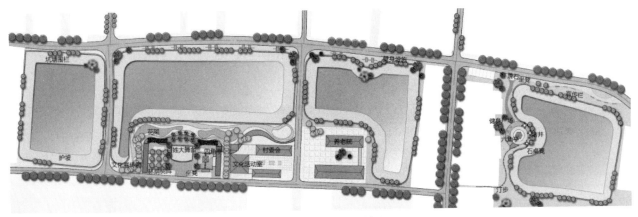

图5 东西陶公共空间规划图
（资料来源：小组绘制）

图6　东西陶公共空间透视图

（资料来源：小组绘制）

同年龄段共同使用的需求（图6）。这种与外部功能的复合以及自身功能的复合，不仅可以减少资金投入和管理维护成本，还可以通过功能的集聚吸引更多的村民，实现空间利用的最大化。

5.3　文化复兴策略

在规划中，选取传统的古树、古井等公共空间，对其现状的用地情况、交通条件以及村民对其的使用频率进行调查分析，选取有拓展用地、交通便利、村民满意度高的传统公共空间对其进行功能重构和空间重组，以激发其活力。以西闫庄的庙井为例，庙井曾经是全村的取水井，养育了好几代村民，拥有深厚的文化积淀和情感寄托。然而随着自来水的普及，以及周边缺少驻足和停留空间，庙井逐渐淡出了村民的生活。

规划首先对庙井的历史及与村民的情感诉求进行了解，在确定有重塑公共空间必要性的基础上，对庙井所处位置与交通条件进行分析：庙井位于村子中心位置，且毗邻村子主要道路，具有良好的可达性，提高了重塑的可能性；庙井周边空闲地较多，为庙井公共空间的重

设计以夏季开花植物·常绿植物·开花灌木为主，如：合欢、大叶女贞、樱花等。

图7　规划图庙井文化广场

（资料来源：小组绘制）

塑提供了用地的保障。规划过程中，根据庙井所处位置与交通条件以及周边用地规模确定其用地规模，以满足周边居民的使用；在功能上，通过新功能的植入：运动、健身、棋牌等，满足村民的文化活动需求，以此吸引更多村民的到来，激发传统公共空间活力；在交通上，结合道路适当提供停车位数，提高村民到此的便捷性（图7）。

6　结语

对于乡村公共空间渐进式规划，不能停留在公共空间规划设计的表象中，要深入挖掘隐藏在公共空间背后的地权、价值观念、传统文化等，关注公共空间的可实施性、可延续性、文化特性等。

首先，乡村公共空间渐进式规划应以节约利用土地为宗旨。要避免过多的占用耕地，更要避免脱离村民需求去追求大广场、大铺地等公共空间。合理的乡村公共空间渐进式规划一定是节约的规划。其次，乡村公共空间渐进式规划还要关注乡村公共空间建成后的使用及维护。减少乡村公共空间的管理及维护成本，保证乡村公共空间的环境质量，让乡村公共空间活力得以维持。最后，乡村公共空间渐进式规划一定要因地制宜，需考虑地域文化的延续性、村民原有的生活习惯和生活方式，关注村民的价值观念，并且要注重与周边环境的结合，体现人与自然的和谐。

总之，乡村公共空间渐进式规划一定要与当地社会经济条件相适应，以促进乡村文化的发展、改善村民的生活为目标。地方文化和乡村文化的发展有其自身的规律，它不是靠一道行政命令就能实现的。地方文化的发展，健康向上社会风气的形成是一个渐进的过程①。一个具有

① 周尚意，龙君.乡村公共空间与乡村文化建设——以河北唐山乡村公共空间为例 [J]. 河北学刊，2003（02）：72-78.

良好秩序、相对稳定活动的公共空间，对于地方文化的发展具有积极的促进作用。这才是规划所应追求的理想的乡村公共空间。

主要参考文献

[1] 方雪燕. 村庄公共空间的变迁及其对村庄治理的影响 [D]. 西南政法大学，2013.

[2] 严嘉伟. 基于乡土记忆的乡村公共空间营建策略研究与实践 [D]. 浙江大学，2015.

[3] 李珊珊. 社会变迁与乡村公共空间利用——以 A 乡篮球场为例 [J]. 经济研究导刊，2013（03）：53-54.

[4] 王东，王勇. 功能与形式视角下的乡村公共空间演变及其特征研究 [J]. 国际城市规划，2013（02）：57-63.

[5] 王春程，孔燕，李广斌. 乡村公共空间演变特征及驱动机制研究 [J]. 现代城市研究，2014（04）：5-9.

[6] 王勇，李广斌. 裂变与再生：苏南乡村公共空间转型研究 [J]. 城市发展研究，2014（07）：112-118.

[7] 刘坤. 我国乡村公共开放空间研究 [D]. 清华大学，2012.

[8] 曹海林. 乡村社会变迁中的村落公共空间——以苏北窑村为例考察村庄秩序重构的一项经验研究 [J]. 中国农村观察，2005（06）：61-73.

城乡空间统筹视角下的山地乡镇总体规划
——以勐库镇总体规划为例

孙美静　韩璐

摘　要：落实科学发展观，统筹城乡发展是重要途径。打破城乡二元结构，缩小城乡差距，实现城乡发展的双赢。对于云南山地乡镇，有着自身特有的空间特征和丰富的人文内涵，也有资源、地形及经济的条件限制。做好城乡统筹规划应该先行，本文结合勐库镇新一版乡镇总体规划的编制，基于城乡空间统筹的视角，结合乡镇发展实际，从空间布局、经济区划、产业区划、风貌区划等方面分析勐库镇在此版乡镇总体规划中如何贯彻与周边区域的协调发展，优化配置资源，进一步实现城乡空间统筹。

关键词：城乡空间统筹；乡镇总体规划；勐库镇

1 引言

　　一段时间以来，我国的发展建设一直围绕着城市进行，对乡镇规划的建设重视不够，出现了"城乡二元、重城轻乡"的现实状况。2008年《中华人民共和国城乡规划法》颁布，把乡规划、村庄规划纳入城乡规划的工作范畴，标志着我国的规划工作重心已由城市主导转变为城乡并举，为广大乡村地区的规划建设发展提供了法律依据和技术保障。

　　统筹城乡发展是科学发展观中五个统筹的其中一项，就是要改变过去就城市论城市、就农村论农村的局限，逐步削弱并清除城乡间的樊篱，改变城乡二元经济结构，把城市和乡村看作一个完整的系统，促进城乡各种资源要素的合理流动和优化配置，不断增强城市对农村的带动作用和农村对城市的促进作用，互动发展，缩小城乡差距、工农差距和地区差距，使城乡经济社会实现均衡、持续、协调发展，实现城乡发展双赢的格局。

　　本文以勐库镇为例，对基于城乡空间统筹视角下的乡镇总体规划进行了初步的探讨。

2 勐库镇城乡空间发展现状特征

　　勐库镇位于云南省双江拉祜族、佤族、布朗族、傣族自治县北部，是双江县第二大镇。勐库集镇位于镇域南部的平坝地区，是连通区域南北的重要交通门户。

孙美静：云南省城乡规划设计研究院
韩璐：云南省城乡规划设计研究院

2.1 山多坝少的自然空间

　　全镇总面积为475.3km²，境内山多坝少，山区面积占99.55%，坝区面积占0.45%。地势呈东北高西南低，境内河谷交错、山峦起伏、河沟纵横，条条溪流汇集南勐河，南勐河纵贯全镇37km，把勐库分为东西两半。

2.2 多民族聚居地

　　全镇辖16个村委会，103个自然村160个村民小组8564户32187人。聚居着拉祜族、佤族、布朗族、傣族等12种少数民族，少数民族人口占总人口的38.93%。

2.3 建设用地局限

　　由于勐库镇依托道路发展，因此集镇用地呈南北向带状形态，现状面积为1平方公里，总体地势基本呈北高南低，中间高，两侧低之势，局部地段坡度起伏变化较大。镇区可利用地的坡度大多处于15%左右，现状除集镇重要设施建设用地及一些村庄外，主要为农田或空地。

2.4 产业发展制约

　　勐库镇乡镇发展主要依靠第一产业，二、三产业发展缓慢，区域经济发展相对落后，不能形成产业链发展模式。勐库是著名的"大叶种茶之乡"，几千年来茶文化一直贯穿于勐库各民族的文化、生活中。但是其资源优势受地域条件、交通条件、经济条件的影响，资源优势难以凸显。

2.5 社会事业滞后

　　勐库镇教育、卫生、文化的发展与经济发展不协调，

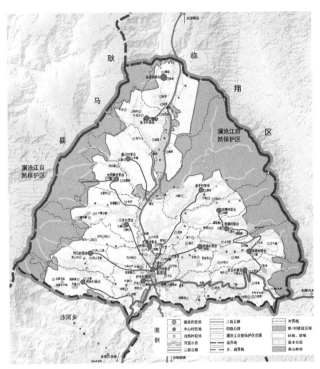

图1 镇域现状空间利用图

教育、卫生、文化的发展落后于经济的发展。科技、信息支撑不足，人才匮乏、信息闭塞、科技力量薄弱。

3 西部欠发达地区的城乡关系

由于地理、历史、现实、体制等多方面的因素，以勐库镇为代表的西部欠发达地区的城乡关系有着其特有的表征和深层次的问题。

3.1 增长极带动作用不强

目前勐库镇的经济载体主要集中在第一产业的茶叶种植，且茶园多在远离镇区的高山区域。就产业总值来讲，镇区的经济总收入与村委会相差无几，产业加工等第二产业也相对分散，镇区增长极带动作用不强。

随着勐库镇交通系统的不断完善，未来勐库将是东联临沧、北出南美，东进双江的重要交通枢纽，极大的提高了勐库产业发展提升的机会。

勐库冰岛茶生态文化产业园区的建设对勐库的开发建设提出新的发展要求，努力把勐库镇融入滇西南城市群，成为双江县新的经济增长极。

3.2 多民族散点聚居

云南作为多民族聚居区，各民族的聚居形式整体上呈现大杂居、小聚居的特点。勐库镇区为傣族聚居区，镇区向外扩展2km范围内，分散有佤族、拉祜族、彝族、布朗族、汉族以及华侨聚居区，各民族在房屋的建造方式、民风习俗方面各有自身的特色。多民族的文化共融对于勐库镇做出特色，发展旅游产业奠定了良好的资源基础，也有着异质化发展的优势。

3.3 建设用地局限

大至云南省，小到勐库镇，地理空间上有着山多坝少的空间特征，尤其平坝地区多为基本农田分布区域，城镇的建设除受限于山体、水系、地灾因素外，还存在基本农田保护红线的制约。勐库镇镇区人均建设用地仅62m²，远远低于全国130m²的人均水平。

面对用地拓展的局限，如何完善城镇功能，满足产业发展的需要，对新一轮的规划提出了较高的要求。

3.4 资源特色鲜明

云南多山的地理特征也造就了云南山清水秀、物产丰富的资源优势。勐库镇民族文化历史悠久，民族文化资源保存完好，是著名的"大叶种茶之乡"。这对提升勐库镇知名度和促进勐库镇旅游发展和城镇建设是一个极好的发展机遇，同时也是竞争和挑战。如何把勐库镇发展建设好，如何充分整合勐库镇得天独厚的自然景观资源和民族文化资源，勐库镇如何找准自己的发展定位和发展方向，如何发挥自己的特色和优势，这都是对勐库镇进行总体规划时需考虑完成的主要任务。

4 城乡空间统筹的规划实践

4.1 统筹分析城乡发展特征，确定镇域空间布局

乡镇总体规划需要对镇域空间各要素进行有序的组织，通过镇村空间布局统筹考虑中心镇区与周边乡镇的空间关系，结合镇域内部及周边自然空间格局、资源分布现状、道路交通系统、居民点布局等，分析影响镇域空间布局的主要因素。勐库镇主要影响因素是交通条件和经济资源分布状况，因此交通条件优越的地带和大叶茶优质区、旅游资源丰富的地带是城镇现状和今后发展、分布的主要地带。因此，对勐库镇镇域空间组织提出了"一心三轴四片区"的布局框架。

"一心"——以集镇为主体的商贸旅游服务中心

"三轴"——214国道、林勐线沿线发展轴、古茶谷生态旅游发展轴

"四区"——中部以勐库坝区为中心的行政商贸旅游服务综合区、半山茶园文化产业经济区、半山农业产业经济区、高山原生森林保护区。

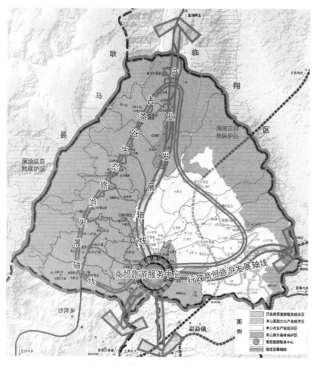

图2 镇域空间结构布局图

图3 镇域经济区划图

4.2 统筹分析城乡资源及交通，确定镇域经济区划

根据社会劳动地域分工的规律、区域经济发展的水平和特征的相似性、经济联系的密切程度，需对镇域空间进行战略性的区划。经济区划有利于打破行政区划对于空间的不合理切割，有利于区域基础设施的体系建设以及区域分工的有效协作。

分析勐库镇资源分布和交通布局，在勐库镇内打造商贸旅游片区、农业经济片区和特色旅游片区。

4.2.1 商贸旅游片区

勐库大叶茶"闻名天下"，随着勐库镇的发展，打造以勐库集镇为中心的大叶茶交易中心，茶文化、民族文化旅游区，形成大叶茶的第一交易市场中心和勐库古茶谷旅游景区的接待中心。

4.2.2 农业经济片区

此区域交通条件较差，发展主要以粮食、水果、茶叶、野生菌、水产养殖为主导的产业。片区以亥公为核心，鼓励发展畜牧业、农副产品加工业以及观光果园等第三产业。

4.2.3 特色旅游片区

结合各片区资源，形成以冰岛和南等水库为核心的休闲旅游度假片区、以大户赛和万亩茶园及邦骂大雪山为核心的观光体验旅游片区、以公弄为核心的民族文化旅游体验片区。该区结合勐库镇贯穿南北的林勐线形成勐库西部特色旅游片区。

4.3 统筹分析城乡产业结构，确定镇域特色产业区划

按照镇域特色产业地域分布规律，科学地划分产业区。通过分析产业资源特点（种类、数量）与地理分布，产业生产的地域差异、形成条件和存在问题，以及阐明不同地区产业发展方向、增产潜力和实施途径，为充分合理利用特色资源，因地制宜地规划和发展镇域特色产业提供科学依据。

根据勐库镇总体规划，全镇的产业布局着力打造一个中心三个片区的空间结构。

4.3.1 镇区

集镇是勐库镇的综合服务中心、经济中心。结合现状发展状况，在发展策略中，加强镇区经济中心的地位建设。主要发展商贸服务业、茶叶加工业、旅游接待服务业，以完善的配套设施建设，积极配合勐库镇的经济发展建设，将集镇发展成为功能健全、配套设施完善、带动作用显著、辐射影响较大的综合服务中心。

4.3.2 行政商贸旅游服务综合片区

该片区重点发展商贸和旅游业。其中旅游业以滇濮文化及古茶文化作为引入点，作为勐库最重要的第三产业进行引导塑造。行政商贸旅游服务综合片区推进独具特色的"滇濮古镇"旅游项目，强化周边的民族特色村落，充分利用勐库镇布朗族及其他民族的传统文化和民俗历史，基于目前良好的基础，积极推进发展民俗观光、体

验旅游业。同时该片区作为临沧市至双江县的门户节点，具有极佳的交通区位优势，可充分利用现有的旅游人流，作为旅游的一个重要支撑点。

4.3.3 半山茶园文化茶叶经济片区

该片区以大叶茶产业作为发展的重点。片区涵盖了冰岛村委会、坝卡村委会、懂过村委会、大户赛村委会、公弄村委会、丙山村委会和邦改村委会。半山茶园文化茶叶经济片区主要利用现有的气候条件，种植条件大力推进高原大叶茶种植、初制，同时结合民俗、古茶文化发展商贸、旅游接待、农业体验等第三产业。

4.3.4 半山农业产业经济片区

该片区以发展第一产业为重点。主要利用现有的种植条件和养殖业基础，重点发展粮食、烤烟、甘蔗种植、果林（核桃）种植、牲畜养殖等产业，以此带动发展生态农业观光体验旅游业。

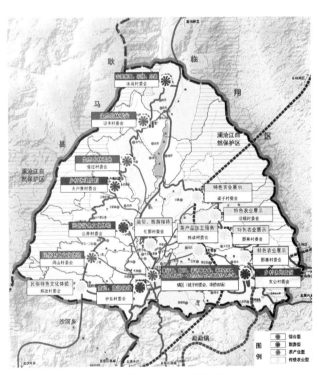

图4　镇域特色产业区划图

4.4 统筹分析城乡产业结构，确定坝区统筹区产业区划

勐库镇中心镇区用地面积有限，可供发展旅游业、种植产业的自然资源分布距离中心镇区较远，限制了中心镇区的产业发展，也对统筹产业区划造成了困难。因此在此版勐库镇总体规划中，有别于传统乡镇总体规划只分为镇域和镇区两个层级，在勐库镇镇域和镇区之间，加入了"坝区统筹区"这个空间层级，以勐库镇镇政府所在地为中心，四周扩展至自然山体，涵盖整个勐库坝区约28平方公里的范围为坝区统筹区的研究范围，能够更加具体的对勐

库镇进行空间资源进行统筹配置，确定产业区划。

按照"新型城镇化"和"守住红线、城镇上山、农民进城"的总体要求，实现人居向城镇集中，产业向园区集中，农业规模化经营，旅游休闲特色化发展。坝区统筹区形成五区多节点的产业区划结构。

商贸服务产业经济区：依托中心镇区的商贸服务功能，形成坝区内的商贸服务产业经济区，服务整个坝区4万的居住人口和旅游人口。

茶产业示范经济区：以现有滇濮古镇项目为勐库茶茶产业链条终端载体，沿南北向新建交通性主干路，向北部进行用地延伸和产业延伸，增加物流、生产、仓储、管理等茶产业环节，将勐库镇区东部建成茶产业示范经济区。

粮食蔬菜种植经济区：勐库镇区作为双江县第二大坝区，拥有丰富的耕地资源，加之热量气候条件、周边水资源，在落实基本农田保护政策的基础上，在勐库镇区东北侧和西南侧大面积耕地范围内种植复种率较高的作物和大棚蔬菜，为镇区居民和旅游人口提供粮食供应服务，形成粮食蔬菜种植经济区。

林果种植经济区：华侨农场是坝区统筹区的重要组成部分，华侨农场北部区域规划中考虑延续现有水果种植，在规模化种植的同时，考虑与旅游融合，形成林果种植经济区。

茶叶种植经济区：坝区统筹区范围内共有三片茶叶种植区，规划考虑对该区域茶园进行保留和保护，与中

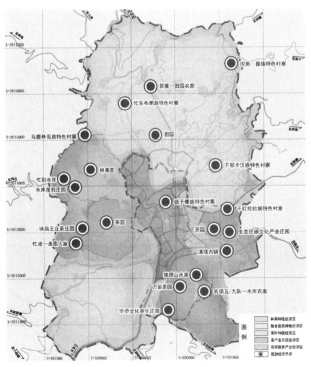

图5　坝区统筹区产业区划图

心镇区东侧的茶产业示范经济区共同组成茶叶种植、采摘、加工、销售链条，形成茶叶种植经济区。

旅游经济节点：旅游经济载体分散设置在坝区旅游大环线上，充分利用现有自然资源、人文资源和民族资源打造特色村寨旅游、文化旅游、观光旅游和体验旅游。

4.5 统筹城乡建设用地布局，确定中心镇区发展布局

中心镇区是城乡联系的纽带，也是乡镇建设中的重要节点。具有组织本片区生产、流通和生活的综合职能，有较强的聚集力和辐射作用，是能够带动乡镇发展的增长极核。中心镇区的发展布局，需充分考虑乡镇用地条件、产业规划和近期发展目标等要素。

勐库镇中心镇区位于坝区统筹区的核心区域，以现有镇区集中建设区向河西扩展以及向东侧山体扩展，规划范围为5.86km²。

近期是以现状建成区为向西跨过勐库河主要发展居住（廉租房建设）、商贸服务、文化娱乐、旅游等功能，往东向发展以茶叶生产、物流、交易为主的产业项目。

远期主要通过大叶茶品牌效应的拉动，加快勐库镇商贸、旅游服务业的发展，结合城镇上山政策，在完善集镇原有基本功能的基础上，集镇商贸、旅游及部分特色居住往西北发展，同时整合周边资源形成特色旅游景点。

因其规模及用地条件的限制，规划采用组团发展的布局形态，根据地形地貌现状情况，因地制宜，使用地布局形成用地较为节约的集中紧凑型。

形成"一心、两轴、三带、三廊、五区"的功能结构。

"一心"——集镇公共服务中心，主要是指集镇的农贸市场、医院、中学等服务设施。

"两轴"——以现状街道立面改造后形成的南北向特色商业街以及东西向衔接东西两区的集镇空间发展轴。

"三带"——沿勐库河、缩峨河、控角河三条水系形成的绿化带。

"三廊"——在城镇空间中，通过绿化空间的控制形成贯穿东西的绿化景观廊道。

"五区"——西北部居住片区、镇区生活服务片区、旅游服务片区、产业服务片区、独蜡山华侨养生度假片区。

4.6 统筹城乡风貌特色要素，确定镇区风貌空间结构区划

勐库镇区的风貌特色要素包括了山水、文化和民俗三大要素，针对这三大特征要素，规划从控制引导入手，加以统筹考虑，提出通过"生态育城、文态立城、形态塑城"三大理念引导特征要素与镇区物质空间进行有机结合。

根据"秀山理水"、"营区通脉"、"彰界点睛"三个引导策略及总规确定的整体架构，结合镇区发展阶段分析，将镇区划分为八个风貌分区。即老城综合风貌示区；活力新区风貌展示区；入口形象风貌展示区；古茶产业风貌展示区；生活休闲风貌展示区；休闲度假风貌展示区；

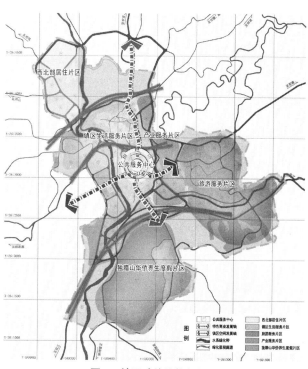

图6 镇区功能结构规划图

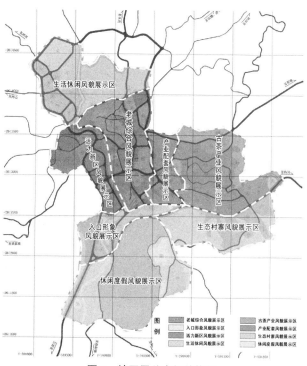

图7 镇区风貌空间结构图

生态村寨风貌区；产业配套景观风貌区。这八个镇区组团各显特色，总体统一，以廊相连，尽显肌理脉络。

5 结语

城乡范围内社会、经济、文化、生态等各方面的用地安排都要通过空间统筹来得以实现。乡镇是中国城乡体系中的"乡首城尾"，是连接城市和乡村的重要纽带，职能上兼具城乡特色，能够更好地、更实质性地落实城乡统筹的思路，因此自然而然成为城乡空间统筹发展规划中的重要战略节点。

本文从城乡空间统筹的角度出发，对勐库镇的现状发展特征、交通系统布局、产业结构构成、特色资源分布等要素进行统筹分析，合理配置空间资源，发展特色产业以带动当地经济发展，确定了乡镇空间内的空间布局、经济区划、产业区划、未来发展布局和整体风貌结构等。对乡镇空间进行合理的总体规划布局，能够促进城乡互动发展，实现城乡共赢，解决城乡发展不平衡产生的诸多问题，具有现实意义。

主要参考文献

[1] 郭建.城乡统筹背景下小城镇总体规划编制方法探析——以河北省唐山市丰南区黄各庄镇为例[J].城市规划，2011，35（9）：92-96.

[2] 张春花.城乡空间结构体系统筹规划探索——以山东省兖州市城乡总体规划为例[J].北京规划建设，2010（1）：35-37.

[3] 陈玉飞，毛勇龙.乡镇空间统筹在乡镇总体规划中的实践——以宁海县黄坛镇总体规划为例[J].三江论坛，2015（7）：15-18.

[4] 李肇娥，赵海春，李铜英.城乡空间统筹在县城总体规划中的实践——以米脂县城总体规划为例[J].城市规划，2009，33（7）：74-77.

基于农村土地流转视角下的村庄规划探讨

高宁

摘　要：农村土地流转新政的出台为城乡统筹发展带来新的契机，村庄规划作为引导和控制村庄建设的公共政策，更应结合土地流转政策进行科学规划。文章基于农村土地流转视角，从农村产业、人口、规模、职能、内部联系等方面分析了农村土地流转对村庄规划的影响，进而从村庄规划布局、农村产业发展、基础设施、特色村庄风貌塑造等方面提出了与农村土地流转相适应的村庄规划方法，使其编制更具科学性和合理性，以期指导村庄的健康发展。

关键词：农村土地流转；村庄规划；城乡统筹

农村土地流转制度作为当前推进农村改革的核心环节，也是实现城乡统筹的重要途径。当前我国正处于农村转型过程，已经出现所谓"农村病"现象：人口和用地空心化、人口老龄化、基础设施边缘化、农户兼业化等。农村土地流转作为解决"三农"问题的重要政策，将促进农业规模化经营，推动农村产业结构的升级，加速农村劳动力的非农化转移，成为城乡一体化的催化剂[1]。因此农村土地流转视角来探讨村庄规划的需求尤为迫切，本文从农村土地制度的变革为切入点，分析了农村土地流转对村庄规划的影响并提出给予土地流转政策背景下村庄规划编制方法。

1　农村土地制度的变革

刘易斯·芒福德曾指出"真正影响城市规划的因素是深刻的政治和经济变革"[2]，而城市规划作为空间资源有效配置和土地合理利用的技术手段和政策活动，其编制和实施都与土地制度的变革密切相关。农村土地制度是在特定历史条件下的强制性变迁，在中国特殊国情和制度下，土地作为一种重要的生产要素不仅承担了生产功能，还作为一种综合性保障载体承担着农民的生活保障功能，如养老、医疗、失业、最低保障等项目[3]。因此为使村庄规划更具操作性和特色，必须对农村土地制度的变迁有深刻认识。

1.1　新中国成立以来农村土地制度的变革

新中国成立以来农村土地产权主要经历了六次变革，如图1所示。第一次是土地变革（1950年–1952

年）：这一时期废除地主阶级封建剥削的土地所有制，实施农民土地所有制，赋予农民私有土地买卖、租佃的权利，实现了"耕者有其田"的夙愿；第二次是初级合作社（1953年–1956年）：在这一阶段农民仍然拥有土地的所有权，但必须交给初级社统一使用，农民按土地股份参加年终分红；第三次是高级农业生产合作社（1955年–1956年）：这一时期土地、耕畜和大型农具作价（股份）入社，集体所有，统一经营；第四次是人民公社（1957年–1977年）：集体所有、统一经营的制度，公社对土地进行统一规划、统一生产、统一管理，实行平均主义的按劳分配，形成了我国特有的城乡二元户籍制度；第五次是家庭联产承包责任制（1978年–2008年）：农民获得生产经营的自主权，促使农村土地的所有权与使用权（即承包经营权）分离，即土地归集体所有，农民享有经营和使用权；第六次是农村土地制度的新一轮改革（2008年–至今）：坚持农村土地集体所有长期不变，集体土地家庭承包经营长期不变，允许农户在承包期内依法、自愿、有偿转让土地经营权，鼓励承包权和经营权的分离。

1.2　近年来农村土地流转政策变化

2008年10月中共十七届三中全会通过的《中共中央关于推进农村改革发展若干重大问题的决定》标志着农村土地制度新一轮的改革的开始，农村土地流转成为当代农村改革的核心问题。村庄规划的编制应基于土地流转政策上进行思考，确保规划的合法性和合理性。因此本文梳理了2008年来中央一号文件对土地流转政策，寻找土地流转和村庄规划的结合点，以期引导规划健康实施，如图2所示。

高宁：山东建筑大学

时间	事件	政策文件	产权变化	主要特征
1950-1952年	土地改革	《中华人民共和国土地改革法》	地主所有、租佃经营 ⬇ 农民所有、农民经营	耕者有其田
1953-1955年	初级农业生产合作社	《关于农业生产互助合作的决议(草案)》	农民所有、农民经营 ⬇ 农民所有，集体经营	土地所有权和使用权的分离
1955-1956年	高级农业生产合作社	《关于高级农业生产合作社示范章程(草案)》	农民所有，集体经营 ⬇ 集体所有，集体经营	土地由私有转变为集体所有
1958-1977年	人民公社运动	《关于在农村建立人民公社问题的决议》	集体所有，集体经营	政社合一，户籍二元制形成
1978-2008年	家庭联产承包责任制	《关于当前农村经济政策的几个问题的规定》	集体所有，集体经营 ⬇ 集体所有，家庭承包经营	土地所有权和经营权相分离
2008年-至今	农村土地制度新一轮改革	《中共中央关于推进农村改革发展若干重大问题的决定》	保留承包权，转让使用权	土地承包权和经营权的分离

图1 新中国成立以来农村土地制度的变革（资料来源：作者自绘）

颁布时间	文件名称	土地流转政策
2008年1月30日	《关于切实加强农业基础设施建设进一步促进农业发展农民增收的若干意见》	"坚持和完善以家庭承包经营为基础、统分结合的双层经营体制"、"切实保障农民土地权益"
2009年2月1日	《关于2009年促进农业稳定发展农民持续增收的若干意见》	"稳定农村土地承包关系"、"建立健全土地承包经营权流转市场"、"实行最严格的耕地保护制度和最严格的节约用地制度"
2010年1月31日	《关于加大统筹城乡发展力度，进一步夯实农业农村发展基础的若干意见》	"确保农村现有土地承包关系保持稳定并长久不变"、"有序推进农村土地管理制度改革"
2012年2月1日	《关于加快推进农业科技创新，持续增强农产品供给保障能力的若干意见》	"稳定和完善农村土地政策，加快推进农村地籍调查，2012年基本完成覆盖农村集体名类土地的所有权确权登记颁证"
2013年1月31日	《关于加快发展现代农业进一步增强农村发展活力的若干意见》	"全面开展农村土地确权登记颁证工作"、"引导农村土地承包经营权有序流转，鼓励和支持承包土地向专业大户、家庭农场、农民合作社流转，发展多种形式的适度规模经营"
2014年1月19日	《关于全面深化农村改革加快推进农业现代化的若干意见》	"三权分立，放活土地经营权"、"农村集体建设用地与国有土地同等入市、同权同价入市"、"农地确权、宅基地确权，农地入市"
2015年2月2日	《关于加大改革创新力度加快农业现代化建设的若干意见》	"坚持农民家庭经营主体地位"、"引导农民以土地经营权入股合作社和龙头企业"、"土地经营权流转要尊重农民意愿"、"严禁擅自改变农业用途"
2016年1月27日	《关于落实发展新理念加快农业现代化实现全面小康目标的若干意见》	"稳定农村土地承包关系，落实集体所有权，稳定农户承包权，放活土地经营权，完善"三权分置"办法，明确农村土地承包关系长久不变"、"依法推进土地经营权有序流转，鼓励和引导农户自愿互换承包地块实现连片耕种"

图2 2008年以来中央一号文件土地流转政策梳理（资料来源：作者自绘）

农村土地流转分类		主要形式	特点
土地类内流转	农用地流转	①转包 ②转让 ③互换 ④出租 ⑤股份合作	土地农业用途及权属性质不变，土地承包经营权发生流转
	建设用地流转	①国家征地 ②集体建设用地使用权流转 ③建设用地指标流转（土地增减挂钩）	土地建设用地性质不变，土地所有权权属可能发生改变
土地类间流转	农用地→建设用地	①国家征地 ②集体农用地转为非农建设用地	土地用途改变，由农用地转为建设用地
	建设用地→农用地	集体建设用地复垦为农用地	土地用途改变，由建设用地转为农用地

图 3　农村土地流转的形式
（资料来源：作者自绘）

2　农村土地流转和村庄规划概述

2.1　农村土地流转的内涵

农村土地是指由国家或集体所有而由农民集体依法使用的土地，根据用途可分为农用地、建设用地和未利用地三大类。狭义的农村土地流转指类内土地权属的变更和价值的实现；广义的农村土地流转指三类用地中性质和权属的变更以及价值的实现[4]。本文是从广义角度理解农村土地流转，将其分为类内流转和类间流转两大类，如图 3 所示。

农村土地类内流转又可分为农用地流转和建设用地流转两种。农用地流转是指土地承包经营权的流转，是农业用地的承包经营权在不同经营主体之间的流动和转让，包括转包、转让、互换、出租、股份合作等形式；建设用地流转是指在建设用地用途不改变的情况下，所有权主体的变更或使用权的流转。农村土地类间流转是指农用地和建设用地间的相互转换，土地的用途性质发生改变。

2.2　农村土地流转的问题

土地流转是一种自下而上的经济行为，而我国当前市场经济不成熟，农村土地流转的市场机制不健全，导致土地流转出现盲目性和自发性。目前，我国农村土地流转问题主要表现在三个方面：耕地流转非农化、产权不明、市场秩序混乱。

2.2.1　耕地流转非农化

土地流转对于推动农业规模经营，促进农业生产力的发展具有明显作用，但也会增加内部结构的不可控性，

出现耕地流转非粮化。在经济市场作用下，土地的极差地租决定了土地的非粮经营将获得更高利润，因此导致土地流转的规模经营成为耕地转为发展蔬菜、水果、花卉、林木、观光农业等高效益种植的温床，粮食种植面积锐减。甚至在有些地区，部分集体或个人为了追求高收益违法改变土地农业用途，将耕地转为不能复垦的建设用地。

2.2.2　农村土地流转权属不明晰

当前我国土地产权制度不完善，对土地承包经营权缺少更细致规定，导致流转过程中参与者的利益受损，影响土地的有效流转。《决定》中明确要求依法保障农民对承包地的占有、使用、收益等权利，但仍存在灰色地带，在实践中存在土地权属不清、承包政策难操作等问题。土地经营权流转的登记程序不规范，流转合同多为口头协议，缺乏法律保护，农民合法权益易受到侵犯，如栖霞市在 2015 年处理农户间土地流转纠纷数 64 件。

2.2.3　农村土地流转市场秩序混乱

当前我国的农村土地流转具有一定的盲目性和自发性，在信息沟通和市场交易的基础设施建设方面尚不健全[5]。政府在城市发展中刻意追求建设指标，在"撤村并居"的过程中，对于农民的经济补偿有过多的政策干预，影响土地市场秩序。同时，集体建设用地也存在自发进入土地市场的情况，形成隐形土地市场。

2.3　村庄规划的内涵

村庄规划是在上位规划的指导下，提出村庄在一定时期的发展目标，依法、科学、合理对村庄的平面布局、空间形态及各项建设进行统筹部署和具体安排[6]，如图 4

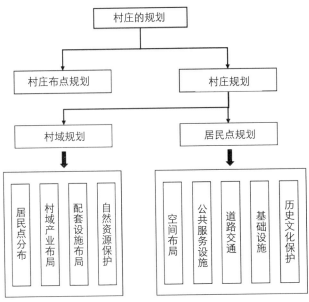

图 4　村庄规划的构成

（资料来源：张泉，王晖，梅耀林，等.村庄规划 [M].
北京：中国建筑工业出版社，2009.）

所示。村庄规划的核心目的是为村民提供符合当地特点并与当地经济社会水平相适应的人居环境。

村庄规划编制应与上位规划相协调，从城乡统筹角度来确定发展目标；因地制宜、分类指导、突出地方特色，保护和弘扬地域文化；以人为本，尊重农民意愿，优化居住环境，做到生产、生活、生态的"三生共融"。

3　农村土地流转对村庄规划的影响

3.1　促进农业规模化经营，推动产业结构调整

农用地流转作为农村发展的"活力杠杆"，将打破传统农业对农村劳动力的固化，使农业的规模化经营和农村工业化发展成为可能；农村劳动力和土地发生分离，劳动力和土地要素重新配置，从而推动城镇化进程[7]。土地流转制度将促进农业专业化生产，建立各种专业农村合作社，整合当地农业资源优势，发展高效集约特色农业；农用地流转将会吸引社会资本的向村庄流入，延伸农产品产业链，带动农产品初加工和深加工；一二产业的发展也势必带动第三产业的发展，乡村旅游业、服务业也将蓬勃发展，至此形成一二三产业并存互动的健康产业结构。

以栖霞市为例，栖霞市政府在确保土地流转参与方权益基础上，鼓励农户通过转包、转让、互换、出租、股份合作等形式进行家庭承包耕地的流转，其中 2015 年家庭承包耕地流转面积 4.8 万亩，同比 2014 年增长 21 个百分点，约占家庭承包耕地总面积的 6%；土地流转使农村发展更有活力，推动农业的规模化经营，农村合作社、企业等专业团体将逐步取代农民个体的小规模经营，栖霞市 2015 年流转到专业合作社的承包耕地 1000 亩，同比增长 900%，如图 5 所示。栖霞市 2015 年专业合作社 1332 个，涉及种植业、蔬菜业、畜牧业、渔业、服务业等不同产业，形成相对完整的规模化经营的产业结构，如图 6 所示。

家庭承包耕地	具体内容	数量（亩）	与2014年相比（±%）
流转形式	1.转包	9274	4.8
	2.转让	11744	1.9
	3.互换	22536	35.1
	4.出租	2582	100.9
	其中：出租给本乡镇以外人口或单位	38	0
	5.股份合作	500	0
	其中：耕地入股合作社面积	356	0
	6.其他形式	1515	2.4
流转去向	1.流转到农户	38661	16.9
	2.流转到合作社	1000	900
	3.流转到企业	7893	21.4
	4.流转到其他主体	597	290.2
家庭承包耕地流转总面积		**48151**	**20.9**

图 5　栖霞市 2015 年家庭承包耕地流转情况

（资料来源：作者根据栖霞市经管站统计表自绘）

合作社行业	具体内容	数量（个）	与2014年相比（±%）
1.种植业		888	63.5
其中	①粮食产业	0	−100
	②蔬菜产业	30	233
2.林业		24	4.3
3.畜牧业		87	17.6
	①生猪产业	39	0
其中	②奶业	1	−50
	③肉牛羊产业	20	122.2
4.渔业		5	25
5.服务业		308	−19.4
	①农机服务	19	72.7
其中	②植保服务	2	100
	③土肥服务	3	50
	④金融保险服务	0	0
6.其他		20	−75.3
农民专业合作社数		**1332**	**20.3**

图 6　栖霞市 2015 年农民专业合作社情况

（资料来源：作者根据栖霞市经管站统计表自绘）

3.2 加速农村劳动力转移，推动城镇化进程

农村剩余劳动力由农业部门转移到非农业部门，农村人口由乡村流入城镇是推动人口城镇化发展的重要途径之一。农业规模化经营为农村劳动力从传统农业中释放提供了可能，顺应了劳动力向非农产业转移趋势，如栖霞市 2015 年由农户转为非农户 1.05 万户，同比 2014 年增比 3.2%，如图 7 所示。当前农村城镇化路径有一定规律可循：农村剩余劳动力进程（青壮年）—夫妇进程—子女进城—父母进城。

农户种类	数量（万户）	与2014年相比（±%）
纯农户	16.5117	−0.3
农业兼业户	2.2057	2.9
非农业兼业户	1.083	−0.3
非农户	1.0464	3.2
汇总农户数	20.8468	0.2

图 7 栖霞市 2015 年农户数情况
（资料来源：作者根据栖霞市经管站统计表）

3.3 村庄规模、职能分化，转变村庄发展方式

伴随土地流转势必出现人口流动和用地规模的变化，导致村庄规模趋向两极化发展；资本、劳动力等要素的流动也使传统村庄面临职能分化的现象，改变了村庄原有发展方式。

村庄规模主要体现在人口和用地两方面，村庄人口和建设用地存在正相关关系，村庄可划分为三种类型：增长型，该类村庄一般拥有独特区位或资源优势，在规模效益影响下，村庄基础设施逐步完善吸引周边村民集聚，村庄用地规模扩张，用地功能较为复杂；缩减型，该类村庄由于人口外流导致村庄规模紧缩，用地功能相对单一；稳定型，该类村庄与周边联系相对薄弱，村庄规模变化不明显[8]。

村庄职能分化意味着农村职能不再局限于农业生产，随着土地流转带来的农业规模化经营，外界资本、人才、技术等生产要素流入村庄，衍生出更多农业服务、生产加工等功能，村庄职能趋向分化。

3.4 加强村庄内部联系，引导城乡一体化发展

农用地流转所带来的农业产业化和集约化，势必促使村庄基础设施逐步完善，突破乡镇的单中心模式，村庄与乡镇形成完整的体系。农业产业集聚增强了村庄间内部资源要素的流动，将村域分散的经济活动串联，挖掘其经济潜力。

农村集体建设用地整治流转，通过招商引资吸引企业入驻，促进村庄产业升级和结构调整。乡镇企业（村办企业）作为城镇化进程的"蓄水池"可吸纳农村剩余劳动力，加快村庄基础设施的建设，带动农村经济发展，实现"就地城镇化"，促进城乡一体化发展。农村集体建设用地通过土地增加挂政策可缓解小城镇建设的土地指标压力，优化城乡发展的空间格局，实现城乡统筹发展。

4 农村土地流转政策下的村庄规划方法初探

4.1 以村庄分类为基础，优化农村空间布局

农村土地流转改变了传统村庄既有空间结构和布局，出现大量闲置宅基地，村庄布局混乱无序。村庄规划应以村庄分类为基础，优化村庄空间布局。村庄根据城乡关系、特色资源、生态环境、现状条件等因素划分成特色村、一般村、分散型或规模较小村庄三种类型。依据不同村庄类型编制不同规划内容提升村庄风貌，优化村庄空间布局，规划内容分为独立的 A、B、C 三部分。其中，A 部分为农房建设规划要求内容，包括建筑层数、建筑高度、建筑风格、用地范围等规定；B 部分为村庄整治规划内容，包括村庄配套设施和公共环境等；C 部分为依据村庄特色定位编制相应规划[9]，如图 8 所示。

4.2 以"三集中"为原则，引导农民集中居住

"三个集中"战略，即工业向园区集中、农业向规模集中、农民向城镇或社区集中[10]，这符合当前我国新型城镇化过程对产业优化升级、农业产业化、用地集约化的要求。随着土地流转制度在我国广大农村的实践，农村各种资源要素面临分化和重组，必然导致村庄集聚；同时增减挂钩政策的推广，为农村集中居住提供了可能。因此在村庄规划编制中应中应对村庄综合评价，确定需要搬迁、改造、保留的不同村庄类型，在保障农民生活、生产利益的基础上，引导农民集中居住，形成"县城－乡镇驻地－新型农村社区"三级空间体系。

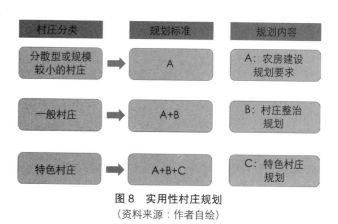

图 8 实用性村庄规划
（资料来源：作者自绘）

4.3 以规模经营为突破，优化农村产业格局

农村土地流转改变了原有乡村既有的分散、小规模耕种的小农经济模式，使得农业经营趋向规模化和产业化。村庄产业发展规划必须抓住农业规模经营为突破口，以传统农业为载体，延伸农业产业链，发展加工农业、旅游农业、科技农业、农产品配送业等，打破农业与二三产业的界线。同时，土地流转也释放出大量农村劳动力，为二三产业的发展提供了劳动力支撑，从而形成村庄一二三产业的融合发展。

4.4 以城乡统筹为目标，完善基础设施建设

随着我国新型城镇进程的推进以及城乡一体化的提出，村庄规划需从城乡统筹的角度来编制和建设，必须打破原有的城乡二元经济结构，使基础设施建设投资向乡村地区倾斜。村庄基础设施规划应以村庄整治和新农村社区建设为抓手，综合考虑村庄区位、交通、人口、产业等差异，针对村庄现状及发展需求，分别配置不同标准基础设施，促进县域基础设施的共建共享，推进城乡基础设施一体化进程[11]。特色村庄应在满足本村需求基础上为周边一定范围的农村地区提供服务，同时需要加强特色服务优势；一般村庄应科学布局基础设施，满足一定发展时期的发展需求；分散型或规模较小的村庄应整合现有基础设施，原则上不再另行新建。

4.5 以因地制宜为基础，塑造特色村庄风貌

村庄规划应从村庄实际出发，应结合地形地貌环境，因地制宜，体现地域特征。村庄规划应深度挖掘村庄地域文化，复活乡村记忆，推进美丽乡村建设。塑造特色村庄风貌主要体现在三个方面：在村庄布局引导上，应延续原有形态格局；在建筑风貌上，应从乡土化出发，提取现状建筑风貌，继承传统建筑形制；在生态景观塑造上，应尊重生态景观和地形条件，使自然环境与人文景观相互融合。

5 结语

改革开放以来，中国城乡关系正逐步进入全新的格局，城乡间联系显著增强，城乡二元结构开始动摇，"三农"问题成为当前国家当前重要问题之一。农村土地流转制度的出台进一步放活了农村经济，进而改变已有村庄空间、社会、经济结构。

本文先分析了新中国成立后的土地制度的变革，对土地流转和村庄规划进行了概念界定；然后分析了农村土地流转所对村庄规划产生的影响，主要表现在农业规模化经营、劳动力非农转移、村庄规模和职能分化、村内内部联系加强四个方面；最后基于土地流转政策的背景，提出城乡一体化下村庄规划初步方法，主要包括：农村空间布局规划、农民集中居住、农村产业发展规划、基础设施规划、特色村庄风貌塑造等内容。本文希望从土地流转视角下探讨村庄规划的变革，以期引导土地资源的最优配置和村庄规划的科学性，实现城乡统筹发展。

主要参考文献

[1] 张旺锋，张永效．基于农村土地流转视角的县域村镇体系规划探讨——以临泽县为例[J]．西北师范大学学报，2012（2）：115-120．

[2] 刘易斯．芒福德．城市发展史[M]．北京：中国建筑工业出版社，2005．

[3] 李南洁．农村土地流转后土地保障功能如何存续[J]．乡镇经济，2008（3）：28-31．

[4] 陈铭，涂思文，伍超．农村土地流转视角下的村庄规划研究[J]．华中建筑，2014（10）：121-123．

[5] 吕世辰，丁倩．农村土地流转问题的调查与思考[J]．理论探索，2010（10）．

[6] 张泉，王晖，梅耀林，等．村庄规划[M]．北京：中国建筑工业出版社，2009．

[7] 李志刚，杜枫．"土地流转"背景下快速城市化地区的村庄发展规划分析——以珠三角为例[J]．规划师，2009，25（4）：19-23．

[8] 涂思文．土地流转背景下的村庄规划研究[D]．武汉理工大学，2014．

[9] 赵晖．大力推进实用性村庄规划的编制和实施[J]．小城镇建设，2014（11）．

[10] 朱晋伟，詹正华．论农村的集约型发展战略——苏南农村实施工业、农业、农村居民三集中战略的机理分析[J]．改革与战略，2008（9）：86-88．

[11] 王瑞玲，王建辉．城乡统筹基础设施建设的对策研究[J]．生产力研究，2009（7）：114-116．

基于人居安全环境塑造的山地小镇规划设计
——以四川大邑县斜源镇为例

蒋蓉　赵炜　谯苗苗

摘　要： 本文以"5.12"汶川特大地震后的大邑县斜源镇为例，介绍了规划针对复杂自然地形条件的山地小镇，充分运用产业规划、用地布局、人口聚居、规划控制、设计引导等规划途径，将灾害防治、安全体系构建融入整个规划当中，突出了山地小镇应高度重视人居安全环境塑造的思想。同时基于扶贫需要，该规划组织实施有别于传统地区，短期内规划理念得到了较为充分的落实，有效地指导了城镇近期建设实施工作。

关键词： 山地小镇；人居安全；规划设计

1　引言

　　2008年"5.12"汶川特大地震灾后重建工作已经告一段落，大地震不仅带来了惨痛教训，也要求山地地区尤其是位于龙门山地震断裂带周边的山地乡镇及农村地区更加重视人居安全规划。2011年以后，四川省灾后恢复重建规划基本完成，各地城乡建设进入了一个新的发展阶段。按照中央和四川省委推进新型城镇化的部署和要求，2013年，成都市委统筹委在二三圈层区（市）县选择了8个特色鲜明的乡镇作为"深化统筹城乡改革发展推进新型城镇化综合示范项目"，斜源镇江源村和盘石村是典型的山区贫困村落，属于成都市2013~2015年100个重点帮扶贫困村，因此被纳入八个示范镇之中，作为成都地区山地示范镇，斜源镇将按照"因地制宜、以镇带村思路，通过场镇的发展来带动相对贫困村的长远可持续发展"的整体要求，在如何保证山地城镇安全、引导特色产业发展，探索城镇化发展模式等方面进行了大胆的实践。

2　斜源镇基本概况

　　斜源镇地处川西平原西部边缘，位于大邑县域西北部高山区，辖区面积为64.4km²。该镇距离大邑县城约22km，距离成都市中心城约76km（图1）。

　　全镇现辖1个社区（太平社区），5个行政村（图2）。

蒋蓉：西南交通大学建筑学院
赵炜：西南交通大学建筑学院
谯苗苗：西南交通大学规划设计院

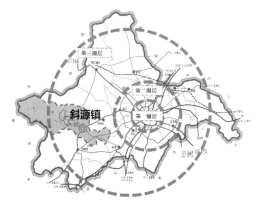

图1　斜源镇在成都市域的区位关系

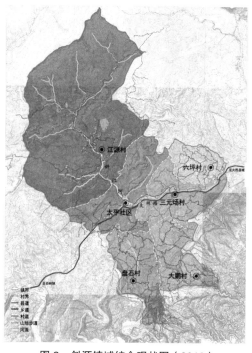

图2　斜源镇域综合现状图（2012）

图3 灾害损毁道路（左），山地居民点（右）

图4 斜源镇废弃的堆煤场

2012年全镇有2376户，7422人，镇域现状常住人口共6037人，城镇化水平约为20%。因地处山区，农村聚居点分散，规模小，平均每个聚居点仅3~7户人。2012年，斜源镇地方财政总收入仅55万元，农民人均纯收入8515元，在大邑县20个乡镇中处于末端，发展相对滞后。群众经济收入以外出务工、林业经营为主。与同期成都市其他乡镇财政收入及农民人均纯收入相比，存在较大差距。

斜源镇盛产中药材，素有"中药材之乡"的美誉，镇域范围内中药材种植面积已达3万余亩，在成都市内名列前茅。该镇位于龙门山区域安西走廊，靠近西岭雪山国家重点风景名胜区、国家级历史文化名镇——安仁古镇以及花水湾度假小镇等，旅游业发展已形成一定集聚效应。斜源境内历史文化资源也较为丰富，有省级文物保护单位唐代摩崖石刻药师岩、县级文物保护单位明代佛学文化遗址白云庵和虎刨泉等。

3 斜源镇人居安全核心问题

作为典型的山地镇，斜源镇人居安全核心问题归纳为自然灾害、人地关系、城镇建设三个方面。

3.1 地形条件复杂、灾害问题突出

斜源镇自然灾害问题比较突出的原因主要如下：一是该镇位于大邑县西部山区，境内高山耸峙，属邛崃山脉支系，由西北往东南延伸，故西北高，东南低，全镇东西水平相距9.5km，南北水平相距13.5km，为一狭长地带，谷狭沟深，平地较少，地形复杂，境内海拔标高点为640~2000m，平均海拔1100m。根据《成都地区地质构造暨震中分布图》，斜源镇内有三条龙门山断层构造线由东北至西南穿越镇域。汶川特大地震和芦山地震后，该区域地质条件发生了较大变化，生态环境破坏易诱发山体滑坡、崩塌、泥石流等地质灾害。各种因素造成该镇潜在地质灾害较多，据当地国土部门提供资料显示，全镇域内有崩坍、滑坡等地质灾害隐患点74处。二是由于长期以来山区产业发展较单一，2009年以前斜源镇还主要依靠煤矿开采作为主导产业，煤矿开采主要分布于镇域西北高山区，年开采量达到了128万吨(2009年以后，受政策影响煤矿已经全面关停)。大量的煤矿开采不仅破坏了当地的生态环境，也大大增加了区域地质的不稳定性。另外，镇域内沟壑纵横，镇域范围内也在多处冲沟，

图 5　规划改造前斜源场镇图片

图 6　规划改造前镇村基础设施现状

对镇区及散居点的居民安全产生了一定威胁。镇区紧邻斜江河，河床较为开阔，在夏季 7、8、9 月份雨季，水流较快，洪水期涨幅较大。尤其在夏季山洪暴发高峰期，肆虐的洪水不仅造成泥石流灾害频繁，而且历年来多次冲断进山的主要通道，造成山区内部居民进出交通困难，对居民的生产生活造成了极大困扰。

3.2　人地关系紧张，人口生态转移困难

斜源镇所在的大邑县属于龙门山区域丘陵向山区过渡地带，素有"七山一水二分田"之说，斜源镇已经属于山区，土地资源少，村镇建设用地紧张。根据统计，2012 年，斜源现状城乡建设用地 213.07hm²，约占总面积 3.3%；耕地 517.2hm²，占全镇总面积 8%；林地为 4695.8hm²，占总面积 72.9%。耕地、林地占全镇面积 80% 以上。

2009 以后，斜源镇煤矿全面关闭，高山区散居村民将传统林业、农业作为经济收入主要方式。林业方面为种植中药材、红梅、茶叶等，周期长、见效慢、效益低；农业方面由于耕地资源较少，土地相对贫瘠，农产品的常年产量较平坝、丘区偏低，导致农民增收困难。加之传统农作物耕作方式，山区农民往往靠近农业耕作区自然形成聚居点，分布零散。汶川地震后，许多散居点面临自然灾害威胁，加上交通及基础设施条件落后，引导山地区域特别是高山区域的人口逐步转移势在必行，但山区农民对土地依赖程度高，缺乏发展经济的其他路径，这也成为高山地区散居人口生态转移的难点。

3.3　村镇建设滞后，安全隐患大

斜源镇山区道路条件较差，特别是通往山区聚居点交通不便，且供水供电等基础设施配套滞后。镇区主要位于镇域中部的斜江河河谷地带，场镇沿唯一对外道路夹道建设，居民生活受交通干扰较大，且交通方式单一。改造前场镇面积约 1 平方公里，房屋多为二、三层砖、木结构，沿道路两侧紧密排列，建设密度大，风貌较差，且防火、抗震性差。城镇建设密集，缺乏公共空间及停车场，因沿路停车、街道狭窄，对外交通不畅。城镇内无紧急避难场所，且救援疏散通道缺乏，存在一定的安全隐患。

4　规划策略

4.1　重视地质灾害安全评估，保证选址安全

作为山区的小镇地形条件复杂，尤其位于龙门山地震断裂带周边，震后易发生山体滑坡、崩塌、泥石流等地质灾害，是威胁城镇安全的重要因素。做好规划的前提条件是认真做好灾害评估分析和地质地理条件、资源环境承载能力分析等基础工作。斜源镇的规划前期，无论是镇区规划还是农村安置点规划，采用了"先评估、后规划"的工作方式，由大邑国土部门委托专业机构，对全域范围内可能纳入城镇规划区范围和安置点都预先进行了全面的地

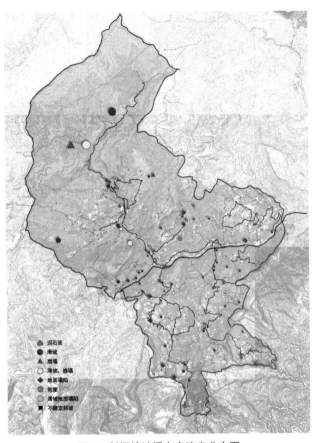

图7 斜源镇地质灾害隐患分布图

质灾害评估工作，以确保各项建设的选址安全。

4.2 多因子综合分析，制定空间管制规划

为解决斜源镇镇村发展问题，协调区域关系，制定科学合理的空间管制规划是镇域规划的重点。通过对地形地质条件、水文条件、环境保护、土地集约、资源利用等综合因素分析，规划将斜源镇域空间分为已建成区、适宜建设区、限制建设区和禁止建设区四大类型区域，通过制定相应发展策略，合理利用空间资源和土地资源，以实现经济和社会的持续协调发展。

（1）已建成区：包括现有的城镇建设用地、基础设施建设、农村居民聚居点等用地。

（2）适宜建设区：包括经过用地评价适合建设的城镇建设用地、基础设施建设、农村居民聚居点、产业发展等用地。适宜建设区是城镇发展优先选择的地区，但建设行为应要根据资源环境条件，科学合理地确定开发模式、规模和强度。

（3）限制建设区：适宜建设区、禁止建设区和已建成区之外区域，包括文物古迹外围、一般基本农田、山林绿化区以及工程地质条件不适宜的建设地区。限制建设区除区域性基础设施、生态防护和基础设施养护设施、经论证许可后的片区市政基础设施、旅游服务的配套设

大邑县斜源镇地质灾害隐患点情况统计表   表1

| 序号 | 隐患点名称 | 灾害类型 | 所在位置 | | | 规模 | 威胁对象 | | | |
			乡（镇）	村	社		威胁对象类型	户数	人数	财产（万元）
1	安子槽张国全房后坡上危岩	崩塌	斜源镇	三元场村	8	小型	分散农户	3	10	10
2	黄文华房后不稳定斜坡	不稳定斜坡	斜源镇	三元场村	17	小型	分散农户	3	12	40
3	余文学房后不稳定斜坡	不稳定斜坡	斜源镇	三元场村	7	小型	分散农户	3	12	40
4	白岩不稳定斜坡	不稳定斜坡	斜源镇	三元场村	9	小型	分散农户	1	2	15
5	杨华忠屋后滑坡	滑坡	斜源镇	三元场村	17	小型	分散农户	1	4	15
6	任成友屋后滑坡	滑坡	斜源镇	三元场村	17	小型	分散农户	1	2	15
7	潘继安房后不稳定斜坡	不稳定斜坡	斜源镇	三元场村	17	小型	分散农户	2	10	15
8	张凤英房后不稳定斜坡	不稳定斜坡	斜源镇	三元场村	8	小型	分散农户	1	3	10
……	……	……	……	……	……	……	……	……	……	……
68	郑家山危岩	崩塌	斜源镇	太平社区	15	小型	分散农户	2	8	30
69	凤洞岩崩塌	崩塌	斜源镇	太平社区	15	小型	分散农户	4	11	60
70	冯家山崩塌	崩塌	斜源镇	太平社区	15	小型	分散农户	4	10	60
71	阴山危岩崩塌	崩塌	斜源镇	太平社区	14	小型	分散农户	3	7	45
72	肖石桥滑坡	滑坡	斜源镇	太平社区	9	小型	分散农户	1	2	5
73	凤洞岩崩塌	崩塌	斜源镇	汇源村	4	小型	分散农户	3	17	40
74	李永国屋后不稳定斜坡	不稳定斜坡	斜源镇	三元场村	4	小型	农户和房屋	5	17	35
合计								217	762	2875

施和社会公共设施建设外，不得建设任何形式的建（构）筑物，逐步将现有山地散居人口应引导其向各聚居组团集中，不再安排新的住宅建设用地。

（4）禁止建设区：斜源镇的禁止建设区主要包括镇域内斜江河、出江河及其支流等主要水体，以及江源水厂上游饮用水源一级保护区、较大面积的水域等其他水体。镇域范围内保护区为药师岩文物保护区和封山育林保护区。防护廊道包括：35千伏电力线两侧应规划控制各10m的防护绿地；110千伏电力线两侧应规划控制各15m的防护绿地；大双路两侧规划控制15m防护绿地范围。地质灾害地段及其他规划中判定不可建设的地区：河流洪水过水段、阶地冲沟、边坡等不稳定地段，东北—西南向从镇域穿过的四川省大邑县F6，F7，F8断层，断层构造线两侧各100m控制区，滑坡、泥石流、崩塌、地陷等地质灾害危险地段以及根据建设条件综合评价确定的不可建设地区。禁建区内严格禁止与生态保护及其修复无关的任何建设行为。针对地质灾害和自然灾害防护区应进行灾害治理及生态保育工作。

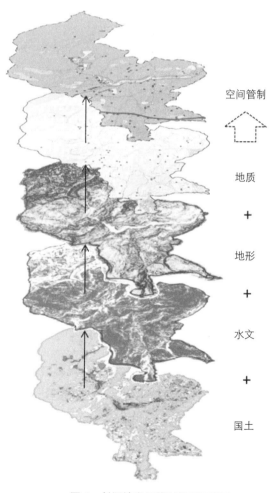

空间管制

地质

＋

地形

＋

水文

＋

国土

图8　斜源镇空间管制规划示意图

4.3　以产业调整带动山区人口转移

解决农村贫困问题，根本之策是要扶持农村产业发展，引导人口合理流动。由"输血式"扶贫向"造血式"扶贫转变，着力增强山区镇村自我发展的能力。

规划将斜源镇产业定位为：以中药材种植与粗加工为主导、以度假养生为特色的山地示范小镇。结合该镇的产业基础，充分挖掘资源特色，规划提出"优一强三"产业策略。

优化第一产业：在现有基础上结合山区农林业实际，优势互补，进一步做大做强中药材种植业，扩大种植面积、提高种植技术，同时林上林下结合，积极发展森林蔬菜等绿色有机食品产业，形成"以短养长，长短结合"的模式。这样既利用了斜源镇山地林业优势，突出其产业特色，又能提高农民收益。规划通过优化产业布局，加强种植区与规划聚居点的交通联系，促进原有散居居民聚居，推动人口梯度转移，提升居民居住环境及安全保障。

强化第三产业：充分利用斜源镇的区位条件，特色自然、文化资源，积极发展乡野度假、养生旅游、文化旅游等第三产业，建设山地渡假小镇，完善与产业发展需求相适应的配套，将旅游发展与城镇建设结合起来，融合发展，一三产业联动发展，实现以产业发展带动全镇发展。

围绕产业调整，规划提出加大人口集聚力度，推动人口梯度转移，减少存在安全隐患的山区人口。积极推动农村人口向乡镇聚集，做大城镇规模；结合大邑县城发展，部分人口向城市地区转移。

人口的增减动力一般分为自然变动和机械变动两个部分。根据城乡统筹发展原则，规划整体考虑斜源镇村体系布局。扩大城镇范围，形成斜源镇中心城镇。由于江源村等海拔高，建设条件较差，基础设施建设难度及成本较高，生活不便，故规划引导江源村居民实现生态梯度转移，纳入城镇规划安置；

斜源镇现状常住人口一览表（2012年）　　表2

村（社区）	常住人口
太平社区	老城镇1500人 老城镇以外995人
三元场村	514人
六坪村	422人
盘石村	501人
大鹏村	427人
江源村	1678人
合计	6037人

镇域镇村体系结构一览表　　　　表3

等级	名称	规模		比例（%）	职能
		用地（hm²）	人口（人）		
城镇	—	85.0	5100	82.3%	公共服务中心旅游接待
农村聚居点	六坪中心聚居点	1.8	300	12.9%	居住，旅游接待
	盘石中心聚居点	2.4	250		居住，旅游接待
	大鹏中心聚居点	7.6	250		居住
	六坪一般聚居点	3.0	100	3.2%	居住
	盘石一般聚居点	1.8	100		居住
零散居民	—	—	100	1.6%	—
合计	—	—	6200	100%	—

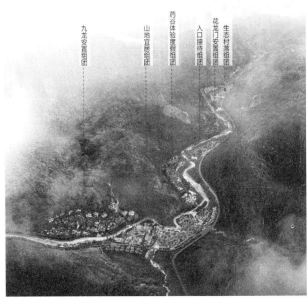

图9　斜源镇小组团、生态化城镇空间格局

图10　斜源城镇用地布局规划图

4.4　成组团化、生态化、安全化的城镇空间布局

城镇建设用地、农村聚居点和产业用地规划布局首要考虑因素是公共安全。为了吸纳山区人口，规划城镇范围虽然进一步扩大，但是由于镇区整体位于河谷地带，面临多种自然灾害威胁的可能，从安全的角度出发，不宜过度连片集聚发展。规划结合空间管制规划、山地地形，开展了用地适宜性评价，选取适宜建设区作为城镇发展用地。建设用地选取主要原则为以下方面：

（1）坡度在25%以下的用地；

（2）地质条件较好或经过治理便于使用用地；

（3）面积相对充裕或斑块连接度大的用地；

（4）便于城市与重大基础设施建设的有机衔接及有效组织。

根据规划区功能定位和职能配置，规划场镇形成"一心、一轴、七组团"串珠状功能结构。

一心：以老场镇公共服务为基础，以罗田坝产业发展为张力形成城镇核心。包括九龙安置组团、山地宜居组团、罗田坝药谷体验度假组团、入口接待组团。

一轴：斜江河城镇发展轴，城镇用地沿斜江河两侧发展，并依托斜江河形成的以休闲观光、绿色生态为主的游览廊道。结合自然条件，形成彩化、花化、香化、绿化、果化、草药化的滨河自然生态特色景观；沿河打造游览、休憩、娱乐项目和设施，丰富滨河游乐活动。

七组团：指北部山地休闲组团、中部山地宜居组团、九龙安置组团、罗田坝药谷体验度假组团、入口接待组团、

东部花龙门安置组团和原生态村落度假组团。

随着镇域人口向镇区聚集，规划通过布局引导，将人口分别安置于多个组团，减少各组团建设压力。利用各组团之间的林带有效避开地震断裂带及地质灾害点，同时加强组团之间生态绿地的景观打造，塑造山、水、城相融的城镇景观。

4.5　山地小镇特色空间塑造与灾害防治相结合

（1）合理控制城镇开发强度

以"显山、望水，安全、绿色"为规划理念，结合城镇功能结构，遵循建筑与山体形态相协调的原则，确定合理的城镇空间轮廓控制。镇区主要控制低强度（FAR ≤ 1.0）、较低强度（1.0 < FAR ≤ 1.5）、中强度（1.5 < FAR ≤ 1.8）三种开发强度，并将建筑高度控制分区分为 0 < BHR ≤ 10m 区域、10<BHR ≤ 15m 区域、15<BHR ≤ 20m 区域三种。严格控制土地开发强度、建

图 11　斜源城镇建设实景图片

图 12　斜源镇不同滨水堤岸打造

筑高度，建筑高度控制以人在大双路沿线和斜江河沿线能看到怡人舒适的山地度假小镇风貌以及不阻挡山体为主要原则。临河区域建筑高度控制在 12m 以内，建筑高度沿河往山脚区域可适度升高。

（2）高度重视景观设计结合自然

一方面，引导城镇建设充分结合山地地形，避免大开挖工程，展现山地城镇特色空间，也有利于城镇灾害防治。尽量保留现状自然山水林木，作为城镇背景，同时发挥本土植物优势，四季景观色彩搭配，实现景农一体，增加生态景观性。展现优美自然生态景观。另一方面，针对镇区范围内的数条自然冲沟，采取"截"不如"导"的原则，对原有冲沟保留通道的基础上，进行疏导、强化，提高其行洪能力。同时在冲沟两侧控制生态绿带，进一步提高其安全性，并构建滨水景观空间，展现城在山中，水在城中的特色小镇景观。

（3）整体提升城镇综合防灾能力

按照 5.12 汶川地震后的最新要求，斜源镇地震基本烈度为Ⅶ度设防区，设防地震分组为Ⅲ组。除了明确建

图13　依山就势的城镇建设

构筑物抗震设防标准要求之外，规划还重点加强城镇的应急避难场所的建设。由于斜源镇用地紧张，规划考虑节约有限的土地资源，提升城镇居住环境，同时完善灾害应急防御体系。充分利用城镇内建设适宜度较低的土地，改造设计为广场、社会停车场等公共空间，利用小学、广场及停车场形成3处固定避难场所，并在设计注重避难场所功能配套。另外，对镇政府、小学以及电信邮政所等重要单位进行重点监视，确保要害部门的安全以及地震灾害发生时进行迅速有效的抗震指挥和救灾工作。在防治地质灾害方面，要求城镇建设应充分考虑到对地质构造的影响，项目选址避免大挖大建及对原有地形地貌的破坏，应避开崩塌、滑坡、沉降等灾害地质地段。

规划改变原有城镇仅依靠一条路进出现状，增加城镇对外联系道路，加强组团之间的通道联系，结合原有过境道路——大双路形成环状交通网络。极大提升了组团之间的交通联系，也进一步提升了城镇救援疏散的保障力度。城镇疏散通道分为两级：主要疏散通道、紧急疏散通道。大双公路（14m）和新规划场镇过境道路（12m）为主要疏散通道。

在防洪方面，斜江河在城镇防洪水按重现期20年的标准设防，防山洪按重现期10年的标准设防。一方面，加强护岸措施，保证堤防设施的稳定性，同时将堤岸整治与城市道路及绿化有机结合起来，并经常疏浚河道，提高河道的行洪能力。充分利用现有河道两岸的防洪堤围设施，加以续建和配套，对工程质量较差地段进行加固、整治，进一步完善堤围系统。另一方面，整治和完善小支流的防洪堤设施，对其弯曲较多的河段要因势利导，适当截弯取直。另外，斜源城镇地处山区，容易受到山洪的威胁，规划在相关地段考虑若干条截洪沟。以进一步提高城镇抵御自然灾害的能力。

5　结语

山地小镇规划首要考虑的是人居安全问题，针对斜源镇复杂地形条件，规划通过客观评价资源环境承载能力，将灾害评估、灾害防治整治融入整个规划当中，充分利用产业规划、镇村体系调整、功能布局优化、开发强度控制、景观设计引导等手段，尽量规避自然灾害的威胁，降低城镇受灾的风险。针对山区生态环境脆弱、次生灾害频发的特点，进一步强化生态环境修复和地质灾害防治的内容，构建完善的综合防灾避灾体系等措施，以创造一个更加安全、和谐的人居环境。目前，在规划的指导下，该镇场镇改造工作已经初步完成，部分山区农村聚居点也正在开展。道路、河道整治、水厂等基础设施实施建设已经取得了一定成效。作为一个以扶贫为目的的山地示范镇，斜源镇将通过三年的帮扶，进一步实现城镇更加安全、基础设施更加完善、主导产业更加明显、公共服务更为均等的发展目标。

（备注：斜源镇规划2013年6月启动，2014年年底规划编制完成后场镇按照规划进行全面改造提升，目前整体效果已经逐步呈现。该规划荣获2015年四川省优秀城乡规划设计三等奖，并成为四川省"幸福美丽乡村"示范项目。）

面向村民主体的村庄规划方法探析

郭亮　潘洁

摘　要：村庄规划是社会主义新农村建设的重要途径，村民作为村庄规划的利益主体，应当全程参与到村庄规划建设中。在当今各地的村庄规划编制实践中，虽在一定程度上摒弃了生搬硬套城市规划理论与方法的模式，且在内容上较多的考虑了村庄建设发展的需求，但村民参与制度仍然过多的突出了自上而下的政府主导特点，而导致村庄规划成果在一定程度上脱离了村民的实际需求。本文通过分析村庄规划存在的问题，梳理村庄规划建设相关利益主体，强调村民在村庄规划建设中的主体地位，探讨面向村民主体的村庄规划编制方法，以保障村庄规划成果能够有效实施。

关键词：村庄规划；村民参与；规划方法

1　引言

2005 年的十六届五中全会提出建设社会主义新农村的目标，以"生产发展、生活宽裕、乡风文明、村容整洁、管理民主"为要求，推进社会主义新农村建设，在随后的十年里又连续出台了关于"三农问题"的中央一号文件。可见国家在政策上非常重视农村地区的发展，不仅如此，在各项资金、服务等方面也向农村地区倾斜。之所以如此迫切地想要解决三农问题，是因为农村地区的各方面发展速度远落后于城市地区，城乡差距不断拉大。为实现现代化建设目标，就必须改革目前的城乡二元结构，构建城乡统筹的发展机制。

村庄的规划与建设是协调城乡发展的重要手段之一，村庄建设目标的实现需要大量资金的保障，资金的来源渠道就体现了不同的利益诉求，并会对村庄规划的编制过程和成果产生直接影响。当前村庄的建设资金一般来自于政府投入、村民（集体）自筹、社会资本介入等多渠道，如何保证村庄的规划建设能够真正体现村民的意志是规划目标能否得以实现的关键。目前，学界对以村民为主体的村庄规划方法做了相关的探讨。曹轶等（2010）将沟通式规划理论应用到村庄规划中，认为规划师应通过真诚地倾听诉求、真实地讲解政策规划、协调政府和农民之间的关系，制定"可理解"并被接受的规划[1]。王雷等（2012）分析苏南地区村民参与乡村规划的认知与意愿的主要现状特征，并在组织构建、参与途径的疏通和参与能力的培养、参与过程的完善等角度提出政策

郭亮：华中科技大学建筑与城市规划学院
潘洁：华中科技大学建筑与城市规划学院

建议[2]。许世光等（2012）结合项目实践分析了村庄规划中的公众参与形式，认为村民代表大会是目前珠三角地区村庄规划中践行公众参与的易操作方法[3]。汤海孺（2013）针对乡村规划管理中公众参与不足的问题，提出"自上而下"的管理体制与"自下而上"的自组织模式[4]。李开猛等（2014）从参与对象、参与流程、参与内容和参与表达等方面对传统村民参与进行改进和完善，并建议从规范参与程序、提升参与质量、提高参与能力和强化村庄自治等四个方面构建相适应的配套机制[5]。边防等（2015）从多元利益诉求的视角出发，从决策、规划、实施 3 个层面建构农民公众参与模式[6]。

总的来说，国内关于村庄规划层面的公众参与研究仍处于探索阶段，由于缺少针对相关利益主体在村庄规划建设过程中的利益冲突分析以及参与环节的具体内容与流程的对应性评估，使规划成果在实施中往往未能反映村民的根本利益，这也显示村民主体在村庄规划编制各环节参与的系统性亟待加强。

2　我国村庄规划存在的问题

2.1　缺乏良好的信息沟通平台

由于我国特殊的时代背景和文化传统，政府信息公开程度较低，公众无法接收到利益相关的规范性文件，因此村民在整个村庄规划过程中了解信息的数量和质量都不足。

在编制规划前，由于缺乏广泛的宣传和村庄规划知识普及，村民一般很难提前获得相关信息。因为在现行的村庄规划中，无论是政府部门、编制单位、还是利益主体人都将村庄规划视作政府部门的工作任务，和村民的关联性不大。在编制过程中，村民与规划师之间则难

以形成良好的信息沟通，规划师接收不到村民的规划意愿，村民接收不到意见反馈。在公示期间，公示内容简单且技术性强，村民只通过几张主要的图纸和非常简略的文字介绍，无法深入了解规划意图。

总的来说，现有的信息平台内容不够完善、宣传方式不够全面科学，宣传内容不够简化明了。

2.2 缺乏村民积极、有效地参与

尽管村民有参与到村庄规划的部分程序，但更多的是形式化的参与，只是为了贯彻执行上级意图，通过村民的参与使决策的实施合法化，村民的建设意愿得不到决策部门的有效反馈，更难以体现到村庄规划中。长此以往，政府部门"自上而下"的管理模式削弱了村民参与规划的意识与热情。

此外，村民受教育程度普遍偏低，缺少对村庄规划知识和作用的了解，加之政府部门缺乏对这方面的广泛深入宣传，因此，对于村民来说，村庄规划的难度致使他们没有兴趣参与其中，而且就算有心参与，参与方式与参与内容也是他们难以跨过的门槛。

2.3 缺乏中立组织机构

目前村民表达利益诉求的形式仍以个人形式居多，而个人形式的参与行为由于只针对个人利益诉求，呈现出层次低、范围小的特征，对于村庄规划编制的影响力小，对村庄规划起不到决策和监督的作用。而对于村民小组和村集体来说，由于组织内部真正具有话语权的负责人为乡镇领导和村社领导，一般村民在组织中不具备话语权，导致村民的真正诉求得不到满足。因此，独立的中立组织机构的缺失无法保障公众参与的有效性与高效性。

2.4 规划与需求脱节

绝大部分村庄规划仍由政府主导，更多的是体现行政部门的意志，村民参与环节少、参与时间晚，没有真正参与到村庄规划中，村民的普遍性需求和愿望得不到真正满足，供需不相符使得规划不能解决村庄实际问题。而且部分村庄规划由于套用城市规划的方法和技术，村庄规划的特点不明显，缺乏对乡土性、文化及人文的考虑。

2.5 规划实施过程缺乏村民监督

目前村庄规划的实施是由政府部门监管，尚未形成有效的监督机制，缺乏村民对村庄规划的监督，一旦政府部门由于人力、物力等行政成本原因对村庄规划的实施监管不到位，就很容易造成村庄的违法建设，村庄规划的实施就难以实现和保证。

3 村庄规划建设中的利益博弈

由于相关利益主体各自追求自身利益，村庄规划建设过程就是各利益主体相互博弈、妥协的过程，为了调动各方参与积极性，保障村庄规划建设的顺利实施，应综合协调各利益主体的利益诉求，寻求多方利益的平衡点。

3.1 利益主体

3.1.1 村民

村庄的形成发展与村民有着必然联系，村民的生产生活方式、文化习俗以及生活价值观总是在潜移默化地影响村庄，村民的建设诉求反映了他们对村庄发展的设想，因此村民应该成为村庄规划的基本利益主体，通过不同的方式全程参与到村庄规划过程中。

3.1.2 村集体

村集体是农村土地所有者的代表和真正的经营管理者，对村民集体所有的资产进行管理和经营，并为集体经济组织成员提供基本生活保障和必要的社会保障。代表农民土地权益，在村庄规划建设中维护村民的利益，追求村民利益与村庄集体利益的最大化。通常村干部和村民小组长作为村民代表反映村民意愿。

3.2 利益相关方

3.2.1 政府

政府是村庄规划的主导者，负责组织和监督村庄规划建设。在整个村庄规划建设过程中追求经济利益、政治利益与社会利益整体最大化，但在实际项目中，大多将对增长与形象工程的追求置于村民利益之上。

3.2.2 社会资本

包括企业和社会组织，为村庄规划建设提供资金，通过市场运作参与其中，期望从村庄土地整理中获得空间上或经济上的收益。然而部分机构由于盲目追求土地开发价值最大化，忽视村庄的长远发展。

3.2.3 规划设计机构

规划设计机构作为各级政府和村民的共同意志和利益的代表，负责村庄规划方案的具体编制，追求经济、环境和社会目标的协调，对村庄规划提供技术支持和咨询服务。

3.3 利益主体与相关方的利益博弈

3.3.1 政府与村集体的博弈

村集体在村庄规划建设中与村民的利益大体是一致的，其与政府的利益博弈在于集体土地利用权的归属、土地整理后获得的奖励及村民拆迁安置的赔偿等经济问题。政府在整理优化村庄土地的过程中，应当保障村集体的利益不受损害，通过规划的制定促进村庄经济发展。

3.3.2 村民与政府的博弈

村民是村庄规划建设的直接受益者，对于他们来说，村庄规划建设应该实现环境的改善、基础服务设施的配套、土地出让的补偿及经济的发展等。政府部门作为新农村建设的组织者，应该合理运用自身权利，成为更大范围公共利益的维护者和公众参与活动的监督者，制定科学合理的规划，执行高质量的公共政策，实现资金、建设的合理分配及规划涉及利益的均衡。

3.3.3 村民与村委会的博弈

村委会是通过村民直接选举产生的基层自治组织，是民众的代表，但另一方面作为上级政府实现农村治理的机构，又是政府的代理人。在这种双重身份下，村委会应该保持中立的态度，既要承担起村庄规划的组织工作和实施监督工作，也要与规划师共同分担利益协调工作。

3.3.4 村集体（民）与开发机构的博弈

开发机构进入村庄规划，根本目的在于从整理后的土地利益中追求经济利润，而村集体（民）的利益诉求为发展村庄经济、提高村民收入和生活环境。开发机构在村庄规划建设中的适当介入可以减轻村庄负担，促进村庄发展，但不能一味追求经济利润，漠视村民的生活需要和村庄的发展需要。

3.3.5 村民与编制单位的博弈

编制单位在制定村庄规划时，既要充当专业技术提供者，把规划建设中各利益主体的建设诉求转化为可实施的有效方案，也要充当利益协调者，合理协调政府诉求与村集体发展意愿之间的矛盾，寻求多方利益的平衡点，引导村民建设环境整洁、基础设施完善、生产发展的新农村。

3.4 利益主体与相关方利益关系的变化

在政府主导的村庄规划中，倾向于以政府和村集体的利益为主。政府是村庄规划任务的发起者和组织者，主导村庄规划建设的推进。村集体则协助政府开展规划工作，对接村民与当地政府，成为村庄规划编制的协调者。村民通过村集体表达自身的建设诉求，设计机构受聘于政府、村集体或社会资本，进行规划编制，指导开发行为（图1）。

以村民为主体的村庄规划，是将村民作为利益主体，更多的是体现村民和村集体的建设意愿和发展诉求。村集体承担村庄规划的编制组织工作，政府部门为村集体

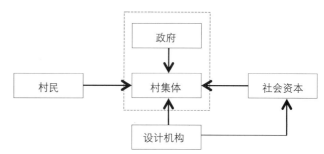

图1 政府主导型村庄规划的利益主导结构

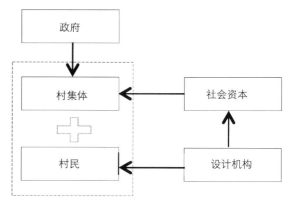

图2 村民主导型村庄规划的利益主导结构

和村民提供技术和相关政策支撑，解决村民实际提出的问题和困难。设计机构则提供技术支撑，从技术上解决村民的实际困难，编制出符合技术要求和国家规范的村庄规划。

4 基于村民主体的村庄规划方法

4.1 各利益主体在村庄规划中的参与

政府主导的村庄规划采用的是自上而下的编制模式，村民在整个规划过程中仅参与到调研阶段，对于规划成果只是被动接受（图3）。

以村民为主体的村庄规划，各利益主体全程参与规划过程，他们的利益诉求被协调平衡。村庄规划建设既

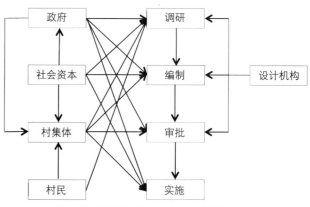

图3 政府主导型村庄规划编制流程

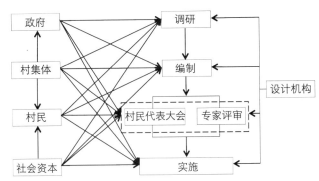

图4　村民主导型村庄规划编制流程

符合政府对村庄长远发展的要求，又满足村集体（民）的发展诉求（图4）。

4.2　以村民为主体的村庄规划方法

4.2.1　规划调研阶段——发现问题与收集意图

前期调研需要准确把握村庄特性、现状问题和建设需求。村民作为村庄形成发展的主体，对于村庄各方面有着真切的认识，因此需要与他们进行深入沟通。为了提高他们对村庄规划重要性的认识，积极投身到规划工作中，首当其冲的是需要加强他们对规划工作的了解与认识。政府及规划部门特别是乡镇级政府和各级村委会应该建立完善有效的信息平台，加大对广大村民的规划知识和政策信息输送，包括发放知识手册、开展教育讲座、宣传典型案例等方式。既能调动村民参与村庄规划建设的积极性，也能增强他们对于规划工作的了解，克服参与其中的门槛。其次，应该组建以教育程度高、对村庄规划有高度热情的村民为主体的中立组织机构，村民可通过该机构表达自身的建设诉求。该机构对建设需求进行简要的筛选后再传递给编制单位，让编制单位了解村民视角下的村庄问题及建设意愿。除此之外，还可以采取村民访谈、问卷调查等方式作为补充。在编制单位对村庄有一个粗略的认识之后，就可以开展实地踏勘空间调查，收集基础资料和数据。

4.2.2　规划编制阶段——方案交流与成果征询

在方案编制过程中，应该遵循"上下结合"的原则。首先应针对村庄突出问题和村民迫切需要解决的问题，与各利益主体共同协商确定规划目标。接着要从自然、社会、人文等方面综合考虑，并对村民之前提出的想法和建议进行技术核实，构建出一个初步方案。随后通过村内公示栏、广播、宣传单等方式向村民进行通知，并通过直观、通俗易懂的方式向村民进行展示和讲解。接收到村民提出的意见后，对有效意见进行筛选、整理、采纳及回复，再对方案进行不断地改善与深化，直至形成最佳方案。

4.2.3　规划审批阶段——规划成果公式与意见反馈

在方案审批之前，将主要规划图纸、技术指标、村庄发展定位等方案内容进行公示，组织村民代表大会进行评审，从村民视角评估规划方案。并将村民评审意见收集起来，再次对规划成果进行调整。调整完善的村庄规划才报送城乡规划主管部门进行审批，并将审批之后的方案主体内容通过公示板、广播、媒体等方式进行公示。

4.2.4　规划实施阶段——村民监督

在方案实施过程中，具体建设安排由村民自建委员会负责，项目监管则由村务监督委员会负责，可对部分村民进行技能培训，聘请他们作为村庄规划管理监督员，让其参与到村庄建设项目中。并定期进行规划实施审查，主要以村民建设满意度为评审标准。

5　结语

村庄规划建设应该实现资源的公平有效配置，协调相关利益主体的利益诉求，以保障村庄规划建设的有效实施。村民作为村庄规划的目标受益者，理应参与到规划建设的各环节中。目前我国村庄规划中的"村民参与"机制还在发展阶段，尚未成熟，仍然存在参与程度低、信息传播途径有限、表达过于深奥等问题。本文提出在村庄规划建设过程中为村民创造良好的参与条件，实现村民在村庄规划的调研、编制、审批、实施等各个环节的广泛参与，满足村民的建设意愿和发展诉求，促进村庄可持续发展。

主要参考文献

[1]　曹轶，魏建平．沟通式规划理论在新时期村庄规划中的应用探索 [J].规划师，2010（S2）.

[2]　王雷，张尧．苏南地区村民参与乡村规划的认知与意愿分析——以江苏省常熟市为例 [J].城市规划，2012（2）.

[3]　许世光，魏建平，曹轶等．珠江三角洲村庄规划公众参与的形式选择与实践 [J].城市规划，2012（2）.

[4]　汤海孺，柳上晓．面向操作的乡村规划管理研究：以杭州市为例 [J].城市规划，2013（3）.

[5]　李开猛，王锋，李晓军．村庄规划中全方位村民参与方法研究——来自广州市美丽乡村规划实践 [J].城市规划，2014（12）.

[6]　边防，赵鹏军，张衔春等．新时期我国乡村规划农民公众参与模式研究 [J].现代城市研究，2015（4）.

基于自然人文视角下的乡村风貌控制方法研究 *
——以循化县县域乡村为例

康渊　王军　靳亦冰

摘　要：从自然人文视角对循化县域乡村风貌特征进行分析，确立了自然要素中的地形地貌因子，人文要素中的宗教文化因子及经济要素中的产业因子等影响风貌的关键因子。宏观层面上，在县域尺度将循化县分为撒拉族川水型风貌区、藏族山地型风貌区及高山藏族牧业风貌区3个风貌区；中观层面上，在乡镇尺度提出保护类乡村风貌控制法、改造类乡村风貌控制法、新建类乡村风貌控制法3种控制方法；微观层面，在村落尺度上提出村落风貌控制、院落风貌控制、建筑风貌控制、景观风貌控制4种控制方法，旨在保护和提升少数民族地区乡村风貌中的景观特色。

关键词：乡村景观；风貌控制；控制方法

1　研究背景

　　乡村风貌研究刚起步，对乡村风貌概念学界尚未形成统一认识。郭佳等人认为村庄景观风貌是村庄的自然景观和人文景观及其所承载的历史文化和社会生活内涵的总和[2]。袁青认为乡村风貌是乡村总体形象的重要组成部分，展现了特定乡村区域的气候、底蕴和布局特点，反映了特定区域乡村历史、文化和乡村发展程度[3]。乡村风貌由显性要素和隐性要素综合作用，显性风貌构成要素可理解为物质层面的构成要素，是人们感知风貌特色的直接途径，它主要分为自然风貌要素和人工风貌要素；隐性风貌构成要素可理解为精神文化层面的构成要素，是乡村显性风貌形成的深刻背景要素，主要包括传统文化、宗教文化、民俗文化等内在气质。方法层面夏雨提出了以县域为单位研究农村整体风貌控制框架，以控制论为线索，探讨了农村风貌控制过程中控制实施主体、控制目的、控制内容、控制方法等问题，初步建立了县域农村整体风貌控制研究框架[4]；郭佳等以山西省村庄景观风貌现状为基础，从整体景观格局，建筑风貌，公共空间，绿化景观四个方面提出了具体的风貌控制方法[2]。总体来说，我国对农村风貌研究起步较晚，规划理论不成系统，关于乡村风貌研究的内容首先开始与城乡统筹规划下的城乡风貌研究中。而对于乡村风貌研究内容多集中在传统古村落和特色村庄的风貌保护方面，对某一区域内乡村整体风貌研究及风貌控制方法研究较少，对于少数民族地区的乡村风貌控制研究更少。

2　循化县域乡村风貌研究

2.1　概况

　　循化县是我国唯一的撒拉族自治县，自古以来这里就是多民族聚居地区。历史上这一地区先后居住过羌人、吐蕃人、回鹘、汉人、撒拉等不同的民族，形成了多元与特色并存的历史文化特征。加之黄河流经此地，与积石山鲜红的丹霞地貌共同构成了奇特的黄河丹霞风貌。循化县地处青藏高原东部边缘地带，祁连山支脉拉鸡山东端，四面环山，山谷相间，南高北低，海拔1780~4635m，相对高差2855m，县境地貌系中海拔山地[5]。循化县总面积2100km²，总人口129626人，非农业人口15752人，占总人口数12.15%（2009年底统计）。它的境内居住着撒拉、藏、回、汉、土、保安等十五个民族，其中撒拉族占62.17%，藏族占23.36%。其下辖3镇6乡，即积石镇、街子镇、白庄镇、查汗都斯乡、清水乡、文都藏族乡、尕楞藏族乡、岗查藏族乡和道帏藏族乡。

---

　　* 国家自然科学基金：生态安全战略下的青藏高原聚落重构（51378419）、高等学校博士学科点选项基金（20136120110007）基金资助及"循化撒拉族自治县域乡风貌导则研究"横向项目的资助。

康渊：西安建筑科技大学建筑学院
王军：西安建筑科技大学建筑学院
靳亦冰：西安建筑科技大学建筑学院

自然特征分析　　　　　　　　　表1

自然要素	特征分析
气候特征	高原大陆性气候：气候温和、夏无酷暑、冬少严寒，日照长，太阳辐射强，昼夜温差大，降雨少，蒸发大，具有明显垂直地带性变化
地形地貌	北部为黄河川道；中部为山地丘陵；南部为高山草原
自然资源	水资源贫乏，境内河流多位黄河支流，其中清水河与街子河为境内两条主要河流。矿产资源丰富、生物资源富有特色

2.1.1　自然特征

自然特征主要包括气候特征、地形地貌和自然资源。循化县的气候属高原大陆性气候，从黄河谷地到南部山区，海拔逐渐升高；随之光、热、水垂直变化明显；地形地貌表现为黄河河谷地带向南海拔逐步升高，垂直差异明显，根据地表形态特征，由低到高分为河谷、中东部中低山、中西部中低山、中西部中高山、南部高山4种地貌类型；自然资源方面主要表现在境内自然资源丰富，黄河横穿北部，主要河流均为黄河支流，以清水河和街子河为主。

文化特征分析　　　　　　　　　表2

主要民族	宗教文化	民俗文化	历史遗产
撒拉族	伊斯兰文化	婚俗、饮食、技艺、服饰、节日	清真寺、拱北、遗址、墓
藏族	佛教文化	舞蹈、插箭、藏戏、饮食、游牧等	古塔、遗址、佛寺、故居
回族	伊斯兰文化	婚俗、饮食、服饰、舞蹈、节日	清真寺、拱北、遗址、墓
汉族	儒家文化	庙会、节日、军屯等	堡寨、古城、遗址

2.1.2　文化特征

循从文化层面看，其县域乡村范围呈现出撒拉族和藏族为主的文化特征。这种文化特征主要表现为三点内容。其一是宗教文化，撒拉族回族主要是伊斯兰文化，藏族主要是佛教文化；其二是民俗文化，撒拉族文化包括：婚俗、饮食、建筑、服饰、舞蹈、节日等，藏族主要包括：舞蹈、插箭、藏戏、饮食、游牧等。其三是历史遗产包括各民族在内的先民创造的历史建筑、遗址建筑、宗教建筑及各级文物保护单位。

2.1.3　产业特征

产业特征是影响地区景观风貌的因素之一，产业特征通过其产业类型、产业分布及产业规模影响其景观风貌。其中第一产业主要分布在中东部中低山与西部中高山区的中部农牧业综合发展区及南部高山牧业区，它以农业、牧业为主，农业主要种植粮食作物、油料作物、

产业特征分析　　　　　　　　　表3

产业	主要分布	占地份额	产品类型
第一产业	中部山地丘陵、南部高山草原	90%	农业主要包括粮食作物、油料作物、蔬菜类等；牧业主要生产牛奶、肉类、羊毛等
第二产业	北部为黄河川道	3%	畜产品、农产品、建材产品、民族用品、旅游工艺品等
第三产业	北部为黄河川道	7%	服务业与旅游业

蔬菜类等，牧业主要生产牛奶、肉类、羊毛等。第二产业主要分布在河谷地区的沿黄工业旅游综合发展区，它主要以资源加工型行业为主。其已形成集畜产品、农产品、建材产品、民族用品、旅游工艺品。第三产业主要分布在河谷地区，主要是指其旅游文化产业，包括自然景观：公伯峡黄河游览产业；人文景观：撒拉族、藏族民族文化产业；生态景观：孟达天池生态旅游产业。

2.2　风貌分区研究

2.2.1　风貌影响因子

影响风貌特征的主要因子包括，自然因素、人文因素及经济因素。其中自然特征中气候因素对乡村风貌起到基础作用。循化县域地貌由低到高可分为河谷、中部山地丘陵、南部高山3种大类。依据这一分类循化县域乡村范围可以分为北部为黄河川区；中部为山地丘陵；南部为高山草原[5]。在少数民族地区文化特征中的民族宗教因素对风貌具有主导性影响，在空间上的表现为相同民族的分布具有集群效应。按照这一概念循化乡村范围可以分为两大区域，即撒拉族伊斯兰教文化区与藏族佛教文化区。产业特征中的产业类型、分布及规模同时影响乡村景观风貌。循化县域乡村的产业分布与地形地貌有密切关系，黄河川道地势较平坦，土地有灌溉条件，是粮、果、菜的主要产区；中部山地丘陵区的脑山地区土壤为山地黑钙土及森林灰褐土，适宜种植耐寒作物，植被较好，适宜种植青稞、洋芋、油菜，有利于发展农牧业。南部高山区属游牧区有一定的草山面积，适宜于发展畜牧业生产①。

2.2.2　风貌特征分区

把影响风貌的3个主要影响因子进行耦合叠加，得出县域范围内乡村风貌分区图，其包括3大分、5小分区。3大分区包括：①北部撒拉族谷地综合产业风貌区；②中部丘陵山区农牧风貌区；③南部藏族高山牧业风貌区。其中，中部丘陵农牧业风貌区分为：①东部藏族浅

---

① 循化产业数据来自循化县城乡规划与住房建设局《循化县县域村镇体系规划（2014-2030年）》。

图 1 地形地貌分类图

图 2 民族聚集分布图

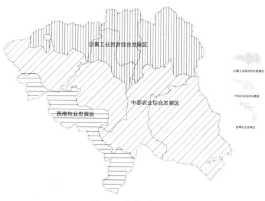

图 3 产业分区图

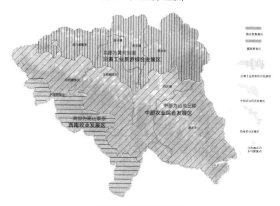

图 4 风貌分区图

山农业风貌区；②中部撒拉族浅山农业风貌区（本文不做研究）；③西部藏族脑山牧业风貌区。

3 循化县域乡村风貌控制研究

耦合了循化县域的乡村地形地貌、民族宗教及产业特色为主导因素的进行分区，其中宏观层面的分区控制包含：三大主要风貌区的控制；中观层面的分类控制包括：保护类、改造类及新建类三类的控制；微观层面的分项控制：村落风貌控制，院落风貌控制，建筑风貌控制，景观风貌控制。

3.1 宏观分区定位

针对循化县北部撒拉族谷地综合产业风貌区、中部丘陵山地农牧风貌区、南部藏族高山牧业风貌区三种不同的风貌类型，进行有针对性的风貌定位。

3.1.1 北部撒拉族谷地综合产业风貌区

立足于撒拉族民族与发展的两大特征，对该区风貌进行定位：重构黄河谷地撒拉族现代乡村风貌。该定位的内涵首先是指在循化黄河谷地这片土地上成长的伊斯兰乡村。它强调不刻意追踪溯源寻找撒拉族历史的起点，发掘撒拉族在中国循化这片土地上创立的本土撒拉族风貌，对它进行传承与发展。其次是现代化的撒拉族风貌，指的不是复制撒拉族历史风貌，模仿历史建筑进行现代

图 5 北部撒拉族谷地综合产业风貌区

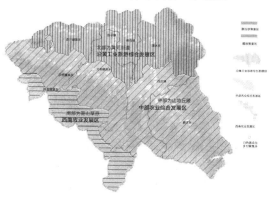

图 6 中部丘陵山地农牧风貌区

图7　南部藏族高山牧业风貌区

化建设，是建立在满足居民生活需要的基础上，理解历史探索撒拉族乡村的风貌。

3.1.2　中部丘陵山地农牧风貌区

中部丘陵山地农牧风貌区是循化县域民族文化多样、农牧业集中的地区。总体定位为：控制山地农牧业乡村风貌。其内涵包括：体现不同民族的文化特色和产业特色，考虑其农业、牧业的风貌应分别得到体现；体现山地特色，山地农牧业发展的整体环境有别于河谷风貌应重点保护控制。考虑循化县域中部丘陵山地农牧风貌区地貌复杂、民族文化多样，进一步划分为3个区进行分别控制：①东部藏族浅山农业风貌区；②中部撒拉族浅山农业风貌区；③西部藏族脑山牧业风貌区。

3.1.3　南部藏族高山牧业风貌区

南部藏族高山牧业风貌区是循化县域唯一的高原牧业区。该区是藏族聚集的高山草原地带，其高原牧业文化特征鲜明，对其风貌定位为：保护高原藏族牧业特色风貌。其风貌定位的内涵包括：①体现当地藏族文化特色。尊重当地藏民族自身生活习俗、宗教文化、历史传统、建筑发展规律等；②反映高原牧业风貌特征。高原牧业风貌的表现是草山放牧，保护草山生态持续是进行牧业发展的基础。因此保护高原牧场、保持适宜的牧业规模是高原牧业风貌存续的关键。

3.2　中观分类控制

中观层面指在乡镇尺度上对乡村进行分类控制。它是基于分区控制的下一层级，每一风貌区内乡村进行风貌分类控制，分为：①保护类村风貌；②改造类村风貌；③新建类乡村风貌。

3.2.1　保护类乡村风貌控制

主要针对循化县域范围内各级历史文化名村、国家传统村落、特色旅游名村，以及其他拥有值得保护利用

的自然或文化资源的村落，如拥有优秀历史文化遗存、独特形态格局或浓郁地域民俗风情的少数民族聚居村，加以保护性修缮和发掘利用。

（1）保护自然景观风貌：保护村域范围内地形地貌、河湖水系、自然植被、传统农作物等；控制周边山体、水系与古村之间的视线通廊，控制建筑高度。

（2）保护历史格局与整体风貌：保护村落传统肌理与风貌；维持公共空间的传统形态与功能；维持村落主要天际线，控制主要植被的种类和位置等。

（3）保护传统建筑：文物保护单位，按照《文物保护法》要求保护；历史建筑和建议历史建筑，按照《历史文化名城名镇名村保护条例》要求进行保护并改善设施；其他建筑，根据对现状特征，分别采取保留、整治、改造等措施①。

（4）保护历史环境要素：原则上各历史环境要素均应加以妥当的保护，除非对村民的生产生活、村庄建设造成重大的不利影响，否则不应拆毁、消除；

（5）保护非物质文化：保护场所与线路风貌。保护传承人，应对非物质文化遗产传承人、具有传统技能的工匠、手工艺者等予以政策、资金上的支持。

3.2.2　改造类乡村风貌控制

改造型村庄是指现有一定的建设规模，便于组织现代农业生产，具有较好的或可能形成较好的对外交通条件，具有一定的基础设施并可实施更新改造，同时其周边用地能够满足扩建需求的村庄。

（1）旧村改造措施：根据当地的实际经济发展水平和农民群众的收入状况，在重视保护和利用历史文化资源、尊重村民意愿的前提下，开展村庄整治。对现有建筑进行质量评价，有步骤地改造和拆除老房、危房。逐步优化旧村布局，完善基础设施，加强村庄绿化和环境建设，提高村庄人居环境质量。

（2）村庄扩建措施：与旧村在空间格局、道路系统等方面良好衔接，在建筑风格、景观环境等方面有机协调；在旧村基础上沿1~2个方向集中建设（选择发展方向应考虑交通条件、土地供给、农业生产等因素），避免无序蔓延，尽量形成团块状紧凑布局的形态；统筹安排新旧村公共设施与基础设施配套建设。

3.2.3　新建类乡村风貌控制

新建型村庄是指根据经济和社会发展需要，确需规划建设的村庄，如移民建村、灾后安置点、迁村并点及其他有利于村民生产、生活和经济发展而新建的村庄。村庄选址应立足于提高新村的避灾能力，尊重被迁移农

---

① 国家《历史文化名城名镇名村保护条例》中对于乡村文物的要求。

民的意愿；密切结合公路路网，充分考虑村庄的可通达性。村庄建设与自然环境相和谐，用地合理，功能明确，设施配套完善，体现浓郁乡风民情和时代特征。选择若干条件较为成熟的新建点，着力整合农村资源，深化村民自治，以"集中连片、统规统建"的方式，先行先试，积极探索农村新型社区建设和管理办法，推动社会主义新农村建设，促进城乡一体化进程。

3.3 微观分级引导

微观层面指村落尺度上，基于中观层面的分类控制，即必须在某一分区下的某一类型的乡村范畴内讨论分级引导才具有意义。分级控制的对象是指把具体的乡村村落按照村落、院落、建筑、景观四个层面进行分级引导，引导的策略即为上文所述的分类策略，包括保护、改造和新建三项内容。

3.3.1 保护类风貌分级引导

表4

1. 村落风貌控制要点	（1）整体风貌：要保护村落整体风貌，保护其村落的地形地貌与村落的关系，对于破坏其村落整体风貌的建筑或构筑物应予拆除，对破坏村落整体风貌的周边环境的建设给予整治； （2）结构肌理：保护村落结构肌理，保护村落原有的布局方式；对于破坏围寺而建村落格局的片区重新规划，严格保持村落结构肌理； （3）街巷空间：保护村落街巷空间，保护村落原有的街巷尺度，对于破坏村落街巷空间的加建建筑和损坏墙面应该拆除与恢复，还原原有村落街巷尺度； （4）历史要素：保护村落周边历史要素，保护①拉则②古树③涝池④麦场等传统资源，对于破坏村落历史要素的行为和遗弃应该命令禁止与重新保护利用，并且保持与自然环境相融合。
2. 院落风貌控制要点	（1）大门风貌：要保护大门风貌，保护院落大门风貌协调性与统一性，保护院落松木大门与夯土围墙组合元素的风格特色，不能破坏协调统一的大门风貌； （2）围墙风貌：保护围墙风貌，保护围墙风貌的完整性和统一性，保护围墙围合院落的民族特色。严格按照传统方式进行修建，不能破坏围墙结构的完整性与色彩风格的统一性； （3）院落风貌：保护院落风貌，保护院落风貌的尺度比例。院落尺度以满足民居使用功能和保证房屋内部采光为宜，对于功能混乱的院落应按传统格局进行布局，保持原有的封闭性，内向性和秩序性。院落将居住空间与养殖空间隔开，保护功能流线的明确性； （4）技术材料：保护传统建筑技术材料，对于新建院落与建筑采用当地的传统材料、原有营建技艺，不能破坏技术材料协调统一的风格，严格采用传统材料设计，如夯土。
3. 建筑风貌控制要点	（1）建筑类型：根据不同建筑类型进行不同程度的保护，如：①文物保护级：按国家文物保护方法进行保护②普通房屋维护：普通房屋在满足人的正常使用情况下，保护其建筑类型的多样性； （2）建筑材料：保护建筑材料的传统性，对于需要更换的建筑，要用原有材料及技术； （3）建筑细节：保护细节装饰的多样性，如：①篱笆墙、砌石夯土墙②大门门头木雕③编码草④瓦当与水滴⑤木窗⑥檐廊，对于破坏传统、模式化的新样式应采用原有丰富的样式与技艺，保持装饰丰富多样性； （4）建筑技术：保护传统村落中特有的乡土营建技术；对传统村落中的营建技术进行提升、优化时不能破坏其技术的乡土性。
4. 景观风貌控制要点	（1）入口景观：保护传统村落入口景观，保护入口景观的民族特色与标识性，对于没有入口景观的村落应在入口空间采用具有民族特色的标识作为道路引导； （2）道路景观：应保护道路景观，保护其景观的尺度与乡土性，铺装、路灯等采用乡土化材料如：砖、石材、木材、泥土等进行建设，禁止模仿城市化作法破坏道路景观的乡土性； （3）自然景观：应保护自然景观，保护自然景观的多样性，不能破坏建设对自然景观的影响。强化地域性较强的自然景观，在不破坏原风貌的基础上进行适度旅游开发； （4）在文化景观方面，保护节点景观，保护节点空间景观的多样性与协调性，对于单一的节点景观应该利用，①以宗教建筑空间作为中心空间②麦场③生活空间④交叉口⑤绿地空间等作为节点空间景观，增加节点景观的多样性。适当的增设公厕、停车场等必要的公共设施、小品景观，保持材料、造型与当地建筑环境相协调。

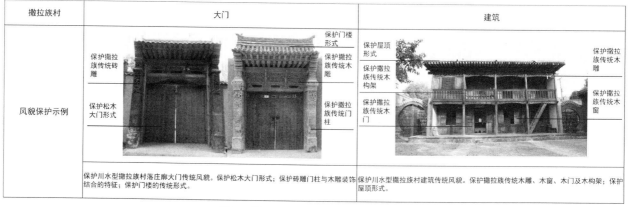

图8 撒拉族大门及建筑风貌保护示例

藏族村	建筑立面剖面
风貌保护示例	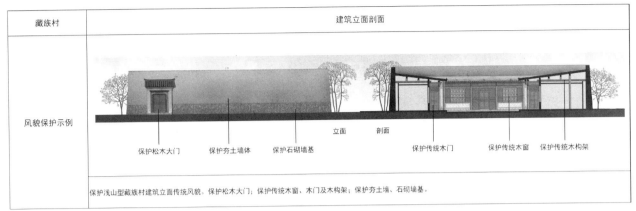
	保护浅山型藏族村建筑立面传统风貌。保护松木大门；保护传统木窗、木门及木构架；保护夯土墙、石砌墙基。

图9　藏族建筑立面风貌保护示例

牧区村	街巷立面
风貌保护示例	
	保护高山型牧区村街巷立面传统风貌。保护松木大门、传统木窗；保护夯土墙、石砌墙基；保护街巷空间与天际轮廓线；保护高山草原。

图10　牧区村建筑立面风貌保护示例[①]

3.3.2　改造类风貌分级引导

1. 村落风貌控制要点	（1）整体风貌：要改造村落整体风貌，根据风貌定位改造其村落的风貌控制。对于破坏整体地势格局的布局进行调整改造，对于破坏整体风貌的建筑进行整改，对破坏整体风貌环境的道路、基础设施、民居外观等要素进行改造； （2）结构肌理：改造村落内部道路的联通性。优化村落结构肌理，将点、线、面型空间进行序列性及丰富性控制改造，改造控制重要节点空间周边空间肌理； （3）街巷空间：改造街巷空间的界面，对街巷空间的比例尺度进行控制改造； （4）历史要素：对历史元素周边环境进行优化改善，增添历史文化村落景观。
2. 院落风貌控制要点	（1）大门风貌：要改造大门风貌达到统一完整，对大门材料、特色进行改造； （2）围墙风貌：改善围墙风貌，对周墙的材料、色彩进行改造，对围墙的高度、宽度、协调性进行改造； （3）院落风貌：改造院落界面达到统一完整，对院落铺装材料进行改造，优化院落空间功能，营造绿化空间； （4）技术材料：控制新技术材料与地方建筑的协调，针对传统技术材料进行优化提升。
3. 建筑风貌控制要点	（1）建筑类型：尽可能保证村落中建筑类型的统一性，尤其是公共建筑与民居的融合性。根据年代不同、产生不同材料类型的民居，其形态、色彩等风貌能够尽可能的统一融合，村落内部建筑类型应尽可能的保证多样性，应满足村内的所有功能需求； （2）建筑材料：建筑材料宜选用当地民居建造材料，如生土、石材、木材、砖等，每种材料的用途和使用方法与传统建筑相一致，水泥、钢筋混凝土等现代材料在进行民居改造时，注意保持与周围建筑的协调性； （3）建筑细节：建筑细节主要保留和传承当地元素及色彩风貌，并在此基础上进行合理的改造和优化，例如材料的优化、色彩的提升、元素的提炼等，最终在建筑细节风貌上延续当地特色； （4）建筑技术：应运用传统的乡土建筑营造技艺和传统材料改善居住、生活的环境，也可以加入一些生态的建筑技术，比如被动式太阳能等。
4. 景观风貌控制要点	（1）入口景观：景观入口处应增加标志性和辨别度，能够在起到引导作用的同时，凸显出村落的文化及特色。入口景观空间的优化和改善，使其具有停留性、观赏性、标志性； （2）道路景观：在改造中要保证道路景观的干净、整洁性，打造适于人居的优美环境。在道路景观的设计中应尽可能的采用本土的设计材料，包括建筑材料和树种植被。完善包括垃圾处理、污水排放等景观基础建设，切实提高村民的生活质量； （3）自然景观：保护现有自然景观，包括农田、山川、河流等，标止进行人为的破坏。因地制宜，在保护自然景观的基础上，考虑增加其观赏性，如何适当增加农业观光设施等； （4）文化空间：文化空间的营造材料应就地取材，选择当地材料进行物件的搭建。善于借助现有的景观要素，如古树、特色建筑等进行改造，营造成文化空间节点。

---

①　课题组硕士研究生黄锦慧绘制。

撒拉族村	院落大门
风貌改造示例	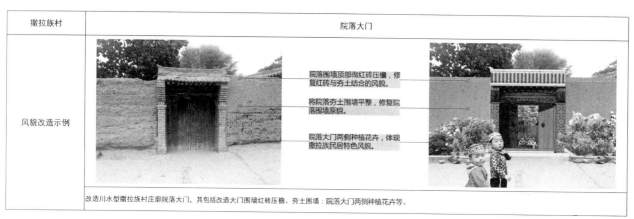 院落围墙顶部做红砖压檐，修复红砖与夯土结合的风貌。 将院落夯土围墙平整，修复院落围墙原貌。 院落大门两侧种植花卉，体现撒拉族民居特色风貌。
	改造川水型撒拉族村庄廓院落大门，其包括改造大门围墙红砖压檐、夯土围墙；院落大门两侧种植花卉等。

图 11 撒拉族院落大门风貌改造示例[①]

牧区村	建筑立面
风貌改造示例	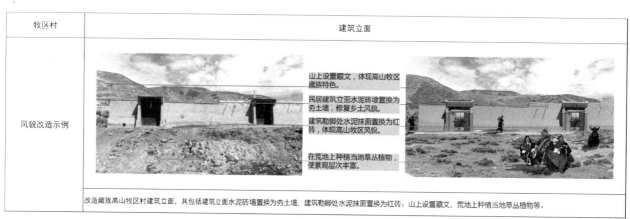 山上设置藏文，体现高山牧区藏族特色。 民居建筑立面水泥砖墙置换为夯土墙，修复乡土风貌。 建筑勒脚处水泥抹面置换为红砖，体现高山牧区风貌。 在荒地上种植当地草丛植物，使景观层次丰富。
	改造藏族高山牧区村建筑立面，其包括建筑立面水泥砖墙置换为夯土墙、建筑勒脚处水泥抹面置换为红砖；山上设置藏文、荒地上种植当地草丛植物等。

图 12 藏族建筑立面风貌改造示例[①]

牧区村	街巷空间
风貌改造示例	 在荒山上种植当地草丛植物，修复生态环境。 平整街巷两侧夯土墙及路面，体现高山牧区乡土风貌。 在街巷两侧种植当地灌木草丛，使街景观层次丰富。
	改造藏族高山牧区村街巷空间，其包括平整街巷两侧夯土墙；街巷两侧种植当地灌木草丛、荒山上种植当地草丛植物等。

图 13 牧区村街巷空间风貌改造示例[①]

---

① 课题组硕士研究生闫展珊绘制。

3.3.3 新建类风貌分级引导

1. 村落风貌控制要点	（1）整体风貌：新建村落的整体风貌应在规划设计阶段进行合理论证，根据该地区原有或者周边村落的风貌进行规划设计，严格按照规划中的风貌定位实施，以防止过大的差异而导致风貌不统一的问题； （2）结构肌理：村落的结构肌理应当按照风貌规划定位，并根据村民的生活、生产需求进行合理的实施，其布置应疏密有秩避免风貌混乱及空间浪费； （3）街巷空间：新建村落的街巷空间其风貌应当保持统一多样的效果①商业空间：注重两侧界面风貌的统一，对人流的引入及导向作用。②居住空间：注重尺度、材料及色彩的风貌的控制，营造出怡人的街巷空间； （4）历史要素：根据村落风貌定位，发展新村落应对于基地内的历史元素进行适当的筛选与保留，不能一概拆除。注意保留原始村民的传统记忆与生活方式。
2. 院落风貌控制要点	（1）大门风貌：不同民族区域新建村落应当注意根据风貌控制原则，将民居大门风格按照当地的民族特色进行设计，分清不同民族风格的不同，从而充分维持文化特色； （2）围墙风貌：新建民居的围墙应当采用当地传统材料、传统的色彩。应尊重各少数民族特有的色彩、装饰及材料喜好，延续当地民居围墙的特色风貌； （3）院落风貌：新建院落应采用合理的院落比例，促进院落采光。新建院落风貌要依据村民生活与精神的需求，合理的安排空间划分及风貌控制； （4）技术材料：建筑材料应采用新材料与新技术，紧贴时代前沿包括太阳能暖廊，院落中采用雨水收集以及屋顶绿化与渗水地面对院落温湿度环境进行调控
3. 建筑风貌控制要点	（1）建筑类型：建筑类型要严格按照规划中的风貌定位进行建设，包括了庄廊民居以及篱笆楼类，不宜在乡土风貌区建设城市建筑； （2）建筑材料：民居多采用传统夯土材料，厚度多达到600~1000mm，这种材料在节能环保的基础上可以保证室内温度的稳定，撒拉族篱笆楼所采用的材料更是具有独特性； （3）建筑细节：建筑在细节设计方面保留地域建筑的相关细节设计手法——门楣、屋脊、窗花等； （4）建筑技术：应当采用新型夯土材料以及生土砖，使其更加节能环保，而在技术上可以采用被动式太阳能技术，从而持续在冬季给室内供热保证室内的舒适性。
4. 景观风貌控制要点	（1）入口景观：新建型村落风貌中的入口景观应具有强烈的标识性，其可采用的方式包括：①入口处放置景石，营造入口气氛②扩大入口空间，加强空间流线，引导形成开敞的空间序列； （2）道路景观：道路景观分为商业街与村落中的街巷①商业型道路景观应当注重色彩的运用，营造商业气氛②街巷应当保证乡土元素的完整，建筑主体采用新型庄廊民居，注重与自然环境结合，避免不和谐的元素产生； （3）自然景观：应当注重其他地域性①与宗教相结合，充分体现当地民族特②充分利用当地地形（山地，川水等），在尊重当地环境的基础上使其风貌与地貌特色相结合，形成特色景观； （4）文化空间：景观设计应当注重①利用藏族、撒拉族特有的景观元素，形成强烈的地域归属感②与山水环境相融合，因势利导形成独特的景观特点。

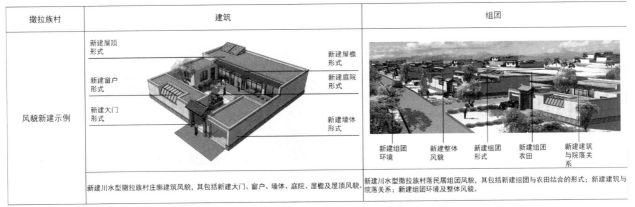

撒拉族村	建筑	组团
风貌新建示例	新建屋顶形式　新建窗户形式　新建大门形式　新建屋檐形式　新建庭院形式　新建墙体形式	新建组团环境　新建整体风貌　新建组团形式　新建组团农田　新建建筑与院落关系
	新建川水型撒拉族村庄廊建筑风貌，其包括新建大门、窗户、墙体、庭院、屋檐及屋顶风貌。	新建川水型撒拉族村落民居建筑风貌，其包括新建组团与农田结合的形式；新建建筑与院落关系；新建组团环境与整体风貌。

图 14　撒拉区建筑及组团风貌示例[①]

---

① 课题组硕士研究生黄锦慧绘制。

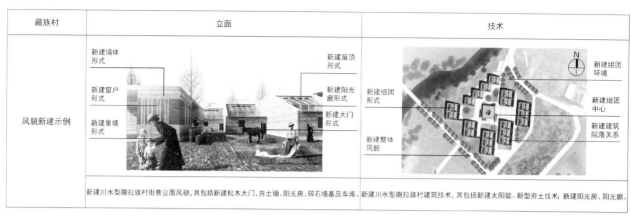

图 15　藏族区新建筑立面和技术风貌示例①

4　总结

　　基于对循化县域自然特征、文化特征及产业特征的认识与分析，从宏观到微观的研究视角，对循化县域乡村整体风貌提出了从整体到细节、从风貌定位到风貌控制的分类控制方法。其中，宏观分区是指在县域尺度上，风貌特征分析确定主要影响因子，按照影响因子的空间分布进行宏观分区规划，在宏观层面进行分区定位；中观分类是指在乡镇尺度上根据乡村的总体评价分保护类、改造类、新建类三类乡村风貌分别采用不同方法进行风貌控制；微观分级指的是在村落尺度上采用村落、院落、建筑、景观4个层面分别控制的方法。研究提出一套从宏观到微观的研究框架对目前普遍存在的乡村风貌同质化现象具有一定的借鉴意义。

主要参考文献

[1]　俞孔坚.回到土地[M].上海：上海三联书店，2014（12）：103-107.

[2]　郭佳.唐恒鲁.闫勤玲.村庄聚落景观风貌控制思路与方法初探[J].小城镇建设，2009（11）：86-91.

[3]　袁青.城乡统筹背景下的城乡风貌规划研究[M].中国建筑工业出版社，2012（12）.

[4]　夏雨.李湘茹.张玉芳.县域农村整体风貌控制研究框架[J].小城镇建设，2015（2）：16-18.

[5]　韦琮主编.循化撒拉族自治县志[M].北京：中华书局，2001（9）：18-81.

---

　　①　王鑫，梁西，黄冠道，曹恺悦.阳光与美丽乡村——2015台达杯国际太阳能建筑设计竞赛获奖作品集[M].北京：中国建筑工业出版社，2012（12）：02-04.

基于宗族结构的古村落空间形态保护更新方法研究

赵紫含　李津莉　鲁世超

摘　要：传统村落中，人们的生活、生产活动往往以宗族为单元，维持严密完整的组织结构，从而深刻地影响并形成了村落的空间结构形态。然而在快速城市化的冲击下，村落环境和承载文化的空间发生了巨大变化，宗族文化逐渐衰落，宗族结构与空间形态间的关系模糊不清。本文以浙东地区殷家湾历史文化名村为例，挖掘其古越遗韵，以祠堂为社会活动中心、以堂前为生活聚居中心的宗族、房族的结构特征和文化特征，以其为线索，找寻其在村落空间形态上的映射，进行梳理作为保护更新的重点与特色，从整体空间格局、街巷肌理、公共空间、院落形制、建筑修缮、实施保障等方面探索与宗族文化特点相契合的村落空间形态保护更新方法，从而实现文化传承与物质空间保护并重的目标，为古村落的保护更新研究提供新的思路。

关键词：宗族文化；村落空间形态；保护更新

引言

自 2000 年到 2010 年的十年间，我国的村落数量由 363 万锐减到 271 万，平均每天消失 200 余个，村落消亡的速度惊人。村落的消亡一方面是在空间上，被城镇建设所吞没，成为城镇的一部分；另一方面是在社会关系结构上的名存实亡。在 2015 年全国"两会"时，全国政协常委冯骥才提出"当前中国最大的文化遗产是古村落"，呼吁保护古村落刻不容缓。然而这些日趋消亡的古村落承载着其自形成以来不断积淀的文化和精神，反映了传统文化及其精神内涵对社会关系结构与空间形态发展演变所产生的深刻影响。但对于传统村落的保护，现有的保护更新方式主要关注对物质空间的保护，提倡修旧如旧的"原真性"保护，或在忽视建筑及其环境的"文化基因"的情况下，僵化保护，而对传统空间与自然条件、历史演进、社会文化的关系研究上仍相对薄弱，尤其是对特定类型的建筑空间，在探讨宗族生产、生活空间及其背后社会文化逻辑的文献在国内并不多见。

1　宗族结构文化对村落空间形态的映射关系

在传统社会中，宗族是构成村落的主体，以宗族为核心所形成的观念、信仰、制度深刻地影响着村落的发展演变。村落的选址、布局、形态，村民的生产生活场所，无不以宗族结构为核心，体现宗族的至高威严和宗法制度的层级秩序。村落发展至今，其留存下的空间形态和生活模式，反映了宗族结构对村落影响的持续性。

宁波市殷家湾是现存传统村落中的典型代表。殷家湾由殷湾、莫枝两村组成，属于宁波市鄞州区东钱湖镇行政范围，在东钱湖风景名胜区中的西北角，经过几千年历史的积淀形成了以河湖水利发展起来的具有独特自然和人文特色的多姓聚居古村落，是宁波市第三批历史文化名村。

1.1　自然格局

中国古人在居住环境上追求"天人合一"的思想，从村落到住房的选址，无不讲求风水，以期宗族的兴旺发达、繁衍壮大。出于这样的自然观，殷家湾古村落环山面湖而建，剪刀山、平满山、四古山，三山连绵起伏，体态玲珑，呈半岛状延伸至谷子湖中。谷子湖内虽不如外湖开阔风浪，却有平静的水岸适合捕鱼船只停靠，是天独厚的内湖港湾。村落选址不仅景色优美，还可凭借优越的水环境和山体资源，发展渔业生产和农业种植。

这种背山面水，人境合一的自然格局是适合居住的"风水宝地"，自然是以宗族为核心的传统村落形成与发展的重要因素之一。

赵紫含：天津大学建筑学院
李津莉：天津大学建筑学院
鲁世超：天津市建筑设计院

图1 殷家湾风貌

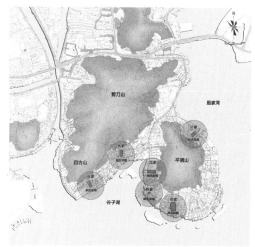

图2 宗族祠堂分布

图3 宗族祠堂现状

1.2 宗族演进

祠堂作为宗族公共活动的中心，是展现宗族力量最强的建筑，各家族非常重视祠堂的选址与建造，讲究山川地势，以确保宗族兴旺。以郑氏祠堂为例，史料记载永乐三年（公元1406年），郑氏先祖以玖公举家来殷湾定居，作为最早迁居殷湾的家族，各方限制条件较少，郑氏得以在殷湾朝向最好、腹地最大的平满山南择地定居，并建设了形制最高的宗祠。后来有项氏、钱氏、孙氏、张氏、陈氏迁入，择地建设宗祠，以其为核心聚居，各宗祠通过主街串联，形成自成一体又相互交融的六姓家族聚居的格局。

1.3 生产格局

殷家湾渔业文化不仅表现在"殷湾渔火"历史胜景，同时也对村落空间组织影响深远，渔业生产方式是决定了殷湾村的空间肌理和街巷格局的重要因素之一。

殷家湾村民环湖而居，利用东钱湖的资源进行渔业捕捞，临湖岸线空间就成为重要的生产资料。村民沿湖岸延展布置各个房族的埠头和晒场，由此形成了宽窄不一的临湖岸线和大小不同的生产空间。村民在这里进行停船、修补渔具、晾晒渔网、农作物、聚会休憩等活动，形成具有特色的渔业生产格局。

1.4 建筑格局

埠头、晒场、临湖岸线是家庭生产的源头，以此为起点，生活空间向殷家湾腹地伸展。随着家族的不断发展，居住用地需要扩展，宗族聚居以祠堂为中心排列式结构发展成以堂前为中心的组团式结构，一个组团为一个房族，一个宗族根据规模，会分成几个房族。

房族内民居的组合结构是"H"形的堂前院落形式，墙门里院内部空间层次分明，墙门进去，院落中央是堂前，作为整个家族生活空间和精神空间的中心，两侧排屋供日常生活起居使用，堂前后面靠山位置则各家族院落略有不同，有的院落建有正屋，有的则仅有明堂。

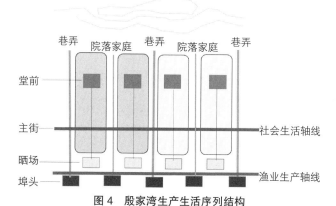

图4 殷家湾生产生活序列结构

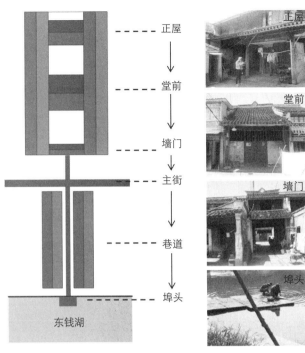

正屋 → 堂前 → 墙门 → 主街 → 巷道 → 埠头

东钱湖

图5　房族院落结构

殷家湾现存家族院落数量较少，有38个，其中包括6个祠堂院落，24个带堂前的家族院落，8个不带堂前或堂前已经不存在的家族院落。

殷家湾村民创造了集自然环境、宗族礼制、渔业生产于一体的居住环境，莫枝老街与殷湾长街串联着村落中的宗祠节点，公共建筑和开放空间，集中展现了东钱湖特有村落肌理和建筑风貌特色和文化价值，巷弄垂直于主街连接湖面和山坡，多数从山脚延伸至水边，与晒场、埠头、码头等滨湖的公共场地连接，形成了鱼骨状的村落肌理。殷家湾高度关联的整体结构和有序的空间布局的背后是宗族文化和生产生活的演化逻辑。

2　宗族文化与空间形态逐渐脱节的现实矛盾

近现代以来区域间交通联系的日益紧密、人口流动的日益频繁和信息共享的日益便捷，既改变了传统社会以宗族为主体的极为稳定的人口构成特征，也改变了人们传统的"乡土的"思维方式与生活习惯。在这样的时代趋势下，宗族结构一方面由于人口的流动而日渐松散，一方面由于文化的碰撞而观念淡薄。由于宗族结构及其精神价值是村落形成与发展的"主心骨"，主干的凋零不可避免地带来村落空间形态的混乱。

2.1　传统民居老化严重，风貌特色模糊不清

一方面殷家湾住宅密度较高，很多村宅之间墙体相

连，单户住宅翻建会涉及周边居民利益与房屋问题，村民自我修缮困难，导致传统建筑破损、腐朽的状况严重。另一方面，现状殷家湾人口密度较大，而居住面积较小，室内的通风、采光以及卫生条件均难以满足现代人对居住生活的基本要求，居民重新划分院落内部空间、侵占公共空间和改建传统民居，使得村庄风貌整体性、特色性减弱。

2.2　宗族文化衰落，文化遗存消失

村庄空心化、老龄化情况严重，社会结构逐渐消失。殷家湾现状人口中以老年人为主，且随着外来人口的增加，姓氏家族社会的衰落，家族院落空间逐渐模糊化、零散化，祠堂等公共建筑的功能更加单一化，趋于普通化，过去的宗族文化仪式感也消失了。

同时对于殷家湾丰富的历史文化遗存，由于对其价值认知的偏失而未能得到观念上的重视和日常的精心维护，有部分文化遗存因自然和人为的破坏而消失了，社戏、灯会等民俗节庆等非物质文化遗村也因空心化，老龄化等问题难以有效传承。

3　基于宗族结构的村落空间形态保护更新方法探索

通过分析宗族结构与村落空间的映射关系，总结出影响村落形态的关键因素，结合村落的特色和存在问题，对村落空间形态保护更新从整体格局、街巷肌理、公共空间、院落格局、建筑与环境要素五个层面探索保护更新方法，并提出实施保障措施，完善保护更新体系。

3.1　整体空间格局保护更新

3.1.1　山水格局的保护

山水格局是殷家湾村落形成与发展的自然基础和形态框架。从区域层面对殷家湾及其所依附的山水环境进行整体保护，延续其承载村落发展的场所特征，强化其标志性的景观要素和空间形态，也是对于以宗族聚居为特征的村落格局的背景保护。

保护剪刀山、平满山、四古山的山体边界，维持山林原生风貌，山上限制建设活动，控制游客容量，以恢复梯田、耕地为主，达到生态保护效果。

进行内河环境整治，保护驻水墩形态，并新增岛链，保护岸线晒场、岸边埠头、内河港湾、鱼塘、外湖岸线的空间关系，在塑造驳岸景观时，恢复一部分码头功能。

3.1.2　建筑高度控制

通过划分建筑高度分区，规定新建、扩建活动，控

制建筑高度，以保护山——村——湖的景观视线，延续古村的传统风貌。尤其是在祠堂、重要房族建筑周边，严格控制建筑高度，突出宗族文化建筑在村落空间的地位。

3.2 街巷肌理保护更新

宗族、房族分片聚居的格局往往以街巷为界，街巷的布局从静态上反映了村民血缘关系的亲疏，可以看作是历史上形成的"差序格局"在空间上的体现；而在动态上，街巷作为村落中分布范围最广、流动性最大、村民活动最为集中的公共空间，又为未来打破狭隘的"差序格局"，发展广泛的社会关系提供机会。

基于街巷承古开新的重要意义，保护街巷的宽度、走向、空间尺度，保护现存的传统铺砌。对于街巷风貌保护，要求贴线建设，保证界面连续性，对于街巷两侧新建和改建的建筑要保持其原来的层数和风格特点。还需保护街巷相关历史信息，殷家湾街巷名称多是以房族命名的，如郑家弄、陈家弄等，可通过设立标牌等方式介绍街巷名称及由来，增强街巷的可识别性。

3.3 公共空间分层级保护

殷家湾作为多宗族聚居的村落，对于公共空间环境和可达性的营造能够为村民提供休闲便捷的交往场所，有助于加强村民的宗族观念和宗族间的和睦团结关系。为保持以宗族为组团，房族为单位的聚居特征原态，力图在保留原有的肌理和尺度上对公共空间进行梳理，包括祠堂前广场、晒场、埠头、码头、桥头、止水墩、公共建筑院落场地等别具特色的、与日常生活息息相关的公共活动交往空间。

祠堂前广场作为宗族活动重要的聚集地，以保护、修缮为主，保护空间界面，改善卫生条件，美化空间，并适当组织宗族活动，以延续场所精神。沿湖公共空间，可利用空间变化手法适当放大尺度，增加商业与公共服务功能，营造热闹场所感；埠头和码头，保留和修缮其原有的质朴的设施，并结合公共活动的策划，再现"殷湾渔火"的胜景。

3.4 院落格局保护更新

宗族、房族的分布格局是殷家湾历史文化价值的重要载体，是宗族聚居村落中各姓氏在宗族文化演变过程中共同留存下的重要遗产。在充分梳理、认知宗族、房族分布格局基础上，保护以堂前为核心的整体院落空间的保护。具体的保护更新方法以孙家房族为例。

3.4.1 现状肌理分析

孙氏宗族迁居殷家湾的时间，与郑氏相比较晚，人口规模也仅次于郑氏宗族，主要居于平满山东侧人居环境较好的区域。

孙氏宗祠现用作东钱湖供电营业所，已经不再用作祠堂。孙家房族自成形以来，经历了自然和人为的干预后，如今垂直于老街的整体格局尚存，但是房族院落的建筑单体呈现零散化、以"堂前"为核心的向心性减弱。现

图6 孙家房族现状

图7 院落与街巷的保护更新

状遗留下来保存完好的孙氏家族院落主要有三八房、七姓门、新祥兴、老祥兴、廿二房、孙一房。

3.4.2 院落空间整合

保有堂前的房族院落，结合建筑院落的现状，依据"房族墙门"的肌理，对院落的基本形态包括建筑物、构筑物等根据综合评价确定保护和整治的模式，进行形态的修补与完善。没有堂前的房族院落，基于建筑的组合形式和综合评价确定保护和整治的模式，确定修补和拆除的建筑位置，完善院落空间。通过恢复传统石板铺装，修缮古井、花池等增加绿化，美化院落环境，满足居民对生活居住的需要。

3.5 建筑与历史环境要素分类保护更新

殷家湾拥有大量清代、民国时期的建筑（群）以及宗祠，建筑的更新保护过程中，这些建筑便成了最主要的整修对象。为更好的有针对性的进行建筑整修与维护，建议根据建筑年代、建筑风貌、质量等状况对建筑进行总体评价，分为文物保护点、三普登记建筑、传统风貌较好建筑、传统风貌一般建筑，对传统风貌影响较小建筑，对传统风貌影响较大建筑，并提出了六种保护与整治模式：保护、修缮、改善、保留、整治改造和建议拆除。

历史环境要素包括洗涤台、埠头、古桥、古树、门楼、止水墩等，应尽量原样保护，使用材料应与原材料一致或相似。

以孙氏房族建筑为例，说明重点建筑的修缮。

3.5.1 祠堂建筑

恢复孙氏宗祠，将供电营业所迁出孙氏宗祠，恢复孙氏宗祠的原始功能。同时对孙氏宗祠的建筑按照传统形制进行修缮。重视对建筑装饰细部的维护，保证建筑文化的完整性。

3.5.2 堂前建筑

修缮堂前建筑，堂前位于房族院落中的核心的位置，其屋顶有"福"字脊饰，入口为黑色的格栅门。现存的堂前大都经历了族内自发性的修缮，结构与建筑形式保存都相对较好，在整合时应予以保护及传承。对于破损较为严重的堂前建筑，其修缮主要集中于外部立面及内部空间的修缮，塑造更为庄重氛围。

3.5.3 墙门

墙门的门头形式往往作为院落规格高低的重要标志，为身份的象征，保护修缮时需要突出其特征。在维持老街两侧界面的连续性的基础上，院落入口空间通过建筑装饰如匾额、雕刻、悬饰等不同方式突出宗族特色。

图8 建筑功能现状

图9 孙家房族现状建筑总体评价

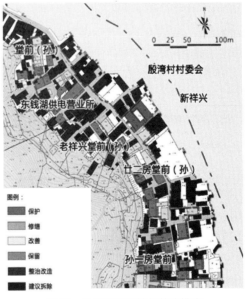

图10 孙家建筑保护与整治模式

3.6 殷家湾保护更新实施保障

3.6.1 权利保障

对村民的宅基地使用权和房屋的所有权从法律上予以确认，在房族单元的试点中明确各户村民的权利边界。在权属确定的基础上，在不违反现行法律法规的前提下，针对殷家湾"空心村"的现实问题和村民自主经营上的难度，由村民共同讨论宅基地有偿使用和自愿有偿退出机制，协商确定宅基地有偿转让的原则、价格及村集体与转让户间的收入分成。

3.6.2 政府引导

以村民自愿为基础，通过村民自主协商决定建筑的保护实施方式和使用功能，订立全体利益相关人形成一致同意的协议作为共同守则。政府作为订立协议的组织者和监督者，维护着协议的公信力，避免实施过程中利益相关人之间的权责纠纷或历史建筑按协议保护实施落为空谈。同时提供生产经营和建筑维护方面的指导，提出发展旅游接待、餐饮、娱乐等多种经营方式的建议供村民参考讨论，并根据不同使用功能指导院落和建筑的修缮保持原有风貌、满足功能、提升品质。

3.6.3 风貌补贴

以建筑的风貌等级和村民改善风貌的积极性及成效作为风貌补贴发放的原则，其中以风貌等级的客观条件为主要标准，兼顾鼓励村民改善风貌的积极性。风貌补贴包括功能补贴、启动资金、工程补贴三部分组成，原则上随建筑风貌等级的降低而递减，其中工程补贴的数额由实际工程造价预算的比例计算。由于风貌保护级别较高的建筑和院落，其保护要求相对严格，村民为保护风貌而在使用功能上所受的局限较高，同时风貌等级较高的建筑维护修缮的成本也较高，因而可得到相对较高的风貌补贴。对于主动报名作为保护更新试点的房族单元，可给予适度启动资金的补贴。对于风貌较差或新建、重建的院落，村民有意愿改善风貌与村落协调的，也可给予一定的工程补贴。同时，对于实施中不维护村落风貌或实施效果不佳的，削减直至停发补贴以示惩戒。

3.6.4 村规民约

村规民约是村民实施村民自治的基本依据，是殷家湾全体村民共同的行为规范，并且具有法律效力。将以房族为单元的村落保护更新模式及其附带的建筑风貌等级评定标准、风貌补贴计算标准、工程造价评估标准等一系列细则经村民会议讨论并纳入村规民约，以公平、公正、公开的准则和运行机构保障全体村民利益。

4 总结

脱离村落生存土壤的空间保护，或是违背发展规律的盲目开发，都不能让古村落永续发展。保持村落自然生长的背景环境，遵循村落历史演进的发展规律，传承村落原始积淀的乡土文化，才能真正让古村落重聚人气、重焕生机。基于宗族结构的古村落保护更新方法从山水格局上确定了殷家湾村落发展的场所特征，从宗族结构上理清了殷家湾村落发展的形态特征，进而以房族为单元作为保护更新的实施试点，提出空间提升策略与发展经营引导，在保护更新中既化解了空间保护与功能使用的矛盾又增强了宗族的凝聚力，为古村落空间形态保护更新方法研究提供了借鉴。

主要参考文献

[1] 周祝伟. 浙江宗族村落社会研究 [M]. 北京：方志出版社，2001.

[2] 邱枫. 宁波古村落史研究 [M]. 杭州：浙江大学出版社，2011：96.

[3] 仇国华. 东钱湖志 [M]. 宁波：宁波出版社，2014.

[4] 业祖润. 传统聚落环境空间结构探析 [J]. 建筑学报，2001（12）.

[5] 段威，雷楠. 浙江天台张家桐村：基于微介入策略的传统村落保护与更新 [J]. 北京规划建设，2014（3）.

[6] 设计人：郑永平，李津莉，贾轲，赵紫舍，王佳怡，曹红斌等. 殷家湾历史文化名村保护规划研究 [R]. 2016.

嘉兴市"多规合一"基础上的村庄规划探讨
——以嘉兴海宁市周王庙镇石井村为例

脱斌锋

摘　要：为落实中央新型城镇化战略部署，坚持"以人为本、节约集约、绿色低碳、乡土特色"的理念，满足现代农业生产、农民生活的需求，浙江省住房和城乡建设厅发布了《浙江省村庄规划编制导则》和《浙江省村庄设计导则》。嘉兴市根据自身特点，立足市县域"多规合一"的基础，制定了《嘉兴市村庄规划设计导则》，进一步规范了村庄建设规划设计，以期加强农村建设管理、改善了农村生产生活条件、改善生态环境、提升农村文化特色。地域空间上，以"多规合一"为基础，统一调配土地指标，优化用地布局结构，完善基础设施和配套服务设施，合理有序地引导村庄建设发展。

关键词：多规合一；村庄规划；农村

1　研究背景

深入贯彻党的十八大、十八届三中、四中全会和习近平总书记系列重要讲话精神，落实《国家新型城镇化规划》，浙江省人民政府办公厅《关于进一步加强村庄规划设计工作的若干意见》中提出深化完善村庄规划设计，切实提高规划设计水平，推进美丽宜居示范村建设。嘉兴市根据自身特点，立足市县域"多规合一"的基础，制定了《嘉兴市村庄规划设计导则》，进一步规范了村庄建设规划设计。石井村村庄建设历经数年的集聚发展，已初步形成持续发展的良好局面，在社区建设管理、农村环境治理等方面成果显著。同时，与嘉兴其他村庄一样，石井村也面临着产业发展、农民建房土地需求大，但土地指标不足，土地使用粗放的矛盾。因此，在"多规合一"的基础上，编制具有指导性和可实施性的村庄规划显得尤为重要。

2　嘉兴市"多规合一"

嘉兴市以建设现代化网络型田园城市、实现江南水乡典范为目标，突出"市域统筹、城乡同步、水乡特色、资源整合"四大特色，探索出"通过市县一体，统筹发展和保护的关系，确保一张蓝图干到底"的"多规合一"模式。

首先，明确提出优化城乡体系结构，提升发展质量。构建了"1640"（一主六副40个左右的新市镇）和"四百一千"（433个城乡一体新社区、1102个传统自然村落保留点）的城乡体系结构框架，通过明确各自城镇化水平、职能定位、发展规模和产业特色，强化内在联系和分工合作，提升发展质量。

其次，合理划分城镇、农业、生态三大空间，实现协调发展。立足江南平原水网、资源均质布局的特点，体现城乡统筹、水乡生态、产城融合等特色，划分城镇、农业、生态三大空间。城镇空间是重点进行城镇建设和发展城镇经济的地域，包括已经形成的城镇建成区和规划的城镇建设区及一定规模的开发园区，以产城融合为重点，实现生产空间集约高效、生活空间宜居适度。农业空间主要为承担农产品和农村生活功能的地域，以田园风光为主，分布着一定数量的集镇和从事农业生产的村庄，重点是基本农田保护，同时实现农村生活"记得住乡愁"。生态空间承担着生态服务和生态系统维护功能，以自然生态环境为主，也包含一些零散分布的特色村落，重点体现生态空间山清水秀。

最后，全面划定城、镇、村增长边界，实现精明增长。按照新型城镇化质量提升的要求，合理预测城、镇、村发展规模，为强化城乡规模管控，划定城镇增长边界时，同步划定村庄规模控制范围，优化城乡用地结构，实现精明增长。

脱斌锋：嘉兴市城市发展研究中心

3　嘉兴市村庄规划现状和问题

3.1　嘉兴村庄规划的基本情况

嘉兴市从 2005 年开始，农村建房政策发生转变，农户建房需要占用新增建设用地指标，同时明确了居名点的建设原则上按规划建设区、整理过渡区、和撤并控制区来进行规划。2009 年，嘉兴市大力推进"两新"工程，开展了"1+X"两新社区布点规划和建设规划的编制。2013 年，为满足农民建房需求，解决原有"1+X"两新社区布点规划实施难的问题，根据实际需要和"留住乡愁"的政策导向，嘉兴市组织各县市编制了《村庄布点总体规划》，形成了"1+X+Y"的新市镇社区和农村居名点布点规划。利用嘉兴市县域"多规合一"试点工作的契机，村庄布点规划和其他部门的规划，尤其是国土部门的"土地利用总体规划"进行了充分的衔接和协调，以期加强规划落地（图 1）。

3.2　通常村庄规划当中遇到的问题

3.2.1　村庄规划与国土土地利用规划衔接不够

编制的村庄规划或者村庄布点规划以及"两新"工程中的社区布点规划和建设规划，均缺乏与国土部门的

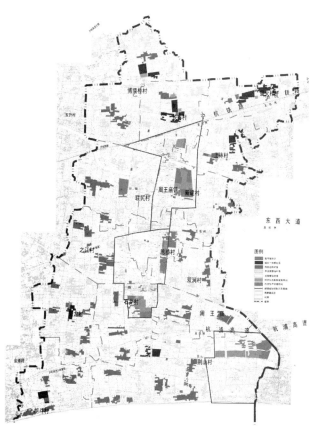

图 1　"多规合一"基础上的周王庙镇村庄布点规划

沟通和衔接，直接导致土地指标不足，规模偏大或空间布局与国土的土地利用总体规划布局有矛盾。规划打架、指标短缺，规划管理失去刚性，实施难度大，成为一纸空谈。

3.2.2　村庄规划对农户建房指导不力

（1）土地指标和规划用地空间不对应：国土部门编制的"土地利用总体规划"赋予指标的建设用地空间和村庄规划的用地空间不一致，导致很多有建房需求的农户难以就近建设房屋，很多质量很好的农户自建房屋变成了没有指标的违章建筑。以石井村为例，《海宁村庄布点总体规划》中，明确了石井村"1+5"的村庄建设格局，其中"1"为新市镇社区，"5"位五处美丽乡村点，分别是：邬家浜岸上、范巷、朱家角、夏家潭和东木香岸，其余村落为近期撤并点和中远期控制点（中远期根据情况调整，近期控制其建设）。而布点规划中，对每个点的位置、规模、范围都进行了明确。在《海宁市土地利用总体规划（2006—2020）》（2014 调整）中，同样对各个村庄的用地进行了分类和指标赋予。两个规划中，邬家浜岸上和范巷的用地规模、范围就出现了不一致的情况，其中，邬家浜岸上北侧的新建农房在规划中均未反应，国土土地利用规划给范巷划定的扩展区是一片不可能使用的坟地。

（2）"插户"政策难实施：石井村有漫长的历史，村规民约和血缘纽带形成的聚落特征明显，因此，村庄规划中提出的"插户"政策实施空难，村庄规划中确定拓展区新建农房 78 户，村落中插户共 16 户，最难以实施的就是 16 个插户建设的地方。

（3）划定村庄可扩展区的建设用地在实践中难以操作：村庄布点规划中划定的农房建设扩展区，划定过程缺乏对现状和农村习俗的考量，使得划定的扩展区建设难度偏大，比如范巷划定的 1.4 公顷扩展区是村里比较集中的一块坟地，没有人愿意建房。还有很多扩展区地势低洼，建房难度较大，建设费用过高，或者按石井村的乡俗风水不好。以上这些因素都导致村庄规划对农户建房知道不力。

3.2.3　村庄规划"千村一面"

村庄规划由于编制单位水平参差不齐，编制费用低，编制内容繁复，村庄管理水平较低等因素，造成村庄规划编制内容呆板单调，指导村庄建设"千村一面"缺乏特色，"兵营式"布局比比皆是。农房设计也缺乏地方特色，设计单位到施工单位都乐于套用现成的模板，使得新建的房子在使用、美观、整体协调等方面甚至不及拆掉的老房子，农房建设处境十分尴尬。

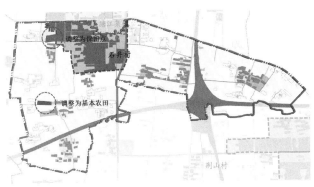

图2 建设用地指标内部调整

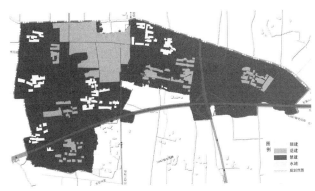

图3 "三区"划定

3.2.4 村庄规划实施缺少反馈机制

村庄规划在实施过程中的主要资金来源于政府财政支出，因此，村民在规划实施过程中的发声却很少，也没有有效的途径将村民的意愿以及规划的实施情况快速有效的向上反馈，这种信息上的单向流动使得村民参与规划讨论的积极性不高，如果地方政府不强力推行，村庄规划很可能会流于形式，如果大力推动村庄规划建设，有可能因为规划"不接地气"，难以达到美丽乡村建设的目标。

4 石井村在"多规合一"基础上的村庄规划设计实践

4.1 "多规合一"为底图，确定村庄空间布局

"多规合一"的一个重要成果就是明确了可建设用地的空间，不仅有范围和边界，还有国土部门赋予的建设用地指标，有效解决了各部门规划"打架"的问题。对于石井村而言，以"嘉兴海宁市多规合一"成果为底图，有效解决了之前村庄规划中空间布局没指标保障，国土规划空间划定不科学的矛盾，在一张空间和指标统一的底图上确定村庄规划布局。进一步明确了石井村"1+5"的村庄建设格局。

4.2 "多规合一"基础上进行土地指标的内部微调

在"多规合一"基础上，村庄规划编制过程中有与现实情况相悖的地方，可以通过统一的规则进行微调，从而提升村庄规划的可实施性。如对于上述邬家浜岸上传统自然村落范围划定存在的问题，以及范巷村庄建设扩展区范围划定存在的问题，在本轮村庄规划中通过"多规合一"的协调机制，将范巷划定有问题的扩展区指标调整到邬家浜岸上，即满足了邬家浜岸上农房建设的现状需要，又解决了范巷土地指标浪费的问题（图2）。

4.3 "多规合一"下，保持村庄原有特色

嘉兴2005年之前，农房建设不占用新增建设用地指标，导致农房建设粗放混乱，农村建设失去了传统文化和经验的指导，也没有现代化的科学规划，村庄建设失去了原有紧凑的水乡格局和机理。从2005年之后，农民建房需要占用新增建设用地指标，管理部门一度停止了对农民建房相关手续的办理，导致大量违章建房出现。2009年实施的"两新"工程，愿景很美好，但实施难度过大，财政负担过重，一定程度上一刀切的政策对传统村落造成了破会，确定的新居名点建设也缺乏特色。本次村庄规划利用"多规合一"的契机，划定禁止建设、适宜建设和限制建设三区（图3），在农房建设的空间指标上严格控制，土地集约利用，确立了5处保留完好、格局怡人的传统自然村落为美丽乡村点重点进行建设，好钢用在刀刃上，促使农村的生活、生产和生态格局都发生良性的转变。

4.4 "多规合一"为平台，以村民代表大会为基础的村庄规划管理反馈机制

目前，嘉兴市"多规合一"信息平台尚在建设之中，本次石井村村庄规划本着"开门做规划"的原则，从调研到规划编制到最后规划成果评审，村民代表全程参与，以村民代表大会的形式组织召开了动员大会和规划成果意见征求大会，面对面与村民协商。规划在后期实施过程中将可以充分利用多规信息平台，将实施动态及时进行更新，对于出现的问题亦可及时利用信息平台进行汇总，协调解决。

5 结语

村庄规划是解决好"三农"问题的重要途径，而社会主义新农村建设是我国全面实现小康社会的关键。在

"多规合一"的基础上进行村庄规划实践目前尚处于探索阶段，需要在组织领导、政策保障、社区管理、规划宣传、环境保护与治理和特色营造等六个方面继续深入细致地工作。村庄规划和村庄建设工作是一项伟大的事业，需要我们所有的参与者不浮不殆，不急不躁，筚路蓝缕，久久为功。

主要参考文献

[1] 单媛, 臧伟强. 宁夏镇村规划中"多规合一"的探讨. 小城镇规划.

[2] 丰晓棠. "三规合一"的技术标准研究——以太原市为例 [J]. 科技情报开发与研究，2013.

[3] 秦淑荣. 基于"三规合一"的新乡村规划体系构建研究 [D]. 重庆大学，2011.

江苏省溧阳市"美丽乡村建设总体规划"编制方法研究

华新贤

摘　要： 建设美丽乡村是统筹城乡发展，推动乡村生态文明建设，改善人居环境的重要路径。溧阳地处苏浙皖三省交界地带、苏南丘陵地区，山水资源禀赋突出，人文底蕴深厚。近年来通过村庄环境综合整治，打造了一批具有代表性的美丽乡村，对引领新农村建设起到了良好地示范。为更好地发挥规划的统筹引领作用，开展《溧阳市美丽乡村建设总体规划》的编制工作，进一步加强对溧阳美丽乡村建设的总体指导。文章基于对该规划的编制框架与规划内容的深入解析，分析研究美丽乡村建设总体规划的编制方法，为同类型规划提供参考借鉴。

关键词： 美丽乡村建设；总体规划；编制方法

1　美丽乡村的建设背景与具体内涵

1.1　美丽乡村的建设背景

十八大报告提出："要努力建设美丽中国，实现中华民族永续发展。"要实现美丽中国的目标，美丽乡村建设是不可或缺的重要部分，就必须加快美丽乡村建设的步伐。"美丽乡村"建设是美丽中国建设的基础和前提，是推进新型城镇化和城乡发展一体化的重要抓手，是推进生态文明建设和提升社会主义新农村建设的新工程、新载体。

为扎实有效推进新型城镇化、促进城乡发展一体化，江苏省于2014年开展整合美丽乡村建设试点与村庄规划建设示范，由省农村综合改革领导小组办公室、省住房和城乡建设厅、省农业委员会、省财政厅共同组织开展美丽乡村建设示范工作，目的是发挥财政资金引领撬动作用，通过典型引路，不断总结经验、完善政策，形成政策和资金的集聚效应，逐步建成一批设施配套完善、生态环境优美、产业特色鲜明、社会和谐、宜居宜业宜游的美丽乡村。

1.2　美丽乡村建设总体规划的作用

美丽乡村建设总体规划是全域统筹美丽乡村建设规划的有力工具，是塑造城乡特色、保护地域文化的有效举措，是基于对现有资源和规划的梳理与整合，充分尊重乡村和城镇在产业结构、功能形态、空间景观、社会文化等方面的差异，从生态、产业、文化、支撑体系以及人居建设等方面提出建设规划策略，注重挖掘自然山水、地域文化、建筑传统等元素，打造具有地域特色的乡村风貌，合理确定重点片区和重要节点，进一步指导下层次的建设规划。

2　规划区域概况

溧阳地处苏浙皖三省交界地带、苏南丘陵地区，山水资源禀赋突出，人文底蕴深厚。总体规划范围为溧阳市域，总用地面积为 1535.87km²。

2.1　自然条件

溧阳地貌大体分为低山、丘陵、平原圩区三种类型，南、西、北三面环山，平原圩区集中在东部和腹部。南部低山区系天目山脉延伸，地势较高，水系以水库、塘坝为主河道为辅。西部和北部丘陵区属茅山余脉，岗峦起伏连绵，水系以水库、塘坝为主，河道为辅。东部和腹部地势平坦，圩区分布密集，水系基本为平原河网。

2.2　乡村经济

随着乡村经济的快速发展，溧阳农民人均可支配收入逐年提高，增长率连续四年超过城镇居民收入，城乡居民的收入差距逐渐缩小，但是仍然存在地区发展不平衡、和城市居民相比收入差距较大的问题。

2.3　村庄建设

溧阳全市现状行政村共计175个，现状自然村共计2576个，现状自然村总户数约18.19万户，总人口约55.28万人。村庄建设用地总量为 91.6km²，占全市城乡

华新贤：常州市规划设计院

居民点建设用地总量（196.23km²）的46.7%。村庄分布形式多样，肌理自然，村庄聚落的空间布局模式主要有沿路沿水带状布局模式、点轴放射状布局模式和自由分散状布局模式等多种肌理。村庄分布较为零散，紧凑不足，集约度低。

2.4 乡村旅游

溧阳乡村地区具有丰富的旅游资源，具有发展乡村型旅游的优良条件，天目湖、南山竹海、御水温泉等国家5A景区为溧阳带来大量的旅游人群，带动了周边乃至市域乡村的旅游发展，并衍生出数量众多的休闲农庄、民俗等业态，如十思园、南山花园等，旅游业逐渐成长为乡村经济发展的重要动力。但是，在新兴乡村旅游经济发展的大形势下，存在缺乏统筹规划和指导，缺乏对旅游资源的深度挖掘，现状开发的乡村旅游产品品味值不高、集聚度不够、特色化不明显等问题。

3 规划编制的总体思路与框架层次

3.1 规划编制的总体思路

3.1.1 引领示范

规划按照突出重点、彰显特色、成片联线、融合发展的发展思路，充分考虑资源禀赋、产业现状、村庄布局、历史文化等综合因素，确立全市美丽乡村总体架构，以特色为主线，优化建设路径和方法，引领市域特色乡村体系建设。

3.1.2 内外兼修

规划兼顾景观环境的外在美和功能品质的内在美，一方面需要塑造建筑和空间形态特色，协调村庄和自然山水融合关系、历史文化和现代风貌的和谐关系等；另一方面需要提升乡村生活服务的品质，同时激发乡村经

济活力。在美丽乡村创建活动中根据现代农业和生态旅游不同的主导业态，提出不同区域乡村产业优化提升的思路、目标和策略，引导乡村产业的发展定位和空间布局，指引乡村旅游的提档升级。

3.1.3 传承文化

规划注重发掘、保护和利用传统特色村落和非物质文化遗产，传承与弘扬传统文化，丰富美丽乡村建设内涵，延续美丽乡愁。

3.1.4 项目导向

规划按照资源整合、综合配套、协调有序的总体思路，分区（片）分类、分级分期，重视具体的典型工程对于美丽乡村建设的重要意义，制定美丽乡村建设名录，明确特色要素，提出建设指引。制定实施美丽乡村建设的若干行动计划和重点工程，通过示范性、微创性的典型工程和可以实施的项目库，分层次地梳理出美丽乡村建设的核心抓手。

3.1.5 社会共建

美丽乡村建设的价值不仅仅是规划愿景的实现，更在于社会尊重和社会互动的过程。美丽乡村建设示范规划应该作为一项乡村复兴的社会运动，通过规划全过程的公众参与，最广泛地听取村民的意愿，最大限度地激发村民参与的积极性，尽可能地调动乡村能人、企业家等的资源并获得他们的支持，真正意义上实现美丽乡村为村民而建，美丽乡村由村民共建。

3.2 规划编制的框架层次

溧阳市美丽乡村建设总体规划的编制技术框架主要包括全域总体规划、乡村建设导则与特色示范区规划三大部分（表1）。

规划编制技术框架 表1

总体规划	建设导则	特色示范
发展条件综述	总则	南部丘陵山地美丽乡村特色示范区
总体空间布局	村庄规划	
产业发展引导	村庄建设	横涧—深溪岕美丽乡村景观带
交通条件提升	公共服务设施	
生态环境保护	基础设施	
乡土文化传承	生态环境	横涧—松岭美丽乡村景观带
村庄建设提升	经济发展	
旅游整合发展	社会管理	
近期行动计划		

全域总体规划主要包括现状发展条件、总体空间布局、产业发展引导、交通条件提升、生态环境保护、乡土文化传承、村庄建设提升、旅游整合发展和近期行动计划，紧密围绕美丽乡村建设规划的核心内涵展开；

乡村建设导则通过八个章节，重点对美丽乡村的村庄规划、村庄建设、公共服务设施、基础设施、生态环境、经济发展和社会管理进行规范引导，进一步强化本规划的指导性和可操作性。

为了更好地指导地方建设与长效管理，规划针对重点区域进行深化研究，选取溧阳南部丘陵地区美丽乡村建设示范区以及该区域内的两条美丽乡村景观带进行深化研究，因地制宜策划产业与旅游项目，形成美丽乡村的建设示范与产业支撑。

4 规划编制的主要核心内容

4.1 规划的总体结构

溧阳美丽乡村建设总体规划以建设中国江南山水人文特色的美丽乡村为总体目标，按照突出重点、彰显特色、成片联线、融合发展、生态优先的原则，以市域城乡空间布局为依据，以乡村特色资源统筹为抓手，充分考虑资源禀赋、产业现状、村庄布局、历史文化等综合因素，按照"特色示范、引导周边、衔接景区"的总体

思路，确立全市"一环两带、两区五点"为引领的市域美丽乡村总体架构，引领市域美丽乡村体系建设。

"一环"：即美丽乡村风景大环线。"两带"：即两条美丽乡村特色景观带，分别为林海田园美丽乡村观光带和民俗文化美丽乡村体验带。"两区"：即两个美丽乡村建设特色示范区，分别为南部丘陵山地美丽乡村特色示范区与北部沿山慢城美丽乡村特色示范区。"五点"：即五个美丽乡村建设特色节点，包括湖荡水乡美丽乡村特色节点、水西前马美丽乡村特色节点、礼诗水韵美丽乡村特色节点、长山田园美丽乡村特色节点与社渚湿地美丽乡村特色节点。

4.2 规划的相关发展策略

规划从生态保护、产业支撑、交通优化、文化展示、旅游融合等多个角度系统性地提出溧阳市域层面美丽乡村建设的发展路径与策略，优化建设路径和方法，引导美丽乡村的有序发展。

4.2.1 产业提档升级，激发乡村美丽活力。

规划根据不同区域农业的发展基础和旅游的主导业态，提出有针对性的乡村产业优化提升的思路、目标和策略，统筹引导乡村产业的发展方向和空间布局，培育形成专业化、特色化、集群化的乡村产业体系，指引乡

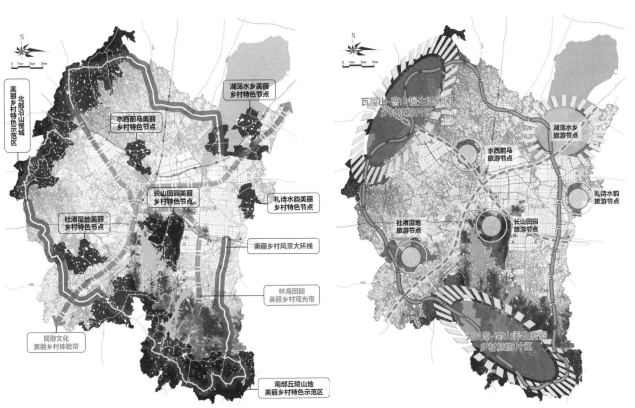

图1　规划空间结构　　　　　　　　　　图2　乡村旅游结构

村产业发展的提档升级。

4.2.2 服务功能强化，完善乡村美丽支撑。

规划按照服务乡村社会经济发展的需要，进一步优化末端交通，加强道路交通设施向薄弱地区延伸，做好主要功能区域之间道路的互联互通。按照区域差别化的原则，明确美丽乡村公共公用设施的建设标准和要求，做好公共服务配套设施、防灾减灾、排污治污等，提升乡村服务水平和生活品质。

4.2.3 分类引导建设，遴选乡村美丽名录。

规划基于村庄的建设风貌、建设规模、历史人文资源、交通条件、产业条件、自然生态条件、生态红线保护情况及政策扶持八个评价因子的系统评价，遴选出全市美丽乡村示范村名录，并划分为自然景观型、人文历史型、观览展示型、主题体验型四个类型，明确村庄发展方向，分类引导建设。

5 规划主要编制技术方法特点

5.1 全面深度调研，实堪乡村美丽本底。

规划充分尊重乡村居民的主体地位，在前期万人

问卷调研发放的基础上，项目组对溧阳市域的自然村落进行深入调研，走访各镇的建设主管部门和行政村委，实地勘察每个重点村、特色村以及当地居民推荐的美丽村庄，并且记录下每个村庄的特色潜力与规划灵感。

5.2 多个部门联动，加强乡村多规融合。

通过联动国土、住建、旅游、农林、水利、环保等多个部门，针对各部门相关规划的主要内容进行总结与提炼，在总体建设规划中落实相关规划的核心思想与控制要素，加强多规的融合创新。多规融合重点协调土规与城规两规合一，通过比对两规差异，分析村控区分布以及基本农田分布的特征，进一步引导乡村地区的建设与发展。

5.3 特色示范引领，构建乡村美丽框架。

规划通过乡村地区自然山水、历史人文、乡村旅游等多种类型特色资源的示范引领，连点成线，划线成面，确定市域美丽乡村总体布局结构，引导美丽乡村建设的

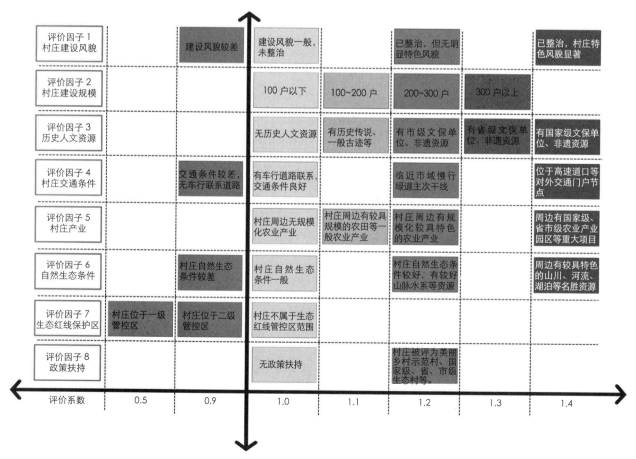

图3 美丽乡村示范村遴选评价体系

集聚发展。通过抓点、串线、成面，重点打造美丽乡村的景观带和集聚区，通过发挥美丽乡村建设的规模效应与示范作用，推进旅游与美丽乡村建设相结合，进一步带动周边地区的乡村建设与综合发展。

5.4 重点项目导向，聚焦乡村美丽行动。

按照资源整合、综合配套、协调有序的总体思路，通过示范性、微创性的典型工程和可以实施的项目库，分区分类、分级分期，制定美丽乡村建设名录，明确特色要素，提出建设指引，制定实施美丽乡村建设的若干行动计划和重点工程。

5.5 建设导则指引，支撑乡村建设管理。

通过制定美丽乡村建设导则，规定美丽乡村建设的基本要求、村庄建设、生态环境、经济发展、社会事业发展、社会精神文明建设、组织建设与常态化管理等要求，进一步规范美丽乡村的建设标准，支撑美丽乡村的长效管理。

6 结语

溧阳市美丽乡村建设总体规划按照"结构引领、突出特色——分区分类、落实载体——制定导则、强化管控"的技术路线，形成系统规划＋重点强化＋导则管控的成果形式，采用"特色示范、引导周边、成片联线、衔接景区"的思路方法，为同类型项目的编制提供了一种可供参考的思路。美丽乡村建设导则作为溧阳市积极探索美丽乡村建设的地方标准体系，增强了溧阳全市美丽乡村建设的整体性、规范性与协同性，引导美丽乡村如何建、如何管和如何长效维持，确保美丽乡村建设保得住传统、留得住特色、记得住乡愁。

主要参考文献

[1] 朱莹,王伟光,陈斯斯,张依.浙江衢州市衢江区"美丽乡村"总体规划编制方法探讨 [J].规划师,2013,29（8）：113-117.

[2] 蒋跃庭,李沧粟,钟卫华,王焱.美丽乡村建设总体规划研究——以浙江省海盐县为例 [Z].2012.

匠心营造 刻画乡村
——浅析乡村建设中设计之"走心"

寇建帮 顾焙凡

摘 要：乡村建设任务任重而道远，当前乡村建设过于追求速度、即效，而忽略了乡建之本，在建设过程当中往往暴露出的问题也随之增加，对于设计师而言，就出现了设计搬迁、抄袭的情况，因地制宜彻底成为空谈，建出来的村庄也随之千篇一律。所以本文从设计手法、设计元素抉择、地方材料利用以及生态环境四个角度并结合赞皇县三个村庄美丽乡村建设规划设计，呼吁设计师对乡村建设的设计要"走心"，不能当作赚钱任务来对待，每一个村庄、每一张图纸都是一幅艺术创作。

关键词：刻画；走心；手法；乡建

1 引言

近年来，美丽乡村建设在全国各地如火如荼地展开，很多特色村落都需要保护、传承与发展。然而，现阶段大部分美丽乡村规划都停留在建设指导性层面，其实乡村需要从更加具体更加详细的角度进行规划与设计。走心的设计对于美丽乡村的建设以及乡村特色的塑造，都具有十分重要的意义。

何为走心设计？字面上来看，就是用心的设计；从小的方面来说，就是方便于使用者的设计；从大的方面来说，就是设计师灌注了心血的，综合考虑了功能、美观、实用、造价等各个方面需求，对于设计作品的每一笔、每一根线条的粗细、每一种材料的规格、颜色、角度都经过。

本文将从乡村建设设计手法、设计元素抉择、地方材料利用以及尊重原生态环境这四个角度对于乡村建设的走心设计进行探索与分析。

2 乡村建设设计手法运用

对于乡村建设而言，保护、传承与发展当地特色尤为重要，而合适且具体的设计手法对此大有裨益，并且最终达到将保护、传承与发展的理念融入设计，留住乡愁的目的。

2.1 加深传统保护观念与内容

提及村落特色保护这个词语，目前更多的人也许只

寇建帮：江苏省城镇与乡村规划设计院
顾焙凡：江苏省城镇与乡村规划设计院

是会联想到保留村庄肌理，留住村庄古宅以及保护村庄文物的层面，其实村落特色保护不仅仅只是物质的保护，除了肌理、古宅以及文物之外，要更加注重对村庄村民的生活方式、行为、特色方言等保留与保护。

在赞皇县秦家庄村的美丽乡村规划设计中，除了保留当地老宅、抗战指挥所等一系列的历史遗存建筑以外，"梨花节"这一当地特有的节日也引起了相当的重视，以梨花节为核心进行了一系列的活动、产品策划，考虑梨花节的需求，增加了梨花图案造型观景台、铺装、小品等（图1）。结合民居改造，在农户住房围墙前增加前廊、开设小窗满足村民经营商业使用。

2.2 提升"以农为本"的设计思路

在乡村景观改造中，"以农为本"较之"以人为本"更加贴切。因为"以农为本"中的"农"不仅仅是指农民本身，还包括了农具、农房、农产品、农田等含义，以"农"为核心展开设计（图2）。

首先，"以农为本"要求农民参与到乡村景观改造中去。乡村景观改造设计，不仅仅是设计师的任务，农民对于当地乡村需要去除什么，需要添加什么，需要发扬什么比设计师拥有更加直观的了解。设计师加上当地农民，这样的设计不仅走设计师的心，而且走当地农民的心。当然，不仅仅是设计，农民也要参与到实地的改造中去，用自己的汗水建设自己的家园，自然是每个人都愿意去做的。比如，赞皇县梁家湾村的建设，从村口景观广场到村内建筑的改造设计，都有村民积极参与的影子，村民与设计师的沟通以及村民与施工团队的沟通成为梁家湾一道独特的风景线。

图1　秦家庄入口广场效果图

图2　乡村田园景观

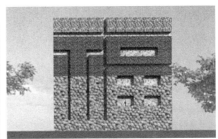

图3　梁家湾枣核"福"字

图4　梁家湾泽福桥、幸福桥改造效果图

图5　梁家湾月亮河两岸改造图

其次，"以农为本"要求在设计中充分考虑农具、农房的合理运用，农具的摆放，农房的改造，都需要用心去设计。一锄一镰，都是农民日常生活的最好代表。梁家湾村内的村民中心以及文化广场，充分利用了磨盘，磨盘的摆放充分显示了农家的生活性。

最后，"以农为本"还需要考虑到农产品的利用。农产品是农民生活、劳动的结晶，利用些许的农产品可以使乡村里的景观更为饱满，更为自然。梁家湾村口的广场使用枣核堆积出的"福"字既彰显了梁家湾的特征，又巧妙利用了枣这一农产品（图3）。

2.3　特色需"独"而"单"

一般情况下，村庄本身具有不同方面的特色点。在很多设计的过程中，这些不同特色都会被考虑在内，而很多村庄的特色都存在着一定的相似甚至相同，所以村庄的设计方案存在着很多千篇一律的特点。但对于村庄而言，每一个村都是独特的，应该挖掘并彰显出不同村庄的不同特点。因此，村庄建设设计需要走心地整理村庄本身的不同特色并对它们进行比较分析，最后提取出该村庄区别于其他村庄的独特的属性点。如果最后提取出来的特点仍然不止一个，设计的过程中还是要挑选一个特色最突出的，进行深度挖掘，使得这个特点在村庄中能被表现得尤为凸显。

赞皇县的梁家湾村在设计中挖掘出了村里的"福"文化特色：村里的六座福桥（图4）、村庄文化中的"福"文化……"福"将整个梁家湾村串联在了一起。于是，梁家湾村的改造设计紧扣以"福"为主题特色融入到了整个村庄，从村口的"枣"福临门到村中的厚德福园、福寿延绵、福家史志最后到红色忆福。"福"就是梁家湾的特色，梁家湾为"福"代言。

3　乡村建设设计元素抉择

除了合适的乡村建设设计手法以外，设计时对于整个乡村各方面的元素也需要考虑与分析，最终确定这些元素是"去"是"留"。

3.1　地方自然元素考虑

乡村的自然元素指的就是乡村的原貌，即自然的山、自然的水、自然的石、自然的坡坡坎坎。而考虑地方的自然因素即是考虑哪些自然元素需要保留，哪些元素需要改变。山径、磐石、古树、丛林、小溪、小桥，保留或者保护，周边的植被如何处理，是否需要引入其他树种，等等。

乡村不是城市，美丽乡村建设不是将乡村改成大片的广场、宽阔的马路、笔直的街道、人工培植的草坪花园，而是根据其原有的自然元素，将其改造得较原来更好。

在梁家湾村的规划设计中，对于村中月亮河河道的设计就是在原有河道的基础上进行改造以求得更好的效果。原本的河道，只有在降雨较多的情况下河道里才会有水，导致现状的河道长满了杂草和杂物，河道改造以"流水且留水"为理念是对其改造设计。为达到这个目标，设计做出了如此措施：沿河增加石砌拦水坝，河底增加防渗处理，沿河岸增加垂直绿化（图5）。

3.2 当地文化元素融入

每个乡村都有其自己的文化，从石磨、房屋、院落一直到整个村庄，都是乡村的文化符号。文化是农村的魂，只有像呵护土地一样呵护农村的文化遗产，才能让乡村的历史文脉得以传承发展，生生不息。

在乡村设计时，一定要对乡村当地的文化元素加以考虑，并且将其贯彻到整个乡村建设中去，使得整个村庄从一草一木到房屋建筑都通过同一种设计组织方式形成了统一的文化风格。

梁家湾村的设计从房屋建筑的花墙、门头、房屋材质、涂料等都保持着同样的地方特色民俗风。

4 乡村建设地方材料利用

地方材料因地制宜，因材致用，取材方便，减少了运输环节，节约了能源消耗，不仅施工阶段的造价有所降低，也可以减少使用过程中的维护费用。地方材料不仅具有很好的经济效益，其环境效益也不可忽视，也极其适合于应用到乡村建设中去。本节将对各种地方材料进行分析以探究如何合理地用这些材料将乡村建筑、环境塑造得美观宜人。

4.1 砖材

砖材，是在乡村建设中最为常见的建筑材料，通常包含红砖、青砖、混凝土砖等多种分类。在中国几千年的传统中，砖材一直被广泛地使用，到如今，乡村建设自然也不能少了砖材的辅助。

然而，确定使用砖材对民居作改造并不是意味着不需要设计。砖艺，一直是民间工艺的杰出代表，一块块小小的砖，可以拼出很多种样式，颜色、排砖的形式使得砖砌千变万化。而设计，就是将砖的颜色与砌砖方式进行不同的组合，形成大方而又美观的图案，点缀于村中（图6）。

赞皇县梁家湾村中的很多民居原材料本就是砖，在现状的基础上，设计出的门头、花墙，砖砌的效果却是多种多样，青砖、红砖的搭配，砖的摆放方向，凹凸间隔的砌筑方式使得村里民居在整体风貌相对统一的基础上凸显细节变化。

4.2 石材

石材也是易得的地方建材，从形态到种类都很多，有毛石、条石、卵石、砂石，可作基础、墙体和饰面。

在乡村建设中，对于民居墙体的改造，景观广场甚至菜地的环境营造中，都可以加入石材，不同的石材搭配出的效果也各不相同。

在梁家湾村，由于村庄本身地势高低不平，所以墙体的底部也高低不平，于是，设计采用了条石将墙体底部找平，既实用又美观；在乡村的景观广场边，所使用的石质挡墙运用块石堆积，也卓有成效。

4.3 木材

木材是中国传统地方建筑中应用最普遍的材料，它易于加工，构造方式灵活，具有广泛的适宜性。木材也是一种比较理想的地方材料。

在设计里，在建筑改造中适当加入木材，在民居院落中加入木质栅栏等，木材天然美丽的花纹能让整个村庄增添色彩。

4.4 特色材料（瓦、碗、缸等）

还有的材料是乡村中所特有的，甚至有的仅仅是农民生活的小用品，比如瓦、碗、缸、罐等小物件（图7）。

瓦的使用不仅仅局限于屋顶，半圆弧的瓦片的组织与排列同样能形成美丽的图案。而碗、缸这一类生活物件也可以在民居的墙体设计中适当点缀，这样可以使民居更加富有生活气息、乡土气息。

4.5 各材料搭配

单一的材料使用也许对于整个乡村建设来说略显不

图6 特色砖艺景墙

图7 陶罐、水管装饰的景墙

图8 设计师与村民交流、实地考察

足，乡村建设中，不同材料的选用与搭配也能取得不同的效果。

同时，对于乡村建设走心的设计需要设计师亲自参与到选材中去，设计师需要判断所需材料的市场、来源、规格、颜色以达到设计的需求。

在梁家湾村的设计改造中，单单民居的改造就使用了瓦、砖、石、木四种材料，而这四种材料的互相搭配显得民居更为美观协调。

5 尊重原生态环境

在乡村建设的设计中，单单在图纸上设计平面是远远不够的，因为在乡村现场里，不同的建筑都有其不同的情况，甚至于家家户户所处的环境都各不相同。所以，只是将视野停留在图纸上是做不到对原生态环境的尊重的，对原生态环境的尊重需要设计人员对现场进行勘察研究最终做到合理的立体的设计。

5.1 地形地貌

利用地形改造民居是更为积极地将建筑与环境结合的措施，在不破坏或者最轻微破坏场地生态环境的同时，建筑亦合理存在于特定场地。改造时顺应地形、地势、因山借水，化不利为有利，既节省了人力、物力、财力，又保护了生态环境。

对地形地貌生态环境的尊重设计需要设计师在村庄驻场，对每一栋房屋进行查看，与当地的村民进行沟通，考察当地的土壤情况等等。设计只有在这些基本信息的支持下，才能够真正立得住脚，才能够摆脱仅仅体现在图纸与效果图中的尴尬状况（图8）。

在梁家湾村庄建设中，这一点就体现得淋漓尽致。

设计团队常驻现场，边设计边施工，设计来自于现场，立足于现场，作用于现场，真正完成了设计从图纸到实地的流程。

5.2 周边环境

当然，村庄环境不仅仅是地形地貌，所需要设计的场地周边的一切环境都需要考虑。场地旁边的流水、植被、建筑等都应囊括在内。

对场地做出设计之前，场地与周边有怎样的联系，哪些需要加强，哪些需要弱化甚至去除，都需要设计师在进行一系列的调研考察，谨慎分析之后才能得出结论。

乡村建设不是纸上谈兵，设计也不能仅仅体现于图纸，不能落地的设计对于乡村建设是毫无作用的。只有对乡村建设端正态度，不辞辛苦，身体力行，从各个细微的角度出发，才能够真正做出走心的设计，造福于村民。

主要参考文献

[1] 陈开武. 特色乡村的规划塑造——以徐州市倪园东村村庄整治规划为例 [B]. 规划师，2015.

[2] 霍俊芳，崔琪，潘华. 乡村建筑的适宜技术探讨 [A]. 中国建材科技，2009（1）：51-54.

[3] 霍俊芳，崔琪，潘华. 乡村绿色建筑适宜技术与材料探讨 [A]. 砖瓦，2016（3）：53-58.

[4] 姜劲松. 新农村规划中村落传统的保护与延续 [C]. 规划50年——2006年中国城市规划年会论文集，2006.

结合公众参与的《村规民约》修订创新方式探索
——以全国村庄规划试点村北京市门头沟区炭厂村为例 *

张建　金晶　赵之枫

摘　要：村规民约作为村民自治的规范表达机制，以其灵活、具体、契合实际的特性在村民自治中发挥着独特的作用，制定村规民约是村民自治的重要手段。我国村民自治作为我国农村基层民主建设的有效形式，经过几十年的发展和完善，逐渐形成了以民主选举、民主决策、民主管理和民主监督为主要内容的村民自治体系，村民自治的精神和理念逐渐深入人心。本文在村庄规划内容转变的大背景下，对村民自治下村规民约的有关问题进行探讨。试图探索一种充分体现村民意愿，具有很强的实用性的，村规民约，对推进村民自治的发展具有重要意义的村规民约。

关键词：乡村治理；村民自治；村规民约；村民参与

1　引言

　　长期以来我国重城市建设，轻乡村建设，乡村无规划、乡村建设无序的问题仍然严重，乡村规划照搬城市规划理念和方法、脱离农村实际、实用性差的问题更为普遍。近几年为扭转这一局面，全面有效推进乡村规划工作，满足新农村建设需要，国家出台的一系列政策和方针把焦点指向了农村。强调农村建设工作的重要性，如国务院办公厅印发的《关于改善农村人居环境的指导意见》，中共中央办公厅、国务院办公厅印发的《深化农村改革综合性实施方案》、《中共中央关于制定国民经济和社会发展第十三个五年规划的建议》等。这些文件同时指出规划的重要性，要做到村庄建设规划先行，就要"尽快修订完善县域乡村建设规划和镇、乡、村庄规划"。"到2020年全国所有县（市）区都要编制或修编县域乡村建设规划，大幅提高乡村规划覆盖率，农房建设依规划实施管理，村庄整治要有基本安排。"住房和城乡建设部于2015年11月24日印发《关于改革创新、全面有效推进乡村规划工作的指导意见》（以下简称《意见》）。针对村庄规划，《意见》提出要改革创新村庄规划编制的机制和内容，使村庄规划真正做到实用有效，树立符合农村实际的乡村规划理念，能够真正起到指导村庄的建设和发展的作用。

2　我国乡村规划的改革：从基础设计建设到乡村文化复兴

　　村庄规划与城市规划不同，村庄的建设主体是村民，以往村庄规划的编制往往是编制城市的规划设计单位按传统的城市规划的方法，简单地从技术角度出发，按照"设计单位编制——专家审批——领导拍板"规划编制流程，而往往忽视村民的需求。村民不知情或者规划未经村民同意，是造成村庄规划脱离实际的重要原因之一。纵观我国村庄规划发展演变历程我们不难发现，村庄规划1.0版本（2006—2009）的重点是乡村基础设施的建设，村民参与村庄规划的特征是一次性的针对性规划，形式上也是简单的征求一下村民意见，而村民真实的意见反馈也无疾而终了。到了村庄规划2.0版中（2012—2015），村庄规划的重点是公共服务设施的建设，村民参与村庄规划的特征是一段时间的参与，其表达形式也是规划编制中简单的调动村民的积极性，而并不重视参与的结果。而到了今天的村庄规划3.0版本，村庄规划开始注重乡村文化的复兴，重视村民的参与，尝试让村民参与到村庄规划中来，探索长时间持续参与的长效机制，体现在从开始的规划编制、到后期的村庄建设、发展和维护等多方面的长期性参与。

* 此文受到国家自然科学基金项目（51578009）资助。

张建：北京工业大学城镇规划研究所
金晶：北京工业大学城镇规划研究所
赵之枫：北京工业大学城镇规划研究所

图1　我国村庄规划改革的发展历程

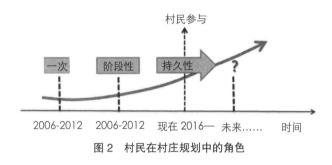

图2　村民在村庄规划中的角色

3　炭厂村新版《村规民约三字经》制定的起源和意义

3.1　炭厂村新版《村规民约三字经》制定的起源

3.1.1　炭厂村新版《村规民约三字经》制定的内在需求

炭厂村新版《村规民约三字经》的制定主要分为内在需求和外在支持两个因素。内在需求主要基于炭厂村村庄发展的自身需求。其主要表现在三个方面，第一，炭厂村日益复杂化的社会组织关系。炭厂村目前是靠村集体发展起来的国家3A级旅游景区，并在积极申请升级成为4A级景区。随着景区的日益发展，村内很多村民自主开起了农家乐，村民们的收入也越来越高的同时出现了部分的农家乐的恶性竞争的现象。在路上拦截客人强行到自己家，或为了争抢客人，互相恶意诽谤等事件频频发生。这给村两委的工作带来了极大的困扰，并一定程度上影响了景区的整体形象。村两委干部和部分农家经营者非常希望能有一种方法可以解决类似的恶性竞争问题。第二，炭厂村是一个典型的以血缘关系为纽带的山区型村庄，村内以张、李两姓为主，多少年来村内婚事嫁娶都在这两个姓氏之间互相延续，村内很少有外来

人口。这导致村内的关系变得很复杂，很多的事情无法用传统的法律手段解决，只能靠村民们互相之间约定俗成的一些习俗或约定来解决，这就导致炭厂村更加需要一个合理的、能帮村民解决问题、维护村庄和平的村规民约的制定。

除此之外，炭厂村村两委干部修改村规民约的态度非常积极。随着炭厂村村民物质生活水平的极大提高，农民们的思想文化素质、民主思想和法制观念也有所提高。村内过去一直沿用的"人治"管理方式下各种矛盾也相应地显现出来，村民分红问题、景区内土地流转问题、村民与村干部之间的矛盾等问题日益加深，村民上访的数量和规模也在逐步地增多增大。这给村庄的和谐发展和景区的发展壮大都带来了极大的阻力。在这样的背景下，炭厂村村两委干部希望把村中的一些重大问题和村民普遍关注的有关自身切身利益的热点问题，同相关的法律法规、现有的国家政策相结合，通过一种有效的方式来对村干部和村民进行沟通和约束。

3.1.2　炭厂村新版《村规民约三字经》制定的外在支持

随着炭厂村神泉峡景区知名度的逐渐提高和村内良好民主管理制度，炭厂村被选为2016年全国村庄规划试点村北京市为一个入选的村庄，这将给炭厂村的发展带了良好的契机。而本次村庄规划的重点和创新点便是：实行村民委员会为主体的规划编制机制。把村民商议同意规划内容作为创新村庄规划工作的着力点，并将村庄规划成果纳入村规民约一同实施。融入村庄规划公众参与的乡规民约，进一步明确村民在村庄管理和建设中的权利和义务，增加公众参与村庄规划的责任意识，从而

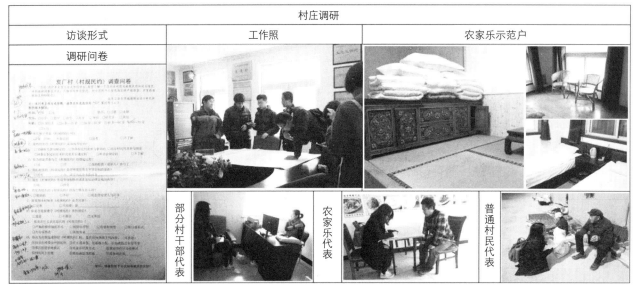

图3　针对现有《村规民约》进行深度调研访谈

有助于村庄规划公众参与工作的展开。

3.2　炭厂村新版《村规民约三字经》制定的意义

村规民约是村民自治真正落到实处的桥梁和有效途径。村规民约作为村民自治的规范，为广大村民行使自治权利和民主权利提供了保障。炭厂村新版《村规民约三字经》以其灵活、具体、契合实际的特性受到了村两委干部和村民的一致好评。通过有效实施村规民约这一渠道，才能让村民自治真正落到实处。

4　炭厂村新版《村规民约三字经》制定过程

4.1　现状调研

为了了解炭厂村村民对《村规民约》的得了解程度，并深度挖掘《村规民约》与乡村治理之间的关系，笔者于2016年8月至11月之间多次到炭厂村进行调研，并针对村干部、普通村民、村内农家乐经营者、在景区工作的村民等不同人群进行多次深度访谈，共发放调查问卷120份，收回98份，整理问卷后进行了具体的分析和研究。

4.1.1　炭厂村《村规民约》的发展演变过程

在我国，村规民约作为一种民间的社会行为及社会关系调节手段，自古就有。按照法律规定，炭厂村每年换届选举完成之后，新选举之后的村委要在一定的时间内制定出新的村规民约。考虑村民的知识水平相对较低，一般由政府提供模板，村民按照意愿修补内容。炭厂村共有过三个版本的村规民约，第一个版本是2008年收录在炭厂村《村民自治章程》中，共八条内容，形式上是

简单的口号型《村规民约》。据炭厂村村干部介绍，炭厂村《村规民约》第二个版本是2000定的，在作者多次探访炭厂村中没有收集到相关资料。第三个版本是炭厂村现有的《村规民约》。三个版本的《村规民约》在形式和内容上都有所不同，制定的过程虽然通过村民代表大会表决决定，但并没有完全体现村民的意志，缺少村民的互动参与。

炭厂村现有的村规民约是2013年编制的，共有九章45条内容，包括遵纪守法、社会治安、像风文明、村容整洁、合理信访、计划生育、土地使用管理、村级产权交易、民主管理等九个内容。

炭厂村现有村规民约内容相对丰富，但与国内其他相同特点的村庄村规民约相比较发现，现有村规民约缺

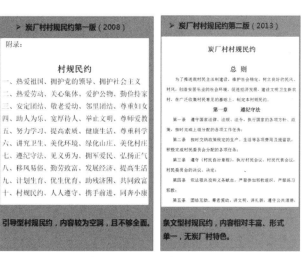

图4　炭厂村村规民约的发展演变过程

章节	炭厂村	莲花镇齐平村	兰溪市诸葛村	高禹村	莫干山镇紫陵镇	三里村
	板块	板块	板块	板块	板块	板块
第一章	遵纪守法	综合治理	村风民风	要遵纪守法	总则	总则
第二章	社会治安	财务管理	民主管理	团结邻里	婚姻家庭	民风和谐
第三章	乡风文明	婚姻家庭和计划生育	山林、土地管理	计划生育	邻里关系	美丽家园
第四章	村容整治	土地管理和村庄建设	婚姻家庭计划生育	尊老爱幼	美丽家园	平安法制
第五章	合理信访	文化教育	村庄规划和文物保护	移风易俗	平安建设	民主参与
第六章	计划生育	卫生环境	旅游环境和管理	爱护公物	民主参与	奖惩措施
第七章	土地使用管理	河道管理	附则	生态兴农	奖惩措施	附则
第八章	村级产权交易	山林管理		服从规划	附则	
第九章	民主管理	用电管理		尊重物权		
		依法服兵役		珍惜土地		
		保障妇、幼、老的合法权益		防火防盗		
		附则		依法用地		
				诚信经营		
				联防联治		
				扶贫济困		
				珍惜荣誉		

图5　炭厂村现有村规民约与其他村庄村规民约比较

少炭厂村的特色，内容不够完善，比如，缺少村庄风貌保护、合理经营、景区经营维护等内容。形式上比较单一，是条文型的村规民约，法律法规已有的内容较多，对于文化程度有限的村民来说比较难理解，更难记住。

4.1.2　炭厂村村民对现有《村规民约》的认知程度分析

要使村规民约具有较强的约束力，除了它本身的制定必须科学合理之外，还必须做到使其在全村最大范围内深入人心，百姓"知多少"是影响"守几分"的首要因素。但是，目前炭厂村村民对于村规民约的认知程度究竟如何？不同性别、学历层次是否对其认知产生影响呢？对此，我们进行了进一步的对比研究，如下图所示：

问卷调查结果显示，91人对现有《村规民约》不太清楚和对于内容不十分熟悉，占到全体样本的58.3%，说明村民对于村规民约的认知程度整体偏低，对于其内容并不了解。在与村民就村规民约进行深入访问时发现，也有部分人反应出漠然、不关心的态度，选择比较熟悉和非常了解村规民约的人数很少，只有32.05%，说明村民对于整个村规民约的情况了解十分有限，何谈遵守呢？但值得一提的是，村内的女性对于村情民情的关心程度均高于男性，在少数熟悉村规民约的人群里面，女性选择比较熟悉或非常了解的占37.76%，而男性只有23.64%，女性比例明显高于男性。学历程度与对村规民约的认知程度也呈现出正相关的关系，学历越高对于村规民约的认知程度越高，高中及以下人群选择比较熟悉和非常了解的人数占到31.4%，而中专及以上人群占到了36.81%。

4.2　公众参与是村规民约修订的第一步

公众参与的目的是了解村民的真实需求，在此基础上进行客观分析，为创新村庄规划编制的构建提供科学的依据。和村庄规划公众参与相融合的乡规民约，协调了村庄规划中村民个体利益与公共利益，并且约束和监督了村级干部的行为，有助于地方自治组织更准确地、更方便地处理村中事务。

持续长效的村民参与，首先要激发村民的主人翁意识，让村民积极主动的参与到村庄规划之中。我们通过多次入村调研及时了解村民想法和需求，并通过规划宣讲活动给村民普及村庄规划的知识，通过帮助复兴村庄文化建立和村民的深厚的情感。

本次炭厂村新版《村规民约三字经讨论稿公众意见征集》宣讲活动邀请了门头沟规划分局，妙峰山镇镇政府相关部门共同参与本次宣讲活动。活动中，我们在给村民介绍本次村庄规划初步成果的同时，围绕新版村规民约讨论稿，分别从村规民约是什么？为什么要制定村规民约？村规民约应包括哪些内容？等几个问题给村民普及村规民约相关知识，并带领村民解读炭厂村现有村规民约，让村民们针对现有村规民约发表自己的想法，提出希望补充的内容，并讨论出"村民最喜欢的村规民约"的表达形式。

活动最后，规划编制团队的青年规划师带领村民解读炭厂村新版《村规民约三字经》讨论稿，并和村民们商讨下一步应该补充完善内容。活动过程中村民们积极发表自己的想法，提出了很多非常有价值的改善的建议，比如新版《村规民约三字经》讨论稿中有一条是："禁烧

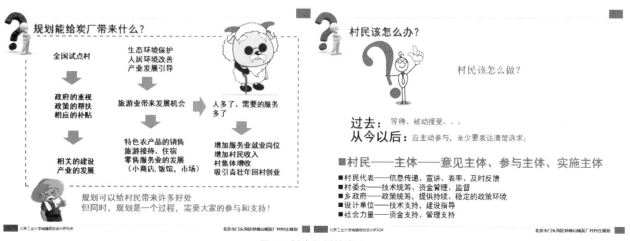

炭厂村《村规民约》基本情况调查		
不同年龄段对村规民约的熟悉度分析	**不同学历对村规民约的熟悉程度分析**	**不同性别对村规民约的熟悉程度的分析**
■65岁以上 ■46岁——65岁 ■25岁——45岁 ■25岁以下	■大专以上（包含大专） ■高中以下（包含高中） ■从未上过学	■女 ■男
非常了解，经常接触	非常了解，经常接触	非常了解，经常接触
比较熟悉，清楚其内容	比较熟悉，清楚其内容	比较熟悉，清楚其内容
有过了解，知道部分内容	有过了解，知道部分内容	有过了解，知道部分内容
偶尔听说，内容不熟悉	偶尔听说，内容不熟悉	偶尔听说，内容不熟悉
不太清楚，很少听说	不太清楚，很少听说	不太清楚，很少听说
结论 年轻人对于村规民约认识较少	学历越高对于村规民约的认知程度越高	男性对于村规民约的熟悉程度高于女性
村规民约表达形式意愿统计	**村规民约制定的必要性统计**	**现有村规民约在村庄治理中发挥的作用**
■需要详细说明 ■简单说明即可 ■不需要明确 ■无所谓，不关心	■可有可无，不关心 ■必须制定 ■不需制定	■普通村民 ■村委会干部
普通村民	普通村民	在村庄治理中起决定性作用
有经营农家乐意愿村民	经营农家乐村民	在村庄治理中经常能发挥重要作用
已经营农家乐村民		在村庄治理中发挥的作用很少
村委会干部	村委会干部	
结论 喜欢简单易懂、朗朗上口的形式	多数村民认为制定村规民约是有必要的	现有村规民约在村庄治理中作用不突出

图6 炭厂村村民现有村规民约认知程度分析

图7 村庄规划的意义

图8 村民踊跃发言

图9　现场村民的意见

图10　多样的参与形式

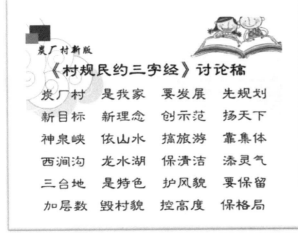

图11　将村庄规划纳入到《村规民约》

4.3　多方参与的《村规民约》编制体系

通过建立"炭厂村村庄规划公众参与平台"微信订阅号、搭建"炭厂村村庄规划公众参与平台"官方网站、开通"炭厂村村庄规划公众参与平台"一件反馈邮箱等方式，引起社会各界人士及同行的关注，广泛听取来自社会各界人士不同的声音，并及时采纳充分体现村民意愿的意见和建议，积极学习一些新的创新方法。与此同时，我们还与门头沟区文联、作家协会的人一起探讨新版《村规民约》的表达形式，试图探索一种内容通俗易懂、读起来朗朗上口，能让村民们经常挂在嘴边，流传在各个大街小巷的《村规民约》。

4.4　炭厂村新版《村规民约三字经》讨论稿形成

经过研究分析炭厂村村民对现有《村规民约》的认知程度，结合炭厂村现有《村规民约》内容，并积极响应本次村庄规划提出的将村庄规划内容纳入到《村规民约》的相关要求初步制定了炭厂村新版《村规民约三字经》讨论稿。新版《村规民约三字经》把村庄规划内容纳入进来，分别从村庄格局维护、公共空间打造、建筑

柴、少污染、节水电、护生态"，村民们认为烧柴现象是中国农村几千年来的生活习惯，现在北京雾霾严重，空气质量差，并不完全是烧柴导致的，而更多的是城市里的工厂和汽车尾气等原因造成的，村民烧柴只是其中微乎其微的因素。

图 12　图文并茂的《村规民约》

风貌的控制等角度提出引导的方式，还将旅游管理、文明竞争、文化传承、乡风文明等多个方面的内容进行了提炼总结。

表达方式上，我们尽量用通俗易懂的语言，同时还探索一种可视化的表达方式将村规民约里的内容画出来，图文并茂的《村规民约》力图使规划成果"政府用得上、村民看得懂"。

5　结语

我国的村庄自治尚处于起步阶段，村庄规划中的"村民参与"创新机制正在探索中，还存在主体过于单一、流程过于简单等不足。从村庄自治出发，将村庄规划中的核心内容和具体管控要求转化为村民自愿遵守的《村规民约》，是本次炭厂村村庄规划探索的一种创新方式，也是炭厂村新版《村规民约三字经》制定的主要目的。

主要参考文献

[1]　周志龙.台湾农村再生计划推动制度之建构[J].江苏城市规划，2009（8）.

[2]　王雷，张尧.苏南地区村民参与乡村规划的认知与意愿分析——以江苏省常熟市为例[J].城市规划，2012，36（2）：66-72.

[3]　谭肖红，袁奇峰，吕斌.城中村改造村民参与机制分析——以广州市猎德村为例[J].热带地理，2012，32（6）：618-625.

[4]　刘晓瑜.公众参与模式下的新农村建设规划实践[J].山西建筑，2008（4）：42-43.

[5]　卢福营.论村民自治运作中的公共参与[J].政治学研究，2004（1）：11-23.

[6]　党秀云.论公共管理中的公民参与[J].中国行政管理，2003（10）：32-35.

[7]　徐明尧，陶德凯.新时期公众参与城市规划编制的探索与思考——以南京市城市总体规划修编为例.

以自然资源有效利用为导向的乡村规划编制方法初探
——以辽宁省抚顺市清原县王家堡村为例

杨隆　曲凯　马克佳

摘　要：本文以辽宁省抚顺市清原县王家堡村规划为例，论述了乡村规划编制应以自然资源为导向的合理性与必要性。同时按照乡村自然资源不同的利用目分为农业资源型、能源与工业资源型以及旅游资源型三种类型。以这三种自然资源有效利用类型为导向，进行乡村规划编制方法的研究。分别提出了乡村规划编制思路与编制步骤，以期提高乡村规划编制的科学性、前瞻性与实用性。

关键词：自然资源；有效利用；乡村规划

1 引言

2005 年党的十六届五中全会上第一次明确了建设社会主义新农村是重大的历史任务，随之而展开了乡村规划的编制工作。时至今日，乡村规划已经开展了十余年，由最初的"生产发展、生活宽裕、乡风文明、村容整洁、管理民主"二十字建设方针到最近的"体现农村特点，保留乡村风貌，留得住青山绿水，记得住乡愁"的建设要求，乡村规划编制一直处于不断完善阶段。

当前乡村规划的编制中考虑更多的是乡村居民生产生活设施的统筹安排，仅仅重视空间布局，而忽略乡村发展动因的找寻。而这类乡村规划更像是"住区规划"、"旅游景区规划"等，未能发觉出乡村自身造血发展的能力，只能更多依靠政府投入。此外这类乡村规划在规模的确定上更多是依据上位规划以及现状人口变动情况来确定，在空间建设安排上更多依据的是土地利用规划、地方政府对于该区域的发展设想以及村民自身意愿。但是由于乡村规模小，受政策等因素影响巨大，如搬迁或撤并将直接完全改变乡村的建设方向。这种情况下乡村规划的编制对未来预期的不确定因素将大大增加。

自然资源利用是乡村发展的主要动力来源。自然资源利用方式方法直接关系到了村民生产、生活方式，从而对乡村的土地使用、空间营造与各项设施的安排起到了决定性的作用。因此乡村规划编制的主要内容应以自然资源的有效利用为导向统一安排各项建设内容及要求。

2 自然资源利用概述

2.1 自然资源含义

自然资源是指凡是自然物质经过人类的发现，被输入生产过程，或直接进入消耗过程，变成有用途的，或能给人以舒适感，从而产生经济价值以提高人类当前和未来福利的物质与能量的总称。乡村自然资源包括土地资源、水资源、风能资源、生物资源等，这些自然资源是乡村地区的基本环境条件和乡村居民赖以生存的物质基础。

2.2 自然资源分类

自然资源分类可进行多系统的分类，如按照资源利用限度划分可分为可更新资源（太阳能、生物质能等）与不可更新资源（矿产资源等）；按照资源的固有属性划分可分为耗竭性资源（生物资源、化石燃料等）与非耗竭性资源（恒定性资源、金属资源等）；按照圈层特征可分为土地资源、气候资源、水资源、矿产资源、旅游资源等。

自然资源也可按照利用目的进行划分，可主要划分为以农业生产为目的农业资源，以工业生产为目的的能源与工业资源，以乡村旅游为目的的旅游资源。更好的自然资源利用能够带动乡村发展，按照资源利用目的划分可便于引导各项规划内容的确定，因此本文乡村自然资源分类以资源的利用目的进行划分，分为农业资源、能源与工业资源以及旅游资源三类。

2.3 乡村自然资源有效利用

现今乡村自然资源往往按照单一目的加以利用，忽

杨隆：辽宁省城乡建设规划设计院
曲凯：辽宁省城乡建设规划设计院
马克佳：辽宁省城乡建设规划设计院

略了乡村自然资源的多功能性质。同一种资源往往可按照不同利用目的加以利用。乡村综合实力的迅速发展以及科学技术的不断提升，使乡村自然资源的多功能性表现越来越明显。在这种情况下，就要求乡村自然资源应从经济效益、环境效益与社会效益等全方面考虑，合理确定自然资源的利用目的，从而实现自然资源的有效利用。

3 以自然资源利用为导向的乡村规划编制方法

3.1 农业资源为导向的乡村规划

以农业资源为导向的乡村规划编制思路是通过对农业产品按照不同阶段的生产方式进行每一阶段的乡村建设发展规划。

规划编制内容应注重对农业生产的条件分析以及农业产品的市场分析。

规划编制过程中，首先依据生产条件与市场需求来确定农业产品的种类及生产规模；第二依据不同阶段的生产方式及生产规模确定不同阶段的农业人口的规模及生活空间安置；第三再依据生产生活水平确定各类设施的配置。

3.2 能源与工业资源为导向的乡村规划

能源与工业资源按照耗竭性、再生性分为可永续利用与非永续利用。

可永续利用资源为导向的乡村规划编制思路是在控制发展规模的基础上考虑与其他资源利用目的相结合，综合考虑各种利用目的而进行生产生活空间的安排。规划编制步骤首先判断可永续发展规模，依此确定人口规模及建设要求；第二依据该资源其他利用目的的发展预估人口规模及建设要求；第三统筹预测总规模及各类建设的空间安置，做到建设发展集约高效。

非永续利用资源为导向的乡村规划编制思路是综合考虑该资源现在的发展阶段与未来转型后的发展方向，依此分阶段地进行生产生活建设安排。规划编制步骤首先确定非永续利用资源的使用阶段及转型方向；第二是分别确定每个阶段的人口规模与建设要求，做好转型的衔接。

能源与工业资源为导向的乡村规划编制内容应注重研究产业发展对生态环境的影响并提出环保措施，同时在设施建设方面注重防灾减灾的统筹安排。

3.3 旅游资源为导向的乡村规划

以旅游资源为导向的乡村规划的编制思路是通过对自然旅游资源承载能力的预判而确定旅游接待人口规模，按照乡村人口服务于旅游人口的合理比例确定该乡村的总人口规模，从而确定各项设施的建设要求。

规划编制内容应注重对旅游资源承载能力的分析以及适宜开展的旅游项目策划分析，同时增加配套设施建设内容及自然旅游资源的污染防治内容。

规划编制过程中，首先是选择适合的旅游开发项目；第二是对自然旅游资源承载能力等进行预判以此来确定旅游接待规模；第三是依据旅游项目特点及规模确定乡村配套的服务人口规模及各项设施建设规模。第四是制定详细的旅游资源污染防治措施，确保永续利用。

4 辽宁省清原县王家堡村规划编制的实践

4.1 规划概述

辽宁省抚顺市清原县南口前镇王家堡村，是辽宁省东部山区的典型村庄。全村由黄金堡、王家堡、罗坎店、吕家堡4个居民点构成。全村共有2473人，741户。村域面积为6331hm²，土地现状利用可概括为"九林一田"。

乡村自然资源主要为林业资源和旅游资源。全村现有林地面积8.9万亩，森林覆盖率达90%以上。整体为杂木林，以柞树为主。另有树种包括长白落叶松、椴树、红松、胡桃楸、花曲柳、华山落叶松、日本落叶松、杨树、油松、云杉、樟子松、柞树等，以及少量的梨树、山楂、榛子等果树。人均林地资源丰富，村民私有林地达到20亩/人，但林地资源利用率不高，收益甚少。林业收入仅为出售树苗及部分商品林的采伐出售。林业收入占一产比重为18%。王家堡村旅游资源较为丰富，全村现有四处旅游景点，分别是金山石佛、神鹰、神龟、百合园区。金山石佛与百合园区被确定为省三级旅游资。茂密的树林充盈整个沟域与起伏层叠的山势形成典型的自

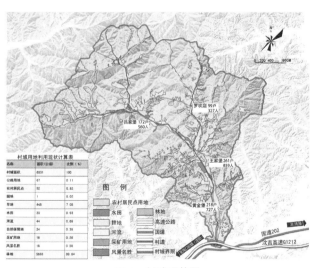

图1 村域现状图
（资料来源：作者自绘）

种类	党参	人参	细辛	桔梗	黄芪
地类	柞木等阔叶林	以椴、柞、榆为主的阔叶或针阔混交林	阔叶林或针阔混交林	柞木为主的阔叶林	柞木为主的阔叶林
立地类型	阴坡或半阴坡	半阴半阳	阳坡或半阴半阳山坡	阳坡或半阳坡	阳坡或半阳坡
坡向	--	东、东南、北、东北	北、东北	--	--
坡度	--	10--15	10°左右	--	--
海拔	--	--	--	--	--
郁闭度	0.4以下	0.5--0.8	0.5--0.8	0.4以下	0.4以下
备注	地势高燥、排水良好、湿润疏松、富含腐殖质的沙壤土为宜	--	腐殖质层厚，排水良好	土层深厚、土质疏松、肥沃、排水良好，向阳的中性或微酸性砂质土壤	土层深厚、土质疏松、肥沃、排水良好，向阳的中性或微酸性砂质土壤

种类	林禽	林蛙
地类	--	--
立地类型	阳坡及半阳坡	
坡向	--	春季南坡，盛夏北坡
坡度	5--15	
海拔		
郁闭度	0.7	
备注	透光性强，空气流通性好，湿度较低，水源充足，一般林地以中成林，最好选择林冠较稀疏、冠层较高，透光性和通气性较好，且林地杂草和昆虫较丰富的成林较为理想	林内郁闭度大，枯枝落叶多，空气湿润的阔叶林或针阔混交林内的水域附近中层灌木和底层蒿草的三层植被为遮阴

种类	香菇	平菇	木耳
地类	柞木、杂木、硬叶阔叶林、落叶松、樟子松及针阔混交林	阔叶林	20年生以上樟子松、落叶松林或阔叶林、针阔混交林
立地类型	--	--	阳坡、半阳坡
坡向	南、东南	东、北	西南
坡度	10--30	10--25	15--30
海拔	--	--	--
郁闭度	0.8以上	0.8以上	0.5--0.7
备注	水源充足并且排水方便	水源充足并且排水方便	较高地势，水源方便，水质优良，自然整枝良好，通风、透光、保湿性能良好

种类	大叶芹	刺嫩芽	猴腿菜	刺五加	蕨菜
地类	针阔混交林，杂木林	杂木林，阔叶林，混交林，次生林	阔叶林，针阔叶树混交林	阔叶林或针阔混交林、杂木林间或林缘、山坡溪边	稀疏针阔混交林
立地类型	阳坡，半阳坡	阳坡，半阴	阴坡	--	--
坡向	--	--	--	--	--
坡度	30°以下	--	--	20°以下	25°以下
海拔	--	--	300-2000米	--	200-1200米
郁闭度	--	--	0.5		
备注	--	沟谷，阳坡，土壤肥沃，潮湿	--	以在林区采伐基地生长的最为茂盛，喜温暖，也能耐寒，喜阳光，又能耐轻微荫蔽	林缘、疏林下和灌丛中的微酸性土壤。喜光照、喜湿润、喜凉爽的环境条件

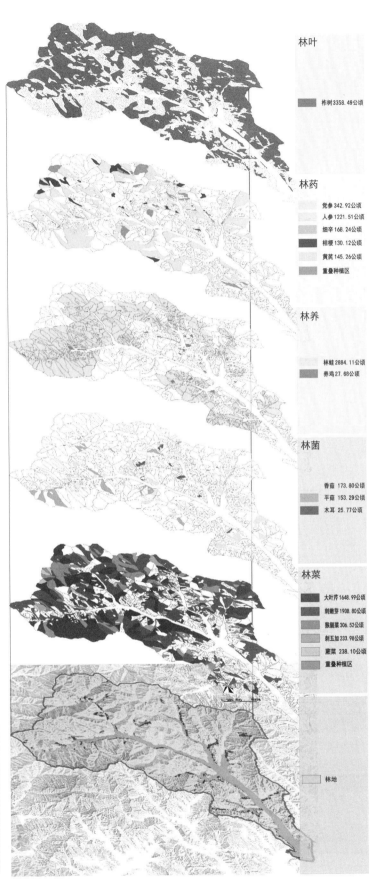

林叶

柞树3358.49公顷

林药

党参342.92公顷
人参1221.51公顷
细辛168.24公顷
桔梗130.12公顷
黄芪145.26公顷
重叠种植区

林养

林蛙2884.11公顷
养鸡27.68公顷

林菌

香菇173.80公顷
平菇153.29公顷
木耳25.77公顷

林菜

大叶芹1648.99公顷
刺嫩芽1908.80公顷
猴腿菜306.52公顷
刺五加233.98公顷
蕨菜238.10公顷
重叠种植区

林地

图2 林下经济发展引导图

（资料来源：作者自绘）

然谷地景观，同时村庄位于沟域内，掩映在蓝天青山碧水之间，奠定村庄沟域旅游的整体环境基调。村域内主要生长着30余种高大乔木，落叶阔叶林与常绿的针叶林自然分布，相互交融。随着季节的演变，沟域呈现色彩纷呈的画卷。

4.2 规划编制技术路线

确定规划编制以经济建设为中心，使农民富裕为村庄规划核心目标。通过寻找自然资源有效利用的方式方法，来确定安排各项发展建设内容。同时村庄规划内容通过专项规划和详细规划模式表现出来，便于实施，增加规划可操作性。

4.3 以林下经济发展为导向的规划内容

规划林下经济主要分为三个发展方向：林下种植、林下养殖、采摘。形成林地上部树叶采摘、林木销售，利用林中中下部的特殊环境发展种植、养殖，养殖粪便肥林的循环经济模式。规划林下种植适宜发展林菜模式、林药模式、林菌模式；林下养殖适合发展林禽模式、林蛙模式；采摘适合发展树叶采集、林木采伐。

4.4 以沟域旅游开发为导向的规划内容

规划确定低冲击人文生态游发展策略与融合村庄共同发展的策略。锁定沟谷特色，量身制定主题，分区发展。以旅游为导向，一三产并重，打造优质游览路线，贯穿娱、餐、住、行各环节。

以村域为界，规划提出超级绿叶总体发展概念。以居民点为基础划分为三个区，分别为黄金堡的田园体验区、王家堡与罗坎店的休闲度假区、吕家堡的文化养生区。以独立的沟壑为脉络，布置民俗体验、农业观光、田园体验、生态养生、休闲农家乐、佛教文化观光、佛教文化传播类项目。以青山为背景，绿水为廊道使各脉络之间互为渗透。整个沟域形成"一叶七脉，相融共生"的格局。

4.5 以矿产资源利用为导向的规划内容

划定生态恢复区，包括矿山开采、污染、自然灾害等造成生态严重破坏地区。这些地区需要通过控制和合理安排生产，有计划的逐渐恢复自然生态功能。

加强尾矿坝安全防护措施。采用黄河水利委员会水利科学研究院得到的公式 $b = K\left(W^{\frac{1}{2}}B^{\frac{1}{2}}H\right)^{\frac{1}{2}}$ 与最大流量

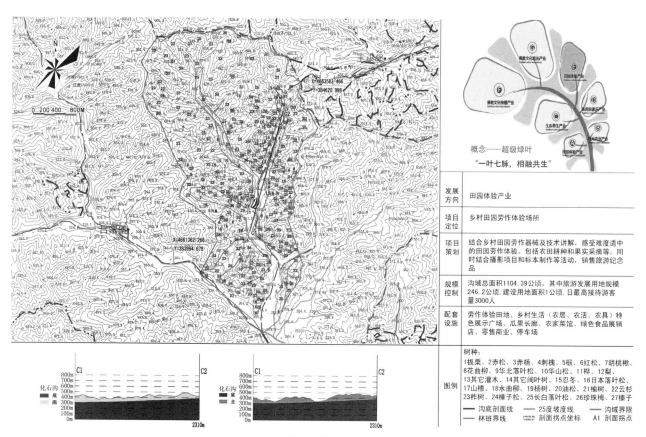

图3 沟域旅游发展引导图
（资料来源：作者自绘）

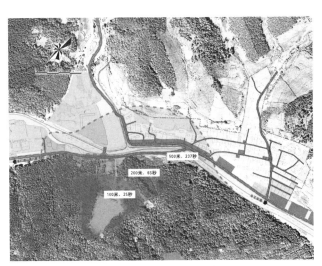

图4　尾矿坝溃坝影响时序图
（资料来源：作者自绘）

到达时间计算公式 $T = K \dfrac{L^{1.4}}{W^{0.2}H^{0.5}h_m^{0.25}}$，借助 Arcgis 缓冲区分析模拟出尾矿库溃坝影响范围。确定尾矿库一旦发生最大可能的溃坝事故所殃及的范围为4400m。4分

钟影响范围达到500m。规划500m范围内不再批准宅基地与配套设施建设。加强对于村民安全意识的教育，定期进行避灾应急演习。

5　结语

通过对辽宁省抚顺市清原县王家堡村规划实践的分析，确定乡村发展的主要动力来源于对乡村自然资源的利用，而以自然资源有效利用为导向的乡村规划才能更合理的规划乡村的土地使用、空间营造与各项设施安排。

主要参考文献

[1] 赵金龙，刘宇鹏，甄鸣涛.农村资源利用与新能源开发 [M].北京：中国农业出版社，2009：3-21.

[2] 王声跃.乡村自然资源开发利用初探 [J].玉溪师范学院学报，1994（10）：95-99.

[3] 胡冬冬，杨婷.“三生协调”思路下的村庄规划编制方法研究——以随州市丁湾村村庄规划为例 [J].城镇规划，2014：70-75.

句法视角下陕西礼泉袁家村村落空间解读

曹俊华　王军　王一林

摘　要：本文从空间句法视角出发，分析袁家村村落空间构成特征，将分析结果与实地调研观测相比照，剖析现象背后的深层原因，目的在于为袁家村未来优化发展提供意见，对新型城镇化背景下陕西关中乃至其他地区美丽乡村建设提供借鉴意义。

关键词：袁家村；空间句法；新型城镇化；整合度

1　研究背景

陕西礼泉县烟霞镇袁家村，经历了农家乐 1.0 到民宿 2.0，再到乡宿 3.0 的逐步演变，取得了丰硕的成果，"袁家村"模式正在迅速扩散，甚至被盲目复制。目前从各个角度对于"袁家村模式"的解读篇幅很多，主要集中在乡村旅游、建筑空间、人文地理三大方面。但是仍然存在以下几个问题：第一，研究缺乏学科融合；第二，多数以描述性、总结性的语言解读，把村落的形态看作是社会和空间之间的结构简单对应，缺乏对空间本质的分析和空间与人们活动关系的分析；第三，从建筑学科角度研究存在雷同现象，单纯就空间论空间。

空间句法是 1984 年由伦敦大学的希利尔（Bill Hiller）教授在著作《空间的社会逻辑》中提出的，是一种通过对包括建筑、聚落、城市甚至景观在内的人居空间结构的量化描述，来研究空间组织与人类社会之间关系的理论与方法。[1] 空间句法以情景感知图示如轴线、凸空间、可视域为语言，站在一元论的角度，分析人们是如何对空间环境进行感知。它关注的是空间与空间之间的关系，符合人对空间组构的认知特征 [2]，其分析结果本身具备地理学、心理学、经济学、建筑学等多学科的综合性，可以测定空间的社会性表征 [3]。

目前，国内外已有大量运用空间句法进行聚落空间研究的成功案例，国外已成立专门的空间句法公司对实践进行指导和预测。因此，本文以空间句法为手段，选择陕西礼泉县袁家村为研究对象，对其空间进行深入解读，剖析现象背后的本质原因，并提出未来发展策略，以期为其他乡村的建设发展提供参考。

2　袁家村概况

袁家村位于陕西省咸阳市礼泉县烟霞镇，距离省会西安市约 60km，距唐太宗昭陵约 10km，107 省道、关中环线及昭陵旅游专线途经附近，地理区位优越（图 1）。全村总面积 800 亩，农户 64 户共计 268 人。该村地势西北高，东南低，地貌分为南部台塬和北部丘陵沟壑区两大类。20 世纪 70 年代以前，袁家村是有名的贫困村，此后历经农业大发展、兴办乡镇企业等几次跨越式发展，到 2000 年成为远近闻名的"小康村"，2007 年，袁家村积极打造"关中印象体验地"，集中展示关中地区传统乡村生活和生产流程，现在已经形成较为完整的旅游服务体系（图 2）。

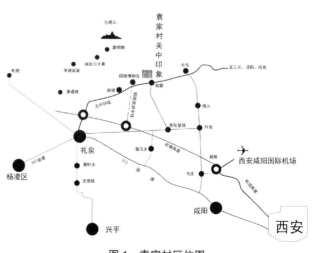

图 1　袁家村区位图
（资料来源：作者自绘）

曹俊华：西安建筑科技大学建筑学院
王军：西安建筑科技大学建筑学院
王一林：西安建筑科技大学建筑学院

图2　袁家村入口透视图
（资料来源：作者自摄）

3　空间句法视角下袁家村村落空间解读

3.1　袁家村村落空间形态解读

　　袁家村村落空间形态是在经济因素主导下形成的，同时受到关中地区自然、人文等多种因素的综合作用。在此，笔者将其空间形态划分为物质空间形态和经济空间形态。物质空间形态方面，在20世纪80年代，袁家村只有一条主街，即现在的袁家村街，随着城镇化的不断推进，尤其是"新型城镇化发展战略"的提出，袁家村积极发展乡村旅游业，以老街（袁家村街）为中心，不断向北、东、南三个方向演进，现在的村落呈现出整体有序的棋盘式和局部无序的自由式相结合的空间形态（图3）。它是不同时期发展格局的叠加，也是村落经济空间结构的表征。经济空间形态方面，以老街为界，往北，主要打造"关中印象体验地"，业态分布上主要集中了以

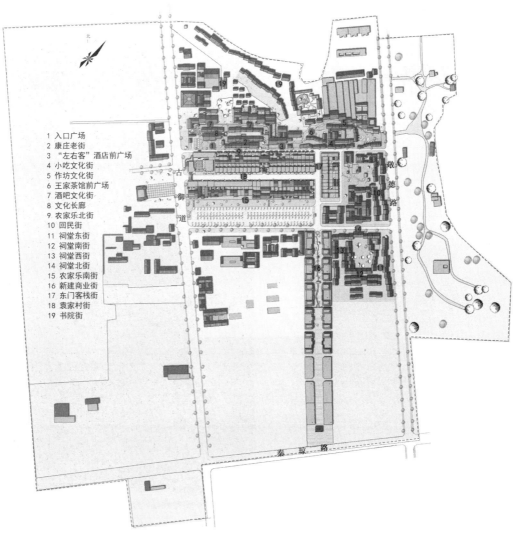

　1　入口广场
　2　康庄老街
　3　"左右客"酒店前广场
　4　小吃文化街
　5　作坊文化街
　6　王家茶馆前广场
　7　酒吧文化街
　8　文化长廊
　9　农家乐北街
　10　回民街
　11　祠堂东街
　12　祠堂南街
　13　祠堂西街
　14　祠堂北街
　15　农家乐南街
　16　新建商业街
　17　东门客栈街
　18　袁家村街
　19　书院街

图3　袁家村现状总平面图
（资料来源：胡春霞绘）

体验关中小吃、民俗文化（如戏剧、皮影等）为特色的餐饮、零售业，往南，主要以现代商业、民宿为主，往东，发展以回民小吃为特色的餐饮业。目前，袁家村主体上已经形成"两横三纵三大区"，集餐饮、休闲、娱乐、食品加工等为一体的关中民俗体验式空间格局。

3.2 袁家村村落空间句法分析

3.2.1 村落空间全局整合度与空间深度分析

"整合度"（Integration）是空间句法的核心句法变量之一，它反映了系统中局部空间与系统所有空间的联系与可达程度。全局整合度表示局部空间与系统所有空间的联系程度，而局部整合度表示"中心空间"在有限步空间范围内，与其他空间的联系程度[4]。

笔者在理论研究与实地调研的基础上，对袁家村落空间进行轴线建模，经多次修正后，绘制出其村落空间轴线图（图4）。参与计算的元素共计65个，可以看出，2016年袁家村全局整合度 $Rn=1.07525$，即整体的空间整合度比较高（图5）。$Rn>0.693$ 的轴线总数所占比重为92.31%，即全村的绝大部分街巷都位于高整合度范围内（表1），并且局部整合度与全局整合度的拟合度也比较高，例如，以 R_3 为 X 轴，以 Rn 为 Y 轴，做相关性分析时，得出：

$$Y=0.648162X+0.103292，R^2=0.889039$$

说明 R_3 与 Rn 呈现出较强的相关关系①（图6）。

"空间深度"（Total Depth）是指从中心空间出发，到系统中任意一个其他元素的最短拓扑路径的加总，Total Depth 的值越小，则空间的可达性越强。

通过分析袁家村全局空间深度（图7）可以看出，2016年袁家村全局平均空间深度为290.954，最大值为478，最小值为178，整体空间深度较小。但是，分析其标准差可以看出，Std Dev=62.80，反映出全局的离散程度比较大，也即各个元素的空间深度相差很大（表2），这也与笔者实际调研的情况相吻合，例如空间深度较大的书院街人流比较少，深度值较小的小吃文化街人流非常大。

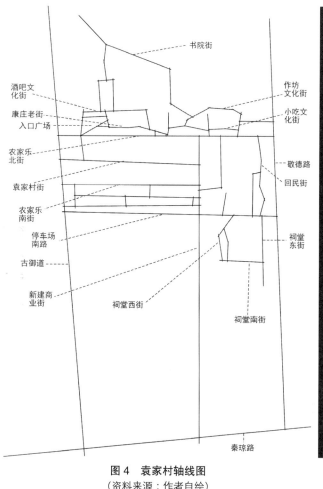

图4 袁家村轴线图
（资料来源：作者自绘）

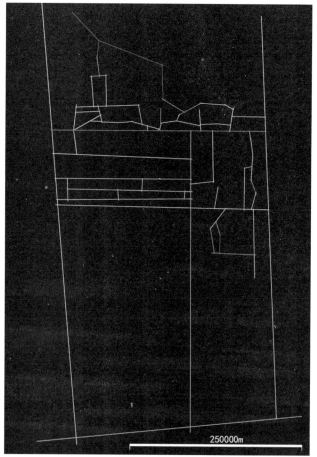

图5 2016年袁家村村落空间句法——全局整合度分析图
（资料来源：作者自绘）

① R^2 是数学上的拟合度，值越高，说明横轴与纵轴之间的相关性越强，$R^2>0.7$ 时，认为横轴与纵轴之间呈现出较强的相关关系。

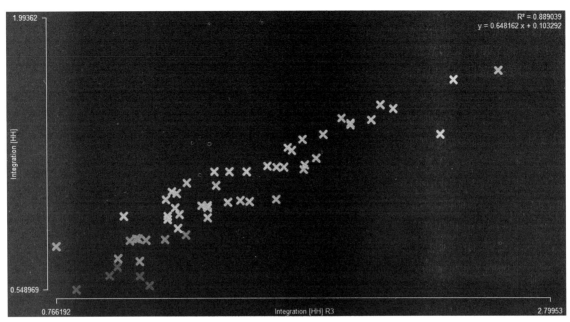

图6　2016年袁家村村落空间全局空间整合度——Rn 与 R_3 相关性分析图
（资料来源：作者自绘）

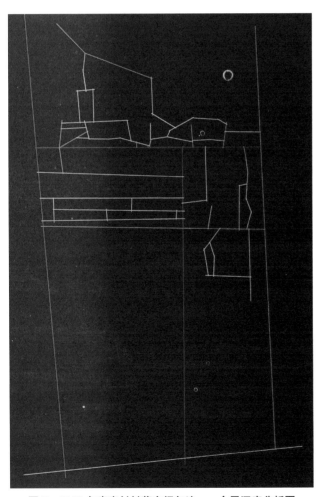

图7　2016年袁家村村落空间句法——全局深度分析图
（资料来源：作者自绘）

村落空间全局整合度统计表	表1
全局整合度（Rn）Integration（HH）	
平均整合度（Average）	1.07525
最大全局整合度（Maximum）	1.99362
标准方差（Std Dev）	0.28511
元素总数（Count）	65
<0.693	5

村落空间深度统计表	表2
全局空间深度 Total Depth	
平均深度（Average）	290.954
全局最大深度（Maximum）	478
全局最小深度（Minimum）	178
标准方差（Std Dev）	62.8016
元素总数（Count）	65

3.2.2　主要街巷空间句法分析

句法理论认为，空间整合度越大，其可达性也越好。笔者根据实地调研走访的情况，从全系统中抽取出广场、街巷共计18个元素作为样本进行句法分析。从分析的结果来看（表3），多数街巷的空间整合度与实际使用情况基本吻合。如书院街、祠堂南街、祠堂西街，空间整合度都比较小，可达性比较差，实际被使用的频率也很低，而入口广场、回民街（图8），其空间整合度都比较高，现实中也更容易引起使用者的注意。但是，也存在理论

图8 回民街入口透视图
（资料来源：作者自绘）

图9 新建商业街
（资料来源：作者自绘）

分析与实际情况不符的情况，例如农家乐北街、新建的商业街（图9），理论分析的整合度都比较高，但是，实际调研观察时，它们的使用频率并不高。

3.3 对句法分析结果的反思

本文采用理论分析与实地调研相结合的方法，对袁家村进行空间解读。将句法分析的结果与实际观测进行比对，得出以下结论：

（1）袁家村村落空间全局整合度较好，空间深度适中，可达性比较好。这与笔者观测结果总体一致。

（2）存在"部分街巷空间整合度很低，但使用频率很高"的现象。理论分析的结果并不总是与实际情况一致，尤其是小吃文化街和作坊文化街，它们的空间整合度在全局当中并不是最高，但是，实地调研时发现，其人流量却是最大的（图10）。笔者通过观察、采访，并选取适量不同尺度的街巷截面进行测绘，总结出其原因在于：第一，空间层次丰富，尺度适宜。通过测绘小吃文化街（表4），发现街道的宽度（D）在3.9~6.6m之间不等，而界面的高度（H）基本维持在2.0~3.3m之间，D/H在1.42~2.00之间波动，空间张弛有度，适宜休闲、漫步等活动的发生。同样的情况发生在作坊文化街（表5），其街道宽度在4.6~5.5m之间，界面高度在5.8~7.8m之间，D/H在1.12~1.77之间波动。第二，空间特色鲜明，民俗氛围浓厚。例如小吃文化街，集中展示关中地区各式特色小吃，将关中地区的民俗本真地呈现给游客，具有很强的吸引力。第三，业态空间分布格局适当，作坊文化街（图11），以展示当地特色食品加工为主，小吃文化街以各种特色小吃为其鲜明特色，并插入少量其他业态，为游客提供了多种选择的机会。

主要街巷、广场句法计算统计表　　表3

序号	要素	R_n（平均全局整合度）	R_3（平均局部整合度）
1	康庄老街	0.9412	1.2484
2	左右客酒店前广场	1.2025	1.6328
3	小吃文化街	1.0985	1.3276
4	作坊文化街	0.9600	1.1741
5	酒吧文化街	1.2419	1.8345
6	艺术长廊	1.0979	1.4222
7	回民街	1.0152	1.3763
8	王家茶馆前广场	0.8357	1.2989
9	农家乐北街	1.9936	2.7995
10	祠堂东街	1.0146	1.5598
11	祠堂南街	0.8117	1.2123
12	祠堂西街	0.9163	1.4020
13	祠堂北街	1.3691	2.3469
14	农家乐南街	1.1962	1.7002
15	入口广场	1.4476	2.0610
16	袁家村街	1.2840	1.7339
17	书院街	0.6349	1.0519
18	新建商业街	1.7088	2.5891

图 10　小吃文化街实景图
（资料来源：作者自绘）

图 11　作坊文化街实景图
（资料来源：作者自绘）

图 12　农家乐北街实景图
（资料来源：作者自绘）

图 13　新建商业街实景图
（资料来源：作者自绘）

小吃文化街测绘统计表　　　　表 4

测绘点	P1	P2	P3	P4	P5
H（高度 /m）	3.30	2.00	3.00	3.00	3.00
D（宽度 /m）	4.70	3.90	6.40	4.30	6.60
D / H	1.42	1.95	2.13	1.43	2.00

作坊文化街测绘统计表　　　　表 5

测绘点	P1	P2	P3	P4	P5
H（高度 /m）	5.20	4.90	5.00	4.80	4.60
D（宽度 /m）	5.80	8.10	8.70	8.50	7.20
D / H	1.12	1.65	1.74	1.77	1.57

（3）存在"部分街巷空间整合度很高，但使用频率很低"的现象。例如农家乐北街（图12）和新建的商业街（图13），从句法分析的结果来看，其空间的整合度都很高，但是实际使用率并不高。以农家乐北街为例，分析其原因，第一，空间单一，缺乏变化。尽管其空间整合度高达1.9936，但是其使用率并不是最高的，其两侧界面，南侧界面全部为农家乐后院，北侧为小吃文化街的北立面，无论是尺度，还是形式，都缺乏变化，D/H维持在3.0基本不变。第二，业态空间分布单一。南侧全部为农家乐，相比一墙之隔的小吃文化街，业态不够丰富。

4 袁家村村落建设意见及借鉴意义

4.1 袁家村村落建设意见

通过分析袁家村村落空间句法，结合实地观测的结果，现对袁家村未来发展提出以下几点建议：

（1）进一步优化空间尺度，增加空间界面的丰富性。农家乐北街、南部新建的商业街以及书院街，之所以出现"高整合度，低使用频率"的现象，本质原因在于空间缺乏变化，尺度不够丰富，侧界面太过单一。

（2）丰富业态分布的空间格局。由前文分析结果可知，袁家村存在"空间整合度与实际使用效率"不符的现象，很大一部分原因在于业态单一，地方小吃占据的空间太多。因此，应该丰富其业态分布的空间格局，除了特色小吃之外，民俗文化展示，表演类的空间还应该进一步扩大，相反，应该加强对现代商业类空间规模的控制。

（3）控制村落发展规模。新型城镇化要求集约高效利用土地资源，从目前发展现状来看，南侧新建商业街使用频率很低，且尺度略大，北侧书院街，街巷太长，使用频率也很低。

4.2 袁家村村落发展的借鉴意义

袁家村在空间建设、产业转型、区域统筹、资源利用、生态文明建设等方面，为我们做出了典范。现从本学科角度出发，分析其空间建设对关中乃至其他地区新型城镇化建设的借鉴意义。

（1）善于整合地区优势资源。袁家村之所以能取得今天的成绩，根本原因在于，它整合了关中地区的民俗文化，借"关中印象体验地"，集中整合了地区优势战略资源。

（2）乡村建设的尺度、规模要适宜。当下许多新农村建设存在尺度过大，空间单一等不良现象。袁家村不仅将地区优势资源挖掘了出来，而且，以尺度适宜的空间容器将其展现。

（3）适当降低空间整合度，有利于乡村发展。从袁家村村落空间句法分析的结果来看，有些整合度较低的街巷，其使用率反而很高，经济也更活跃。适当降低整合度，有利于人群扎堆，刺激空间经济活动的发生。乡村建设的独特之处不同于城市建设，不能用过去城市规划的思想和理念来建设未来的乡村。

5 结语

本文从空间句法角度出发，深入解读了袁家村村落空间结构特征，并将理论分析的结果与现状进行比照，从总体上看，理论分析的结果与现状基本吻合，整合度高的空间，现状人流量也大，但局部存在偏差现象，并对这种现象进行了剖析。最后，对村落未来发展方向提出意见，以期为其他美丽乡村建设发展提供参考。

主要参考文献

[1] Bafna S.Space syntax:A brief introduction to its logic and analytical techniques.Evironment and Behavior，2003，35（1）:17–29.

[2] Ruth Conroy Dalton，SPACE SYNTAX AND SPATIAL COGNITION[J].World Architecture，2011（5）：41–45.

[3] 王静文.空间句法研究现状及其发展趋势[J].华中建筑，2010（6）：5.

[4] Hillier B.Space is the Machine:A Configurational Theory of Architecture[M].3rd ed.Yang Tao，Wangjing，Zhang Jintrans.Beijing:China Architecture & Building Press，2008.

县域村庄整合评价方法研究
——以河北蔚县为例

杨帆　董仕君　孙莉钦

摘　要：本研究从与村庄发展密切相关的县域空间环境入手，通过对决定村庄发展的外部因素和内部因素进行分析，抓住人在城乡发展中的决定作用，通过数理统计分析等方法，建立了一套便捷、稳定的能够指导村庄整合发展的村庄整合评价方法，在县域范围内可以快速且高效的确定村庄整合的基本方案。可以用以指导乡村地区村庄整合评价，提高镇村体系规划、土地利用规划及城乡发展策略的编制效率和精准性。

关键词：村庄整合；评价体系；乡村聚落体系

1　引言

随着人口的增加和城镇化进程的不断推进，城镇工矿用地的需求量将在相当长的时期内保持较高水平；城乡统筹和区域一体化的发展，会增加区域性基础设施用地的需求，需要一定规模的新增建设用地用作周转；城乡人口比例大幅变动会带来区域内人口分布的大变动，乡村地区将趋向于小而精、大而全的发展态势；加之农业现代化、产业化的发展，让大批单一型村庄和不具备发展能力的村庄逐步消亡，使得原有的乡村聚落体系将被彻底打破。

因此，为确保乡村地区空间布局的合理化、区域基础设施综合效益的最大化、实现城乡统筹发展与农村收入水平的提高，需要对农村居民点规划要素进行全面系统的科学分析，构建合理的村庄整合评价方法用以指导村庄居民点整合。为土地利用总体规划、镇村布局规划编制提供理论和决策，充分发挥城乡一体化对城乡要素及公共资源合理配置的统筹作用。

2　村庄整合评价的基本思路

2.1　评价县域各个乡镇的发展能力

建立具有代表性且能客观反映县域乡镇综合发展能力的评价体系，量化决定乡镇发展的主要因子指标，通过数学模型系统比较县域各乡镇发展能力。乡镇发展能力指标是乡村人口预测、重构县域乡村聚落体系以及乡村发展评价的重要影响因子[1]。

2.2　确定各个乡镇规划期末的乡村人口

乡村人口是指导村庄整合的重要依据，也是选择村庄空间布局模式、调整等级结构的依据。由于乡镇人口规模小，发展中受外部影响较多，单纯从乡镇层面预测乡村人口难以反映县域乡镇间的发展差异，不利于县域空间结构的发展延续。故应从县域整体考虑，以县域乡村人口预测为基础，结合乡镇发展能力以及县域空间发展战略，对各乡镇乡村人口进行预测[2]。

2.3　确定规划期末县域乡村地区的乡村聚落体系层级以及规模

根据乡村聚落体系中对各层级人口规模设置的标准及各级别间的比例，结合乡村人口预测值就可以确定规划保留村庄数量，进而确定村庄整合力度[3]。乡村聚落体系应当从县域城乡互利共生发展的角度，结合人口城镇化预期、县域基础设施及城乡要素的空间分配等进行合理设置，以满足城镇化中后期的发展需要。通常村庄空间布局会由农业主导型的均衡模式演化为工矿业主导型的单一功能模式，村庄等级也会由"乡镇——中心村——基层村"组成的复杂结构演化为"乡镇——中心村"的简化结构或者"集镇——集聚点"的高效结构。

2.4　村庄发展能力评价体系构建

本着村庄整合是为了实现经济、社会及土地在城乡空间上效益最大化的目的。遵循代表性、可获得性、可

杨帆：河北建筑工程学院建筑与艺术学院
董仕君：河北建筑工程学院建筑与艺术学院
孙莉钦：西南科技大学

比较性的指标选取原则，从区位、社会经济、机制动力、现状基础设施状况和生产能力五个方面构建了村庄发展能力评价体系。进而采用定量分析的方法对各行政村综合发展实力进行排序，为村庄发展分级做出客观且直观的判断[4]。

2.5 确定各乡镇初步村庄整合方案

在村庄发展能力分级及乡村聚落体系确定的各乡镇村庄整合力度的基础上，整合综合区域政策、历史文化及环境保护等因素，最终确定各个村庄的整合评价分级，结合乡村聚落体系得出村庄整合方案，指导县域乡村地区发展建设。

3 蔚县村庄整合评价实例分析

蔚县地处河北西北部，张家口地区西南部，下辖 11 个镇、11 个乡，共 547 行政村（2015 年），村庄数量居张家口地区首位；与张家口市其他区县相比，蔚县经济总体上处于中等水平。从地区发展战略、区位优势以及区域自然与历史文化资源上看，处于环首都经济圈的蔚县地区即将迎来城镇化发展的加速期。从蔚县的每平方公里行政村分布密度上来看，蔚县地区村庄分布密度极化较为明显，主要分布在 0.07~0.13 以及 0.29~0.43 区域，说明村庄整合的潜力较大且整合力度差异较大。另通过实地调研，发现蔚县人均实际最大可耕地面积为 25~35 亩(含机械化)，而即便按 50% 的农村劳动力人口计算，现状人均最高耕地面积不过 10 余亩。可见蔚县地区农村人口释放潜力也十分巨大。为了能够适应蔚县地区未来发展的需求，有必要提早对县域村庄进行整合研究工作。

3.1 蔚县乡镇发展能力预测

3.1.1 蔚县乡镇发展能力评价体系构建

县域乡镇发展能力评价所涉及的影响因素较为繁杂，为使评价指标体系能相对准确地反映县域各乡镇发展能力，遵循系统性原则、科学性原则、导向性原则和可操作原则[3]，借鉴城市综合竞争力、城市可持续发展能力评价指标体系的相关经验，结合乡镇统计资料收集和量化处理的难易程度以及借助计算机对模型操作的可行性，从经济、社会和设施与环境三个方面进行构建（表1）。

经济发展要素主要反映当前的经济水平和其参与区域竞争的基础与发展潜力；社会发展因素着重把人作为乡镇发展中最核心的要素，用以反映乡镇发展能力；设施与环境发展因素是直接影响居民生活水平也是增强乡镇可持续发展能力的重要因素[3]。

蔚县乡镇发展能力评价体系　　　表1

主要因素	主要指标[5-6]
经济发展	公共财政收入、公共财政支出总额、规模以上工业产值、现价农林牧渔业总产值
社会发展	社会消费品零售额、万人拥有病床数、万人中农业技术从业人员数、乡镇人口总数、从业人员总数
设施与环境发展	有线电视普及率、是否通宽带、用自来水比例、建成区绿地面积

3.1.2 蔚县乡镇发展能力分级划分

3.1.2.1 处理各项指标原始数据

数据的主要获取来源为区域的统计年鉴以及地方统计部门相关资料。首先需要把所有定性指标量化处理，其次对所有指标做标准化处理，使所有指标变成符合要求的定量的无量纲形式。

3.1.2.2 计算权重和评价分值

将无量纲处理后的数据导入到统计分析软件 SPSS 中，利用因子分析（FACTOR）功能，采用主成分法计算出各个指标的权重值。然后将各项指标的数据标准化值与其对应的指标权重值相乘并累加，就可以计算出各个乡镇的发展能力综合评价值。

3.1.2.3 划分乡镇发展类型

根据各个乡镇的发展能力得分的排序，综合考虑各个乡镇县域经济社会的发展潜力、县域空间战略位置以及县域空间结构布局，将县域范围内的乡镇划分程为不同的发展评级（表2）。

县域乡镇发展综合评级划分标准　　　表2

县域政策 ＼ 排序结果	县域空间布局完全符合经济发展战略	县域空间布局基本符合经济发展战略	县域空间布局不符合经济发展战略
得分排序在前部	县域发展能力很高	县域发展能力高	县域发展能力一般
得分排序在中部	县域发展能力高	县域发展能力一般	县域发展能力弱
得分排序在后部	县域发展能力一般	县域发展能力弱	县域发展能力很弱

运用上述方法对蔚县各个乡镇的发展能力进行测算和排序，参照《河北省蔚县城乡总体规划（2013-2030）》构建的"一心——带—两轴"城镇空间结构，综合考虑就可以将蔚县县域范围内的乡镇发展能力划分为(很)高、一般、(很)弱三个级别。

3.2 蔚县各乡镇乡村人口预测

参照《河北省蔚县城乡总体规划（2013-2030）》以及

蔚县政府工作报告提出的目标，2030年蔚县规划总人口为780160人，其中，中心城区人口47万人，蔚县城镇化水平将达到72%，由此可以推出规划期末蔚县乡镇地区（非中心城区）平均城镇化水平为29.57%。2012年蔚县乡镇地区现状总人口规模为400872，规划期末蔚县乡镇总人口为310160人，可以得出规划期末蔚县乡镇人口平均增长率－22.63%。根据2012年各乡镇城镇化水平现状以及对乡镇发展能力综合评价，可以初步预测出规划期末各乡镇的城镇化水平，即发展能力、现状城镇化水平都比较高的乡镇，其城镇化水平肯定高于乡镇平均城镇化水平（表3）。

续表

现状城镇化水平 \ 乡镇发展能力	（很）高	一般	（很）弱
低	等于或略高于均值	低于平均值	远低于平均值

然后结合县域总体规划、各乡镇预测城镇化率和乡镇人口平均增长率，将县域总人口分配到各个乡镇；最后依据各个乡镇的总人口和城镇化水平确定规划乡村人口规模，再利用县域乡村人口规模及2015年各乡镇的乡村实际人口进行校核修正，就可以得到规划期末各乡镇的乡村的人口规模（表4）。

3.3 蔚县村庄发展能力评价

3.3.1 构建蔚县村庄发展能力评价体系

指标的选取一般能直接或间接反映村庄整合的潜力大小，同时指标本身还要具有代表性、可获得性、可比

乡镇城镇化水平预测评判标准　　表3

现状城镇化水平 \ 乡镇发展能力	（很）高	一般	（很）弱
高	远高于平均值	较高于平均值	等于或略低于均值
中	较高于平均水平	等于或略高于均值	低于平均值

表蔚县各乡镇发展能力评价及规划期末乡村人口规模预测　　表4

乡镇	2012年人口（人）	城镇化率（%）	现状城镇化水平	城镇化水平预测（%）	乡镇发展能力	人口增长率（%）	规划期末人口（人）	规划期末乡村人口（人）
南留庄镇	24985	21.03	高	45	很高	-0.5	24834	13659
西合营镇	52515	12.83	高	40	很高	-1	48574	29145
代王城镇	31111	9.07	高	35	很高	-3	27904	18138
宋家庄镇	26890	8.61	一般	35	很高	-4	22718	14767
涌泉庄乡	24142	6.25	一般	30	高	-12	20847	14593
下宫村乡	24985	5.77	低	20	一般	-22	15974	12780
南杨庄乡	15315	8.22	一般	25	一般	-19	12252	9189
暖泉镇	17448	9.59	高	35	高	-10	14010	9107
阳眷镇	18637	6.47	一般	25	一般	-20	10079	7559
白乐镇	20738	5.21	低	20	一般	-23	14418	11535
吉家庄镇	25347	8.2	一般	25	一般	-20	17784	13338
桃花镇	21959	4.07	低	20	一般	-20	16669	13335
常宁乡	10258	6.09	一般	25	一般	-20	6708	5031
杨庄窠乡	17575	6.8	低	20	一般	-23	10146	8117
白草村乡	8499	12.75	高	20	很弱	-27	5358	4287
草沟堡乡	12709	8.58	一般	15	很弱	-30	5935	5044
陈家洼乡	8766	6.07	一般	15	很弱	-33	4793	4074
柏树乡	12330	3.57	低	10	很弱	-30	8516	7665
北水泉镇	13472	6.79	一般	20	弱	-25	8070	6456
黄梅乡	10617	3.84	低	15	弱	-27	6785	5768
南岭庄乡	15315	6.89	一般	20	弱	-27	7833	6266

较性。在参阅大量农村居民点整理研究成果的基础上，根据评价指标选取原则，结合对于蔚县地区的实际调研走访评判，运用因子分析法、多元线性回归分析等数理统计方法，对收集的50余个相关指标数据进行提取处理和筛选归类。从区位、社会经济、机制动力、现状基础设施状况和生产能力五个方面构建了村庄发展能力评价体系的基本框架。

3.3.2　确定各评价指标的权重

为避免个别指标数据误差过大对权重值产生较大偏差，采用层次分析法，在评价指标体系的基础上，通过两两比较的方式确定各个因素相对重要性，然后综合相关专业人士的判断得出各个指标的权重值 [7]。以此对通过因子分析法(主成分法)确定的权重值进行校核修正(两者取平均)，最终确定蔚县村庄发展能力评价指标体系中各项指标的权重值。

蔚县村庄整合评价体系　　　　　　表 5

目标层	指标层	权重值
区位条件	地势	0.096
	是否乡级政府驻地	0.117
社会经济条件	常住人口	0.068
	从业人员	0.061
	全家外出的人口数	0.103
	全年村集体收入	0.039
	年末村集体资产总额	0.061
基础设施条件	是否有生活污水管道	0.011
	是否完成改厕	0.078
	饮用水是否经过集中净化处理	0.028
	村内主要道路	0.014
机制动力	村干部人数	0.032
	承包耕地流转面积	0.039
	参加农民合作社的户数	0.036
现状生产能力	种植大户数	0.11
	实际经营耕地面积	0.068
	设施农业占地面积	0.392

3.3.3　计算发展能力评价结果

首先采用极大值标准化方法对蔚县547个行政村的各评价指标数值进行标准化去量纲处理，根据前文计算的影响 Y 县的490个行政村的评价指标权重，按照加权平均法计算，得到蔚县各村庄发展能力综合评价值。

3.4　蔚县村庄整合评级方案

结合各乡镇的发展能力评级分级以及规划期末各乡镇乡村人，根据对规划期末蔚县县域乡村地区乡村聚落体系的预测，即镇（乡集镇）——标准村两级结构（标准村人口规模为1500~2000 人），可以确定村庄整合力度，再结合对蔚县所有村庄发展能力综合得分的排序分级，可将547个行政村村庄整合类别区分为4级，并依据分级结果对村庄整合方案进行评价分类。对列入一级村庄整合类别的行政村优先进行集聚点建设；对列入二级村庄整合类别的行政村优先整治建设；对列入三级村庄整合类别的行政村暂时予以保留；对列入四级村庄整合类别的行政村优先引导迁出。

以蔚县宋家庄镇为例，2015 年宋家庄镇人口总为23665 人，行政村数量27 为个 [5]，按标准村2000 人的规模计算，规划期末标准乡村数量为 7 个，即村庄整合力度为 20 个。最后在提取有历史文化保护价值的村庄后，参照各个行政村在县域村庄发展能力中的排名以及宋家庄镇的重大基础设施建设和空间战略规划，得出宋家庄镇各村庄整合评价分级方案（表 6）。

蔚县宋家庄镇村庄整合评价分级方案　　　表 6

排序	村庄	预测人口	总分	发展评级	规划期末整合评价方案
14	宋家庄	1862	1.13	1	优先重点建设——镇政府所在地
64	吕家庄	2407	0.48	1	优先重点建设——村级服务核心
72	辛落塔	1021	0.39	2	优先整治建设——标准行政村
83	大固城	1427	0.31	2	优先整治建设——标准行政村
92	朱家庄	855	0.27	2	优先整治建设——镇规划范围
94	高院墙	735	0.26	2	暂时保留
105	上苏庄	1678	0.23	2	优先整治建设——历史文化保护村
114	邢家庄	1150	0.22	2	优先整治建设——标准行政村
121	西李家碾	711	0.18	2	暂时保留
149	南方城	472	0.11	2	暂时保留
150	王良庄	509	0.11	2	暂时保留
151	小固城	412	0.11	2	暂时保留
153	黑堡子	461	0.10	2	暂时保留
155	北口村	1456	0.10	2	优先整治建设——标准行政村
156	西大云疃	850	0.10	2	暂时保留
169	郑家庄	854	0.07	2	暂时保留
171	西柳林南	789	0.06	3	暂时保留
173	邀渠村	640	0.05	3	优先引导迁出

续表

排序	村庄	预测人口	总分	发展评级	规划期末整合评价方案
181	小洼村	825	0.04	3	暂时保留
189	石荒村	814	0.03	3	优先引导迁出
197	大探口	260	0.01	3	优先引导迁出
207	崔家庄	383	-0.03	3	优先引导迁出
218	西柳林北	520	-0.04	3	优先引导迁出
259	岔道村	496	-0.12	3	优先引导迁出
366	西高庄子	414	-0.29	4	优先引导迁出
393	尖山村	403	-0.34	4	优先引导迁出
414	嗅水盆	407	-0.40	4	优先引导迁出

4 结语

本研究从与村庄发展密切相关的县域空间环境入手，通过对决定村庄发展的外部因素和内部因素进行分析，抓住人对于城乡发展的决定作用，通过数理统计分析等方法，建立了一套高效、稳定的能够指导村庄整合发展的村庄整合评价方法，在县域范围内可以快速且高效的确定村庄整合的基本方案。在当前中国人地关系紧张背景下，通过此评价体系有效、合理估算农村居民点整理潜力，合理指导农村居民点整理，将有利于农村居民点土地整理顺利展开和耕地总量动态平衡的实现，改善农村自然、社会环境条件，使其更加适合居民的生活和生产；从城镇化一体化角度上也有利于在全镇（乡）范围内统一配置、统一建设和共享基础设施和公共服务设施，从而改变人居生活环境，减少重复建设造成的资源能源浪费；可以用以指导镇村体系规划以及土地利用规划的编制，提高规划和发展策略的编制效率和精准性。

主要参考文献

[1] 陈有川编著.村庄体系重构规划研究[M].北京：中国建筑工业出版社，2010：20-39.

[2] 杨忍.中国城镇化进程中的乡村发展及空间优化重组[M].北京：科学出版社，2016：104-113.

[3] 张瀚升.前郭县村庄体系重构研究[D].长春：东北师范大学，2012.

[4] 张军民，佘丽敏，吕杰等.村庄综合发展实力评价与村镇体系规划——以青岛市旧店镇为例[J].山东建筑工程学院学报，2003（3）:34-38.

[5] 河北省人民政府办公厅，河北省统计局编.河北农村统计年鉴2015[M].北京：中国统计出版社，2015.

[6] 张家口市统计局编.张家口经济年鉴2015[M].北京：中国统计出版社，2015.

[7] 司守奎,孙玺菁编著.数学建模算法与应用[M].北京：国防工业出版社，2011:207-234.

以安吉县为例从"气形"理论视角
——浅谈对"美丽乡村"建设过程的认识

丁剑秋　郭心禾　王欠

摘　要："美丽乡村"是当下时政与学术研究的热点，但村庄建设却依旧缺少成体系的理论研究。本文从规划工作者的角度出发，简要分析当前"美丽乡村"相关理论的研究现状，结合中国传统哲学观念对规划理论的影响与应用，从中国传统哲学思想中的"气形"理论视角入手，结合案例，重新审视"美丽乡村"的建设过程，并提出一些初步的思考，以期对相关深入研究有所启发。

关键词：美丽乡村；村庄建设理论；"气形"理论；安吉

中国是传统的乡土社会，农村问题是中国的根本问题。自 2013 年起，国家相继出台相关文件、政策，"美丽乡村"创建活动在全国范围展开，"美丽乡村"也成为各类研究的热门主题。然而在实际的村庄建设过程中，常常面临着规划编制实施困难、规划指导意义不强等现实问题。这固然有乡村规划编制体系及规范尚未完善的原因，但也应该看到目前村庄建设的理论研究的缺失。

1 综述

1.1 研究现状

自 2013 年国家出台建设"美丽乡村"的相关政策并不断加强引导以来，"美丽乡村"一直是当前我国建设与研究的热点，与之相关的学术论文数量庞大。以中国知网文献为例，截至 2016 年 11 月 15 日，在城乡规划领域，与"美丽乡村"相关的文献数量已到 6816 条，主要包括"美丽乡村"建设问题与反思、"美丽乡村"规划建设实践，"美丽乡村"建设理论方法创新等方向。但从研究类型来看，目前尚缺少着眼"美丽乡村"建设发展过程的理论研究，无法从根源上解释和认知村庄建设的进程，为"美丽乡村"建设的多种方法和理念提供理论基础。

1.2 传统哲学思想及其应用

1.2.1 内容及其影响

我国历史悠久文化灿烂，在五千多年的发展过程中

逐步形成了自己独特的传统哲学体系，并对后世的思想价值体系和生产生活方式产生深刻影响。中国传统哲学流派繁多，褒贬不一，而"天人合一"思想则是中国传统哲学思想的基本理念。它表明了人与自然和谐统一的基本态度，既渗透和影响着我国的文化、政治、经济，对我国的城市建设也产生了深远影响。

从城市建造的层面看，既有"匠人营国"的都城建造标准、又有"象天法地"的规划选址理念，更形成了"堪天舆地"的风水学说。从建筑营造的层面看，通过传统建筑的组群布局、空间、建筑环境以及建筑与人的关系等方面反映出实用理性、君权伦理、天人合一等观念及思想。从园林景观的层面看，大到造园思想、意境风格，小至空间布局、色彩景观都体现了传统哲学自然观和审美观的影响，形成了"师法自然、融于自然、顺应自然、表现自然"的艺术特色。

1.2.2 在当代城乡规划中的应用

改革开放以来，我国城乡空间格局发生了翻天覆地的变化，建设发展取得了巨大的成就。但是，目前用来指导我国的城乡建设的理论体系基本沿用西方，也逐渐显露西化理论未能完全适应我国城乡建设实践的问题。

就传统哲学思想理论在国内城乡建设实践中的应用来看，主要有俞孔坚等知名学者所提倡的"反规划"、"天地－人－神"和谐的设计思想在国内国际享有一定知名度并得以较广泛的应用。而在旧城更新中应用较多的"针灸"理论，其起源和内涵皆为舶来，与中医针灸理论结合后，作为一种城市设计手法得到应用。

1.2.3 小结

总的来看，中国传统哲学思想对古代城市建设产生

丁剑秋：湖北省城市规划设计研究院
郭心禾：湖北省城市规划设计研究院
王欠：湖北省城市规划设计研究院

了深远的影响，是重要的智慧结晶和文化遗产。但其思想在现代城乡规划的应用上缺乏活力，还有待挖掘、会通和应用。

2 "气形理论"的提出和应用

中国传统哲学思想所包含的不仅是改造世界的"方法论"，还有认识世界的"世界观"。上述理论多为关注空间组织的设计思想和方法，是"方法论"，而对没有体现对建设改造过程的认知，即缺少对"世界观"的思考。

中国是传统的乡土社会，相较城市而言，中国乡村地域更广，也更依赖传统哲学的土壤。在当前"美丽乡村"建设的背景下，笔者以"气形"理论视角入手，重新审视"美丽乡村"的建设过程。

2.1 理论简述

"气形"理论是"太极拳"拳法理论的重要内容，而"太极"理论则是"太极拳"产生的基础和精要内涵。"太极"理论最早见于《周易》："易有太极，是生两仪，两仪生四象，四象生八卦。"，阐明宇宙从无极而太极，以至万物化生的过程。这一概念影响了儒学、道教等中华文化流派，并相互渗透形成了复杂的理论体系。明末清初在此基础上融合八卦阴阳、五行学说产生了"太极拳"，其"气形"理论则认为："就人体而论，气为阳，形为阴。气形一体，人在气中，气在人中。气者在内，称为内气。形者在外，称为外形。形要助气，气要催形，气形交泰，立于不败。"

2.2 理论应用

笔者以"气形"理论来粗浅地解释"美丽乡村"的建设过程。"气者在内"，对于"美丽乡村"建设来说，"气"可以理解为乡村内在的社会功能和发展动力，受产业、人口、资源、经济、政策等多方面因素影响；"形者在外"，对于"美丽乡村"建设来说，"形"就是乡村内各种要素聚集的物质空间形态；"形要助气，气要催形，气形交泰"的过程，则可以理解为乡村建设中空间形态和发展动力相互促进，进而达到平衡和谐的发展状态，实现"美丽乡村"的建设目标。

3 案例研究

为验证上述分析的可行性，笔者将以安吉县为例，以"气形"理论的视角对其"美丽乡村"建设和发展的过程进行梳理。

安吉县地处浙江省西北部山区，县域面积 1886km^2，辖 8 镇 3 乡 4 街道、1 个省级经济开发区，常住人口 46 万人。安吉县拥有"联合国人居奖唯一获得县"、"中国首个生态县"、"中国金牌旅游城市唯一获得县"、"美丽中国最美城镇"等多项荣誉，在国内外享有盛誉。安吉县也是我国"美丽乡村"建设的领军人，其领衔制定的《美丽乡村建设指南》于 2015 年 5 月 27 日发布，并正式成为指导我国"美丽乡村"建设的国家标准。

安吉县"美丽乡村"建设经历了以下几个发展阶段：

发展阶段一：安吉县自然环境优美、林业资源丰富，拥有 1800 多年的建县历史。由于地处偏僻，在受现代化进程之前，属于乡土社会中自给自足的传统型村落，物质空间和社会功能演变都处于低水平的平衡状态，即具有低水平相匹配的"气"和"形"，也表明安吉本身有良好的发展基础。

发展阶段二：20 世纪 80 年代后，为摘掉"贫困县"的帽子，谋求经济发展，安吉县一度效仿周边发达地区开始走"工业强县"之路，引进了一些发达地区淘汰转移的印染、化工、造纸、小建材等污染重、能耗高的项目。由于缺乏引导的生产发展导致了物质空间的无序建设和破坏，即"气"的超常规发展突破了"形"的制约，导致发展平衡被破坏，生态环境恶化，安吉在 1998 年被国务院列为环太湖水污染治理重点区域。另一方面，生态环境遭到严重破坏、自然灾害加剧，安吉镇府不得不投入大笔资金，因此阻碍并限制了生产生活的进一步发展，即"形"的恶化限制了"气"的发展，形成恶性循环。

发展阶段三：2000 年，安吉面临生态环境破坏与发展动力难以维系的困难局面，明确提出"生态立县"的战略，确立了"大力扶持发展生态工业"、"加快发展生态农业"、"着力培育生态旅游"、"加快建设生态城镇"等四大任务。即从维护和整治生态环境的"形"入手，改变产业发展模式，将生态软实力转化为经济发展动力的"气"，即"以形入手、理形养气"。

发展阶段四：正确的判断和举措得到了回报，安吉县于 2006 年夺得"国家生态县"桂冠，并于 2008 年率先提出建设"中国美丽乡村"的发展目标。围绕"村村优美、家家创业、处处和谐、人人幸福"四个方面，以村庄环境建设为基础，以休闲农业、乡村旅游为发展重点，带动传统优势品牌产业的优化升级，开启了生态文明建设特色模式的新篇章，达到了物质空间建设与社会产业发展相互促进即"气形交泰"的可持续发展阶段。

目前，安吉作为"美丽乡村"建设的发源地和排头兵，其发展经验已经得到认可、推广和学习，其建设发展的历程也值得我们思考与借鉴。

4　启示

4.1　运用中国传统哲学思想，发展本土特色的城乡规划理论

中国传统哲学思想是重要的智慧结晶和文化遗产，对我国城市建设产生了深远的影响。在我国城乡建设蓬勃发展的背景下，深刻总结国内外发展经验，结合我国传统哲学的优秀思想，发展具有本土特色的城乡规划理论，既是掌握学术话语权的需要，也是适应中国特色道路的必然选择。中国是传统的乡土社会，农村问题是中国的根本问题，因此"美丽乡村"的建设更应根植传统文化的土壤，从传统哲学思想中汲取精华。

4.2　认知"美丽乡村"的建设过程，采取合理建设发展方式

"美丽乡村"的建设是一个长期过程，不能一蹴而就；而我国村庄分布广、数量大、发展情况参差不齐，先进地区的发展经验也不能生搬硬套。"美丽乡村"建设进程存在"以形入手、理性养气、气形交泰"的不同发展阶段，在建设实践过程中，必须认清所处发展阶段，并根据自身发展条件采取因地制宜的发展模式，以达到"美丽乡村"建设的可持续发展。

5　结语

"美丽乡村"建设是我国城乡发展建设过程中的重要命题，作为规划工作者和建设参与者，我们应当认识到"美丽乡村"建设的整体性和长期性。笔者以传统哲学思想中的"气形"理论视角，对"美丽乡村"建设过程进行简单的阐述，但缺乏对其理论本质和实际应用的研究，希望在以后的建设实践中得以检验和修正。

主要参考文献

[1] 郎显源．孔德智．温故知新，会通古今——论中国传统哲学对城市规划理论的重要启示．城市时代，协同规划——2013 中国城市规划年会论文集．2013．

[2] 代普达，杨洋，付斯曼．基于历史视觉的我国传统哲学对城市规划的启示．新常态：传承与变革——2015 中国城市规划年会论文集．北京：中国建筑工业出版社，2015．

[3] 张晓．浅谈"城市针灸"．华中建筑，2012．

[4] 范毓，周张晓．中国古代太极理论的演变．中州体育·少林与太极，2009（02）．

[5] 王旭烽，任重．美丽乡村建设的深生态内涵——以安吉县报福镇为范例．浙江学刊，2013（01）．

浙江特色乡村规划设计实践探索 *

江勇　赵华勤　杨晓光　王丰

摘　要：浙江省在乡村规划方面制定了包括村庄规划及村庄设计导则在内的细致实用的村庄规划指引，构建了具有浙江特色的"村庄布点规划—村庄规划—村庄设计"规划设计体系，内容体系方面注重环境、产业、设施、文化统筹协调发展，技术方法方面远期与近期结合、全面规划与针对性设计结合、推动村庄规划"一张图"设计与管理，探索多层面的规划实施保障，形成了一套行之有效的规划设计技术方法。

关键词：村庄规划；实践探索；技术方法；浙江

村庄规划是指导村庄建设发展的重要指导，需要完善的规划技术依据、规划设计体系、规划内容体系及实施保障体系以确保规划设计的科学性和实用性。浙江省在村庄规划设计方面积极探索，形成了具有浙江特色的技术方法与内容体系。

1　制定细致实用的村庄规划设计指引

1.1　制定相关政策法规

为更好地推动村庄规划设计的编制，浙江省制定了《浙江省人民政府办公厅关于进一步加强村庄规划设计和农房设计工作的若干意见》，提出"村庄规划、村庄设计、建房图集全面覆盖。到 2017 年底，全面完成村庄规划编制（修改），全面完成 4000 个中心村村庄设计、1000 个美丽宜居示范村建设，有效保护 1 万幢历史建筑，建成一大批"浙派民居"建筑群落，切实提高村庄规划建设水平、村民建房质量和乡村风貌管控工作水平。"

1.2　编制相关技术导则

1.2.1　修订村庄规划导则

为规范村庄规划编制，制定了《浙江省村庄规划编制导则》，对村庄规划的编制类型、编制内容、成果要求等进行了规定，尤其对村庄层面应配置的公共服务设施提出了要求，明确了村庄布点规划与村庄规划需要公示的内容，具有较强的指导性。

1.2.2　编制村庄设计导则

为规范村庄设计工作，传承历史文化，营造乡村风貌、彰显村庄特色，提高建设水平，制定了《浙江省村庄设计导则》。提出村庄设计包括总体设计、建筑设计、环境设计、生态设计、村庄基础设施设计等内容，按平地村庄、山地丘陵村庄、水乡村庄和海岛村庄等不同地形地貌进行引导，提高村庄设计适用性。

2　构建具有浙江特色的规划设计层级体系

2.1　规划体系

浙江建立了具有浙江特色的"村庄布点规划—村庄规划—村庄设计"规划设计层级体系。围绕村庄规划的实施落地开展村庄设计，按照村庄设计确定的风貌特色要求进行农房设计。

2.1.1　村庄布点规划

村庄布点规划以乡镇域为基本单元，以县（市）域总体规划城乡居民点布局为依据，合理确定村庄等级与规模，科学安排农村居民点的数量、布局和规模，统筹区域内部基础设施和公共服务设施配置，做好区域内村庄整体风貌控制指引。

2.1.2　村庄规划

村庄规划立足乡村发展，以整个行政村为规划范围，探索村庄规划与村庄土地利用规划"两规合一"，挖掘村庄地域特色、历史文化、产业等特色，因地制宜编制村庄规划，做好空间布局，合理安排基础设施与公共服务设施。

＊住房和城乡建设部软科学研究项目"浙江省美丽乡村规划与建设研究"（R22014107）。

江勇：浙江省城乡规划设计研究院
赵华勤：浙江省城乡规划设计研究院
杨晓光：浙江省城乡规划设计研究院
王丰：浙江省城乡规划设计研究院

2.1.3 村庄设计

中心村、美丽宜居示范村、历史文化名村、传统村落等重要村庄和建设项目较多的村庄在编制（修改）村庄规划的同时开展村庄设计。村庄设计融村居建筑布置、村庄环境整治、景观风貌特色控制指引、基础设施配置布局、公共空间节点设计等内容为一体，体现村落空间的形态美感。村庄设计由乡镇政府或村民委员会组织开展，并进行科学论证，涉及中心村、美丽宜居示范村、历史文化名村、传统村落等重要村庄设计方案须征求城市、县城乡规划行政主管部门意见。

2.2 主要特点

浙江省村庄规划表现出精细化，规划的覆盖面更广，类型更加多样，层次更加丰富，更具有针对性。

2.2.1 规划类型多样

规划类型方面既包括了法定规划层面的乡村规划，还包括了类型丰富的非法定规划，如美丽乡村规划、美丽乡村行动计划、旅游规划、产业规划等，非法定规划的规划研究尤其是针对乡村景观风貌、乡村产业发展、乡村环境容量、乡村历史文化保护等方面的规划研究成果会纳入到法定规划，针对性提出乡村产业、风貌、环境、人居等方面的策略，更好地指导乡村地区建设发展。

2.2.2 规划层次丰富

浙江建立了乡镇域层面、村庄层面、村居层面的规划体系，主要包括镇（乡）域村庄布点规划、村庄规划、村庄设计、村居设计等规划设计类型，乡镇域层面村庄规划主要为村庄布点规划，以镇（乡）域行政范围为单元进行编制，村庄层面为村庄规划，以行政村为单元进行编制，村居设计为村庄层面的规划。

3 形成统筹协调的内容体系

3.1 多产联动，突出产业的支撑效应

规划注重产业对乡村发展的重要推动作用，立足于各自村庄的资源特色，发展集生产、教育、环保、游憩、保健、文化传承等多方面功能的休闲观光农业，挖掘特色产业，发展各具特色的乡村休闲旅游业，无污染的来料加工、旅游品加工产业、特色手工业等适合乡村的低碳工业，促进多产联动，提升乡村经济实力，区域层面镇乡村庄布点规划明确各村庄的产业职能，制定乡村产业目标，村庄层面注重挖掘特色产业，突出特色产业项目对乡村发展的推动作用，主要做好乡村农业、乡村农业、乡村旅游业与创意产业的发展。

3.2 统筹发展，提升乡村基础公共服务设施

因地制宜进行乡村居民点调整，合理调整乡村基础设施与公共服务设施空间布局，发挥投资整体效益。乡村规划立足乡村资源禀赋，挖掘乡村经济特色，进一步改善提升乡村居住条件，统筹城乡教育、医疗、社会保险、养老等基本公共服务，增补相应的基础设施和公共服务设施，提升乡村基本公共服务能力，如养老设施方面整合利用现有农村社区基础设施和场地建造农村社区居家养老服务照料中心，为高龄、空巢、独居、生活困难及失能的老年人提供集中就餐、托养、健康、休闲和上门照护等服务等。

3.3 整治提升，全面改善人居环境

乡村规划对乡村生活环境、生产环境、生态环境进行综合整治，促进乡村人居环境全面改善。如生活环境治理方面因地制宜规划农村生活污水处理系统，采用集中型、区域型、联户型以及分户型等多种污水治理模式，建设分类减量化设备配置和资源化利用设施，推动乡村生活垃圾分类收集、定点投放、分拣清运、回收利用、生物堆肥。

3.4 传承保护，挖掘展示乡村特色与乡村文化

规划挖掘村庄特色，延续保护乡村整体空间肌理，合理安排乡村公共空间布局，保护乡村风貌特色，做好绿化景观设计、建筑设计、环境小品设计及竖向设计，精心塑造乡村景观风貌特色。针对不同的村庄制定相应的保护与控制措施，保护村庄完整的传统风貌格局、历史环境要素、自然景观等，对符合历史建筑认定标准的建筑，公布认定为历史建筑，建立历史建筑保护名录，保护和传承非物质文化遗产，彰显乡村文化特色。

4 建立简单实用的规划设计方法体系

4.1 远期目标与近期计划有效结合

村庄规划近期任务与远期目标相结合，既对村庄近期发展的重点任务予以落实，近期计划方面重点针对村庄近期迫切需要解决的问题提出针对性措施，明确村庄近期产业、风貌整治方面的目标与重点、近期村庄重点建设项目，推动近期村庄建设取得成效，又对乡村长远发展进行谋划，长远目标方面结合村庄的特色对村庄的长远发展做出安排，对村庄产业发展、用地布局、设施配置、风貌整治等方面提出切实指导。乡村规划合理衔接近期与远期发展，通过科学的规划时序推动规划的逐步落实，兼顾近期建设与远期目标，科学引导村庄发展。

4.2 全面规划覆盖与针对性设计有机结合

面对量大面广的村庄建设要求，需要全面的村庄规划

建设引导，村庄规划编制普遍覆盖到各个乡村，通过村庄规划对乡村建设、整治提供切实的指导意见，促进乡村快速发展，另外，随着村民生活水平的提升，村庄风貌整治、村庄设施提升的要求日益提升，需要对村庄进行精细化设计，对村庄主要轴线、重要节点进行设计，对村居建筑的形式和风格进行考虑，对村庄重要公共建筑进行重点设计，针对性地对村庄进行综合整治提升，改善村庄风貌和设施配置水平。

4.3　推动村庄规划"一张图"设计与管理

乡村规划与城镇规划在用地布局、设施配置、产业发展、环境整治等多方面都有效对接，促进城镇产业、基本公共服务等更好地向乡村覆盖。村庄规划与各类规划尤其是土地利用规划衔接，村庄规划以土地利用现状数据为编制基数，加强用地边界及用地规模的对接，重点确定村庄建设用地边界以及村域范围内各居民点（村庄建设用地）的位置、规模，推动村庄规划与土地利用规划两规合一，促进村庄用地"一张图"管理。

5　探索多层面的规划实施保障体系

5.1　规划设计团队持续跟踪服务确保规划设计实施效果

村庄规划是规划设计团队集体智慧的结晶，乡村规划不仅注重规划设计方案的表达，更注重跟踪服务，对村庄规划实施过程中遇到的问题进行现场指导，确保达到规划设定的目标和效果。如针对村庄面貌的整治提升，规划设计师一方面向村民或者施工队伍准确传达构思，讲解设计意图与意向效果，避免设计与实施脱节，另一方面，规划设计师深入了解实施方式，及时处理规划实施过程中出现的问题，确认和审核已完成的规划设计施工工作，提出整改建议，确保村庄整治达到预期效果。

5.2　统筹资金及项目推动规划有效落实

规划突出项目引导作用，注重通过具体的项目及相应的资金推动规划的落实。规划统筹美丽乡村建设、美丽宜居村庄建设、传统村落保护利用、土地综合整治、农村住房改造建设、农民饮用水工程、农村河道整治、农村公路建设、现代农业发展、村级集体经济发展等各项工作的资金，提高财政支农资金的整体效益，完善村级公益事业建设"一事一议"财政奖补机制，鼓励社会资本参与农村安全饮水、污水治理、沼气净化等基层公共服务设施建设，保障村庄规划的实施。

5.3　发挥市场作用有力推动规划实施

一是发挥市场资金的作用，统筹利用社会资本，通过 PPP 模式建设乡村基础设施，缓解乡村建设发展资金

的不足，推动乡村规划的有效实施。

二是发挥市场导向的作用，如在乡村旅游发展的背景下，紧跟市场需求，合理安排旅游业态，推动乡村旅游经济的发展，在城市居民对生活质量要求日益提升的背景下发展绿色、无污染的有机农业，能够有效推动乡村经济的发展，达到乡村规划设定的发展目标。

三是发挥市场的专业作用，市场在提供服务时具有较强的专业性，能够促进形成良好的效果。如在乡村基础公共服务设施的管护方面，引入市场机制，政府购买公共服务，通过市场化的专业力量促进基础设施的有效管护，推动村庄规划的有效落实。

5.4　村民全面参与监督促进规划落实

村庄规划设定的规划目标与村民的切身利益密切相关，村民的有效参与和支持是推动村庄规划实施的重要基础，推动村民全过程参与规划、建设、管理和监督。通过推行"村内事、村民定、村民建、村民管"的做法，把规划转化为相应的乡规民约，加强舆论宣传，引导广大农民群众积极投身规划实施工作，优先解决群众最紧迫、最需要的公益事业，逐步破解民生难题，推动规划逐步落实，促进更好地解决规划实施过程中遇到的问题，推动规划更好地得到落实。

小结

浙江省在村庄规划设计技术方法上积极探索，形成了较为完善的规划设计技术依据、内容体系、技术方法体系以及实施保障体系，有效推动了浙江省美丽乡村的建设，具有一定的参考意义。

主要参考文献

[1]　李开猛，王锋，李晓军.村庄规划中全方位村民参与方法研究——来自广州市美丽乡村规划实践[J].城市规划，2014（12）.

[2]　王冠贤，朱倩琼.广州市村庄规划编制与实施的实践、问题及建议[J].规划师，2012（05）.

[3]　王富更.村庄规划若干问题探讨[J].城市规划学刊，2006（03）.

[4]　赵之枫，范霄鹏，张建.城乡一体化进程中村庄体系规划研究[J].规划师，2011（S1）.

[5]　乔路，李京生.论乡村规划中的村民意愿[J].城市规划刊，2015（02）.

[6]　《浙江省人民政府办公厅关于进一步加强村庄规划设计和农房设计工作的若干意见》.

"成片连线"新农村规划建设发展战略研究
——以成都市探索与实践为例

张婉嫕

摘　要：在新型城镇化的背景下，注重全域谋划，区域打造，是新农村规划建设的新路径。文章研究了"成片连线"规划的理论基础，在分析了"成片连线"规划的产生原因、定义和作用后，对其规划原则和规划策略进行了详细的梳理，并以当前成都市为例，从各个层面剖析"成片连线"规划建设发展战略，分析不同规模的"成片连线"案例，阐述其多项保障措施，得出通过"成片连线"可持续促进新农村科学、协同、可持续发展的结论，提出乡村规划建设后续发展的新方向。

关键词：成片连线；新农村；规划；建设；成都市

1　引言

十八大以来，农村发展成为国家战略。在新型城镇化的背景下，成都以统筹城乡综合配套改革试验区的有利条件，通过全面、系统、深入的改革实践，在构建城乡经济社会发展一体化新格局、推动发展方式根本转变上取得了重要进展，促使成都市"成片连线"规划建设发展战略应运而生。

2　"成片连线"的产生原因、定义和作用

2.1　"成片连线"的产生原因

由于农村地区点多面广，以镇村为主体开展的乡村规划、建设往往缺乏全局性、系统性的考虑，难以与相邻地区的规划建设进行协调，更无法对区域性的各类设施作出统筹安排。

而目前我国大多数地区的新农村规划，还是以镇村规划的形式编制，虽然很多地区编制了村庄布局规划，但从实际操作中，由于缺乏中观层面承上启下的规划衔接，宏观层面与微观层面存在一定程度的脱节。

更何况，有一些突破行政区划范围的规划，特别是在我国农业规模化的背景下，粮经产业示范基地、现代农业精品园区、现代农业示范带等大尺度的农业产业项目的产生，致使新农村规划建设的战略发展需要在更大的尺度层面思考农业产业的走向和布局。

张婉嫕：成都市规划编制研究中心

因此，在这些背景下产生了"成片连线"新农村规划。这既符合新时期乡村规划的新要求，也丰富了乡村规划的编制层次和内容，完善了规划体系。

2.2　"成片连线"的定义

"成片连线"，主要是指以主要交通路径、大型基础设施全域农业产业布局和上级政策部署为依托，串联沿线重要资源，充分带动周边辐射区域联动发展，以点串线、以线带面、连片策动的镇村协同发展思路，从而实现新农村自我造血功能和资源整合与共享。

"成片连线"要通盘考虑地域相邻、人缘相亲、资源禀赋相近、经济社会发展水平相当等元素，打破行政区划的边界，将多个镇、村定位为一个示范线或片区，实行片区多镇村整体规划，统筹功能和产业定位，统筹资源开发利用，统筹基础设施配套，统筹公共服务完善，通过成片连线推进、区域共建共享的方式，达到资源要素优化配置、集约利用的目的。

2.3　"成片连线"的作用

"成片连线"通过着力解决农村空心化、镇村特色同质化以及资源粗放利用和流动等现实问题，通过目标导向和问题导向的结合，探索新型城镇化的长效机制和镇村发展的造血功能，实现资源的有效调配和共享。

成片连线推进镇村建设，是整体改善农村人居环境的现实需要，也是统筹区域发展、全面建设新农村的有力抓手。"成片连线"规划承上启下，更关注"面"和"线"的发展，更显现"统筹性"和"协调性"，因地制宜的提

图 1 "四态合一"示意图

出区域的品牌发展的特色路径，提升了新农村区域的整体发展水平。

3 "成片连线"的规划原则和策略研究

3.1 "成片连线"的规划原则

3.1.1 区域整合原则

打破行政边界，突出重点打造的场镇和村落，构建新型城镇群、村庄群为主体形态的示范线或示范区。统筹开发利用资源、统筹产业功能安排、统筹镇村风貌形态、统筹公共配套设施等，实现镇村重要资源的有效调配和共享，促进镇村集约发展和联动发展。

3.1.2 多规协调原则

协调"成片连线"规划与产业发展、土地利用、社会经济、生态保护，对各项规划协同编制、统筹推进，确保"多规合一"；协调产业发展规划、土地利用规划以及水利、交通、环境、公共服务等专项规划，协同研究乡村综合问题，建立多规协调的工作机制。

3.1.3 "四态合一"原则

按"发展性、相融性、多样性、共享性"原则和统筹安排的要求，坚持以"可持续发展的业态"、"可永续自然的生态"、"可承续乡愁的文态"、"可存续更新的形态"为发展目标，在规划中充分体现"四态"在一定空间内的有机融合。

3.1.4 "保、改、建"原则

更新和改造要遵循"保、改、建"的基本原则，保护优先、改造提升、宜建则建。保护具有重要保存价值

的历史建筑、历史院落、历史街巷，保护反映传统风貌的构筑物、围墙、古井、古树名木、古宅、古院落等，留住历史，留住文化，留住乡愁。

3.1.5 人口梯度转移原则

摸底区域内的人口现状和产业支撑，测算人均收入。考虑环境和资源的承载能力，考虑人口的梯度转移，引导过剩农村人口"进城－进场镇－进新型社区"，通过人口转移和梯次集中，优化资源配置，提高城镇化率，以实现"同步达小康"的目的。

3.1.6 实施性原则

强调新农村规划的实施性，对重要的产业项目和基础设施项目，明确重点开发名录及建设时序安排，确保规划的落地性。并对投入成本进行核算，培养集体经济组织，引入社会资金，争取投资主体多元化，保证实施效果。

3.2 "成片连线"的规划策略

3.2.1 梳理资源

对可能涉及的区域进行整体的资源评估，通过对当地的区位交通条件、生态本底、产业现状、历史渊源等因素的梳理和思考，包括产业资源、历史文化资源和山、水、田、林等自然生态资源。

3.2.2 明确定位

明确示范线展示的核心资源，评估区域内"成片连线"的可能性和发展方向，结合市级层面的统一部署、上位规划和相关政策背景，研究确定区域发展的总体定位、思路方向和发展目标等。

3.2.3 确定范围

协调资源要素，找寻山水自然、产业条件、乡愁文脉要素相同、资源相近的区域，结合资源情况和定位目标，按照集中化、规模化、景观化的原则，落实"成片连线"区域的类型、规模、布局以及范围边界。

3.2.4 优化产业

考虑区域的承载能力，合理布置和布局产业，避免农村"空心化"现象的产生。对产业类别进行归类梳理，明确一二三产各自特色、发展规模及主要产品，构建全产品体系。以现状发展基础为参照，发展特色产业，确定产业布局及重点项目。

3.2.5 保护生态

严守生态保护红线。通过分析规划范围内生态环境现状存在的问题，提出生态保护和生态建设的方案和措施。将城镇村规划建设与沿线湖泊湿地水系和山水生态旅游产业发展相结合，推进生态环境修复与可持续发展，提升城乡形态，展现生态美景。

3.2.6 彰显文化

在镇村规划、建设中，重视历史文化名镇名村和传统村落的保护，重视当地农村的传统文化和形态的保护。融入和传承传统农耕文化、历史文化、建筑文化、民俗文化、饮食文化，形成浓厚的乡村文化气息，保护传统民居、林盘植被、河塘沟渠等农村形态，彰显历史文化，留住乡情乡愁。

3.2.7 重构镇村

结合上位规划和未来战略，在区域层面重新梳理镇村体系，考虑区域整体布局和未来方向，确定重点发展的场镇、村落以及需要被辐射带动的区域，明确发展重点和层级，科学布局农村新型社区，并梳理沿线、区域内需要整治的镇、村、农村新型社区名录。

3.2.8 塑造风貌

制定沿线场镇、村落风貌设计指引和院落的整改方案，塑造景观与风貌特色；整治道路景观，明确道路分段展示特色；明确重要节点的布局、形象标识指引、建设引导；注重季相变化，确定四季景观的主导展示空间及展示种类；研究乡土建筑"现代工艺，传统表达"，彰显当地特色。

3.2.9 完善配套

完善基础支撑，优化交通体系。依托内连外通的网络化交通、生态廊道以及产业发展带，实现区域内设施统筹配套与资源共享。制定配套设施引导，按旅游文化设施、商业设施、服务设施、基础设施等设置，特别注意将游客和当地居民配套设施的分类分区域设置。

3.2.10 引导旅游

在旅游资源，特别是乡村旅游资源丰富的区域，确定乡村旅游总体布局，形成以点连面，线路串联的旅游格局。依托风景名胜区、历史文化名镇名村、农业观光产业园等，完善包括乡村酒店、自行车和游人休憩驿站在内的各项旅游服务，实现片区内镇乡全域景区化规模效应。

4 成都市"成片连线"规划的背景、发展层级和保障措施

4.1 产生背景

2012 年，成都市开始了区域联动、集中成片连线推进新农村建设的探索。按照统筹城乡发展的理念，在现代农业规模化的背景下，启动 11 条示范线规划工作。此后，成都市新农村建设整合资源、创新机制，实现成片示范、集成推进。结合农业战略布局，成片连线形成由多个产业支撑有力、功能均衡互补、发展协同错位、风貌特征明显的特色镇村群。成都市"成片连线"战略踏上了新的台阶。

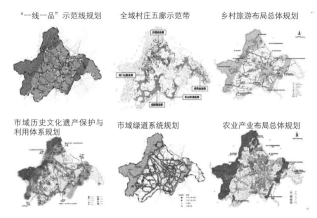

图 2　成都市相关"成片连线"规划背景

4.2 发展层级

4.2.1 全域层面

按照全域理念，以城镇群为主体形态推进新型城镇化，成都市编制了《全域村庄布局规划》，作为城镇体系规划的有利补充。科学确定全域农村人口预测与分配，指出村庄发展与布局总体规划和实施措施与建议，明确村庄规模、布局和基本配套设施，形成"五大走廊"，共聚集 1180 个农村新型社区，及 52.4% 的农村聚居人口，从而引导全域村庄"成片连线"发展。

同步制定《成都市成片连线规划技术导则》，明确"成片连线"的规划控制要求，初步勾勒出"山水乡旅"、"灾后重建"、"创意民居"、"天府农耕"、"历史文化"等市级层面的 13 条主题精品示范带。成都市新农村开始了"成片连线"的统筹布局，揭开了新的篇章。

4.2.2 跨区（市）县层面

在市级层面的指导和推动下，实行跨区（市）县层面的"成片连线"。打破独立行政单元编制规划的传统做法，以市域主要通道、大型基础设施和农业产业带为纽带，遵循生态相似、产业关联、空间连续的原则，划定大尺度的区域规划范围。

例如，"成新蒲"都市现代农业示范带，依托"成新蒲"快速路，跨越 6 个区（市）县，22 个乡镇，总长度72km，是成都市第一条示范带，是成都市首次在区域层面深入探索城乡统筹规划的新模式。编制《"成新蒲"都市现代农业示范带建设总体规划》，理念上，从"连点串线"到"成片连线"的新农村建设规划升级，跨行政区域的统筹规划；方法上，创新农村地区区域层面城乡统筹发展规划编制，创新"产村单元"[①]宜居宜业的新农村

---

① 在农村地区，依托规模化的产业基地布局新农村聚居点，辐射带动一般聚集点与林盘，在合理的耕作半径（以覆盖半径 3km 或摩托车骑行 10min 为标准）内，以家庭农场为基本细胞单元划分产村单元，每个产村单元的规模应与对应聚居点的人口规模相匹配。

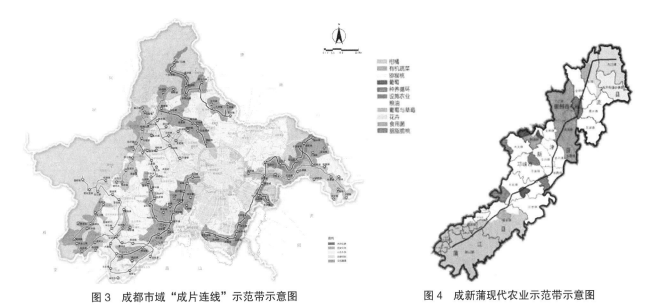

图3 成都市域"成片连线"示范带示意图

图4 成新蒲现代农业示范带示意图

图5 "成新蒲"都市现代农业示范带一系列实施规划

建设发展模式；措施上，在区域统筹层面划定重要规划控制要素，制定镇村风貌规划建设控制导则，并分段编制了详细的实施规划。

4.2.3 跨乡镇层面

在同一区（市）县内部，在县域总体规划层面，从人口梯度转移、城镇组群构建、镇乡产业联动、基础设施与公共服务配套共享等方面进行系统优化完善。

例如，在邛崃"4.20"灾后重建过程中，邛崃市编制了《邛崃市西片区"4.20"灾后恢复重建新农村成片连线建设实施规划》，构建"一心八镇四十一村，两带五区百里长廊"。通过各安置点在形态与产业上的空间布局，

形成错位发展、整体联动的"四态"融合综合规划效果。从市域总体规划到镇、村、点规划同步编制，形成相互统一的城乡规划成果体系，同步推进产业、文化、旅游及景区配套设施等专项规划，实现城镇体系与产业格局空间一致，确保各规划方案成果"多规合一"，实现区域联动发展。

创新性的编制了《邛崃市灾后重建风貌统筹导则》，结合当地的自然资源和文化底蕴，提炼传统川西、近代川西、现代川西的风格特征，从总体到各镇村的风貌控制，从色彩控制、建筑风格、建筑材料、环境关系、街巷院、滨水区控制、村口设计、村落中心设计、新旧贯通等方

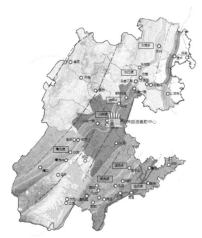

图6　邛崃西片区示意图

图7　邛崃西片区风貌统筹示意图

面给出了详细的引导和建议。

4.2.4　跨村域层面

在镇村统筹规划和村规划及农村新型社区规划中，突破村域范畴，更注重镇村的统筹一体化统筹发展，创新"小组微生"① 的规划理念，同时引入"产村相融"、"创新空间"、"公众参与"、"社会治理"的新元素。

以成都市《郫县三道堰"五村联动"幸福美丽乡村规划》为例。

在镇村体系布局上，突破村的行政范围，通盘考虑五个行政村。创新模式促动新型城镇化，促就镇村一体化空间体系构成，通过土地资源整理和引导人口梯度转移，提升空间品质与资源效率，集约整理，激活土地资源；有效投放，提升资源价值。

在产业体系方面，以旅游为核心，依托文化及生态条件，构建全域一体的乡村旅游景区，创造成都乡村旅游的新格局。优化一产，转型升级二产，振兴三产，梳理产品体系，推出林盘度假、水乡观光与水文化体验、田园观光与农耕文化体验、历史文化体验、民俗文化体验五大产品。

在景观体系上，结合水生态格局和林盘机理，以凸显川西林盘文化和天府田园生态为核心，形成核心景观片的景观核心体系，突出古韵水乡的主脉络。并通过撒树亮田、筑景四季、协调风貌、林盘打造等手段，完善景观体系。

---

① "小规模、组团式、微田园、生态化"是成都市农村新型社区的规划要求，提倡"紧凑型、低楼层、川西式"特色民居，新村规模一般100~300户；充分利用林盘、水系、山林及农田，每个小组团20~30户，一般不超过50户；对相对集中民居，规划出前庭后院，因地因时种植；尊重自然、顺应自然，正确处理山、水、田、林、路与民居的关系，严格保护优质耕地和林盘。

图8　"五村联动"镇村体系布局图

在功能布局上，结合文化产业品牌的塑立和现状资源情况，在设施布局上，完善市政配套设施，构建交通游线系统和旅游服务设施体系。

更具特色的是，规划注重规划的实施性，考虑土地整理和投资测算的问题，合理布局产业项目，明确近期建设项目实施的时序，测算资金投入，倡导引入社会资金和培育集体经济组织，确保落地完成。

4.3　机制保障

4.3.1　标准制定

已出台的《成都市成片连线规划技术导则》，作为"成片连线"工作推进的纲领性文件，指导成都市各级规划管理部门及编制单位的规划工作，统一认识，明确原则。

4.3.2　多部门协作机制

"成片连线"规划工作坚持综合研究、战略谋划，经济社会各部门广泛合作、协同研究，建立多规协调的规划工作机制，统筹各专项规划。目前，成都市正在探索

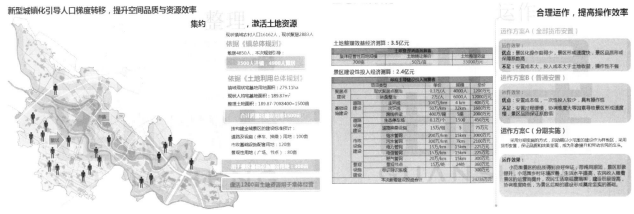

图 9　"五村联动"人口梯度转移示意图　　　　图 10　"五村联动"土地整理图

图 11　"五村联动"近期实施项目示意　　　　图 12　"五村联动"投入资金测算表

推行乡村综合所制度，将镇（乡）一级国土、规划、建设、房管、环保等部门纳入综合所统一管理。

4.3.3　乡村规划师制度

乡村规划师是政府按照统一标准招聘、征选、选调和选派并任命的乡镇专职规划负责人。乡村规划师全面参与"成片连线"规划建设的各环节，对于保障"成片连线"战略的全面开展具有重要作用。

4.3.4　乡村规划专项资金制度

优秀"成片连线"规划可申请乡村规划专项资金补贴编制经费。通过专项资金的促进作用，推动高水平的"成片连线"规划的编制和实施，逐步形成一批以都市农业为主体，日渐趋于多样化的成片连线发展的乡村规划实践示范区。

4.3.5　乡村规划评优机制

成都市搭建了全域乡村规划管理评选平台，开展两年一次的优秀乡村规划评选工作。设置成片连线类别，通过评比，查找不足、相互促进、共同提高，持续推动，显著提升了"成片连线"规划的编制和实施水平。

4.3.6　公众参与制度

在"成片连线"规划，特别是其中镇、村、农村新

型社区的规划中，通过全过程与居民充分交流，尽可能满足公众对规划工作的多元化的诉求，保证规划的顺畅实施，并出台了《成都市农村新型社区规划群众参与制度》。

4.3.7　专家和设计单位入库

搭建市级统一的专家咨询、审查平台，建立优质规划设计单位资源库。依托在蓉高校、规划设计机构组建乡村建设规划智囊团，开展课题研究。同时，将获奖规划设计单位纳入"成都市乡村优秀规划设计资源库"，提升"成片连线"规划的编制水平。

4.3.8　集体经营性建设用地入市试点

成都市郫县被选中进行农村土地征收、集体经营性建设用地入市、宅基地制度改革试点，新政策为"成片连线"规划建设提供产业用地支撑，有助于引导乡村风貌引导，提升土地集约利用度，优化农村建设用地布局，起到了保障促进作用。

5　结语

"成片连线"规划建设发展战略，以新型城镇化发展为主导，构建特色化、地域化、多样化的新型城乡形态，进一步从城乡一体化发展的角度看农村，进一步以融合

城乡为目标，把农村发展与承担区域功能密切结合，成果斐然。

　　成都市"成片连线"规划战略，是进入城乡统筹工作深化阶段后，对于镇村规划发展的深度思考与理论总结，是新农村规划建设模式的发展升级。通过"成片连线"区域的带动作用，促进新农村科学、协同、可持续发展，寻求出更适合成都平原特殊条件的发展路径，这让成都市乡村规划的理念和实践有了进一步的提升完善。由此可见，"成片连线"是现阶段成都地区乡村转型升级的必然过程，也是未来新农村规划建设发展的新方向，值得借鉴和推广。

主要参考文献

[1] 王武科,张凌.新农村建设的"成片连线"模式［J］.小城镇建设，2012（03）：57-61.

[2] 黄晓芳，张晓达.城乡统筹发展背景下的新农村规划体系构建初探[J].规划师，2010（7）：76-79.

[3] 陈小卉，徐逸伦.一元模式：快速城市化地区城乡空间统筹规划 [J].城市规划，2005（1）：74-78.

[4] 邛崃市西片区"4.20"灾后恢复重建新农村成片连线建设实施规划.

[5] 邛崃市灾后重建风貌统筹导则.

[6] "成新蒲"都市现代农业示范带建设总体规划.

[7] 郫县三道堰"五村联动"幸福美丽乡村规划.

"四在农家·美丽乡村"基础设施六项行动计划
——中国贵州省改善乡村地区发展基础的战略性措施 *

奚慧 邹海燕 杨犇

摘 要："美丽乡村"已经成为统领我国乡村建设的重要目标，同时也是实现"美丽中国"战略的重要基础性工作，其内涵涉及乡村发展的诸多方面。本文聚焦贵州省"四在农家·美丽乡村"六项行动计划的政策制定与实施，相对系统地梳理政策目标与内容，考察其政策管理方式和执行过程，继而通过典型案例的选取，在其所在的地州、县、镇和村各级层面展开调查，深入了解政策的实施情况，并归纳一些相关政策制定与实施的经验。

关键词：乡村建设；贵州省；政策实施

我国城镇化发展取得了长足的成效，但也面临着区域与城乡发展不平衡、城乡收入差距扩大、发展资源要素不均衡等问题。"三农"问题直接关系到国家的稳定和发展，从中央到地方各相关方面的政策深刻影响着中国的三农走向。我国的涉农政策从早期主要以释放各类体制性束缚为主，逐渐过渡到采取倾斜性政策，投入财力、物力等资源来促进三农问题解决的新阶段。2013年中央提出建设"美丽乡村"，要求"加强农村生态建设、环境保护和综合整治，努力建设美丽乡村"，已经成为国内扶助三农领域的统领性战略要求。

作为国家重点关注且贫困人口最多的省份，贵州省早已将推动农村地区发展作为重要工作，许多乡村政策试验和实践也走在了全国先列。2013年全省出台了《"四在农家·美丽乡村"基础设施建设六项行动计划》（以下简称"六项行动计划"），为美丽乡村建设提供硬件支撑，切实改善农村生产生活条件。对这一乡村建设领域战略性政策及其实施状况进行考察，尤其是政府在政策实施过程中的管理手段与相应效果的研究，可为国内外类似地区通过政策实施与管理以改善欠发达地区生活条件、促进社会公平等提供参考。

1 "四在农家·美丽乡村"基础设施六项行动计划的主要内容

该政策最初起源于2001年遵义市余庆县率先开展的"四在农家"创建活动。"四在农家"指的是四个方面的乡村建设要求，分别是以"富在农家"推动经济发展、以"学在农家"培育新型农民、以"乐在农家"实现文化惠民、以"美在农家"建设美丽乡村。

随着中央"美丽乡村"战略的提出和各部位落实创建活动的试点政策推动，贵州省结合前期工作经验，于2013年发布了《深入推进"四在农家·美丽乡村"创建活动的实施意见》，全面深入推进"四在农家·美丽乡村"创建活动。随后，出台了《关于实施"四在农家·美丽乡村"基础设施建设六项行动计划的意见》，将关系到扶贫发展和美丽乡村创建最为基础性的工作纳入了"小康路、小康水、小康房、小康电、小康讯、小康寨"六项行动计划。

六项行动计划的总目标为：力争用5~8年时间，分三个阶段，共计投入约1510亿元，建成生活宜居、环境优美、设施完善的美丽乡村。行动计划分别以2015年、2017年、2020年为时间节点，安排建设时序和资金、划分年度工作任务和工程量，并提出2015年、2017年的阶段性成果要求。在总目标的引领下，具体目标按照时间和门类进行逐步分解（图1）。

为落实六项行动计划的具体目标任务，各分项计划都列出了具体的工作内容。其中，小康路、小康水、小康电、小康讯行动计划的核心工作在于实施其相应的重点工程项目；小康寨行动计划的工作内容较为综合，涉及村庄

* 同济大学高密度区域智能城镇化协同创新中心、上海同济城市规划设计研究院科研项目（课题编号：KY–2015ZD4–B01）。

奚慧：上海同济城市规划设计研究院、中国乡村规划与建设研究中心

邹海燕：上海同济城市规划设计研究院、中国乡村规划与建设研究中心

杨犇：上海同济城市规划设计研究院、中国乡村规划与建设研究中心

图1 "四在农家·美丽乡村"基础设施建设六项行动计划政策概况

环境整治和公用设施建设等方面；小康房行动计划的工作内容核心更多是通过制定标准对小康房建设进行规范与引导，更加强调与其他相关工作的协调统筹。

2 典型村庄案例选取

由于六项行动计划政策涉及全省范围内的村庄，本次研究选取典型案例进行调查研究，遴选主要从以下三个方面考虑：其一，优先考虑省级官方途径的村庄名录，以确保典型性；其二，尽可能挑选实施了多类型政策的村庄，有利于提高政策实施的典型样本数量，也方便考察多项政策复合实施的状况；其三，兼顾村庄所在地域经济发展水平、地州分布特征，以及民族文化特性等。

通过筛选获得10个典型村庄案例作为深入调查的对象（表1、图2）。它们在建设实施方面涵盖了多项行动计划，并且均为省级官方途径获得的各类示范村庄，单一政策示范和复合政策示范各半，所处经济强县与扶贫开发重点县的比例约为2：3，分布在贵州省6个地州、7个县和9个乡镇，民族分布基本均衡。

贵州省乡村建设发展政策典型村庄调查案例一览表 表1

村庄案例	所属地域			所属县经济水平	民族特征
	地州	县	乡镇		
临江村	遵义市	凤冈县	进化镇	一般	汉族
河西村	铜仁市	印江县	朗溪镇	扶贫开发重点县	土家族
兴旺村			合水镇		土家族
合水村					土家族
卡拉村	黔东南州	丹寨县	龙泉镇	扶贫开发重点县	苗族
石桥村			南皋乡		苗族
大利村		榕江县	栽麻乡	扶贫开发重点县	侗族
楼纳村	黔西南州	兴义市	顶效镇	经济强县	布依族
刘家湾村	六盘水市	盘县	刘官镇	经济强县	汉族
石头寨村	安顺市	镇宁县	黄果树镇	扶贫开发重点县	布依族

明确研究对象后，首要对六项行动计划进行概况梳理，理清其政策发展的脉络、政策目标及实施措施等。其次，针对本次调查的典型村庄案例，根据驻村调查工作获得的一手资料，辅以相关文献搜索查阅，收集整理

图2 贵州省乡村建设发展政策典型村庄调查案例分布

联席会议协调 ■领导小组统筹

图3 基础设施建设六项行动计划的省、地州与县级组织管理方式

村庄基本情况。针对各个典型村庄案例所实施的政策及其实际建设情况等内容进行归纳整理。同时将典型村庄案例所在的乡镇、县和地州等各层级执行情况进行梳理，分析各项政策在分级实施过程中的实际情况，以了解不同政策之间在实施管理中具有的异同。由此，完成纵贯政策制定、执行和实效整体过程的调查内容。

3 政策管理与实施

3.1 组织管理

3.1.1 采取"项目推进、分层落实"的组织方式

为统筹六项行动计划的实施，贵州省明确了"项目推进、分层落实"的组织管理方式，按照不同类型的行动计划，明确省、地州、县、乡镇各层级政府的责任部门及具体要求，并通过重点项目等方式逐级落实建设。

省政府作为领导者，设置联席委员会，省委书记或省长作为委员会主任，其他各政府部门派出部门负责人列席参与决策，各级政府承担相应的实施责任。

地州级政府在省级联席委员会的领导下，作为政策实施的监管者，制定实施意见，对区域内建设任务、资金安排等重大问题进行统筹。州市级层面一般通过设置联系委员会或领导小组的方式来监管具体政策项目的实施。

县级政府是政策实施的组织者，确定具体项目、下达具体指标、明确建设内容和考核细则，并明确各项目的实施单位与具体负责人。县级层面一般通过设置联系委员会或领导小组的方式来监管具体政策项目的实施。

镇、村两级是政策的具体实施者，负责规划编制、群众发动、征地拆迁、上报项目等具体工作。

3.1.2 建立工作联席会议制度和分级责任体系落实分项计划管理职责

各个分项计划根据实际分工进一步将组织管理职责深化落实，其中较为核心的是省级工作联席会议制度和分级责任体系等（图3）。

除小康水行动计划由省水利厅直管并且由各级水行政主管部门直接承担管理职责外，其余五项行动计划都由省政府分管领导或领导小组（小康寨由省农村综合改革领导小组统一领导）作为召集人或组长，各相关部门负责人作为成员，形成全省工作联席会议制度，具体负责行动计划的实施、协调、督促、指导和考核等工作，及时解决计划实施过程中遇到的重大问题等（表2）。

贵州省"四在农家·美丽乡村"基础设施建设六项行动计划分项政策组织管理　　　表2

分项政策	组织		各级政府职责			
	联席会议召集人	联席会议成员	省级	地州	县	乡镇
小康电	省政府分管领导	省发展改革委、省国土资源厅、省住房城乡建设厅、省环境保护厅、贵州电网公司及各市（州）人民政府、贵安新区管委会负责人	负责行动计划实施、督促、指导和考核工作，协调项目实施过程中遇到用地、农民阻工和青苗赔偿等问题，并定期组织开展督查工作	—	—	—
小康讯	省政府分管领导	省有关部门	负责行动计划的实施、协调、督促、指导和考核等工作，及时解决计划实施过程中遇到的重大问题	—	—	—

续表

分项政策	组织		各级政府职责			
	联席会议召集人	联席会议成员	省级	地州	县	乡镇
小康房	省政府分管住房城乡建设工作的领导	省有关部门	负总体责任,组织领导和统筹协调全省小康房建设工作	负管理责任,按照目标任务抓好辖区内小康房建设工作	负主要责任,按照目标任务抓好辖区内小康房建设工作	负直接责任,按照乡村规划和《小康房设计图集》等要求,积极引导农民建设
小康路	省政府分管交通运输工作的领导	省发展改革委、省财政厅、省环境保护厅、省国土资源厅、省住房城乡建设厅、省交通运输厅、省水利厅、省林业厅、省扶贫办、省旅游局、省移民局、省烟草专卖局及各市(州)人民政府、贵安新区管委会负责人	省交通运输厅负责统筹村及以上农村公路发展规划实施。省财政厅(省农村综合改革领导小组办公室)负责统筹村级以下道路规划实施	负责组织辖区内规划项目的实施,协调、监督、指导县(市、区、特区)计划执行	为实施责任主体,负责统筹各级项目资金的使用,组织落实年度计划,推进辖区内乡村道路"建、管、养、运"各项工作	—
小康寨	省农村综合改革领导小组	省有关部门	加强政策扶持和指导督查,形成上下联动、分工负责的工作格局		承担主要职责,以县为单位整体谋划、整合资源、统筹推进	—
小康水	省水利厅直管		省水利厅以农村饮水安全工程和小型水利设施为重点,扎实推进全省农村水利基础设施建设,主要领导亲自抓,列入工作计划和议事日程	各级水行政主管部门要按照本行动计划确定的发展目标任务,明确责任分工,细化工作方案,全力推进		

(资料来源:根据贵州省"四在农家·美丽乡村"基础设施建设六项行动计划各分项政策梳理归纳)

3.2 资金投入

六项行动计划预计总投入约230亿美元。到2017年预计投入约210亿美元,其中小康路行动计划预计投入约110亿美元,超过总投入的一半;小康水行动计划预计投入40亿美元;小康电行动计划预计投入24亿美元;小康讯行动计划预计投入4亿美元;小康寨行动计划预计投入15亿美元;小康房行动计划预计投入17亿美元。资金筹措的渠道主要包括国家支持、盘活财政存量、激励企业投入、广集社会资金、运用市场融资等方式,但政府投入占据了绝对主导性地位。已明确至2017年投入的210亿美元中,政府投资187亿美元,企业自筹23亿美元。

在具体的资金管理方面,一是强调省级专项资金的统筹安排;二是改革省级财政资金使用方法,以县为主,整合资源组织实施,中央、省、市(州)资金与"以县为单位同步小康目标"进程考核挂钩。三是推广"一事一议"财政奖补机制,动员组织群众投工投劳。充分发挥农民群众的主体作用,建立健全农民群众自建、自管的长效机制。

3.3 政策扶持

3.3.1 分类扶持政策

为确保六项行动计划的实施,贵州省还采取了一系列扶持性的保障政策,内容包括了项目用地、审批、监管、考核、减免以及宣传等方面。

首要的扶持政策是确保项目用地。强化土地利用规划统筹,推进村庄空闲地、闲置地和废弃土地盘活利用,用好土地利用增减挂钩试点等政策。项目审批程序上尽量简化。减少前置条件,缩短审批时限。项目监管包括质量监管、资金监管和绩效考核等。质量监管由省直牵头部门研究制定具体建设标准。资金监管严格执行建设项目资金公示制,审计部门采用各类措施确保资金使用安全高效。绩效考核要求省直牵头部门按月调度、按季抽查、半年通报、年终考核;统计部门要组织行业主管部门建立统计指标体系;省政府办公厅要组织有关部门建立考评奖惩办法。

各项行动计划的项目可减免相关费用。例如减免新增路款等税费;小康电项目享受农网项目相关优惠政策,减免管线建设地方规费;免收"通信村村通"管线穿越公路等基础设施入场、占用等费用等。

加强政策宣传，充分发挥媒体作用，开展形式多样、生动活泼的宣传教育活动。认真总结成功经验，大力宣传先进典型，形成全社会关心、支持和监督六项行动计划实施的氛围。

3.3.2 分项计划的扶持政策

各个分项行动计划中，核心强调了项目建管、工作考核和政策宣传等方面。

小康水、小康电和小康路行动计划提出了项目建管政策。其中，小康水行动计划推进小型水利设施产权制度改革，建立以县为单位的农村饮水安全工程统管机构和以省、市、县三级财政预算资金为主的农村饮水安全工程维修养护基金保障制度等；小康电和小康路行动计划建立标准体系，如小康电推行基建安全生产风险管理体系，小康路建立农村公路建养信用评价体系等，同时按照以点带面、逐步扩大、全面推开的原则，支持条件较好的县（市、区、特区）提前实施项目，如打造"小康电"示范点工程，建立"美丽乡村小康路"规划项目库等。

对工作绩效考核的要求中，小康电与小康讯行动计划明确由省目标办制定具体考核办法，并将目标任务完成情况纳入年度目标考核；小康寨行动计划强调了将其

落实情况纳入到各级政府工作年度考核评价体系中；小康路行动计划则建立"以建定建、以养定建"考评体系，对各级年度计划执行进行综合量化测评。

分项行动计划通过各类传播渠道，充分调动和激发群众的积极性和创造力。例如，小康路行动计划还提出加强沿线村民引导和驾驶员教育培训工作，提高爱路护路意识的宣传工作；小康寨行动计划则提出通过规划公示、专家听证、项目共建等途径，广泛动员和引导社会各界力量参与和支持。

4 政策实施绩效与经验建议

4.1 实施绩效

总体来看，贵州省的"四在农家 美丽乡村"及其基础设施六项行动计划等相关政策，尽管整合实施不久，却已经在统筹相关政策和指导政府相关工作等方面发挥了明显作用。典型村庄在六项行动计划政策实施上已基本完成（图4）。

其中，在小康寨行动计划开展后，制定明确项目计划表并给出数据的村寨有5个，计划中的小康寨项目为54项，自2013年计划制定开始至2015年8月，已完成项目25项，进行中12项，启动率68.5%，完成率46.2%，接近一半。

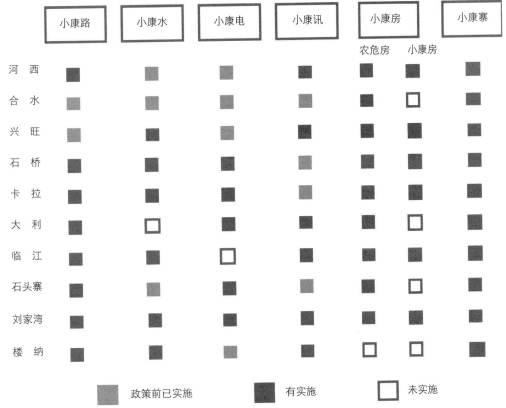

图4 典型村庄对六项行动计划的执行情况

调研村庄道路建设情况　　　　　　　　表3

	通村公路	通组（寨）路	联户路	通客运	小康路
石头寨村	已通、硬化、柏油	100%	100%	有	有
刘家湾村	已通、硬化、柏油	100% 水泥路面	部分未硬化，大多为狭窄山路或泥石路	无，仅有私营小巴	有
石桥村	已通、硬化、水泥	大簸箕寨已完成	80% 已硬化	有	有
卡拉村	已通、硬化、柏油	100% 水泥或石板路面		设有公交站点	有
大利村	已通、硬化	100% 青石板路面		无，仅有私人小巴	有
楼纳村	已通、硬化、油化	仅对门组主干路是柏油路面，其余均为水泥路（达90%）以上	70% 以上为水泥路面	无	有
河西村	已通、硬化、柏油	尚有 2 个小组未完成，其他 10 个组为硬化水泥路面		过路镇级、县级班车	有
合水村	已通、硬化、柏油	还有一组未通，其他组为水泥路面		县镇班车终点站，过路镇级、县级班车	无
兴旺村	已通、硬化、柏油	已通，2 条为新修水泥路面，S304 省道部分路段也为通组路	90% 已修好但尚未完全硬化	过路镇级、县级班车	无
临江村	已通、硬化、水泥	80% 已建成水泥路面，20% 规划好但尚未建成	重点打造的临坪组、联合组已完成水泥路面硬化	过路镇级班车	有

（资料来源：根据访谈和调研所获资料整理所得）

各村小康水实施情况汇总表　　　　　　　　表4

政策落地的村庄	具体建设项目
卡拉村	2013 年，卡拉村启动实施"母亲水窖"项目，妇联共投资 12 万元建设自来水管网 2013 年，美丽乡村示范村建设项目——供水管网建设，共投资 18.5 万元 2013 年，自来水公司在卡拉村建立人畜饮工程 1 个
刘家湾村	新的深井工程正在建设，预计 9 月完工，解决 3 个小组饮水问题 启动了沟渠维修工程，由刘关宏业、飞跃公司承建实施
临江村	2014 年进行水改，目标推行用水到户。目前尚未实现
石桥村	2013 年，美丽乡村示范村建设项目——饮水主管维修
楼纳村	新的机井项目目前已建成等待验收
兴旺村	2014 年，由县水利局县水利局负责主持铺设了自来水管网

（资料来源：根据访谈和调研所获资料整理所得）

　　小康路行动计划开展前，均已建有通村公路，但质量差距较大，各村道路建设需求不同。小康路行动计划开展以后，有 8 个调研村实施了该计划，村庄通村沥青（水泥）路均已完成，有 7 个村庄已实现百分百通组（寨）路硬化，4 个村庄已实现 100% 组内道路硬化（表3）。

　　实施小康水行动计划的村庄有 6 个，其中 4 个基本完成了小康水农村安全饮水的建设目标，有 5 个村完成了阶段性农村安全饮水的建设目标（表4）。

　　我国农村通电工程实施较早，调研的村庄自 20 世纪 90 年就已经先后通电，目前使用的主要能源为电，且基本实现了户户通电、一户一表，仅有极少数农户尚未通电。

　　在实施小康讯行动计划以前，调研村庄均实现了自然村通电话、行政村通宽带，并基本普及了手机，实现了计划的基本目标，而 2013 年开始推行的小康讯行动计划主要起到提升作用，例如依靠网络发展乡村旅游、生态农业等。

　　小康房行动计划的实施面相对最广，调研的 10 个典型村庄均有农危房改造项目，有 5 个村庄按小康房标准落实民居改造，有 4 个村庄按照小康房标准规划集中建房。

　　正是因为从省级政府层面的高度重视和积极推进，以及各级各部门政府机构和社会力量的投入，贵州省不仅在扶持乡村发展、积极推进脱贫、促进社会公平等方面取得了瞩目成效，而且在美丽乡村建设政策制定与实施方面也走在了全国前列，特别是对欠发达的中西部省份而言，更具有直接的借鉴意义。

4.2 经验建议

4.2.1 逐层、分期、分项细化政策目标

在响应国家相关政策规范和引导的基础上，贵州省结合本省特征，不仅整合了涉及乡村发展建设的多个部门、多种类型的政策，而且还对各项政策的推进分级分类设置了阶段性的明确任务和目标。通过细致的分类及指标安排，为针对各级政府的工作考核提供了非常清晰的依据和标准。

目标分解方式之一，是根据行政地域范围逐层将具体目标进行网格化细分。这一路径较为集中在地州和县级行政层级。各地州的相关目标分解较为贴合省级目标任务安排。县级的政策目标基于所在地州的目标做进一步分解，但地方性的特征更为明显。对于乡镇和村层面的目标分解而言，其细化工作已不再是分项政策的制定，绝大部分情况是以其行政地域为单位，制定各项相关建设项目的落地性指标或具体项目。这进一步验证了县级政府成为从政策导引到项目落地推动的重要转化层面，反映了县级政府层面更多地承担了直接指导政策实施的关键角色。

另一目标分解的路径是细分分期实施目标。这方面呈现出由上而下趋严趋紧的特征。部分地州和县级行政层面将省级的 3 年阶段计划细分到 1 年甚至半年计划，时间进度和相应的工作任务细分至年度目标。另一些地州和县在六项行动计划中，由于自身地区建设与发展情况较好，将省级政府的 2020 年目标提前至 2017 年基本完成，后续目标将以进一步提升为主导。

目标分解细化的第三种途径是向具体建设内容转化。政策的总体目标以设施的服务水平为基准，在逐级分解的过程中，设施服务水平目标逐步被转化为更为具体的设施建设目标，并且这一转化在县级政策层面表现得更为明显和集中。乡镇和村级的目标分解，则重点在建设项目的细化落实方面，通常制定详细的项目计划表，以便能将建设切实落地。

省级层面的政策目标，通过分地域、分时段、分项目等方式，实现了由地州到县级，直至到村庄的逐级分解过程，也因此形成了一个庞大的指标体系。这一体系为将政策目标落实到基层单位，提供了强有力的支撑，也为由上而下的督促与考核提供了明晰的标准。从实际调研来看，这一指标体系模式，有着非常高的执行效率，使得任务可以非常容易在基层机构及操作人员中进行进一步的措施分解，譬如某村今年打一口井、维修两处危房等。从执行的角度来看，目标的分解和指标化等措施，对于确保政策项目的执行确实发挥了非常重要的支撑保障性作用，这也是贵州美丽乡村建设取得成效的重要经验。

4.2.2 自上而下、自下而上推进项目实施

由于政策落实到实施层面高度聚焦于项目工程建设方面，相关实施管理也基本上采用了建设工程项目的管理方式予以落实。各类建设工程的推进从立项到设计再到组织实施、监管、竣工验收等环节，形成了较为完整的管理过程。

总体上建设项目有两种实施路径：一是自上而下的项目下达，另一类是自下而上的项目申报。对于不同政策，两种方式各有侧重。其中，与基础设施建设相关的路、水、电、讯等行动计划项目大多是自上而下的组织实施；与人居环境整治相关的小康房和小康寨行动计划项目则以自下而上申报为主。

总体而言，政策越到基层越建设工程式管理的转化，以及实施标准规范化要求，所带来的最大优势就是操作的明确性、规范性和高效性，因为管理到细则及要求，都已经有规定可依，并且时间节点也变得更加清晰，这种转变也适应了由上而下推动及考核的要求，这也是短短几年就在美丽乡村推广上取得较大成绩的重要保障因素之一。

4.2.3 组织协作、资金统筹保障政策落地

从省级政策制定伊始，省委省政府就已经特别强调多部门、多机构组织的协作，这也是贵州省乡村发展建设工作中的一个重要特点。这一特点也与现实需求吻合。由于涉及乡村地区发展建设的政策及其因此而来的各项建设项目纷繁多样，并且由不同行政主管部门或者机构负责管理，各项建设之间的协调成为非常重要且不可或缺的重要工作。

调查中发现，不同类型的政策，以及不同地区层级的组织方式有所不同，大致可以分为主要地方领导和部门牵头的联席会议制度或者工作小组制度，以及相对稳定或临时性的组织设置方式。在协作机制建构过程中，地方政府的主动性得以体现，从省级到地州再到县级的组织方式上呈现出越到基层形式越多样的现象。各级地方政府在一定范围内的机制安排，既有来自上级政府组织的机制安排及要求等原因，但也体现出了地方政府从自身出发进行的适当调整优化。各级行政层面对组织协作机制的重视和推动，是贵州省在美丽乡村建设政策实施的较短时间内取得落地成效的重要原因之一。

大量的资金投入为乡村建设发展提供了重要动力。由于村庄建设项目庞杂细琐，其资金渠道来源亦是多元

分散。资金来源按行政级别可分为中央、省级、地州级和县级等，其中"中央扶持"成为了各项政策资金筹措的关键词。按出资主体可分为专项资金、财政配套、企业筹措以及其他融资方式等，最常见的是各个门类的"专项资金"。

来自不同渠道的公共资金在使用上具有多种方式。一类是专款设立专用规范。各级相关行政部门会根据部门自身管理需求订立政策，通常越高级别的公共资金其规范性越强。另一类是各类资金进行整合使用。各级政府根据地方性的政策导向将资金统筹后集中向重点村庄或项目等倾斜，通常较低行政级政府在资金统筹性方面要较高于上级政府。对于采取何种资金使用方式，县级政府具有承上启下的作用，它既是各类公共资金下达到的管理接口，又是面向实际分配建设项目资金的前沿，因而具有重要的决策影响。

政府为主导的大量资金投入有助于改变多年投入不足和管理不到位所导致的问题。通过统筹公共资金渠道，既可以在美丽乡村建设中充分发挥主导作用，同时更加专注于非营利性的政策目的，避免市场资金投入对营利考量的局限性影响，避免短期营利性资金投入所可能产生的资源掠夺现象。

5　结语

本次政策调研在当前时代背景下，与国家和社会各界对城乡规划事业发展的需要密切相关。通过较为系统地梳理贵州省的美丽乡村建设的战略性政策，从连接政府和社会各界的政策入手，去探寻更具时代意义和普遍意义的国内欠发达地区的乡村地区发展特征，以及美丽乡村建设工作的特征。相比以往或者目前常见的乡村领域的研究，本次调查研究聚焦于村庄建设政策的过程，涵盖从省级政策制定到各级政策实施，直至典型村庄层面的实施状况。这一切入视角与政府工作有着密切关联的城乡规划编制工作者以及业内人士等，提供了重要的理解乡村发展特征和政府政策导引特征的视角和途径。希望这一调查不仅能够为后续的政策研究提供重要基础，也为有志于相关工作的参与者提供必要的线索。

"四则合一"下古村落保护模式探究 *
——以晋江市福全历史文化名村为例

陈维安　张杰

摘　要：随着城乡规划机制的逐步完善，古村落保护规划作为遗产保护的重要编制制度，备受各界重视，其作用也逐步显现。本文基于"多规合一"的规划思想，以国家历史文化名村福全村保护规划为例，在村落遗产保护规划中提出以"四张图则"作为技术支撑的创新机制。以递进、针灸式的保护与更新模式，聚焦村落整体风貌的保护与地域建筑的更新建设，探寻"四则合一"的古村落保护模式，即以保护模式图则、控制性详细规划图则、村落设计图则、景观环境引导图则，四则相扣、层层递进，并立足于居民切身利益，以"强制"、"引导"、"选择"、"融合"为切入点，关注村、民互动的、参与式的规划新机制。

关键词：保护；图则；互动

引言

随着城乡规划机制的逐步完善，国家历史文化名城名镇名村数量的迅猛增长，以及留住乡愁与保护传承地域文化浪潮的迭起，古村落的保护规划作为遗产保护的重要编制制度备受关注。

2014 年国家发改委 1971 号文件提出的开展市县"多规合一"试点工作[1] 在一定程度上给予了古村落在保护规划上的新启示。作为优秀地域文化的瑰宝，名村的保护规划应当以严谨的态度对待，更加需要基于全面系统的规划方式开展工作。于此，本文以历史文化名村福全村为例，提出"四张图则"的递进"针灸式"村落保护与更新模式，进行"四则合一"新模式下的古村落保护模式探究。

1　历史文化名村福全村概况

福全村作为蕴含优秀闽南传统文化的古村落，在 2007 年成功入选第三批中国历史文化名村名录，成为泉州地区迄今为止唯一一个中国历史文化名村。

福全村坐落于福建省晋江市金井镇南部，东临台湾海峡，东北距离泉州约 45km，南部则与金门岛隔海相望，仅相距 5.6km。自唐代起福全就以渔港形式存在，到了宋元时期更是发展成为海上丝绸之路的重要商贸古港。明清时期由于倭寇的频繁入侵，福全村由原先的渔港嬗变为东南沿海一带重要的海防所城，也称御守千户所，因此福全村又称福全所城①。

福全古城现存各级文物保护单位四处，闽南风貌的古厝、番仔楼、石屋不计其数，是了解东南沿海卫所、海上丝绸之路与闽南地域文化的重要场所（图 1）。当前在海丝文化、一带一路的兴起与对沿海海防的关注下，福全所城更具有不凡的保护与研究意义②。

* 教育部青年基金项目（11YJCZH229）：两岸文化交流下的闽南古村落保护与发展研究；
国家社科青年基金项目（12CGJ116）：文化生态下闽台传统聚落保护与互动发展研究；
中央高校基本科研业务费专项资金资助（WZ1122002）：文化生态学下的闽台古村落空间形态研究。

① 关于开展市县"多规合一"试点工作的通知，发改规划 [2014]1971 号：推动经济社会发展规划、城乡规划、土地利用规划、生态环境保护规划"多规合一"，形成一个市县一本规划、一张蓝图。开展市县"多规合一"试点，是解决市县规划自成体系、内容冲突、缺乏衔接协调等突出问题，保障市县规划有效实施的迫切要求；是强化政府空间管控能力，实现国土空间集约、高效、可持续利用的重要举措；是改革政府规划体制，建立统一衔接、功能互补、相互协调的空间规划体系的重要基础，对于加快转变经济发展方式和优化空间开发模式，坚定不移实施主体功能区制度，促进经济社会与生态环境协调发展都具有重要意义。

陈维安：上海华南理工大学景观规划设计系
张杰：上海华南理工大学景观规划设计系

① 许瑞安 . 福全古城 [M]. 北京：中央文献出版社，2006.
② 张杰 . 系统协同下的闽南古村落空间演变解读——以福建晋江历史文化名村福全为例 [J]. 建筑学报，2012（04）.

古厝现状照片

番仔楼现状照片

福全石屋

图1

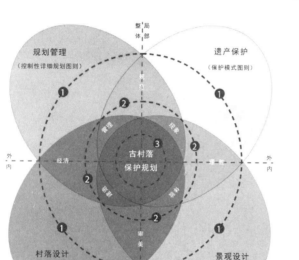

图2 "四维一体"设计模式示意

2 福全村保护与更新发展新模式探索

我国对历史文化名村的保护规划实践始于20世纪80年代，经过逾30年的实践探索，在对古村落的保护规划编制上已有了长足的发展[①]。但是在保护过程中所出现的种种问题揭露出有关古村落保护规划编制在系统性上依旧存有发展与完善的空间。因此福全村在原古村落保护与更新规划所采取的模式上，基于"多规合一"的规划思想提出以"四张图则"作为技术支撑的递进"针灸式"保护与更新的创新机制。

新机制在技术层面探索了规划管理、村落设计、遗产保护、景观设计四维一体的设计模式（图2）。通过定制设计、灵活使用控制性详细规划图则、村落设计图则、保护模式图则与景观环境引导图则四套图则，系统地对福全进行了全村覆盖式的详细规划设计（表1）。

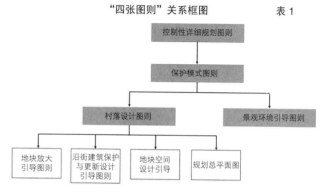

"四张图则"关系框图 表1

此种新机制将村落的规划管理、社区营造与村民自建结合。而文中福全规划中所涉及的"针灸式"规划方式相比"城市针灸术"[②]在旧城更新改造过程中的应用，"四张图则"的设置更加重视整个规划的过程。具体来说，整个村落的"针灸"过程包含了按摩——现状排筛、拔罐——局部活血与针灸——针对根治三个层面（图3）。

2.1 法规优先，严控规划原点

作为古村落保护规划，福全村规划的第一步即是依据泉州市、金井镇总体规划要求对村落进行规划控制。因此控制性详细规划图则是整个规划保护过程中最重要、最理性、最具备法律效应的一部分。控制性详细规划图则的内容主要包括对于福全村进行控制用地性质、使用强度和空间环境的规划。整体采取指标量化、条文规定、图则标定的形式对福全村的建筑、建筑高度、用地性质等各因素进行定性、定量、定位和定界的控制和引导。可以说控制性详细规划图则为古村落的保护规划设计制定了不可逾越的框架，而之后的三张图则也需要依遵控制性详细规划图则的规定开展规划设计（图4）。

① 李晓源.古村的呼唤——历史文化名村保护过程研究[D].天津大学，城市规划与设计，2012.

② 张晓.浅谈"城市针灸"[J].华中建筑，2012，（10）：23-25.

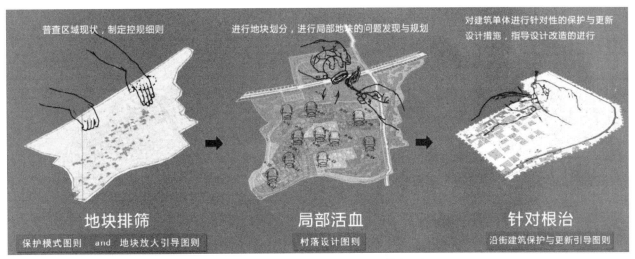

图3 递进"针灸式"保护与更新规划模式示意图

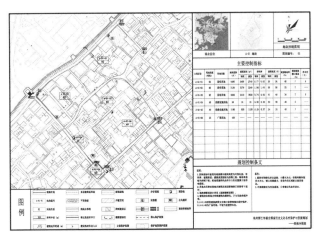

图4 地块控制性详细规划图则

图5 福全所城文化禁锢示意图

2.2 现状排筛，清晰地块根结

现状的实地调研是村落保护与规划过程中不可或缺的重要部分。福全村的规划调研在基于以往规划的CAD图纸、现状照片等资料的基础上前后共进行了四次调研活动。

通过拍摄记录、测量勘探、访谈调查，对福全村现状村域范围、道路系统、建筑情况（包括：建筑数量、建筑分布情况、建筑年代、建筑类型、建筑质量等基本情况）、自然山水环境等物质因素，宗教文化、手工艺等非物质文化进行排筛，清晰了解福全古城的村落现状（图5）。完整的调研以及对现状的整理为整个村落精准的SWOT分析奠定了基础，并有助于明确福全村的发展方向。且基于现状调研，综合运用保护模式与地方放大引导两张图则能够有效指导村落建筑、构筑物、非物质文化等的保护与规划方向，指明村落景观环境存在的根结，并提出实为有效的解决引导，有助于继续开展后

期规划工作。

2.2.1 保护模式图则

在针对地块现状排筛使用的两张图则中，保护模式图则主要针对村域内建筑与构筑物的现状开展排筛。在福全的保护模式图则中，通过对村内700余栋建筑的逐一排筛，为每一栋建筑建立了记录有建筑基本情况的房屋档案。内容包括建筑或构筑物的现状照片、户主姓名、产权归属、建筑年代、建筑层数等数十项内容（表2）。

通过对村域内所有建筑及构筑物的地毯式排筛，能够将福全村的建筑划分为传统形式、番仔楼、石屋及现代式样四种类型，并将建筑现状与此前设定的七种保护与更新模式，即保护、修缮、改善、保留、整治改造、拆除、重建一一对应，确定每栋建筑所需要采取的保护与更新模式。在福全的保护模式图则中还对地块内需要进行重点保护的古树、古井进行了特殊标注（图6）。

房屋基本情况记录档案　　　　　　表2

统一编号	C-138-139-140		户主姓名	陈德福	
居住人数	9	建筑层数	2	建筑年代	1990-2000年代
使用功能	居住	产权情况	私房	屋顶形式	坡屋顶
建筑结构	砖石结构	海外关系	有	建筑类型	石屋
建筑基地面积	140m²	建筑面积	210m²	建筑质量	较好
价值评估	较差		保护与政治模式	改造	
现状调研照片			建筑改造模型		

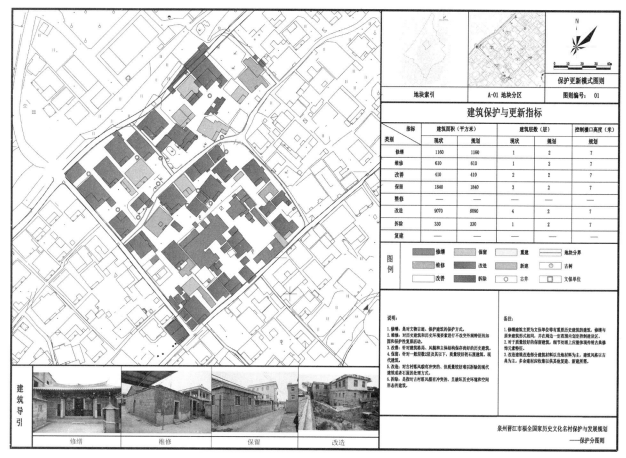

图6　地块保护模式图则

2.2.2 地块放大引导图则

福全村总规划用地面积为 55.98hm²，其中古村落用地面积为 31.10hm²，建筑总量逾 700 栋。依此可以判断福全古城属于村域面积较大、建筑数量种类较多、历史遗存丰富、情况较为复杂的村落。在规划过程中将整个福全村依照道路系统与用地功能划分为 17 个地块进行放大分析。

区别于保护模式图则，地块放大引导图则主要针对划分的地块进行小规模的现状环境排筛，着重于排筛、理清地块内景观环境的跟结所在。透过地块放大引导图则的分析能够清晰福全村内环境存在的问题，并在图则中对问题进行了逐一的规划处理方式说明以及细节总体引导。

2.3 局部活血，凸显区域优势

历史文化名村的活化关键之一是对村落内物质的、非物质的优秀因子给予保护与传承。相比城市中旧城的更新改造设计常使用的"城市针灸术"与城市设计图则，古村落的保护规划完全可以汲取其"切面小、耗资少、针对性强、效果明显"的优点，在不破坏古村落风貌的同时，进行有效的保护与传承。

基于控制性详细规划图则对福全规划的控制，以及保护模式图则与地块放大引导图则对地块内建筑与环境跟结的分析后，福全村的规划设计所采用的方式是基于城市设计图则所衍生设计出的村落设计图则。图则内容主要包括：沿街建筑保护与更新设计引导图则、地块空间设计引导图则以及村落规划设计总平面图。（图7）从

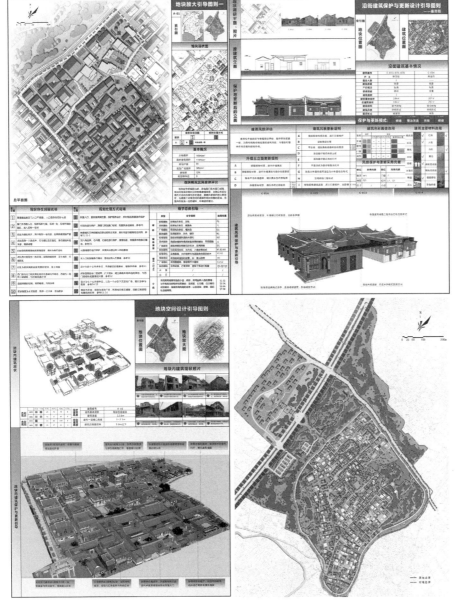

图7 村落设计图则（地块放大引导图则、沿街建筑保护与更新设计引导图则、地块空间设计引导、福全村规划总平面图）

本质上来说，村落设计图则与城市设计图则在解决问题的思路上是一致的，即依照"发现问题、分析问题、依照规定，解决问题"的思路进行。

2.4 针对根治，激发民、村互动

2.4.1 建筑分类与定位

城市亦或是村落的保护规划往往需要以建筑保护与更新设计为载体进行落地实施。对于福全所城这一类的古村落保护与规划设计，重点是针对承载地域文化的闽南风貌建筑以及村落地域景观进行规划设计。因此在清晰地块结与保护方向、明确单体建筑保护与更新模式的基础上，着眼于微，依据每栋建筑不同的现状情况针对性地进行根治设计，明确建筑的定位、规划建筑性质与用途有利于村落的整体协调发展。

2.4.2 "选择式"引导更新进程

在以往村落规划中地域建筑的保护与更新所采取的"自上而下"的规划流程引发争议连连。为了消除规划与原住民之间的冲突，之后的一系列城镇村规划中采用了听证会或是张贴公开的形式来增强民、村互动，使村民享有规划改造的知情权与参与权。但事实证明这样的形式与做法往往差强人意、收效甚微。究其缘由，规划之于村落的互动问题往往出于规划设计图则存在专业性过强，可读性不高以及图则不可逆的弊点。

在福全村的建筑保护与更新改造过程中，考虑到民居建筑涉及村民的切身利益，由此探索出一种清晰直观、简约易懂的民、村互动新形式——"选择式"图则。

"选择式"引导图则的设计具有让村民看得懂、能参与、易交流的互动优点。图则的内容主要包含单体建筑的基本调研情况，建筑风貌整体评估，建筑所采取的保护与更新模式。在具体的更新设计方面则采取"五位一体"的组成模式，即外墙立面的更新细则、建筑风貌更新细则、建筑色彩图谱、风貌保护与更新使用元素以及建筑更新主要材料五部分（表3、表4）。

在图则的实际操作、互动过程中，简单的选择式极大增加了村民参与的可行性，图片的直观展示提升了图则的可读性。整个建筑更新过程中，福全村的原住民不再是排斥在规划设计以外的局外人，也不仅是旁观者。通过覆盖至每家每户的选择式图则，一来能够帮助设计师与村民进行直接的交流互动，简单、快速地沟通双方想法。二来图则的建立是在不否定传统"自上而下"的规划循环优势的情况下，形成了局部"自下而上"的微系统循环。对于整个规划而言，古村落的保护规划在确保了高效的同时，不再是规划师绝对的感性与理性。因

建筑风貌更新细则与外墙立面更新细则　　　　表3

建筑风貌更新细则		
A	保持现有传统风貌，进行日常维护	
B	层数降层处理	
C	平改坡，增加具有闽南特色的屋顶	C-033 C-034 C-035 C-036
D	添加番仔楼式传统山花	
E	添加番仔楼式传统栏杆	
F	平屋顶改为番仔楼屋顶式样	
G	改变大体量的建筑造型为小体量组合形式	
H	沿用传统门窗样式	
I	维持现有建筑造型，进行日常维护、加固等	C-036
外墙主立面更新细则		
A	保留原有材质，进行外墙清洗	
B	保留原有材质，进行外墙清洗与部分材质更新	
C	除去不当外墙瓷砖，缀以黄灰色石质贴面	
D	保留原有材质，缀以传统红砖贴面	C-033 C-034 C-036

此借助"选择式"的规划图则能够有效实现村民的平等参与，以多元主体参与到规划设计之中（表5）。

2.4.3 "反循环"与"自循环"思维下的活化引导

古村落的活化离不开业态入驻。但推动业态的活化往往图囿在规划设计师的"反循环"思维中。因此在对福全村"活化"前，优先站在原住民角度进行了"自循环"思维的规划反思。

规划师的"反循环"思维即以建筑保护更新为驱动点，产业注入为软件，最终实现原住民经济利益的获取。其逻辑起点是先许愿宏伟的目标，营造获得巨大红利的前景。要求村民先以房屋更新改造为起点，通过政府或相关机构的招商引资，注入产业、活化这一更新的建筑，最后进行红利分配，以此实现所谓的"反哺"式遗产保护。纵观由"建筑"到"居民"的"反循环"活化机制，红利的获取位于保护的终端，居民需要承担保护更新中的风险。因此，当遇到风险难以保证红利出现时，受伤害的往往是村落间难以修复的遗产及其使用的居民（图9）。

"选择式"图则示意 表4

建筑色彩图谱选用							建筑主要材料选用				
类别	现状	规划					烟灸砖	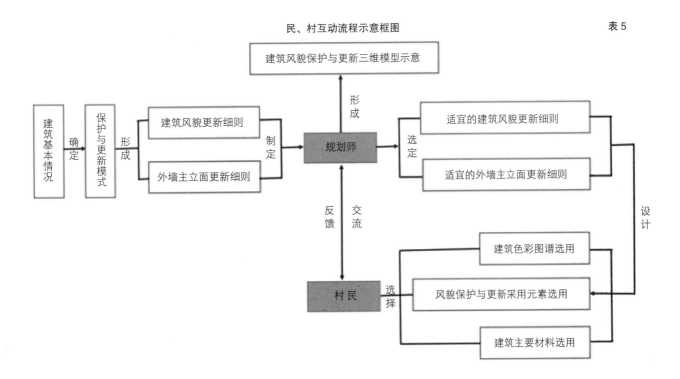 ✓	红砖		✓
		C(%)	M(%)	Y(%)	K(%)	推荐色彩示意	红瓦	✓	片石		
外墙		64	76	78	6		青砖		白石		✓
屋顶		41	85	100			木材	✓	青石		
门窗		14~16	17~80	41~69	9~54		琉璃		细粒花岗岩		
装饰		8%	90	100	18		大理石		粗粒花岗岩		✓
风貌保护与更新采用元素							陶瓷		福建锈石		
部位	采用元素	部位	采用元素				泥土		彩色碎瓷		
屋顶	W1	门窗	M1、M2								
墙面	Q7	栏杆	L1、L3、L4								
柱子	Z1、G2	小品	/								

民、村互动流程示意框图 表5

建筑风貌保护与更新三维模型示意

建筑基本情况 —确定→ 保护与更新模式 —形成→ 建筑风貌更新细则 / 外墙主立面更新细则 —制定→ 规划师 —形成→ ...

规划师 —选定→ 适宜的建筑风貌更新细则 / 适宜的外墙主立面更新细则

规划师 ←反馈／交流→ 村民

村民 —选择→ 建筑色彩图谱选用 / 风貌保护与更新采用元素选用 / 建筑主要材料选用 —设计→

图8 基于"选择性"图则形成的福全村庙兜街沿街立面更新改造示意

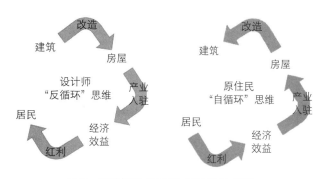

图9 "反循环"思维与"自循环"思维

主要包括两方面的内容：地块内建筑高度与色彩的控制以及地块内局部与整体的景观营造。此图则基于单体建筑的保护与更新图则上，将地块的更新建筑与环境改造进行协调规划。并在遵从控制性规划条文的基础上合理、详细规划设计出区域内的广场、景观节点、娱乐等基础公共区域，为福全村的整体活化与村落景观风貌营造添砖加瓦。景观环境引导图则与上述的三张图则共同构成了福全村完整、系统的规划保护体系。

3　结语

历史文化名城名镇名村都是不可复制、不可逆的优秀文化瑰宝。对它们的保护与规划发展值得且必须在全面、系统、成熟的规划机制下进行。综上所述，对福全村的规划启用"多规合一，四则为基，针灸式手法，选择化引导"的新模式，透过层层递进"四张图则"进行的详细规划设计是对古村落保护与更新机制上的一种新探索。相比原村落保护规划路径，"四张图则"从村域概念上的"面排筛"到地块范围的"块活血"，再到建筑单体的互动"点设计"，新模式在具备原有规划优势的基础上系统性得到增强。在探寻积极、互动的保护手段方面，以"强制"、"引导"、"选择"、"融合"为切入点，定制"选择式"的灵活图则对福全村规划过程中的民、村互动产生了显著成效。

其次，规划中还对依赖业态入驻带动村落活化所产生的"村庄一条街"现状进行了反思。分别站在规划师

据此，探索了原住民"自循环"的业态推动机制。以政府部门或民间团体给予居民先期红利为逻辑起点，以此实现由"居民"到"建筑"的规划逻辑。"自循环"的关键在于：政府部门或者民间团体应选择名城、名镇、名村内最佳的撬动点。这一撬动点的要求是：①风险与保护更新成本由政府或民间团体承担，而非居民本身，居民用使用权换取先期红利；②撬动点的地块要求是小规模，以最大限度地规避风险；③能够创造足可以辐射地块周边的红利，以撬动点的"红利"进一步带动周边地块发展。基于以上三点，再进一步探索居民积极参与的机制，建构诸如住房产权制度、信贷制度、就业制度等相关的制度配套体系，才能真正促进古村落的保护与活化有序健康开展。

2.5　四则为基，引导活化保护

"四张图则"的最后一张图则为景观环境引导图则，

图10　局部地块放大平面图及鸟瞰图

与原住民两方的视角，对两者间全然不同的"反循环"与"自循环"思路进行解析，为古村落保护规划中所谓的业态带动村落活化提出了新的思考。

当前福全村基于"四张图则"的规划引导下，规划进展顺利。但"四张图则"的规划新机制仍处于探索阶段，有待通过更多的村落保护规划进行实践验证，补全完善，以确保此机制的成熟建立，古村落的保护规划得以真正的可持续发展。

主要参考文献

[1] 苏涵."多规合一"的本质及其编制要点探析.规划师，2015（2）：57-62.

[2] 许瑞安.福全古城 [M].北京：中央文献出版社，2006.

[3] 张杰.系统协同下的闽南古村落空间演变解读——以福建晋江历史文化名村福全为例 [J].建筑学报，2012（04）.

[4] 李晓源.古村的呼唤 ——历史文化名村保护过程研究 [D].城市规划与设计，2012.

[5] 张晓.浅谈"城市针灸" [J].华中建筑，2012（10）：23-25.

[6] 吕俊杰.从"十三乡入城"看福全古村的铺境空间 [J].南方建筑，2010（03）.

"田园综合体"概念下的莫干山镇乡村发展策略研究

闫展珊　王军　康渊

摘　要：为解决我国城乡发展不平衡、差异大、资源浪费的问题，迎合我国乡村旅游业转型发展时期的客观需求，本文以浙江省莫干山镇为研究对象，提出了在"田园综合体"概念下的发展策略。本文主要分为四部分，包括研究背景的分析、村落概况与特征研究、"田园综合体"概念、特征及实现途径以及结论。重点阐述了以田园生产、田园生活、田园景观为核心组织要素的多产业、多功能有机结合的空间实体，即田园综合体的概念。主要提出通过功能和手法两种方式构建田园综合体，将农业与休闲旅游业相互结合，进行乡村空间和资源整合、以达到激活乡村发展的目的。

关键词：田园综合体；乡村旅游；浙江莫干山镇；乡村发展

1 研究背景

随着我国工业化和城镇化的推进，大量农村劳动力流入城市，农业劳动力大量减少，导致城乡居民收入差距和城乡公共服务水平差距越来越大，农村长期发展缓慢。主要表现在城乡人居环境、教育、公共设施、医疗、交通、养老、经济等多方面，如何实现城乡一体化，为建设"美丽乡村"另辟蹊径成为我国乡村发展不得不面临的主要挑战之一，而"国家政策扶持"、"社会力量介入"、"多元化多业态共发展"是能够尽早解决这一问题的关键所在。纵观我国乡村建设现况，将乡村农业与休闲旅游相互结合已经成为乡村建设的主要模式之一。根据数据统计，我国的旅游业较长期的保持7%年均增长率，已经成为国民经济新的经济增长点和支柱性产业之一，并且带动了相关产业和社会经济的全面发展。与此同时，2010~2020年是中国旅游业发展的黄金十年，推动着国民经济和社会发展，培育和提升着国家和地区的软实力。而就目前来看，旅游业发展的趋势已经从传统的观光型转为休闲度假型，除了娱乐、身心恢复的需求，更重要的是创造性参与、投入感情参与，因此"深度旅游和自助游的兴起"、"城郊乡村旅游的兴起"也就应运而生了。这就给乡村旅游的发展带来了前所未有的机遇和挑战。

浙江省土地面积101800km²，地形以丘陵山地为主，最近十几年浙江省人均GDP位居全国前列，与世界中等发达国家持平，城市居民消费已经进入转型升级阶段，对宜居、休闲、健康等方面有着更高的追求。随着工业化进程的快速推进，尤其是进入21世纪之后，浙江省城镇化进程发展迅速，城镇化率达到60%，但是最近几年浙江省的城镇化水平提升趋于平缓，这就意味着浙江省的城乡建设进入了一个新的发展时期。随着城镇化水平的推进，居民对农产品需求有了更高的标准和要求，不仅要求农产品品种多样化，同时更加注重农产品的品质和安全，对食品质量提出了更高的要求。另外，随着城镇居民越来越重视精神生活，其对乡村旅游的需求也越来越旺盛，不仅对乡村旅游的内容和形式提出了多样化的要求，同时对乡村生态环境的要求也越来越高[1]。

此次研究的目的是探究在多元化建设新农村的大背景下，通过轻巧灵活的社会化力量自下而上的为"美丽乡村"建设另辟蹊径。通过研究，可以寻求如何以公共艺术、低维护成本、生态技术等营造手法，创造出集休闲旅游、观光、生态自然、大地艺术、农耕体验等多业态多功能于一身的田园综合体，从而探寻出一种以点带面、活化乡村的新型乡村建设模式，促进城乡一体化。乡村的建设贵在多元化、多模式、多层次共同发展，我们所提倡的是让更多的社会力量介入、允许社会化的资本参与、允许分散的小规模的建设，开辟出一种自下而上的乡村建设新模式，并使之与自上而下的大规模运动方式相互促进、补充，让美丽乡村的建设更加多元化、立体化。

闫展珊：西安建筑科技大学建筑学院硕士研究生
王军：西安建筑科技大学建筑学院教授
康渊：西安建筑科技大学建筑学院博士研究生

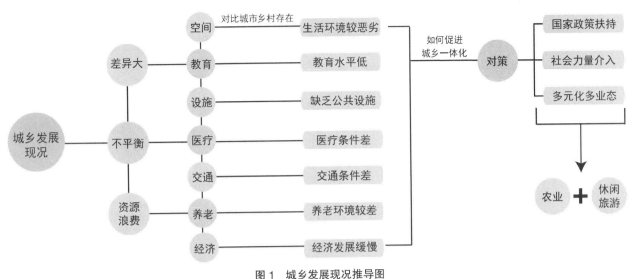

图 1　城乡发展现况推导图
（资料来源：作者自绘）

2　村落概况与特征

2.1　村落概况

莫干山镇是浙江省湖州市德清县辖镇，位于美丽富饶的长江三角洲的杭嘉湖平原，国家级风景名胜区——莫干山在其境内。相传春秋末年，吴王派镆铘、干将夫妇来到这里铸成举世闻名的雌雄宝剑，莫干山由此得名。莫干山镇东与三桥镇相接，南与筏头接壤，西靠莫干山风景区，北依南路乡。乔莫线由西向东横穿全境。全镇"七山一水二分田"，绿化覆盖率68.2%，是一个典型的山乡镇。2005年全镇总人口16000余人，境内群山连绵，环境优美，气候宜人，物产、旅游资源十分丰富，其中竹林面积5.8万亩，茶园250hm²，干鲜果250余hm²。盛产竹木、茶叶、瓜果、家禽、萤石、石料等。2016年10月14日，浙江省湖州市德清县莫干山镇被列为第一批中国特色小镇。

图 2　莫干山镇区位图
（资料来源：作者自绘）

2.2　场地特征与问题

基地位于莫干山镇溪北村内，这里有野地近60余亩，既有一座座郁郁葱葱的林荫山脉，又有规整的茶园，在旁落有原是乡间的村公所、竹编厂、茶场、山间小学堂等数间废弃的老宅旧址[1]。基地项目共分为一期、二期和三期三个阶段，项目一期包括：原舍民宿部分：在建筑方面，它的一砖一瓦，一土一苗，都是在设计师们的精心规划之下慢慢建成的。外立面使用当地龙山土窑烧制的传统手工青砖，屋顶采用了嘉兴土屋手工小瓦，并结合地方特色竹材料工艺，还原当地传统浙北民居生活。它保持了小学堂相似的结构记忆，和谐地融于山景。项目二期、三期包括：在莫干计划的大概念之下，多位设计师已展开对二期及三期的建设与运营，同时，也将进行有机种植、大自然婚礼、儿童乐园、生态游泳池、农趣体验的规划设计。现在在规划中的用地面积46428m²，占地面积854m²，总建筑面积1654m²，绿地面积42265m²，容积率0.04，建筑密度为2%，机动车位共有30个[1]。

经过多次现场调研，归纳总结了如下场地问题：①空间浪费现况严重，场地以农田、荒地为主，缺乏规划；②公共服务设施差，地区接待能力欠佳，场地缺乏适合旅游休闲娱乐的综合设施；③场地功能较为单一，业态梳理不够；④产业落后，生产能力低。

3　"田园综合体"概念、特征及途径

在城乡发展严重不平衡，农村经济发展面临严峻转型考验，乡村人居环境急需塑造的大背景下，作为景观设计师如何利用好手中的资源，将农业与休闲旅游业相

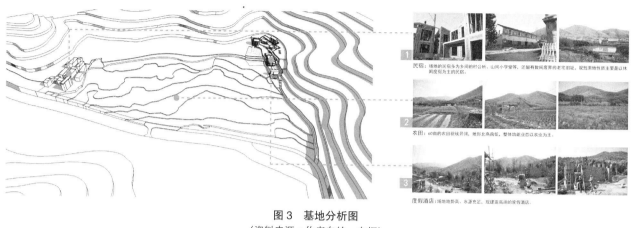

图 3 基地分析图
（资料来源：作者自绘、自摄）

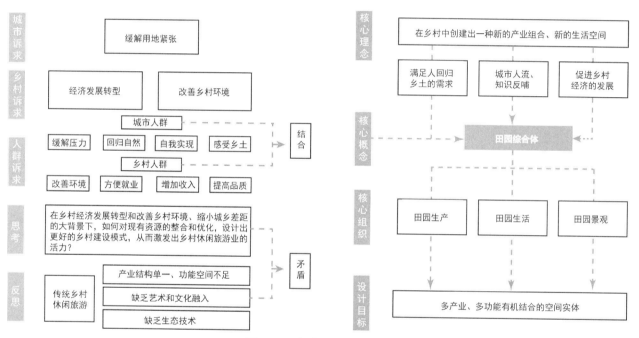

图 4 田园综合体概念推导图
（资料来源：作者自绘）

结合对资源进行整合和优化，从而创造更好的乡村体验空间，进而激发出乡村休闲旅游的活力。设计团队设想在乡村的土地上，形成一种新型的产业组合模式、乡村体验空间，并且能够满足人回归乡土的需求，使得乡村更好的发展。

从早期的观光农业，到现在的休闲农业综合体、农业旅游综合体再到如今在"生态农业"和"旅游综合体"的概念基础上形成的田园综合体的提出及运用，都是为了在当代中国城乡一体化进程中探索一种乡村理想模式发展的可能性。田园综合体是新型城镇化发展进程中，都市周边乡村城镇化发展的一种新模式。它充分挖掘本地乡土文化、生活方式，恢复乡村独有的美丽与活力，

让更多的城市人回归乡村、感受乡土，为解决基地现况中存在的问题提供了强有力的理论支撑。

3.1 "田园综合体"特征及内涵

首先，"田园综合体"是建立在以一定的农业生产生活和田园景观环境的基础之上。田园综合体是在结合农林牧渔的生产与当地乡村农俗文化、农家生活的基础上，充分利用农田景观、自然生态、环境资源，将人文景观、自然景观与观光旅游三位一体、互相结合，形成一种新综合体形式，具有引领区域资源共生、聚合增值之特质[3]。其次，"田园综合体"是以观光休闲功能为核心。田园综合体依托并服务城市居民，强调人与自然和谐发展，带

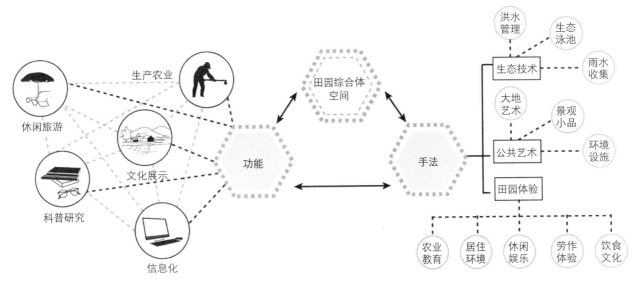

图5   田园综合体构建手法图
（资料来源：作者自绘）

动乡村农业从传统的第一产业到第一、二、三产业共同发展。最后，"田园综合体"的主要途径是综合开发，主要包括：①体现乡村农业景观与休闲旅游的综合性开发。运用农林牧渔资源结合当地自然资源，营造优美独特的田园景观、山水景观、农耕文化景观，同时为其注入多功能多业态的休闲旅游业，打造集生态观光、休闲娱乐为一体的田园综合体，能够一站式满足游客全方位的旅游体验需。②打造以休闲娱乐观光为一体的综合休闲产业。将结构单一的农业生产活动向泛休闲农业产业化转变，其中包括旅游、休闲度假、地产、公共艺生态营建等在内的休闲产业的中和发展架构[3]。③由传统的农业生产转向农业观光为主的多功能农业区。将农业生产区产业升级，开展生态农业示范、农业科普教育示范、农业科技示范等项目，从而发展成为"新型城镇化典范区"、"农业休闲示范区"等综合目标构架[3]。

3.2 "田园综合体"的应用途径

田园综合体以田园生产、田园景观、田园生活为核心要素的、具有功能多产业多有机结合的空间实体，设计团队主要通过功能和手法两个方面来共同打造田园综合体的实体空间，功能包括了休闲旅游、科普研究、文化展示、生产农业以及信息化，手法包括了生态技术、公共艺术以及田园体验。

通过功能与手法相结合的途径，共同来营造田园综合体空间。其中田园综合体功能包括休闲旅游、文化展示、农业生产、科普研究、信息化展示等多种业态的结合，田园综合体的构建手法有生态技术，公共艺术，田园体验。

生态技术包括雨洪管理，雨水收集，生态泳池等；公共艺术包括大地景观，景观小品，环境设施等；田园体验囊括了农业教育、居住环境、休闲娱乐、劳作体验、饮食文化等。在空间分析上，本次设计通过要素分析分析，功能分析，空间分析，模式分析四个层次，分别从人、文、地、产、景五个角度，来研究综合体的空间构成。

3.3 "田园综合体"的设计应用

为将田园综合体的理念落实在具体空间形态上，设计团队将通过系统分析与场地分析相结合的手法，重塑基地环境，在保持场地原有功能性、乡土性的基础上，场地设计围绕庭院，农田，滨水，建筑，道路五大景观元素展开。根据基地的用地性质，设计将场地分为三大区块，分别是民宿休闲区、多功能农田区以及滨水度假区。

3.3.1 民宿休闲区

该区域规划总用地面积7200m²，其中建筑用地面积1098m²，水域面积496m²。从满足人的活动的角度出发，将场地可以划分为民宿庭院区和户外活动区，庭院主要用于城市游客休闲放松、展示当地竹工艺品，户外活动主要设有生态池塘、户外草坪以及果树林，满足使用人群的需求。

该区田园综合体是通过使用功能和手法来共同营造。在功能上主要是植入了休闲旅游、文化展示、生产生活，将原本废弃的棕地景观重新改造，打造迷人舒适的户外空间；在手法上，主要是以采用了公共艺术和生态技术的手法，利用一些当地的竹制的景观小品和环境设施，既可以放置在景观空间中成为小品，又可以展示当地文

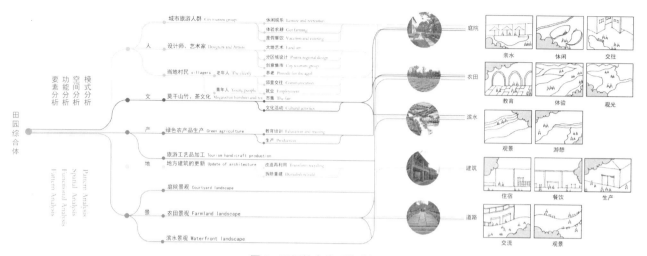

图6 田园综合体系统分析图
（资料来源：作者自绘）

图7 田园综合体设计应用平面图、分区图
（资料来源：作者自绘）

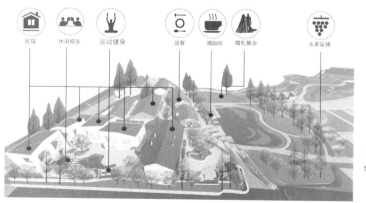

图8 民宿休闲区的活动分析图
（资料来源：作者自绘）

图9 民宿休闲区田园综合体构建图
（资料来源：作者自绘）

图10 多功能农田区的活动分析图
（资料来源：作者自绘）

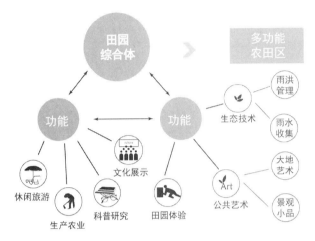

图11 多功能农田区田园综合体构建图
（资料来源：作者自绘）

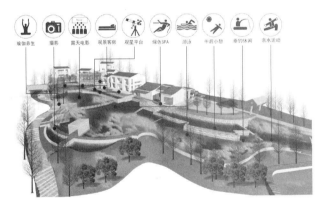

图12 滨水度假区的活动分析图
（资料来源：作者自绘）

化特色，同时还可以吸引艺术家进行创造；在生态技术方面，主要是运用了雨水收集的原理，营造舒适的小气候环境。

3.3.2 多功能农田区

该区域规划总用地面积28707m²，其中建筑生产设施用地面积450m²，配套设施用地面积567m²。主要包括农园入口空间，科普教育田，芳香花带，有机农田区，生物动力坊，快乐牧场，蓄水稻田区，廊桥景观，梦幻花海，樱花茶园等，可以满足人亲近动物，农地体验，

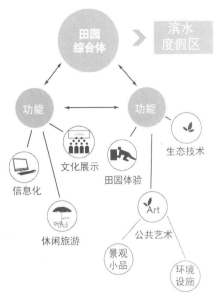

图13 滨水度假区田园综合体构建图
（资料来源：作者自绘）

艺术创作，稻田餐厅，阅读，健身，露天电影，摄影，农作物认知等活动。

有机农田区是综合体的核心区，该区域也是将构建田园综合体的功能与手法体现的最淋漓尽致的主要区域。首先是功能方面，在农业生产上，将传统农业生产与时下最热的休闲旅游和科普研究相结合，打造多功能的农业文化展示、体验区。其次是在手法方面，在公共艺术上，该区域尽可能地保留开敞农地元素，大面积的农地种植不同季节的农业作物，并邀请艺术家在大地上进行创作，通过不同的作物形成不同图案的大地景观，并且，根据四季农作物的变化放置不同的大地艺术品，供人们观赏和拍照；在生态技术上，运用了雨洪管理、雨水收集，用生态大棚等载体打造生态农业。

3.3.3 滨水度假区

该区域该区域规划总用地面积11303m²，其中建筑用地面积811m²，水域面积3103m²。该区域的设计理念是"隐"，在设计中将自然、居住、人文的理念相融合，使人住在这里就像置身在世外桃源。滨水度假区共有六栋民宿建筑，每栋建筑都留有了一个独立的院落，且风格不同，住户可根据自己的喜好选择不同风格的庭院。滨水区依据地势高差层层跌水，并种植生态水生植物进行水体净化，并设有一处私密性的泳池和一处公共泳池，体现人与自然共生。

在构造滨水度假区的田园综合体的功能和手法上，植入了包括文化展示、信息化、休闲旅游在内的功能，以及生态技术、田园体验、公共艺术在内的手法。

4 结论

在提出城乡发展一体化以及建设"美丽乡村"，增强农村发展活力，逐步缩小城乡差距，促进城乡共同繁荣的社会大背景下，为了满足有着浓厚的乡土情结的都市和乡村人的内心需求，提出"田园综合体"的成为主要解决的途径，用其理论来重塑乡村人居环境，提升乡土景观品质。田园综合体即是以满足人回归乡土需求为核心价值，以田园生产、田园生活、田园景观为核心组织要素的多产业多功能有机结合的空间实体，以城市人流、知识反哺农村、促进乡村经济发展的新的产业组合、新的空间[4]。

针对位于浙江省莫干山镇基地的实际情况，结合对现状村民、设计师、研究者、投资者的多方调研采访，提出将田园综合体运用于该基地，并结合基地不同区位不同功能进行分区块设计，使理论与实际相结合，因地制宜、灵活落地。

通过运用"田园综合体"理论对莫干山镇乡村的发展起到了如下作用：①为乡村景观规划提供相关依据，构建多业态结合的高效田园综合体模式：对莫干山镇景观发展策略研究，不仅可以为该项目提供可行性方案，同时也是对于我国乡村景观规划提供相关理论依据与设计手法上的借鉴。②为建设美丽乡村另辟蹊径：乡村的建设贵在多元化、多模式、多层次共同发展，允许社会化的资本参与、分散的小规模的建设，开辟出一种自下而上的乡村建设新模式，让其多业态、多角度融合发展。③解决了场地浪费严重、功能空间不足、产业单一的问题，将多产业多功能有机结合运用在基地中，增加了诸如休闲旅游、文化展示、农业生产、文化展示、科普研究在内的多种功能。④传承莫干山镇乡村传统文化、景观资源：广大的农村地区是大部分中国人的根，是中华文明重要的组成部分。将当地传统的手工艺等文化流传并发扬，可以将当地茶与竹等自然资源保留、开发再利用，从而对传承乡村传统文化、景观资源起到积极的促进作用。

主要参考文献

[1] 朱胜萱. 望山，依田，归乡——莫干山清境·原舍／清境·农园／庚村1932文化园 [J]. 设计家，2015（04）：64-73.

[2] 叶敏. 美丽乡村建设的路径——以浙江省德清县为例 [D]. 浙江大学，2014.

[3] 丁歆. 田园综合体乡村景观规划设计发展新模式 [J]. 现代装饰理论，2016（05）：66-67.

[4] 贾江南. 莫干山清境·原舍二期设计 [D]. 南京大学，2016（04）.

EPC 模式下的乡建实践探索

肖奕平　梅耀林　段威　姜欢　郑涛　寇建帮

摘　要：伴随着美丽乡村的广泛开展，乡建的实践越来越多，不同模式的探索也越来越多。文章从当前乡建工作存在问题入手，提出 EPC 模式对乡建的积极作用。同时基于石家庄栾城区美丽乡村规划建设实践，从项目组织、现场调研、驻场设计、施工推进、建设成效等多个方面介绍 EPC 模式参与乡建的具体运作流程，详细分析其既有优势和存有问题，并从驻场设计师的视角提出解决之道，以期为美丽乡村建设提供有效保障。

关键词：乡建；美丽乡村；EPC

1　引言

2004 年以来，连续多年的中央一号文件都以"三农"为主题，足见"农业、农村、农民"问题在我国社会主义现代化建设中的重要地位。这些年我国新农村建设取得一定的成效，但随着工业化、城镇化的深入推进，很多农村的公用工程设施、公共服务、人居环境还需要大力改善。特别是中央城镇化工作会议提出：新型城镇化的任务是在提高城镇化水平的同时，要让居民望得见山，看得见水，记得住乡愁。建设"美丽乡村"被提到了更加重要的位置。

近年来，乡村建设广泛开展，一时间社会各界越来越多地把目光投向了乡村，乡建似乎成为一股潮流。同时也涌现了很多新的模式，取得了不错的成效。本文以江苏省城镇与乡村规划院近年参与的相关 EPC（规划、设计、施工、采购总承包）项目为例，从规划、设计、环境、产业等多方面切入，介绍 EPC 模式在美丽乡村建设方面的应用。

2　EPC 模式的提出

2.1　当前乡建存在的问题

2.1.1　传统模式的乡建

在传统模式下，乡村建设的主体是村民。这种模式往往由村集体（村两委）主导，召集当地工匠，根据村庄需求甚至村干部喜好进行施工。虽然村民参与乡建是理所当然的，但由于缺少规划设计，且当地的工匠往往已经失去了传统的建造技艺，建设随意、工艺粗糙，往往会造成比较差的后果（如过度硬化、绿化景观城市化等）。

2.1.2　"合规矩"的乡建

随着乡建的大规模展开，其建设主体往往为乡镇人民政府或县直相关部门，在程序及资金使用上就有了更高的要求，这时候往往会先开展规划设计，且由有资质的队伍进行施工，但依然可能存在下列问题：一是只有规划没有施工图设计，无法具体指导施工，容易走样。二是虽然有施工图，但村庄情况复杂，利益主体多，矛盾协调多，往往需要施工图频繁变更，而当前的施工图变更手续相对繁琐，操作不灵活。三是资金使用要求高，使用程序严，按照一般工程建设流程时间长，手续多，推进慢（如设计、施工分别需要招投标，需要完整全面的施工图才能进行预算等）。

2.1.3　"有情怀"的乡建

随着社会各界对乡村建设的广泛关注，当下出现了一种以恢复传统结构技术、以大量使用原生地材料为主要建造用材为方向的乡土实践。这样的模式作为小范围的孤芳自赏并无大碍，但并不适合大范围推广，乡土绝不只是用于瞻仰的化石，更是鲜活的生命体，乡建的基本属性更应为满足基本的功能与使用需求。

2.2　EPC 模式的引入

针对上述问题，将 EPC 模式进入乡建不妨为一个破解之道。住房城乡建设部《关于进一步推进工程总承包发展的若干意见》建市（2016）93 号也明确提出

肖奕平：江苏省城镇与乡村规划设计院
梅耀林：江苏省城镇与乡村规划设计院
段威：江苏省城镇与乡村规划设计院
姜欢：江苏省城镇与乡村规划设计院
郑涛：江苏省城镇与乡村规划设计院
寇建帮：江苏省城镇与乡村规划设计院

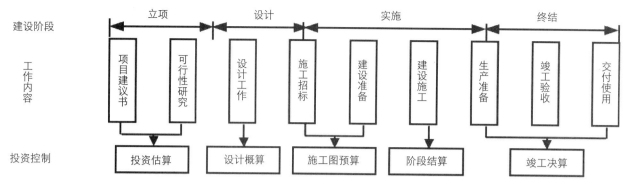

图1 一般工程建设流程

建设单位在选择建设项目组织实施方式时，应当本着质量可靠、效率优先的原则，优先采用工程总承包模式，政府投资项目和装配式建筑应当积极采用工程总承包模式。

所谓EPC（Engineering Procurement Construction）是指从事工程总承包的企业按照与建设单位签订的合同，对工程项目的设计、采购、施工等实行全过程的承包，并对工程的质量、安全、工期和造价等全面负责的承包方式。具有以下特征：一是业主把工程的设计、采购、施工全部委托给一家工程总承包商，总承包商对工程的安全、质量、进度和造价全面负责。二是总承包商可以把部分设计、采购和施工任务分包给分承包商承担，分包合同由总承包商与分承包商之间签订。三是分承包商对工程项目承担 的义务，通过总承包商对业主负责。四是业主对工程总承包项目进行整体的、原则的、目标的协调和控制，对具体实施工作介入较少。五是业主按合同规定支付合同价款，承包商按合同规定完成工程，最终按合同规定验收和结算。

乡建若引进EPC模式，可实现项目的设计、采购、施工一体化，变规划、设计、采购、施工多次招标为一次招标，变硬化、绿化、亮化、污水处理、民居改造等单项招标为综合招标，变工程总价招标为费率招标，变先预算评审为后决算评审。这样，一举破解了招标时间长、规划落地难、资金到位晚、质量把握难等旧矛盾和新问题，实现美丽乡村顺利推进。

3 实践探索

3.1 项目背景

基本情况

栾城区位于石家庄市东南方，距石家庄市区17km，是石家庄的新设区。栾城区三苏都市农业游片区位于栾城区北部，是河北省2016年重点打造的十二个省级片区之一。

2016年初，我院编制了河北省石家庄市栾城区三苏都市农业游片区美丽乡村总体规划，以及部分重点村的美丽乡村建设规划。在此基础上，我院作为牵头人，联合相关建设工程公司，继续参与了其美丽乡村工程总承包项目（EPC），该项目包括6个重点村的设计、采购、施工，投资规模近2亿元。

3.2 特色营造

规划从"三苏文化"的循迹入手，整合地区文化品牌，提出"味道三苏、诗画田园"的主题定位。重点关注盘活产业促使农民增收，提升风貌彰显文化特色两方面。从产业、旅游、风貌和配套四个方面提出"品苏园百果、寻苏家味道、观历史风情、赏雅诗韵画"的建设措施，落实河北省美丽乡村十二个专项内容，实现产业美、生态美、精神美、环境美的总体目标。

3.2.1 创建特色产业品牌——品苏园百果

依托现状核桃林，利用林下土地资源和林荫空间，开展林菜种植、林药种植、林草种植、林禽养殖、林蚯养殖五种林下经济模式。依托成熟的果树嫁接技术，嫁接苹果、梨、杏等水果的其他品种，形成一树多果的嫁接效果，使果园的果实通过嫁接技术，变成"魔力树"，在不同时期能够结出各种果实。增设蔬菜大棚，增加温室采摘，种植精品蔬菜和南方果树，如甜椒等有机蔬菜和香蕉、杨桃、木瓜等热带水果，提高片区旅游吸引力。

3.2.2 创新旅游体验方式——寻苏家味道

规划围绕三苏文化，在片区范围内打造一条"三苏文化精品观光"线路，以电瓶车观光、骑行、步行观光等形式综合形成慢行观光系统。重点打造历史文化类旅游项目，苏味道墓公园、苏相府、清明桥公园、传统老民居等；采摘体验类旅游项目，如苏园、上林农庄、四季果园等；休闲观光类旅游项目，如洨河湿地等，同时配套游客服务中心为整个片区服务。

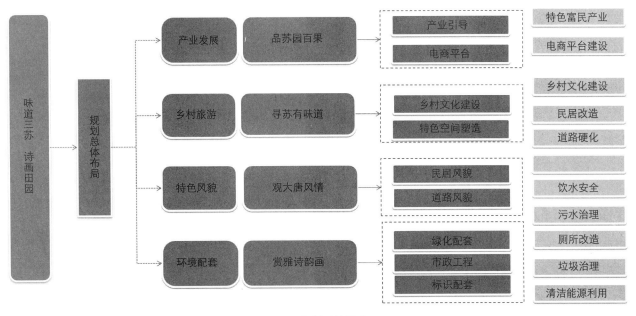

图2 规划设计思路

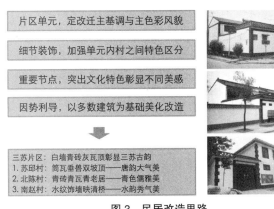

图3 民居改造思路

3.2.3 打破"一笔刷"塑造方式——观历史风情

规划以"一种建筑色彩、一个改造基调"为统领，多种细节装饰为特色，构筑"1+X"模式。通过提炼文化元素，包括筒瓦、花墙、砖雕、斗拱、鸱尾、垂兽等，以民居为载体，体现历史文化风貌。通过村口标识、景墙、照壁等景观标识的设计，结合交通、宣传、旅游、导向等标识的点缀，融入三苏文化元素，增强片区文化特色。

3.2.4 "主题化"配套方式——赏雅诗韵画

道路游线绿化设计，采用分段设计、融诗入景的手法，体现唐诗主题，彰显三苏文化，让游客在活动、观景、休憩的同时品诗赏景。广场设计采用砚池为理念，形成一个以休闲赏诗为主题的下沉式广场，并增设竹简文化墙、三苏人物墙绘等彰显文化氛围。在布局上，保留现状乔木，采用树池座椅的形式一方面增加了树荫避暑，另一方面增加了休憩功能。

3.3 操作过程

3.3.1 前期明职责

设计院与建设工程公司成立联合体作为项目总承包方，成立项目指挥部，下设技术设计部、工程管理部、综合管理办公室、物资设备部、预算资料部五个部门，综合管理主承建各专业班组以及各行政村指定专业分包班组。

设计图纸完成后，由乡镇、村委、监理单位、设计单位、施工单位五方共同签字确认，由施工队组织实施。其中设计院承担现场施工技术指导、设计变更、实施效果检验等任务；建设工程公司对项目发包、进度把控、质量监管、工程量统计等进行现场把控。

五方签字的要求也是本次乡建工作的亮点，区别与传统建设工程采用甲方－监理－乙方的模式，EPC模式下的乡建工作更多地需要设计院牵头把关各个阶段的工作，政府在其中则起到引导、决策的作用，村镇则起到协调的作用，在施工过程中这种五方签字的模式，有效地减少了各个流程中的常规程序，使得工程更有质有量的顺利进行。

3.3.2 进场详勘探

2016年初，我院以规划、建筑、景观、市政工程为主的设计团队，与施工团队开始进入村庄进行各项工作的前期准备工作以及详细调研，到村庄后基本没有可用资料，面对时间紧、任务重的压力，项目团队开始自己动手进行场地详细测绘，设计师协同施工单位对规划的重要节点、样板建筑、市政管道等进行勘探，获取详细

图4　主题景观路设计

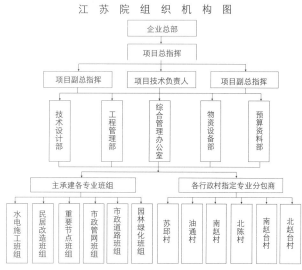

图5　项目部组织框架图

地形数据再记录到工程图纸中,为后续的施工图设计提供数据支持。为了保证规划阶段提到的特色亮点能最有成效地落地,建筑改造则由村干部带领工作组挨家挨户进行摸底,进行建筑逐一编号,确定能迅速启动的样板户。

对于详细勘探现场,EPC模式下能更快更准确的达到规划落地的需求,通过每一户建筑,每一个户外开敞空间及每一条市政管网的现场复尺得出的数据反过来既弥补了规划阶段对现状调研的不足,又能对接下来的调整及深化提供准确的数据补充,有效地避免了后期施工进程中的返工。

为保证规划效果能在落地中一一实现,项目团队进过详细调研后,由施工单位提供现有技术力量,材料供货源,这样就把施工过程中可能遇到的问题提前预见。由于工程建设地域性的特殊原因,准备工作中同时联合各村干部商讨及考虑村镇本地的成熟技术工艺及材料,不但避免了后期施工的人为阻力,也更好地发扬了地域文化,符合乡建"在地性"的初衷。

3.3.3　设计接地气

首先开始村庄样板建筑的改造,由前期测量准备的数据绘制的施工图交由施工队伍进行改造,设计师协同

工作,遇到问题马上进行沟通调整,基本是在现场确定色彩样板,每处建筑改造以样板为基调,采用"1+X"的规划模式,增加每一户都装饰变化,避免了"百户一面"的尴尬效果。

几个村庄的老民居片区是这次建筑改造工作的重点片区,项目组组从前期对村民做工作到施工进场全程参与,这个过程中不断研究传统地方民居特色,获得了诸多灵感,并在施工改造中得以运用;而工程组在实施过程中也更加体会到村民对自家院落及建筑的感情,自然而然也会对院中的一块石或门墙上一段老木头产生感情,从主观上的"去改造"变成结合客观条件的"去尊重"。

同时进行的是市政管网的改造,由于村庄管网系统的不完善,而且村庄本身土地的特殊性,管网系统放在前期建设中就显得尤为重要,工作组依据深入勘探得到的数据进行施工图绘制,基本上每一条管、每一段线都是完成绘制后立即在现场与施工单位进行现场确认,开挖一处不符合设计就现场进行图纸修改,保证施工进程更加有序和顺利进行,遇到标高不一致的情况及管材规格无法在现状落实的情况就当场变更图纸材料,这跟之前的材料准备息息相关,设计人员现场跟踪施工进程就能更好的为基础工程留得宝贵时间。

公共空间及场地绿化等重要的景观节点施工,是规划落地实践过程中较为重要的环节,一方面公共空间的建设更容易出效果,另一方面是重要节点景观工程的先行完成,有利于规划中以点串线的实施意图,这一阶段的施工过程,也是工作组正值烈日酷暑中最难忘的经历,因为时间紧迫,需为酷夏到来能开展绿化工程创造条件。由于时间紧迫,有些景观节点图纸不全或变更较大,工作组以土建设计与绿化设计两个专业为工作小组根据前期测绘地形现场画图,现场与施工技术员对接尺寸、材料、绿化配置,技术员在现场施工的同时,设计人员则在一旁屋檐下用3D软件推敲刚刚的图纸在空间上的形态,这样有效的预见了后期呈现出来的效果。同时,有的节点需要体现乡土民俗的规划意图,而施工单位提供的材料

图 6　现场踏勘

图 7　现场设计与指导

图 8　现场协调各方矛盾

与工艺又是流水线规范化的，这时候设计工作组在前期对本地材料搜集和建设工艺的研究借鉴，在这些节点中就有了用武之地，有的景观工程甚至设计师亲自上场做施工示范，以及邀请本地老匠人进行现场指导，由此探索文化的地域性。

寄托乡愁的乡建工作设计到很多专业方面的知识、法律法规，应该由多方面技术人才共同协作完成，其中也包括村民，EPC 模式下的乡村建设也包括鼓励全民齐参与的模式，村民既是乡建受益者又是建设者，势必更大程度地发挥了集体的智慧，我们在建设宅前屋后的改造工程中就采用了这些方式，村民作为营造美好自身居住地的强烈愿望，推动了他们的积极性，我们工作组再加以引导，这种"偶然设计"在乡建的过程中让村民变为设计师，让设计师变成工人，也是村庄建设本身的特殊性决定的。

3.3.4　工地克难点

在建设过程中，最难以克服的困难便是民居改造时遇到个别村民的阻挠，他们通常不愿配合，且难以说服。同样，街头巷尾的小场地改造也会遇到类似问题，规划中统一包装、全面出新的范围往往就是农户自家的堆场、牲畜棚。村领导与乡镇领导也因为自己的身份问题规避类似矛盾，因此只有 EPC 模式中的主体，即总包方，与甲方代表共同出面协商。类似的，村领导与乡镇领导不仅是甲方，也是村民，甚至是分包商或者材料供应商，我们只能一边坚定以效果及合理性为前提，一边化解外部压力，坚持施工基本流程。

乡村项目的一大特点就是现场时刻存在变数，范围、地形、材料、工艺等等，在常规的建设项目中，图纸的变更需要施工方联系甲方，甲方传达给设计人员，等到变更图纸再次到达施工人员手上，至少经历了两天。而

图9 建设成效

在 EPC 模式下，设计人员可以直接现场指导施工，签字确认变更，或者画草图表达设计，以最快的反应推进施工，相应的图纸可以后续补齐。

EPC 模式的这方面优势，同时也是其弊端。设计、采购、施工的一体化与各专业人员的紧密联系，大大提高了项目的推进速度。在设计方案有了初步成果的时候，采购与施工就可着手准备人员、机械、材料、苗木；图纸发生变化时，施工人员也可以立刻做出响应，迅速完成。但是，美丽乡村建设的甲方并非城市中的开发商，而是县直部门、乡镇、村委会代表的联合体，每位到现场视察的领导都会提出一些建议，设计人员必须要以保证效果为前提，将现场意见整理、汇总，与多方领导确认，避免工程上出现了较多的反复。如有的村在开工之初就取消了规划的雨污管网的建设，但在部分民居改造、道路硬化、街巷绿化完成之后，又提出开挖地下工程。唯有把施工内容、施工组织、方案与各位领导多次汇报、及时沟通，明确能够最终拍板的人员，才能将 EPC 模式的这一短板规避。

这些困难，一方面源自乡村本身，村民的意识、邻里关系、生活习惯等等，另一方面则是 EPC 模式自身的软肋，不断的积累经验才能顺利的克服。

3.3.5 深化渐完善

基于 EPC 模式的"边设计边施工"有效地保障了项目的进度，初期的图纸涵盖了市政管网、民居改造、景观节点等内容，中期的图纸包括绿化、便道铺装、矮墙等，而将墙绘、坐凳、标语等锦上添花的内容留在了最后。

炎热的夏天过后，到了收获的季节，也是栾城区美丽乡村建设的完善阶段。我们开始设计展板图案、标语内容，督促电表箱、成品坐凳等厂家二次设计的物品进

场，提出"建设美丽乡村、共创幸福生活、展现味道栾城、打造和谐家园"的宣传口号，强化北陈的老民居、苏邱的雅诗韵画等文化主题，并且完善绿化种植。工程逐步推进，图纸日渐完善，栾城的乡村从普通变干净整洁，从美丽变特色显著。

4 总结与思考

随着乡村建设如火如荼的发展，EPC 模式以其得天独厚的优势将会得到越来越广泛的应用，栾城美丽乡村的建设只是其中的一次探索与尝试。但是，在项目实践中积累的经验与教训，还是值的总结与分享的。

4.1 全盘思考，统筹安排

从技术层面来看，EPC 模式涵盖了项目的设计、采购、施工、试运行等一系列流程，其优势就在于承包方可以统筹把控整个过程，将原来权责分明的各步骤作为一个项目整体进行思考，全盘考虑，整体决策，以优化整个项目组织，避免了传统模式下，设计重效果、采购重成本、施工重实施，不同阶段侧重点不同而造成的方案调整、设计变更、设计与实施效果不一致的弊端。这种全盘思考，统筹安排的思路需贯彻整个项目过程。

"看得见山，望得见水，记得住乡愁"绝不是设计上的再造景观，而是用乡村的方式来建设乡村。从设计之初的现场调研开始，除了设计阶段基本的现状调研，更要考虑到后期实施，需要对乡村周边物料供给状况进行摸底，对当地施工工艺与本地工匠的技艺进行调查，有条件的可以以本地工匠为主体，结合当地工艺实施出原汁原味的乡村记忆。

乡村建设绝不是靠几个设计师与艺术家的一腔热情

即可落地成型的，乡村现场条件复杂，地物的权属、场地的尺寸大小、都必须一点一点协商敲定，从设计到施工产生的变数较大。而在 EPC 模式下，设计人员在方案阶段即可与采购、施工人员进行沟通联系，比选出可行性最高、同时保证效果的方案，减少采购困难、现场条件复杂而造成的方案调整，设计变更，争取一次性施工完成，加快项目推进速度与效率。

4.2　多方协调，共同推进

从协调管理层面来看，项目对外牵涉到乡村建设的多方关系，有作为乡建牵头推进的乡镇政府、规划局、农工委等，有作为乡村建设实施主体的具体村，有作为 EPC 承包方的单位，还有作为主要受众的村民百姓。

在项目推进过程中需要明确乡建各方的权责与利益关系，建立出一种多方参与的机制与制度，既对项目的效果、质量共同把控，明确具体的目标与方案，又调动地方村庄的积极性、村民的主人公意识与建设主动性，方便项目的推进与实施。既要达到政府建设的要求，更要满足村民百姓的实际需求。并将能否改善人居环境，提升村民生活质量是衡量乡村建设的重要标准。

EPC 项目中，在承包方单位的内部也需要构建多专业、多部门协同的规划与建设引导体系，作为内部实施层面的保障。市政、景观、建筑等主要专业相互配合，充分利用现有资源完善设计内容；设计、采购、施工、运营等主要部门协同运作，提高项目推进效率。这样才能充分发挥 EPC 模式的优势，在乡村建设复杂的外部环境下高效的推进实施并保证实施效果。

4.3　扬长避短，趋利避害

作为 EPC 模式下的乡村建设，其优势是不言而喻的，免去了繁琐的招投标流程，确保了设计效果的顺利落实，但其不足之处也显而易见。

一方面，由于多方关系错综复杂，EPC 模式下的管理规范性有待加强。遇到纠纷时的权责问题往往混乱不明。这就需要在项目之初明确乡村建设中各方的权责利关系，形成制度化的条例，在同一个目标下各司其职，各尽其责，减少不必要的变更与纠纷，这也是对知识与劳动的一种尊重。

另一方面，由于习惯了传统的 D-B（设计——施工）模式，对于 EPC 项目操作不规范的现象较为普遍，例如业主常会忽视项目前期的工作，加之乡村建设条件复杂，导致施工图设计时问题较多，延误了工期，增加总承包商成本。这时，作为总包方首先需要从完善自身的组织模式、运作机制、目标控制等方面入手，保证乡村建设的顺利实施。而作为关键一环的政府部门则要加大工程总承包的宣传力度，宣传报道工程总承包的特点，提升社会认可度，规范管理 EPC 项目中的各方。

总之，EPC 模式下的乡村建设尚处在"摸着石头过河"的阶段，当前，栾城美丽乡村的实践只是这条路上的探索的一小步，在项目的推进的过程中既充分显示了这种模式的优越性，又不可避免地暴露出一些问题。仔细审视当下的这一小步，更是在展望未来乡建事业发展的大跨步。

感谢栾城区美丽乡村规划设计项目组全体成员！

诸暨次坞传统村落保护与有机更新的建议与思考

沈正南　陈勇　蔡云超　俞宸亭

摘　要：本研究根据国家新型城镇化规划的总体要求，将研究对象聚焦在诸暨次坞传统村落。以次坞传统村落保护和有机更新为例，对传统村落现状、传统村落发展和保护等方面进行深入思考，并提出针对性的可行性建议和意见。力求通过正在进行的有效举措，既达到宣传次坞古村落，扩大地域影响力，又能够引起多方重视，加大保护力度，实现传统古村落有机更新和可持续发展。同时，也希望能给其他地域的传统村落保护和发展提供借鉴意义。

关键词：传统村落；次坞；有机更新；新型城镇化

1　研究次坞传统村落保护与有机更新的背景和意义

1.1　研究传统村落保护与有机更新的背景

　　诸暨次坞镇，始建于宋代。由于地处诸、萧、富三市（区）交界地带，形成了独特的地域人文和建筑文化。经历了30多年的城镇建设，在次坞的中央宅、溪埭两村，依旧留有60余幢风格独特、工艺精美的古民居。

　　由于之前次坞传统村落中的古建筑有不少已处于随时倒塌的绝境，我们期待：在新型城镇化建设中，次坞传统村落能得到有效的保护。其原因有：次坞传统村落具有生态价值和文化价值的传统景观，随着城市化进程的推进正在变得高度碎片化；乡村里原有村庄的乡土气息和传统特色，如果不加以有效规划，会随着城镇化进程的推进而出现令人痛心的"千村一面"迹象；承载着数千年乡土文化和家族情感的传统村落正在急速消亡。

　　正是在这样的大背景下，保护和有机更新传统村落显得非常必要和迫切。如何正确认识传统村落的地位和作用，妥善保护传统村落，积极利用传统村落的资源，科学发展传统村落，是当前亟待解决的重要课题。

1.2　次坞传统村落在保护与有机更新中的优势

1.2.1　次坞传统村落历史文化积淀深厚，整体保存相对完整，特色鲜明

　　次坞传统村落大多始建于明清时期，有些可追溯到南宋时期甚至更古远的时期，历史积淀深厚、文化个性鲜明，整体保存相对完整，为研究中国传统文化提供了众多实例，是传统文化的优秀载体，也是杭州湾一带，特别是古越地乡村历史、文化和自然遗产的"活化石"和"博物馆"。

图1　小广场

沈正南：浙江省诸暨市次坞镇
陈勇：浙江省诸暨市次坞镇
蔡云超：桐荫堂书院
俞宸亭：桐荫堂书院

图2　锡家台门

图3　次坞鸟瞰

图4　油果

图5　次坞打面

图6　花果

图7　麦草扇

具体而言，主要表现在以下三个方面：

（1）村落整体风貌与格局保存相对完整。从村落选址、村落格局、建筑外观和形式上，次坞传统村落肌理清晰，格局完整，十分注重与自然环境的和谐统一。次坞境内山明水秀，依山建屋，傍水结村，是传统村落选址的一般规律。多数村落至今仍然保存了背山面水、负阴抱阳这一古老的空间格局。而居民建筑沿溪而建，随山体而居，布局严谨，功能合理，主次分明，进出有序，与自然环境融为一体。

（2）村落历史遗存丰富多样。次坞传统村落的历史遗存丰富多样，以传统居民建筑最具代表性，包括传统民居院落和寺庙戏台等历史建筑。次坞的传统民居精于设计，巧于营建，集实用、艺术和文化价值于一体。

这些建筑遗迹年代久远，作为居民的生活载体，真实地记录了村落在不同经济和社会发展阶段的形成与演变，有很大的文物价值。村内古木、古桥、古遗址的留存，既是延续村民历史记忆的纽带，也为后人的研究与寻根提供了物质念想。

图8（左）图9（右）老厅残骸

（3）村落乡土文化特色鲜明，非物质文化遗产典型独特，精神文化内涵丰富。次坞传统村落拥有优秀的文化和产业基础，文化遗产特色鲜明。因历史和地理因素，次坞随处可见的楹联匾额，文化底蕴深厚，烘托出传统村落特有的文化氛围。传统物产和特色小吃方面，依托自然地理优势，次坞打面、麦草扇、油果、蒸糕等，享誉省内外。舞龙舞狮、编织麦草扇等特色文化，则是活跃村民文化生活的有效载体。

1.2.2 次坞传统村落生态和地理环境优越，潜在发展空间大

次坞镇隶属于浙江省诸暨市，东邻浦阳，南接店口镇，西连富阳，北界杭州，交通便捷，区位优势明显。次坞境内土地肥沃，气候温和，光照充足，年平均降水量为1350~1450mm，年平均气温为15.6~16.2℃，自然资源丰富。

文化立镇是次坞的发展战略，要实现文化立镇，最重要的是生态文明建设。得益于得天独厚的自然环境优势，次坞传统村落的生态和地理环境优越，潜在发展空间巨大。

2 次坞传统村落在保护与有机更新中存在的问题及原因分析

2.1 部分次坞传统村落因得不到及时保护正在消失

传统村落具有不可再生性，一旦失去就不会再有。经过几年来的实地走访，我们发现：次坞的大多数传统村落尚得不到有效保护，处于自生自灭亦或加速损毁的状态。

具体表现如下：

2.1.1 现状不容乐观

目前，次坞传统村落中，留存60余处基础或构件相对完整，却均有不同程度残损的旧民居。房屋梁柱雕刻构件与窗户装饰件依旧精致，但绝大部分无人居住。

2.1.2 保护意识不足

发展工业最能快速直接带来经济收入，因而重工业轻传统村落保护的现象仍然普遍存在。不少村子存在着加工小作坊，其中有些村民还将小作坊设在了古建筑内。不同程度上对传统观村落的原真性和原生态自然环境造成了破坏。

2.1.3 缺乏有效方法

次坞传统村落中有价值的古建筑众多，保护修缮费用高。当前，在次坞传统建筑数量较多的情况下，若将有限的扶持资金平均落实到各个古建筑，明显杯水车薪。

图10 古建筑中的小作坊

图11 吉宅

图12 斗拱

图13 福宅

图14 荷花塘

2.1.4 认识有待提高

要达成保护与有机更新次坞传统村落的共识，必须采取正确的保护与发展方式，才能用保护确保有机更新，用有机更新加强保护。若一味照搬城市模式，传统村落原有的生态环境、历史风貌格局都将被肢解、破坏，会对传统村落进行再一次的毁灭性破坏。

2.2 次坞传统村落的村民生活品质仍需进一步提高

保护、建设和发展次坞传统村落，其出发点和落脚点都是为了提高村民的生活水平和生活质量。在考察过程中，我们发现：次坞传统村落的基础设施建设、公共空间建设和文化建设处于半空白状态。

次坞的基础设施规划建设现状整体水平不高，基础设施建设普遍滞后，"欠账"严重，建设不配套，环境质量下降。另一方面，虽然这几年，次坞镇加大了农村基层公共服务设施投入，人口计生、卫生、教育、文化、体育等部门都有一些惠农政策，但投入资金总量和提供总体服务上，尚有一定距离。

2.3 次坞传统村落的发展存在隐忧

有了一个良好的开端，但是要实现次坞传统村落的可持续发展，还存在着诸多隐忧。

2.3.1 整体规划尚有欠缺

正处于一个快速推进但缺乏推敲的时期，缺乏统一有序的乡土文化与传统村落发展的保护规划。

2.3.2 特色挖掘深度不够

较为注重有形的项目整治，对无形的历史人文、民俗文化、精神需求等内容考虑相对较少。

2.3.3 创新能力尤显不足

随着经济社会的迅速发展，传统村落的兴与废面临着巨大的压力，消极、单纯的保护越来越不能适应社会形势的发展，自主创新能力不足逐渐凸显。

3 关于次坞传统村落保护与有机更新的建议

3.1 要切实提高对传统村落保护的思想认识

3.1.1 高度重视传统村落的价值和不可再生性

次坞传统村落作为灿烂历史文化的载体和实物佐证，真实记录和见证了诸暨的发展，对于研究不同时期诸暨次坞的历史文化和科学技术成就，具有不可估量的珍贵价值。

3.1.2 保护与发展传统村落，是推动城镇化建设的有效途径

通过对传统村落的保护与发展，重点推出一批生态农庄，培育一批生态食品，发展两到三条生态旅游线路，推出一些生态旅游景点，产生一些新的生态旅游消费点，满足外来游客对"吃住行、游购娱"的需求，拉动内需，关注民生，推动生态实体经济的发展，也将成为当地发展生态型农村经济的核心产业。

3.1.3 保护与有机更新传统村落，有利于吸引青年回乡发展，缓解城市压力

传统村落保护与有机更新的持续推进，将产生大量的就业岗位，吸引新一代的知识青年选择回乡创业，从而推进城乡一体化建设。

3.1.4 保护与发展传统村落，有利于国民经济可持续发展

开展次坞传统村落的保护与有机更新，是一种高层次的发展，是一种崭新的社会文明观，将为次坞镇的可持续发展注入新的活力。

3.2 开展对传统村落的资源调查与价值评估

全面收集次坞传统村落的资料，展开调查，对其进

图 15　传统表演

图 16　舞龙

图 17　吕氏宗祠

行评估分级,确定传统文化价值突出、较高、一般等级别,根据不同级别提出不同保护措施以及发展要求。

3.3　传统村落的保护与发展,要十分重视文化利用

3.3.1　特色文化挖掘

要集中挖掘次坞传统村落特有的民俗文化,包括方言、民间文学、宗教信仰、礼仪节庆、风俗习惯、地方传统表演艺术、传统工艺等。

3.3.2　地理优势利用

充分利用地域、气候、民族、风俗营造传统村落的个性化特点,引导村民逐步整合现有农民住宅的形式、体量、色彩和高度,形成整洁协调的村容村貌。

3.3.3　村落祠堂修复

由于祠堂具有集聚族群认同感,增加宗族凝聚力和规范约束力的作用,在各传统村落祠堂的修复和保护上,要与现代文明相结合,发挥教化的功能。

3.3.4　大力开展村志编辑和家谱续编工作

村志和家谱,对家族制度、婚姻制度、人口姓氏乃至历史学、人口学、民族学、经济学、教育学的研究,都能提供重要的资料。建议组织熟悉乡土知识的有识之士,编撰村志和家谱,抢救性地发掘传统村落中不可或缺的文化内涵。

3.3.5　有效配备现代文化设施设备

要积极与城市接轨,繁荣传统村落内的公共文化设施,推进文化惠民工程。加快公共图书馆服务一体化建设,创建部分传统村落内的公共电子阅览室、传统村落综合文化站,并加大对农村文化礼堂的投入。同时,组织开展经常性的送文化下乡活动,定期举办农村文化艺术节,倡导文明新风尚。

4　产业发展,是次坞统村落保护与有机更新的着力点

传统村落的保护与有机更新,其根本性的出发点和落脚点,就是要带动其经济的快速发展。因此,要着力从产业发展入手,促进其积极健康发展。

4.1　产业引导

坚持绿色生态,推行生态种植模式。利用当地现有资源,综合运用现代农业科学技术,在保护和改善生态环境的前提下,进行粮食、蔬菜等农作物高效生产;推行观光生态农业模式,强化农业的观光、休闲、教育和自然等多功能特征,形成集约型可持续发展的农业产业观光园。

4.2　生态保护

以自然、山林、水体为主,开展自然生态保护与建设,农业生态环境建设。充分考虑与当地村民的生计、就业与增收结合,注意人工环境与生态环境的协调。

4.3　旅游策划

要打造生态型传统村落,大力强化传统村落的布点,以特色为基点,形成群落。结合自然景观、农业景观、

图18　七马头墙

图19　2015中国数码摄影家协会浙江摄影站次坞行

传统民俗文化、红色文化，大力开发村落特色旅游资源。如推进红色文化第二课堂教育基地建设、民宿建设等。

5　资金筹措，是保护与有机更新次坞传统村落的重中之重

5.1　以政府推动为主线，形成多头扶持，实现资金扶持归口系统

次坞传统村落的保护与有机更新，涉及的部门很多。特别是在吸纳政府资金扶持上，可有效利用农办、农业局、林业局、建设局、科技局的政策配套扶持，形成集约化、集中式的综合整治，实现资金扶持归口系统。建立次坞传统村落保护与有机更新专项资金、新农村建设资金和文物保护资金，保障传统村落的建设、保护和发展。

5.2　建议多种形式吸引民间资本介入

充分利用市场化资金投入、宗族成员出资捐助投资等资本投入，促进市场和相关人士关注家乡建设，扩大次坞传统村落的保护力度。

5.3　建议加强宣传，引导传统村落村民自主投资保护

建议相关部门对次坞传统村落中村民自主保护、修缮后的传统民居进行评估，按建筑面积、建筑风貌、建筑装修等要素换算成资产，按照比例获得相应的传统村落保护资金。鼓励广大村民加入到村落的日常管理中，尤其对于传统村落中留守的妇女和老人，建议安排适合的岗位优先保障就业。

5.4　推动民间资金建设现代农庄，鼓励浙商回归、乡贤回归

鼓励浙商和乡贤回归家乡建设，推动农村传统村落保护与发展。要出台相关政策，着力优化发展环境，吸引浙商回归，推进产业转型升级。搭建招商平台，吸纳民营资本开设现代农庄。

5.5　鼓励村民参股，培育集体经济

在推进传统村落保护与更新中，要以农村合作社为依托，以文化创意有限公司的模式，带动农户从事专业化生产，鼓励村民参股，提高为农服务的能力和水平，使之成为引领村民参与国内外市场竞争的现代农业经营服务组织，大力发展好集体经济。

6　政策法规，是传统村落保护与发展的保障

6.1　成立次坞传统村落保护的专门研究机构

成立次坞传统村落保护的专门研究机构，从历史和现实的角度，分析次坞传统村落的成因、进化、演变、发展的脉络，理清次坞传统村落的特质性特点，梳理与其他城市特质的差异性、独特性，提出次坞传统村落的保护与发展方向，为次坞规划、设计和建设提供强有力的智力支持。

图20　2012年12月15日，传统村落保护与发展课题组诸暨次坞行

6.2　建立咨询服务机构

鼓励和引导公众出于保护的愿望成立民间保护组织，并积极参与到保护中来。组织有关历史文化、文学艺术、建筑美学、规划设计等方面人员为主的专家组成集中智囊团，特别是要吸纳一些在浙江，特别是诸暨地区多年的本土专家，重点研究传统村落在建筑、道路（河道）、景观、文化、生态等方面，如何按照次坞文化特质体现的要求，在规划、设计中实施文化的"前置介入"，直接运用到传统村落的历史文化、文学艺术、建筑美学元素，较好地反映在传统村落的保护与发展中，从而体现传统村落保护的差异性和独特性。

7　在传统村落保护与有机更新中，必须注意和规避的一些问题

7.1　安全问题

次坞传统村落的保护与有机更新，应综合考虑火灾、洪灾、震灾、风灾、地质灾害、雪灾和冻融灾害等的影响，又由于传统建筑以木结构为主，特别要重点保障消防安全。应坚持综合防御、群防群治的原则，综合整治、平灾结合，保障村庄可持续发展和村民生命安全。

7.2　建筑设计

总体须体现"门庭雅洁，室庐清靓，亭台具旷士之怀，斋阁有幽人之致"的意境。建筑组群之间主次分明，构成有节奏的变化，并通过曲折幽致的布局以丰富整体景观。而对入口、步行道、通道、围墙、门楼、穿堂、庭院、集市、牌楼等节点的布设，要吻合传统村落的历史传统风貌，彰显"寓于自然，高于自然"的意境。

7.3　施工要求

严格规整的施工工艺要求。传统古建建设项目，大木作、小木作、雕刻、砖细、油饰、叠石、植物等专业工种多，需要有从事传统建筑施工多年，对传统工艺有足够造诣、经验丰富的能工巧匠来精心把握。

建议选择国内从事过古建的施工企业，施工队伍应考虑近年来承担过有一定资质的古建项目施工队伍，以确保质量。

7.4　乡野意趣构造

传统村落的乡野丽景打造，关键在于运用中国传统的多种艺术手段而形成的一种综合性空间艺术，即运用叠山、理水、建筑、花木、陈设、家具、诗文、绘画、雕刻等要素，营造出一种意蕴深邃、内涵丰富、乡野情趣的生态环境。比如，建议大量选用乡土树种。

7.5　室内外文化陈设建议

以尊重历史、尊重现实为原则，从"形"和"神"两个角度出发，在布点、布局、形态、时代、材料、展示手法、展示程度、展示效果以及组织形式等方面，原汁原味地展示传统村落的"人文神采"，传承和延续当地历史文脉。

木装修、家具、各种砖雕、木雕、漏窗、洞门、匾联、花街等配置上应力求工艺精致。厅壁布设须浓淡得宜，错综有致。可从历代名人选取相关作品，或原件复制，或今人撰写书画，按不同用途分别悬挂。设施宜旧不宜新，宜雅不宜丽。要通过建筑空间的细部处理，配合家具陈设与楹联诗词题咏，烘托此园林的主题，深化人们的理解与园林的诗情画意。

综上所述，次坞的传统村落保护与发展，是城镇化

图21（左）图22（右）众多院士在次坞开展城市化进程中历史遗存的保护利用研讨会

图23　众多院士走进次坞传统村落

建设发展的一种独特的资源，把传统村落保护与发展纳入城镇化规划，在城镇化发展战略的层面通盘考虑，将有利于提高城镇化社会、经济、环境的综合效益，有利于城镇化的健康而持续发展。

对此，我们要进一步增强对城市生命力、城市竞争力的认识，保持清醒的头脑和长远的眼光，彰显城市文化的特质和现代都市的个性和品位，树立保护历史文化遗产人人有责的观念，切实担负起历史文化薪火传人的责任，保护好我们的先辈创造并留传给我们的这些珍贵的城市文化遗产，保护好我们的民族之魂、历史之根、文化之脉和记忆之链，守护好我们的精神家园。

主要参考文献

[1] 佚名.我国传统村落保护的现状问题与对策思考[C].中国建设报，2013（1）.

[2] 徐学东，金兆森.农村规划与村庄整治[M].北京：中国建筑工业出版社，2010.

[3] 徐学东，东野光亮.农村土地资源利用与保护[M].北京：中国建筑工业出版社，2010.

[4] 徐学东，赵兴忠.农村基础设施建设及范例[M].北京：中国建筑工业出版社，2010.

[5] 徐学东，段绪胜.农村新型民居与范例[M].北京：中国建筑工业出版社，2010.

[6] 徐学东，赵法起，郗忠梅.农村电气化与节约用电[M].北京：中国建筑工业出版社，2010.

[7] 徐学东，庞清江.农村种植与养殖设施[M].北京：中国建筑工业出版社，2010.

[8] 徐学东，宋学东.农村建材与工程施工[M].北京：中国建筑工业出版社，2010.

[9] 徐学东，董洁，田伟君.农村用水管理与安全[M].北京：中国建筑工业出版社，2010.

[10] 徐学东，李道亮.农村信息化与数字农业[M].北京：中国建筑工业出版社，2010.

[11] 徐学东，温凤荣，王峻.农村基础设施投资与融资[M].北京：中国建筑工业出版社，2010.

[12] 张杰，张军民，霍晓卫等.传统村镇保护发展规划控制技术指南与保护利用技术手册[M].北京：中国建筑工业出版社，2012.

[13] 佚名.谁能搭上新城镇化的"顺风车"？[J].经济展望，2013（2）.

[14] （日）财团法人.地球环境战略研究机构（IGES）.赵秀春，江珍，郭长江[译].环境革命的时代——21世纪的环境概论[M].武汉：长江出版社，2009.

[15] 黄云灵.诸暨次坞镇东海明珠[D].浙江在线，2013（7）.

[16] 许林章.诸暨年鉴[M].北京：方志出版社，2004（5）.

[17] 陈仲明.次坞地名小考[M].次坞镇人民政府，2013（10）.

[18] 邓国芳.重返次坞：老宅安在？[N].浙江日报，2014-12-2.

电商生态小镇
——向互联网学习新型城镇化建设 *

宋健健　李振宇

摘　要：现代城市在面对互联网的快速发展中逐步失去其自身的吸引力，传统经验主义的祛魅化更是创造了乡村社会力在文化以及创业上的自觉性，淘宝村的兴起正是建立在这样的背景之上。特色小镇本身在"城镇—乡村磁力"两个维度的需求也暗示了电商生态小镇发展的可能性，从自发到平台扶持再到政府支持配合，展现出新型城镇化建设向互联网思维学习的必要性，建立人场理论思维，维系人的羁縻情感以及破除门户思想，实现资源共享。

关键词：新自由主义；乌托邦；"城镇—乡村磁力"；淘宝村；电商生态小镇

1　大城市的危机

　　资本扩张以及快速建造的需求逐渐形成当代中国千城一面的城市面貌（图1），越来越均质化的格局以及定位忽视了城市差异化的建设与发展。2011 年，哈佛经济学教授爱德华·格莱泽（Edward Glaesor）的《城市的胜利》，更是把城市乐观主义情绪推向了高潮，然而在他还未描绘完胜利图景，裂缝已逐渐扩大。这五年来，互联网新经济时代下，虚拟网络成为城市人生活、工作以及交流的重要场所，并且不断夸张、蔓延至每一个角落，而同时城市经济发展却掉入冰窖，房地产去库存压力骤大，实体商业大面积萧条（图2），移动互联与城市衰败之间明显有着深厚的内在联系。城市不得不向互联网学习，重新焕发实体空间的活力发挥自身的优势，而在城镇化建设中，乡村对外资源的匮乏正嗷需互联网的活力补充。

淘宝村作为一种理想城镇模型的背景

　　现代城市建立在"理性乌托邦"为意义核心的现代文明之上，"淘宝村"在某种意义上作为乡村工业复兴的代表，在抵抗的同时，自发形成了乌托邦意味的理想乡村范本。18 世纪，法国建筑师克劳德·尼古拉斯·勒杜（Claude Nicolas Ledoux）在绍村的盐厂规划中便试图创造新型的理想城镇（图3），作为针对当时社会问题的社会改良方案，而他依旧是站在建筑师的立场上，在圆形与方形的几何图形的规划中体现自然的崇高道德准则，另一方面他通过平面的布局，创造了边沁（Jeremy

图 1　城市商业的萧条景象

图 2　中国当代千城一面

＊该研究项目受到国家自然科学基金（项目编号：51278337）资助。

宋健健：同济大学建筑与城市规划学院
李振宇：同济大学建筑与城市规划学院

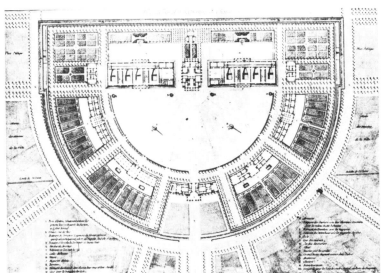

图3　勒杜绍村盐场规划

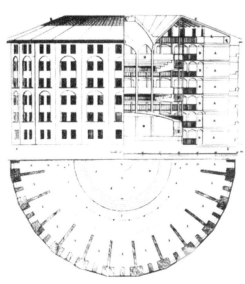

图4　边沁的全景式监狱

Bentham）所说的全景视敞建筑（Panoptiocon）（图4），保证了每个劳动者都处于中央管理者的视线监视之下，视权的不对称满足了建筑成为规训空间的可能。他所提倡的平等友爱依旧建立在权利不等的基础之上，仅仅是建筑师的理想国。而在资本主义真正兴起，工业化遍布城市的19世纪后期，社会矛盾更加突出，霍华德提出了田园城市的理念，通过土地改革实现社会改良主张，为防止城市无限蔓延提倡控制城市规模，在城市之间设置永久性绿带，同时提供便捷的公共交通联系，每个田园城市将人类社会包围于田地与花园之中，多个田园城市组成区域即为社会城市，在社会城市的基础上，每个田园城市有了所谓的"城镇—乡村磁力"（Town-county magnet），即兼有城镇的社会机遇和乡村的自然环境，然后在当时的英国，事实表明，新城没有达到预期的人口产业目标，过小的规模无法完成平衡的和自足的发展原则，田园城市具备自然环境带来的乡村磁力，但是缺乏足够的城镇磁力。而在"淘宝村"①的发展中，互联网逐渐削弱了城市在资源享有以及渠道上的优势，乡村借助于互联网将供需双方直接联系，4G网络的逐渐覆盖以及物流配套的完善更是将空间距离缩减到互联网的内部网

　　① "淘宝村"，指大量网商聚集在某个村落，以淘宝为主要交易平台，以淘宝电商生态系统为依托，形成规模和协同效应的网络商业群聚现象。淘宝村的认定标准主要包括以下三条原则：经营场所在农村地区，以行政村为单元；电子商务年年交易额达到1000万元以上；本村活跃网店数量达到100家以上，或活跃网店数量达到当地家庭户数的10%以上。一个镇、乡或街道符合淘宝村标准的行政村大于或等于3个，即为"淘宝镇"。这是在淘宝村的基础上发展起来的一种更高层次的农村电子商务生态现象。

路之间，城市逐渐失去对于特定网络电商的吸引力，这也为乡村人口、产业的不断扩大提供了条件。

2　淘宝村的发展——自下而上的探索

　　2014年阿里巴巴在纽约上市，提出"农村、跨境、大数据"的三大战略布局，农村战略开始正式对外展现（图5），之后李克强总理在内四位政府领导五次到江浙淘宝村考察调研，展现政府对于淘宝农村战略的重视以及充分肯定。这显示淘宝村已经从产业经济创新、商业模式创新走向基层智力创新和社会发展创新。淘宝村显示出自身成为"互联网＋"驱动乡村转型的典型样板的潜力。淘宝镇的发展模式以及发展目标也符合了特色小城镇的内涵，特色小城镇是将"产、城、人、文"四位一体有机结合的功能性平台，将生产、生活以及生态融合到一起，形成新型城镇化的载体，集聚资本、技术、产业，吸纳人才回来创业发展。

2.1　淘宝村发展的三个阶段

　　淘宝村1.0：2009年~2013年，最初淘宝村只有义乌青岩刘村，睢宁县沙集镇东风村，清河县东高庄，后来从3个淘宝村发展到20个，开始进入初步粗放式家庭作坊，起初是自发性质，避开大城市的高额成本；

　　淘宝村2.0：2014~2015产业园，阿里集团的逐步重视，培训以及投资，物流的引入，政府开始重视；

　　淘宝村3.0：2015年之后淘宝村进入集群化发展，形成10个或以上淘宝村连片发展淘宝社区、生态小镇，政府政策的引导，基础设施的建设；2016年淘宝村超过

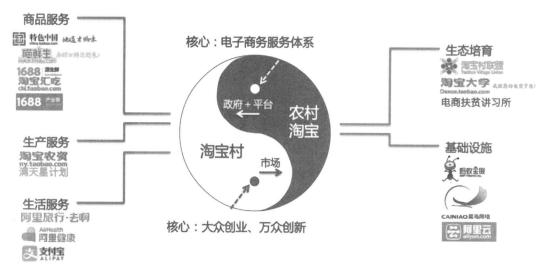

图 5　阿里集团农村战略

2009 年	2013 年	2014 年	2015 年	2016 年
3 个淘宝村	20 个淘宝村	212 个淘宝村 19 个淘宝镇	780 个淘宝村 71 个淘宝镇	1311 个淘宝村 135 个淘宝镇
义乌青岩刘村 睢宁县沙集镇东风村 清河县东高庄	分布在 7 个省份 网店 1.5 万家 直接就业 6 万人	分布在 10 个省份 网店 7 万家以上 直接就业超过 28 万	分布在 17 个省份 网店 20 万家以上 直接就业超过 28 万	分布在 18 个省份 网店 30 万家以上
靠近大批量生产区域 自发性形成	市场需求的加强 城市吸引力的减弱 淘宝村初步发展	平台的鼓励 自上而下的淘宝农村 自下而上的淘宝村	政府扶持 淘宝村集群化现象 中西部省市同样开始出现淘宝村	淘宝村创新网络 电商服务体系化 发展模式多元化

图 6　淘宝村发展历程

1000 个，各方面协同发展形成创新网络。而淘宝村规模的不断扩大发展至淘宝镇后，也对电商生态小镇的可能性以及挑战性提出更高要求（图 7~ 图 9）。

2.2　淘宝村模式的探索

　　"淘宝村"模式已经成为全国农村电子商务的典范、全世界普遍关注的焦点。自 2014 年开始，阿里研究院开始使用大数据统计的方式，计算全国符合淘宝村标准的行政村数量和名单，并通过中国淘宝村高峰论坛进行发布。由阿里研究院定期发布的淘宝村榜单，作为国内农村电子商务领域的重磅数据产品，已经成为媒体、学界的重要研究指南，并以其客观性、权威性日益受到各地政府的高度重视。而"淘宝村"发展的重要意义正是建立在中国乡村独特的伦理秩序以及日常生活习惯之上，农村的熟人社会、差序格局正式推动淘宝村不断在农村壮大的内部基础。另外又有四大因素驱动着淘宝村的发展：①农村电商化加速，网民剧增；②农村淘宝创业门槛低；③物流发展；④农村电商带头人出现。

　　社科院汪向东教授针对北山村的发展提出了北山模式，即以龙头企业的品牌化加分销商这样一种体系构成，龙头企业带动下游村民成为分销商。北山村从"烧饼担子"、"草席摊子"发展为"淘宝村"，已逐步形成以北山狼公司为龙头，以个人、家庭以及小团队开设的分销店为支点，以户外用品为主打产品的电商发展模式——"龙头企业示范带动 + 政府推动引导 + 青年有效创业"

　　另外在江苏徐州有一种沙集模式，即农户加网络加公司的模式，单个网店做自己产品，自产自销。沙集镇则从传统的空心化农村，转变成了一个具有巨大就业吸引力的新兴城镇。沙集电商起源于 2006 年，三个年轻人"沙集三剑客"的网络试水，最终带动了当地的网络创业风潮，经过 10 年的发展，以家具网销产业为代表的农村电子商务，已经成为睢宁县的支柱产业。

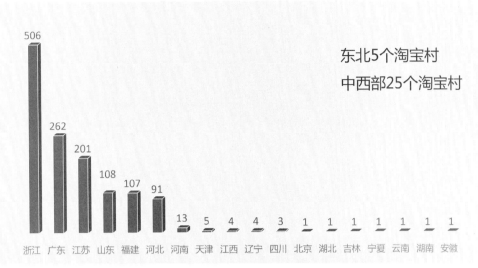

东北5个淘宝村

中西部25个淘宝村

图7　淘宝村数量分布

图8　历年淘宝村数量　　　　　　　　　图9　历年淘宝镇数量

北山村与沙集镇在发展过程都展现出新型城镇化的关键，以中心城市为核心的集中式城镇化路径与模式转变为以小城镇为中心的分布式城镇化路径与模式。具体的路径显示为：先有市场，随后发展为城镇；电子商务帮助农民低成本对接大市场；带动服务业及就业，形成良性循环的商业生态；产业发展，促进生活服务和公共服务升级，形成正向循环。

2.3　电商生态小镇规划启示

位于杭州临平新城的艺尚小镇（图10、图11），新规划中保留稀缺田园景观，立足全生态品牌电商部落，以办公空间集聚、O2O营销导流、电商云服务支撑、智能物流仓配、小微金融信贷为功能特点，打造专业的电商产业园运营服务体系，全方位发展电子商务抢占转型制高点。在规划中也给予了这样的启示：①生态维护需求，随着大量电商的入驻，成倍增加的人口必然对乡村环境的承载力提出更高的要求，加工、包装以及运输中产生的废弃物也使得环境面临重大威胁，乡村的自然环境既作为特色产品生产的一环，同时也是特色小镇之间物质差异性的基础，对其的维护以及生态保护是规划的基础。②卖家数量和规模的快速增长，原先的办公、仓储空间需求激增，原先的农村土地政策、房屋结构均存在不合理性，在建议各地政府保证耕地红线的前提下，积极探索农村和县城电商生态产业园的建设，提高现有空间的利用效率，保证在不破坏当地生态环境的基础上，合理规划产业园，完善办公环境，同时加入住区建设，满足外来人员居住需求，达到生产、生活以及生态的统一。

在"花木之乡"沭阳县的新河镇，当地农民几乎家家户户种植花卉并在网上销售，形成多个生机勃勃的"淘宝村"。2015年，新河镇成为国内首个"全镇淘宝村"覆盖率100%的乡镇，即镇内十个行政村全部达到淘宝村标准。这些新型城镇提供了一种经验：注重氛围营造，

图10 艺尚生态小镇园区

图11 艺尚生态小镇景观

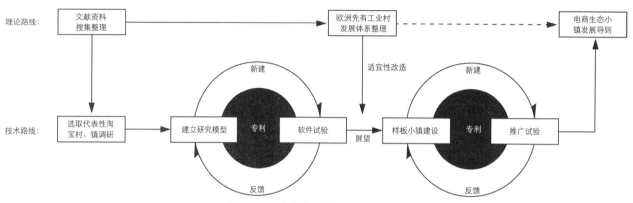

图12 电商生态小镇试点技术路线

做好网上服务的基础工作，建设产业发展载体。淘宝村同时具备全球化的发展特性与价值，新型城镇化的模式同时可以推广输出（图12）。将在地的、经久的、文化的以及历史的因素和社会传统，转化为乡村大众所共享的空间，推动乡村开放共享空间的再生，创建"有故事、有情感"的淘宝社区。通过现代农业＋城镇，构建产城一体，农旅双链，区域融合发展的农旅综合体——新特色小镇。按城乡统筹，农业农村一体，以特色小镇为统领，以农业产业的规模化，特色化，科技、路径为支撑，以农业休闲旅游方式经济模式为内涵，打造成为新型城镇化典范。

农旅综合体在规划建设中，适宜从以下几个方面进行创新：①按照"生产、生态、文化、生活"四位一体融合发展角度出发，构建现代化农业产业体系，形成新型的城乡统筹发展模式。②通过创建新型的农村生活方式，用现代农业与城镇发展空间充分融合、衔接，打造特色的城乡生态空间。③按高效，充分尊重生产、生态空间的交通系统，形成对农旅综合体建设基础。④在绿化、休闲空间、生态配套设施方面进行有效统

筹对接。⑤构建多元持续的农旅综合体规划建设实施保障体系。

3 淘宝村社会力概念解构——村民、电商平台、政府的三方协同

日常生活视野下的淘宝村社会力概念解构，往往在城镇规划中显现出政府与资本宏观权利主导的趋势，政府风险、经济风险、社会风险以及文化风险的考量使新型城镇化面临缓慢发展甚至畏首畏尾的趋势，难以持续深化，这也激发了社会力也就是一般网商以及农村村民在创建新型城镇化中角色的兴起。福柯在其著作《疯癫与文明》、《权利的眼睛》中描述了后现代社会政治与权利从宏大叙事回归日常生活的范式转变，专注于微观视野。福柯将权利描述为毛细血管式渗透到社会各个层面，并非仅限于法权以及阶级权利，宏观向微观日常生活范畴的转变也预示了淘宝村、镇在建设特色小镇中的自主性，以及权利主体的弥散化，从而也促进了生产的积极性，传统权利通过暴力压制，产生消极的屈从，而微观权利通过技术、正常化以及

控制消除抵抗的情绪，福柯用圆形敞视监狱建筑空间具象权利运作，依靠层级化监视、规范化裁决与检查，实现了规训技术的隐形控制。在淘宝村的发展路径中，同样可以看到日常生活下微观权利的引导，首先是底层社会力对于市场敏锐的自发性创造，这也表明重塑本地行动主体的重要性，本地乡村文化的自觉有利于品牌意识的形成，从而聚焦于地方特色产业，发展具备地方特色的小镇道路，随后得益于阿里通过平台的扶持、学校的培训以及规范的制定化，提高主体在创造中的自我监督。往往处于宏观调控角色的政府对于社会力以及市场采取审慎观察、逐步引导配合的态度，展现出宏观权利对于日常生活的认可与尊重。

4 总结——学习互联网思维

淘宝村自下而上式的发展模式一方面体现了农村熟人社会、差序格局的乡土特性，另一方面也是互联网思维在农村发展中的成功运用。新型城镇化在发展中需要注意的是维系村民以及外来电商对于当地的情感纽结，建立人场理论思维，维系人的羁縻情感以及破除门户思想，实现本地资源的开发以及共享，而这些思维正是当代互联网思维的集中体现。淘宝村实体空间的规划在根植本地、开放共享、协同创新以及持续进化的基础上，逐渐形成了供应商、网商、金融机构、政府、高校、电商平台、培训机构、设计机构等一列对象的创新网络，这也为村镇规划理论提供了新的思路以及开发模式启发。

主要参考文献

[1] Kevin Ward. The limits to contemporary urban redevelopment 'Doing' entrepreneurial urbanism in Birmingham, Leeds and Manchester[J]. City Analysis of Urban Trends, 2003, volume 7（2）.

[2] （美）爱德华·格莱泽.城市的胜利：城市如何让我们变得更加富有、智慧、绿色、健康和幸福 [M].刘润泉，译.上海：上海社会科学院出版社，2012.

[3] 周榕.向互联网学习城市——"成都远洋太古里"设计底层逻辑探析［J］.建筑学报，2016（5）.

[4] 唐子来.田园城市理念对于西方战后城市规划的影响 [J].城市规划学刊，1998（6）：5-7.

[5] 骆莹雁.浅析我国农村电子商务的发展与应用——以沙集淘宝村为例 [J].中国商贸，2014（2）.

[6] （美）威廉·J·米切尔.伊托邦：数字时代的城市生活 [M].吴启迪，乔非，俞晓，译.上海：上海科技教育出版社，2005.

[7] （法）道格·桑德斯.落脚城市 [M].上海：上海译文出版社，2007.

[8] 凯文·凯利.失控 [M].陈新武，等译，北京：新星出版社，2010.

[9] （法）福柯.疯癫与文明 [M].北京：三联出版社，2007.

[10] （法）福柯.权力的眼睛 [M].上海：上海人民出版社，1997.

成都乡村规划师制度探讨与实践

张佳

摘　要： 2010 年成都市为深化城乡统筹改革，破解城乡二元"分割"难题，在全国首创乡村规划师制度，经过 5 年探索实施，全面升华了"四态合一"、"产村相融"乡村规划理念，提高了农村"规划先行"意识，建设起一批群众满意、"小组微生"模式的社会主义新农村样板，为成都加快新型城镇化步伐、建设幸福美丽新农村乡村、推进社会经济可持续发展奠定了坚实的基础。本文在总结成都乡村规划师制度实施情况的基础上，就深入推进乡村规划师长效机制过程中存在的问题，进行探索，并提出创新措施。

关键词： 乡村规划师；制度；实践

2007 年，成都获批全国统筹城乡综合配套改革试验区后，坚持以"三个集中"为根本方法，以"四大基础工程"为推进方式，以"六个一体化"为目标途径，联动推进新型工业化、新型城镇化和农业现代化，成都探索了一套符合成都实际，且满足国家新型城镇化要求的发展理念、方法、路径。2010 年，为深化城乡规划一体化发展，推动规划人才和资源下乡，成都在全国首创乡村规划师制度。通过五年实践，共选拔培养乡村规划师 237 余名，探索出重点镇一镇一师，一般镇 2~3 个配备 1 名乡村规划师的配备方式，吸引了大批有志之士投身于乡村规划师事业，从而解决了农村规划建设人才匮乏、标准缺失、脱离乡情、管理薄弱等突出问题。乡村规划师制度为成都乡村规划水平持续提升、构建美丽乡村，实现全面小康起到了积极作用。

1　成都乡村规划师制度基本架构和机制

1.1　乡村规划师的定位

乡村规划师是由区（市）县政府按照统一标准选拔、任命的专职乡镇规划负责人。

1.2　乡村规划师职责

就乡镇发展定位、整体布局、规划思路及实施措施向乡镇政府提出意见与建议，参与乡镇政府涉及规划建设事务的决策研究；代表乡镇政府组织编制乡村规划；对乡镇建设项目进行规划技术把关，并根据规划实施情况提出改进、提高规划工作的措施和建议。

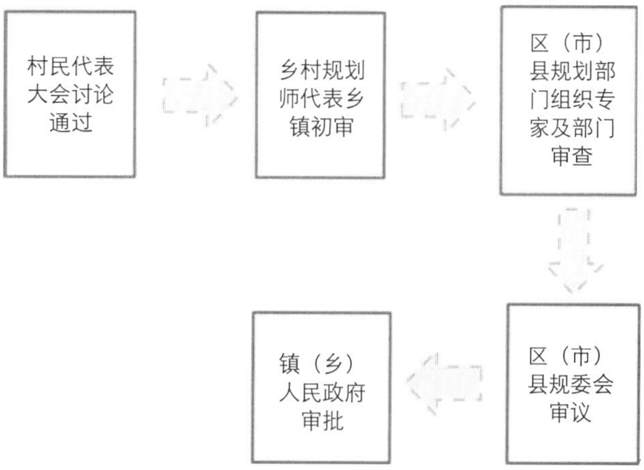

张佳：成都市规划管理局

图 1　乡村规划师工作流程图

1.3　乡村规划师的选拔

可通过社会招聘、机构志愿者、个人志愿者、选调任职和选派挂职等多元途径选拔，原则上任期 2~4 年，鼓励考核合格者继续连任。

1.4　乡村规划师工作流程（图 1）

建立起乡村规划师与区（市）县规划委员会、规划局、乡镇政府、基层规划所和规划设计单位之间的协调沟通机制。

2　乡村规划师制度实施以来的主要成效

5 年来，不断推行并完善乡村规划师制度，推动优秀规划资源下乡，通过乡村规划师驻镇、进村、入户，通过征求群众意见会、规划知识宣传讲会等形式，把"望得见山、看得见水、记得住乡愁"、"四态合一"、"产村

图2　成都市乡村规划师派驻镇乡镇示意图

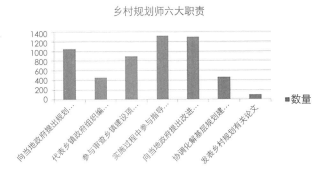

图3　乡村规划师六大职责

图4　郫县三道堰镇青杠树村实景图

相融合"、"小组微生"等理念和模式，以及规划编制、过程管理等内容普及到镇村及老百姓，让农村地区规划理念、管理模式、建设水平等都发生了显著变化。

2.1　乡村规划师满覆盖

自2010年以来，每年面向全国，通过社会招聘、征集机构志愿者和个人志愿者、选调任职、选派挂职等五种方式，先后六批招募了85名乡村规划师，其中社会招聘的全职人员占70%以上。乡村规划师中具有研究生学历以上达20%，具有注册规划或建筑师等相关资质人员达到40%。成都市重点乡镇实现"一镇一师"和2~3个一般镇1名乡村规划师配备，基本实现乡镇乡村规划师满覆盖（图2）。

2.2　乡村规划师履职成效明显

成都市乡村规划师围绕"六大工作职责"，在规划建议、规划编制、建设项目实施、规划督查等方面，五年来，向当地政府提出规划意见建议书1052份；代表乡镇政府组织编制规划454项；参与审查乡镇建设项目方案897项；实施过程中参与指导项目1321项；向当地政府提出改进规划工作的建议和措施1295条；协调化解基层规划建设矛盾461个；积极开展乡村规划研究，发表乡村规划有关论文100余篇（图3）。

2.3　创造一批优秀乡村规划成果

成都乡村规划师积极参与规划编制、项目前期设计、项目实施管理等过程，并按照塑造示范、打造精品、创造一流的工作要求推动工作，5年来乡村规划师参与的项目30余项获得社会和专家的一致好评，一些成果被评为优秀成果。其中：韩场镇、胥家镇总体规划等一批一

般场镇改造规划获得成都市小城镇优秀规划一等奖；安德镇安龙村、大兴镇炉坪新村、石板滩土城村、白头镇五星村等一批村规划获得市优秀规划一等奖；此外，全体乡村规划师配合完成《成都市全域村庄布局总体规划》编制；双流新津蒲江乡村规划师配合完成《成新蒲产村相融集中连片新农村建设示范带总体规划》；整合乡村规划师资源，完成邛崃市西部灾后重建成片连线实施规划，以及邛崃夹关至高何镇段景观建设实施规划。同时，乡村规划师积极参与新型社区现场指导，三道堰青杠树村（图4）、苏家镇香林村、白头镇五星村、邛崃高何镇和周河扁等成为全省幸福美丽新村建设的示范亮点。5年来，先后共评选出张睿、邓莉等30余人次优秀乡村规划师。

2.4　健全"属地管理、市县联动"的管理体制

建立起乡村规划师归口管理制度，由市局乡村规划管理处负责，协调解决制度实施中的相关问题；建立起区（市）县政府负责本区（市）县乡村规划师选拔、任免、考核等方面的统筹管理制度，区（市）县规划局负责组织对乡村规划师进行业务指导和评估，向市规划部门上报评估结果并接受检查，确保乡村规划师严格履行规划职责；建立起乡镇政府负责的乡村规划师工作质量、

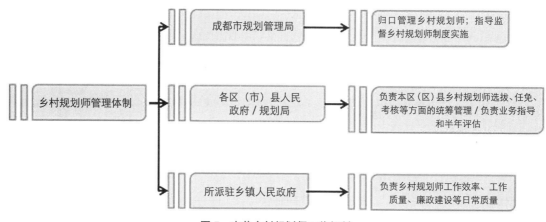

图 5 完善乡村规划师工作机制

工作纪律、工作作风和廉政建设等日常管理制度。通过建立"市、县、乡（镇）"三级联动管理体制，保障了乡村规划师队伍职责清楚、管理有序（图5）。

制定完善了乡村规划师具体工作流程制度。一是配套完善了社会主义新农村规划技术导则、成都市镇村规划技术导则、乡村环境控制技术导则等一系列标准体系，为乡村规划师指导具体工作提供标准规范；二是形成了一套与农村规划管理相衔接的乡村规划师工作流程，要求乡村规划、建设项目方案在报送审查、审批时，同时提交乡村规划师初审意见文件。三是建立了乡村规划师培训制度，每季度对全体乡村规划师开展一次集中培训，并不定期组织优秀乡村规划师参观学习省外先进规划经验。四是建立了乡村规划师博客信息管理平台，并配套了相应管理制度，乡村规划师按周进行工作填报，及时反映了工作情况、建议意见等，及时掌握了乡村规划师工作动态。五是建立了片区交流制度，根据区域不同分成4个片区，推行了乡村规划师片区组工作会制度，相互交流借鉴学习。六是建立了乡村规划师小组联审制度，由乡村规划师小组长召集片区成员对乡镇重大项目各类规划进行联合初审、把关，确保了乡村重大项目规划的合规。

2.5 建立了乡村规划师制度长效实施机制

一是建立专项经费保障机制，由市、县两级财政在每年计划中安排乡村规划专项资金，用于乡村规划师社会招聘人员年薪补贴，乡村规划师及基层规划工作人员培训，乡村规划编制经费的补贴等。二是市、县规划管理部门按照"招得来、留得住、用得好"等要求，制定了乡村规划师管理办法和实施细则，对乡村规划师的选拔、任用、管理、考核办法进行细化，规定将考核优秀

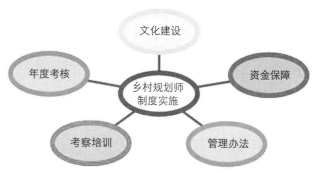

图 6 多措并举确保乡村规划师制度实施

的乡规划规划师优先纳入事业单位招聘范围，充实到基层规划建设队伍中（图6）。

3 乡村规划师制度实施存在的问题

3.1 管理机制应进一步健全

现行的乡村规划师管理制度中，是对乡村规划师按同一标准，来进行统一管理、考核的，没有根据乡村规划师招募方式的不同，有针对地实行乡村规划师分类管理，绩效考核还没有充分体现。目前第一批乡村规划师任期即将结束，人才留任、流动、退出制度上的缺陷，成为乡村规划师制度中一大短板。乡村规划师"招得来、干得好、留得住"的人才制度平台还需进一步完善。

3.2 工作制度还需进一步创新

随着城市化进程的加快，乡村规划建设工作任务随之日益繁重，为坚持城乡统筹，协调城乡的空间布局、产业发展、基础设施，促进城乡经济、社会全面协调可持续发展，需要不断提升城乡规划管理机制。成都乡村规划师制度作为城乡规划管理的制度创新，弥补乡村规划管理的不足，充实了基层规划技术力量。但受现有制

度的制约，农村地区规划与建设脱节的问题仍然比较突出，乡村规划师作为乡镇规划建设的负责人，须不断提升乡村规划指导、把关、协调的能力。

3.3　乡村规划师存在专职不专用现象

乡村规划师到镇（乡）工作后，个别镇乡让乡村规划师"身兼数职"，从事了与自身职责不相关的其他工作，结果使得乡村规划师"种了别人的田，荒了自己的田"，影响了乡村规划师在指导规划建设中的作用发挥。

4　乡村规划师制度实施的创新探索

4.1　深化乡村规划师职责

乡村规划师有良好的专业素养，年轻有活力、干事有激情，能够在乡村地区担当起城市规划理论与乡村生态、文化、产业的实践对接，探索镇乡规划管理的现代治理模式，在履行好主要职责的同时，丰富其基层规划矛盾协调参与乡村规划研究职责。

4.1.1　当好"决策参与者"。着力围绕处理好城镇体系中重点镇与一般镇的关系、协同发展与差异发展的关系、整体提升与局部发展的关系。坚持以人为本、技术负责的原则，积极向当地政府提出规划建议意见，参与当地涉及规划建设事务的研究决策。

4.1.2　当好"规划编制组织者"。选择切合实际提出规划编制大纲和要求，选择有经验、有水平、有口碑、服务好的编制设计单位，切实体现"四态合一"、"产镇一体"、"小组微生"等理念，落实新村规划体现"保留、改建、新建"模式，代表乡镇政府组织编制规划。

4.1.3　当好"规划初审把关员"。积极参与审查乡镇建设项目方案，各小组要创新性设计初审标准、分类对镇规划、村规划、示范县规划、成片连线规划制定审查要点。对于不符合当前成都规划理念之一的规划成果要敢于说"不"，确保规划符合当地实际，具有可操作性、可落地性。

4.1.4　当好"实施过程指导员"。积极在建设项目实施过程中参与指导，严格实施"一不高、两脱节问题"，重点解决规划编制水平不高，及方案与施工图脱节、施工环节效果管理脱节；参与指导过程，认真抓好四个环节：抓好方案转化施工图审查环节、抓好规划放线审查环节、抓好外装审查环节、抓好景观实施环节，确保规划过程不走样。

4.1.5　要当好"基层矛盾协调员"。要按照"三视三问"工作法要求，在规划编制实施和管理过程中不断深化完善"四大机制"，加强公众参与和现场规划论证、加大民主参与决策、强化全民监督、加强村民自主管理和社会治理，从而体现成都乡村规划的"自下而上"与"自上而下"的结合，有效化解协调化解规划建设中的各方矛盾。

4.1.6　要当好"乡村规划研究员"。乡村规划是一个复杂的、系统的、长期的社会实践，要按照新常态下新型城乡形态转型升级的要求，思考各区市县、各镇未来发展具体问题，可以小组形式也可以个人形式及联合形式开展专题研究，充分发挥乡村规划师智力优势，力争成都乡村规划年年有成果、年年见成效。

4.2　建立多元渠道人才管理机制

建立健全乡村规划师"招得来、干得好、流得动"的运作机制和工作模式，促使乡村规划师制度的长效实施，保障乡村规划人才的持续与更新（图7）。

4.2.1　多来源的招聘方式。结合社会招聘、选派任职、选调任职、机构及个人志愿者等多种方式，保障人才资源的多元和丰富。

4.2.2　多方位的评定模式。构建乡村规划师评定的系统性标准，规范工作流程，明确方案全过程指导与审查的相关部门；建立针对乡村规划师考核、联审制度、构建人才库，定期进行培训、例会、构建全过程参与、建议登记、履职登记等八项制度，以保障乡村规划师与乡村规划工作的良好衔接；建立针对重大项目的小组和片区组交流审查制度。

4.2.3　多元化的出口渠道。构建乡村规划师长效实施制度，保障乡村规划师职业的稳定和工作连续性；有效解决乡村规划师的出口问题，建立多元出口制度，探索

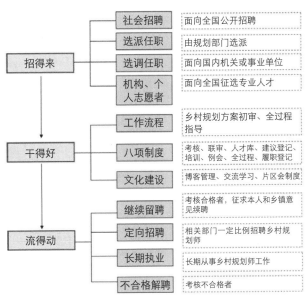

图7　乡村规划师人事建设平台

创新乡村规划师执业化、乡村规划师定向考核进入事业编制等，同时建立不合格解聘制度，保障其流动的多元与留任的质量。

5　乡村规划师制度实施相关建议

5.1　广泛推行

党的十八大提出了"两个一百年"奋斗目标，实施精准扶贫，建设美丽乡村，推进农业现代化，全面建成小康社会进程中，必须要有规划作为先导，推进农村科学有序的发展，要编制科学的乡村发展规划，就要有一支懂农村、能担当和有作为的乡村规划师队伍，通过发挥自身的专业技术优势，结合镇情乡情村情和群众意愿，绘制美好蓝图，引领农村发展。所以，建立乡村规划师队伍，既是响应国家供给侧改革制度创新，又是满足农村发展对乡村规划迫切需求，建议广泛推行并实施乡村规划师制度。

5.2　长期职业

建设美丽乡村，推进农村现代化，彻底破解"三农"难题，对尚处于社会主义初级阶段的中国需要一个较长的历史过程。由于历史原因，在农村地区普遍存在规划人才缺乏、规划力量薄弱、规划管理缺失等"三大问题"，在乡村规划实践中，更需要顺应农村发展的客观规律，不断探索、丰富和完善乡村规划的理念、发展路径和工作方法，乡村规划师弥补了这个制度短板。建议设立乡村规划师岗位，根据各个地方的发展水平、经济状况和现实需求进行分类设置，并作为长期职业。

5.3　综合配套

为解决乡村规划师队伍"招得来，干得好，流得动"，确保乡村规划师能充分发挥能力、热情和奉献，要探索建立一套工作机制和制度体系，这仅靠规划部门的努力是不够的，还需要其他部门积极参与，在人事制度、薪酬体系、绩效考核等各方面进行大胆尝试和努力探索，吸引更多有意愿、懂专业、能力强的有识之士成为乡村规划师。

6　结语

创新是引领社会发展的第一动力，通过成都的实践探索证明，乡村规划师这一创新之举在推进新农村建设、城乡一体化进程中发挥了极大的保障支撑作用，为农村建设做出了重要贡献。而乡村规划师作为一种制度创新，不应成为应景之举，应作为保障服务农村发展必须长期坚持的制度性成果，从国家层面上在更多地区开展探索实践。同时，要探索建立乡村规划师相关的工作制度和标准体系，充分发挥乡村规划师的角色效应，为推进农业现代化，破解"三农"难题做好规划领域的努力和奉献。

主要参考文献

[1] 麦贤敏，肖玺，赵兵，王长柳，叶丹晓．成都市乡村规划师制度实施评析．城市时代，协同规划 [C]．中国城市规划年会论文集，2013．

[2] 张惜秒．成都市乡村规划师制度研究 [D].2013，12．

发达地区小城镇基础设施规划建设与投融资机制研究
——以苏南地区沙溪镇为例

陈旭　赵民

摘　要：小城镇基础设施（含社会性基础设施，下同）的规划建设水平，决定了城镇功能的完善程度；而小城镇基础设施的规划建设离不开投资，一定程度上地方基层政府的投融资机制具有决定性作用。本文透过苏南地区的一个建制镇，调查和研究发达地区小城镇基础设施规划建设的投融资机制。首先辨析我国地方政府公共服务供给的财政逻辑；然后以沙溪镇为研究对象，围绕乡镇级政府建设基础设施和提供公共服务的行为，分析其投融资机制和资金流向、结构组成和具体项目运作，总结基础设施规划建设投融资过程中存在的问题及成因；最后从整体制度改革和不同发展情景的角度，探讨如何更为有效推进小城镇基础设施规划建设和服务供给。

关键词：小城镇；基础设施；规划建设；投融资机制

1　引言

小城镇连接着城和乡，是城乡一体化推进的重要结点。小城镇基础设施（含市政基础设施，下同）建设水平和服务能力的提高，决定了城镇功能的完善程度。在政府层级中，县和乡镇级政府是小城镇规划建设和基本公共服务供给的最直接责任主体。提升基层政府在基础设施方面的规划建设能力，提升小城镇的整体公共服务水平，是新型城镇化背景下的重要研究课题。

目前关于小城镇基础规划建设的研究大致包括：①基础设施和服务配置的模式。例如赵民、邵琳等（2014）比较了东、中部县及镇村的教育基础设施的集中和分散模式及居民满意度，提出应追求服务覆盖的而非设施配置的"均好"性，并提出实行"精明收缩"的规划策略；②基础设施供给水平评价。包括通过指标体系、Gini系数等对小城镇公共物品供给水平和地区差异进行评价（谢长青、翟印礼，2006等）；③配置内容和建设标准改进。根据区域发展趋势、居民需求和实际建设中的不足提出改进标准（单彦名，2006等）；④设施空间布局优化方式。例如张京祥等（2012）从时间和距离可达性的维度提出城乡基本设施均等化的空间设置规范。这些研究从多个维度推进了关于合理规划小城镇基础设施和有效提供基本公共服务的认识。

另一方面，目前对小城镇规划建设的投融资机制及发展绩效的研究还较少，尚缺乏对小城镇基础设施规划建设和服务供给的模式形成、存在问题、改善动力及可行途径等的认识。加深对这一问题的认识有着重要的理论和实践意义，包括有助于将小城镇的规划和建设建立在切实可行性的基础之上。

本文以地处苏南的太仓市沙溪镇为案例，对发达地区小城镇基础设施规划建设的投融资机制进行实证研究。由于苏南地方政府在公共物品供给的投融资过程中具有主导作用，因此本文首先分析我国地方政府的财政逻辑；然后以沙溪镇为研究对象，围绕乡镇级政府规划建设基础设施的行为，分析其投融资机制和资金流向、结构组成和具体项目运作，并进而总结建设性投融资过程中存在的问题及成因；最后从整体制度改革和不同发展类型的角度，就改善小城镇规划建设及服务供给的投融资机制做若干讨论。

2　我国地方政府实现规划基础设施供给的财政逻辑

2.1　政府的财政事权划分

国家的公共服务职能通过不同层级政府的分工合作来共同完成的。可大致归纳国家的权力分配的模式：一种是联邦制国家的"分割性分权"，地方政府如州政府具有法定权限内的最终决定权，不受联邦政府的规制；另一种是单一制国家的"分工性分权"，即地方政府的权力来自中央的委托或授予。

陈旭：福建工程学院建筑与城乡规划学院教师，同济大学建筑与城市规划学院
赵民：同济大学建筑与城市规划学院

我国是单一制国家，目前通过五级政府体系实现财政收入划分和公共服务的供给。改革开放以后，我国对高度集权政体制进行改革，历经放权和收权的反复，总体来看地方分权程度不断提高。但是，分权调整相对于财权和事权的层级划分而言并不呈同步性；特别是1994年中央通过推行"分税制"改革上收了部分财权，使得中央和地方的真实财事权划分表现出事权相对于财权更为下沉的趋势（图1）。

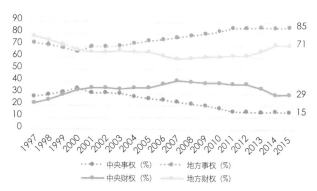

图1　中央政府实际财权和事权的分配情况（1997-2015）
（资料来源：历年国家统计年鉴）

说明：此处计算已将转移支付考虑在内，因此反映的是真实财事权。政府实际事权由公共财政支出数据体现。地方政府实际财权指能够自主支配的财政收入，即地方本级财政收入和税收返还、均衡性转移支付及定额补助的总和。中央政府的实际财权即中央财政收入减去上述各项的余额。

与其他国家相比，我国的地方政府承担更多的基本公共服务的供给责任。根据公共财政分权的规律，中央政府一般负责全域性公共品，如国防、全局性基础设施建设等；地方政府则负责大部分的地方性物品，如城镇道路、市政设施等。由于公共品收益和周期不同，中央具有一定程度的优先课税权是合理的。对比国际经验（图2），在财政收入方面，我国中央政府财政收入的占比（45.9%）并不过高；但在事权划分方面，地方政府负责的公共支出占比（85%）则远高于对照国家。

在具体的基础设施项目上，我国政府在教育、医疗和社会保障几个重要方面的地方支出占比远高于对照国家（图3）。2015年的数据显示（图4），在教育、医疗、住房保障和城乡社区等城乡发展最重要领域的支出，大都由地方政府承担。

2.2　基层政府的财政收入和公共支出

我国的分权制度只针对中央和省级政府进行财政收入权和公共服务提供职责的划分，对省以下的分权则无定则；而各省级政区内部的财权事权划分则是既多样又

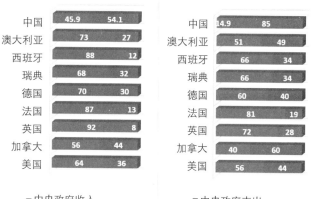

■中央政府收入　　　　　　　　　　■中央政府支出
■地方政府收入（单位：%）　　　　■地方政府支出（单位：%）

图2　中央与地方政府收入和支出占比的国际比较
（资料来源：国外主要国家数据引自《1997世界发展报告》数据，中国数据来自《2014年中国统计年鉴》）

复杂[①]。从政府层级来看（图5），基层政府，特别是区县级政府承担的支出最大，达到总支出的35%，远超其收入在政府层级中18%的占比。中央的收入占比41.6%也远超出事权支出占比的18.1%。

基层政府的收支缺口是分税制在政府层级间初次分配的结果，总体上分税制划定的中央和省的关系大部分传递到县乡基层政府（周飞舟，2006）。在分税制的初次分配之后，中央通过转移支付制度进行二次分配；转移支付对于基层政府的一般公共预算（预算内）财政收支缺口具有"收敛效应"。仅从县乡财政的一般预算支出和收入的"粗缺口"来看，缺口仍逐渐扩大；但经过转移支付再分配之后（即计入上级补助之后），全国县乡财政的"净缺口"[②]没有扩大的趋势（图6）。说明转移支付在总量上基本弥补了分税制给地方基层政府带来的财政收支缺口。但是，对总量情况和一般公共预算（预算内）的收支现象的如此考察并不完全，因为需要计入区域的差异及政府综合财力在公共支出方面的情况。

2.3　基础设施供给的地方政府行为模式及区域差异

我国20世纪90年代中期以来实行的分税制以及相应的转移支付制度的直接结果是基本维持了地方政府的公共预算收支（预算内）的平衡；除此之外，分税制与其他金融、企业、土地等方面的制度改革交织作用，深

---

① 一般而言，存在三种模式，一种是按照中央对省的做法，省级不截留税收返还基础和增长比例分成，增值税部分落实到基层政府，如上海、浙江等；一种是省市级截留一部分中央返还和增值税地方分成，如江西、河南等；一种是中央返还部分和增值分成部分，省级截留较多，如黑龙江、贵州和甘肃等。

② 沿用周飞舟（2006）的测算方法，粗缺口＝地方收入－地方支出，净缺口＝地方收入－地方支出＋上级净补助收入。

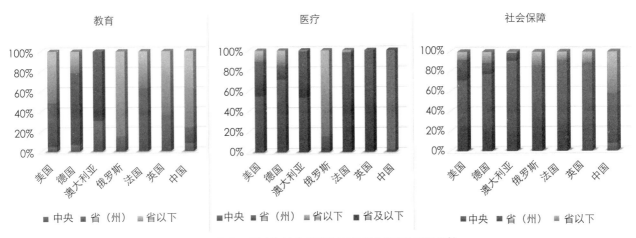

图3 教育、医疗和社会保障的政府支出结构的国际比较

（资料来源：国外主要国家数据引自《世界发展报告1997》数据，中国数据来自2000年《全国地市县财政统计资料》）

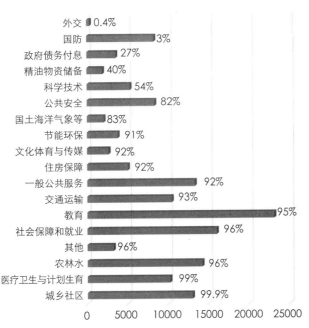

图4 主要公共服务支出的中央和地方占比（2015）

（资料来源：根据《2015年中国统计年鉴》数据绘制）

图6 县、乡两级政府的一般公共预算收支的粗缺口和净缺口
（1993-2005）

（资料来源：根据历年《全国地市县财政统计资料》数据绘制）

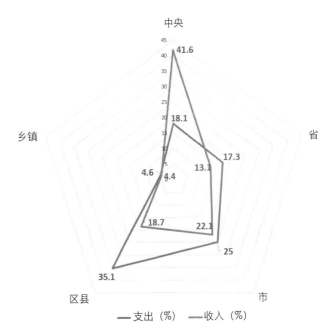

图5 各级政府的财政预算收入和支出匹配（2009）

（资料来源：根据OECD，SG跨境资产研究数据绘制）

刻地影响了围绕基本公共服务的供给和致力于增长的政府行为；同时，区域差异和地区间的财政结构变化也更为显现。

2.3.1 地方的基础设施供给激励和财政增长方式

以"分税制"的推行为分界点，在此前后地方政府的公共服务供给的激励和行为都存在本质的区别。

在分税制之前所实行的是"财政包干体制"，地方在追求"地方独有收入最大化"的主要动机之下，希望将更多的地方财政收入转移至预算外来减少税赋负担，同时选择从投资运营地方企业而获得地方收益，而基础设施规划建设带来的直接地方财政收益并不大，没有成为这一阶段地方政府的发展重点。

之后，分税制与同一时期推行的金融、企业等改革改变了地方政府行为的约束条件，地方突然间不能再从参与企业运营而获得大量预算外收入。获得地方独有收入增长的可能路径转变为："吸引企业→扩大制造业和税基；形成就业聚集→扩大消费，通过服务业的壮大→获得更多的营业税收入"。而实现此路径必须建立在地方通过规划建设而形成完善的基础设施和提供高品质的公共服务的基础之上。因此，在制度约束和增长激励下，地方政府逐渐"淡出"企业运营过程和私人物品市场，而转向了投资基础设施以改善营商环境和吸引企业；由于更专注于公共物品供给领域，地方的财政增长方式也就发生了从"运作企业"到"服务企业"的根本性转变。

2.3.2 地方政府行为模式和财政结构的空间差异

在分税制和一系列制度改革条件下，地方政府具有提高基础设施供给的内在激励，而地方政府垄断一级土地市场的土地制度对于地方政府建立起"基础设施供给—经济增长—地方独有收入增加—基础设施再投资"的正反馈机制起了关键性的支撑作用。地方政府行为策略可概括为"低价征地—有限范围的基础设施建设—低价供应工业用地—产业发展、经济增长、需求上升——商住土地增值—税收、土地出让金和土地融资—基础设施再投入—……"。

在1994年的分税制改革之后，地方政府的财政组成结构发生变化，整体上表现为，包括土地出让收入在内的预算外财政收入和支出大幅增加（图7），同时区域间存在巨大差异。在开放经济的条件下，具有区位优势的东南沿海地区较容易集聚起国内外的经济要素，实现经济增长和土地增值，从而触发"基础设施供给—投资进入—经济增长"的正反馈运行。同样的运行机制在中西

部地区就较难成立。因此可以观察到，东部沿海省份的预算外支出显著高于中西部省份，而预算内支出方面则是中西部省份高于东部沿海。这反映出在基础设施的供给方面——发达地区基础设施规划建设的自筹投资，导向了有效增长；而欠发达地区依靠转移支付来补充地方财政，相应的自筹投资和建设能力较弱。由此，区域不平衡格局加剧。

土地融资和政府债务的数据则显示，预算外支出较高的省市，公共建设性负债越高则越依赖土地收入。同时，经济较发达省市，城镇基础设施的规划建设事权更为趋于下放至基层政府。

政府负债层级也表现出区域差异——经济不发达省份的省级负债占比较高；经济发达地区的债务层级则呈现为下移，即区县和乡镇的负债占比较高，如浙江、四川、重庆的区县债务占比均在50%以上（国家审计署，2013；邵宇，2014）。

3 小城镇基础设施规划建设的投融资机制研究

本文以地处苏南的沙溪镇为研究案例，探究发达地区小城镇基础设施规划建设的投融资机制。沙溪镇所在的地级市是苏州，苏州市是全国"城乡发展一体化综合改革试点"城市，在以"消除城乡发展差距"为城乡发展主要目标之下，苏州市推行了以土地流转为核心的一系列制度创新，包括小城镇在内的规划建设水平得到了较大提升。本文以市沙溪镇为窗口，观察发达地区乡镇基层政府围绕不同类型的基础设施和基础设施供给的收支结构和资金循环。

3.1 案例城镇的基本情况

沙溪镇位于太仓市的中北部，靠近太仓港（国家集装箱干线港），临近上海，区位条件优越（图8）。全镇

图7 中央和地方的预算外资金收入（1990—2010）
（资料来源：历年中国统计年鉴）

说明：在2010年财政预算制度改革之前，大量的财政收入属于政府预算外收入，其中土地出让收入在2007年之前都统计在预算外收入中。2007年起，中央政府要求地方将全部土地出让收入纳入预算管理。

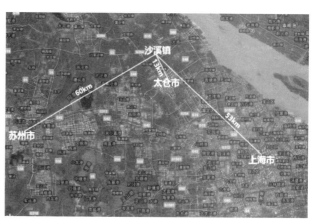

图8 沙溪镇区位

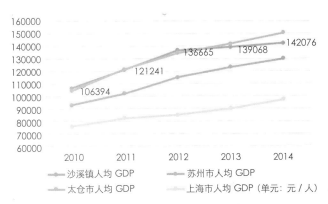

图 9　沙溪镇人均 GDP 与太仓苏州上海的对比
（资料来源：根据沙溪镇和各城市的历年统计年鉴数据绘制）

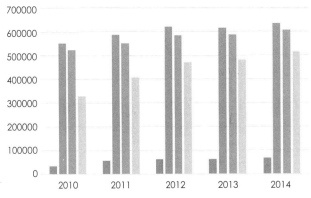

图 10　沙溪镇近年来产业结构变化情况
（资料来源：根据沙溪镇和各城市的历年统计年鉴数据绘制）

总面积 132.14 平方公里，辖 20 个建制村（行政村），常住人口约 16 万，其中户籍人口近 9 万。

沙溪镇具有较强的综合发展实力（图 9）。长期以来，沙溪基于土地、劳动力等优势而大搞园区开发，承接上海和苏州的产业转移，外来资本和工业产能不断积累。其经济发展在太仓市各镇中处于较高水平，人均 GDP 水平超过苏州与上海的平均水平。沙溪镇近年来经历传统主导产业纺织业的逐渐衰退和新材料和生物医药等新兴工业的培育和逐渐兴起（图 10）。

沙溪镇在 2010 年被列为江苏省经济发达镇的行政管理体制改革试点，作为"强镇扩权"试点镇①而被赋予了副县级管理权限。江苏省推出"强镇扩权"政策，在产业发展、规划建设、项目投资、民生事业等 8 个方面赋予若干强镇以县级管理权限。调研发现，"强镇扩权"使沙溪镇的行政审批权得到了扩大，可谓事权进一步下沉；财权则变化不大，这与沙溪镇本身的财力较强有关。

3.2　基础设施建设和服务供给的收支结构与资金循环

从设施利用绩效的角度，基础设施可划分为经济性（发展型）基础设施和社会性基础设施。从经济学角度看，两者的区分在于是否直接改变了地区短期内的生产函数②。从外部性的角度，即短期内经济性基础设施变化

---

① 江苏省为了推进城乡一体化的体制机制改革，探索乡镇责任大、权力小、功能弱、效率低的发展难题，于 2010 年选择 20 个经济发达镇开展行政管理体制改革试点，主要在产业发展、规划建设、项目投资、安全生产、环境保护、市场监管、社会治安、民生事业 8 个方面赋予试点镇部分县级经济社会管理权限，及具体根据各个乡镇的情况下放部分执法权和行政审批权力，以简化行政层级和提高行政效率。
② 经济性基础设施建设与增长在短期内直接相关；社会性基础设施则进入居民的效用函数，短期内不直接改变地区生产函数，但长期来看，将通过居民偏好、人力资本等与增长相关。

对于经济生产部门的外部性要大于社会性基础设施。

调研发现，沙溪镇已经形成了经济性（发展型）基础设施建设投资的自运作机制（图 11）。沙溪的一般公共预算收入大致覆盖了基本社会性基础设施的建设和服务运行费用；而具有较高经济外部性、可以在短时期内促进产业发展的经济性（发展型）基础设施的规划建设与服务，则基本转向了政府融资平台，如城投和城建公司，主要是通过借贷或项目融资的方式；而融资平台的信用主要是土地，包括土地出让的现金流和土地资产的收益预期。沙溪区位良好，经济发展潜力大，政府希望通过基础设施建设和提供公共服务来促进招商引资及产业和城镇化发展；同时以发展来确保土地价值的提升，进而获得更高的土地出让金和土地融资空间。

3.2.1　基础设施建设和公共服务资金来源

沙溪镇的综合财力主要包括四方面内容，包括税收本级留成和上级政府转移支付在内的一般公共预算收入、集体资产运营收入、土地出让基金收入。在税收方面，2015 年沙溪本级政府可留用的总额为 2.8 亿元，占全部税收额的 25%（图 12）；对照我国 28 个税种的政府间分成规定，沙溪镇的税收本级留成比例较小。转移支付方面，沙溪镇自身的经济发展水平较高，获得的转移支付不多，其中一般性转移转移支付较少。2015 年沙溪仅获得一般性转移支付 0.2 亿，专项转移支付 0.8 亿。土地出让基金方面，2015 年沙溪镇实现土地基金收入 1.05 亿元（图 13）。除此之外，沙溪镇的集体资产运营收入较少。几项合计，2015 年沙溪镇的综合财力大致为 4.85 亿元。

从一般公共预算支出情况来看（图 14），2015 年最主要的几项支出共计约为 3.6 亿元，其余的支出较少。

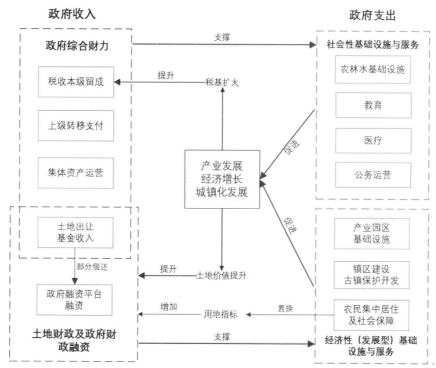

图 11 沙溪镇围绕主要基础设施建设和服务的收支结构及资金流
（资料来源：作者自绘）

因此，2015 年镇综合财力可以覆盖一般公共预算支出。其中，基础教育占最大的比例，达 40%；其中超过一半是支付给本镇教育机构的退休教师。其余的农林水支出、医疗和公务运营成本约各占 20%。

在基本公共开支中，有一部分来自专项转移支付。一般性转移支付来自沙溪镇的直接隶属上级政府太仓市，可由镇级政府自由支配。专项转移支付则主要来自江苏省，少部分来自太仓市；省级专项转移支付主要针对农业基础设施和教育设施的建设，而太仓市转移支付主要针对医疗，包括养老保险和大病保险等，均为专项使用。

3.2.2 经济性基础设施建设和运行经费来源

沙溪镇经济性基础设施建设主要包括三个方面的内容，一是产业园区的基础设施建设，二是农民迁居与集中居住项目，通过"三集中"①、"三置换"，在零散宅基地和耕地集中重建过程中的"四对接"，推进城乡基础设施一体化；三是城镇环境建设，包括沙溪古镇的建设

① 苏州市推行的"三集中"指工业向规划区集中、农民向社区集中、农用地向规模经营集中，优化城镇、工业、农业、居住、生态、水系等规划布局；"三置换"指以承包土地置换土地股份合作社股权、宅基地置换商品房、集体资产置换股份，实现城乡土地资源优化配置；"四对接"即城乡基础设施、城乡公共服务、城乡社会保障和城乡社会管理的对接，推进城乡一体化发展。

和保护。

这三个方面的基础设施建设，由"土地财政"和政府财政融资平台提供绝大部分经费。土地财政主要指土地出让金收入与各种税费收入，以及以土地抵押为融资手段获得的债务收入。地方政府的融资平台一般有两种融资方式，一种是以土地和政府信用抵押的流动资金贷款，另一种是围绕具体建设项目，以政府为主要参与者、以财政或抵押物入股，同时吸纳社会资金的项目融资。通过调研了解到，沙溪镇的政府平台融资，无论是信贷还是项目融资，皆以土地及预期的土地收益为最主要的抵押品。

沙溪镇 2015 年的土地出让基金收入为 1.05 亿元，而

2015年沙溪镇税收结构（共12亿）

- ■中央税收
- ■地方预算内 沙溪镇税收留成
- ■地方预算内 太仓市和江苏省留成

图 12 2015 年沙溪镇税收结构
（资料来源：沙溪镇统计资料）

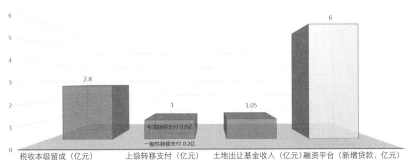

图13 2015年沙溪税收留成、转移支付、
土地基金收入、融资平台贷款情况
（资料来源：沙溪镇统计资料）

图14 2015年沙溪镇基本基础设施和公共
服务支出结构
（资料来源：沙溪镇访谈）

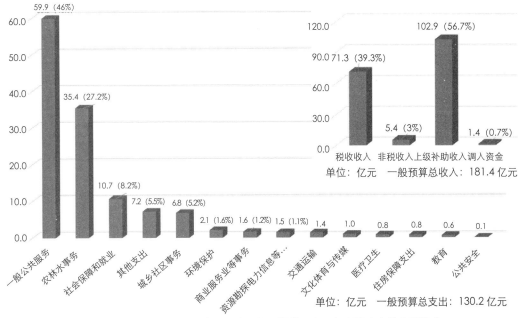

图15 2010年湖北省乡镇级政府一般预算收入和一般预算支出的主要构成
（资料来源：根据湖北省2010乡镇决算统计资料绘制）

2015年融资平台新增贷款金额高达6亿元（图13），比税收和转移支付的3亿超出一倍多。这样的乡镇级政府收入结构完全不同于中西部省份的乡镇。以2010年湖北省乡镇级政府整体的情况做比较（图15），在一般预算收入和支出的构成中，上级转移支付是最大的预算内收入来源，包括土地出让的非税收入要远低于税收收入和转移支付。在此背景下，湖北、安徽等中部省份干脆采用了"乡财县管"的模式，乡镇基本不具备作为一级财政的自主性。

虽然经济性基础设施投入可能在短期内促进经济增长，但从项目的角度，很多经济性基础设施建设项目短期的建设投入远大于收益，需要在长发展周期中才有可能平衡收支；但这样运作的财务风险很大，在单个项目上可能出现收益难抵支出的状况。这也即基础设施的"公

共物品"属性，决定了其建设运营不但易陷于"市场失灵"、而且也易于陷入"政府失灵"。

沙溪镇的做法是，通常对应着具体的建设项目而成立对应的融资平台公司，近年来沙溪镇几乎每年都新增一个融资平台公司（表1）。多个融资平台公司由政府统筹运营，平台之间统筹进行融资与偿贷，其最终的信用与政府可控和实际运作的土地资产有关。政府统筹运作融资平台有利有弊，有利之出在于政府统筹可有效克服单个项目的财务风险，可"全镇一盘棋"地推进基础设施规划和建设；弊端则在于，债务可在平台间转移，债务风险可能被隐藏。调研了解到，近年来本级政府通过融资平台融集到的资金规模迅速膨胀（图16），贷款余额已经从2010年的1.7亿增长至2015年的28亿（图17）。

沙溪镇的融资平台情况　　　　表1

	融资平台（公司）	项目
2007	台资工业园区公司	工业园区开发
2009	古镇旅游公司	古镇开发、旅游业
2010	城乡建设投资有限公司	拆迁农户、安置
2011	太仓沙溪白云综合有限公司	安置小区1期
2012	古镇开发投资公司	古镇建设、旧城改造
2013	沙溪城镇开发有限公司	旧城改造项目

（资料来源：沙溪镇调研）

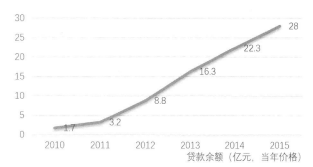

图16　沙溪镇融资平台贷款余额增长情况
（资料来源：沙溪镇调研）

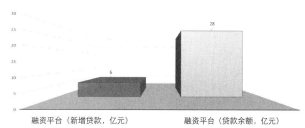

图17　2015年沙溪镇融资平台新增贷款和历年贷款余额
（资料来源：沙溪镇调研）

3.3　具体项目的资金运转

3.3.1　社会性基础设施

（1）教育。沙溪镇的教育设施数量和质量在太仓市处在较高水平，尤其是沙溪第一中学在太仓市内享有很高的声誉。目前全镇有6所幼儿园、5所公立小学、1所民办小学、1所小学和中学并校、2所初中和1所高中。在"十三五"期间，计划新建5个幼儿园，投入总金额将达到2个亿；但与2011年之前由太仓市和沙溪镇共同出资建设教育设施不同，因为2011年后乡镇级的教育附加费全部划至太仓市级财政，而乡镇级的教育建设经费则需向太仓市申请，获准后由市级财政全额划拨。

（2）医疗。在医疗服务方面，镇级财政承担较大份额支出。例如沙溪镇建设沙溪人民医院的总投资为2.8个亿，上级政府大约出资8000万，其余2亿元由镇承担。此外，每个村和居住社区均配有医疗点，村医疗点的建设由村里负责，医生则由沙溪镇医院派驻。

（3）农林水设施和乡村建设。这块建设是上级转移支付的重点，沙溪镇结合苏州市的"美丽乡村"和"康居乡村"建设项目实施，可申请到各级政府部门的专项经费。如推进一个"三星级"康居乡村建设点，可获得苏州市财政补贴80万；各乡村建设污水处理项目，如果投资超过130万元，可获得江苏省环保厅40%的补贴。以2015年为例，推进4个"三星康居"乡村点共投入了1074万，其中：苏州市财政补贴320万，太仓市投入50万，镇村两级支出600多万；其中的道路硬化、污水处理、土改工程等基础设施项目建设经费主要由镇负担，亮化和保洁等则由村负担。

3.3.2　经济性基础设施及公共服务

（1）农户迁居工程及土地社保置换。沙溪原生的村庄沿河而居，分布具有规模小、布局散的特点，通过农户迁居有利于基础设施配套和村民居住环境改善。从经济性角度看，由于在迁居和集中安置过程中可以置换出耕地和城镇用地指标，具有后续的经济性，因此镇级主体有激励和能力推进此类项目。

沙溪镇通过两种方式推进农户集中居住和环境改善：一种是农户迁居异地新建集中居住社区，目前在沙溪镇16200户农户中，5000户已经集中居住，其中4500户左右形成15个农民集中居住小区；二是农户置换公寓楼，已有500户左右迁入公寓房。余下11000户左右，部分留在原地的保留村庄，一部分改变居住地，进入非保留村庄。

图18　沙溪镇小学与中学

图19　沙溪镇人民医院与乡村医疗点

图20　散居农村环境、异地集中居住小区和公寓楼小区

在这类居住性建设中，融资平台公司需要提供包括失地补偿、小区设施新建和失地农民社保在内的资金。迁居小区的农户则必须放弃一部分宅基地面积，此外，还可选择是否放弃耕地，镇级政府按照相应的标准给予补偿。迁入异地小区的农户可保有220m²的宅基地面积，镇政府负责小区的基础设施建设，农户按照小区统一标准自行建设楼房。镇政府建设小区基础设施的费用，折算到每户约为20万~24.8万元。在拆除旧房时，镇级给予35~38万元补偿，基本可以覆盖农户新建楼房的费用。此外，镇政府给予失地农民每户平均30万元社保金。

综合上述各项，可见实施农户迁居工程镇政府需要承担巨额支出，户均约为90万元。由此也可见，沙溪镇的经济性基础设施的建设投入远高于社会性基础设施的投入，亦非税收增长短期可以覆盖。在此情形下，围绕着土地置换和贴现土地收益的投融资循环有其现实合理性。

图21　置换出的土地进行平整后投入农业规模经营

（2）工业园区和旅游区。镇工业园区和古镇旅游区的开发都通过融资平台公司和城投公司金融投融资和实施开发建设。如开发台资产业园的融资公司，除了镇政府为投资主体外，还有若干外部主体参股，国家开发银行也提供了部分贷款。可见融资平台的运作往往是多方参与，但仍以政府参与为主体。古镇保护和旅游开发的短期直接获益的可能性并不高，但其开发建设可改善镇区环境；通过塑造沙溪的文化形象，可望提高沙溪的整体发展水平。

图22　沙溪镇工业园区与古镇旅游区

4　小城镇基础设施规划建设和投融资运作中的矛盾

本文所研究的案例城镇在东部发达地区有一定的代表性，其特征是经济发展水平较高、财政实力较强；然而其城镇总体规划所确定的目标和基础设施的规划建设标准和速度相对于其现实的财政能力而言则显得更高。由此导致的悖论是发展水平高、债务水平更高，进而对"土地财政"以来日益加深。

4.1　高度依赖于土地的投融资方式隐含着债务风险

在资金获得方面，以沙溪镇为例，在推进基础设施规划建设中，所需的投入资金主要来自融资平台，其中多数基于土地资产抵押；总体上基础设施投融资机制的运转是高度依赖于土地信用。在资金偿付方面，目前沙溪镇能直接从土地出让金中获得的可偿债资金尚很有限。鉴于各级地方政府的融资负债规模快速增长，为了控制风险，中央和省级政府严格控制建设供地指标；沙溪镇的土地指标审批权也从苏州市上移至省级政府[①]。近年来，每年沙溪镇可以直接从土地出让中获得的收入大致为1~2亿元，依靠土地出让金只能偿还一小部分债务本金，而大部分的债务还得要由融资平台来背负——"融新资来偿旧债"，而其中大部分融资资金还是来源于土地的抵押。

----

① 2013年10月1日江苏省发布《关于个土地储备融资规模有关问题的意见》，规定江苏各地每收储、出让一块土地，都要经过国土厅等部门审核同意，地方政府不能自行决定。此举有利于规范图土地融资问题，也给地方的土地出让带来不确定性。

对照衡量政府债务风险的国际标准[①]，案例城镇的负债风险尚不算高，2014年大致为23%。但是，一方面由于上级政府担保的"托底"，预算约束有一定"软化"，转移了一部分既有债务，这会导致风险低估；另一方面由于本级政府不断借贷"以新偿旧"，其流动性偿债率[②]长期超过警戒线，因此总体债务风险仍不容忽视。

过度依赖于土地财权推进基础设施建设的可持续性不足，这不仅是一个经济规律，更是沙溪镇乃至苏州市域的基层政府都面临的现实约束——不论是依靠土地出让金或是土地信用，其空间将愈来愈小。因此，政府希望通过推动产业的转型和壮大实体经济来扩大公共预算财政来源的思路是正确的；但产业的转型需要在长周期内谋划，难以一蹴而就。

4.2 镇级主体的信用等级较低，基础设施建设的融资难、成本高

调研发现，在金融市场上，乡镇级政府的信用级别较低，尤其是无法直接完成与一些政策性金融机构的融资对接，导致乡镇融资难度大且融资成本远大于高等级政府；此外贷款周期也较短，存在"长用短贷"现象。由于短期内项目投入要比收益高出许多，徒增了基础设施建设的资金压力。

同时，基础设施建设融资中的社会资本份额很小。虽然也有以项目形式开展的融资，但就沙溪镇情况来看，参与方大多是各级政府部门及国资企业。

总体上，乡镇的基础设施规划建设面临着比县级、市级主体更为严峻的投融资困境——资金获得更困难，资金使用周期和建设周期存在更大程度的错配，且资金来源单一。

4.3 转移支付的"粘纸效应"引致基础设施规划建设的结构性扭曲

相比经济性基础设施建设，政府对社会性基础设施建设的推进较缺乏内生动力，更多时候是依赖于转移支付。在转移支付的支出方面，沙溪镇行为显示出"粘纸效应"（Flypaper Effect）的存在。"粘纸效应"指利用转移支付的支出"粘于"某些方面，而发生结构的偏向。例如在教育方面，随着江苏省内进行了教育附加费的收入政府层级转换之后，基层的乡镇政府就会为了获得更

多的教育附加费而趋于向上级申请建设更多的学校。即便是乡镇的教育水平已经较高，但仍具有很强的激励去申请建设新学校。而在医疗设施方面，由于需要乡镇自行承担大部分费用，乡镇会缺乏积极改善的动力。总体上，现行的转移支付过多地以指定具体用途的"专项转移支付"方式运作，限制了基层政府的支出统筹和调配权力，客观上会引致基础设施规划建设的结构性扭曲。

5 改进小城镇基础设施规划建设和投融资机制的若干讨论

案例城镇在基础设施规划建设中及在投融资方面存在的问题，可谓折射出了目前小城镇规划建设中的偏差——求大求快，以及制度背景下的小城镇建设共性矛盾——对"土地财政"的依赖过大、融资日益困难、基础设施结构扭曲显著等。因而小城镇的健康发展也需要以从深化改革入手，尽快实现规划建设理念和发展方式的转变。

5.1 规划建设要适应"新常态"，增量拓展与存量发展相结合

小城镇规划建设的理念也要与时共进，在"新常态"的背景下不能再期望快速的经济增长和跨越式空间拓展。以沙溪镇为例，其整体经济发展水平已经较高，城镇化水平达到60%；在过去的很长时间内，土地收储、出让的制度环境较宽松，因而通过土地金融获得资金而迅速推进了工业化和城镇化。另一方面，目前沙溪镇已经处于负债水平最高的区间，而未来可预期的市场需求和运行收益增长将相对有限；在此条件下，规划建设的理念和具体目标势必要做调整。

总体而言，发达地区的小城镇应转向更为注重存量空间资源的重新配置和优化发展。在国家城镇化发展的过程中，伴随一些区域城市集聚的形成，部分小城镇的产业园区萎缩不可避免；在此情形下，则应对一些小城镇的建成空间加以梳理，包括调整功能布局和基础设施配置；通过城镇修补和生态修复，使小城镇的品质的到明显提升。

5.2 全方位推进制度改革，进一步理顺政府与市场的关系

小城镇面临的基础设施投融资困境反映了现有的财税、金融等融资制度的先天缺陷。我国在《预算法》等法规约束下，地方政府不具备发达国家基础设施建设普遍采用的债券融资渠道。在城镇化融资体制安排尚不健

---

① 根据衡量政府风险的《马斯特里赫特条约》（1992）标准，政府债务总额占GDP60%为警戒标准。
② 流动性偿债指标为债务的还本付息额和财政收入的比例，国际上的警戒线为10%。

全的条件下，地方融资平台与土地财政成为推进城镇化融资模式的必然选择。小城镇处于政府体系的最基层，最低的政府融资资质使得融资难的问题尤为突出，也因此更为依赖于上级政府在融资权限和转移支付等方面的扶持；在种种约束下，基础设施的供给结构更容易出现扭曲。这些问题的破解要以全方位的制度变革为基础，包括理顺政府之间以及政府与市场之间的关系。

（1）调整政府分权关系，合理确定基层政府的财权和事权。财权与事权的匹配有助于地方政府合理配置财政收入，避免基础设施供给的结构扭曲。参考国际经验，财政改革的目标应是扩大较低层级政府的税收征收权力；事权改革的关键则是将一些社会性基础设施的建设责任从较低层级政府向较高层级政府转移；转移支付体系的改革则应向较低层级政府同步转移一定的支配权。通过这样的改革，使得每一级政府都拥有合理和稳定的收入，从而有能力实现其各自的事权。

（2）改革土地制度。城镇化融资机制的改革是一个系统工程，而土地制度将是一个关键的突破口。不论是流动人口还是就地城镇化的人口，所涉及的教育、医疗等设施和服务供给、住房建设等都与土地的流转和资产化有关。土地制度不变革，则地方的土地依赖、土地财政的不可持续等现状都难以改变。对于小城镇来说，探索合理的集体建设用地流动模式和土地增值收益分配模式尤为重要。当前的重点应是大力推进农村转移人口的既有建设用地流转，以及在城镇建设中加大对存量土地资源的再配置力度。

（3）以市场化的模式开拓多元融资渠道。沙溪的经验已反映出城镇化发展中供给基础设施的成本很高，远远超过既有税收财政的资金能力。国际经验表明，以市场化模式引入社会资金参与基础设施建设和开拓多元融资渠道是必然选择。对于基层政府而言，这方面最为关键的改革有两项：一是对政策性金融机构和市场性金融机构的边界再界定，使政策性金融回归公共服务支持领域，缓解基层政府难以获得政策性金融支持的矛盾；二是扩大地方政府融资空间，包括建立多层级的债券市场，使有条件的小城镇可直接向社会融资。

主要参考文献

[1] 赵民，邵琳，黎威. 我国农村基础教育设施配置模式比较及规划策略——基于中部和东部地区案例的研究 [J]. 城市规划，2014，38（12）：28-33.

[2] 谢长青，翟印礼，李晓燕. 农村城镇化中小城镇公共基础设施供求均衡分析与政策建议 [J]. 商业研究，2006（21）：128-130.

[3] 单彦名，赵辉. 北京农村公共服务设施标准建议研究 [J]. 北京规划建设，2006（3）：28-32.

[4] 张京祥，葛志兵，罗震东，等. 城乡基本公共服务设施布局均等化研究——以常州市教育设施为例 [J]. 城市规划，2012，36（2）：9-15.

[5] 国务院发展研究中心和世界银行联合课题组，李伟，Sri Mulyani Indrawati，等. 中国：推进高效、包容、可持续的城镇化 [M]. 中国发展出版社，2014.

[6] 周飞舟. 分税制十年：制度及其影响 [J]. 中国社会科学，2006（6）：100-115.

[7] 范子英，张军. 粘纸效应：对地方政府规模膨胀的一种解释 [J]. 中国工业经济，2010（12）：5-15.

[8] Jr LRDM. Fiscal Decentralization and Intergovernmental Fiscal Relations : A Cross-Country Analysis[J]. World Development, 2000, 28, 2 : 365-380.

[9] 李庆霞. 中国特色财政联邦制：争议及反思 [J]. 财政研究，2011（3）：25-27.

[10] 陈旭，赵民. 经济增长、城镇化的机制及"新常态"下的转型策略——理论解析与实证推论 [J]. 城市规划，2016，40（1）：9-18.

[11] 朱金，赵民. 从结构性失衡到均衡——我国城镇化发展的现实状况与未来趋势 [J]. 上海城市规划，2014（1）：47-55.

[12] 赵民，游猎，陈晨. 论农村人居空间的"精明收缩"导向和规划策略 [J]. 城市规划，2015，39（7）：9-18.

河北省蠡县梁庄村一二三产业融合研究

霍伟　李超

摘　要：长久以来的城乡不均衡发展使得城乡二元对立愈加严峻。在市场与价格的双重夹逼下，农村的第一产业一直处于一个尴尬的局面，同时扮演着"必不可少"与"价值最低"双重角色。在这种环境下，农村的第一产业将转型升级。农村一二三产业融合是当前我国对于"三农"问题的新政策，是农村产业发展的新方向。本文研究的梁庄村是位于河北省的一个典型的以农业与纺织产业为主的农村。本文通过研究，发现梁庄村一二三产业融合的初步形式是"以养殖业为中间环节的产业融合、以旅游业为中间环节的产业融合、以毛纺业为中间环节的产业融合"，现状问题是"种植业产品未能实现地产地销、产业融合类型的规模均较小、在融合过程中未形成管理组织与利益共享机制"，针对问题的对策是"一是产业融合结构体系重组，扩大产业融合规模，二是完善梁庄村产业融合利益联结机制，健全管理，三是产业空间布局优化，增强一二三产业之间的联系"。

关键词：梁庄村；一二三产业融合；现状；问题；对策

前言

城市与乡村是空间上两种不同的人类聚居形式，城市与乡村的差异不仅表现在聚集人口数量、产业类型与居民的职能结构，还表现在居民生活状况、文化心理以及富裕程度。乡村所面临的挑战是来自于多方面的，其中最主要的挑战是来自于经济与社会方面的挑战。农村产业结构单一是制约农村经济发展的第一大因素，低附加值的第一产业总是位于产业生态链的最底端。在市场化条件下，想要彻底改变农村经济结构，首要的是调整农村的产业结构，走农村工业化、农村服务业化道路，即农业产业化。

在上述背景下，农村一二三产业融合的政策应运而生。国务院、农业部、各省对于农村一二三产业融合都非常重视，从 2014 年至今，出台了多部重要文件支持农村一二三产业融合（表1）。以本文研究村庄所在的河北省为例，河北省政府在 2016 年 4 月出台了《河北省人民政府办公厅关于推进农村一二三产业融合发展的实施意见》，支持农村一二三产业融合的发展（表1）。除各级政府的政策外，相关文献也对于农村一二三产业融合发展进行了分析与研究。一般认为农村一二三产业融合有四种模式，即：农民自发将农产品通过本地加工、本地销售的形式进行融合；农民通过兴办合作社的形式将产业链条向加工与流通延伸；当地龙头企业（一般是农产品加工业）与农民签订合同，建立利益共享机制进行一二三产业融合；依靠"互联网 + 农业"进行融合。

大多数文献探讨大区域范围内村庄一二三产业融合的含义、发展机制、基本模式、案例等问题，本文的重点是以某个具体村庄为例，即以冀中梁庄村为例，探讨一二三产业融合的模式具体在梁庄村上的实施对策，以及基于一二三产业融合的梁庄村的产业布局，以给其他村庄提供有益借鉴。

各级政府对于农村一二三产业融合的发展所公布的部分政策　表1

文件层面	文件名称	发布日期
国家级	国务院办公厅关于加快转变农业发展方式的意见	2015.7.30
国家级	国务院办公厅关于推进农村一二三产业融合发展的指导意见	2016.1.4
国家级	国家"十三五"规划纲要	2016.3.17
农业部	农产品加工业和休闲农业"互联网 +"研究报告	2015.12.17
农业部	农业部积极推进农村一二三产业融合发展	2016.4.22
农业部	农村一二三产业融合发展推进工作方案	2016.6.28
河北省	河北省人民政府办公厅关于推进农村一二三产业融合发展的实施意见	2016.4.16

霍伟：沈阳建筑大学建筑与规划学院
李超：沈阳建筑大学建筑与规划学院

1 梁庄村及一二三产业融合发展现状

1.1 梁庄村一二三产业融合的基础

梁庄村位于河北省保定市蠡县辛兴镇，位于京津冀地区的腹地之内，其所在的城市保定市是京津冀地区的中心城市之一。梁庄村是辛兴镇下属行政村。紧邻镇政府驻地，西邻刘庄，东部与北沙口、南沙口接壤，南部与赵锻庄交界。县道蠡高公路从村庄北侧经过，同时村内有多条道路通往镇区和周边村庄，交通条件便利、地理位置优越（图1）。

20世纪90年代，全国掀起了小型轻工企业进农村的浪潮。在河北省保定市范围内，乡镇以发展羊绒产业与纺织以及相关产业为主，劳动力的富裕、宽松的环境以及技术的创新使得保定市蠡县的羊绒与毛纺织产业发展较好。与梁庄村仅有一街之隔的辛兴镇集聚了百余家毛纺厂，形成了毛纺经济园区。梁庄村域内也有少数几家毛纺厂，但是由于劳动力成本的提高以及全球轻工业的区域转移，使得保定市的纺织企业面临着倒闭的风险。

除了毛纺产业这一特色外，梁庄村的文化氛围强烈。梁庄村有着蠡县唯一的合法寺庙——万佛寺，还有观音堂等佛教建筑群，历年的佛教盛会来此拜谒者都比较多。梁庄村还是《红旗谱》的作者梁斌、注明国画大师黄胄的故乡，至今在村里还有两位名人的故居。近年来，在蠡县的美丽乡村建设中，梁庄村的万佛寺、观音堂及周围历史街坊的改造也得到了政府的扶持。

梁庄村产业构成以第一产业为主，第二、第三产业为辅。传统的农业种植产出低，而土地的稀缺更加剧了

这个状况，农业的规模化生产几乎不可能进行；第二产业以毛纺工业为主，但是由于毛纺工业近几年出现萧条，产业链的延伸与技术的创新急需进行；第三产业以小型商店、依托佛教类建筑的乡村旅游以及北部的建材交易为主，除建材交易情况较好外，其余的规模均较小（表2、图2）。

梁庄村产业构成 表2

产业类型	具体产业	用地面积	主要产品或服务	就业人数
第一产业	种植业	2144亩	玉米、小麦	800人
	养殖业	35亩	貉、鸡、羊	100人
	林业	67亩	枣树	20人
第二产业	毛纺业	108亩	毛纺品	106人
第三产业	商贸、物流	110亩	建筑材料商业、电子商务	300人
	旅游业	10亩	旅游服务	33人

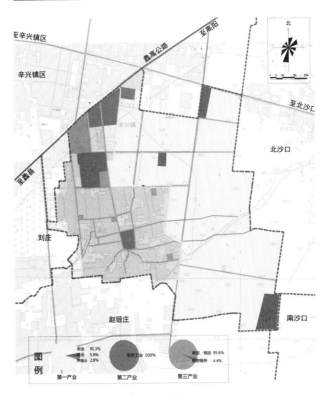

图2 梁庄村产业发展现状图
（资料来源：作者自绘）

1.2 以养殖业为中间环节的产业融合规模较小

梁庄种植业以种植小麦与玉米为主，养殖业以养殖貉、鸡、羊为主。由于运费低廉，所以部分养殖业主倾向于在本村收购玉米等作为食料。貉、羊的绒毛是毛纺厂加工很好的原材料，毛纺厂有少部分的原材料就来自于本村的貉、羊养殖户，这减少了运输费用，提高了原

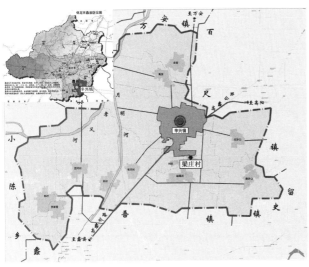

图1 梁庄村区位与交通图
（资料来源：作者自绘）

材料的质量。在长期的交易与合作中，种植业主、养殖业主、毛纺厂主之间产生了相互的贸易往来，互相达成了比较好的默契，同时绒毛的加工也提高了种植业、养殖业的附加值（图3）。

图3 梁庄村以养殖业为中间环节的产业融合本地网络示意图
（资料来源：作者自绘）

1.3 以旅游业为中间环节的产业融合逐渐起步

梁庄村的主要旅游资源是以万佛寺、观音堂为主要的佛教文化资源、以梁斌与黄胄为主要人物的名人文化资源、以传统民居与名人故居为主的特色建筑资源。万佛寺经过整改后，规模增大，每年吸引前来拜谒的人数有数万人，主要来自附近的村庄与蠡县县城。与乡村旅游相配套的是附近的商业与餐饮业，以及农家乐与采摘等。乡村旅游的发展有效地促进了梁庄村商业、毛纺业以及农业的发展，形成了农业、旅游业、毛纺产业、商业四者之间的有效融合（图4）。

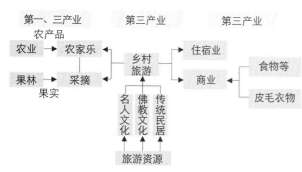

图4 梁庄村以旅游业为中间环节的产业融合本地网络示意图
（资料来源：作者自绘）

1.4 以毛纺业为中间环节的产业融合带动乡村就业

在20世纪90年代，中小企业在我国华北平原农村上遍地开花。保定蠡县依据自身畜牧业优势，努力发展毛纺织业，如今毛纺织业已经成为该县主导产业。梁庄域内北部有少数几个毛纺厂，毛纺厂的原料少部分来自于本村，生产的产品一般以线上电商交易与线下销售的方式进行。部分农村村民一般就近到毛纺厂里打工，毛纺厂到外地采购原材料时需要本地专业化的采购人才。外地游客的到来促进了衣物的销售，毛纺厂生产的优质

衣物亦吸引了外地的游客。毛纺厂促进了当地的养殖业、种植业、旅游业的发展，同时亦增加了本地的就业岗位（图5）。

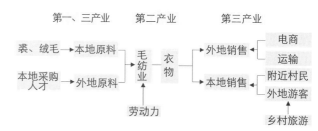

图5 梁庄村以毛纺业为中间环节的产业融合本地网络示意图
（资料来源：作者自绘）

2 梁庄村一二三产业融合存在的问题

从以上分析可以看出，梁庄村已经初步形成现代一二三产业融合的雏形，但是在一二三产业融合的过程中，不可避免会出现一些问题，主要的问题有如下几个方面：

2.1 种植业产品未能实现地产地销

梁庄的种植业主要是小麦与玉米的种植，较小的人均耕地面积与较低的产量使得种植业价值较低。一般认为，在农村一二三产业融合的过程中，最主要的是将种植产业化。但是目前梁庄村的种植业还是以传统的"耕种—收获粮食产品—廉价卖出"链条为主，未进行农业产业化。收获的粮食产品直接卖掉较为廉价，很难获得更高的价值。

2.2 产业融合类型的规模均较小

通过以上的分析，梁庄村目前的产业融合类型主要有三种，即：以养殖业为中间环节的产业融合、以旅游业为中间环节的产业融合、以毛纺业为中间环节的产业融合三种类型，但是三种类型的产业融合规模均较小，未能形成带动效应。例如，梁庄村只有个别农户养殖羊与貉等，毛绒的产量远远达不到毛纺厂的要求，毛纺厂只能在外地收购大量的原材料；乡村旅游业虽能带动一部分商业与农业的发展，但是由于佛教文化旅游淡旺季的特殊性，使得周围的基础设施稀缺；毛纺业与梁庄村第一产业之间的关系较少，只有部分融合，还未形成规模。

2.3 在融合过程中未形成管理组织与利益共享机制

梁庄村的一二三产业融合正处于起步状态，种植

户、养殖户、商户、企业等各个融合主体之间的利益
联结机制还未建立，所进行的融合也只是各个融合主
体之间的自发组织的联系。在进行产业融合的过程中，
上级政府与村委会很少参与到融合的过程中，而且融
合的过程缺乏一个有效的管理组织，这就使得梁庄村
的产业融合利益关系模糊不清，而农民最基本的利益
得不到保证。

3 梁庄村一二三产业融合优化对策

梁庄村一二三产业融合还是起步阶段，初具雏形，
在融合的过程中，还面临着各种严峻的问题，本文对此
所思考的一些对策是：

3.1 产业融合结构体系重组，扩大产业融合规模

梁庄村现状有以养殖业为中间环节的产业融合、以
旅游业为中间环节的产业融合、以毛纺业为中间环节的
产业融合三种类型三种产业融合的类型，三种类型的融
合规模均较小，应将三种类型的产业融合进行重组，构
建新的一二三产业融合本地网络体系（图6）。

3.1.1 延长种植业的产业链到第二、三产业

应将三种类型的产业融合方式重新组合，通过招商
引资的形式，建立农产品加工企业，延长传统的种植业
产业链到第二、第三企业，将小麦、玉米等农作物加工
为食品，且在本地销售，进行地产地销，提高种植业附

加值。玉米经过加工后产生的饲料就近销售给本地养殖
大户。

3.1.2 依托原有毛纺企业，增加毛纺产品的销售途径

依托原有的毛纺企业，扩大养殖业规模，适当在
本地购买高质量的纺织原材料，毛纺业的成品——各
种衣物、毛衣、布匹将通过本地销售与外地销售的方
式进行，本地销售主要售卖给外地来此的游客以及本
地村民，外地游客可以直接通过物流运输方式销往各
地，或者先进行网络交易，再通过物流运输的方式销
往全国各地。

3.1.3 发挥本地乡村文化优势，发展乡村旅游业

本村的名人文化、宗教文化、传统民居是优质的旅
游资源，可以吸引外来的游客，外来的游客可以带动本
地农家乐与采摘业的发展，除此之外，设立农协，协调
在融合的过程中龙头企业与农户之间的利益联系。

3.2 完善梁庄村产业融合利益联结机制，健全管理

3.2.1 以企业与农户签订合同的形式，协调企业与农户之间的利益关系

合同制利益联结机制具有承担风险不是农户、交
易费用比买断式机制低、受市场影响较小等优点，是
梁庄村一二三产业融合利益联结机制的主要方式。合
同制以契约为纽带，龙头企业在农业种植初期与农户

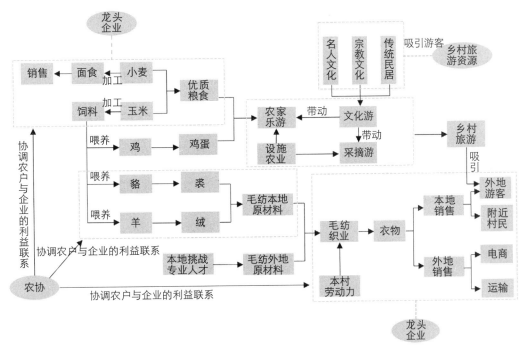

图6 重组后的梁庄村一二三产业融合本地网络示意图
（资料来源：作者自绘）

签订合同，确定种植种类、面积、数量的相关问题。并在农户生产农作物的基础上进行深加工，以提高农作物附加值。

3.2.2 创新采用股份制，健全梁庄村一二三产业融合的利益联结机制

股份制是梁庄村一二三产业融合利益联结机制的最理想组织方式。即农户在企业中持有一定的股份，参与种植、生产加工、经营、管理等一系列环节，最大限度地提高了农户的权利与利益。由于传统的买断式利益联结机制已在梁庄村根深蒂固，且没有政府的扶持投资，大型企业不愿使农户入股，故这种组织方式初期在梁庄村并不合适。

3.3 产业空间布局优化，增强一二三产业之间的联系

3.3.1 布局农产品加工园，促进第一产业产业化

在村庄北部、毛纺产业区南部建设农产品加工区，引进小型农产品加工企业，将种植业农产品在本地经过加工，生产出优质食品，然后再销往附近的辛兴镇或者其他村庄。农产品加工企业与种植户签订一系列买卖合同，或者让村民持有企业的一些股份，使得村民的最基本的利益得到保障（图7）。

3.3.2 建设特色民居体验区、佛教文化体验区与农业采摘园

依托村庄内部的传统民居与万佛寺、观音堂等建筑，建设特色民居体验区与佛教文化体验区，并配置一些公共服务设施。依靠名人文化、佛教文化、传统民居吸引游客，并建设农业采摘园与农家乐。特色民居体验区内部的景点有三名人故居、部分传统民居、即将建设的仿古商业街；佛教文化体验区内部的景点有万佛寺、观音堂、改造沟塘后形成的放生池；农业采摘园内部可以设置农业观光、农业采摘、农家乐等旅游项目（图7）。

3.3.3 在村南部建设集中养殖区，统一化管理

将分散的种植户进行组合，统一安排至村庄南部、远离村庄的集中养殖区内，养殖的主要动物有羊、貉以及鸡等。羊与貉的绒毛可以作为毛纺织产业的原料，并通过农协来协商养殖户与毛纺织企业的利益关系；养鸡场内部所产出的鸡蛋可以作为农家乐的原料（图7）。

3.3.4 依托蠡县绒毛新城，重振毛纺织业

绒毛新城是最近辛兴镇最大的招商引资项目，是由辛兴镇原有的纺织企业老板集资兴建。绒毛新城项目一期投资3.2亿元，建筑面积9.4万 m²，建设产品深加工、

图7 一二三产业融合下的梁庄村产业布局规划图
（资料来源：作者自绘）

展销中心、配套服务区和生活区四部分，是集制品深加工、产品展示展销、采购交易、电子商务、国际贸易、仓储物流、餐饮服务、休闲文化为一体的羊绒制品交易中心，目前一期已经基本建成。尽管绒毛新城不在梁庄村范围内，但是考虑到其是辛兴镇的招商引资项目，梁庄村内部的毛纺织企业可以与之进行合作，租赁场地，进行毛纺织业的深加工、展销、科研、采购、网络交易等工作。绒毛新城的建设时梁庄村及附近村庄重新振兴纺织业的有效途径，是支持梁庄村一二三产业融合的重要项目（图7）。

4 结论

本文对于农村一二三产业融合的含义与形式做了简单介绍，分析了河北省梁庄村农村一二三产业融合的现状情况、存在的问题，并提出了梁庄村一二三产业融合的一些优化对策。创新点是立足于我们国家农村一二三产业融合的大趋势，以某一个具体的村庄为例，总结出了一些村庄一二三产业融合的对策与产业布局形式，目的是在于为全国各地村庄的一二三产业融合建设提供有益借鉴。但是农村一二三产业融合是一个复杂的过程，各村的特点不同，融合的方式有所差异。只有经过实地考察与调研，进行理性分析，才能深刻总结出适合于本村的一二三产业融合的路径。

主要参考文献

[1] 沈玉麟. 外国城市建设史 [M]. 北京：中国建筑工业出版，1989：193-194.

[2] 赵海. 论农村一二三产业融合发展 [J]. 农村经营管理，2015（7）：26-27.

[3] 国务院办公厅. 国务院办公厅关于推进农村一二三产业融合发展的指导意见（国办发〔2015〕93号）[Z]，2016-01-04.

[4] 地方平台. 河北省实施农产品加工业提升行动，加速一二三产业融合发展 [Z]，2015（7）：42-43.

[5] 马晓河. 推进农村一二三产业融合发展的几点思考 [J]. 农村经营管理，2016（3）：28-29.

[6] 河北省人民政府. 河北省人民政府办公厅关于推进农村一二三产业融合发展的实施意见 [Z]. 2016-4-16.

基于 POI 数据的德国典型旅游小城镇商业业态空间分析及其启示 *
——以马尔巴赫为例

范文艺　Noel B.Salazar

摘　要：在我国新型城镇化全面实践大发展中，各类特色小（城）镇的规划建设成为当前学术界研究的热点问题。商业空间分析是特色小城镇规划建设中极为重要的组成部分。本研究选取一类具体旅游特色小城的城镇作为研究对象，通过 POI 空间数据获取与分析，以德国典型旅游小城镇马尔巴赫为例，从城市设计的视角，分析了其商业业态空间的特点。研究指出商业业态空间布局应注重与小城镇整体规划协调统一，商业业态空间规划以中小型业态为主要表现形式，商业业态的空间配置可以带动小城镇新老城区空间的共同发展，这些启示对于我国旅游小城镇商业业态空间规划具有重要的现实指导意义，丰富了我国新型城镇化中特色小城镇规划建设的研究理论与方法。

关键词：旅游小城镇；商业业态；空间分析；POI；马尔巴赫

1　研究背景与缘起

　　旅游小城镇是我国新型城镇化实践大发展阶段，全面推进特色小镇、特色小城镇规划建设中迅速发展的特色小城镇类型。通过旅游特色产业要素的合理空间布局与有效配置，旅游小城镇实现着"产、城、人、文"的相互融合。商业是现代城镇最重要的功能之一，"以街为市，以市为镇"的传统空间特征表明了商业空间与小城镇空间之间长久以来存在的紧密依存关系[1, 2]。商业业态空间又称零售业态空间，商业业态空间规划是商业空间要素中较为具体且微观的空间规划类型，涉及整体业态空间结构[3, 4]、业态空间分布与网络关系[5]、业态空间的比例与搭配、业态空间的集中性[6] 等规划内容，它对城镇商业空间结构和城镇整体空间结构产生直接影响[7]。

　　纵观世界各国城镇化的发展历程，欧洲经济强国德国的小城镇建设成绩斐然。小城镇在德国经济发展中占有重要作用，构成了城镇体系的基础。这表现在虽然德国目前城镇化率高达 97%，但大、中、小城市和小城镇均衡发展，70% 的人口居住在小城镇[8]。这些小城镇数量繁多，生态优美，注重规划建设与产业发展[9]。在我

国高速发展的新型城镇化进程中，小城镇规划建设的成功经验可以为我所用。德国小城镇马尔巴赫（Marbach am Neckar）正是依靠旅游特色产业发展起来的优秀小城镇。2016 年 7~8 月笔者在此处进行田野调研，对马尔巴赫的商业业态空间及其小城镇整体空间发展状况进行了系统考察。本研究即以案例地旅游小城镇的商业业态空间为研究对象，结合数据分析与空间分析其商业业态空间的特征和规律，为我国旅游特色小城镇提供启示与建议，以丰富当前我国特色小城镇规划建设的研究理论与方法，同时对提升地域城镇体系建设、城镇空间的优化也具有现实意义。

2　案例地小城镇空间发展情况与特点

2.1　小城镇马尔巴赫概况

　　小城镇马尔巴赫是德国旅游小城镇的典型代表，地处德国巴登 – 符腾堡州斯图加特市以北 20km 的内卡河畔的山坡上，总面积 18.06km²，常住人口 15000 人（图 1）[10]与德国大多数小城镇一样，马尔巴赫小城镇与外界交通联系便捷，地区铁路 S4 直达斯图加特市。马尔巴赫是德国著名的文化名城，作为德国文豪席勒的出生地，又被称为席勒城。小城镇中现存大量的特色建筑、古城墙和城门等，是其重要的旅游吸引物。小城镇生态环境优美，水源丰足，周边有成片的葡萄园和果园，是德国葡萄酒产区。

---

　　* 基金项目：国家自然科学基金青年项目"新型城镇化进程中典型旅游小城镇中心区商业业态分化机理及其管理模式建构研究——基于杭嘉湖地区的研究"（71403252）；浙江省自然科学基金项目"旅游村镇的商业业态分化机制及其管理模式建构——以浙江省为例"（LQ13G020009）；国家留学基金（201308330257）。

范文艺：浙江外国语学院
Noel B.Salazar：比利时鲁汶大学社会科学院

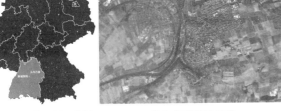

（a）马尔巴赫区位图　　　　（b）尔巴赫卫星图

图1　马尔巴赫区域空间图

2.2　小城镇马尔巴赫空间要素分析

凯文·林奇提出了边界、街道、区域、节点、标志物五个意象要素分析对城市空间环境的认知[11]。马尔巴赫小城镇的边界利用了内卡河水线和周边山地的自然地貌，城镇边界与生态环境互相渗透，具有空间的亲和感。内部街道整体具有较为规整的格栅式风貌。小城镇内部

空间具有功能分区特征，小城镇目前有三个主要区域：北部交通枢纽空间区域、中部老城空间区域和南部科技城空间区域。各区域拥有优良的市政基础设施，并通过交通网络以及沿线的商业布局强化着彼此的联系。小城镇的公共空间类型和数量众多，北部交通节点邻近的绿地开敞空间和南部的市民公园为城镇居民提供了游憩空间，老城门前的区域联系着南向的交通转换，形成了马尔巴赫复合功能型的节点。而老城的城门和教堂位于小城镇的制高点，是马尔巴赫小城镇的标志物。图2显示了马尔巴赫空间要素的物质载体。

2.3　马尔巴赫商业空间与商业业态空间

商业业态空间与各区域联系紧密。小城镇与外界联系的地区铁路站点位于马尔巴赫的北部，此处形成了小城镇北部交通枢纽区域，商业空间以火车站为中心并沿临近小城镇的一段铁路发展，业态空间呈现辐射点状。

（a）马尔巴赫火车站

（b）马尔巴赫东城门

（c）马尔巴赫街道建筑立面

（d）马尔巴赫中心主街道广场

图2　马尔巴赫空间要素的物质载体
（图片来源：作者拍摄）

老城 Holdergassen 位于小城镇中部，是小城镇最初的中心区域，也是当今旅游商业活动的主要区域，具有空间的向心性。老城城中的空间富有多样性，型制上保留了中世纪的风貌，街道体系由五条东西走向的街道构成，中心主街道为 Marktstraße，意为"市场街道"，商业业态空间与街道线性空间重合，均匀细致分布。南部的科技园区是城镇空间发展的新区域，聚集了教育和文化设施，商业空间围绕博物馆和学校周围聚向分布，但商业业态空间密度较低。

2.4 马尔巴赫旅游空间与商业业态空间

马尔巴赫的旅游空间具有典型的规划特征。2001年马尔巴赫对城镇的旅游空间进行了大规模的整修，对老城建筑、街道和旅游设施进行了修葺，对城镇的绿化空间进行了整理，在小城镇临近内卡河的边边缘处修建了游步道和自行车道。小城镇建有席勒国家博物馆、德国文学档案馆和现代文学博物馆，以建筑群形态布置在小城镇南部城区。旅游业的发展为马尔巴赫常年带来了大量的旅游者，尤其是会议游客。商业业态空间与旅游空间具有一定的重合特征，老城区分布大量的线性商业业态，同时也是旅游者活动的主要空间。

整体空间分析显示了马尔巴赫小城镇空间、商业及其业态空间、旅游空间的整体特征。为了更进一步地研究和发现案例点的商业业态空间以及小城镇空间的相关信息，文章结合空间数据采集与地图分析方法对马尔巴赫商业业态空间进行深入分析。

3 POI 数据分析马尔巴赫商业业态空间

3.1 研究方法

互联网时代，大数据极大丰富了城镇空间与现象的分析手段和认知维度，在商业空间研究中也越加得到重视与运用[12]。研究使用 OpenStreetMap 导出指定区域的 OSM 文件，再利用软件从 OSM 提取需要类型的 POI 数据内容，比如：提取成能用 Excel 软件打开的表格数据格式。POI 又称为兴趣点，即 Point of Interest，它在地图上以"点"代表现实中的任何实体，可以是一栋建筑、一个商铺，甚至可以是一个标牌标识[13]。POI 同时包含该兴趣点的名称、类别和经纬度四个信息，依此可以清晰掌握商业业态的空间分布、数据和类型情况。研究运用该方法获取商业业态数据在马尔巴赫小城镇空间上的分布与类型，根据 POI 数据信息的业态分类并结合地图空间分析，对包括酒店、景点等旅游业态在内的小城镇各类零售业态的类型、数量、空间分布、集中度进行分析，从而解释

马尔巴赫旅游小城镇商业业态空间的特点。

3.2 马尔巴赫商业业态空间分析

研究在 POI 数据中提取与商业业态空间相关的五大类数据，剔除与商业业态空间研究不相关的其他信息。五大分类数据包括生活服务网点、酒店、餐厅、店铺和旅游机构，每个大类下分若干小类，见表1。

图3显示了马尔巴赫小城镇整体空间布局和主要街道分布状况。图4显示了马尔巴赫 POI 整体空间情况。首先，马尔巴赫小城镇商业业态空间是较高等级的空间规划表现形式。马尔巴赫小城镇各区域均具有主导功能性的基底图层，商业业态空间则附加在区域主要基底功能图层之上。北部的火车站交通功能基底图层、中部的老城旅游生活基底图层和南部的教育科技功能图层，它没有专门规划独立的专业商业区。商业业态的高层次性提供了业态空间表现方式的多样性与复合型。在商业业态空间规划的多样性上，各类商品、服务和餐饮商业业态种类多样，居民一般日常生活所需在本地就近消费，包括饮食、美容美发、超市和日常生活服务等。空间表现形式丰富，具有点状、现状、分散与集中等各种空间形态。在商业业态空间规划的复合性上，依据 POI 显示的业态空间布局范围可以发现，老城内的旅游业态和居民生活服务业态的空间分布上具有混合性，并未划分专门的社区商业业态空间和旅游商业业态空间。

其二，在商业业态的选址和空间布局上，旅游小城镇马尔巴赫显示了城镇生活服务向旅游热点空间区域渗透的特点，老城仍旧是居民饮食生活的服务中心空间。根据 POI 数据分析，目前马尔巴赫已经形成了较为明显的三个活动中心地带，分别是主要交通节点火车站区域、旅游热点区域老城和南部新城博物馆区域。马尔巴赫的旅游发展同时在吸引旅游者和本地居民，小城镇服装店、美容美发业态高度集中在老城区，老城区的商业业态空间集中且呈线性分布贯穿整个老城。而酒店业态并未向老城高度集中，同时在传统的老城旅游热点区域和南部科技城的博物馆区域布局。南部城区提供了小城镇大量的教育和体育设施机构，以及"市民"公园等公共空间，酒店等新业态的空间布局带动着小城镇新区的发展。

第三，商业业态空间与街道空间具有紧密的相互关系。老城内部线性分布的商业业态空间赋予了街道空间的多重功能，街道既是交通通道，同时又是商业空间，也是当地旅游者和居民的娱乐和社会交往空间。沿街业态网点建筑立面丰富多样，且以小单元紧密排列，整个商业业态空间的布局与老城街道形成了较好的密致空

马尔巴赫小城镇商业业态 POI 数据信息　　　　　　　　表 1

分类	属性	数量	空间布局范围	集中度
生活服务业态网点	银行（含 ATM）	8	从火车站交通节点沿 Güntterstraβe 街道至老城门	线性高度集中
	加油站	4	老城外的城镇主干道附近	均匀分布
	药店	3	Güntterstraβe 街道 1 处，老城内 2 处	中度集中
	邮局（含邮筒）	9	邮局在 Güntterstraβe 街道，邮筒全城镇均匀分布	均匀分布
	出租车服务点	1	火车站广场	点状
	小型剧场	1	老城东城口内侧	点状
酒店	酒店	3	老城内和城镇南部博物馆附近	分散布局
	旅舍	2	老城内和城镇东部	分散布局
餐厅	啤酒屋	1	近老城的内卡河畔	点状
	酒吧	7	交通节点及老城内	中度集中
	咖啡屋	5	老城内主街道 Marktstraβe	高度集中
	速食店	4	近交通节点	均匀分布
	正餐餐厅	20	点状集中：16 处在老城内及城墙附近的东北入口处；线性布局：街道以及从火车站通向老城的道路沿线	高度集中
店铺	自行车店	1	老城外	点状
	书店	3	Güntterstraβe 街道 1 处，老城内 2 处	中度集中
	服装店	4	全部集中在老城主街道 Marktstraβe	高度集中
	园艺中心	2	小城镇边缘地带，其中一个与周边城镇共享	块状高度集中
	美容美发店	5	老城内	高度集中
	珠宝店	1	老城内	点状
	售货亭 / 报刊亭	1	火车站	点状
	眼镜店	2	Güntterstraβe 街道	中度集中
	皮鞋店	3	老城外、生活区、城镇中心附近分布	均匀分布
	五金器具	1	老城内	点状
	酒类	1	老城内（特许经营）	点状
	饮料	1	老城内	点状
	面包烘焙	5	城镇各处	均匀分布
	肉店	1	老城内	点状
	熟食	1	老城内	点状
	中大型超市	4	火车站交通节点，沿 Rielingshäuser Straβe 街道至 Güntterstraβe 街道	线性分散
旅游机构业态	旅行社	1	老城内中心地带	点状
	博物馆	4	点状集中：南部科技园 3 处，1 处老城内	高度集中
	历史遗迹景点	7	老城内 3 处，其他分布城镇周边	分散分布
	历史人文景点	12	老城内集中，包括水利设施、城墙、城门古钟、纪念碑	高度集中

（资料来源：OSM 提取 POI 整理）

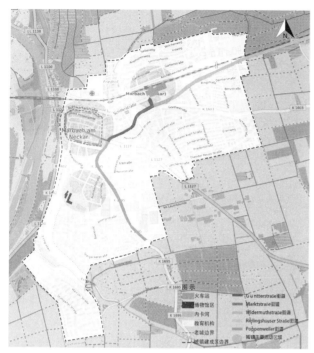

图3 马尔巴赫小城镇整体空间布局
（图片来源：作者）

图4 马尔巴赫商业业态POI空间分布情况
（图片来源：OSM提取后作者出图）

间。老城之外的小城镇其他区域，交通干线对马尔巴赫的现代商业业态空间布局也起着决定作用。主要交通干线Güntterstraße连接着小城镇北部的交通枢纽区域到中部老城区域，并在老城东入口附近与南向的快速道路Poppenweiler相连，道路沿线投放现代商业业态的主要形态，如超市和加油站、邮局和银行等，交通与商业业态的双重效果强化了小城镇的三大区域的空间联系。街

道的两端处还设计了向心性的商业业态空间。在火车站交通枢纽附近商业业态空间规划以便利店、快餐店和生活服务网点为主，商业具有高度聚点状。老城东入口的交通转换节点本身还是景点旅游空间，此处规划了一处多功能的露天剧场空间，强化了老城的商业业态聚点空间。

4 旅游小城镇马尔巴赫商业业态布局的启示

商业业态的空间布局和规划是实现旅游小城镇健康发展的必要保证。我国旅游小城镇自20世纪80年代发展以来，至今以形成了各具特色的发展类型，比如水乡古镇、民族旅游小城镇、城郊休闲农业小城镇等一系列典型代表。特别是近年来，"多规合一"的城市规划创新改革，要求在各类城镇规划中实现"多规融合"。然而，商业业态空间的规划还不够完善，造成旅游小城镇普遍出现着商业过度化发展和商业业态雷同的现象，直接影响了旅游小城镇的健康发展。德国优秀旅游小城镇马尔巴赫的商业业态空间规划对此提供了一些启示。

4.1 商业业态空间规划应与小城镇区域空间布局相互适应

马尔巴赫因其特色的人文和自然旅游资源而成为地区乃至德国全国优秀的旅游小城镇。它的产业发展既依赖于旅游业，但又不完全依附于旅游业。小城镇的整体商业业态空间优先考虑本地居民，其生活服务业态网点品类齐全，步行方便可达，与城镇发展紧密联系在一起。POI数据显示，马尔巴赫的旅游热点空间与城镇的生活中心空间是重合的，商业业态具有同时向旅游者和本地居民提供产品的特点。同时，城镇规划也考虑到旅游小城镇的产业定位特性，并通过商业业态反映出来。马尔巴赫作为周末游和观光游为主要类型旅游产品的旅游小城镇，它并未大量投放酒店业态，而是着重布局既面向本地居民也面向旅游者的中小型餐饮和服务业态，商业业态规划与其观光型旅游小城镇的整体规划定位是一致的。这就要求我们在旅游小城镇整体规划的同时应对商业业态进行同期规划，商业业态的空间布局和安排应同时考虑本地居民与游客的需求，平衡城镇发展的各方需求。尤其应注重在商业业态的布局和安排中将商业消费空间、娱乐空间和城镇社会活动空间联系在一起，促进小城镇发展和旅游业发展在商业业态规划中实现协调统一，实现空间的复合化利用，产生更好的空间价值。

4.2 商业业态空间规划以中小型业态为主要空间表现形式

马尔巴赫各类商品、餐饮、服务和旅游业态都选择了偏小型的业态形式，小单元的业态空间格局面窄进深长，同时小单元商业业态空间提升了业态种类的多样性和空间使用的效率。提出中心地理论的德国地理学家克里斯泰勒（Christaller, W.）在其著名的《德国南部的中心地原理》一书中曾对不同等级的城市服务范围进行过详细的理论解释[14]。小城市和小城镇的级别低，服务的种类少和范围小，对于商业网点的空间安排要考虑到中心地的等级。即使常年有旅游者到达马尔巴赫，以实际商圈内稳定客户的数量估算，它并未达到选择大型购物中心空间的人口门槛。调研统计，整个旅游热点区域马尔巴赫老城商业业态空间规模多选择的是与商住楼和办公楼相结合的小型店面。城镇东部的连锁超市Lidl是其最大的零售业态，经营面积约800m²，服务空间覆盖周边若干个小城镇。我国中小城市（镇）在商业地产的发展中往往青睐于规划设计各种大体量的现代购物中心，这并非对所有小城镇都是适应的。中小型的商业业态空间灵活度较高，规划投资角度看更具有经济性。旅游小城镇在商业业态规划时要关注经验数据和规划数据，综合考虑地域面积、人口数量、消费特征和旅游淡旺季的影响，对商业业态空间进行择优选择和设计。

4.3 旅游小城镇的商业业态空间规划中应注重空间的复合性开发

商业业态空间能够产生空间影响力，正向的影响力能带动城镇各区域空间的发展并形成整合力。马尔巴赫商业业态POI数据分析证实了Tallon的研究[15]，即商业业态的空间集聚程度与布局对城市区域尤其是老城区具有显著作用。商业业态空间应优先利用传统街道公共空间，传统街道空间的吸纳力强，本身是商业街道或生活街道。在不影响本地居民公平使用的基础上均可按照小城镇商业容量规划投放不同类型、数量和区位的商业业态网点。马尔巴赫老城区街道两侧小型餐饮业态和店铺业态集中，中世纪的老城Holdergassen对居民和旅游者依然具有生机和活力。小城镇空间是动态发展的，新商业业态的投放能够刺激新区空间发展。马尔巴赫南部的科技区集聚着丰富的教育和体育机构，这里还有著名的席勒国家博物馆和现代文学博物馆。服务于新区会展业和教育的发展，马尔巴赫的酒店空间业布局采用了大分散小集中方式，在南部区域投放酒店业态。为了引导城镇新区发展，从老城区东城门口一直延续到市民公园近

至博物馆区域的道路周围线性布局了各类业态和机构。这些沿线业态主要是生活服务业态网点，通过业态引导人口流入，推动发展新城区。在我们旅游小城镇的规划建设中，要善于运用各类商业业态的配比和安排来增强城镇各区域的活力，既包括激发传统老城古城的中心活力，也包括未来城镇发展新区的统筹安排。在旅游小城镇的老城区，如果定位为观光型旅游小城镇，在配比上餐饮业态可居多，酒店旅舍业态可不必高度集中。为了带动整体城镇的发展，可以采用旅游多中心化规划布局，再运用商业业态规划吸引人群向特定区域空间流动。

5 主要结论

旅游小城镇是我国新型城镇化大发展时期快速发展的特色小城镇，近期在全国范围内开展特色小镇培育工作等一系列政策更将进一步大力推进包括旅游小城镇在内的特色小（城）镇的蓬勃发展。同时，我国特色小城镇规划建设的理论和实践研究也正期待众多的完善之处。商业业态空间是小城镇空间规划的重要组成部分，商业业态空间不但直接展现了商业空间的发展状况，同时对城镇空间和各类活动产生空间影响力。研究结合POI数据和实地调研，通过对德国典型旅游小城镇马尔巴赫的商业业态空间进行分析和探讨，发现商业业态空间是较高等级的空间规划表现形式，业态空间具有较强的黏附功能。商业业态空间表现形式多样，类型丰富，且与街道空间、生活空间、娱乐游憩空间常常共存。这些启示对于改善我国旅游小城镇普遍出现的商业过度化与商业雷同化提供了可鉴之处。旅游小城镇的商业业态规划应与小城镇区域空间布局相互适应以实现旅游小城镇的整体发展，且应以小型业态为主要空间表现形式适应小城镇的商业空间容量。旅游小城镇的商业业态空间规划中注重空间的复合性开发，实现商业空间与旅游空间和城镇生活空间协调发展，同时利用商业业态空间布局、多样化业态的集中程度以及不同业态的空间配比带动旅游小城镇老城和新城区的共同发展。

主要参考文献

[1] 费孝通. 农村、小城镇、区域发展——我的社区研究里程的再回顾 [J]. 北京大学学报: 哲学社会科学版，1995（2）: 4-14.

[2] 刘征，吴南，陈新，李文. 小城镇规划中的商业业态研究 [J]. 小城镇建设，2011（12）: 87-90.

[3] 潘丽丽，罗宇红. 杭州河坊街历史街区商业网点业

态结构及规划启示 [J]. 旅游论坛, 2014, 7 (6): 74-78, 88.

[4] 王宇渠, 陈忠暖. 基于流动的商业空间格局研究综述 [J]. 世界地理研究, 2015, 24 (2): 39-48.

[5] 浩飞龙, 王士君. 长春市零售商业空间分布特征及形成机理 [J]. 地理科学, 2016, 36 (6): 855-862.

[6] 叶强, 谭怡恬, 鞠拓文 等. 商业网点规划与现状比较研究——以长沙为例 [J]. 城市规划, 2012, 36 (6): 23-27, 38.

[7] 谭怡恬, 赵学彬, 谭立力. 商业业态分化与城市商业空间结构的变迁——来自长沙的实证研究 [J]. 北京工商大学学报 (社会科学版), 2011 (3): 53-59.

[8] 石忆邵. 德国均衡城镇化模式与中国小城镇发展的体制瓶颈 [J]. 经济地理, 2015 (11): 54-60, 70.

[9] 张之秀. 德国城镇化发展经验及其对我国的启示 [D].

太原: 山西大学, 2015: 18-20.

[10] Marbach am Neckar[EB/OL].https://de.wikipedia.org/wiki/Marbach_am_Neckar, 2016-07-07.

[11] 凯文·林奇著. 城市意象 [M]. 项秉仁译. 北京: 华夏出版社, 2001.

[12] 吴一洲, 陈前虎. 大数据时代城乡规划决策理念及应用途径 [J]. 规划师, 2014 (8): 12-18.

[13] 焦耀, 刘望保, 石恩名. 基于多源 POI 数据下的广州市商业业态空间分布及其机理研究 [J]. 城市观察, 2015 (12): 86-96.

[14] 克里斯塔勒 W 著. 德国南部中心地原理 [M]. 常正文, 王兴中, 等, 译. 北京: 商务印书馆出版, 2010: 27-80.

[15] Tallon, A. Urban Regeneration in the UK [M]. London: Routledge Press, 2010: 10-46.

城乡统筹视野下的成都市乡村治理模式研究

刘毅　韦玉臻

摘　要：由于城乡二元结构体制的长期存在，导致城乡市场体系割裂，城乡差距加大。传统乡村社会价值体系遭到冲击，社会秩序趋于瓦解，不稳定因素增多，乡村治理体制亟待转型。成都市作为全国首批统筹城乡综合配套改革试验区，通过多年探索实践，已经形成一套较为成熟的乡村治理模式。本研究在揭示当前乡村治理的现实困境和发展趋势的基础上，系统梳理了成都市乡村治理从起步发展到完善提升，再到改革创新的发展历程，并深入探讨其在基本制度架构、村民自治管理创新、市场机制介入等多个方面的先进经验，总结出其在政府、基层、市场三个层面的治理经验。同时对城乡统筹背景下的乡村治理模式提出了新的思考方向，期望能为全国其他地区的乡村治理工作提供借鉴。

关键词：城乡统筹；成都市；乡村治理；治理模式

1　引言

　　城乡统筹是 21 世纪以来我国通过体制改革和政策调整逐步缩小城乡差距，提升农民生活品质，促进城乡等值、空间融合，实现城市与乡村协调发展的重要战略主线。2013 年 11 月，十八届三中全会提出健全城乡一体化体制机制，标志着快速城镇化语境下的城乡统筹发展进入新的阶段，也使得长期制约经济社会健康发展的城乡二元结构问题和"三农"问题有了新的解决思路。事实上，长期以来中国乡村地区因所处环境复杂、社会文化多元以及发展状况不一，导致在社会治理层面遭遇诸多难题[1]。首先，城乡居民长期的二元户籍制度，导致城乡公共资源分配严重不均衡，村民财产权利受到约束；其次，由于自上而下的统筹规划和实施建设缺乏与村民的沟通反馈，加之部分规划设计者对农村建设方式缺少基本认知，导致乡村建设管理工作无法推进，乡村建设风貌不符合乡土特征，原有乡土肌理遭到破坏；再次，基层管理工作日益追求简单化，导致规划实施采用简单易行的操作手法，乡村建设风貌出现"一刀切"[2]；最后，部分地区基层政府社会管理职能弱化，且乡村社会组织匮乏，导致乡村不稳定因素增多，乡村社会治理体系失效。综上可见，基于乡村社会管理长期强调长官意志的权威与服从，在我国大多数乡村从传统社会向现代社会过渡中往往面临着规划管理标准、规范的缺乏，治理机制亟待完善等一系列问题。建立适应性强的乡村治理体系，促进自上而下与自下而上的有效结合，激活乡村社会活力，将是破解乡村困境，重塑城镇化基本价值取向的核心。

2　城乡统筹背景下的乡村治理发展

2.1　乡村治理的事实特点及问题

　　乡村社会治理作为典型的公共政策，主要涉及层面包括乡村社会利益分配、乡村空间建设、乡村基层组织形式等方面。就现行乡村治理模式而言，主要通过乡政村治的治理模式，强调以政府为中心，实行政党、政府、村民组织的三元治理[3]。这一模式在一定历史时期有效地促进了乡村地区经济文化发展，增强了村民自我管理、自我服务的治理意识，具有一定的自治性和民主性。然而近几年随着城乡统筹进程的加快，这一模式又较明显地折射出现行乡村治理体制的种种弊端。多方的治理模式越发表现出以政府为核心的"单中心"治理，使得公共资源配置单极化，利益分配不顾村民实际需求，甚至干涉村民的生产经营权，最终使得乡村内生动力缺失，村民对乡村缺乏认同感和归属感，导致了乡村社会隐患的出现。

2.2　乡村治理的现实困境

　　据国家统计局数据显示，2015 年全国外出农民工数量达到 27747 万人，比 2014 年增加 1.3%[4]。乡村劳动力向城市输入的单向流动模式，使得当前的乡村社会结构正经历着特殊的社会变迁。乡村人口的快速流动现象对乡村社会治理的突出影响主要表现在以下方面：

刘毅：西南交通大学建筑与设计学院
韦玉臻：西南交通大学建筑与设计学院

2.2.1 乡村社会精英流失

当前乡村社会精英流失日渐严重，导致了乡村内生机制运行中的重要主体匮乏以及优势劳动力的缺失，影响乡村地区的基本生活生产，从而影响乡村整体发展和进步。在此背景下建立可操作性和适应性强的乡村治理机制，难度巨大。

2.2.2 治理参与度降低

由于乡村治理主体的长时间缺场，直接导致了乡村自治主体的缺失，并使得目前我国大多数乡村地区治理对象成为"三留守"人群①。主体缺失的虚置状态，制约着治理工作的整体效率，严重影响着治理制度的正常运行。

2.2.3 内生运行动力不足

乡村社会阶层结构的长期分化使得乡村社会开始显现传统信仰丧失，原有道德体系崩塌等问题，乡村治理体系日渐失效，乡村内部运营和外向发展乏力。尤其是在资源匮乏、发展滞后的地区，乡村运营动力和治理能力更弱。

2.3 乡村治理的发展趋势

当前，我国乡村社会已经告别传统的秩序形态，整个乡村治理体制机制还处于优化调整中[5]。面对当前的现实困境，国内部分地区也提出了乡村治理的新策略。如浙江省推行"文化大礼堂"，通过整合本土文化作为村庄治理资源，提升乡村治理水平。以当地传统礼堂的更新改造为契机，在展现村庄文化的同时，通过村民自主管理，建立"建管同步"的运行机制，保障村庄各类活动的正常运行；北京市延庆县则是通过文化驻乡工程，培育大量乡村文化人才，极大地活跃了乡村文化组织，促进了乡村治理体系完善。总体而言，当前的乡村治理更多从资金来源、管理考核、文化教育等方面进行实践探索。这其中，成都市作为全国乡村规划探索者的领头军，在当前乡村治理研究成果较为匮乏的时期，已经形成较为完善的乡村治理体系。对成都乡村治理发展历程和治理机制进行系统梳理分析，可为国内其他乡村地区发展提供理论和实践经验。

3 成都乡村治理的发展历程

3.1 起步发展期

在统筹城乡发展的时代大背景下，成都市结合2003年十六届三中全会提出的"五个统筹"②，以破解"城乡

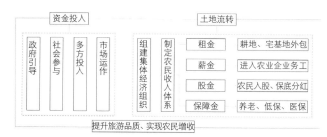

图1 "五朵金花"运行机制示意图
（图片来源：作者自绘）

二元体制"难题为出发点，积极探索城乡统筹实践，于2004年作出"统筹城乡经济社会发展、推进城乡一体化"的战略部署，并开始通过乡村基层民主政治建设、村民自治、乡村社会组织等方式，将基层组织建设纳入到公共服务体系中来，并逐步成为公共服务的生产者或提供者，推动当时乡村治理的发展[6]。

同时在这一时期，锦江区三圣乡的"五朵金花"③以发展乡村旅游为契机，通过改善乡村环境、完善基础设施、促进产业融合的基本思路，实现了农业资源向旅游资源的转变，并成为成都市"城乡一体化"战略成果的亮点。"五朵金花"的成功，一方面源于锦江区政府采用"政府主导、社会参与、多方投入、市场运作"的方式吸引外来资金，利用搭建融资平台的方式，吸引民间资金2亿元；另一方面则是通过完备的土地流转政策，以土地承包经营权入股为主的股份合作经济，激活乡村旅游，促进村民就业，保障村民经济利益（图1）。

3.2 完善提升期

2007年国家批准成都设立"全国统筹城乡综合配套改革试验区"，加快推进城乡一体化，成都市乡村治理又迎来新的契机。一方面，各区县政府通过规范化服务型政府的建设及基层民主政治建设，并健全民众对政府公共服务提供质量的监督和评价标准，为下一步统筹城乡发展建构体制机制提供基本保障；另一方面，结合2008年灾后重建，正式启动成都农村产权制度改革，以组织村民自治、建立集体经济组织、构建社会平台、组建社会团体为主要方法（图2），充分发挥村民参与经济发展与民主管理的主体作用。这一时期，各区县积极探索适宜的乡村治理模式[7]（表1），虽然模式名称各异，但其目的和功能基本相似，旨在实现乡村治理中的决策、执

---

① 留守儿童、留守妇女、留守老人。据2014年数据显示，我国留守儿童数量在6100万以上，留守妇女约4700万，留守老人约5000万人。农村"三留守"问题令人担忧。

② 统筹城乡发展、统筹区域发展、统筹经济社会发展、统筹人与自然和谐发展、统筹国内发展和对外开放。

③ 成都市锦江区三圣街道办事处辖属的五个村，即红砂村的花乡农居、幸福村的幸福梅林、江家堰村的江家菜地、驸马村的东篱菊园、万福村的荷塘月色。

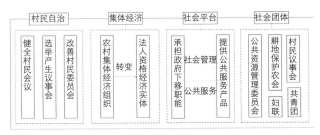

图2　农村产权制度改革背景下乡村治理模式图
（图片来源：作者自绘）

行、监督三权的相互协调和制约，并开始形成政府与村民之间的互哺机制。这些实践在当时取得了良好的效果，成都市乡村治理水平得到提升。

成都市各区县乡村治理模式一览表　表1

区县名称	模式
邛崃市	新村发展议事会+"五人监督章"
大邑县	"村三委"（原村两委+村民监督委员会）
新津县	村级联合党总支+村级议事监督机构和经济管理机构
温江区	"3+1+1"（三会一社一站）①
新都区	"6+1"（两委三会一中心+新经济组织）②
龙泉驿区	"511"（五会一社一中心）③
双流县	"代议制"（三会一中心）④

（资料来源：部分源于参考文献[7]，部分源于成都市各区县政府网站）

3.3　改革创新期

自2009年成都市提出建设"世界现代田园城市"以来，就开始着手从行政村层面入手全面推进乡村改革，保证城乡统筹的规划理念在村级层面得到具体落实。尤其是近几年来，成都市以城乡统筹的思路和办法，逐步将乡村地区的规划建设与治理工作纳入到了规范化的管理体系中，包括夯实基层规划工作基础，强化乡村规划队伍建设，提升乡村治理水平，并首创实施了乡村规划师制度。与此同时，成都市委结合成都地区实际情况，

---

① 三会，即社区党总支、社区居民委员会、社区议事监督委员会；一社，即社区集体经济股份合作社；一站，即社区服务站。

② 两委，即村党支部委员会和村委会；三会，即民主议事会、民主监事会、民主联席会；一中心，即综合服务中心（站）；新经济组织，即专业合作社等组织。

③ 五会，即党总支（支部）委员会、村民（代表）会议、村（居）民自治议事监督委员会、村（居）民委员会、群团工作委员会；一社，即农业合作联合社；一中心，即社区公共服务中心。

④ 三会，即村组议事会、村民主监事会、集体资产管理委员会；一中心，即村服务中心。

构建了以技术规定、控制导则、地方标准等多位一体的标准体系，不仅对乡村建设的空间布局进行控制，同时将产业发展、社会基层管理等一并纳入考虑，使得乡村规章制度体系日趋完善，乡村治理工作有据可依。

在2016年3月，成都市政府发布《成都市统筹城乡2025规划》，提出完善城乡基层治理机制，要求构建政府治理和社会调节、基层自治和市场机制的良性互动，并提出将乡村基础项目的选择权、实施权（建设—管理—维护）、评价权进一步落实给村民，逐步形成村民自建管理的方式，构建政府、企业、民间团体、村民"多元协作供给"的模式，保证乡村地区基础设施和公共服务水平的有效提升。

4　成都市乡村治理模式运作机制研究

4.1　治理基本制度架构的建立

完善的基本制度和组织机构的建立，是统筹乡村治理工作有序开展的基本保障。目前，成都市形成了覆盖全域的乡村规划法规、规划行政、规划编制和规划管理体系。体系的建立，一方面在乡村营建层面为成都乡村地区的物质空间建设提供了依据，另一方面也为乡村治理工作的有序开展提供了基础平台。

4.1.1　规范的标准体系

经过多年的逐步完善，目前形成了一规定+两办法+三导则的标准体系，作为指导乡村规划、建设与管理的技术性文件（表2）。

成都市乡村规划技术文件一览表　表2

规范类型	颁布时间	名称	颁布单位
一规定	2015年	成都市城镇及村庄规划管理技术规定	成都市规划管理局
两办法	2015年	成都市镇（乡）总体规划编制办法	成都市规划管理局
	2015年	成都市村庄规划编制办法	成都市规划管理局
三导则	2015年	成都市镇（乡）及村庄规划技术导则	成都市规划管理局
	2015年	成都市农村新型社区"小组微生"规划技术导则	成都市规划管理局
	2014年	成都市乡村环境规划控制技术导则	成都市规划管理局

（资料来源：成都市规划局官网）

4.1.2　完善的审查制度体系

成都市的乡村规划建审批实行五审制度，分级落实乡村规划的审查职责。成都市规划管理局于2015年发布

了《成都市乡村建设规划许可实施意见（试行）》（成规办〔2015〕28号）的通知，规定乡村规划建设首先应通过村民代表大会讨论通过，然后经乡村规划师代表乡镇进行初步审查，再提交区（市）县规划部门组织专家及部门审查，区（市）县规委会审议，最后由镇（乡）人民政府审批（图3）。

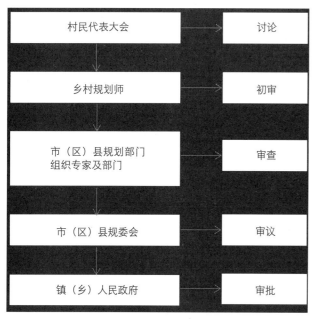

图3 "五审制度"示意图
（图片来源：作者自绘）

4.1.3　乡村规划成果信息的公开化

对于已经完成的乡村规划成果，全部入库备案，同时逐步建立信息化的网络平台，以科技手段强化权力监督与信息化管理水平，提升乡村管理的工作效率，实现城乡规划信息"一张图"[8]。现已在温江区展开试点，其研发使用的城乡规划综合地理信息平台（UPGIS2.0）获得2015年中国地理信息产业优秀工程奖金奖。"一张图"系统促使了城乡规划编制的规范性、权力实施的公正性、内外监督的透明性。

4.2　创新村民自治管理，完善综合保障

4.2.1　基层组织的蓬勃发展

成都许多乡村地区通过多年的引导和实践，已经形成了除村两委以外的如"村民代表议事会"、"村民产业协会"等多元的乡村社会自治团体，成为乡村内部联系的纽带。譬如彭州市花园村就依靠自身的水果产业和乡村度假产业，形成了"果农协会"和"农家乐协会"，对乡村的产业发展进行管理引导，提高乡村治理工作的实效。基层民主组织的健康发展，有效弥补了现行单向性

管理体制的不足，使得乡村的民主力量在治理工作中更好地发挥作用。

4.2.2　乡村规划师制度的创立与发展

成都市自2009年以来开始面向社会招聘乡村规划师，已经有237名乡村规划师任职。采用重点镇一镇一师，一般乡镇按需分配的原则，实现了乡村规划师的满覆盖。这其中，乡村规划师主要担任对乡村规划编制把关、对乡村实施进行指导、对乡村基层矛盾进行调节等职责，有效地促进了乡镇政府职能的具体落实，并形成了有效的基层管理模式。

4.3　引入市场机制，形成多方协作网络

4.3.1　多元化投融资方式

成都市充分发挥政府、市场和社会三方面力量的作用，大多采用"政府引导，市场运作"的方式，由政府负责主要基础设施和整体环境的提升，吸引社会资金参与项目打造，解决了乡村产业发展的资金问题，同时通过融资平台的搭建，吸引民间资金。

4.3.2　多元的治理结构网络

成都市近年来的乡村治理主体逐渐多元化。多元的治理结构，能够通过相互约束制衡保证资源配置的最优状态[9]。乡村规划师、乡村志愿者、NGO社会组织等介入到乡村社会后，在各自的领域都发挥着乡村治理的功能。一方面减少了政府行政手段的干预，另一方面重构了乡村基层自主管理的秩序和力量。多元治理主体之间的共同参与和互动，壮大了乡村社会的治理力量，也激发了乡村社会的内生动力。

4.4　成都市乡村治理模式总结

综上，成都市经过十三年的城乡统筹及乡村规划实践，已经形成了较为完整的乡村治理模式（图4）。该模式充分尊重乡村地区自发生长的逻辑关系，通过政府、基层、社会三个层面的共同介入，形成了良好的动力和平衡机制，改变了以往"政府大揽、村民不管、市场不介入"的局面，促进了乡村治理过程中人员管理和事务管理的双向结合。

首先，从政府层面而言，通过完整的法规制度体系，提升村级层面行政效率和管理水平。并以乡村规划研究所、乡村规划师及专家团队等组成长期稳定的专业技术队伍，形成多级联动的整体推进模式，在很大程度上缓解了乡村规划管理人才匮乏，管理薄弱的突出问题，从专业层面上保障了乡村发展的科学性[10]；政府不再发挥全能作用，仅通过有限的引导，简政放权，改变原有自

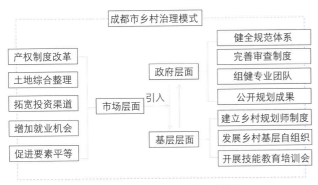

图4　成都市乡村治理模式结构图
（图片来源：作者自绘）

上而下的强力介入导致村民主人意识普遍薄弱的现状，通过多方协作，赋予村民治理的自主权、参与权和决策权。其次，从基层层面而言，主要通过强化村民在城乡一体化进程中的主体性，倡导村庄治理的自主化。成都市大多乡村地区都比较重视村民的思想教育和技能培训，培育村民对乡村的认同感和归属感，充分发挥社会价值体系的引导作用[11]；针对村庄的主导产业及村民需求，开展技能课程，提供技术支持，拓展村民本乡本土的生产知识和发展思路；最后，从市场角度而言，一方面利用产权制度改革，保障村民在城镇化进程中的生存发展权；另一方面则是建立城乡统一的建设用地市场，利用土地综合整理，释放土地价值，并将土地收益返还给村民，推进城乡要素的平等交换[12]。

5　对城乡统筹背景下的乡村治理模式的再思考

长期以来，乡村地区被视为城市的"蓄水池"，为城市提供大量农副产品、原材料和劳动力。然而可以看到，由于城镇化进程中的乡村成本没有充分支付[13]，导致乡村在城乡竞争中处于劣势。城乡社会的非对称关系，不仅使得城乡差距扩大，也使得乡村价值无法体现。现行乡村治理作为一项公共干预政策，正逐步伴随着政府角色从"主导"向"引导"层面的转变。为更好地维持乡村社会的稳定，维持乡村社会的内生动力有效运行，未来乡村治理还应从以下三个方面进行引导。

5.1　鼓励社会多元参与，保证基层民主的可持续性

村民作为乡村治理环节的主体，长期处于"被自治"和"被民主"过程中，被局限在当前的治理模式中。成都市乡村治理模式证明，通过包括乡村规划师、艺术家、乡村爱好者、机构志愿者等社会力量的介入，不仅可以促进村民行动观念的转变，培育主体观念，还可以为村民建立长期稳定的社会协作网络，让组织力量在乡村治

理的平台发挥作用，政府不再大包大揽，村民的个性化、多元化需求也可得到满足。

5.2　吸引外出人员回乡，"修复"乡村社会断层结构，提升乡村留守人员自治能力[11]

城乡统筹的核心是城市与乡村的共同发展。当前乡村社会的空心化现象，则对乡村地区的内生动力和自组织能力造成严重影响。要激发乡村社会的经济、产业、文化，必须保证以人为核心，能够留住村民。如台湾地区通过"培根计划"，让外出青年和广大社会精英认识到乡村地区的魅力，吸引村民回乡。通过引导村民自主学习的方式，培育村民在乡村规划、建设、运营管理等方面的能力，最终建立起乡村培训机制与架构。村民一旦具有自主发展的意识和基本的组织管理能力，则能很快挖掘本村特色，提出具体的村庄发展行动方案。这就有效地扩大了参与，建立起村民与政府的共识，有效地形塑了乡村发展的核心价值。

同样，对于乡村的留守人员而言，一方面可通过产业项目支撑，尤其是非农产业项目对于劳动力的吸引力，让留守人员尽量通过本地务工的方式，解决就业问题；另一方面则可通过基层治理组织平台的构建，让留守村民参与其中负责基层的日常管理工作，提升其自治能力。

5.3　强化乡规民约在基层治理中的作用，保证其有效推行，充分发挥其行为规范和价值引领的作用

长期以来乡规民约都从礼节民俗、道德品质、土地分配、乡村营建等方方面面约束和规范着村民的生产生活。不过近年来乡规民约对乡村基层管理的约束偏弱，导致部分村民价值观念偏离。制定结合当地特点的乡规民约，落实多方的思想观念以及村民的意愿诉求，可培养出村民对乡村的地方性认同感，使乡村治理工作更易推进，也更接地气。

6　结语

在城乡统筹的大背景下，乡村社会面临比以往更多的机遇，同时面临的问题也更为多元复杂。传统以政府为主导的乡村治理模式需要优化，结合当前美丽乡村建设的热潮，各地区应结合村庄实际状况和村民意愿，探索行之有效的治理模式。成都市乡村治理工作从基本制度、自治管理、市场机制等方面入手，扭转以往乡村治理以自上而下来推动的模式，可为其他乡村地区的治理工作提供启示和参考。

主要参考文献

[1] 孟莹，戴慎志，文晓斐.当前我国乡村规划实践面临的问题与对策 [J].规划师，2015（2）：143-147.

[2] 段德罡.第十一届中国城市规划学科发展论坛主题演讲.[EB/OL]，2014-10-26.

[3] 王绍军，曾学龙.我国农村社会治理模式的特点与利弊分析 [J].南方农村，2010（6）：81-84.

[4] 新浪财经：国家统计局——2015年全国农民工总量27747万人，http：//finance.sina.com.cn/roll/2016-02-29/doc-ifxpvzah8378573.shtml（2016/2/29）.

[5] 黄家亮，当前我国农村社会变迁与基层治理转型新趋势 [J].社会建设，2015（6）：11-23.

[6] 曹萍，王彬彬.城乡一体化下的乡村治理——以成都为 [J].四川大学学报（哲学社会科学版），2010，6.

[7] 张田雨.成都市统筹城乡新型村级治理机制案例研究 [D].西南交通大学硕士学位论文，2012：27-31.

[8] 住房和城乡建设部村镇建设司.全国乡村规划推进工作电视电话培训材料汇编.2016.

[9] 刘延亮.我国农村治理主体多元化研究 [D].东北大学硕士学位论文，2010：32-38.

[10] 张惜秒.成都市乡村规划师制度研究 [D].清华大学硕士学位论文，2013：43-62.

[11] 任中平，王菲.经验与启示：城市化进程中的乡村治理.[EB/OL].http：//mp.weixin.qq.com/s?__biz=MjM5NjE0NDgwMw==&mid=405364812&idx=1&sn=1107a0e82dc53b6f54c3bf7c84788736&scene=23&srcid=0520S7JExDGQ2CXTJK6pacON#rd（2016/3/9）

[12] 曾婧.闫琳."成都模式"再探索，统筹城乡发展路径反思——以成都市龙泉驿区为例的深入剖析 [A].2013年中国城市规划年会论文集 [C]；2013.

[13] 张尚武，李京生等.乡村规划与乡村治理.[J].城市规划，2014（11）：24-26.

基于景观意象的乡村景观规划探索
——以宿迁市郑楼镇梁庄村景观规划为例

王忠霞

摘　要：在新型城镇化背景下，自然村落消亡速度加快，本文从景观意象的角度出发，探索在镇村布局规划中保留下来的、非保护型行政村的乡村景观规划策略，提出"提取——延续——重塑"的乡村景观规划设计方法，并以宿迁市郑楼镇梁庄村景观规划为例进行实践探索，为乡村景观设计提供参考，避免乡村规划对乡村景观带来不可挽回的损失。

关键词：景观意象；乡村景观；规划策略；梁庄村

1 景观意象与乡村景观

1.1 景观意象

意象是一种意识活动，是人内在情趣或思想与外在对象相互融合的复合物[1]。将意象的概念植入景观的代表性学术著作是美国城市规划大师凯文·林奇的《城市意象》。景观意象来自于特定空间的感知和体验，是观察者接收景观对象的形态结构、个性特征和意义等信息后进行主观理解的综合结果[2]。随着城镇化进程的加快，越来越多的人对乡村的感知并非来自于亲身体验，乡村的景观意象可能是儿时留存的记忆、外公外婆讲述的乡村故事或是乡村旅游时的所见所闻。

景观意象具有地域性和动态性的特征，观察者会随着知识增长、阅历丰富而对同一观察对象有不同的意象，观察对象会随着地域变化、时代变迁以及季节更替等呈现出不同的景观表象。景观意象分为原生景观意象、引致景观意象和复合景观意象三种类型[3]，原生景观意象是观察者通过亲身体验后获得的；通过外界一切媒介（书籍、画作、诗句等）获得的景观意象属于引致景观意象；复合景观意象指景观信息的提供与观察者接受信息刺激后产生的景观意象，对于乡村景观来说，此处的观察者多是曾有过乡村生活体验或通过其他媒介了解过乡村的乡村旅游者。

1.2 乡村景观

乡村是自然过程和社会需求相互作用的结果，是人们生产生活的载体，记载自然与社会变异，其景观形式也逐渐成为一种物质符号。乡村景观是带有不同程度自然景观特色的人文景观，以农业生产性景观为主，具有独特的田园文化和生活气息，作为一种可开发利用的综合资源，是改善乡村经济、促进产业发展的原动力。

乡村景观是自然与城市景观之间的过渡地带，最能体现人与自然和谐共生的关系，主要由三部分组成：一是乡村聚落景观，包括村庄布局结构、建构筑物、道路、广场等；二是农业生产性景观，包括农、林、牧、副、渔等生产性景观，该景观部分具有很强的地域差异，是形成乡村景观整体意象的重要组成要素；三是乡村自然景观[4]，是指人类干扰较少、基本维持自然状态的景观，包括山林、河流、湖泊等。

2 基于景观意象的乡村景观规划的意义

随着快速的城市化和工业化进程，乡村景观急剧衰退，具体表现为景观表象的同质化、地域文化的缺失、生产生态景观的破坏以及传统与现代景观的割裂，协调传统乡村景观面貌与现代生活方式是乡村景观规划的重点。

2.1 留住乡村美好记忆

过去的乡村河流清澈、稻麦打场、孩童嬉戏，虽然道路、水电设施尚未完善，但一片生机活力使人向往，如今的乡村水系污染、机械轰鸣、老幼相依，城镇化提高了多数人的生活品质，但带走了传承乡村文脉、建设乡村景观的中坚力量——中青年人，因此从"人"的因素出发，依托乡村景观发展特色农业、休闲农业、生态

王忠霞：宿迁市城市规划设计研究院有限公司

农业，通过提供良好的就业条件和多渠道的收入来源，引导部分中青年人留在乡村，促进乡村地域文脉的延续，提升乡村自然和生产景观的管理和发展水平，提高乡村聚落景观的活力，为留住乡村生活记忆提供条件。

2.2 促进乡村旅游发展

城市居民渴望放松心情、回归心灵，但风景名胜区人满为患，同时乡村宁静的生活氛围、良好的景观环境具有很好的资源基础，供需双方的合力促进乡村旅游蓬勃发展[5]。乡村旅游的动力源泉在于客源地城市性与目的地乡村性的级差或梯度，乡村旅游生存的基础是乡村性或乡村地格[6]。基于景观意象的乡村景观规划保护和传承乡村性，使城市居民可以游于青山绿水间、耳闻鸡鸣狗吠生、感受乡里乡间情，促进乡村旅游可持续发展。

3 基于景观意象的乡村景观规划策略

乡村景观具有本土性、文化性、体验性、生态性等特征，在乡村景观规划与建设中，所需的景观要素和素材本就存在于村庄中，并不需要额外的主观臆断，规划师要做的只是将它们挖掘并彰显出来，纳入村民日常生活之中，使之可到达、可感受[7]，因此将基于景观意象的乡村景观规划策略分为三个部分：提取——延续——重塑。

3.1 提取景观意象元素

结合乡村景观分类，将景观意象元素分为乡村聚落要素、乡村生产要素和乡村自然要素（表1）。提取景观意象元素的过程也是感知地域乡村景观的过程，规划师可以通过发放村民调查问卷的形式了解村民对所在村庄的整体意象，但由于村民认知的局限性，该意象元素并不能完全表达乡村景观，更为合理科学的方法是规划师驻村生活和走访调查，结合其原生景观意象、复合景观意象和专业知识积累，提取更为全面的景观意象元素。

乡村景观意象类型及元素汇总表　　表1

景观意象类型	景观意象元素
乡村聚落要素	空间布局结构、建筑风貌（山墙、装饰、材料、色彩）、建筑布局（朝向、与院落的关系）、公共活动空间（街角、院落、门前、活动内容和时间、周边景观营造）、道路铺装材质、构筑物（庙宇、牌坊等）等
乡村生产要素	晒场、沟渠、生产空间分布、种植品种、养殖种类、鱼塘、林地等
乡村自然要素	河塘、湖泊、山林、古树、植被等

3.2 延续景观意象

延续景观意象是指将提取的景观意象元素运用于乡村景观的规划建设中，如新建民居的户型和风貌、道路铺装材质的选择、构筑物的景观形象等。对于景观整治与提升的乡村规划，延续景观意象主要是对新建构筑物、小品及植被景观风貌的塑造，避免传统乡村景观与现代景观的不协调；对于在"城乡建设用地增减挂钩"的引导下进行的乡村社区规划，延续景观意象将原有乡村的意象元素融入人们生活的各方面，使乡村总体风貌、风俗文化以及生活氛围得以再现，增加村民的认同感和归属感。

3.3 重塑景观形象

这里的重塑是延续的提升，也是整合乡村景观风貌的过程，其内容更多的关注于体系的构建，如生态系统、景观系统、道路系统、街角公共活动空间分布等，也包括依托乡村生产景观所发展的休闲农业、特色农业。在乡村景观的整治与提升规划中，重塑景观形象主要是对不成体系的和不能满足村民生活需求的景观元素，结合乡村风貌进行再规划，如污染的水塘、泥泞的道路、乱扯的电线等。随着村民生活品质的提升，村民生活习惯发生变化，由此带来的乡村景观变化成为重塑乡村景观形象的巨大挑战。

4 宿迁市郑楼镇梁庄村景观规划设计

为积极稳妥推进新型城镇化建设，改善农村基本公共服务配套、促进村庄适度集聚和土地等资源节约利用，江苏省在2013年底印发《江苏省镇村布局规划技术要点（2013）》，引导村庄差别化整治和发展。2014年郑楼镇在上位和相关规划、法规、政策的基础上，编制《宿迁市郑楼镇村庄布局规划（2014–2030）》，在该规划中，梁庄村因具有较好的地理区位、较为完善的公共服务配套设施、良好乡村景观环境、丰富的历史文化底蕴，其两个自然村——梁庄和张油坊均被列为重点村，由此2016年4月开始进行《宿迁市郑楼镇梁庄村村庄规划》的编制工作。

4.1 梁庄村概况

梁庄村历史悠久，文化故事丰富。相传梁庄村梁姓人家祖籍是河南归德府，明末清初第八代梁旺迁居郑楼，在荒草地盖了4个土地庙，后逐渐形成村庄，取名梁庄村。张油坊名字由来是因抗战时期梁庄五组张大先生在家开一油坊，因其待人和气，价格公道，直至张大先生离世，张油坊共开 30 余年，年代长久，张油坊随成为梁庄五组的地名。梁庄村还有村民耳熟能详的三官老爷与"小刀会"、郑楼"五大家"等乡村历史故事。

梁庄村位于郑楼镇南部，距镇区 4km，村庄西部的仓郑路连接郑楼镇和仓集镇，交通条件便利。2015 年底户籍人口 2406 人，常住人口 1896 人，青壮年多外出务工。村庄产业中第一产业以种植小麦和玉米为主，有部分苗木和花卉种植；第二产业有一板材厂位于仓郑路以西；第三产业主要有正在建设的位于村域东南角的风情农场，正在规划中的位于仓郑路西侧的民宿区，村庄第一产业与第三产业有待进一步融合发展与整合提升。

4.2 梁庄村景观意象元素

通过笔者与项目组成员的驻村考察和村民访谈，结合调查问卷，了解村民对村庄景观的感知情况并提取出梁庄村景观意象元素（表 2）。梁庄村具有传统的苏北建筑风貌——红瓦硬山坡屋顶，多数居民认为较好，少部分居民徽派风格（图 1）；土地利用方式粗犷，农田、林地、居住用地相互交错，乡村生产性景观融于聚落景观，宅前油菜花香、果树林美；水资源丰富，村庄南部和东部由古黄河环绕，自然村内部水系丰富，沟塘分布较散，水质总体较好，部分由于污水排放和垃圾倾倒导致富营养化严重；绿化总体较好，多为杨树种植林和宅前蔬菜果树种植，有多数量、多种类、长势较好的大树，如刺槐树、香椿树、柿树、构树，其他乡土树种包括榆树、桑树、桃树、杏树等的种植也相对丰富；公共活动空间为宅前空地，无休息设施；村民更希望在现有第三产业的基础上发展休闲农业（图 2）。

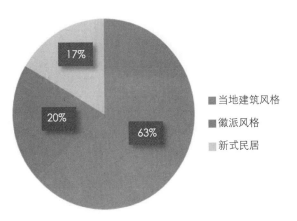

图 1 新屋风格意象调查研究

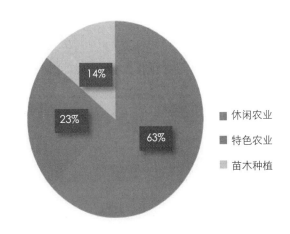

图 2 村庄经济发展重点调查研究

梁庄村景观意象元素汇总表　　　　表 2

景观意象类型	景观意象元素
乡村聚落要素	建筑——红瓦硬山坡屋顶、屋脊装饰、虎皮石勒脚；宅前交流空间、菜地、林地环绕；田居互融；居在林中
乡村生产要素	宅前晒场；沟渠；紫叶李、紫薇苗木基地；小麦、玉米、大豆种植
乡村自然要素	水——古黄河、沟塘；林——杨树林；树——刺槐、香椿、柿树、构树、榆树等

4.3 梁庄村景观规划

4.3.1 规划发展定位

结合现有景观特点以及村民发展意愿，将梁庄村景观规划发展定位为"林秀水香，休闲梁庄"。"林秀"——村庄内大片的杨树林，展示良好的生态景观形象；"水"——村庄优质的水环境；"香"——宅前的油菜花香、

水果香；"休闲梁庄"——旅游发展产业的定位。在此定位下，对梁庄村景观规划的各个方面进行统筹规划设计。

4.3.2 延续

建筑风貌：梁庄村村庄规划以景观的整治和提升为主，但由于民宿区民居被承包给开发商，因此需要划定地块安置民宿区村民。建筑风貌整治主要针对现状民居，并引导新建民居的建设立面和房屋布局。在建筑风貌整治中，对提取的景观意象要素加以利用，对影响景观风貌的建筑元素结合苏北民居特色进行改造，改造内容包括对院墙和建筑立面的粉刷、围墙适当增加漏窗、增加或改善窗户和门的遮雨设施、山墙进行勾线美化等（图 3）。

聚落空间布局：延续聚落景观与自然和产业景观融合的现状，拆除村落中的危房和乱搭乱建，对村民堆放柴草的位置进行合理引导，插建民居延续现状不规则行列式布局。新建安置区在优化土地利用布局的原则下，没有预留大面积林地，但保持现有民居布局方式和宅前屋后的菜地果树种植（图 4）。

图 3 建筑风貌改造前后效果对比

图 4 新建居住组团平面图

图例
　菜地
　林地
　新建居住组团
　范围

公共活动空间规划：宅前交流空间属于非正式公共空间，村民茶余饭后在此逗留，这种空间活动内容和时间都存在不确定性，在规划中并不刻意为村民设计，而是对空间进行预留。为保证村民具有更好的集体交流空间，在每个组团内部设置一处公共活动空间，种植三两树木，周边果蔬环绕，安放坐凳休息。

4.3.3 重塑

景观系统规划：以梁庄自然村为例，结合景观意象，规划"一环、两带、多点"的景观结构。"一环"展示村庄整体景观形象，"两带"为田园景观渗透带，展示"田居互融，居在林中"的景观意象；"多点"包括村庄西南部入口景观和多个公共活动空间。入口景观现状为砂石厂，地势较高，设计中以景石作为标志物，种植乡土树种和草花，增加小型停留空间，便于旅游集散和村民等待镇村公交（图 5）。

水系统规划：梁庄村两个自然村地势较高，水系自然排放至古黄河，居民点内部高差较为缓和，具有串联水系的可行性。规划通过新开挖水系使规划范围内河道成网，提升规划区防洪排涝功能和景观效果。堤岸采用自然生态护坡，减少硬质河坡，采用退台式亲水平台，使自然与人工相结合，创造丰富的滨水空间。

旅游系统规划：在现有第三产业基础上，积极促进农业资源转化为旅游资源，以旅游业拓宽传统种植业发展方向，促进一产与三产的融合发展。结合规划中的河塘鱼池、现状的苗木种植以及小麦玉米种植，开展丰富多样的乡村体验活动；凭借梁庄村独特的交通优势，整合村域周边旅游资源——太平村的王相草堂、垂钓、林

图 5 入口景观改造前后效果对比

下木屋、林下养殖，利用空置房屋，结合村庄文化故事，拓展村庄旅游活动项目（表3），实现区域旅游联动和错位发展。

区域旅游项目统计及梁庄旅游项目策划一览表　表3

景点分类	景点名称	项目内容/策划
已建、待建和规划景点	王相草堂	浙商会馆、文房四宝作坊、宿迁人文馆、玉器作坊、牡丹百花园、砚史长廊；花间堂精品民宿
	林下养殖	暂无
	垂钓	垂钓
	林下木屋	木屋餐饮
	民宿区	戏台、梁氏祠堂
	风情农场	烧烤、露天电影、咖啡读书屋、生态食堂、垂钓
梁庄村规划景点	梁庄人家	村史展览馆、民俗文化体验广场
	三官枫林	三官亭、荡秋千、枫林唱晚篝火晚会
	乡景艺术	大田艺术园、稻草人、婚纱摄影、农耕体验、玉米地迷宫
	怀旧油坊	油菜花观光、手工菜籽油、手工豆腐
	鱼荷满塘	莲子采摘、荷花观赏与摄影、水上木屋、网鱼捉虾

5　结语

在新型城镇化背景下，乡村发展成为众多科教工作者、规划实践者关注的对象，梁庄村作为非保护型行政村，仍具有独特的历史文化、乡村风貌和景观特征，乡村规划设计者应积极探索和研究规划对象，身临其境感受其特殊性，总结提炼景观意象元素，并将其融于乡村景观规划设计之中，使乡村保持真实本源和地方性的生产生活方式，促进村庄可持续发展。

主要参考文献

[1] 王小雨.基于寒地乡村景观意象的休闲农庄景观规划研究[D].哈尔滨：东北农业大学，2012.

[2] 刘滨谊，郭璁.基于地域性景观意象的旅游体验行为环境构建浅论[J].经济研究导刊，2011（35）：81-83.

[3] 王云才，郭焕成.论乡村整体景观意象规划——北京郊区三乡镇的典型实证对比研究[C].中国会议，2002.

[4] 鲍梓婷，周剑云.当代乡村景观衰退的现象、动因及应对策略[J].城市规划，2016，36（10）：75-83.

[5] 尤海涛，马波，陈磊.乡村旅游的本质回归：乡村性的认知与保护[J].中国人口·资源与环境，2012，22（9）：158-162.

[6] 邹统钎.乡村旅游发展的围城效应与对策[J].旅游学刊，2006，21（3）：8.

[7] 贺勇，孙佩文，柴舟跃.基于"产、村、景"一体化的乡村规划实践[J].城市规划，2012，36（10）：75-83.58-62.

基于可持续发展的村庄文化遗产保护与再利用模式探讨
——以广州南沙区塘坑村为例

叶杰　罗丹　张俊杰

摘　要： 村庄的历史价值蕴藏在文化遗产中，合理有效的遗产保护和再利用是都市乡村传承和体现历史文化价值的抓手。文章依托可持续发展理论的思路，就村庄文化遗产保护与再利用方法进行了梳理。从社会意识、空间延续、功能置换、环境重塑、遗产产业化五个方面，结合广州南沙区塘坑村案例，探讨了村庄文化遗产保护与再利用的一般方法，为乡村复兴的村庄规划提供了一种新路径。

关键词： 乡村；文化遗产；保护；再利用；乡村复兴

引言

我国实行新型城镇化政策以来，村庄规划建设得到各政府和专家学者的高度重视，乡村地区将迎来新的发展机遇，未来将成为中国经济转型、可持续发展的新增长极[1]。为此，都市乡村发展与转型方面的研究及实践成为政界、学界乃至工商界的普遍关注热点。而在规划建设过程当中，村庄的历史文脉能否得到延续和传承而留住村民，避免农村城市化，显得尤为重要。

但现实的问题是：我国40余万处不可移动的文物中，半数以上分布在村、镇当中。伴随着我国城镇化的持续推进，这些乡村文化遗产因为大量劳动力外流而导致的农村空心化而面临被遗忘、进而失去存在基础乃至消亡的境况[2]。社会大众没有形成对乡村遗产的保护观念而使得城乡文化遗产缺少一种良性而长续的发展，后期保护滞后，再利用缺乏永续性，没有真正让"保护的文化"融入村民生活，致使造成"文化摆设"[3]。

在这一背景下，基于可持续发展理论，积极探索城乡文化遗产的保护及再利用模式，为新型城镇化的乡村自主转型发展提供合理路径，让乡村的非物质和物质文化历久弥香，是每一位城乡规划工作者的责任。

叶杰：广东工业大学建筑与城市规划学院
罗丹：广东工业大学建筑与城市规划学院
张俊杰：广东工业大学建筑与城市规划学院

1　乡村文化遗产保护与可持续发展的相关阐释

1.1　乡村文化遗产的概念界定

2005年国务院《关于加强文化遗产保护的通知》指出，文化遗产包括物质文化遗产和非物质文化遗产。物质文化遗产是具有历史、艺术和科学价值的文物，包括古遗址、古建筑、石刻、壁画等。非物质文化遗产指各种以非物质形态存在的与群众生活密切相关、世代相承的传统文化表现形式，包括传统表演艺术、民俗活动、节庆等[4]。

乡村非物质文化遗产包括以自然村庄的血缘关系和家庭关系为繁衍基因而产生能够反映村庄群体人文意识的一种社会文化遗产。乡村物质文化遗产是指以物质为载体，能反应村庄历史文化的遗留文物，包括宗族祠堂、古建筑群落、古井牌坊等。

1.2　乡村文化遗产的保护原则

文物保护工程的本质就是对文物古迹进行修建及对其相关环境进行整治的技术措施（中国文物古迹保护准则）。文化遗产保护专家谢辰生先生曾提出，以往从事文物保护工作的关注点总放在一座庙、塔等文物保护单位上，但文化遗产并不仅仅是这些，需要保护得更多的是历史文化环境风貌，这些往往是历史文化遗产完整性和真实性的集中体现[5]。文化遗产的保护如果只停留在一个个具体的物质形态上，那么，在改造后的乡村中，文化遗产的整体性就被割断，沦为"文化孤岛"。因此，历史文化遗产保护必须遵循保护历史真实载体、保护历史环境，合理利用、永续利用的原则，确保文物古迹、历史文化街区的真实性、完整性和相关历史环境风貌，保存历史原址、原物、原状。

1.3 可持续性发展下的城乡文化遗产保护机制（图1）

一个可持续发展的社会，应该建立在生态、社会和经济的可持续发展这三大支柱上[6]。就乡村文化遗产而言，要想可持续的保护利用，离不开生态、社会、经济三个因素的共同作用并且达到平衡。生态上，我国乡村普遍存在比城市更优越的自然环境，在进行保护利用时，可利用周围生态景观的优势进行环境塑造，与都市村庄文化完美融合，从而达到永续发展的目的；社会上，主要还是一个保护意识问题，笔者认为这也是最根本的问题，无论是自上而下政府主导的保护利用，还是规划师的一厢情愿，如果当地村民没有保护利用的态度和意识，也只是短暂的"保护"，最终还是会走向消亡。经济上，笔者认为主导文化遗产产业化来进行保护利用，形成循环经济产业链，既可以带动当地经济发展，又能促进对当地文化的传承。只有三者达到平衡状态，乡村文化遗产保护和再利用才会有可持续性发展。

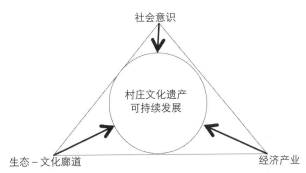

图1 可持续性发展下的城乡文化遗产保护机制示意图
（资料来源：作者自绘）

2 村庄文化遗产保护与再利用一般模式与方法

2.1 社会观念的转变

文化遗产保护不应该是技术层面的，应该是人类精神层面的，或者说是心灵的需求。如果人们的内心没有对自己的遗产有一种精神的需求，不管法律、规则有多少，所谓保护仍是难以为继的；如果总是以经济指标来衡量文此遗产的价值，那遗产保护永远比不过其他项目；如果领导者和老百姓的内心没有需求，只是所谓的专业人士在呼喊，即使拥有法律武器，也很难最终落实下去。所以将村庄文化遗产保护上升到政策设计深入村民心中，培养意识的转变，结合村庄规划进行发掘利用，在日常生活中进行记忆的传承，是可持续发展的应有之义。

2.2 空间延续性

进行再利用的乡村文化遗产，在空间环境上可能已经有所缺失或保留了一部分内容，但已不再完整，遗留下来的是残缺的。这就要求再利用之前，完善其空间环境。空间的延续指在与文物建筑关系密切的空间范围内，对原文物建筑空间环境进行补充或扩展而做出的对环境的改动与建筑物的新建。也可理解为一种形式的恢复、重建工程。以原有文物的空间、功能布局为考虑基础，尊重原轴线、层次关系，弱化性的进行新建筑的补充。不仅要考虑恢复、重建部分自身的功能和使用要求，还须处理好原文物建筑的内外空间形态的联系与过波，使之成为整体。

2.3 功能的置换

功能的置换是通过寻找与该建筑遗产空间需求大致相同的另外一种符合现代社会发展需求的新功能。不对文物本身的结构、布局方式做改动，只做必要的修缮、加固工作，根据功能的改变，对建筑的交通流线、室内装饰做出一定的改动。就好像一个"器皿"，对器皿本身只做必要的修补，原来装的是水，现在用它来装土，器皿其被认可，存在价值的本质没有改变。

所以强调对古建筑群的活化利用，对承载着村庄文化记忆的古建筑群进行修缮、保护和活化再利用。将古牌坊、码头、古树、古井等历史环境要素的保护与村庄的公共空间塑造相结合，比如在海珠区龙潭村村口大榕树的保留，强化和延续了村庄入口的印记。

2.4 环境景观的重塑

对乡村文化遗产保护利用还强调一种环境景观重塑的设计，要抓住原遗产所处的场地特征与文脉特征，并结合新的功能定位对其进斤新的塑造。良好的乡村空间形态不仅仅取决于其所保留的建筑遗产单体，更在于建筑与建筑之间，建筑与场地，与周边环境之间的一种良好协调的关系，反应地方特质、文脉的除建筑风格外，其所在的环境景观也是重要的因素。良好的建筑空间关系，丰富的外部环境才能够产生丰富独特的乡村标签。因此在文化遗产保护和再利用过程中，应当尽可能地结合原有场所的特征，塑造有丰富地方特色的环境景观。

2.5 遗产产业化

产业化视角下的非物质文化遗产是指把某些过去私相授受、零散学习的民间技艺形式，变成一个完完全全按照市场规律运作的经济形式，并达到相当规模、规格统一、资源整合、产生利润的过程。在产业化视角下，都市村庄非物质文化遗产具有潜在经济价值，深深蕴藏着所属村庄的文化基因与精神特质。往往其历史传承价值与科学认识价值是该民族的价值观念、群体意识、心理结构、气质情感等民族文化的本质和核心。除此之外，许多乡村非物质文化遗产往往具有很高的审美艺术价值及潜在的经济价值。村庄文化遗产产业化对村庄规划来说是一个契机，但同时也是一个挑战，要注意过度产业化而到文化功能丧失的尴尬局面。

3 城乡文化遗产保护利用的实践——以南沙区塘坑村为例

3.1 概况

塘坑村位于珠江三角洲的几何中心，是南沙区历史最悠久的村庄之一，有600多年的历史。1949年以前，塘坑村一直是南沙区的政治、文化中心。由于经济条件良好和中国几千年的传统思想，塘坑村的大户人家分户后都要建祠堂，至今旧村内部有9个祠堂，此外还有4座寺庙和1座书室。村内大量的古祠堂建筑是塘坑村珍贵的历史文化遗存，为对其进行保护修缮和再利用，重新焕发历史村落的活力提供了坚实的物质基础（图2）。

在祠堂的现状利用中，村集体拥有产权的祠堂得到了较好维护和利用，也继续用作村庄的公共服务设施，维护的资金主要是靠村民集资，小部分由村委出资。而村民拥有产权的祠堂通过空间的延续改造了成住宅，维护情况不理想。在塘坑村的9座祠堂中，村集体拥有产权并得到有效利用的主要有3座。

3.2 保护模式与再利用策略

3.2.1 乐畊公祠（图3）

乐畊公祠始建于明末清初，后多次重修，占地面积209m²，是南沙区现存清代建筑风格突出的祠堂建筑，也是南沙区登记文物保护单位。

塘坑村是历史文化名村，具有厚重的文化底蕴，历来都有陈列村子弟及名人字画、摄影作品展示的风俗，村集体也有书画培训的传统。结合此传统，并考虑到乐畊公祠内部开间较大、采光较好的特点，将公祠规划为书画社，并兼具文化娱乐的功能。规划还建议远期将进行地下埋设，并将铁皮构筑物等与祠堂风貌不协调的设施进行拆除，从而美化祠堂周边环境。

3.2.2 儿松公祠（图4）

儿松公祠始建于明末，占地面积269m²。祠内石雕装饰丰富精美，木雕精细，是南沙区现存清晚期建筑风格突出的祠堂建筑，也是南沙区登记文物保护单位。

儿松公祠位于村口，交通便利，并且内部空间较大，满足村卫生站建筑面积最低100m²的要求，因此赋予其村卫生站的功能。此外，规划按照卫生站的布局要求对室内空间进行分隔重组，形成诊室、抢救室、输液室、

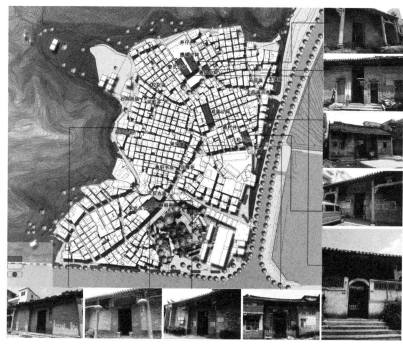

图2 塘坑村古建筑遗产空间分布图
（资料来源：广州市城市规划勘测设计研究院）

图3 乐耕公祠改造后实景
（资料来源：作者自摄）

图4 儿松公祠改造后实景
（资料来源：作者自摄）

卫生间等功能用房。

3.2.3　朱文庆公祠（图5）

公祠始建于明末，清代及现代都有重修，是南沙区现存清中期建筑风格突出的祠堂建筑，也是南沙区登记文物保护单位。

20世纪50年代开始朱文公祠就被用作村文娱组的活动场所，用于粤剧排演等，此后塘坑村一直保留着长者传授古扬琴等传统乐器、唱粤剧的传统。修缮保留这一功能，并强化现代的娱乐功能，如增加数字电影播放的设备。此外，还在公祠南部开辟了健身场地，新增乒乓球桌等运动设施。由此，乡村遗产产业化推动塘坑村形成了以乐耕公祠与朱文庆公祠为核心的，集"琴棋书画"等传统文化传承以及现代娱乐、体育为功能于一体的文化娱乐中心。

3.2.4　善轩书房（图6）

始建于明末，清代有重修，占地面积270m²。该书房是南沙区现仅存的两间书室之一，是南沙晚清私家书社的代表，是南沙区登记文物保护单位。

图5　朱文庆公祠改造后实景
（资料来源：作者自摄）

图6　善轩书房改造后实景
（资料来源：作者自摄）

遵循其历史功能，并根据广州市对村庄规划文化设施的配套要求（应设置一个不少于200m²、1500册藏书的文化站），强化善轩书房的文化服务功能。目前，书房藏书7000多册，并具备棋牌、乒乓球等文化、体育功能，还增加了计算机、互联网等现代设备，是塘坑村集综合文化站、科普活动站、绿色网园、家长学校等多功能于一体的公共服务场所。

4　结语

乡村文化遗产是一种不可再生的文化资源，其应当具有历史、美学、科学和社会价值[8]。具有文化意义的地点丰富了我们的生活，提供社会和景观、过去和往深层次的理解和感受，反映了社会的多样性。但在实际的社会当中，文化遗产的社会价值却很难得到体现。这一点逐步被大家所关注。文物建筑作为人类文化的共同遗产，其价值也越来越得到认识和关注。保护文化遗产的实质是保护其具有的文化意义。本文通过对社会意识的转变、空间的延续性、功能的置换、遗传产业化五个方面来进行阐述乡村文化遗产的保护利用模式，通过切实有效且合适的保护方式，使其价值传承于后代。在保护的基础上，有所发展，且是一种可持续的、延续性的发展，成为保持文化遗产文脉延续性、可持续发展的有效手段。

主要参考文献

[1]　王亚男,冯奎,郑明媚.中国城镇化未来发展趋势——2012年中国城镇化高层国际论坛会议综述[J].城市发展研究，2012（6）：1-3.

[2]　人民政协报，2014-03-17（02）.

[3]　中国城市科学研究会，中国城市规划协会.中国城市规划发展报告（2013-2014）[M].北京：中国建筑工业出版社，2014：82-83.

[4]　吴志强，李德华主编.城市规划原理（第四版）[M].北京：中国建筑工业出版社，2010.

[5]　谢辰生.历史是根，文化是魂[J].北京规划建设.2012（6）：8-9

[6]　汤羽扬.不可移动文化遗产：科学与动态保护观[J].中国文化遗产，2004（3）：84-93.

[7]　广州市城市规划勘测设计研究院.广州市南海区塘坑村村村庄规划（2013—2020）[R].2014（10）.

[8]　顿明明，赵民.论城乡文化遗产保护的权利关系及制度建设[J].城市规划学刊，2012（6）：14-22.

基于模糊综合评价法的乡村公共空间满意度评价
——以宋家庄镇为例

孙莉钦　赵祥　杨帆

摘　要：满意度反映的是一种心理状态，村民对乡村公共空间的满意度评价有助于乡村的建设和发展。本文在实地调研和问卷调查的基础上，构建乡村公共空间满意度评价矩阵，运用模糊综合分析法对乡村公共空间满意度进行评价，并对评价结果进行分析，以期为乡村公共空间乃至整个乡村的建设和发展提供参考。

关键词：乡村；公共空间；满意度；模糊综合评价

前言

乡村公共空间是人们休憩、活动、交往的重要场所，是人们社交的中心，是人们实现自我满足的门户。自新农村建设和美丽乡村建设如火如荼地展开以来，国内乡村公共空间的规划设计表现出盲目追求"现代化"的思想和照抄照搬的模式，不顾村民的需求，公共空间活力不足，人性化的公共空间建设迫切需求。

近年来，业内学者对乡村公共空间进行了广泛的研究，主要集中在乡村公共空间的演变与变迁、乡村公共空间的重构、乡村公共空间物质规划等领域，对于乡村公共空间满意度的相关研究较少见。本文结合模糊综合评价相关理论方法，通过实地调研和问卷调查的形式，试对乡村公共空间中村民满意度的评价进行探索性研究，从村民的视角探寻乡村公共空间现状情况，为乡村的建设和发展提供一定的参考。

1　研究方法与数据基础

1.1　模糊综合评价法

20世纪60年代由美国控制论者扎德基于模糊数学理论提出[1]，这种模糊评价将定性分析与定量分析相结合、精确分析与非精确分析相统一，进而对研究对象进行评判，其主要步骤为模糊综合评价指标的构建、权重计算、构建评价矩阵、计算模糊评价集[2]。

1.2　问卷设计

为方便填写，问卷的问题采用打钩的形式。在问卷的内容设置上主要包含两个部分：一部分内容主要涉及村民的基本信息，包括性别、年龄、职业等等；第二部分内容是对乡村公共空间13项指标的村民满意度调查。每个指标包括非常满意、满意、一般、不满意、非常不满意五个选项，让村民对每个指标五选一。

1.3　数据来源

宋家庄镇是河北省蔚县的一个农业镇，土地资源比较丰富，主要发展种植业。本文选择蔚县宋家庄镇为研究区域，主要是因为这里乡村工业化水平相对较低，乡村依然是以从事农业活动为主，乡村之间差别不大；每个乡村在地域上都是独立的个体，互不相连。本次调研共选取了7个乡村作为调研对象，对象的选取主要考虑了乡村的分布、规模以及现状等因素。宋家庄镇南部村庄处于山中，规模小并且部分村庄已迁移，截至2014年山内的人口约占10%，本次研究未考虑①。

对选取的7个乡村发放问卷共112份，当场收回，其中有效样本106份，有效率94.65%，基本满足研究需要。从调查样本汇总分析来看，性别比较均衡，中老年人较多，这也符合乡村年轻人少、老年人多的现象，职业结构差距较大，以务农为主（表1）。

孙莉钦：西南科技大学土木工程与建筑学院
赵祥：西南科技大学土木工程与建筑学院
杨帆：河北建筑工程学院

① 据宋家庄镇2014年27个行政村人口数据计算，宋家庄镇南部山区村庄人口比例为约10%，人口比重较少，多数村庄属于平原村，研究结果具有普适性。

调查样本的个人属性特征			表1
调查变量	类别	人数	比例
性别	男	43	40.6%
	女	63	59.4%
年龄	20岁以下	3	2.8%
	20~30岁	6	5.7%
	30~40岁	21	19.8%
	40~50岁	21	19.8%
	50~60岁	17	16.0%
	60岁以上	37	35.8%
职业	学生	2	1.9%
	务农	96	90.6%
	就地非农	4	3.8%
	外出打工	1	0.9%
	其他	3	2.8%

2 乡村公共空间满意度评价

2.1 评价体系建立

在遵循评价指标的理论指导性、广泛实用性、客观真实性、普遍代表性等原则基础上，通过实地调查，并结合相关文献研究，建立了宋家庄镇乡村公共空间满意度评价指标体系。该指标体系共分为三级[3]：一级是目标层，即乡村公共空间总体满意度；二级指标是分类层，包括空间布局、设施配套、景观形态；三级指标是二级指标具体化的指标层，包含公共活动场地位置、健身设施、绿化数量和面积等13项指标（表2）。

乡村公共空间满意度评价指标体系		表2
目标层	分类层	指标层
乡村公共空间满意度评价	空间布局（B1）	与公共活动场所及设施的距离（y1）；公共活动场地位置（y2）；公共活动场地面积大小（y3）；公共活动场地数量（y4）；
	配套设施（B2）	健身设施（y5）；休息座椅（y6）；照明设施（y7）；卫生设施（y8）；
	景观形态（B3）	绿化数量和面积（y9）；绿化树荫面积（y10）；绿化管理和维护（y11）；可观赏植物数量（y12）；场地硬化（y13）

2.2 数据可信度分析

为确保调研数据的科学性与可靠性，对调研数据量表先通过SPSS17.0软件进行Cronbach信度分析，通常认为：信度系数 $\alpha > 0.9$，则数据信度很好；$\alpha > 0.8$，则说明数据可接受；$\alpha > 0.7$，说明有的项目数据需要调整；$\alpha < 0.7$，则说明有的项目数据需要抛弃[4]。结果显示本

次调查问卷数据信度系数 α 为0.963，说明调查数据具有很好的信度。

2.3 权重的确定

本文采用德尔菲法对各级指标的权重进行确定，通过行业专家对各项指标权重进行打分，得到相应判断矩阵，进行检验得出各指标权重。

2.3.1 建立目标层因素集

$B=\{B_1, B_2, B_3\}$，每个因素又包含多个子因素，

$B_1=\{B_{11}, B_{12}, B_{13}, B_{14}\}$

$B_2=\{B_{21}, B_{22}, B_{23}, B_{24}\}$

$B_3=\{B_{31}, B_{32}, B_{33}, B_{34}, B_{35}\}$

2.3.2 建立权重集

对于目标层T，其下属分类层指标元素 A_i 和 A_j 哪一个更为重要，对重要度赋予1–9的比例标度。由此可以特出目标层的判断矩阵 $A=(a_{ij})$，a_{ij} 大于0；$a_{ij}=1/a_{ij}$（i，$j=1, 2, \cdots, n$）[3]（表3）。

目标层的判断矩阵				表3
满意度	空间布局	配套设施	景观形态	权重
空间布局	1	3	5	0.538
配套设施	1/3	1	5	0.378
景观形态	1/5	1/5	1	0.084

目标层的权重集 $W=\{0.538, 0.378, 0.084\}$，运用以上方法，得出各个分类层的权重集为：

$W_1=\{0.521, 0.231, 0.179, 0.069\}$，

$W_2=\{0.432, 0.241, 0.062, 0.265\}$，

$W_3=\{0.270, 0.254, 0.270, 0.061, 0.145\}$

2.4 构建评价矩阵

首先建立评判集，$V=\{V_1, V_2, V_3, V_4, V_5\}$，$V_1$ 表示非常不满意，V_2 表示不满意，V_3 表示一般，V_4 表示满意，V_5 表示非常满意[3]。

确定分类层评价矩阵 $F_k=(f_{ij}) m \times n$；$k=1, 2, 3$；m 为各个分类层的指标个数，n 为评价等级个数[3]。f_{ij} 是通过问卷调查的数据统计整理得出[3]，是选择某因素的村民数量占总调研村民的比例。分类层空间布局、设施配套、景观形态的评价矩阵分别为：

$$F_1 = \begin{bmatrix} 0.01 & 0.16 & 0.33 & 0.50 & 0.00 \\ 0.01 & 0.12 & 0.30 & 0.57 & 0.00 \\ 0.00 & 0.14 & 0.50 & 0.35 & 0.01 \\ 0.01 & 0.23 & 0.46 & 0.29 & 0.01 \end{bmatrix}$$

$$F_2 = \begin{bmatrix} 0.04 & 0.45 & 0.24 & 0.27 & 0.00 \\ 0.04 & 0.48 & 0.30 & 0.18 & 0.00 \\ 0.00 & 0.30 & 0.31 & 0.38 & 0.01 \\ 0.02 & 0.32 & 0.36 & 0.29 & 0.01 \end{bmatrix},$$

$$F_3 = \begin{bmatrix} 0.00 & 0.38 & 0.42 & 0.20 & 0.00 \\ 0.00 & 0.45 & 0.44 & 0.11 & 0.00 \\ 0.00 & 0.66 & 0.27 & 0.07 & 0.00 \\ 0.03 & 0.52 & 0.39 & 0.06 & 0.00 \\ 0.00 & 0.23 & 0.31 & 0.46 & 0.00 \end{bmatrix};$$

在分类层矩阵确定的基础上，确定目标层判断矩阵：

$$F = \begin{bmatrix} W_1 F_1 \\ W_2 F_2 \\ W_3 F_3 \end{bmatrix}。$$

2.5 满意度模糊评价计算

先对分类层进行模糊评价，然后建立目标层的评价矩阵，最后得出目标层的模糊综合评价结果，本运算采用的计算方法均为模糊算子 $M(\circ, \oplus)$ [3]。

$B_1 = W_1 F_1 = （0.01, 0.15, 0.36, 0.47, 0.01）$

$B_2 = W_2 F_2 = （0.03, 0.41, 0.29, 0.26, 0.01）$

$B_3 = W_3 F_3 = （0.00, 0.46, 0.37, 0.17, 0.00）$

最后计算得到目标层评价 $A = WF = （0.02, 0.27, 0.33, 0.37, 0.01）$，根据最大隶属度原则 ① 对测评结果进行评定，目标层的最大隶属度为 V_4 满意。

2.6 评价结果及分析

2.6.1 分类层结果分析

根据最大隶属度原则对测评结果进行评定，空间布局的满意度为满意，设施配套和景观形态的满意度测评结果为不满意。

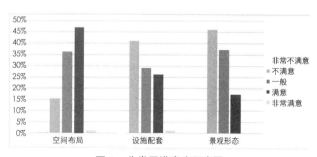

图1 分类层满意度示意图

空间布局方面，从村民对空间布局各个方面的满意度得分情况分析，47%的村民对乡村公共空间的布局

满意，36%的村民认为村庄乡村公共空间的布局一般，15%的村民对乡村公共空间的布局感到不满意。村民对空间布局的各指标满意程度从高到低依次为与公共场地及设施的距离、公共活动场地的位置、公共活动场地面积大小、公共活动场地数量。

设施配套方面，26%的村民对所在乡村的公共空间设施配套满意，29%的村民对所在乡村的公共空间设施配套满意程度为一般，41%的村民对乡村公共空间设施配套不满意。村民对照明设施的满意度较高，但村民对乡村公共空间中的健身设施配套、休息座椅配套以及卫生设施配套的满意度处于不满意的状态。

景观形态方面，17%的村民对乡村景观的满意程度为满意，37%的村民认为所在乡村的景观一般，46%的村民对乡村景观不满意。评价结果为满意的指标主要为场地硬化，评价结果为一般的指标为绿化数量和面积，评价结果为不满意的指标有绿化树荫面积、绿化管理和维护、可观赏植物数量。

指标层隶属度一览表				表4

指标层	隶属度				
	非常不满意	不满意	一般	满意	非常满意
与公共活动场所及设施的距离	0.01	0.16	0.33	0.50	0.00
公共活动场地位置	0.01	0.12	0.30	0.57	0.00
公共活动场地面积大小	0.00	0.14	0.50	0.35	0.01
公共活动场地数量	0.01	0.23	0.46	0.29	0.01
健身设施	0.04	0.45	0.24	0.27	0.00
休息座椅	0.04	0.48	0.30	0.18	0.00
照明设施	0.00	0.30	0.31	0.38	0.01
卫生设施	0.02	0.32	0.36	0.29	0.01
绿化数量和面积	0.00	0.38	0.42	0.20	0.00
绿化树荫面积	0.00	0.45	0.44	0.11	0.00
绿化管理和维护	0.00	0.66	0.27	0.07	0.00
可观赏植物数量	0.03	0.52	0.39	0.06	0.00
场地硬化	0.00	0.23	0.31	0.46	0.00

2.6.2 目标层结果分析

乡村公共空间满意测评结果为满意（图2），总体来讲，村民对乡村公共空间比较认可。但是，有33%的村民人乡村公共空间满意测评结果为一般，有27%的村民对乡村公共空间不满意，说明乡村公共空间建设工作仍然是一项艰巨的任务。

---

① 最大隶属度原则：是模糊评价中广泛使用的方法，模糊评判向量 B= （b1, b2, b3, b4, b5）中最大向量值对应的评判会比较凸显。

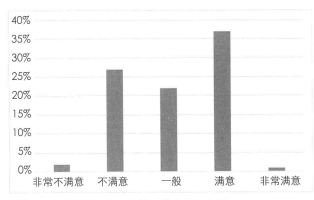

图2　目标层满意度示意图

3　结论与探讨

（1）村民对乡村公共空间总体持满意态度，这反映出在新农村建设和美丽乡村建设背景下，宋家庄镇乡村人居环境处于不断发展阶段，乡村公共空间在不断地改善提升，村民见证了自己家乡的变化。

（2）村民对乡村公共空间主要满意的方面是空间布局，这主要是因为大多数乡村已经实现道路硬化、亮化，建成了广场，再加上乡村规模不大，广场位置、大小与数量很容易得到村民的认可，但是部分乡村仍然存在公共场所布局不合理的问题，公共空间的功能结构布局还需进一步丰富和完善。

（3）乡村公共空间的弱势之处在于公共空间硬件设施配套以及空间景观打造。乡村公共空间设施配套不完善，现状设施破损严重，质量与实际需求不相符，绿化覆盖率较低，绿化管理较差，空间观赏性有待进一步提高。

满意度反映的是一种心理状态[4]，村民对乡村公共空间的满意度就是村民对公共空间做出的感知和判断。村民对公共空间的满意度会影响到活动场地的位置选择、功能定位以及空间内活动设施的配置和使用率，会影响到乡村邻里之间的交往，是衡量乡村精神文化建设的重要指标，是规划行业和政府部门评定乡村发展情况的重要标准，对乡村公共空间乃至是整个乡村今后的建设和发展具有重要意义。乡村公共空间是乡村建设的重要组成部分，同时对满足人们日益增长的精神文化需求发挥着很大作用。本文通过模糊综合评价法的对乡村公共空间满意度进行评价，希望研究成果可为规划者提供一定的科学理论指导与实际借鉴，以促进乡村的健康发展。由于影响村民满意度的因素比较多，因此本文建立的指标体系存在一定的局限性，不能全面包含所有影响村民满意度的因素。在后期的深入研究中，将进一步修改并完善村民满意度评价指标体系。

主要参考文献

[1] 张纯，柴彦威.北京城市老年人社区满意度研究——基于模糊评价法的分析[J].人文地理，2013（4）：47-51.

[2] 廉同辉，余菜花，包先建，卢松.基于模糊综合评价的主题公园游客满意度研究——以芜湖方特欢乐世界为例[J].资源科学，2012，34（5）：973-980.

[3] 殷舟.基于村民意愿的乡村人居环境改善研究——以南通市典型村庄为例[D].南京：南京师范大学，2013.

[4] 邢权兴，孙虎，管滨，郑金风.基于模糊综合评价法的西安市免费公园游客满意度评价[J].资源科学，2014，36（8）：1645-1651.

基于生活圈理论下的皖北地区县域基本公共服务设施配置研究
——以蒙城县为例

周裕钧　姚寅

摘　要： 当前，安徽省皖北地区城乡一体化发展迅速，城镇的基本公共服务设施扩展到广大农村，统筹协调平原地区县域的基本公共服务设施配置，让村民共享设施带来的便捷，是一项很重要的任务。通过引入生活圈理论，结合村庄中不同人群的日常活动的出行时间和出行距离，把整个县域划分为基本生活圈、一次生活圈、二次生活圈、三次生活圈所构成的系统，进行基本公共服务设施配置，有助于推动城乡公共服务设施的一体化配置。

关键词： 生活圈；基本公共服务设施；配置体系

1　绪论

皖北地区地处安徽省北部，地势以平原为主，是中国著名的"粮仓"，农业较为发达，农业人口较多，包括宿州、淮北、蚌埠、阜阳、淮南、亳州六市。2015年，皖北地区的城镇化率为44.7%，低于安徽省城镇化率水平（51%），但是按照城市化过程的"诺瑟姆曲线①"发展趋势，皖北地区城镇化进程正在进入快速阶段。

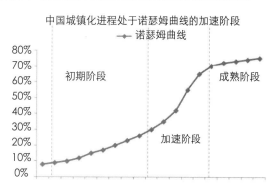

中国城镇化进程处于诺瑟姆曲线的加速阶段

图1　城市化进程的"诺瑟姆曲线"

由于受到长期的城乡二元结构体制，皖北地区的农村公共服务设施配套一直滞后于城镇。因此，近年来，各级政府都特别重视农村地区的发展。2012年，安徽省开始美好乡村建设，对中心村和基层村的公共服务设施都有了明确的编制要求。农村不同于城镇，在当前城乡

周裕钧：安徽省城建设计研究总院有限公司
姚寅：安徽省城建设计研究总院有限公司

① 诺瑟姆，美国学者，提出"城市化过程曲线"——"诺瑟姆曲线"

一体化的背景下，如何实现农村公共服务设施的优化配置，让村民享受到便利，是一个非常重要的课题，本次研究侧重于农村地区。

对县域公共服务设施的配置，有许多学者进行了研究，官卫华（2015）构建起农村基本公共服务设施分级分类配建体系；胡畔（2014）提出了以"覆盖度"和"拥有度"共同衡量设施配套合理性与完善度的方法，提出了农村公共服务设施规划体系与方法。总的来看，忽略了城镇对农村地区的辐射作用，而且对人的活动要素考虑较少。因此，本文从生活圈理论出发，从人的活动半径出发，把县域作为一个整体单位，统筹分配公共服务设施，以期对城乡公共服务设施的配置研究有所启示。

基本公共服务在学术界没有统一的概念，本文认为基本公共服务设施为满足居民基本的教育、医疗、文化、社会保障等的权利。即主要为教育设施、医疗设施、文化体育设施、社会福利设施[4]。

2　生活圈层理论下的公共服务设施配置

2.1　生活圈的内涵

生活圈层理论最先来源于日本，在日本是指某一特定地理空间内，以一定人口的村落、一定距离圈域作为基准，将生活圈按照村落—大字—旧村—市町村—地方都市圈进行层次划分。但是在国内，对于生活圈的研究还比较少，张娜等学者认为生活圈主要是在城市地域范围内，为获取教育、医疗等涉及的空间范围。本文进一步扩大生活圈的范围，将城乡作为一个整体单元，统筹划分生活圈层。本文对于生活圈层的概念为：在某一区域范围内的社会系统中，人们由于生存、发展和交往的

需要，从居住地到学校、医疗、服务提供地等之间的距离产生的出行轨迹，具体在空间上表现为圈层状态[1]。

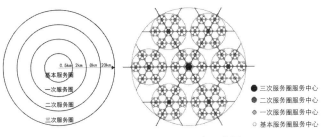

图2 分级控制—生活圈理论示意图

2.2 生活圈层的划分

生活圈层是从村民的生活需求与活动范围考虑，在一定出行时间内产生的距离为半径来划分生活半径，即所谓的圈层。不同人群的日常生活的不同，其生活圈层是不一样的。幼儿、老人主要以居家为主，活动半径小；小学生、中学生日常以上学为主，活动半径扩大，青年人、中年人的日常活动以工作为主，活动半径较大。经过对出行距离的分析，构建基础、一次、二次、三次生活圈层。接着在这四级生活圈层内按村民的需求配置基本公共服务设施[2]。

不同人群的出行距离一览表 表1

服务人群	幼儿、老人	小学生	中学生	青年人/中年人
空间范围	0.5~1km	2~4km	4~8km	15~30km
界定依据	幼儿、老人徒步15~30分钟	小学生徒步1小时，自行车20分钟	中学生徒步1.5小时，自行车40分钟，电动车行20分钟	机动车行30分钟~1小时

2.3 基于生活圈理论的县域公共服务设施配置体系

农村不同于城镇，在广大农村，村落较为分散，公共服务设施配置较为松散[3]。但是现代交通的进步和移动互联网的兴趣，人与人之间的时空距离越来越短，基本公共服务设施的选址的所受到的限制大大减小。

2015年出台的《安徽省村庄规划编制标准》中，中心村的基本公共服务设施的配置属于刚性要求，涉及本文研究的公共服务设施主要为7个项目，主要为：小学、幼儿园、卫生室、图书室、文化活动室、养老设施、健身活动场地。但是规范中对于基本公共服务设施的具体选址未作明确要求，设施的建设可邻村共享、依托镇

区等方式。这就为本文中的生活圈层的基本公共服务设施分级配置提供了可能。按照生活圈层的划分，根据不同人群的日常需求和出行半径，构建城乡统筹的适合于皖北地区的基于生活圈层的县域基本公共服务设施配置体系。

不同圈层基本公共服务设施的配置 表2

服务圈层	基本生活圈	一次生活圈	二次生活圈	三次生活圈
圈层半径	0.5~1km	2~4km	4~8km	15~30km
服务人口	1000~2000	2001~5000	5001~30000	30000万人以上
服务单位	中心村	较大中心村	一般乡镇/重点镇	县城
主要活动（各圈层不重复，上一级包含次一级）	幼儿上学、老人锻炼休闲等	儿童上学、文化活动、简易医疗等	初中生上学、养老服务、初级医疗、文化宣传等	高中生上学、图书阅览等

3 公共服务设施的现状评价

3.1 研究区域概况

蒙城县位于安徽省西北部，隶属于亳州市，地处淮北平原中部，县域共有15个乡镇。全县共有272个行政村，3532个自然庄，人口约129万。2015年，蒙城县人均国民生产总值为19611元，人均生产总值略高于亳州市人均生产总值，但远低于安徽省及全国的人均生产总值。三次产业的比重为22.1：38.6：39.3，第一产业比重略低于二、三产业。全县户籍人口稳步增长，劳动力资源丰富。但是，劳动力以输出为主，高劳动力输出导致了当前乡村老龄化和留守儿童现象较为突出。

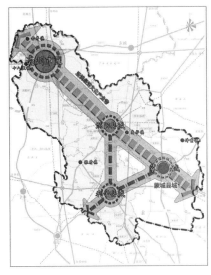

图3 蒙城县区位图

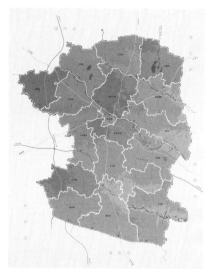

图 4 蒙城县行政区划图

自 2012 年以来，蒙城县开始美好乡村建设，中心村配置了较为完善的基本公共服务设施，但还有很多地区未建中心村或者设施配套不齐全，设施分布不均衡。目前，在教育设施方面，有中学 60 所、人数有 45149 人；小学 280 所、人数有 100435 人；幼儿园 431 所，人数有 25967 人。在医疗卫生设施方面，敬老院有 21 所、床位数为 2265 张、县级医院 6 所、床位数为 240 张；镇级卫生院 23 所、床位数为 918 张；卫生室有 272 所、床位数为 1205 张。文化体育设施方面，县城有一处图书馆，馆藏 4 万余册。文化站分布于县城和各乡镇区，已建设中心村建有图书室。通过对调研数据的整理得出配置情况如下图：

其具体的数据见表 3：

图 5 现状中学

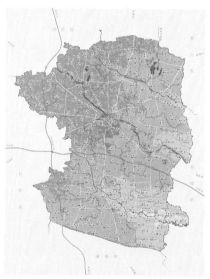

图 6 现状小学

图 7 现状幼儿园

图 8 现状医疗设施

图 9 现状养老院

2015 年蒙城县基本公共服务设施配置情况表　表 3

大类	类别	总数		万人指标	
		机构数量	人数/床位数/图书量	万人机构数	万人指标数
教育设施	高中	6	15439	0.05	119.68
	初中	54	29710	0.42	230.31
	小学	280	100435	2.17	778.57
	幼儿园	431	25967	3.34	201.29
医疗卫生设施	县级医院	6	240	0.05	1.86
	卫生院	23	918	0.18	7.12
	卫生室	272	1205	2.11	9.34
文化体育设施	图书馆	1	40000	0.01	310.08
	文化站/中心	20	—	0.16	0.00
	图书室	31	—	0.32	—
	健身场地	10	—	0.08	0.00
社会福利设施	养老院	21	2265	0.16	17.56
	老人活动室	86	—	0.67	—

（资料来源：于《2015 年蒙城统计年鉴》）

蒙城县与皖北地区及安徽省公共服务设施平均水平比照情况 表 4

区域	高中学生万人数（人）	初中学生万人数（人）	小学生万人数（人）	幼儿学生万人数（人）	万人拥有医疗卫生病床数	万人拥有图书馆数（个）	万人拥有养老院病床数
蒙城县	119.68	207.05	778.57	230.31	2.34	0.01	0.16
皖北地区	118.74	205.67	774.67	197.54	2.01	0.01	0.14
安徽省	122.35	211.36	781.34	203.87	2.37	0.014	0.19

（资料来源：于《2015 年蒙城统计年鉴》、《2015 年安徽省统计年鉴》）

从以上数据可以看出，蒙城县在皖北地区的基本公共服务设施处于优先水平，但是总体落后于安徽省平均水平。接下来需要进一步加强蒙城县的基本公公公服务设施的配置水平。

3.2　公共服务设施评价

通过对蒙城县基本公共服务设施的梳理总结，通过 AICGIS 软件进行分析，得出县域范围内配套设施的分布图，再对配套设施分布情况进行叠加，得出县域总体基

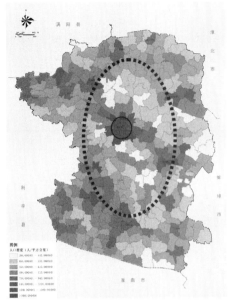

图 10　常住人口密度分布

本公共服务设施的配置情况。

公共服务设施服务的主体是人，在研究区域内，通过下图可以看出人口分布不均衡，县域范围内人口以呈现一定的圈层结构，人口密度最高的为县城，外围一圈处于县域中间位置。

从交通可达性分析，县城周边的乡镇的交通状态良好，较差的主要为县域的南部。大多数的村庄到县城的通勤时间都处于县城 30min 范围内。

从设施的配置分析，县域范围内分区差异明显：北部村庄公服体系相对完善，设施条件较好；南部村庄公服配套水平较低，设施相对落后。在规划布局中，应合理加强南部公共服务设施配置的投入力度。

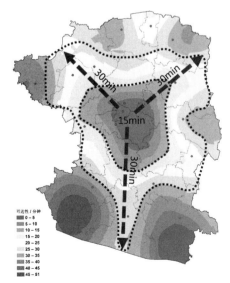

图 11　交通可达性分布

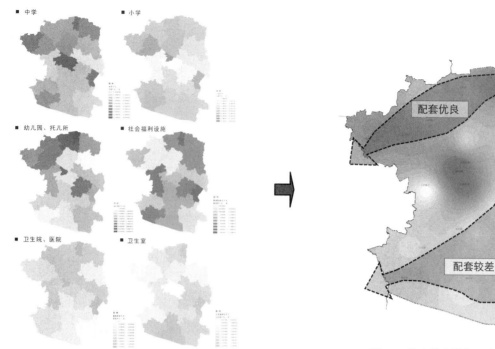

图 12 各公共服务设施评价图

图 13 基本公共服务设施叠加图图

4 基于生活圈层理论下的蒙城县公共服务设施优化配置

4.1 蒙城县生活圈层划分

4.1.1 基本生活圈

原则上，基本生活圈应该包括蒙城县中心村村民的日常生产、生活空间范围，基本生活圈的半径范围为0.5km~1.0km为宜；综合蒙城县农村留守儿童和老人较多的实际情况，构建以中心村为中心、均值半径为750m的空间范围为基本生活圈。

基本生活圈考虑设施配套经济性结合行政村村部设置，特色村依托临近地区产业或交通优势明显的中心村进行服务覆盖，其基本生活圈由一次生活圈替代。

4.1.2 一次生活圈

一次生活圈的服务设施以多个行政村共享为主，在特征地理区域、发展潜力较大以及现实基础较好的前提下，覆盖多个行政村的范围，以有相对优势的中心村为中心，划定半径范围大致为2~4km的空间范围为一次生活圈。

中心村密集地区选择设施基础最好的中心村构建一次生活圈，重点发展，避免重复投资；县城周边的一次生活圈由更高层次的三次生活圈替代，与县城共享服务。

4.1.3 二次生活圈

二次生活圈以构建乡镇级公服设施及共享设施配建为主，以乡镇为中心，二次生活圈的半径范围大致为4~8km，考虑蒙城县乡村公路路况和地形等因素，以半径为6km的空间范围划定为二次生活圈。

重点镇强化区域辐射带动，扩大二次生活圈范围，覆盖更广大地区；偏远地区通过改善交通扩大生活圈范围；老集镇、乡政府所在地应不再承担行政职能，其二次生活圈由一次生活圈替代。

4.1.4 三次生活圈

依托县城构建三次生活圈层，根据村民享受服务的出行时间成本分析，以15~30km作为村民可接受的出行距离，根据蒙城县乡村实际，以蒙城县城为服务核心，以半径30km作为空间范围划定三次生活圈，覆盖县城规划区及周边广大乡村地区。

4.1.5 生活圈叠加整合

将蒙城县的基本生活圈、一次生活圈、二次生活圈、三次生活圈进行叠加、整合，以效益优化为目标，构建城乡服务均等化的生活圈体系。在蒙城县域范围内，四级生活圈相互穿插，大致分为四大片区。东部地区：以二次、基本生活服务圈为主，依托重点镇，并提供重点乡镇圈层共享服务；中部地区：以三次、基本生活服务圈为主，依托中心城市，提供"城－村"共享服务；西北地区：以一次、基本生活服务圈为主，以特色村带动服务功能集聚，建设共享均衡的网络服务体系；南部地区：以二次、一次生活服务圈为主，配置传统的生活服务设施，满足村民生活需求。

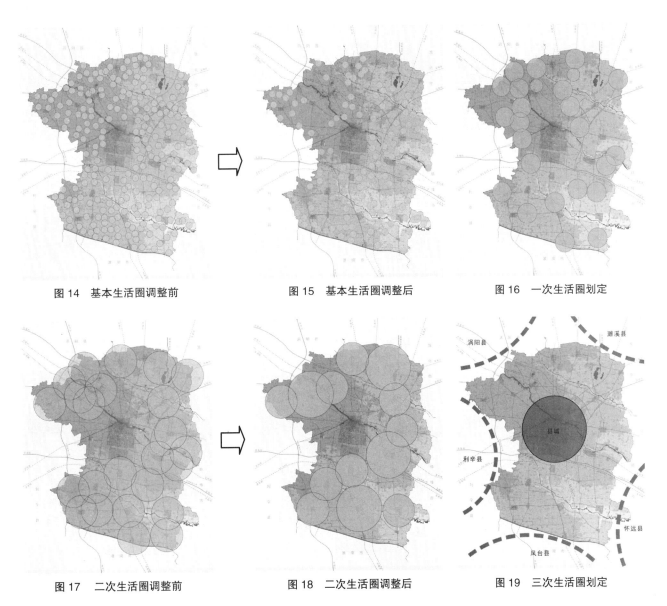

图 14　基本生活圈调整前　　　　　图 15　基本生活圈调整后　　　　　图 16　一次生活圈划定

图 17　二次生活圈调整前　　　　　图 18　二次生活圈调整后　　　　　图 19　三次生活圈划定

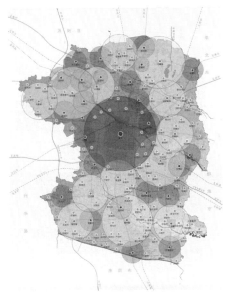

图 20　生活圈层叠加图

4.2　基于生活圈层公共服务设施的配置引导

4.2.1　配置原则

鉴于蒙城县村民总体分布较为分散，基本公共服务地区差异较大及新型城镇化背景下人口加快向城镇聚集这一基本县情，在考虑蒙城县基本公共服务设施配置时应遵循圈层对应、多规融合、机会共享的原则，最大限度促进县域基本公共服务配置均等化。

4.2.1.1　圈层对应

与旨在构建基本公共服务有效利用的生活圈层划分相对应，分类别、分层级、分规模的进行配置，同时也可根据实际情况，对相邻层级的公服配置进行弹性协调、部分替代，跨层级的配置一般不允许替代。

4.2.1.2　多规融合

与县域各职能部门针对公共服务设施布局的专项规划衔接，在村镇体系规划所确定村民点空间布局引导下，对县域城乡公共服务设施做出科学布局，实现多规融合。

4.2.2 配置引导

基本公共服务设施的配置要遵循以人为本、科学配置的原则，要根据村民的出行成本来考虑基本公共服务设施的需求情况，除了这个，还有考虑设施的规模、主管部门的因素等。

蒙城县基本公共服务设施的配置以村民日常生活习惯为依据，在不同等级的基本公共服务等级中配置与其相对应的基本公共服务设施项目，以基本生活圈、一次生活圈的为配置单元，主要配置村级、多村共享设施，用于满足村民学前教育、九年义务教育、文化娱乐等基本生活需要；

以二次生活圈、三次生活圈为配置单元，主要配置县级、镇级公共服务设施，满足城乡村民日常生活所需的各种教育、医疗、文化体育以及社会福利等完备的公共服务设施。

蒙城县村级、多层共享公共服务设施配置表 表5

类别	基本生活圈（村级设施）			一次生活圈（多村共享设施）		
	设施名称	建设内容与要求	配置弹性	设施名称	建设内容与要求	配置弹性
教育设施	幼儿园	保教学龄前儿童 每5000人配置1处	□	幼儿园	保教学龄前儿童 每5000人配置1处	■
	小学	人口不足1.2万人的偏远地区 宜设12班小学	□	小学	每0.6~2万人设置1所，不低于12班	■
	初中	—	—	初中	每3~4万人设置1所，不低于18班	□
医疗设施	卫生室	建筑面积大于200m²，配置 2~3张临时床位	■	卫生服务中心	卫生室、计生站，建筑面积大于 400m²，配置6~8张临时床位	■
文化体育设施	文化活动室	文化活动室、图书室，建筑 面积不少于100m²	■	文化活动中心	文化活动室、电子阅览室、图书室、 棋牌娱乐室、建筑面积不少于200m²	■
	图书室	图书室，建筑面积不少于 100m²			图书室建筑面积不少于200m²	
	健身场地	广场舞、散步， 占地面积不少于500m²	■	体育活动中心	篮球场、乒乓球台、体育健身器材， 占地面积不少于1000m²	■
社会福利设施	老年活动室	建筑面积不少于100m²	□	居家养老服务站	建筑面积不少于100m²	□

备注："■"为刚性配置，"□"为弹性配置，"—"为不配置。

蒙城县、镇级公共服务设施配置表 表6

类别	二次生活圈（重点镇和一般城镇）	三次生活圈（县级）
教育设施	高中：每班50人，每校36个班以上，5~6万人设立1所高中； 初中：每班40人，每校18个班以上，3.75~4.5万人设立1所初中； 小学：每班30人，每校12个班以上，1~2万人设立1所小学； 幼儿园：各镇应设置不少于1所，规模为12~15个班，0.5万人设置1所	
医疗设施	重点镇应有二甲医院1所，各镇应具备完善的卫生院	提供医疗卫生服务的地区性医院，是地区性医疗预防的技术中心
文化体育设施	文化设施：服务人口规模达到10~20万人，一般要求配置文化站、小型图书馆、小型剧场、文化广场；镇应有1500m²以上、街道应有1000m²的文化站，5000m²以上的文化广场并附有露天影剧院	组织和指导群众文化活动的公益性文化机构，主要包括文化馆、图书馆、影剧院等
	体育设施：各街道办事处、千人以上住区按照人均0.3m²标准配置体育设施场地； 各镇应配套建设有篮球场、100m²以上的体育活动室、灯光球场和400m跑道的田径场	政府设置，并向社会公众开放、用来组织和指导群众体育活动的大型公益性体育机构，主要包括体育馆、游泳馆、篮球馆等大型设施
社会福利设施	辖区范围老人提供多样化、专业化养老服务；每4~6万人设置一处，各镇或街道应至少1处	政府设置，并向辖区范围的老人提供多样化、专业化养老服务，至少有一所综合性社会福利机构或社会福利服务中心

5 总结

人是基本公共服务设施的主要服务主体，本文从村民的日常生活习惯、出行偏好等出发，适当的突破行政界线限制，对村民的生活半径进行分级，划分村民的生活圈层，在此基础上优化配置基本公共服务设施。皖北地区属于平原地区，人口密集，通过生活圈层的划分和基本公共服务设施的配置，能够提高设施的利用率，优化服务设施的供给水平，而且，对于同类型的县城基本公共服务设施的配置也有一定的借鉴意义。

主要参考文献

[1] 柴彦威，张雪. 基于时空间行为的城市生活圈规划研究——以北京市为例 [J]. 规划师，2015（2）：21-32.

[2] 孙德芳，沈山. 生活圈理论视角下的县域公共服务设施配置研究——以江苏省邳州市为例 [J]. 规划师，2012（1）：45-57.

[3] 卓佳，冯新刚. 农村基本公共服务设施体系规划的思考 [J]. 小城镇规划，2012（7）：49-54.

[4] 崔敏，蒋伟. 均等化视角下的农村基本公共服务设施布局研究——以河南省镇平县农村为例 [J]. 规划师，2011（11）：18-23.

[5] 吴建军. 基于 GIS 的农村医疗设施空间可达性分析——以河南省兰考县为例 [D]. [硕士学位论文]. 郑州：河南大学 .2008.

[6] 宋正娜，陈雯等. 公共服务设施空间可达性及其度量方法 [J]. 地理科学进展，2010，29（10）：1217-1214.

基于生态与产业联动的乡村生态修复和环境治理探究
——以孔家坊村美丽乡村生态修复专项规划为例

刘晓晖　刘恋

摘　要：在城镇化快速发展的过程中，各地乡镇在缺乏科学合理规划指导的情况下，盲目地以生态环境破坏为代价来谋取各利益主体在经济上的利益回报。可随着科学发展观的深入人心，越来越多人意识到健康的生态环境是人类生存的重要条件。在建设美丽乡村的过程中，应围绕"生态宜居、生产高效、生活美好、人文和谐"等四个方面来进行，乡村的生态修复和环境治理是刻不容缓的。本文主要以孔家坊美丽乡村建设中生态修复专项规划为例，探究生态与产业联动发展在乡村生态修复和环境治理中的运用及预想。

关键词：美丽乡村；乡村产业；生态修复；环境治理

1　前言

中国国家之新生命，必于乡村求之。[①]

当国家经济水平、城镇化水平不断提高，科学发展观和走可持续发展道路等思想深入人心时，越来越多的乡镇人民逐渐意识到健康的生态环境和舒适的乡村生活的重要性。许多乡镇开始对生态环境进行修复和整治，然而效果并不够理想。为了解决这种吃力不讨好的现实状况，本文提出在乡村生态与乡村产业之间建立一定联系，使两者在良性互动的情况下达到双赢的局面，也就是既改善了生态环境状况，又促进了产业的发展。

1.1　联动定义

联动是指体系内部各个个体之间，由于内在的联系机制而形成的由于一个参数变化，从而形成整个体系互相影响，相互作用的联动作用过程。

1.2　生态与产业联动发展

在乡村这一个大体系内部，生态和产业通过内在的

刘晓晖：华中科技大学建筑与城市规划学院
刘恋：华中科技大学建筑与城市规划学院

---

① "中国国家之新生命，必于乡村求之。"出自梁漱溟先生所写的《乡村建设理论》（1937 年），该书是梁漱溟先生的社会政治思想的代表作，该书出版后，影响很大，当时学者们认为这是中国现代教育界最有创造性的教育理论著作，由此确定了梁漱溟在中国现代教育史上地位，成为乡村建设派的主要代表人而饮誉海内外。

关联，形成一个联动发展的良性循环，通过对这个良性循环的把控，平衡生态与产业间的关系，达到动态平衡的良好局面。

2　生态与产业联动在乡村生态修复和环境治理中的应用

美丽乡村规划强调乡村之美不仅在于村容村貌，而且在于村庄整体完善发展，突出尊重自然、顺应自然、保护自然的生态文明理念，完善农村地区基础设施建设，加强环境治理和保护力度，加大农村地区经济收入，促进农业增效、农民增收。实现城乡协调、同步发展，提高广大农村地区群众的幸福感和满意度，为美丽中国建设提供基础。

在整个美丽乡村建设过程中，改善和提高乡村生态环境质量无疑是至关重要的一步。通过对生态与产业联动的准确把控，以及乡村体系内生态元素间的相互影响，促成积极的良性循环，不但可以省去建设过程中部分人工环境的成本，还能更好地改善生态环境。

2.1　孔家坊村的生态现状

孔家坊村位于英山县西河流域中游，属于丘陵地带，整体东高西低，丘陵面积占全村 60%，耕地面积 40%，森林覆盖率 60%。村西边是河流冲积平原，英山县著名的西河十八湾景区主河流流经此地，因地势原因，河流在这里河床变窄，河水变深。孔家坊主要生产稻、麦、油菜、红薯等粮食作物和茶叶、板栗等土特产，果蔬大棚产业及具特色。村内景观主要集中于西南区，建有农

家乐休闲度假区，区域内有滨河景观带。

2.1.1　孔家坊村水体现状

孔家坊村地处于英山县西河十八湾景观带上，既有西河流域的秀美风光，又有小池塘的波光田趣，村内溪流曲折蜿蜒。但是由于这些年村内缺乏合理科学的规划，村内各类水体都大大小小受到一定影响和破坏。建筑建造挖宽河道，水平面降低，影响景观界面；农业用水掺杂着农药，对水内生物造成伤害；各大小池塘无人打理，不是杂草丛成，就是即将干涸；村东的河流上游，水量较少，多被杂草掩埋，失去景观效益；村民生活污水随意外排，没有统一的污水处理设施，影响村民生活；水土流失造成村内溪流淤泥堆积，部分村民仍在溪流内浣衣洗菜。

2.1.2　孔家坊村山体林地现状

孔家坊村地理位置"三面环山，一水相连"，村庄地势东高西低，山上水汇集向西流。孔家坊三面山上林地包括自然林和果林，以及少量茶山，大面积山体被杂草覆盖失去经济价值。村西北部山上建有一座纪念园，但设计缺乏美感，功能规划也不够合理。村南部茶园边人工挖区山体填平，用于建造大规模的光伏发电站，不仅影响村内不可多得的茶园景观，更破坏山体，造成水土流失。

2.1.3　孔家坊村生活环境现状

孔家坊村村民住宅多沿山体而建，中间大面积平原用于农业耕种，村内道路环境较差，扬尘严重，部分村湾连接道路没有硬化。村内道路扬尘大，村内宅旁和道路两边绿化极度缺乏，道路设施不完善，住宅与道路紧邻，交通安全性不高。

2.1.4　孔家坊村产业环境现状

孔家坊村的产业主要包括农作物种植、少数茶产业和部分林业，产业规模小，且收益也较低。近年来土地承包给外商用于种植香榧，但获利甚少。村内新建的"三·二"暴动纪念园[①]近期打算打造成山地公园，虽然孔家坊村位于英山县西河十八湾景观带上，但由于缺乏良好的景观资源，不被外界看重，旅游产业也一度没有得到乐观的成效。

2.2　生态与产业联动在乡村生态修复中的运用

2.2.1　河流水系治理

在美丽乡村建设中，乡村水资源是最容易设计出优美景色，且很容易体现乡村生活风情与生活氛围的一个

---

① "三·二"暴动纪念园，建于湖北省英山县孔家坊村，为纪念1930年金仁宣领导了第一次武装起义，建立了苏维埃红色政权。

设计点。然而由于近年来村民对环境保护的意识还不够到位，生态平衡遭到破坏，环境也越来越差，极度影响乡村景观和形象。通过对生态与产业的联动关系的把握，在发展乡村产业的同时对生态进行治理修复，而在对乡村生态环境进行修复治理的同时也在促进乡村产业的发展。善于把控生态与产业的联动关系，在兼顾生态健康的同时，将产业做到最好，是建设美丽乡村的重要措施。

孔家坊村境内河流水系较多，河流穿村而过，大小池塘随处可见，也有大片水田。虽拥有众多水系却并没有体现出乡村水景的魅力。对村内水系的生态修复和环境治理，可以分为几个方面来进行，分别是：河流生态修复及河道整治；池塘湿地修复；沟渠治理。

（1）河流生态修复及河道治理——水系为主脉，绿带为基础：孔家坊村境内河道由东到西，水量随季节变化，夏多冬少，水少的季节，河道杂草丛生，甚至掩埋河道，部分时间段河道行洪能力遭到阻碍。政府领导一心想发展村庄的旅游产业，故河流生态修复和治理尤为重要。河流生态修复是指以在河流接近自然化的基础上满足人类生产生活要求为目标，通过人工手段改变河流的受损状态，并监测和评价效果的过程。[1]

①疏理河道，增强行洪能力。村内河流上游也就是村东生态良好，但却有部分河道被草木覆盖，且此段河道狭窄。在不破坏该段河道的生态环境的前提下，疏通河道，清除多余草木，增强行洪能力，尽可能将原本的乡村田园景观保留原状，为乡村旅游提供不可多得的自然景观。河道疏通加宽示意如图1、图2所示。

②建设生态河堤，增加河道两边人行步道与绿化，增强景观意识。在生态环境治理的同时，考虑到乡村旅游产业的发展，重视生态景观岸线，尽可能将生硬死板的人工河堤替换成美好惬意的生态景观岸线。以水生植

图1　孔家坊村东河流干涸现状
（资料来源：作者自摄）

图 2　村东河流河道疏通拓宽
（资料来源：作者自摄）

物为第一道缓冲带，当夏季水量猛增时，不至于遭到太大损坏，在满足行洪能力高度上增加人行步道和绿色植被景观，既保证了它的安全性，同时也给村民和游客带来不一样的美感。生态堤岸改建如图 3、图 4 所示。

图 3　孔家坊村现状裸露河堤
（资料来源：作者自摄）

图 4　规划后满足行洪能力生态河堤
（资料来源：作者自摄）

③在行洪压力较大或水土流失严重的岸线增加硬质河堤护岸，设计合理的河道断面。增加硬质河堤护岸时需要注意景观意识，既能保证该段河道的行洪能力，又不至于太过生硬影响整个河道景观。河道断面设计。本村的河道断面设计分为复式断面[①]和梯形断面[②]两种类型。复式断面用于河床水位较低，且河床较宽的地带，其余均为改良梯形断面（即将极具违和感的生硬河堤进行改良，使其景观性更强）。两种断面增加河道景观空间变化，给人们不一样的感受，更好地为旅游的发展奠定基础。河道的复式断面和梯形断面示意如图 5、图 6 所示。

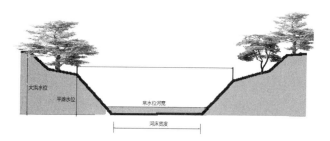

图 5　复式断面图
（资料来源：作者自绘）

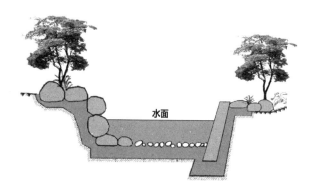

图 6　梯形断面示意图
（资料来源：作者自绘）

④针对河道水质差、污染严重、河道淤积等问题，除对河道进行功能修复以外，还需提高和到空间的生物多样性，增强系统的自我修复能力，使河流拥有良好的

---

①　复式断面，适用于河滩开阔的山溪性河道。枯水期时，河道流量小，河水在主河槽中流过；洪水期时，河道流量大，此时允许洪水漫滩。因为复式断面的过水断面面积大，洪水位低，故一般不需修建高大的防洪堤。山溪性河道经疏浚整治后，河道的过流能力变大，能够带走污水。复式断面的河滩地相对较大，有利于河道中水生物和两栖动物的生长，具有一定的生态性。河滩地也能开发为景观休闲区域，具有较强的景观性。
②　梯形断面，占地面积少，有助于提高河道过流能力，本身美感却不尽人意。

水环境和水体承载能力。人工增氧①和人工湿地都是修复河道的重要措施。

（2）池塘湿地修复——净化水质为主，景观湿地为辅：孔家坊村内大小水塘湿地众多，由于村民的生态意识不够，造成多数水塘面临干涸，且大多都被垃圾和枯枝败叶掩盖。要想改善这些水塘湿地的环境，可先从水体治理开始，将水中杂质去除，植入净化水质的水生植物。对于大面积即将干涸的池塘也可建成湿地景观公园，既可治理生态环境，又可促进村庄旅游业的发展。对村内干涸池塘进行实地景观改建，如图7、图8所示。

图7 孔家坊杨树冲湾干涸池塘现状
（资料来源：作者自摄）

图8 池塘改建湿地公园
（资料来源：作者自摄）

（3）沟渠治理——疏通为主，联通净水池：孔家坊村境内大小沟渠甚多，分为农业用水沟渠和生活污水沟

渠。农业用水沟渠多混有农药，直接排入河流会造成河流水体污染；生活污水沟渠同样也掺杂着一些化学物质，易对生态平衡造成破坏。针对这些沟渠，最好的解决办法是在疏通沟渠的基础上，将各沟渠与污水处理池相连接，污水在经过处理之后排入河流。

2.2.2 山体林地生态修复，进行产业分层

孔坊村三面环山，林地资源尤为丰富，但近些年村民对山体的采挖使得大面积的山体裸露，林地也遭到很大的破坏。村内林业产业发展并不乐观，山体的破坏更加剧了林业产业的下滑。山体林地类别比例以及林地种植类别比例如图9、图10所示。

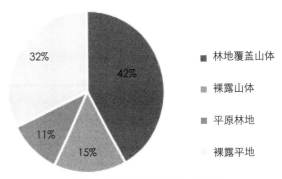

图9 山体林地类别比例扇形图
（资料来源：作者自绘）

林地覆盖山体 42%
裸露山体 15%
平原林地 11%
裸露平地 32%

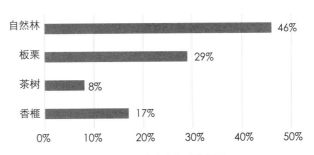

自然林 46%
板栗 29%
茶树 8%
香榧 17%

图10 林地种植类别比例图
（资料来源：作者自绘）

对山体林地的生态修复可以从两方面着手，一方面将裸露山体和裸露平地进行生态修复，另一方面是对林地产业进行合理科学规划，实现产业分层。

（1）裸露山体及平地修复

由于过度挖采或人类活动不当等问题导致的山体、平地裸露，进行生态修复。可分为以下几点：

①对缺失山体且易发生山体滑坡的地方进行固化修复，通过人工手段在安全景观因素的基础上采用物理挡土墙，防止山体再次遭到侵蚀。

---

① 人工增氧，人工增氧是在治理污染河道中较多采用的措施之一，主要防止厌氧分解，提高水体中有机污染物质的降解速度。这是因为污染严重的河道水体由于耗氧量远大于水体的自然复氧量，溶解氧普遍较低，甚至处于严重缺氧状态，此时河道的水质严重恶化，水体自净能力低下，水生态系统遭到破坏。人工增氧能较大幅度地提高水体中溶氧含量。

②对不太容易发生山体滑坡的地段，可直接采用填土等方式，在此基础上进行生态修复，种植种类丰富的植被用来固定填土，也可将这片区域用于生产林业种植。

③裸露的平地则先对其进行肥力修复，改善土壤肥力，之后便可对其进行生物修复了，增加地块的物种丰富度。

（2）林地规划，产业分层

在原有生产林地增加养殖产业或者种植产业，以林地资源和森林生态环境为依托，发展起来的林下种植业、养殖业、采集业和森林旅游业，充分利用林下土地资源和林荫优势从事林下种植、养殖等立体复合生产经营，从而使农林牧各业实现资源共享、优势互补、循环相生、协调发展的生态农业模式。因地制宜对村内现有林地进行合理科学的规划部署，林地产业分层化，进行林下养殖，提高林地产出、增加农民收入的有效途径。

2.2.3 生产与生活环境治理

（1）生产环境治理

孔家坊村的经济生产主要以养殖与种植业为主，经济来源简单，且季候影响较大，村民生活保障不够。与此同时，村内产业环境也在逐渐遭到破坏，林业用地被采挖，石土裸露。应对方法如下：

①先对裸露土地进行肥力恢复，再通过上述的产业分层、林间发展种植和养殖业，增加村民收入；

②大力发展旅游产业，增加村民财政收入。在对村庄生态环境进行修复和治理的同时，考虑到旅游业的发展，考虑到景观需求和安全要求。在发展旅游产业的同时，是生态更加健康，充分利用生态与产业之间的联动关系。

（2）生活环境治理

孔家坊村村民生活环境并不理想，许多诸如缺少绿化、路灯设施缺失、道路未硬化等，给村民生活带来极为不便。针对村民生活环境提出"四化"整改方案，实行绿化、亮化、硬化和净化等方面的改善措施，及改善村民的生活环境，也能为后来的产业发展（例如旅游业和休闲农业）提供基础。具体实施办法见表1。

3 对基于生态与产业联动的乡村生态环境治理的建议

在快速的乡村发展过程中，一味地将眼光投之于产业发展是不可取的，在发展乡村经济产业的同时需要兼顾乡村生态环境的健康，否则当生态环境遭到破坏的同时经济产业也会随之受到影响。而在进行乡村生态治理的同时，我们也不能放弃经济发展，使村民生活保障遭到损失。因此，乡村生态环境的治理必须建立在乡村生态与产业联动的基础上，既改善生态条件，又促进乡村生产，两全其美。

要实现乡村生态与产业联动发展，本文提出以下几点建议：

①积极整合利用村内良好的景观资源，发展乡村旅游和休闲农业，改善乡村生态环境，提升村民生活水平。

②实施"三力互动"即村民自觉力、村委经营力、政府引导力三力互动，形成自下而上、自上而下的整体

生活环境治理"四化"整改方案 表1

绿化	三边	村庄边	增加村庄周边绿化，给人"村在林中，林在村中"的静谧感
		道路边	增加道路两边绿化，给人门户感觉，增强游客好感度
		水边	增加水边绿化，看似粗犷却又细致的水边田园景观
	四旁	小路旁	增加村内小路旁绿化，让游客在散步的同时深入感受乡村风情
		村湾旁	增加村各个村湾旁绿化，每个村湾都宛若林间
		住宅旁	改善住宅旁绿化，提升生活住宅品质
		水塘旁	治理村内水塘干涸或杂草丛生现状，增加村庄景观美感
亮化	老公路		对老公路和主干路做道路亮化，提升夜间行车安全，同时增加村庄夜景
	主干路		
	中心湾		在中心村湾增加景观路灯设施，提升村民夜间活动质量
硬化	道路		对村庄内所有行车道路实行硬化，各个中心湾全部达到硬化
	河堤		对水流较为湍急的部位使用硬化河堤，增强河道行洪能力
净化	河道		净化河道，以功能修复为基本原则，提高空间生物生境多样性
	水塘		净化水塘水质，清除垃圾枯草树枝
	污水处理池		增加村内污水处理池，生产生活污水经过处理再排放

（资料来源：作者自绘）

运营模式，增强村民生态集体意识，将可持续发展和科学发展观真正贯彻到每一位村民的脑海中；村委应努力提升经营力，在追求生态良好的情况下经营好村内的产业发展；而政府需给出正确的引导力，由上自下实现真正的公众参与。

③良好的生态将成为村内产业"可持续"、"有生命力"的支撑，而产业又将成为维护生态健康的长久动力。

④引进环境友好型的产业，减少生态承载负担，形成生态与产业间的良性互动，推动整个村庄产业向前发展。

4 结语

美丽乡村建设过程中，良好的生态环境和欣欣向荣的产业是不可或缺的，两者对整个村庄的发展都具有重要意义。在对村庄的生态环境进行修复和治理的同时，通过准确把握生态与产业的联动关系，使整个发展过程都处于一个动态平衡的良好状态。

通过对生态环境的改善，来促进乡村产业的发展；在乡村产业发展的同时，来获得更多生态资源和更加美好的景观资源。保持生态与产业间的这种良性互动，是建设美丽乡村的重要措施。坚持以乡村生态环境和资源保护为前提，通过加强政府环境管理调控、全面提升人们的环境保护意识、促进企业生态自律、增强环境技术供给，坚持经济效益、社会效益和生态效益的统一，既要发展乡村产业，也要注意保护生态环境，加强乡村产业发展对生态环境的正面影响，将对生态环境的破坏降到最低，实现经济和环境的协调发展。

注释

[1] "中国国家之新生命，必于乡村求之。"出自梁漱溟先生所写的《乡村建设理论》（1937年），该书是梁漱溟先生的社会政治思想的代表作，该书出版后，影响很大，当时学者们认为这是中国现代教育界最有创造性的教育理论著作，由此确定了梁漱溟在中国现代教育史上地位，成为乡村建设派的主要代表人而饮誉海内外。

[2] "三·二"暴动纪念园，建于湖北省英山县孔家坊村，为纪念1930年金仁宣领导了第一次武装起义，建立了苏维埃红色政权。

[3] 复式断面，适用于河滩开阔的山溪性河道。枯水期时，河道流量小，河水在主河槽中流过；洪水期时，河道流量大，此时允许洪水漫滩。因为复式断面的过水断面面积大，洪水位低，故一般不需修建高大的防洪堤。山溪性河道经疏浚整治后，河道的过流能力变大，能够带走污水。复式断面的河滩地相对较大，有利于河道中水生物和两栖动物的生长，具有一定的生态性。河滩地也能开发为景观休闲区域，具有较强的景观性。

[4] 梯形断面，占地面积少，有助于提高河道过流能力，本身美感却不尽人意。

[5] 人工增氧，人工增氧是在治理污染河道中较多采用的措施之一，主要防止厌氧分解，提高水体中有机污染物质的降解速度。这是因为污染严重的河道水体由于耗氧量远大于水体的自然复氧量，溶解氧普遍较低，甚至处于严重缺氧状态，此时河道的水质严重恶化，水体自净能力低下，水生态系统遭到破坏。人工增氧能较大幅度地提高水体中溶氧含量。

主要参考文献

[1] 李岚. 乡村旅游与农村生态环境良性互动机制的构建 [J]. 农村发展，2013（04）.

[2] 张先起，李亚敏等. 基于生态的城镇河道整治与环境修复方案研究 [J]. 人民黄河，2013（02）.

[3] 徐菲，王永刚等. 河流生态修复相关研究进展 [J]. 生态环境学报，2014，23（3）：515-520.

[4] 侯保疆，梁昊. 治理理论视角下的乡村生态环境污染问题——以广东省为例 [J]. 农村经济，2014，01.

[5] 陈兴茹. 国内外河流生态修复相关研究进展 [J]. 水生态学杂志，2011，32（5）：122-128.

[6] 王利琴. 基于实证分析的乡村旅游与农村生态环境的协调发展——以河南省为例 [J]. 湖北农业科学，2015（10）.

[7] 郝婉露. 美丽新乡建设与改善生态环境问题 [J]. 好家长. 2016（38）.

[8] 赵鹏程. 生态河道规划设计研究 [D]. 山东农业大学，2011.

[9] 王云才，郭焕成，徐辉林著. 乡村旅游规划原理与方法 [M]. 科学出版社，2006.

基于自发建设模式的火马冲镇中心居住社区规划设计研究

白郁欣

摘　要：小城镇作为城市之尾、农村之首，在我国目前的发展中起着至关重要的衔接作用。由于和农村的相互渗透，不少小城镇的居住建设一直处于半城半乡的尴尬状态，依旧保留集体土地的自发建设模式，但又有较高的建筑密度和居住需求。本文通过对湖南省怀化市辰溪县火马冲镇镇区的调查研究，分析位于小城镇中心区的自发建设模式的现状情况，总结概括其优劣势，根据现状条件、居民需求等制定近期建设指导，在依旧保留宅基地的情况下改善居民居住环境，提出介于统一征地开发建设居住小区模式和完全自发建设模式间的适宜小城镇近期发展的开发模式。

关键词：集体土地；自发建设；宅基地管控

1　研究背景与目的

近年来，小城镇的发展在我国发展逐步得到了重视，因其处于城市之尾、农村之首，起着衔接城乡的不可替代的作用，其发展对推进我国城镇化具有十分重要的意义。而目前，全国小城镇的发展不均衡，尽管发达地区少数城镇已经接近城市，但大多数小城镇仍处于刚刚脱离农村的"半城半乡"阶段，未来建设任重而道远。

就住区建设来看，我国存在两套土地政策与相应的居住模式，即基于国有土地的居住小区开发模式和基于集体土地的居民自建模式。在大城市及发展迅速的城镇中，基本以居住小区模式为主，而大部分的农村地区及发展滞后的城镇，多以集体土地上的农村自建房为主。二元土地市场导致了住房建设的极大差异。而近年来居住小区模式也正在逐步取代自建模式，成为主流的居住模式。

部分小城镇的住宅目前处于较为尴尬的状态，依旧保留农村集体土地政策，大量的自建房充斥镇区，居住质量落后，配套实施匮乏，处于脱离农村建设的边缘，又无法进行像大城市的大量居住区商品房开发建设。本次调研的湖南省火马冲镇，其镇区存在两种建设模式，大量基于集体土地的自发建设模式以及小部分商品房开发模式。像这样以集体土地为主的小城镇内，统一开发模式在短期内并不现实，居住小区的模式不受欢迎。而集体土地上自发建设的居住模式存在的一系列的问题特别是公共空间的缺失，也在一定程度上阻碍着小城镇的

有序发展，从而影响居民追求更高质量的生活。

本次研究将探寻基于小城镇的自发建设模式，规避并改善其因集体土地开发模式而带来的弊端，又能使居民依旧享有土地自主权，另一方面有融入商品房开发模式的优点，改善居住社区的环境，提升居住品质，即形成不经过土地征用进行统一规划，又保证居民对土地有一定的自主权，规划与自建相统一协调的建设模式。这种模式既能满足城镇居民地缘、血缘关系网的需求，又能做到合理利用土地，解决了规划管理困难的现状，改善了小城镇的人居环境，并促进城镇发展。

2　火马冲镇自发建设情况分析

2.1　火马冲镇概况

火马冲镇地处湘西怀化市，位于怀化市辰溪县东南部，是辰溪县次中心，虽有较为便利的交通条件，火马冲镇依旧为内生型城镇，内部多依靠自身发展，缺乏外部发展动力，因此导致其镇区城乡结合形态明显，和农村相互渗透（图1）。

本次研究集中在火马冲镇镇区的中心地区，共计2723户，户籍人口5470人。镇区内土地权属较为混乱，部为国有土地，其余大部分村庄建设用地均为集体土地（图2）。

2.2　规划地块建设情况

2.2.1　土地权属

选取规划地块总面积约12hm²，其中国有土地2.19hm²，集体土地8.14hm²，道路用地1.4hm²，河流用地0.27hm²。

白郁欣：同济大学建筑与城规学院

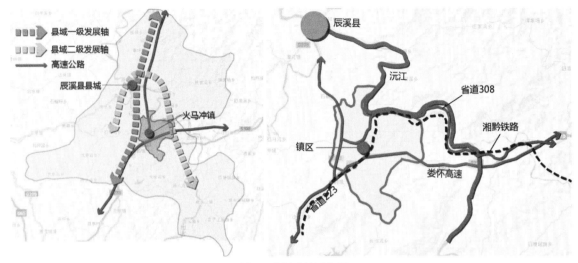

图1　火马冲镇区位图

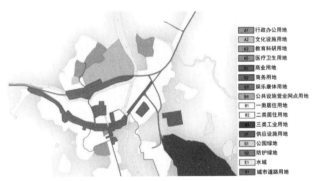

图2　镇中心现状用地图

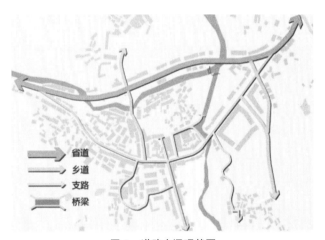

图3　道路交通现状图

2.2.2　街道及公共服务设施

镇区内沿着老省道形成一条长约800m的弧形商业街，全镇的商贸业集中于此，是居民活动的主要场所。商业街多为居民自建房底商，全镇文化娱乐设施匮乏，缺乏公共活动空间。

除已征收土地后建设的城市道路及村道外，基地内存在大量的宅间道路，这些道路未经征收，住宅间硬地很容易形成居民经常通行的路径，部分裸地也会被踩处一条路，这些均属居民宅基地内的共享道路，没有明确的道路形制。其间较为宽敞的地带会形成主要的居民活动点。除此之外，居民聚集点多为街区内部未经建设的大面积空闲宅基地（图3~图7）。

2.2.3　建筑类型肌理整理及质量分析

基地内部建筑类型多样，根据高度、建造方式及建筑体量将基地内的建筑分为五种类型：商品房、沿街上住下商住宅、小产权房、联排住宅及独栋住宅，并根据建筑建设年代、建筑朝向及建筑间距对各类建筑质量进行评分（图8、图9）。

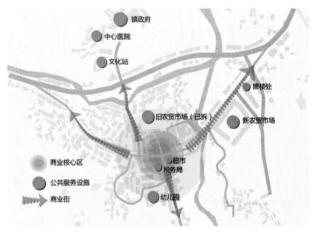

图4　现状公共服务设施分布

2.3　自发建设模式的特征及问题分析

2.3.1　现状优势

在自有宅基地上的自发性建设模式使居民在住宅建设中享有较大的自主权利，居民可以获得较大的住宅面

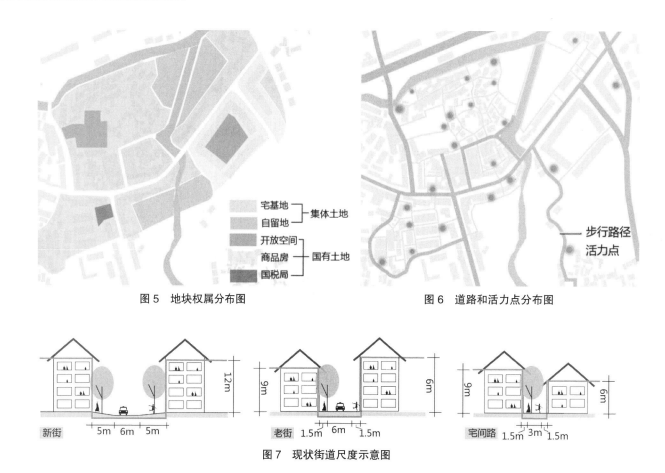

图5 地块权属分布图

图6 道路和活力点分布图

图7 现状街道尺度示意图

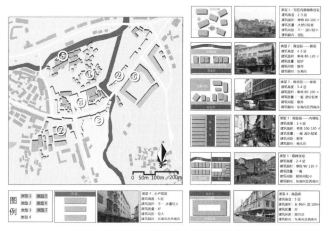

图8 现状建筑类型分布及肌理整理图

图9 建筑质量分析

积，并且能自行进行建筑平面设计，这样的自主权利使得居民有较强的归属感。

因小城镇地缘、血缘关系网密切，居民自建也多在自家土地上建设，社会关系纽带较为紧密，邻里间交流密切，更有社区氛围。

自建模式不同于统建模式的刻板，明确的划分绿地、道路、公共空间等，它的随机性更强，因密切的关系网和交流模式而存在较多的共享，空间有一定的灵活性。

此外，自发建设而形成的低层高密度模式，社区内的住宅尺度比高层商品房更为亲和，形成的街道也是接近1：1的宜人尺度，适宜步行。

目前基地内在空间上有自发形成的小组团发展趋势，组团内有一定的凝聚性。而建筑间纯步行空间有别于一般街道，是私密性较高的开放共享空间，类似于里弄内的支弄，人们熟知每一个经过的人，这种空间形制也是社区凝聚力的一个支撑。

2.3.2　现状问题

最为明显的现状问题就是因为自发性建设而带来的空间紊乱的现象。居民在自家宅基地上建设不会顾及社区氛围的营造，且建设先后不一易形成错落的空间格局，容易引起纷争，朝向、建筑间距和建筑密度并不可控，空间秩序感较差。

其二，因宅基地大量占据镇区土地，自发性建设多为私有需求的满足，土地各自为政，故公共空间及公共服务设施的缺失现象严重，所以镇区居民会对公园、广场、文化娱乐设施及场地有很大的诉求。

其三，由于没有统一征地，开发和规划不能统一进行，整体的规划设计实施困难，管理和控制在保障居民自主权的情况下显得单薄，而没有统一管控的社区会变得无序，没有统一开发建设的居住小区那样管理明晰，界限分明。

基地处现存以上问题外，还有宅基地闲置现象，大量宅基地周边充斥着裸地，未经建设利用。且有一部分自留地并未常年种植作物，存在农地浪费的现象。另外，街区内部虽存在四通八达的步行空间，但车辆通达性差，消防等存在一定问题，也不利于公共服务设施在内部的布置。

2.3.3　规划设想

小城镇作为城乡交界处，笔者认为其居住形式也可融合城乡的特色，不一味停滞在乡村风貌，也不需完全向城市看齐，它应有它独有的宜居性，为那些向往大城市但又能力有限的阶层提供舒适的栖息地。居住作为人类生存的重要需求，与人的精神世界息息相关，不能单纯用土地利用率、开发强度、容积率等指标衡量，舒适度和归属感是住宅最为重要的属性，也是未来居住建设追求的目标。所以，在用地并不紧张，人口数量并不巨大的小城镇，最大限度的追求居住的舒适性，低层高密度的开发模式最适宜不过。

在以集体土地为主的城镇，可以探索在不征地的情况下，积极改善自主建设模式中的居住环境，进行类似国有土地开发中的规划管控，保留宅基地模式，根据规划对宅基地建设提出限制要求，以规避自发建设带来的弊端，但又给居民一部分的自主权，最终目标是创造良好的居住社区氛围，即既进行自上而下的管控，又采取自下而上的建设。

3　空间策略与设计思路

3.1　规划原则

因设计是保留居民自主建设模式，保有宅基地使用权，居民有自主在宅基地上进行空间营造的权利，即不进行大量的土地征收和强制开发方式，而是在现有的基础上着重改善居民居住环境，以软着陆的方式设计介于现有模式和居住小区开发模式的中间阶段，为居民未来建设提供规划设计指引。

3.2　规划策略

本次设计采用"部分征地，部分拆改"的总体策略，保留大量集体土地，征收部分土地进行道路、公共空间及公共服务设施的建设，对建筑质量较差、对空间塑造影响较大的建筑进行拆除和改造，提供拆除改造方案。具体规划策略如下。

3.2.1　整体层面

（1）小街区模式的应用

在基地内，已形成了一定的组团空间，可根据潜在组团空间划分街区。而街区内部车辆通达性较差，考虑到未来的通达及消防需求，需增加内部路网。内部道路的增加可依据已经形成的活力点及步行路径。小街区模式可以使大部分家庭临路，减少入户路的长度，增加宅基地的可利用率。道路虽满足车辆通达，但尺度依旧为适宜步行的小尺度，形成与河流、主要街道相连的窄路密网系统。

（2）沿街面活力提升

由于小街区的开发模式存在大量的沿街面，沿街面可分为不同层级。商业及沿街面最为开放，是镇区的主要活力点，在保证居民的居住环境的情况下，提升商业街的活力。对于老街，规整其沿街面，与新街形成连续的步行界面，同样创造更好的步行环境。对于向内部延伸的小商业街界面，保持街道界面的完整延续性的同时，和组团内部空间相结合，形成由公共到私密的过渡界面。另外，可沿街布置社区级公共服务设施，公共服务设施与住宅围合成庭院空间，这个庭院空间作为公共部分与私密部分的过渡空间，也可以成为邻里交谈、从事简单的晾晒的空间，从而使街道与内部不至于完全隔离，活力内渗。

（3）绿化系统分散化

由于镇区内部缺乏绿化空间，需要进行绿化体系的设计以改善居住环境。因自发建设模式公共空间的局限性，可将绿化空间打散至每家每户，沿街及居民宅前布置绿化空间，通过出让宅基地补偿居民庭园建设资金，鼓励居民建设自家庭院甚至屋面绿化。提升街区内部道路的步行体验，沿街建设小院落，以形成从公共（街道）——半私密（小院落）——私密（住宅）的空间过渡。

3.2.2　居住层面

（1）宅基地出让形成公共活动空间

因目前存在部分宅基地闲置及利用率不足等现象，

故通过鼓励居民出让小部分宅基地的形式在组团内部形成小型院落空间，学习印度贝拉布尔低收入者住宅模式，住宅围合出院落空间形成组团内部半私密的活动场所，围绕组团公共活动空间重新划分宅基地，这满足居民对交往交流的需求，且增加内部凝聚力。

（2）不同类型住宅不同管控机制

由于重新划分的宅基地会形成不同的空间类型，对不同空间类型的宅基地进行区别建设管控，控制建筑红线及院墙线，另外对于联排、围合等不同类型的住宅组合方式给予不一样的管控机制，鼓励建设联排及围合住宅，以高效利用土地。

（3）庭院经济

因目前宅基地内有大量可利用的庭院空间，引导居民在其中种植经济作物，例如果树、花卉等，既可作为经济来源，又充分利用现有土地资源，也在整体上提升了居住环境。

（4）菜单式规划设计模式

菜单式规划设计模式即根据地形条件、用地大小等限制条件，设计集中户型标准模式供居民选择并自建，平面可灵活组织，成团、成排、错落等组合形成场所，这种方式让住户在建设初就参与进来，更好地满足他们的个性化需求。

3.3　规划方案

3.3.1　规划方案生成（图 10）

划分小组团

经过前期分析，基地适宜开发小街区模式。在现状已形成的路网的基础上，结合现有活力点，开辟尺度较小适宜步行的街区内部路网。道路由政府对集体土地征收后进行建设，属国有土地。

镇级公共活动空间及公共服务设施

根据现有的空间条件，利用新旧农贸市场和部分滨

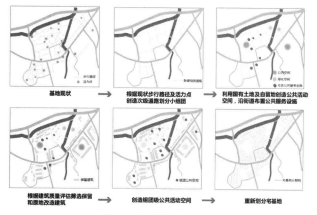

图 10　规划方案生成图

河自留地开发建设镇区级公共活动空间，满足全镇居民休闲活动的需求。

建筑拆改留

根据前期建筑质量的评估情况进行拆改留，保留综合评估好的建筑，拆除综合评估差的建筑，改造综合评估一般的建筑。

组团级公共活动空间

根据组团创造组团级公共活动空间，位于组团中心，为该组团居民平均出让宅基地后形成。

宅基地重新划分

围绕组团公共活动空间，按照出让后各家宅基地情况重新划分宅基地，保证宅基地面积不变，宅基地位置尽量大面积保持。

3.3.2　规划区宅基地规划设计指引

（1）宅基地划分模式

根据规划形成的空间，将宅基地划分为以下几种空间模式（图 11），根据与道路、公共空间的位置关系分成四种，四种宅基地中建筑大部分为新建，局部为改造。其中，宅基地与公共空间相邻的，建筑需退界2m 以上，院墙需退界1m 以上，鼓励院落朝向公共空间，在退让的空间中，住户可种植被树木，既保证公共空间的围合性，又保证住户的私密性。宅基地与道路相邻的，建筑需要退界2m 以上，院墙需要退界1m 以上，鼓励院落朝向道路，增加道路的景观性。这样的退让既保证了高宽比接近 1∶1 的步行街到尺度，又留出了足够的车辆尤其是消防车的通车空间。而四周都与建筑相邻的宅基地，建筑建设时要保证与前后建筑的间距满足日照条件。

对于临街商业空间，可分为两种模式。一种是临主要商业街的商住建筑，临街有较宽的步行空间，其中新街建筑退界至少5m，老街由于空间尺度有限，退界至少3m，退界空间形成属于店家自有的店前广场，可布置室外商业空间，也可布置绿化停车空间，提供给居民足够的步行空间，将商业街最大限度的外放化，提升商业街的活力。而内部商业街由于街道尺度有限，建筑退界2m及以上，店前铺地，形成尺度较小的步行空间（图 12）。

（2）宅基地控制指标

根据不同类型的宅基地建筑及围墙的退让方式，再结合沿河景观空间考虑，形成以下宅基地的建设控制指引图。该图为未来居民建设时必须遵守的准则，除了退让线外，对建筑高度进行了控制。沿主要商业街建筑高度不得高于 15m，即最多建设 5 层。内部商业街建筑高度不得高于 12m，即最多建设 4 层，其余建筑高度不得高于 9m，

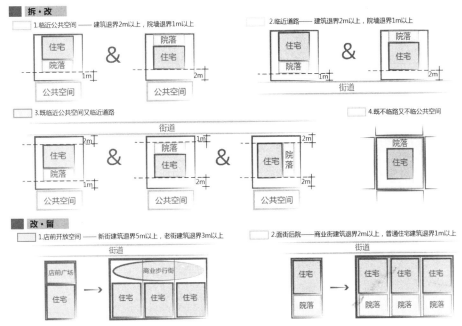

图 11 宅基地分组空间模式图

即最多建设三层。这样的控制既保证了较小建筑间距下的日照要求，又控制了街道空间的尺度（图13）。

3.3.3 规划设计平面

在宅基地划分的基础上进行了详细的规划设计，该设计为未来建设意向图，为居民自发建设提供参考依据，也是对未来空间结构的一个构想（图14、图15）。

3.3.4 居住组团设计

选取其中一个组团为例展现。该组团由两个小组团组成，分别有一个公共活动中心。新建建筑三层均有一个露台，面向组团活动中心，周边住宅院落沿街布置。建筑间为居民自由支配宅基地，建议开辟部分宅基地进行庭院经济建设（图中墨绿色部分）。组团中心简单内部布置花坛、座椅，保留大量开敞空间，供居民休憩、交流和集会活动（图16、图17）。

3.3.5 住宅单体设计

采用菜单式设计模式，提供6种住宅户型供参考选择，分别对应不同片区的住宅，部分可替换（图18）。

3.3.6 规划开发政策设想

由于目前大多数规划土地为集体土地，居民对宅基地有较强的自主使用权和占有意识，规划为保障这种权利，采取部分征收的手段。实施过程具体有如下设想：首先确定和计算基地范围内每家每户的宅基地面积。对改造成公园的两处自留地的征收给予拥有者一定补偿，由政府部门向上级申报建设并负责投资，提供补偿费用。其次，进行组团级道路建设，核算征地面积，均分至基地内每户，进行第一次小面积的宅基地集体出让。然后根据组团进行公共空间建设，确定每个组团原有户数，保持不变，按组团进行第二次宅基地出让，此次出让的

图 12 宅基地类型分布图

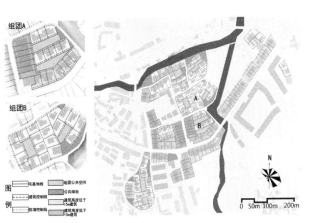

图 13 宅基地建设控制指引图

图14 规划设计平面图

图15 规划设计鸟瞰图

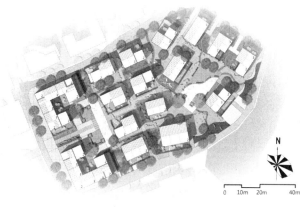

图16 节点平面图

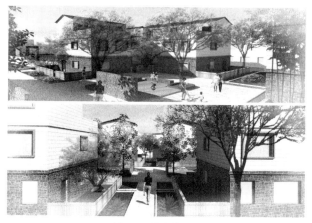

图17 节点效果图

宅基地可归为村集体用地，组团级公共活动空间的建设由村集体进行，或直接交由组团内部居民自行完成。核算两次出让的宅基地，进行出让后宅基地面积的再一次确定和计算，之后对宅基地进行重新划分。对原地改造和保留的居住建筑，宅基地原地缩小，拆除重建的宅基地尽量与原位置接近。

本次规划建设不强制要求，也不是一个远期的建设目标，只是一个在近期内改变现有空间环境，改善居民居住质量的规划设想。居住建筑的拆除和改造由居民自发完成，没有时间限定，当居民想要重新修建住宅时，应按照控制指标来执行，宅基地的转换和住宅拆除重建时序由居民间自主协调。

宅基地出让面积核算完成后，对每一户进行一定的补偿，或通过金钱补给，或通过别处划分土地补给，公开听取居民意见和愿望，达到最大可能的利益平衡

4 总结与展望

4.1 结论

上文从集体土地上的自发建设模式出发对湖南省怀化市火马冲镇镇区中心地块进行了分析和研究，展开设计构想。通过对现状条件的分析，总结出基地内部自发建设模式的优势及弊端，以发挥优势、改变劣势的原则进行规划设计，提出半征地建设、半自主建设的可能性。通过局部征收集体土地，用于公共空间的开发建设，服务于全镇及基地范围内居民，将原有土地转换后并还给居民集体使用，改善完全自发性建设的盲目、混乱现状，形成有序的空间秩序，从而改善居民的居住环境，满足居民对于社区的居住要求。并且从居民利益出发，考虑现实情况，提出了方案实施可行性的开发时序初步设想。

4.2 展望

由于我国现存大量小城镇依旧处于半城半乡状态，基于集体土地的自发建设在小城镇内普遍存在，居民的利益与城镇的发展在征地方面一直有着较大的冲突。自发建设模式的原始居住体验让居民获得更强烈的归属感和安全感，一味地模仿大城市进行集体征地开发商品房并不是唯一改善小城镇居住发展现状的出路，不统一征地，依旧还给居民自主权的前提下，提出宅基地建设的控制指引，低层高密度地开发更加适合人口和用地并不紧张的小城镇的近期发展。

随着居民对居住要求的不断提升，在小城镇，经管控的自发建设模式将比统一开发的商品房更受居民青睐，

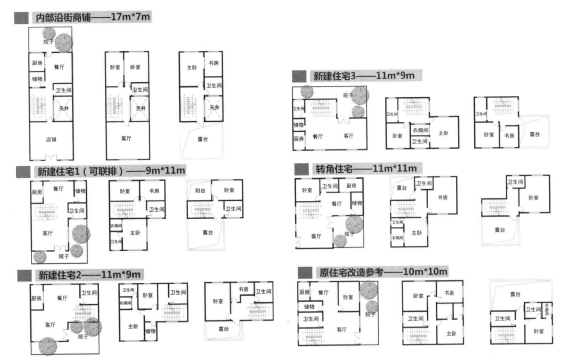

图18　住宅单体户型图

只要能规避自发建设模式的弊端，融入居住小区开发模式的优势，集体土地上的宅基地建设模式在城镇发展过程中依旧能够保存下来，并且提供更宜居的社区环境。

主要参考文献

[1] 张平石. 中国住房问题宏观政策研究 [D]. 武汉：武汉大学，2009.

[2] 郭小燕. 中小城市和小城镇功能提升研究——基于农业转移人口市民化的视角 [J]. 开发研究. 2014（2）：37–41.

[3] 徐显. 小城镇住宅居住街区模式研究 [D]. 大连：大连理工大学，2011.

[4] 邵挺. "二元土地市场"城乡收入差距与城市结构体系的研究 [D]. 上海：复旦大学，2010.

[5] 韩松. 新型城镇化中公平的土地政策及其制度完善 [J]. 国家行政学院学报. 2013：49–53.

[6] 李佳琳. "街坊式组团"在小城镇住区设计中的策略研究 [D]. 大连：大连理工大学，2011.

[7] 张荣华. 城市扩张中"开放型住区"模式及问题探析 [D]. 杭州：浙江大学，2007.

[8] 郑伟. 在城乡一体化条件下对小城镇居住空间的研究 [D]. 成都：西南交通大学，2013.

[9] 张鹏长. 关中小城镇住区居住空间文脉传承浅析——以兴平小城镇住区为例 [D]. 西安：长安大学，2008.

[10] 王欣. 川道型小城镇更新中适宜的居住模式探讨 [D]. 西安：西安建筑科技大学，2008.

[11] 杨晓丹，周庆华. 公民参与视角下的宜兰经验解读及借鉴 [C]// 中国城市规划学会. 城乡治理与规划改革——2014中国城市规划年会论文集. 北京：中国建筑工业出版社，2014.

[12] 韩松. 新型城镇化中公平的土地政策及其制度完善 [J]. 国家行政学院学报，2013：49–53.

[13] 叶剑平. 建立小城镇土地可持续利用新机制 [J]. 中国土地，2000（4）：19–21.

[14] Chaolin Gu，Yan Li，Sun Sheng Han. Development and transition of small towns in rural China[J]. Habitat International，2015：110–119.

[15] Charlotta Mellander，Richard Florida，Kevin Stolarick. Here to Stay—The Effects of Community Satisfaction on the Decision to Stay[J]. Spatial Economic Analysis，2011：5–24.

加拿大大瀑布城郊大型社区低影响开发的实践与启示 *

高喜红

摘　要：通过对事前预防、低影响、公众参与的开发理念和策略在加拿大安大略省大瀑布市大型社区开发项目的实践和分析，揭示我国目前社区开发中存在的问题，为我国相关行业可持续开发提供启示和借鉴。

关键词：事前预防；LID 低影响开发；公众参与；可持续

我国大规模的城乡建设，在短时间内迅速建起大批建筑物、构筑物的同时，也对城乡环境造成了巨大破坏，甚至有些土壤、水质、生态环境的破坏是不可逆的。中国环境保护部和国土资源部于 2008 年 7 月公布的《全国地下水污染防治规划》指出，全国 90% 的城市地下水已受到污染。北京大学城市与环境学院的专家指出，持续监测 2 年 ~ 7 年的 118 个城市中，64% 的城市地下水"严重"污染，治理需要 1000 年 [1]。预防污染要比修复污染的成本低得多，"先污染后治理的"方式使得我国付出了沉重的经济和环境代价。幸运的是，目前我国已经充分认识到环境污染的严重性和健康生态环境的重要性，并已开始探索经济、环境协同发展的可持续方法。2015 年，笔者有幸参加了加拿大安大略省大瀑布市某大型社区开发项目的开展，初步了解了加拿大在平衡发展和居民生活、环境保护方面的政策和理念，其严格的有效预防、低影响开发方式和真正的以人为本、居民参与值得我们学习和借鉴。

1　概念介绍

1.1　低影响开发理念

加拿大低影响开发不仅考虑开发的经济利益，也考虑短期和长期的环境影响。低影响开发(又称低冲击开发，Low Impact Development，简称 LID) [2] 是一种基于生态的雨洪管理方法，倾向于在场地内通过植被处理，以软质工程管理雨水。它以一种自然式的、与景观结合的方式，通过分散规划一系列软质雨水设施，创造雨水滞留、吸收、下渗与净化的条件与空间，来构建绿色雨水管理网络，用较低的建设开发实现对雨水水量与水质的管理 [3]。

随着低影响开发（LID）理念在水环境开发领域的成功探索，更多领域的专家加入到低影响开发的研究工作中，美国住房和城市发展部（U.S.Department of Housing and Urban Development，2003）为其设定的扩展定义为："一种使用各种规划与设计技术来保护自然资源系统，并减少基础设施成本的土地开发方法。"在允许土地开发的同时，降低环境干扰 [4]。因此，经过恰当地转化，低影响开发理念可以应用到其他的规划领域，目前低影响开发模式被运用于包括建筑、地产、街道和公共空间等领域，为土地开发建设提供有效的实施策略。本文的低影响开发主要指项目前期的准确策划、前期研究及公众参与方案讨论。

1.2　项目前期策划

项目前期策划是指在项目前期，通过收集资料和调查研究，在充分占有信息的基础上，针对项目的决策和实施，进行组织、管理、经济和技术等方面的科学分析和论证。这样既能保障项目主持方有正确的目标，也能促使项目设计工作有明确的方向并充分体现项目主持方的项目意图。

1.3　事前预防

环境法上的预防原则，是指对开发和利用环境行为所产生的环境质量下降或者环境破坏等应当事前采取预测、分析和防范措施，以避免、消除由此可能带来的环境损害。

1850 年工业革命之后，工业化政策导致环境被大量开发、污染和破坏，欧洲国家除采取针对环境污染事后救济性的"污染者付费原则"之外，还提出在一些紧急

---

* 本论文受国家"十二五"科技支撑计划项目（2015BAL01B00）、国家自然科学基金项目（51378125）资助。

高喜红：福州大学建筑学院

情况下采取事先的"预防性措施"，以避免重大灾害的发生，这是"预防原则"产生的背景。一般认为，预防原则最早源于联邦德国 Vorsorge（德语意思为"事先的考虑和担忧"）法则，该法则的核心是社会应当通过认真的提前规划和阻止潜在的有害行为来避免环境破坏。联邦德国在处理酸雨、全球变暖和北海污染的问题上就经常引用该原则以证明其所采取的强硬政策的合法性，并在当时大大地促进了德国环保产业的发展。

此后，预防原则逐渐被运用于环境保护、食品安全、公共卫生、国际贸易等领域，成为一项预防风险、保护公共利益和促进可持续发展的重要原则与措施，并被多国法律和国际公约所采纳。

2 项目概况及前期策划

本文要介绍的项目位于加拿大安大略省著名的大瀑布市与奇伯瓦村的交界处（Chippwa Village），当地居民热爱捕鱼、开游艇、徒步旅行等运动项目。因为项目位于城郊所以人口较少，居民生活节奏慢，但是当地环境优美、生活悠闲（图1），并且从政府职员到普通居民都非常具有环保理念。加拿大地广人稀、物产丰富，国土面积为全球第二，森林资源总量为全球第三，水资源总量为全球第二。加拿大外接北冰洋、大西洋和太平洋，内拥五大湖，同时也是世界主要渔业国之一。在自然资源丰富的情况下，加拿大经济高度依赖自然资源产业的健康和可持续发展（可再生能源和不可再生）[5]。联邦可持续发展法案指出："加拿大政府接受的基本原理是可持续发展是基于对自然、社会和经济资源的生态有效的利用。"加拿大政府对可持续发展的态度反映了一种致力于减少环境影响的政策和操作[6]。

2.1 项目概况

项目在安大略省南部，美加交界区，南北临湖、东侧临河（图2）。项目北侧眺望尼亚加拉大瀑布（图3），西侧及南侧环绕韦兰河（welland river）及大片森

图1　停泊在湖面上的游艇和要出游艇的居民

林走廊，东侧连接18洞高尔夫球场及城市社区（图4、图5）。该项目总占地面积 1958678.5m^2，其中：可开发用地 1145260.4m^2，环境保护用地 813418.1m^2，用地北部为大面积住宅集中区，东北临高尔夫球场，东南部接工业区，西南为公园和韦兰河，西北隔路相望商业区，西部为森林，项目中间有一条废弃火车道从西南向东北穿过（图6、图7）。

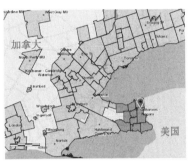

图2　项目地理位置　　图3　项目与大瀑布

图4　项目周边基础设施　　图5　项目周边自然环境

图6　地块周边功能　　图7　地块内湿地和废弃火车道

在项目开始之前，我们已经有所了解加拿大非常注重环境保护。事实上，加拿大的环境保护不止停于理念，同时，他们有很具体和有针对性的法律、法规。加拿大有诸多针对资源利用的法律法规，其宗旨，一是有效预防，二是综合管理，三是可持续发展。除了法律法规之外，居民也有很大的权力可以决定项目是否可以进行。我们的项目用地三年前曾被其他开发商购买，但因其设计方案可能会对周边环境造成较大破坏，遭到周围居民的强烈反对，项目在方案阶段就被停滞，之后政府收回了用地并将其重新卖出。因此，我们在对这块用地进行策划、

设计的时候，充分考虑到用地的环境、居民的需求，最大限度地降低对环境、民的不利影响。最初的理念是确保将土地开发的影响最小化，和对维持系统功能的重要的核心水文的保护。

2.2 项目前期策划

本着低影响开发的原则，项目前期也做了详尽的准备工作，包括项目管理计划、背景资料收集审查和咨询、环境影响评价、公众咨询、现有系统评估、未来的土地用途影响评估和管理计划等，其中最重要的是服务人群、发展潜力和功能定位方面的前期策划：

2.2.1 服务人群

尼亚加拉大瀑布市人口年增长率约为 0.26%，比尼亚加拉大瀑布区域人口增速快，人口总数占整体区域的 22%，从人口结构来看，尼亚加拉大瀑布市 65 岁以上老人占 18%，老龄化比例较大，同时每年以 25% 的速度增长，因此项目主要针对人群为老年人、游客及当地和附近工作、居住人群。

2.2.2 发展潜力

尼亚加拉大瀑布市是一个拥有 10 万人口的旅游城市。市内建设了一系列娱乐休闲设施，包括公园、高尔夫球场、水上娱乐项目、会展中心、全国最大的赌场、酒店等一应俱全。项目地距大瀑布开车约 5min，步行约 20min，交通便利、环境佳（图 3、图 4），项目不仅可服务于当地人群，同时可以吸引外来和移民人群，具有较大发展潜力。

2.2.3 功能定位

地块被现有火车轨道分成南北两部分，其中北侧地块近城区配套优，南侧地块滨河景观佳。地块西南侧拥有最佳的交通条件和景观设施，适宜发展人流密集型的物业和高品质产品。地块西北侧规划有桥梁，使得地块与高速公路紧密相连，展示性亦佳，提高了北侧人群的吸引，可发展商业性质物业。河流转弯处景观资源最佳，西侧和南侧道路为区间道路，可发展针对高端消费人群的低密度产品。同时，为满足政府提出需要提供每 hm^2 53 人（53 人 $/10000m^2$）的就业机会，结合地块地理位置和周边配套，项目最终的功能包括住宅（出租、出售兼可）、商业、养老院、高星级酒店、分时度假酒店、度假村等（图 8、图 9）。

3 事前预防

这里的事前预防包括项目前期的各项研究考察及公众参与。

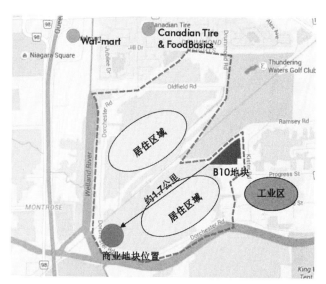

图 8 项目主要功能分区

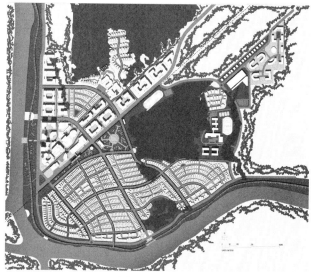

图 9 总平面图

3.1 前期研究及考察

完善的评估体系开始于方案设计之前，这些评估结果决定了项目是否具有建设的可能性、适合的功能以及注意的事项，这些注意事项主要包括：尽量降低对环境的影响、尽可能地保留场地内的物种以及对环境造成的影响程度的研究等。

3.1.1 场地环境评估

在项目开始之前需要做大量的前期评估，其中包括项目场地环境评估（Environmental Site Assessment），以确定土壤或地下水污染物是否存在污染；同时确定项目开发可能会影响的土壤和地下水的位置，和建议的后续工作。

现场踏勘结果显示，该场地已事先在 20 世纪 30 年代中期被不明来源和成分的填充材料填充。根据进一步材料显示，填充材料是来自 20 世纪 80、90 年代用地南侧的韦兰河运河挖泥活动形成的。深入研究表示这些填充材料是无害的，因为在该项目中，现场踏勘结果显示场地是无害的，所以无需进行场地处理，否则，需要对场地进行处理甚至不能进行项目建设。

3.1.2 文化遗产评估

任何用地都可能有文化遗产（Cultural Heritage Evaluation），在文化遗产评估方面，我们要做的工作是：通过一级和二级审查以及历史映射，编写研究领域发展的历史总结；对建筑遗产资源和研究区域内发现的文化遗产景观进行调查；联系当地的市政规划遗产通知，确定建筑遗产和文化遗产的景观环境条件，研究安大略文物法和当地遗产的敏感性。研究区内沉降区的历史背景

的研究和文物建筑资源。确认被取代或破坏的具有重大意义或价值的文化遗产景观和建筑遗产资源。为建筑、景观、文物资源和文化遗产存档，为现有的研究领域做准备。

3.1.3 考古评估

开发场地内如果发现有重要的考古资源（考古遗址），或可能会有考古资源则需要做考古评估（Archaeological Assessment）。考古评估须由专业的考古学家进行，在这项评估中，考古学家须发现要开发土地中的考古资源；确定这些考古资源的文化遗产价值；土地开发活动前推荐最合适的策略来保存考古遗址；最后考古学家推荐降低影响的开发方式。

3.1.4 环境影响研究

环境影响研究准则概述指出，应为发展项目的不同

环境影响研究　　　　　　　　　　　　　　　　　　　　　　　　　　　表 1

自然遗产特征	功能开发中涉及的自然遗产特征	相邻用地的发展	是否需要环境影响研究
被确认为环境保护区域的地区			
省级重大湿地	不允许开发，无需做环境影响研究	建设边界以外的 120m 范围要求做环境影响研究	否
具有自然和科学价值的省级重大生命科学领域	不允许开发，无需做环境影响研究	建设边界以外的 50m 范围要求做环境影响研究	否
受威胁和濒危物种的栖息地的重要部分	栖息地的要求是明确的地方，开发是不允许的，因此无需做环境影响研究。凡没有明确定义的栖息地，环境影响研究是必需的	建设边界以外的 50 米范围要求做环境影响研究。栖息地必须同自然资源和林业部协商	是
绿地自然遗产系统内重要的自然遗产特征	不允许开发，无需做环境影响研究	建设边界以外的 120m 范围要求做环境影响研究	否
被确定为环境保护区的区域			
重要林地	树保留计划，要求做环境影响研究	建设边界以外的 50m 范围要求做环境影响研究	是
重要的野生动物栖息地	要求做环境影响研究	建设边界以外的 50m 范围要求做环境影响研究	是
有关物种的重要	要求做环境影响研究	边界以外的 50m 范围要求做环境影响研究	是
重要的鱼类栖息地（第一种）	要求做环境影响研究	边界以外的 30m 范围要求做环境影响研究	是
其他鱼类栖息地（第二、三种）	要求做环境影响研究	边界以外的 15m 范围要求做环境影响研究	是
重要河谷用地	要求做环境影响研究	边界以外的 50m 范围要求做环境影响研究	是
其他被评估的湿地	要求做环境影响研究	边界以外的 50m 范围要求做环境影响研究	是
绿地规划的其他特点			
绿地自然遗产系统	要求做环境影响研究	不要求做环境影响研究	否
重要水文特征	不允许开发，无需做环境影响研究	边界以外的 120m 范围要求做环境影响研究	否

阶段进行影响研究（Environmental Impact Study，如项目前期、建设过程和项目随后的发展），这包括识别直接影响、间接影响和累积影响。在加拿大项目对环境的影响是事前就要进行研究和评估确定的，并通过约束评估被考虑，从而通过更改设计来解决土地利用和自然遗产的冲突。在此之后，需要找寻缓和、增强和恢复策略。最后，无法通过设计变更和减缓／增强策略来解决的剩余影响将被确定，并需要进行异地补偿。

环境影响研究建立了对环境资源的清晰理解，包括该地区的特点，它们的功能和形式。为了最大限度地降低开发对该地块及周围环境造成的生态影响，尼亚加拉地区环境影响研究（Environmental Impact Study，简称EIS）导则提供需要什么作为环境影响研究的内容的大纲，以确保发展符合绿地规划，省委政策声明，区域政策规划，以及地方办公计划（Official Plans）和章程，尼亚加拉悬崖计划（Niagara Escarpment Plan，简称NEP）和尼亚加拉半岛保护局（Niagara Peninsula Conservation Authority，简称NPCA）政策和法规。表1为通过与城市、尼亚加拉半岛保护局及自然资源和林业部协商，建立的环境影响研究表格，由表也可以看出，凡是将要进行开发的地方，都需要进行环境影响研究，因为所有的开发都会对环境产业影响，这样也可以给开发提供合理、有力的依据。

3.1.5 湿地低影响开发

湿地是宝贵的生态资源，为了防止对项目湿地和湿地生态系统的破坏，湿地中所有的物种都需要被考虑到，同时项目开展对湿地中生物的影响也需要被考虑。项目中有 813418.1m² 的保留湿地，其中物种丰富，因此，在项目开始之前还需要对湿地进行田野调查。基于与安大略省自然资源和林业部（Ontario Ministry of Natural Resources and Forestry，简称 MNRF）和尼亚加拉半岛保护局的讨论，鱼和鱼类的栖息地必须是环境影响研究的也是田野调研的重要部分。任何发展可能影响渔业，无论是直接或间接地，也将受到联邦渔业法的制约。现场进行过很多调查，其中包括蝙蝠栖息地调查、黄昏鸟类调查、鱼类调查、植物调查，具体内容见表2。

由表2可知，湿地田野调查种类繁多、内容详实，对调查目标的确定和内容安排会在方案设计开始之前落实，确保做到方案设计依据和依从环境状况，尽量降低项目开发对环境的破坏和影响。

3.1.6 降低对周围居民的影响——空气质量、噪声、振动研究

项目开发会对空气质量造成影响，并且会产生噪声、

	湿地田野调查 表2
序号	调查项目
1	夜间两栖类动物调查
2	繁殖鸟类调查
3	季初生态土地分类和植被库存
4	湿地边界划定，通过现场调查和订桩，现场确定省级重大湿地的边界。后续访问与生物学家确认湿地边界和使用高精度GPS捕捉协调
5	夏季和秋季植被调查：夏季和秋季植被调查，以补充已完成的春季清查工作。除了记录植物群目前，有针对性地对特殊物种进行调查。库存将与其他实地考察、调查相结合
6	濒危物种调查：会议确认濒危物种在该现场出现或是具有出现的可能性
7	季初的总结报告：在季初的野生动物、植物清查工作记录的物种的总结及植被群落的定量总结
8	黄昏鸟类调查
9	蝙蝠生育栖息调查
10	春季和夏初渔业调查和环境影响研究职权范围的支持
11	安排访问加拿大安大略电力公司财产，以检查鱼接入到管道的潜在可能
12	调查现有高尔夫球场之内的水资源管理／增强的潜在可能，这如何影响了研究区河道流量
13	重新审视鱼的栖息地、水流、在夏末枯水期的鱼类群落
14	植物清单

振动，对周围环境和居民都会造成影响。因此，在项目动工之前，还需要根据安大略相关法律法规对用地进行空气质量、噪声、振动研究。搜索公开发布的空气质量信息，包括围绕着研究区现有站点的空气排放源的任何信息；现场测量噪声分贝。对研究区域内可能遇到开发限制的土地，将提供反馈。提出项目开发会引起用地中空气质量、噪声和振动影响的所有范围，从而制定相对应的开发方式。

3.2 公众参与

公众参与不仅应体现在项目进行过程中，同时也应体现在项目前期。前期的工作参与可以在项目方案确定和动工之前即考虑到周围居民的意见，受到他们的监督。按法规要求，将有一系列的公众听证会及开放参观活动。政府将通过报纸、网站、到周围居民家挨家挨户发放传单等方式通知周围居民参加项目听证会。基于从公众接收到的意见，选出更优的设计规划方案，并整理成恰当的文档格式，作为官方设计规划修订案提交。

几次听证会周围居民都可以自由、免费参与，如果公众对项目有异议，则需要根据公众的要求对项目进行更改，直至公众满意（图10）。

图10 听证会上给民众介绍、讲解项目

4 结语和启示

目前我国对环境主要还是采取事后补救的方式，项目开发存在事前对环境影响分析、研究不足的问题，相比于事前预防，事后补救必然会造成开发的依据不足，对环境的破坏也会更加严重。加拿大开发理念实行事前预防的方式，将开发建设会产生的影响在事前被研究、分析，从而可以有针对性地降低、避免土地开发对生态系统与自然环境的干扰。低影响开发理念是秉持可持续发展的思想，以最少的资源消耗与最低的环境影响为目标，是开发建设的可行方式。其居民参与的方式，可以将居民的意见、观念真正地体现在开发建设中，使得开发建设实现为居民提高生活质量、改善生活环境的目标。

该城郊大型社区开发项目综合考虑当地法律法规，结合事前预防、低影响开发和公众参与的策略，结合区域特征，从中寻找到适合当地环境状况、具有鲜明地方特色的可持续发展建设模式。在开发的同时，尽量将对环境的影响降到最低，不仅为加拿大当地社区项目开发建设提供了蓝本，也为中国的社区开发及相关可持续开发提供了参考和借鉴。

（图表来源：作者自绘自摄）

主要参考文献

[1] 福布斯中文网.中国地下水污染严重，重金属治理需要1000年. http：//money.163.com/13/0219/15/8O39VC7I00253B0H_2.html 2013-02-19.

[2] Hinman，Curtis. *Low impact development：Technical guidance manual for Puget Sound*. Puget Sound Action Team，2005.

[3] Dietz，Michael E. "Low impact development practices：A review of current research and recommendations for future directions." Water，*air，and soil pollution* 186.1-4（2007）：351-363.

[4] NAHB Research Center Inc. The Practice of Low Impact Development[R]. U.S. Department of Housing and Urban Development，Office of Police Development and Research，2007.

[5] Environment and climate change Canada. Planning for a Sustainable Future：A Federal Sustainable Development Strategy for Canada. 2010：6.

[6] Environment and climate change Canada. Planning for a Sustainable Future：A Federal Sustainable Development Strategy for Canada. 2010：7.

论新农村建设景观改造中的地方精神

彭琳琳　王琪

摘　要：地方精神具有内在潜意识的深沉化、人文化的特征，使得某处景观具有不可模仿、不可重复的唯一性隐态延续。本文从大地基质、村庄故事、生态廊道三个视角出发，发掘新农村建设背景之下的地方精神在地域、记忆、时间、人、文化等层面的表现，以尊重地方精神的维度，激发农村景观改造中的文化想象力。

关键词：地方精神；新农村建设；景观改造

景观改造，始终是一个既吸引人又比较难以处理的课题，它的神奇力量在于它联系了"过去"、"现在"与"未来"，"自然"、"集体"与"个人"两组概念，涉及纵向视野的三个集合：记忆认知、现实认知、理想认知。其中又经常牵挂着千丝万缕的关系，如生态平衡、地方风气、文化原则、历史文脉、现代技术等。

当"景观改造"处于新农村建设的区域视野之下，在与上述概念的对接中，又产生了各种急迫的问题。比如，改造性景观设计应该怎样在农村的自然机体和人工系统间形成新的关注？如何以"改造之维"实现农村生产、生活和生态三位一体的发展目标？如何在村庄聚落保持场地本身的自然状态，并增加以技术达到的宜居功能？如何将乡村景观塑造成与周边自然地域相一致的风貌，并融入现代生态防护和游憩观光的需求？——面对这些对生存理想的追问，我们当了解，新农村建设中的景观改造是基于对自然特征、结构特征、功能特征、文化特征、视觉感受，及社会生活等一系列要素的综合建构。为了避免新农村景观改造再成为虚幻机制下赶时髦的产物，唯有在统一性和多样化之间取得平衡并尊重"地方精神"，这是景观改造所当遵循的终极视觉目标。

"地方精神"的存在是"景观改造"的生存之根，同时也是一种难以磨灭的品质，保留容易而创造难，如果其价值得不到认可或者得不到不足以敏感的对待，则很容易被伤害而流失，而它的流失同样也造成农村传统文化、特征及其魅力的消亡。地方精神显然不是以"实体"为形式，不是外在显露的表象符号的重复，而是内在的、潜意识的、深沉的、人文化的，虽然这个概念有些抽象和不可触摸，但它的重要性往往和在"事"中之"物"所体现出的人类智力、精神风格、人文底蕴联结在一起，并且是在不断发展、演化的积淀过程。地方精神作为一个农村的主要属性，使景观的一个地方不同于任何另一个地方，这种不可模仿、不可重复的唯一性特征的隐态延续，是激发农村景观文化想象力的有效手段，以创造和发展"和而不同"的生存家园。

然而，把握精神却如系风捉影，说易实难，它因地域文化传统、民族风情、历史过程、地理特点、气候条件的不同显现出其丰富性和多样性。这需要我们怀有对万物的尊敬、包容、平等及谦卑之心去仔细体会和感知，以景观的存在方式，对乡村的栖居环境进行"美学诠释"。

1　大地基质

周易中，天地和合而生三，故随"乾、坤卦"之后就是"屯卦"。如今，在东北连山一带的农村不叫村，也不叫庄，而是叫屯。"'屯'，从中贯一，象草木萌芽，通彻其上。《说文》：'木上曰末，从木一在其上'，一即地也，此言屯是，万物方萌芽也"[1]。从这段古老的释词中，可见以农业为本的中华民族对土地所具有的深情依赖。

"民之所生，农与食也。食之所生，水与地也"。[2]在今天，农村广大辽域的土地滋养依然是全体中国人的生存之本。在我国的特殊国情下，如果说城市之于地域自然山水之格局，犹如果实之于生命之树，那么农村就如这生命之树的每一根枝，每一片叶——树越老，根越茂；

彭琳琳：大连理工大学
王琪：大连理工大学

① 马其昶 撰辑.重定周易费氏学八卷首一卷叙录一卷.民国七年抱润轩刻本 [M].
② 诸子集成（第七册）.管子卷十一·小称第三十二 [M].石家庄：河北人民出版社，1986：179.

姿态有变，体液依存。这恰如古人对"居住穴场"的比喻："胎息"，意味着"人居"通过水系、山体及风道等，与大地母亲的胎座相融——阅读大地的气息，我们可以听见原始时期开始来自生命体的声响：它们是山体和树木的猝然开裂；是森林烈火的涌动和狂风劲草的耳语；是江海巨浪的咆哮和奔腾；是大地在运动和进程中获得的经验和塑造成形。

从大地去看森林，森林是大地的"自然之肺"，回顾我们人类的历史，正是环绕在绿树青草间的人类栖居地与森林共生的历史；从大地去看湿地，湿地是大地的"自然之肾"，曾经危险的湿地在今天被认为是自然界最美丽的地方之一，它是地球表面上由水、土和水生或湿生植物之间构成的生态系统，对改善和调节人居生态环境有重要意义；从大地去看河流，河流是大地的"自然之血"，一条自然的河道和滨水带，因所属气候带和河流的路线、流速、梯度、水力的不同，必然有凹岸、凸岸、深潭、浅滩和沙洲。任何漩涡、急流、死水、浅水，以及它所滋养的动植物链群，都是河流自身所讲述的隐秘，——它是生物多样性的景观基础，丰富的河岸和水际边缘效应是任何其他生境所无法替代的。而连续的自然水际又是农作物生长的源泉，是各种生物的迁徙廊道。

自然的风、水、雨、雪、植物的繁殖和动物的运动过程，灾害的蔓延过程等等，都刻在大地上。因此大地会告诉们什么格局是安全健康的，因而是吉祥的，呵护被关照的运气；什么格局是危险和恐怖的，因而是凶煞的，会带来衰败的劫难。

对大地做出真实诠释的例证如云南俞源太极星象村（图1、图2），景观设计者刘伯温按天体星象原理规划俞源村庄布局，将曾经频繁引发漫溢洪涝的直线小溪改造成"S"曲线形，使得溪水可以缓缓流出村庄，并与"俞源十一岗"共同形成合乎道家章法的"黄道十二宫"，此外，村内挖池塘7口，以救旱救火，刘伯温把它们按北斗七星状排列，名之曰"七星塘"，进而将村落的民居全部按天罡引二十八宿排列。此后，俞氏后代按他的布局建造房屋，并尊崇山水，世代禁绝滥砍山林。600余年来，俞源气象祥瑞，旱涝无虞，村泰民富，人杰辈出，当之无愧于作为古生态"天人合一"的经典遗存。[①]

从此实例可见，任何赋予"大地"色彩的意图都不

图1　云南俞源太极星象村——远景观

图2　云南俞源太极星象村——近景观

---

① 邹伟平．叶杰成．最后的桃源——浙中武义古村探秘[J]．华人时刊，2000（11）．

仅仅是一种装饰，更是基于生存的依托，恰似希腊神话中的安泰俄斯脚离大地就会失去神力，乡村景观维建的进程中若对大地不敬，也会令人自食"水土流失"、"土地沙化"、"盐碱化"、"贫瘠化"[①]的恶果。"大地基质"是农村的主旋律，景观改造也以一种微妙、恭敬，出其不意却密不可分的方式与大地本源相连。

对于与土地相连续的这份情感体验，美学家霍尔姆斯·罗尔斯顿以"归家"作为比喻，"在迷路时我们会感到沮丧，这是由于我们需要有一种最低限度的在家的感觉。我们的家园是靠文化建成的场所，但需要补充的是：这家园也有自然的基础，给我们一种自己属于这块土地的感觉。"[②]这是将土地对人的实用价值进行情感升华而得出的结论，暗含出家的个体性与土地的区域性所具有内在趋同。因此，维护地域自然山水格局和大地肌理的连续和完整，把对场所意识、对人与环境因素的考虑建立或恢复在乡村地域总体的景观格局之下，让人在回归自然的趋向中得到家园的归属——这是当前农村景观维建中保存地方精神的首要参准（图3）。

2 村庄故事

雨果指出，"没有哪一段历史文化不被建筑写在石头上"。在"城乡一体化"的统一部署下，我们不能否定和拒绝村庄正由"同质同构"向"异质异构"，[③]从分散布局向集聚居住转型的趋势，但也同样不能忽视这样一个现象：一些不可逆转的景观破坏，却基于一种更统一、更大规模的农村改造运动的兴起，硬质工程和城市化模式的渗入造成农村风味的全然丧失，对城市景观自然化伪装的复制临摹造成农村传统价值的沦丧。而更大的景观破坏不但表现在农村细节的缺失，更明显地表现在村庄聚落本身。农民们或大量入城务工，或不再居住在自己农耕的生产半径范围内，而是被城市化驱赶以致被集体迁徙到规划的新区。上述提及的任一盲目进程均使得自我和外部世界两者所形成的乡村空间景观之图式极巨变迁，这其中一个尤为重要的原因就是对"记忆"元素的忽视。

情感的人在日常生活中常常要回忆，也就是说记忆是沉淀和传承在人的生活世界的历史（也就是某个村落的历史）。记忆有强烈的主观性和个体性，但同时在

图3 川北农村

一个稳定的社会群体中，居民关于农村的记忆又有一定的共同性，唤起他们记忆的有效途径就是在农村空间景观中蕴含特定的场所感，对农村景观的改造，在某种意义上首先就是对"时间"脉络的整理塑造，当珍视的应是这些存在于村民头脑中的集体记忆。记忆可以在空间、家庭及家园中构造一种亲密感，但是对记忆的排外，让某些改造过的农村变得冷漠而没有了真实的气息。

再以武汉江夏区农村改造为例，江夏自古"九分商贾一分民"，商民又大多从江西、湖南、安徽等周边地区迁徙而来，他们在新栖居地的建设中继承了徽派建筑的部分特征和结构，形成了以粉墙黛瓦、瓦顶坡面、木构框架、彩绘门相、石库大门、院落天井、三合院等为主要特征的江夏民居（图4）。近几年，这些已然形成汉派建筑风格的江夏民居间，又有欧式风格的蹩脚小别墅出

① 吴东雷 陈声明.农业生态环境保护 [M].北京：化学工业出版社，2005：124.
② 霍尔姆斯·罗尔斯顿.哲学走向荒野 [M].刘耳 叶平译.长春：吉林人民出版社，2000：469.
③ 赵之枫.城市化加速时期村庄结构的变化 [J].规划师，2003（1）：71.

图4 江夏民居景观

现，参差星落，让景观规划者认为这颇有不伦不类之感。[①]
但这一现象正反映了"传统记忆"与"现代观念"的交
锋与并存，旧有败落房屋的拆毁伴随着簇新砖瓦样式的
流行，村民朴素的劳动衣着与都市浪潮卷来的新潮服
饰并替，村路上从"扁担横行"到"摩托风驰"的交通
工具的变迁，以及村舍旁畔的山野梯田，清水落日，这
都是乡村空间景观的当下构成，无一不蕴含着村庄里的
昨日故事（图5、图6）。但是，如此点滴相承的村庄记
忆在突如其来的改造场景里似乎被过度刷新，以往"茅
檐长扫静无苔，花木成畦手自栽。一水护田将绿绕，两
山排闼送青来"的诗意写照已然不再，代之的是一夜之
间的全换新颜，使得乡村的朴实风貌化成与城市小区一
样的光鲜外表（图7）。当武汉市白沙洲陈家巷最后一间
江夏卢家老宅被强行拆除（图8），周边农村的文化遗存
也早已"再造"的名义荡然无存。

　　伯梅在他的"新美学"中尤其强调"正是环境的特
性，我们能够通过身体状态最深刻地感觉到自己置身何
处"，[②] 与此同等的一句中国俗语叫"一方水土善一方人"，
如果说人类功利化、外来化、经济化行为的入侵，是破
坏天然"人地关系"的重要因素，那么如此长久下去，
"集体失忆"比"记忆淡忘"更加会引发因失去"地之爱"
（Topophilia）、"地之虔诚"（Geopietg）[③] 的归属感所带来
的心理失衡、家园迷失，甚至造成地方精神的完全沦陷。

　　地方文化是"地方精神"的最外化最直观的载体，在
这里，人与空间相遇，感觉与记忆相遇，过去与未来相遇。
进一步说，作为依存于农村大地之上的空间景观设计，与
"精神"密切相连的"文化"这一概念，不仅指单纯意义
上的物质的进步，更是一种基于"天地人"关系上的精神
追溯。哲学家阿尔贝特·史怀泽认为，"物质成就"会对
文化带来最普遍的危险，而只有在精神文化里，人才能具
有自由的状态，因而能够清醒地思考完善的个人理想，而
不至于被迫切的物质发展和生存斗争所扭曲。[④] 当"群居"
的存在显现出作为群体化的人在政治、经济、宗教和其他
方面的体验意义，群体将他们对文化的信仰、价值和需要
等特征赋予了外在环境，因此，乡村文化景观必然中融入
了群体态度和规则。比如中原之地的吕梁，被称为"冒铰人"
的巧手女性，以她们特有的灵性将彩纸剪化出丰美的造型，

　　① 叶云，尹传垠 . 汉派新民居 [J]. 建筑学报，2008（11）.
　　② BOHME G. *Anmutungen*. *Ober Das Atmosphrische*[M].
Ostfildern：Edition Tertium，1998：74.
　　③ 李蓓蕾 . 景观设计基础 [M]. 南京：南京大学出版
社 .2010：70.
　　④ 阿尔贝特·史怀泽 . 敬畏生命 [M]. 陈泽环 译 上海：上
海社会科学出版社，1992：46.

图5　乡村景观

图6　乡村景观

图7　江夏区自然村湾大屋董改造前后比较

图8　曾经遭受人为破坏的卢家老宅

图11　奉贤土布纺织

那迎风飘动的门笺，那窗棂、碗橱、粮囤、畜栏等处的各色纸花扮靓了黄土坡上的灰色大窑（图9、图10）；比如吴越之地的奉贤，从元代棉纺织革新家黄道婆到奉贤传授技艺算起，棉纺织业在奉贤的历史已有七百年之多，如今的奉贤边村的媳妇还是爱在家门院落支起纺织机，吱呀咿呀地诉说奉贤古老的土布情节（图11）；比如荆楚之地的长阳，被奉为土家文化"三件宝"的长阳山歌、南曲、巴山舞，宛然荡漾出巴蛮古国钟离山的雄性和清江水的温柔（图12）……

图12　长阳土家舞

一切的日常生活实践定义了景观空间的实践，从"记忆"和"文化"两个方面来看，可知"地方精神"影响其"景观生产"的重要因素就是"时间"和"人"，"时间"演化了文化景观的历史，也创造了文化景观的现在，它不仅是乡村演变的标志性时刻，也是与一个人的日常生活相联系的"时间进程"（图13）；"人"是景观的构成者、生活者，也是主要的设计者。这两个因素构成了农村空间景观物质形态下的深层主题。地理因素和社会

图9　吕梁村窗花

图10　吕梁村大窑

图13　农村的日常生活

因素，即空间研究与心理研究的交汇，使我们对于农村空间景观产生了一种前定视野，即存在于人的"记忆中的空间"、"现实中的空间"的视野的集合。在农村景观的改造中，有必要聚焦"前定视野"，尊重文化遗存，酌情放缓统一规划实施的脚步，保留其地理学、历史学及文化学方面的洞察力，才有可能较为恰当地处理"景观"与"人"的关系，使"理想中的空间"得以自然显现。

3 生态廊道

改造农村景观的目的不仅是为了提升生活体验，也是为了平衡群体的内心感受，是保有自然之美以维持人类内心和谐的有效手段。其中，尊重生态整体意识，也意味着与地方精神的融合，进而建立起人与外部世界的自然对话体系。

中国当下正处于由传统农村景观向现代农村景观的转变过程，人地矛盾突出，巨大的人口压力，对自然的剥夺，使得农村景观中自然植被斑块所剩无几——自然生态景观基质被破坏，山脉被无情的切割，河流被任意截流，生态环境恶化由来已久。此外，在大规模的扩充建设、道路修筑、水利工程以及农田开垦过程中，我们也毁掉了太多弥足珍贵却被视为荒滩野地的乡土植物生境和生物栖息地。这主要表现在个农村经济建设中的四个方面：农业中使用过量的农药，使得其他物种濒危；林业中大量砍伐森林，使得水土严重流失；渔业中过量滥捕甚至杀死鱼群以谋暴利，又过度抽取地下水使得沿海地区海水倒灌；畜牧业中的牲畜排泄物不仅污染山河，所产生的碳排放直接威胁生态安全以及人类生存[①]（图14）。

这蔓延开来的事实真相正逐渐接近《寂静的春天》里所描写的明天的寓言：鸟死鱼亡，一切歌声和鸣唱都消逝了，只有一片寂静覆盖着村营、田野、树林和沼地。尽管作者卡逊说，"并没有一个村庄经受过我所描述的全部灾祸；但其中每一种灾难实际上已在某些地方发生，并且确实有许多村庄已经蒙受了大量的不幸。在人们的忽视中，一个狰狞的幽灵已向我们袭来，这个想象中的悲剧可能会很容易地变成一个我们大家都将知道的活生生的现实。"[②]此刻，这现实开始变得触目惊心，刺痛我们必须猛然回头做出改变。剖析当下的情景，这也源于人类对待自然矛盾而复杂的态度。人类修建景观往往是从自身的经历、偏好和感官出发，或源于"唯'当下生存

图14　被污染的环境

论'的设计"，或源于"为功利和权贵的设计"，或源于"唯设计的设计"而当自然不再温顺——地震、干旱、洪涝等灾害扑面而来时，对灾害的畏惧立刻转化为修建高墙、大堤等更大规模的侵犯山水行为，形成更严重的人与自然的隔膜和对立，这是水泥建筑将自身强加于自然景观而导致的断裂式模型，而当这些断裂模型以病毒式的机制繁殖开来，就让一种单一的思维模式越发显得愚笨可笑——不见得有会向人工水库里倾倒工业垃圾，却可以毫无忌惮地将垃圾倾向天然水库。罗尔斯顿在《环境伦理学》中呼吁道，"在人类的童年，需要逸出自然以便于进入文化，但是现在需要从利己主义、人本主义中解放出来，以便获得超越性的视境，这不是对自然的逃逸，而是在希望之乡的漫游"[③]。

回过头来，当我们把目光再次投向那些普遍受到关注或即将灭绝，而被认定为一类或二类保护物种的生境，如中华秋沙鸭、山里的大熊猫、海边的红树林。[④]我们当了解，自然生态景观是一个生命的系统，一个由多种生境构成的嵌合体，所谓"乾道变化，各正性命（《周易》）"，其生命力的特征就在于其丰富多样性，哪怕是某一种类的无名小草，对人类未来以及对地球生态系统的意义也可能并不亚于沙鸭、熊猫和红树林。

随着时间之维的推移，当自然景观作为一种审美策略正逐渐成为城市空间景观的附庸之时，却在农村建设这个特殊语境下成为首要兼顾的准则。如果我们希望在农村自然的生态世界里实现一个和谐持久的状态，就必须考虑生态系统中的所有事物，正是由每样自然的事物才构成了独一无二的自然景观（图15）。

①　王希智.中国农村景观环境面临的问题与对策 [J].世界环境，2008（01）.

②　（美）R.卡逊.寂静的春天 [M].吕瑞兰，李长生 译.北京：科学出版社，1999.

③　杨通进.生态二十讲 [M].霍尔姆斯·罗尔斯顿.诗意地栖居于地球.天津：天津人民出版社，2008：315.

④　诸葛阳.生态平衡与自然保护 [M].杭州：浙江科学技术出版社，1987：18.

图 15　和谐的物种

美学家艾伦·卡尔松非常赞同乔治·桑塔亚对自然景观的理解，"它是一个无定形的对象，包含着充足的多样性，使得我们的眼睛有极大自由去选择、强调以及组织元素。"①这其中，自然作为环境的一个背景，使得农村景观成为蕴在其中的形式要素之一。艾伦·卡尔松以加拿大大草原举例说，"这片土地平整而开阔，是履行农业功能——生长谷物和其他农作物——的理想环境，在'功能上的适合'这个前提下，虽然高耸的谷物提升机与农作物仓库和地形构成对照，但它们看上去恰好就应处于这片被概念化成领地的环境之中，处于农夫的种植物的田地之中"②。"功能上的适合"是艾伦·卡尔松尝试勾勒出的一种方式，强调任何小的生态环境的重要性以及整体上的"功能的适合"。在此种语境下，可知"以人为本"，"以自然为本"，"以植物为本"，"以动物为本"都行不通，以偏概全的以"农业为本"更容易走过"功能适合"的中点，唯有坚持运用可持续发展的生态学方法可激发大自然内在的运转，这才能够让自然景观绽放永恒的至美，并使农村景观超出只作为一种绝对功能形式和少许艺术形式的价值。

事实上，农村景观只有在实现生态的可延续性时，才能谈及对人们需要的满足。尤其对于倚赖自然的农业景观而言，它不仅是审美的，也取决于它们的生产性和可持续性，因而也是带有生存目的的必然。

4　结语

综上所述，地方精神因为地域文化传统、民族风情、历史过程、地理特点、气候条件的不同显现出其丰富性和多样性。哲学家卡西尔（Cassier.）认为人是符号的动物，文化是符号的形式，符号的使用是人类文化的最显著的特征，③农村景观也是这样一种符号形式，对它的改造就是对符号的改造。符号形式的演化虽然是一个历史进程，却通过人的行为符号形式寻求自身的同一性，这种同一性无一例外地伴随着地方精神的延续。

一切有形物质都可以被解构、重组、再生，但精神却纵然经历千百劫难而永不泯灭。中国人的"轮回"理念表达了一种朴素的生态思想，生生不息却不意味着周而复始，每一次新物质形态的脱茧而出都不等于回到原点，而是对上一次的继承与超越！

①　艾伦·卡尔松.自然与景观[M].陈望衡主编 陈李波译 长沙：湖南科学技术出版社，2006：23
②　艾伦·卡尔松.自然与景观[M].陈望衡主编 陈李波译 长沙：湖南科学技术出版社，2006：86
③　韩璞庚；樊波.符号·文化·艺术——卡西尔艺术哲学思想新探[J].学术界．2003（06）.

美丽乡村建设背景下重庆村庄建设特征与空间发展策略探析

龙彬　张菁

摘　要：基于对国家乡村发展政策演变的宏观分析，提出在全球化、工业化、城镇化的时代特征下，乡土文化导向对乡村发展的重要价值；以重庆近年来区域差异、阶段差异，特征差异的村庄建设特征为例，通过对美丽乡村发展类型的分析，提出乡土文化导向下的三生空间发展策略，并简要介绍《重庆市美丽宜居村庄建设导则》的建设框架，以期为重庆推进美丽宜居村庄建设提供持久动力，同时也为全国其他省市提供一定的参考和借鉴。

关键词：美丽宜居村庄；乡土文化导向；三生空间；重庆

引言

改革开放以来，突飞猛进的城镇化进程在提高国家整体经济水平的同时，不断拉大城乡差距，加剧资本、土地、人口资源由乡村向城市单向流动，致使大量农村聚落出现耕地流失、空心化以及村落空间衰败等现象，农村自我发展能力持续下降，农业可持续发展面临严峻挑战。然而，作为城乡地域系统的重要组成部分，农村经济社会的健康发展对城乡一体化格局形成起到至关重要的作用。在全球化、工业化、现代化的持续影响下，农业转型升级，农村体制改革，城乡要素平等交换和公共资源均衡配置将是我国长期面临的重要战略问题。

自 2004 年以来，国家先后明确提出了推进城乡统筹发展、建设社会主义新农村、全面建设小康社会、推进新型城镇化和建设美丽乡村等一系列促进乡村发展的战略性引导政策。开展农村土地综合整治，重构乡村生产、生活和生态空间 [1]、促进农业一、二、三产融合，形成新型农村产业格局 [2] 和完善乡村治理体系，提升乡村治理能力 [3] 等成为新型城镇化背景下农业发展和村庄建设的重要策略。但是，在增长模式主导的城乡建设语境下，乡村在生态文明和乡土文化方面的价值特征并未受到足够重视，体现村庄本体文化价值，适应乡村生产生活方式的发展模式仍处于激烈讨论阶段 [4、5]，其中以乡土文化价值为导向的村庄建设路径尚待进一步探讨。

重庆作为全国统筹城乡综合配套改革试验区 ①，近年来积极推进城乡一体化发展战略，开展了大量村镇建设制度与改革策略探索工作，取得了良好成效。自 2013 年，在推进农村生态文明建设，努力建设美丽乡村的目标指导和美丽宜居村庄示范工作要求下，重庆市肩负着从直辖市层面系统性探索美丽乡村建设实践经验的重要使命。因此，本文基于对国家乡村发展政策演变的宏观分析，提出在全球化、工业化、城镇化的时代特征下，乡土文化导向对乡村发展的重要价值；以重庆近年来区域差异、阶段差异，特征差异的村庄建设特征为例，通过对美丽乡村发展类型的分析，提出乡土文化导向下的三生空间发展策略，并简要介绍《重庆市美丽宜居村庄建设导则》的建设框架，以期为重庆推进美丽宜居村庄建设提供持久动力，同时也为全国其他省市提供一定的参考和借鉴。

1　宏观乡村表述：乡村发展政策演变

中国乡村发展政策的演变道路不是一个孤立的过程，其受到不同时期国家城市化进程和国际战略格局的制约和影响。[6] 传统农业向现代化农业转变是我国城乡关系演变的基础和前提，六十多年来我国乡村发展政策经历了从计划发展下的城乡剥夺阶段、市场化作用下的城乡二元阶段，城乡统筹要求下的乡村振兴阶段，及生态文

龙彬：重庆大学建筑城规学院
张菁：重庆大学建筑城规学院

---

① 2007 年 6 月 7 日，国家发展和改革委员会下发《国家发展改革委关于批准重庆市和成都市设立全国统筹城乡综合配套改革试验区的通知》（发改经体〔2007〕1248 号），批准重庆市和成都市设立全国统筹城乡综合配套改革试验区。要求重庆市和成都市要从实际出发，根据统筹城乡综合配套改革试验的要求，全面推进各个领域的体制改革，并在重点领域和关键环节率先突破，大胆创新，尽快形成统筹城乡发展的体制机制，促进城乡经济社会协调发展，也为推动全国深化改革，实现科学发展与和谐发展，发挥示范和带动作用。

明建设下的美丽乡村阶段。

1.1 计划发展下的城乡剥夺阶段

新中国建立初期三十年，农业基于内部与外部两条线索而缓慢发展：一方面，为推动传统农业向现代农业逐步转变，农业生产合作化、农村制度建设公社化和大规模农田水利建设运动兴起，部分现代农业生产要素出现了从无到有的建设；另一方面，以满足国家工业化战略为核心内容，农业成为工业化原始资本积累过程中的剥夺对象，工农城乡关系"开始恶化"。[7]

1.2 市场化作用下的城乡二元阶段

由于持续十年的高度泛化政治运动而导致农村经济贫困、农业发展滞后等问题，为各种形式农业生产责任制的出现提供了深刻背景。1978 年，以安徽凤阳小岗村实行包产到户责任制为标志，我国农村土地经营方式发生彻底转变。而后三十年的农村经济发展本质上即是农村土地、资本和劳动力三大基本生产要素不断被市场机制配置的过程。20 世纪 80 年代中、前期产生的五个"一号文件"，肯定了承包责任制的性质及其优越性，并引导了农村生产要素重组。不断提高的农业生产水平快速解放了农业生产力，并促进 20 世纪 80 年代乡镇企业蓬勃发展。答辩紧随着 20 世纪 90 年代国际环境的改变，国内市场化改革逐步形成，农村土地、资本和劳动力的基本生产要素不断向城市流动，城乡二元格局愈加深刻。

1.3 城乡统筹要求下的乡村振兴阶段

2002 年中共十六大史无前例地将"城乡二元结构"概念写进报告，并针对其制约性体制障碍，提出城乡协同发展思想。以工业反哺农业、城市支持乡村为基本方针，在全面部署"三农"工作的同时，于 2004~2007 年紧密出台一系列破解"三农"问题的中央一号文件，突出农民增收、农业综合生产能力及新农村建设等主题。[8]这一系列主题的核心在于政府通过市场干预的方式，保护农民利益，确保农业发展。

1.4 生态文明建设下的美丽乡村阶段

在广泛的新农村建设作用下，21 世纪初的乡村发展已有较大突破，农业现代化初具规模，乡村生活环境得到有效改善。然而面对全球化、现代化、工业化的市场浪潮冲击，乡村建设出现生态环境失衡，乡土文化衰落等结构性问题。因此，国家乡村发展政策进入了新一轮的调整。2013 年中央一号文件提出"推进农村生态文明建设"，"努力建设美丽宜居村庄"的目标，旨在建设"产业发展、农民富裕、特色鲜明、社会和谐、生态良好、环境优美、布局合理、设施完善"的"美丽乡村"。国务院办公厅于 2014 年发布了《国务院办公厅关于改善农村人居环境的指导意见》(国办发 [2014]25 号)。《意见》中提出"以保障农民基本生活条件为底线，以村庄环境整治为重点，以建设宜居村庄为导向"的要求，明确到 2020 年建成一批各具特色的美丽宜居村庄的任务目标。美丽宜居村庄建设成为改善农村人居环境建设的重要示范工作。同时住建部为更好地加强示范带头作用于 2013-2016 年各年开展美丽宜居小镇、美丽宜居村庄示范工作，并要求"形成不同类型的美丽宜居村镇优秀范例，探索符合本地实际的美丽宜居村镇建设目标和具体办法，制定基本要求或标准，推进美丽宜居村镇建设"①。

"美丽乡村"建设目标区别于以往着重强调农业产业经济和生产要素市场化的政策导向，以社会文明和生态文明作为落脚点，强调激发乡村内在活力，塑造生产、生活、生态"三生"空间和谐发展的"三美"乡村②。这一政策战略调整表明，随着新时期的城乡关系逐渐泛化，由全球、国家和地方等不同尺度的参与者、网络和发展势力共同构建的，具有地域性的、三生空间协同发展的全球意义的乡村正在逐渐形成[9]。如何避免均质化的发展方向，形成内生化的发展动力是"十三五"期间乡村发展的重要内容。

2 微观乡村建设：重庆村庄建设实践

2.1 近年重庆村庄建设概述

重庆市地处川东平行岭谷区，大部分区域地貌以山地、丘陵为主，其农村辖区面积广阔，当前重庆农村常住人口 1000 余万人，分布在 8000 多个行政村中，村落布局较为分散。改革开放以来的两次行政体制重大调整，确立了重庆地区以市带县的城乡一体化发展的管理体制，并提出了"大城市带动大农村"的农村建设发展方式。自 2007 年"全国统筹城乡综合配套改革试验区"设立以来，重庆市以社会主义新农村建设为基础，在农村危房改造、农村公路建设、农村饮水安全保障、农村环境综

---

① 《住房城乡建设部关于 2015 年美丽宜居小镇、美丽宜居村庄示范工作的通知》(建村【2015】76 号) 对美丽宜居村镇建设提出工作要求，要求开展不同层次的美丽宜居村镇示范工作，并制定基本要求或标准。

② 《住房建设部关于开展美丽宜居小镇、美丽宜居村庄示范工作的通知》(建村 [2013]40 号) 中对美丽宜居村庄的定义是：美丽宜居村庄是指田园美、村庄美、生活美的行政村，核心是宜居宜业，特征是美丽、特色和绿色。

合整治等方面都有较大成效。①

然而由于基础设施建设起步较晚、累积环境问题较多，"十二五"以来重庆市美丽乡村建设面临投资需求巨大，环境资源分散，制度供给不足，内生活力缺失等多重挑战。同时，由于美丽宜居村庄内涵不清晰，地域村庄特色特征不明确，村庄建设重点不准确等问题，也使得重庆美丽宜居村庄建设难免落于中央财政推动、项目带动的均质化"运动式"建设阶段。因此为理清重庆市村庄建设的实际情况和特征，以县域为研究单元，对重庆区域内各区县村庄建设现状、城镇化发展水平和村庄发展动力进行分析。

2.2 新时期重庆村庄建设特征

重庆各区县村庄建设差异显著，不可一概而论，在建设模式上形成了以下特征：宏观层面上存在区域差异，中观层面上存在阶段差异，微观层面上存在特征差异。

首先，通过对 2015 年重庆区域内各区县行政村个数、农村常住居民人均可支配收入和全年建设投资的数据分析，依据重庆市五大功能区划分进行对比（由于都市核心区不存在村庄建设，故不包括），可以看出重庆市村镇建设投入和村庄基本收入情况在宏观上存在较大区域差异。根据图1、图2，城市发展新区、渝东北生态涵养发展区和渝东南生态保护区各区县行政村平均个数远大于都市功能扩展区，但村民人均收入均低于城市功能拓展区，且各区县村庄建设总投资的平均值，也随距离城区的远近而逐渐减少，其中渝东北生态涵养区平均每个行政村的建设投资约为 111 万元，远低于都市功能拓展区的 200 万元。区域间投资的差异性客观导致远郊区县乡村建设资金困难，乡村建设项目难以推进等问题。

其次，根据 2015 年重庆市各区县城镇化率的比较分析（图3）可以看出，在各区县之间仍存在城镇化进程的阶段性差异。在北碚区、巴南区及万州区等城镇化程度较高的地区，县域层面大量乡村地区的优质资源快速流向城镇，乡村地区逐渐出现非农化、工业化、现代化的特征，其发展动力转向依托城镇，基础生产、生活内容和服务设施逐渐与城区配套，其文化与生态环境破坏程度也较高。而在渝东北的巫溪县、巫山县以及渝东南的秀山县、酉阳县等城镇化程度较低的地

---

① 重庆市 2014~2015 年，全市累计完成农村危房改造 19 万户，建成美丽宜居村庄 200 个，建成部级美丽村庄示范村 36 个；解决饮水不安全人口 398.73 万人；建设农村公路 22400 公里，2000 多个村实施了农村环境连片整治项目。

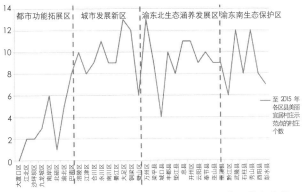

图1 重庆市各区县至 2015 年美丽宜居村庄示范点个数
（数据来源：重庆市 2015 年村镇建设资料）

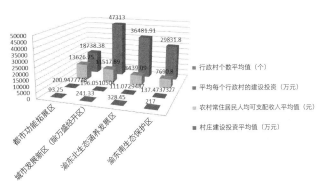

图2 重庆市五大功能区各区县村庄建设投资与收入情况的对比分析
（数据来源：重庆市建设统计年鉴）

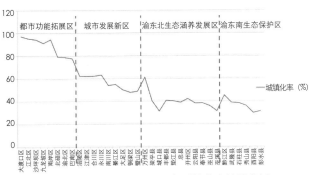

图3 重庆市各区县 2015 年城镇化率统计分析
（数据来源：重庆市 2015 年统计年鉴）

区，县域乡村系统在发展资金、农业技术、人力成本、基础与服务设施方面缺乏足够积累，无法支撑乡村功能向城镇转型，因此其生产、生活内容仍以一产为主要功能，相比之下也保留有更多自然生态特征和乡土人文特征。

再次，根据重庆市各区县农村发展动力源的区别以及其在城镇化进程中的阶段性，并结合区域文化特征在乡村生产、生态、生活等内容中所发挥的功能和相关研究文献[10]，可以将重庆村庄发展类型分为城镇文化带动型、农业文化带动型、民俗文化带动型、休闲文化带动型（表1）。

重庆市将重庆市美丽宜居村庄发展类型分析　　　　　　　　　　表1

村庄驱动模式	基本特征	建设难点	覆盖范围	典型实例
城镇文化带动型	受到城镇发展动力驱动，这类村庄非农化水平较高，产业和居住用地逐渐向城镇集中，其生产生活内容较多融入城镇文化，"三生"景观现代化程度较高	多在保障村民身份转变过程中的土地使用权益生活保障和社会待遇等方面	多位于城市民展新区，或城镇边缘或直接纳入城镇建设区域的村庄	沙坪坝中梁镇庆丰村
农业文化带动型	利用本地资源优势，开展规模化种植或专业化养殖活动的村庄。这类村庄一产化水平较高，具有良好的资源条件和种养殖某种特色产品的传统或由龙头产业带动、能人示范等	产业链条的衍生，如何避免同类农业产品恶性竞争，如何利用农业景观特色塑造"三生"景观空间	多位于农业产业较为突出的区县，或拥有特色农业产品的地区	璧山土塘镇将军村
民俗文化带动型	历史形成的具有独特民族特征或历史文化特征的村落。发展速度较慢，产业特色不突出，因独特的民俗文化资源而逐步开展旅游活动或文化产业活动	村庄环境整治与历史、民族内涵文化传承的协同发展，以及如何利用特色文化通过文化产业前后链条的搭建，形成辐射周边的乡村创意产业集群	通常分布在远郊区县	黔江小南湖镇新建村
休闲文化带动型	具有优美田园风光和乡村习俗的村落。这类村庄因区位优势开展旅游休闲活动，并促进产业结构调整和农民收入提高，推进村庄基础设施和人居环境改善	对乡土文化内涵认识不到位，城市化、人工化、商业化痕迹明显，乡村本体生产生活景观丧失	毗邻于风景区或城镇边缘区	巫山建坪乡春晓村

资料来源：自绘

（1）城镇文化带动型是指受到城镇发展动力驱动，位于城镇边缘或直接纳入城镇建设区域的村庄。这类村庄非农化水平较高，产业和居住用地逐渐向城镇集中，其生产生活内容较多融入城镇文化，"三生"景观现代化程度较高。针对这类村庄的美丽宜居村庄建设难点多在保障村民身份转变过程中的土地使用权益、生活保障和社会待遇等方面。

（2）农业文化带动型是指利用本地资源优势、开展规模化种植或专业化养殖活动的村庄。这类村庄一产化水平较高，具有良好的资源条件和种养殖某种特色产品的传统或由龙头产业带动、能人示范等。针对这类村庄的美丽宜居村庄建设难点在于产业链条的衍生，如何避免同类农业产品恶性竞争，如何利用农业景观特色塑造"三生"景观空间。

（3）民俗文化带动型是指历史形成的具有独特民族特征或历史文化特征的村落。这类村庄通常分布在远郊区县，发展速度较慢，产业特色不突出，因独特的民俗文化资源而逐步开展旅游活动或文化产业活动。针对这类村庄的美丽宜居村庄建设难点在于村庄环境整治与历史、民族内涵文化传承的协同发展，以及如何利用特色文化通过文化产业前后链条的搭建，形成辐射周边的乡村创意产业集群。

（4）休闲文化带动型是指毗邻于风景区或城镇边缘区，具有优美田园风光和乡村习俗的村落。这类村庄因区位优势开展旅游休闲活动，并促进产业结构调整和农民收入提高，推进村庄基础设施和人居环境改善。针对

这类村庄的美丽宜居村庄建设难点在于对乡土文化内涵认识不到位，城市化、人工化、商业化痕迹明显，乡村本体生产生活景观丧失。

3　重塑文化空间：重庆美丽宜居村庄空间发展策略与建设导则编制

3.1　文化导向下的美丽宜居村庄空间发展策略

在全球化与城镇化的双重背景下，乡村相对于城市的农业价值、腹地价值和家园价值逐渐凸显，乡村发展由传统强调农业生产为主逐渐转变为多元文化驱动。重庆村庄建设区域差异、阶段差异、特征差异的建设实际，正是这种多元文化驱动实证体现。因此，重庆市村庄空间的发展更新应基于其阶段性、区域性的文化驱动模式，通过对文化价值的梳理和发展阶段的定位，将文化发展理念融入三生空间改造中（图4），塑造美丽、宜居的村庄空间。

首先，发掘农耕文化价值，构建特色产业体系，以优化生产空间。产业是村庄焕发生机的前提，而农业是乡村产业体系中最核心的竞争力，也是农耕文化的主要载体。通过挖掘村庄农业生产特征与自身资源禀赋，准确定位符合自身发展条件、彰显自身特色优势的产业体系，并结合信息化、现代化的发展契机，以农耕文化为基础，合理组织农村耕地、建设用地，以释放生产空间潜力，拓宽村民就业渠道，让村民有事可做、有钱可转、有利可图。

第二，严守生态文化底线，保护生态空间。青山绿

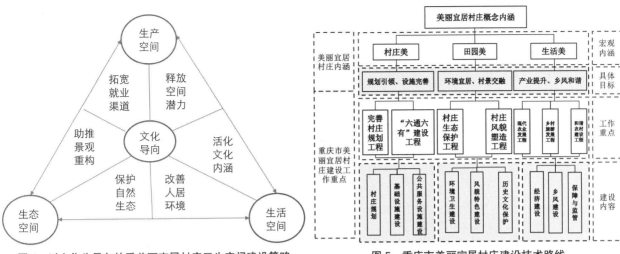

图4　以文化为导向的重美丽宜居村庄三生空间建设策略
（资料来源：自绘）

图5　重庆市美丽宜居村庄建设技术路线
（资料来源：自绘）

水是村庄得以延续的基础，也是乡村自然环境景观的核心要素。重庆村庄广泛分布在山林坡度之间，千百年形成的自然生态格局尤为体现了乡村生态文化。通过对村庄山水环境农林景观的梳理，顺应滨水、台坝、山地等不同地理条件，一方面最大程度的保护原有的生态脉络和景观廊道，杜绝无休止的侵占自然环境，另一方面延续村庄生态文化机理，整治破坏自然环境和过度城市化的景观布局，助推村庄景观重构。

第三，传承乡土文化内涵，重塑生活空间。乡土文化是村庄永葆独特魅力，彰显独特价值的核心所在。村庄功能形态的生成，除去自然环境的限定，更多的来源于它的历史背景和地域文化。村落形态更新和人居环境改善都应在最大程度上挖掘和传承其丰富多彩的民风民俗与地域文化，通过家族渊源、社会结构、传统工艺、民风民俗的挖掘和传承，将其有机渗透到村民现代生活当中。

3.2 《重庆市美丽宜居村庄建设导则》编制

从以上发展策略出发，本研究结合所在课题组于2016年开展的《重庆市美丽宜居村庄建设导则》编制工作，提出重庆市美丽宜居村庄建设技术路线（图5），以强调文化为导向的乡村产业、空间协同发展，促进突出村庄文化氛围的风貌建设和公共场所营造，加强美丽宜居村庄设施提档升级以及村民公众参与及公共关系的良性互动发展为原则，提出"规划引领、产业提升、环境宜居、村景交融、设施完善、乡风和谐"六大具体目标，结合完善村庄规划工程、特色农业发展工程、乡村旅游

发展工程、村庄生态保护工程、村庄风貌塑造工程和"六通六有"建设工程、和谐乡村建设工程等七大工程，逐步落实为九章62条的《重庆市美丽宜居村庄建设导则》，及18项引导性指标和7项约束性指标组成的《重庆市美丽宜居村庄建设综合考评评分表》，以期为重庆推进美丽乡村建设提供持久动力。

4　讨论

在全球化、工业化和城镇文化冲击的浪潮下，基于乡土文化内涵的发展驱动机制是推进生态文明、美丽乡村建设的重要保障。本文尝试从重庆市村庄建设实践特征出发，构建了以文化为导向的美丽宜居村庄三生空间建设机制及技术路线，以期更清晰的推进重庆市美丽宜居村建设。目前，探索文化导向下的美丽宜居村庄建设至少需要考虑以下方面：一是诸多涉农政策的良性协同。通过本文对乡村发展政策演变的分析可以看出，当前阶段乡村发展驱动来源广泛，无论是公共政策、资本利益还是人才科技等驱动要素都需要面对现阶段乡村发展的核心矛盾，在全球、国家和地区的多层次参与中，寻求内生发展动力，并结合其他驱动要素，积极互动、协同发展。[11]二是充分发挥市场参与作用，通过政府主体规划、市场项目推进和第三方评估评价相结合，协调相关主体间的利益矛盾，健全美丽宜居村庄运行机制，规避政府"失灵"和盲目的财政推进。三是积极开展"自下而上"模式的理论和实践探索，各个地区不同类型美丽宜居村庄建设模式各不相同，只有通过广泛的、本土的路径探索，才能持续推动美丽乡村建设的理论创新和实践能力。

主要参考文献

[1] 龙花楼，论土地整治与乡村空间重构 [J]. 地理学报，2013（08）：1019-1028.

[2] 温铁军，从农业 1.0 到农业 4.0[J]. 中国乡村发现，2016（01）：20-26.

[3] 贺雪峰，乡村治理的制度选择 [J]. 武汉大学学报（人文科学版），2016（02）：25-27.

[4] 温铁军，东方理性的复归让乡土社会能够应对危机 [J]. 农村工作通讯，2013（03）：42.

[5] 唐军、钱慧逸，谁的乡愁？谁的乡村？——乡村建设热潮和一个县域样本的观察与思考 [J]. 新建筑，2015（01）：12-16.

[6] 赵燕菁，国际战略格局中的中国城市化 [J]. 城市规划汇刊，2000（01）：6-12+79.

[7] 陶艳梅，新中国成立初期三十年农业发展研究 [D]. 西北农林科技大学，2011.

[8] 江小容，改革开放以来农村经济发展历程研究 [D]. 西北农林科技大学，2012.

[9] 龙花楼，胡智等 . 英国乡村发展政策演变及启示 [J]. 地理研究，2010（8）：1369-1378.

[10] 屠爽爽等 . 中国村镇建设和农村发展的机理与模式研究 [J]. 经济地理，2015（12）：141-147+160.

[11] 何得桂 . 中国美丽乡村建设驱动机制探讨 [J]. 理论导刊，2014（08）：78-81.

山岳型旅游村镇开发模式的探究及思考
—— 以四川天马山旅游区村镇规划与开发为例

尹泺枫

摘　要：山岳型旅游村镇凭借得天独厚的资源优势，已逐渐成为人们度假、休闲、康体治疗等重要的旅游空间，但同时也面临着城镇化扩散和旅游业兴起的双重机遇和压力，村镇的功能、结构正经历着巨大的转变。结合四川省巴中市天马山旅游区村庄规划与开发实例，认为山岳型旅游村镇开发应该"因地制宜、景村互动、资源挖潜、生态保育"的原则，采用政府主导、多样经营的实施保障模式，最终实现山岳型旅游村镇与自然的和谐发展。

关键词：山岳型旅游村镇；规划开发模式；天马山旅游区村庄规划

1　引言

　　山岳型旅游村镇是指地处名山大川或中高山区的以旅游为主导产业的村镇，目前是体验山水文化和乡村遗产的重要目的地，已成为度假、休闲、康体治疗等重要的旅游空间。近几年来，乡村建设量不断增加，基本居住功能的解决已经无法满足现阶段村庄建设的基本要求，创造高品质而富有地域特色的生活环境正成为村庄建设规划的主要议题之一。特别是对于山岳型旅游村镇这类与风景名胜区和地域特点关系紧密的村庄，面临着城镇化扩散和旅游业兴起的双重机遇和压力，村镇的功能、结构正经历着巨大的转变。我国是一个多山的国家，山地面积占国土面积的33.3%，丘陵占国土面积的9.9%，因此，作为重要的旅游资源，对于山地资源的保护和开发不仅要根据人与自然和谐相处的原则做到生态性和原生性，又要兼顾村庄发展要求，体现以人文本、立足发展的原则，实现当地村镇的良性发展。现基于发展与保护的矛盾，以四川巴中天马山度假区村镇规划为例，从村镇规划的视角，来探讨山岳型旅游村镇的发展问题。

2　山岳型旅游村镇发展的复杂特征

2.1　地处旅游区内部，自然文化资源促发展

　　山岳型旅游村镇的地理位置优越，与旅游区关系密切，共享天然优质的生态自然资源，具备普通村庄难以企及的发展优势。山岳型旅游村镇在发展形成的历史过程中，与地域特点及景区品牌相互依存相互作用，积累了底蕴深厚的自然文化资源，成为景区基础服务设施支撑的一部分，在风景旅游区相关产业蓬勃发展的今天，山岳型旅游村镇的发展前景不可限量。

2.2　受地形制约土地资源稀缺，村庄规划模式要创新

　　由于山岳型旅游村镇位于风景旅游区内，且多数是发展多年、村落结构成熟的历史型村庄，而且受到山地地形地质的制约，村庄内的土地资源利用已经趋于饱和，可供新建的土地空间稀少。但是由于风景名胜区的辐射效应和乡村旅游持续走热，山岳型旅游村镇正享受到乡村旅游业爆炸式发展带来的红利，从而对自身承载力的扩增提出了要求。在土地空间资源有限的前提下，优化山岳型旅游村镇的空间资源结构，提高土地的利用效率，适应景区旅游业发展的需要，成为山岳型旅游村镇发展规划创新的必然之路。

2.3　人口流动加快，村庄传统结构需保护

　　山岳型旅游村镇多位于交通并不便捷的山林深处，早年由于基础设施建设的落后，经济发展陷于停滞，大量人口外出务工，村庄空心化和老龄化的特征较为突出。但是随着近些年我国城乡基建投资的不断加大，许多山岳型旅游村镇的基建条件尤其是外部交通条件得到显著提升，成为区域内短途旅游的热点。原本稀少的村内劳动力难以满足快速发展的旅游衍生产业，大量外来打工者和游客一起涌入村庄，导致景中村人口膨胀，建筑密集，乱拆乱建现象严重，农村社会结构和村落传统风貌均遭到破坏。如何在实现山岳型旅游村镇全面发展的前提下，

尹泺枫：重庆大学建筑城规学院

保护和延续传统村落模式，是山岳型旅游村镇发展规划的重要问题。

3 山岳型旅游村镇开发实施保障模式探究

3.1 政府主导——山岳型旅游村镇可持续运营的基础

3.1.1 政府主导缘起

（1）发展阶段决定

纵观生态旅游和乡村旅游的发展路径，其利益相关者权力关系的演变进程都在经历社区居民自主模式——政府主导模式——市场运作模式的过程。山岳型旅游村镇在发展初期具有一定的自发性，随着旅游业的发展和规模的扩大，村镇发展逐步进入政府管理、提档升级阶段。

（2）基础设施落后，山地建设难度较大

山地区域的旅游开发往往是基础设施先行，在旅游区规划初期，旅游村镇的基础设施建设相对较为落后，又因为地处山地，基础设施建设难度较大，投资周期较长，需要强有力的措施启动开发建设。

（3）利益协调的需要

山岳型旅游村镇的开发建设范围广、规模大，涉及大量的居民安置和保障，居民作为目前的弱势群体，其利益需要得到有效保障，政府考虑到项目的社会效益和长期发展，有主动保障居民基本权益的动机和能力。

3.1.2 政府主导方式

（1）规划管理

政府运用掌握的规划审批权力对乡村旅游资源的开发进行宏观的管理，开发资金的投入主要依赖地方财政．

（2）成立平台

政府成立相应的旅游开发项目公司，相关资产以政府财政划拨的形式注入项目公司（或者以资产作价形式出资，资产所有者拥有项目公司相应的股权），项目公司以政府组织注入的资产为抵押，向银行借款，获得的资金用于旅游项目的开发，旅游开发所获得的收益用于偿还银行借款，如此滚动开发。

3.2 多样经营——山岳型旅游村镇可持续运营的动力

3.2.1 "企业＋农户"的经营模式

企业本性是逐利，但如果仅为获取利润而不考虑旅游地社区居民，那么旅游企业将面临巨大的经营风险。因此旅游企业和乡村社区居民能增强其竞争力。因此，旅游企业和社区居民两者之间应该尽可能地降低冲突层面，形成互利互惠的良性循环关系显得尤为重要。

"企业＋农户"模式通过吸纳社区农户参与到乡村旅游的开发，在开发浓厚的乡村旅游资源时，充分利用了社区农户闲置的资产、富余的劳动力、丰富的农事活动，增加了农户的收入，丰富了旅游活动，向游客展示了真实的乡村文

3.2.2 企业经营

提供就业机会，优先雇佣本地居民；合理设置景区业态，部分项目面向居民招租；为居民提供服务培训和技术支持；旅游商品尽量选用本地材料。

3.2.3 居民参与

为旅游企业提供人力资源；承租项目，提供旅游服务；地方文化传承；旅游资源保护；旅游决策与监督。

3.3 融资拓展——山岳型旅游村镇可持续发展的保障

林业资金、新农村建设资金、水利建设资金、交通建设资金、城乡统筹资金等多项资金的整合利用，进行分阶段、分区域的重点集中投资与整体连片投资相结合。除了引入多元化主体（政府平台、合作投资商、项目经营商户、二级项目开发商、二级经营商户），应充分利用财政资金在重点基础设施上的投资效率。

4 天马山旅游区村庄规划与开发实例分析

4.1 研究概况

4.1.1 区位概况

天马山位于四川省巴州区东北部，距巴中市40km，是距巴中城区最近的森林渡假区，本次研究范围属于天马山的核心区域。

巴中市位于关中经济圈和成渝经济圈的中心节点位置，重庆、成都、西安等大型城市均位于5小时交通圈内，具有良好的区位优势，这决定了天马山旅游度假区将面临广阔的发展需求和机会。

4.1.2 自然条件

研究范围内为典型的低中山地貌，地势东高西低，高程从484~1382m，最高点位于研究用地东北侧，研究范围内坡度整体较为陡峭，尤其是东部、西部及北部用地局部坡度大于25%，中西部寺岭乡附近相对平缓。区域内属北亚热带常绿（落叶）阔叶林区，森林覆盖率92.5%，堪称"天然氧吧"。水体类型包括湖泊（鱼塘）、溪流（冲沟）等形式，林木以马尾松、杉木、柏木林为主，属针阔叶混交林，尤其是一藤绕九柏具有较高的资源等级。

4.1.3 文化遗存

天马山度假区域内拥有丰富的文化资源，历史悠久的巴药文化起源于明代；拥有各类民俗风情，如巴山背二歌、小调子等多种山歌文化，此外，在劳动工具制作、农牧产品加工、烧造、织染、酿造等方面也具有当地特色。

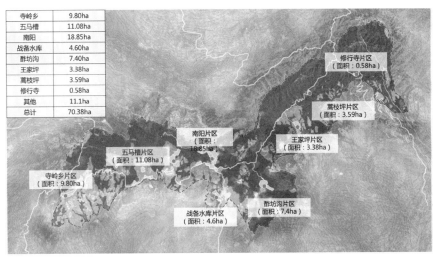

寺岭乡	9.80ha
五马槽	11.08ha
南阳	18.85ha
战备水库	4.60ha
酢坊沟	7.40ha
王家坪	3.38ha
蒿枝坪	3.59ha
修行寺	0.58ha
其他	11.1ha
总计	70.38ha

图1 天马山旅游村村庄建设面积统计

依托雄伟的自然景观，如天马山五马槽状若五匹奔马同槽，先后有三部电影和电视剧以此为拍摄背景，影视文化资源较为丰富。区域内多处自然景观以天马形象命名，拥有神秘的神话色彩。

4.1.4 村庄建设

在研究范围内，有16处村庄，房屋数量在研究范围内呈现出由东到西逐渐减少的趋势。村庄房屋多为一般川东民居类型，构成典型的田园生活场景。

研究范围内受山地地形影响，村庄分布较为分散，成点状分布的特点，民居质量参差不齐，缺乏中心与合理的联系。

4.2 天马山旅游区村庄发展的基本原则

4.2.1 景村互动，协同发展

村庄发展应立足区域协同发展的视角，深入理解旅游区内村庄与天马山风景区的景村关系，旨在促进景村共荣。

4.2.2 顺应地形，因地制宜

山地旅游区地形地貌丰富，山脉蜿蜒，河谷纵横。研究范围内的村庄开发应顺应地形，优先采用适度集中、紧凑发展的组团结构和空间组合形式，减少对自然环境的破坏。

4.2.3 资源挖潜，项目引领

依托风景区优秀的绿色森林资源，区域内的旅游发展方向以康体疗养为核心主题，进而引领相关项目策划。

4.2.4 生态保育，环境优化

优美宜人的自然生态环境是康体疗养、养生度假的根本，在对山岳型旅游村镇规划时要注重对自然生态环境的保护与维育。

4.3 天马山旅游区村庄规划技术路线

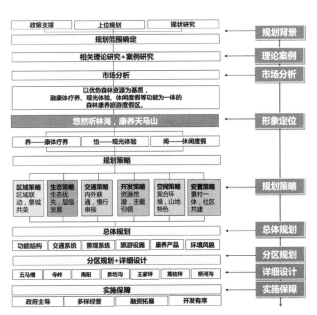

图2 天马山旅游区村庄规划技术路线

4.4 天马山旅游区村庄发展策略

4.4.1 区域策略：区域联动，景村共荣

对旅游区内部村庄的规划，不仅要解决区域自身的发展问题，还应该在区域宏观视角之下重新梳理旅游区与村庄和主城之间的互动关系。从区域和城市层面，落实解决旅游区内村庄发展的结构合理性问题。

天马山旅游区内部村庄发展如何顺应巴中城市沿巴河向北、向南延伸发展趋势，实现区域联动，景村共荣，是规划重点思考的问题之一：

（1）融入区域网络，快速连接交通

巴中地处四川省东北部川陕交界处，处于成渝经济

区与关中天水经济区中心地带。远连成都、重庆、西安、近接化成，巴中市区、兴文经开区，在此形势下，要吸引区域相关产业功能和客群，实现旅游区内部村庄的发展，首先需要使其能方便地认知与快速地进入本地区，确定到达地区的交通路径，交通方式和出入口。

（2）接轨城市结构，实现多极发展

天马山旅游区位于巴中市巴州区东北部山水生态休闲旅游环线上，通过天马山与化湖旅游互动融合发展形成的双极效应，在区域内形成资源大整合、产业大发展的创新体系，增强该区域与巴州主城区以及兴文开发区经济圈统筹发展的内生动力。

强化天马山与周边旅游村镇和景区景点互动融合发展关系，南部的兴文经济开发区以食品饮料、电子机械及高新产业为主，与天马山地区的旅游业和农林业形成良好的互补关系。此外，天马山与化湖的山水旅游融合发展，将进一步推动天马山森林小镇和化成旅游特色小镇建设。

（3）强化生态格局，丰富区域景观

山岳型旅游村镇的建设历史反映了山水城市的典型意向与价值取向。规划区内良好的自然山水禀赋和与主城之间形成良好的空间层次，策略提出强化生态环境格局，打造优良的城市——天马山景观层次和水—山—林—居景观层次，再造一个"显山、透绿、亲水"的生态新区域。丰富巴中市、经开区的生态网络，提供区域性的生态康养产品与生态背景。

4.4.2 安置策略：景村一体，社区共建

规划区内共计约12个村庄，开发建设牵涉到相关的土地空间整备、居民点安置、产业经济转型和人口就业转型等问题。共涉及9个行政村和5个林场。规划区范围内的现状村庄布局较为分散，部分村庄的规模较小，不足以配一些公共设施；同时村庄和景区各自发展，联系不够，没有达到共同发展的目的。基于此点，安置策略主要有：

（1）基于乡村现状，科学规划农村社区

天马山旅游村镇开发将以规模较大、设施较为完备的村庄为依托主，完善公共服务设施配置，优化居住环境，形成功能相对完善的农村新型社区。其中，农村新型社区按以下原则设置：

原则一：村庄就近安置

农民与耕地间服务半径为2km左右。接近原宅基地与耕地，在交通便利的省道、县道、乡道旁，方便社区的对外交通和设施布置。

原则二：空间资源集约

农村新社区选址与村民耕地距离不超过2km为宜，

村民出行自行车出行时间不超过10min，包括自行车、电动车、摩托车、小四轮拖拉机和汽车等。

原则三：新社区规模适度

农村新社区应考虑尽量2~3个行政村合并，形成1000~2000人的居住社区，参照城市居住小区。强调空间资源集约、村庄就近安置、新社区规模适度三项基本原则。

（2）统筹乡村经济，促进产业互补发展

规划片区内以农业、种植和渔、林业为主导产业，以服务业为辅助产业。现状产业位于产业链的低端，产品类型较少，同时缺乏上下游产品上的链接。应该积极拓展产业链，加强各产业之间的联系，形成一个以康体疗养为核心的完整产业体系。

以山林康体疗养为主导的产业链日益完善。康体疗养产业会带动相关联的吃、住、行、游、购、娱等要素涉及的基础产业的融合、衍生和提升，不断创造出新的领域，形成新的业态。现代旅游产业体系是诸多要素产业体系的整合和统一。今后发展重点打造以康养业为核心，以森林风光为特色，以农业产业为亮点的产业体系；促进规划片区内村镇发展的一、二、三产结构转型。

同时按资源条件特点分类，挖掘农村经济的生态性、社会性、文化性和经济性，将多种功能进行捆绑，从扩大农产品类型及上下游环节，改造村庄居住及配套环境，创造体验农耕文化和民俗村俗活动等方面，力争打造"一村一业一品一味"的农村旅游经济格局，强化乡土品牌，与新的其他类型旅游规划产品形成互补发展。通过山地旅游的发展，给当地村民带来巨大的影响：

影响一：农民向城市居民身份的转变

由于旅游区发展必然带来大量失地农民，改造并非简单"将农民变市民"，更主要的是使村民在思想观念和文化素质上适应新时代要求，同时将其纳入城市社会保障体系，由村民变为市民。

影响二：居住及生活条件改善

区内村民居住及生活条件较差，随着旅游区成立并快速发展，村民拆迁安置将大大改善现有的居住及生活条件。

影响三：提供就业机会

旅游区发展将需要大量的服务及技术人员，为区内农民提供大量就业机会。

4.4.3 开发策略：资源挖潜，主题引领

分析区域市场客群与消费需求，利用现状山、水、田、林、文化遗存等资源特色及开发定位要求，充分挖

掘出能带动该区域发展的独特项目或主题，并融入文化特色，打造代表度假趋势、具有统领性的区域型旅游产品及康养产品。合理运用规划区独特的山体林地、田园村庄、水系河沟以及各种天马山特有的影视文化、天马神话、巴药文化资源等，打造不同主题特色的项目活动，以适应不同人群。

天马山群山绵延起伏，雄险秀丽，负氧离子丰富。可基于此开发山林运动探险、观光、康养等项目。水系不多，但鱼塘众多，星罗棋布。可开发垂钓项目等，也可基于鱼塘在其周边建设康养酒店等。林木茂密，以柏、松等居多，负氧离子丰富，可基于此开发森林康养、森林探险、观光等项目。规划区内拥有大量山地农田，种植有玉米及各种果树等。可根据不同农作物的时令特征，形成季节性的田园风光。

文化资源方面以自然资源为依托，充分利用规划区内天马神话、巴药文化、民俗文化、影视文化等文化资源，构建产品体系，打造不同主题，吸引不同人群。

4.4.4 空间策略：契合环境，山地特色

复杂的山地地形环境及其所带来的脆弱的生态环境是山岳型旅游村镇区别于其他村镇最大的特点。与平原地区的平坦和规则相比，山地地区自然地形地貌条件复杂多变，山脉蜿蜒，河谷纵横，自然地形极度不规则。这使得山岳型旅游村镇的建设开发成为需要重点考虑的问题。

规划区属于典型的山岳型自然风景区，群山绵延起伏，最高海拔为1431.6m，最低海拔为719.8m，相差700多m。作为山地地区风景区的典型代表，在其用地布局、建筑布局、建筑形式中应充分考虑与环境的契合，体现山地自身特色。

（1）结合地形，村庄合理布局用地

由于天马山森林公园自身复杂的自然地理条件与生态环境，应"因天时，就地利"，采用"组团分散与适度集中相结合"的用地布局形态，组团间层面上，优先

采用有机分散的用地布局，以保护和延续城市自然山水结构。组团内层面上，优先采用适度集中、紧凑发展的用地和空间组合方式，同时，处理好与自然山水的关系，减少对自然生态环境的破坏。

（2）契合环境，多样化布局建筑

不同的建筑对应配合其功能的山位与建筑形态，体现出适宜的空间肌理，与环境协调，相得益彰。根据不同的建筑功能，各类建筑群体表现出不同的群体结构、外部空间及建筑－空间尺度等肌理特征，可将其总结为主从集群式布局、块面叠合式布局、组团垂直与平行等高线等多种布局方式。

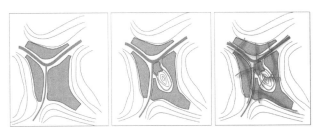

图3 村庄布局组团内适度集中原则

（3）因地制宜，凸显山地特色

根据地形条件，因地制宜，可采用地下式、地表式和架空式三种建筑形式来处理建筑与山体的关系。在川渝地区传统建设中，地下式建筑多见于防空洞及一些文化娱乐建筑的建设，充分利用空间，采用半地下式，完成与地形的良好结合。地表式建筑是在山地环境中被应用的最为广泛的形式，其主要特征是建筑底面与山体地表直接发生接触。为了减少对倾斜地形的改变，建设时一般会对山地地形进行小的修整。架空式建筑的底面与基地表面完全或局部脱开，以柱子或建筑局部支撑建筑的荷载。这种类型的建筑，对地形的变化可以有很强的适应能力，对山体地表的影响较小，是山地建设中一种较为理想的形式。

山位	山顶	山腰	山崖	山谷	山谷
模式简图					
利用可能	面积越大，利用可能性越强，并可向山腹部位延伸	使用受坡向限制，宽度越大，坡度越缓，越有利于使用	利用困难较大	面积越大时，利用困难较少	面积越大时，利用困难较少

图4 山体利用模式分析

5 反思与讨论

（1）山地乡村旅游已成为我国一种重要的旅游产品，被广泛地视为促进山地乡村变革与发展的一种重要内生力量。因此，多学科、多视角以及多元方法的综合运用已成为研究山岳型旅游村镇可持续发展的一种必然要求和趋势[1]。

（2）山岳型旅游村镇可持续发展的本质是乡村的可持续发展。这决定了乡村旅游在发展中应注重其核心吸引力——乡村性的保护，山地丰富的自然资源是村镇发展得天独厚的优势，发展过程中更应秉承人与自然和谐发展的理念，打造美丽的山水乡村，反之，美丽乡村方能为乡村旅游提供永恒的吸引环境。

（3）城乡统筹与乡村旅游存在着互映关系，在山岳型旅游村镇中也是如此。重在促进乡村发展的城乡统筹为乡村旅游升级发展提供了契机，并为山岳型村镇旅游的可持续发展研究提供了新的视角与理论支撑[2]。在村镇发展过程中，充分利用现有的山地资源优势，促进城乡要素的交流，成为推动我国山岳型旅游村镇建设一种重要的手段，并通过山地旅游要素的空间集聚，催生了山地旅游小城镇的发生与发展，使之成为新型城镇化的一种选择与传统城镇化的一种替代，从而实现城乡统筹的目标。

主要参考文献

[1] 尤海涛. 基于城乡统筹视角的乡村旅游可持续发展研究 [D]. 青岛：青岛大学，2015：40-49.

[2] 张晨. 景中村发展规划策略研究 [D]. 杭州：浙江大学建筑工程学院，2013：5-18.

美丽乡村发展趋势与模式初探
—— 以南京市江宁区为例

梅耀林　汪涛　许珊珊　李弘正　葛早阳

摘　要：本文通过对国内外美丽乡村实践的研究综述，总结了美丽乡村发展趋势及模式。同时，以国内美丽乡村建设方面的典型代表——江宁区为例，基于对江宁区大量调研数据分析，总结了其美丽乡村发展分为环境提升、机制提升、产业提升几个阶段，且不同村庄成呈现出不同的发展模式。在此基础上，针对目前美丽乡村发展存在的问题，提出美丽乡村发展的三个阶段、五种模式，并提出了美丽乡村下一步发展提升的策略。

关键词：美丽乡村；实践总结；三个阶段；五种模式

1 研究背景与意义

党的十六届五中全会，明确提出建设社会主义新农村的重大历史任务。在"十一五"和"十二五"期间，全国很多省市按十六届五中全会的要求，加快社会主义新农村建设，并取得了一定的成效。党的十八大第一次提出"美丽中国"的全新概念，"美丽乡村"是美丽中国的重要组成部分。十八大报告、十八三中全会、2013 年和 2014 年一号文件、《国家新型城镇化规划（2014–2020 年）》都明确提出要大力改善农村人居环境、建设美丽乡村。

在美丽乡村建设的浪潮中，江宁区也分阶段、分重点地有序推进了美丽乡村规划建设。实现了由注重物质环境建设向强调城乡统筹规划与治理的转变。江宁区的美丽乡村规划建设取得了一定的成效，但也存在小马拉大车、政府职能与产业发展的错位等一系列问题。面临这些问题，本文从美丽乡村发展趋势和模式的角度，期望寻求适应不同阶段、不同模式的美丽乡村发展策略，促进乡村地区更好发展。

2 发达国家与地区乡村发展阶段与模式分析

2.1 乡村发展阶段

根据发达国家和地区的乡村发展历程来看，在不同的发展阶段，乡村具有不同的需求和发展特征。

梅耀林：江苏省城镇与乡村规划设计院
汪涛：江苏省城镇与乡村规划设计院
许珊珊：江苏省城镇与乡村规划设计院
李弘正：江苏省城镇与乡村规划设计院
葛早阳：江苏省城镇与乡村规划设计院

2.1.1 日本

日本从 20 世纪 50 年代开始，分为三个阶段对乡村地区建设，第一阶段新农村建设，主要是提高农业生产技术和农村现代水平，重在基础设施建设；第二阶段造村运动，着重村庄产业振兴，重点培育特色产业和人文景观。最为人所称道的"一村一品"就是这个阶段的产物。第三阶段村镇综合建设示范工程，从基础设施建设到产业培育，村镇联动建设，以片区为单位进行综合建设（图 1）。

图 1　日本大分县"一村一品"

2.1.2 德国

德国的农村建设起源于 20 世纪 30 年代，包括为农村土地整理和给水排水设施建设，以新农村建设和基础设施建设为重点的村庄更新，对村庄道路交通组织和生态环境整治。而乡村建设中最重要的部分在于对农村建设融入可持续发展的理念，重视生态、文化、旅游、休闲和经济价值建设。同时，每三年举行村庄竞赛，发挥各地乡村价值的特色，形成了良好的社会效应（图2）。

图2 德国村庄竞赛

2.1.3 中国台湾

中国台湾的社区更新开始于1949年，通过以政府主导促进农业发展带动农民收入；然后进行土地整理、基础设施建设和农业生产结构调整。2009年以后，通过培根计划、农村再生计划和农村社区土地重划进行新一轮社区更新，重点在环境改善、文化创意产业培育等各个方面。由在地组织和社会团体牵头，通过对农村社区居民的培训、引导，挖掘地方特色文化，并在农村社区更新、产业发展紧密结合，将其进一步发扬继承。

图3 中国台湾乡村的文化创意小品

2.1.4 乡村发展阶段小结

从这些国家和地区的发展经验来看，乡村发展往往经历几个阶段：第一阶段是物质环境的改善，主要目的是改善乡村地区相对恶劣的生产生活环境，是一种物质改善；第二阶段是产业培育发展，这个阶段的发展存在政府推动的力量，但更重要的是随着物质环境改善，乡村地区自发开始着眼于产业发展；第三阶段则是文化价值的提升，这一阶段发挥了乡村最核心的价值，使乡村与城镇真正做到相互吸引。

2.2 乡村发展模式

在乡村发展的中高级阶段，乡村发展的模式不再雷同而是丰富多样。从不同地区的发展经验可以看出，不同的发展模式是同样可以形成充满吸引力的乡村景象。

2.2.1 法国波尔多地区发展模式

法国的波尔多农业区是全世界优质葡萄最大产区，法国三大葡萄酒产区之首，挖掘自身资源优势和发展潜力，建立了完善的葡萄酒产业体系。目前，波尔多地区拥有酒园和酒堡已经超过九千多座，年产葡萄酒7亿瓶。AOC（法国葡萄酒最高级别）葡萄酒产量占法国AOC葡萄酒产量的25%，种类多达50多种，300多个牌子。波尔多地区产业体系完善，农业生产在全国排名第三，玉米生产居欧盟第一位，鹅肝生产和加工居世界第一。出口企业有860家，年贸易顺差127亿法郎。出口在全国排名第七。

波尔多地区红酒生产多以家族或者家族企业的模式进行，具有深厚的文化认同和传承感，在法国"卓越乡村"政策引导下，法国民众对波尔多地区保护意识加深，自发的乡村保护与发展行动增多，这些均构成了波尔多地区发展更新的内生动力，使波尔多地区形成长期可持续的吸引力。

2.2.2 美国农场发展模式

黑莓牧场有美国第一乡村休闲胜地之称。黑莓牧场位于田纳西大烟山脚下，自然风光优美，是美国最奢华的私人牧场之一，拥有美国最奢华的乡村酒店，总占地面积为4200英亩，是集住宿餐饮、休闲娱乐、观光游览功能于一体的乡村度假旅游区。拥有诸如乡村别墅、高尔夫球场等高端化的休闲度假项目，为游客提供定制化、细微化的服务，推出了多样化有差异性的游乐产品及活动，吸引了大量的游客。

2.2.3 莫干山地区发展模式

环莫干山地区依托景区优势，发展异国风情休闲观光线建设，以三九坞村为发端，以"洋家乐"异国情调为突出表现形式，挖掘异国风情中的低碳理念，融合自然、生态多彩的莫干山乡村元素，整合生态农业园区与农村特色旅游，形成特色突出，景点丰富优美的乡村生态旅游观光区和精品农家乐集聚区。乡村发展与区域内其他旅游资源和旅游景点的开发结合起来，或借助已有旅游景点的吸引力，创新发展特色旅游小镇，并结合发展旅游商业、古民居民宿等要素，推动形成资源共享，优势互补，共同发展的格局。

2.2.4 乡村发展模式小结

（1）乡村合理角色定位：实现与城市互补的功能定位，形成动态平衡城乡关系。

在快速的城镇化进程中，大量生产要素向城市单向流动和集中，由此打破了城乡平衡，导致乡村困境。只有重建城乡之间动态平衡关系找到乡村合理定位才是解决乡村问题的关键。立足地方特色，发展以农业为基础的多样化的生产功能、乡村居住、生态涵养与自然、人文景观等功能，可以提升乡村吸引力，实现与城市的互补互利。而这些乡村功能和文化的背后，又要有健全的社会保障体系、便捷的交通、完善的设施、可控有限的补贴等支撑系统。

（2）乡村发展重点凸显：以特色精品产业为核心，以优质乡村风貌为基底，形成具有竞争力的特色。

几类发展模式中，均以特色精品产业作为核心，选择的是一定区域内有比较优势的产品，推动乡村产业链延伸，促使产业更具竞争力。同时，几类模式都具有优质的乡村风貌，使乡村地区具备较强的吸引力。

（3）乡村发展运作方式转变：对乡村干预是政府主导与民间参与相互结合的过程。

政府主导的乡村规划以及特色保护与发展政策固然是推进乡村转型的主要动力，而乡村发展人口回流最终是乡村居民自身投票的结果。因此，"自上而下"与"自下而上"的结合，政府有效关注民众诉求、引导民间组织行为才能对乡村未来发展起到很好的助推作用。

3 美丽乡村典型案例剖析——南京市江宁区美丽乡村发展建设

江宁地区作为我国美丽乡村实践中的先驱，积累了一定的经验。随着几轮美丽乡村的建设，逐渐呈现出不同发展阶段特征，同时也形成了不同形态的乡村发展模式，值得作为典型开展研究。

3.1 江宁美丽乡村发展趋势分析

江宁区位于南京市中南部，从东西南三面环抱南京主城，生态基地良好、乡村地域广阔。自2010年起，江宁区分阶段、分重点地有序推进了三轮美丽乡村规划建设：

第一轮：2010~2012年，以"五朵金花"村庄为试点，开展政府主导、重金投入、物质环境与增长统筹的第一代美丽乡村建设（图4）。

第二轮：2013~2014年，强调区域统筹和差异化发展，全面开展融入多主体、激活内生性、统筹次区域，政府重点转向战略、机制、公共服务和触媒功能的第二代美丽乡村建设，实现全区美丽乡村建设的提档升级。

第三轮：2015年以来，关注文化和特色，突出行动导向，开展以城乡统筹与美丽乡村建设长效规划与治理

图4 江宁五朵金花

机制构建为目标的第三代美丽乡村建设，激活乡村自组织性和培育乡村发展内生动力。

3.2 江宁美丽乡村典型案例与发展模式

3.2.1 黄龙岘——在地乡村旅游发展模式

黄龙岘村位于江宁区江宁街道东南部，紧邻江宁西部旅游道路联一线，区位优越；村庄四周茶山、竹林环绕，环境优美；村内主产的黄龙岘茶叶更是口味醇厚。该村现有住户52户，茶园近2000亩，其中村集体茶园450亩，村民种植茶园约1500亩。江宁交通建设集团与江宁街道组建南京黄龙岘建设开发有限责任公司，承担黄龙岘景区公共设施建设、日常运营等工作，同时经营景区内的部分餐饮、住宿。黄龙岘主要道路沿线民居基本全部在开展农家乐经营，其运作模式为村民自发运营。农家乐经营项目均为餐饮，房屋产权仍归村民所有，收入全部归村民所有。部分农家乐经营规模较大，雇用了周边村庄的村民。目前，黄龙岘已发展成为以茶文化展示为内涵的休闲旅游区（图5）。

图5 黄龙岘村

3.2.2 苏家——非在地性乡村旅游发展模式

苏家村为江宁区西部美丽乡村江宁示范区，周边资源条件好，山体和水域较多，居民建设用地较为分散（图6）。2013年，乡伴苏家项目启动，苏家村原有居民经协商全部迁出，村庄由田园东方集团整体运作。乡伴苏家项目包含乡村展示馆、文创商店、飨食餐厅、圃舍民宿、森林剧场、创意集市、主题茶吧等一批全新业态，再加上好吃好玩的乡村文化创意市集，为广大游客提供了亲近自然、享受惬意田园生活的新去处。所有店铺的店长都是外来的年轻创业者，乡伴苏家的项目负责人也表示，希望在这里能够吸引更多热爱文创的年轻人投身乡村建设。

图6 苏家村

3.2.3 董家——特色农业模式

董家村位于江宁花卉谷内，以特色花卉农业为主要产业。村庄居民基本都参与特色花卉农业及其附加产业。由于花卉业的景观效应，加之颇有特色的建筑彩绘，董家村吸引了一定数量的旅游人口。大约年1万人，带来收入100万元左右，目前有旅游项目农家乐、草鸡以及草鸡蛋销售、垂钓、茶叶等农产品销售。人均纯收入达到15000元，村集体约400万元（图7）。

图7 董家村

3.3 江宁乡村发展的特征与问题

为了充分了解江宁区乡村建设在空间、经济、社会等各方面的效果，本文选取了56个村庄、调查280户村民，涵盖美丽乡村建设各阶段的示范村以及不属于美丽乡村建设重点的一般村，展开了全面地调研，了解自2010年开展美丽乡村以来的变化（图8~图12）。

通过这些数据的分析，可以总结出：美丽乡村建设以来，乡村地区三次产业都得到了较好的发展，且带动了人均收入不断提升；从就业结构看，从事第三产业的比重在增加，第一产业持续减少，就业结构在优化。乡

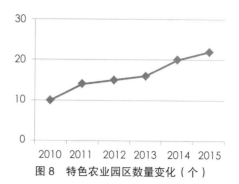

图8 特色农业园区数量变化（个）

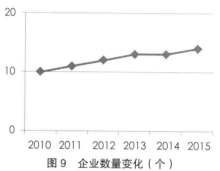

图9 企业数量变化（个）

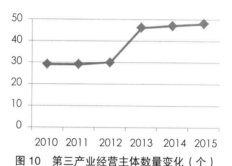

图10 第三产业经营主体数量变化（个）

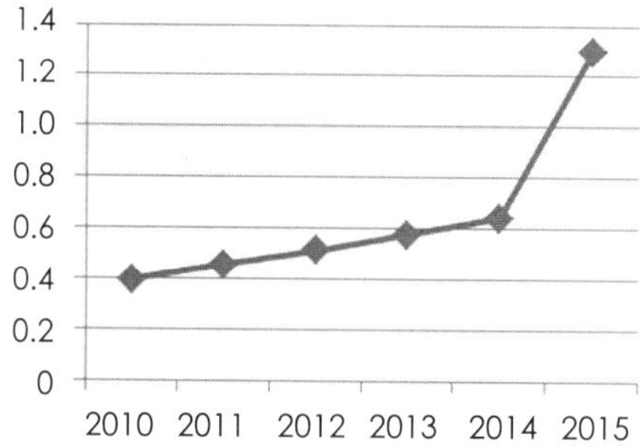

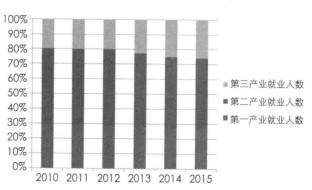

图11 人均纯收入变化（万元）

图12 三次产业就业人数比例变化

村建设取得了很好的效果。江宁区的乡村发展基本已完成环境提升阶段，产业发展阶段正在起步，处于乡村发展的第二阶段。

同时，我们也可以看到江宁目前的乡村建设中存在的一些问题：发展效应局限在重点打造的村庄中，示范村收入水平更高、就业类型更丰富、更能留住人，示范村虽然对周边有一定带动作用，但非常有限；环境提升比较到位、产业发展初具效应，但人文效应尚未全面呈现；发展模式雷同（如农家乐全部经营餐饮），难以形成合力（图13~图15、表1）。

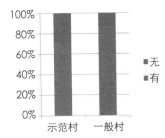

图13　示范村外出打工的比例更少

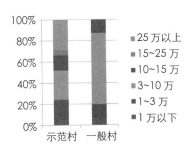

图14　家庭收入对比

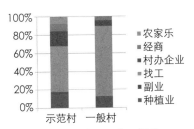

图15　家庭主要收入渠道

农家乐经营类型一览表　　　　表1

经营类型	餐饮	住宿	售卖土特产或手工艺品	办一些小型活动	其他
相应农家乐数量	6	0	0	0	0

4　对我国美丽乡村发展建设的展望

4.1　发展趋势

通过对发达国家与地区乡村发展趋势的总结分析，结合江宁美丽乡村建设实践，本文将美丽乡村的发展建设大致分为以下三个阶段：

第一阶段是物质环境的改善。这一阶段美丽乡村建设是政府主导的"自上而下"的建设行为，建设的重点是村庄环境整治、绿化整治、基础设施配套、道路整治、民房建设等各项工程是其重要内容，旨在创造"环境美"、"生活美"的乡村环境，属于美丽乡村建设的初级阶段。

第二阶段是村庄产业的特色发展。这一阶段美丽乡村建设往往是"自下而上"的建设行为，建设重点是村庄特色产业培育和人文景观塑造，旨在对村庄产业和生活环境进行个性化塑造和特色化提升，避免村庄同质化发展，让村庄"各美其美"。著名的"一村一品"、"一村一景"是这一阶段的典型发展模式。但这个阶段往往以村庄点状发展为核心，产业发展水平不高、产业链不完善，易于复制。

第三阶段是村庄的连片组团发展。这一阶段美丽乡村建设是"自上而下"与"自下而上"相结合的建设行为，围绕特色产业构建核心产业链，由点及面，形成片区协同发展机制。该阶段形成的发展模式水平较高难以复制，且能够对城市形成反向吸引，加强城乡要素互动，实现城乡一体化发展。

美丽乡村发展阶段比较　　　　表2

发展阶段	发展方式	特征	组织方式
第一阶段	集聚式，基础设施建设，村庄环境整治	普遍发展低水平的	"自上而下"为主
第二阶段	集聚式，特色产业培育，生产和生活环境的个性化塑造和特色化提升	点状发展低水平可复制	"自下而上"为主
第三阶段	扩散式，形成较为完善的产业链，城乡要素互动，村镇联动建设	面状发展高水平难复制	"自上而下"与"自下而上"相结合

4.2　发展模式

乡村发展的最高阶段是走向城乡一体的村镇融合发展。但由于不同地区的自然、经济、人文、历史、管理机制以及对美丽乡村建设的理解等各个方面存在较大差异，各地区在走向村镇融合发展的道路上探索出了各具特色的美丽乡村建设模式。本文基于对美丽乡村发展趋势的理解，提炼了未来乡村发展的新三要素人（不一定从事农业生产）、村（不一定是"农民"居住的地方）、田（不仅仅满足土地的产出），并从美丽乡村建设中对人、村、田三要素的需求程度出发，将美丽乡村建设归纳为以下五种模式：

4.2.1 模式一：新人＋新村＋新田

模式一的特点是新来的人群、新建的乡村空间和新型的产业注入。该模式要求乡村具有优越的生态景观条件，能吸引外来资本的投入，从而推动乡村产业发展，并解决部分乡村劳动力就业问题。该模式依托于高资本投入的大项目建设，通过规模化经营，打造独特的乡村品牌，带动乡村的整体发展。

4.2.2 模式二：旧人＋旧村＋新田

模式二的特点是当地的居民、现有的村庄和新型的产业。该模式要求乡村具有良好的景观条件和休闲环境，能够吸引大量人流来休闲度假，从而推动乡村本土产业发展，促进村民的本地就业。该模式前期资本投入较少，村民的投资回报率较高，易于推广。该模式成功的关键在于统一规划，标准化经营，并提供适宜乡村本土产业发展的政策环境，从而调动村民的创业积极性，实现产业的本地化垄断性经营。

4.2.3 模式三：新人＋旧村＋新田

模式三的特点是新来的人群、现有的村庄和新型的产业。该模式要求乡村具有良好的区位条件和资源禀赋，能够吸引城市居民过来创业生活，并在现有村庄的基础上进行微改造，以适应文创等小微产业的发展。

4.2.4 模式四：旧人＋新村＋旧田

模式四的特点是当地的居民、改善的村庄和传统的产业。该模式强调对现有村庄的环境整治，改善人居环境，并对现有农业资源进行整合，将农业发展与旅游发展相结合，再传统农业的基础上发展乡村特色农业。

4.2.5 模式五：新人＋旧村＋无田

模式五的特点是新来的人群、现有的村庄和没有支撑生活的产业。该类村庄内多为通勤打工的居民，村庄发展依托于城区、镇区和园区，建设重点是美好人居环境的打造。该模式适用于城镇周边单一居住功能的村庄。

4.3 发展策略

各地区在美丽乡村建设实践中总结出各具特色的发展模式，但无论何种发展模式的核心都是基于自身条件选择合适的产业发展路径。因此，本文就美丽乡村建设提出以下三点策略：

4.3.1 整合多方力量

乡村发展过程中，有多种力量介入其中，大致可以分为四类，政府部门、企业、社会群体和学术机构，他们从不同层次不同角度发挥作用，整合协调好这四者之间的关系，构建政、民、资、学"四位一体"式新型驱动机制，对美丽乡村的发展有很重要的影响。政府部门和企业在乡村建设中起引导和推动作用；社会群体主要包括村民主体，是乡村发展建设中的实践主体；学术结构具有重要的中间协调和项目执行作用。

4.3.2 推动保障机制

推动资金投入渠道创新、税费机制创新、金融机制创新和土地保障创新。以专项资金的形式，通过村庄发展过程中的项目落地，构建财政投入资金的渠道；针对进入乡村的企业和乡村产业经营者进行适度的优惠，以鼓励其开展经营活动；广开资金渠道，积极引导多元投资主体，逐步建立以集体经济积累和居民个人投入为主，国家、地方、集体、个人共同投资的多元化投资体制；出台建设用地保障相关政策，鼓励利用荒地、荒坡、荒滩、垃圾场、废弃矿山、边远海岛和可以开发利用的石漠化土地。

4.3.3 引导软质公共服务提升

提高乡村地区社会保障体系，为村民提供相对完善的公共服务，乡村地区逐渐从设施改善走向内容提升。提升乡村村民的自信心和对乡村的认同感，调动村民参与的积极性，为村民各种自身发展要求提供可实现的平台，让村民能直接受惠，进而更主动的参与美丽乡村发展建设。建立多样化的平台，促进乡村地区人员良性循环，扩大内外互动交流，让外来人才可以多口径了解乡村的现状、需求并有条件多方式参与到乡村发展中来，促进外来人才进入乡村地区。着力在农村产权制度改革、乡村社会治理机制创新上积极探索，破解城乡二元结构，释放农村发展活力与潜力，让农民享有与城市居民同等的权利。

5 总结与展望

乡村是人类社会的母体，在快速城镇化、工业化的进程中，美丽乡村成为人们寄托乡愁的重要载体。而美丽乡村的发展，在不同的阶段呈现出不同的特征，在同一阶段也呈现出不同的模式。本文通过对美丽乡村的探讨，旨在抛砖引玉，让更多学术人士加强对美丽乡村的关注，切实推动美丽乡村的发展！

主要参考文献

[1] 黄克亮,罗丽云.以生态文明理念推进美丽乡村建设,探求 [J], 2013（3）.

[2] 柳兰芳.从"美丽乡村"到"美丽中国"—解析"美丽乡村"的生态意蕴.理论月刊 [J], 2013（9）.

[3] 《农民日报》编辑部.共筑中华民族的美丽乡村——七论三农中国梦,农民日报[N],2013-5-27.

[4] 唐柯.推进升级版的新农村建设,美丽乡村[M].北京:中国环境出版社,2013.

[5] 魏玉栋.与天相调让地生美——农业部"美丽乡村"创建活动述评.农村工作通讯[N],2013（17）.

[6] 和沁.西部地区美丽乡村建设的实践模式与创新研究.经济问题探索,2013（9）.

[7] 张孝德.中国乡村文明研究报告——生态文明时代中国乡村文明的复兴与使命.经济研究参考,2013（22）.

[8] 黄杉,武前波,潘聪林.国外乡村发展经验与浙江省"美丽乡村"建设探析[J].华中建筑,2013（5）.

[9] 农业部农村社会事业发展中心新农村建设课题组.打造中国美丽乡村统筹城乡和谐发展——社会主义新农村建设"安吉模式"研究报告[J].中国乡镇企业,2009（10）.

[10] 吴理财,吴孔凡.美丽乡村建设四种模式及比较——基于安吉、永嘉、高淳、江宁四地的调查[J].华中农业大学学报（社会科学版）,2014（1）.

[11] 严端详.美丽乡村幸福农民——安吉县推进美丽乡村建设的研究与思考[J].中国农垦,2012（2）.

[12] 柯福艳,张社梅,徐红峨.生态立县背景下山区跨越式新农村建设路径研究——以安吉"中国美丽乡村"建设为例[J].生态经济,2011（5）.

[13] 柯福艳.美丽乡村安吉[M].浙江大学出版社,2012.

[14] 孙丽琴.宁国市美丽和谐乡村建设的实践特色与启示[J].芜湖职业技术学院学报,2011（4）.

[15] 吕祥峰.加大力度加大强度加快进度扎实推进美丽和谐乡村建设[N].宣城日报,2012-7-4.

[16] 张宇翔.美丽乡村规划设计实践研究[J].小城镇建设,2013（7）:48-51.

[17] 王红扬,钱慧,顾媛中.新型城镇化及其规划与治理创新——对南京市江宁区实践的研究[M].北京:中国建筑工业出版社,2016.

[18] 陈绪冬,陈眉舞,潘春燕.乡村地区再生的复合型规划编制框架与案例——从系统管控到空间行动.规划师,2016（3）.

[19] 黄丽坤.基于文化人类学视角的乡村营建策略与方法研究[D].浙江大学,2015（6）.

[20] 何得桂,西北农林科技大学农村社会研究中心,中国美丽乡村建设驱动机制探索[J].理论导刊,2014（8）.

[21] 曾博伟.中国旅游发展小城镇研究[D],中央民族大学,2010.

[22] 王文龙.中国美丽乡村的建设的动力整合及其制度创新,现代经济探索[J],2015（12）.

[23] 陈善鹤.美丽乡村建设时间模式探索——以浙江省瑞安市为例[D].华东理工大学,2014（3）.

[24] 王虹.基于规划视角的德清县乡村文化建设策略研究[D].浙江大学,2015.

农村社区转型与居住空间分异 *

运迎霞　姜宇逍　王善超　任利剑

摘　要：随着农村经济市场化和工业化、城镇化的纵深推进，乡土中国正由"全耕社会"向"半耕社会"演进，转型期的农村经济社会形态结构以及人们的社会心理和价值观念正在发生深刻而复杂的变化。农民自主权大大提高，日益频繁的流动于城乡之间，这不仅加速了农村社区的解体，也加速了农村的社会极化。为了保障农民的合法权益，使其平等的享有社会发展成果与社会公共服务。针对农村社会异化的特点，必须创新社会治理体制，促进在乡农民安居乐业，平等的分配和使用公共资源。

关键词：农村社区；空间分异；社会极化；社会治理

1　农村社区与空间分异

农村社区是相对于传统行政村和现代城市社区而言的，是指聚居在一定地域范围内的农村居民在农业生产方式基础上所组成的社会生活共同体[1]。农村社区是一个比自然村落、社队村组体制更具有弹性的制度平台。它围绕如何形成新型社会生活共同体而构建，注重通过整合资源、完善服务来提升人们的生活质量和凝聚力、认同感[2]。构成农村社区的基本要素为：①具有广阔的地域，居民聚居程度不高，并主要从事农业；②结成具有一定特征的社会群体、社会组织；③以村或镇为居民活动的中心；④同一农村社区的居民有大体相同的生活方式、价值观和行为规范，有一定的认同意识[3]。

社会分异具体来说，其实就是一个社会过程向空间形式的转变，社会过程主要是社会的人群，而空间形式即具体地点[4]。空间的使用则是转变的过程。将空间使用细化可以分为可接近性与距离、空间分配与使用和空间统治与控制。可以说，分异就是不同人群在行为空间上的分异，其中，居住行为空间是基础，由此可以延伸出消费行为空间和公共服务行为空间。

2　转型期农村在发展进程中面临的困境

从"全耕社会"（"农耕社会"）演进为"半耕社会"（"农工社会"），标志着中国现代化进程进入一个新的历史阶段[5]。同时，这一社会形态带有鲜明的过渡性质，新旧体制交织，特别是社会生产力水平的制约，城乡二元社会结构的制约，以及政策实施中的递减效应等，使得这一阶段农村经济社会一些深层次的矛盾和问题凸显，农村经济社会转型进入任务最艰巨、困难最突出的阶段。

2.1　农业有了很大发展，但是农业生产水平出现下降趋势

家庭联产承包责任制的出现极大地解放了农村的生产力，中国农业发展发生了举世瞩目的成就，但是同时，农业发展出现了新问题，农村劳动力大量流失，农村劳动力质量下降，土地质量下降，农业技术推广难以实施，农业生产面临严峻挑战。

2.2　农村经济社会有了很大发展，但是"空心化"现象日益突出

在现代化进程中，农村工业化、城镇化和市场化快速推进，农村经济社会取得了长足的进步。同时，随着工业化、城镇化、市场化程度的加深，农村"空心化"现象日益突出。特别是从20世纪90年代以来，农村劳动力、资金、土地三大要素加速外流[6]。

2.3　农民生产、生活有了很大改善，但与城市居民社会阶层越拉越大

改革开放以来，中国农民人均年收入以7%每年的

* 本篇论文受国家科技支撑计划课题《城镇群高密度空间效能优化关键技术研究》（课题号：2012BAJ15B03）资助。

运迎霞：天津大学建筑学院
姜宇逍：天津大学建筑学院
王善超：天津大学建筑学院
任利剑：天津大学建筑学院

速度递增，消费水平也呈现加快提高的趋势[7]。但是，农民与城市居民等其他社会阶层的差距不断拉大。农民一直充当着"二等居民"的社会客体角色，享受不到平等的国民待遇，享受不到公平的公共产品供给，甚至享受不到基本的社会尊重。

总之，随着"半耕社会"（"农工社会"）的到来，问题变得更加错综复杂，对此如果不予以足够重视或处理不好，极有可能出现农业逐步萎缩、农村日渐衰退、农民加剧贫困的局面，这是与"发展农业、繁荣农村、富裕农民"的现代化目标不相一致的，这将制约中国整个现代化的进程和社会转型的步伐。

3　农村社会居住空间结构发生强烈变化

随着大量的农民工在城乡之间流动就业，"半耕半工"型经济结构逐步覆盖了中国大部分村庄，广大农村已经从传统的"全耕社会"演进为"半耕社会"，或者说由传统的"农耕社会"演进为"农工社会"，这是现阶段中国农村经济社会形态和结构发生的总体性变化[8]。随着这一阶段的到来，出现了一批率先富裕起来的村民，他们或是通过村镇企业，或是通过进城务工、经商的财富积累，或是通过出售手中的土地，亦或是子女通过进城读书取得稳定的工作和收入后的贴补。他们迅速进入农村社会的中心，积极响应政府的新村建设。而家庭经济实力相对较弱的村民、孤寡老人、残障人士等一般选择继续留驻或迁出原村，社会分化在农村地理空间布局上逐渐显现。同时，政府急于提高城镇化水平，在一定程度上也加剧了居住空间分异。

进入21世纪，这部分先富起来的群体，特别是农民工群体发生了分化，一部分能很好地适应融入城市，在城市扎根，我们称之为定居型迁移者[9]。另一部分，无论从生活条件，社会关系等都更习惯于家乡的生活，相对难以融入城市的群体，我们称之为就业型迁移者。由于他们具有相对较好的经济实力，随着国家"十一五"计划新农村建设的提出，就业型迁移者率先迁入家乡区位较好的聚居地。也就拥有相对更方便的交通，更多的公共资源的倾斜，拥有更多的机会，也就更有利于财富的积累。与此同时，无力迁入新村的家庭只能继续留驻旧村，然而旧村却因为人口外流，空心化严重，传统邻里空间遭到破坏。区位相对较差的旧村因为人口的缺失和经济基础薄弱已经地理位置不占据优势，导致旧村越来越穷。新村与旧村，新村居民与旧村居民因此产生了隔离。弱势越来越弱，贫富差异向世袭化发展。

这种空间上的地理分异也带来了一些问题，在社会

建设方面，农村社区中，那些有经济实力，靠打工维持生计的理论上的外来者普遍个人介入地方社会关系网络程度小，又加上农民普遍文化水平较低，因此大多缺乏社区建设意识。同时因为他们不存在集体收入，因此在农村的社区建设中全凭政府拨款，缺乏提供公共服务等各项服务的一种长久的财政机制。在农业生产方面，理论上由于农村大量人口流动产生了大量的定居型迁移者，农民向城市居民的转化在一定程度上是有利于集中耕地，进而进行农业生产规模化的，但我国家庭联产承包责任制导致农民宁愿手中的地变成荒地也不愿意卖，因此也出现了一定的生产凋敝。在邻里关系方面，新村村民与旧村村民的隔离本来就是对邻里关系的破坏，特别是新村村民本来就人际关系网络相对简单，而新村的产生也一定程度上对旧村传统的邻里关系造成了破坏。

4　针对农村社区居住空间的分异提出解决办法

在我看来，在国家大力推进城镇化的背景下，农村社区出现社会分异现象不可避免，但是，在如何减弱社会极化现象，缩小贫富差异，修复被破坏的邻里关系，有效地提高农业生产效率等方面我们可以做的还有很多。

4.1　政府层面

4.1.1　按照市场化思路倡导新一轮"上山下乡"，促进城市优质资源流入农村。在从根本上调整国民收入分配格局、大幅度增加支农投入的同时，有必要按照市场化的思路，倡导新一轮"上山下乡"，促进城市优质资源流入农村，对"三农"施以"补偿"式输血，进而激活农村自我"造血"功能。一是推动优质人才回流农村。通过制定政策，鼓励和引导高校毕业生到农村就业、创业，鼓励和引导城市党政机关及企事业单位工作人员开展联络帮扶，鼓励和引导城市专业人才到农村工作，逐步建立起人才回流农村的激励约束机制。二是推动城市第三产业下乡。长期以来，农民亟需的公共服务、科技、信息、中介、文化、教育、医疗卫生等资源都集中在城市，与农村联系松散，资源大量闲置。应把城市部门的服务职能向农村延伸，不单要为城市服务，更要为农村服务，推进城乡服务一体化。三是引导城市工商资本参与新农村建设。只有农村的经济水平普遍得到提升，才能逐步改善社会资源、社会服务分配不均的问题，才能逐步缩小社会极化现象。

4.1.2　对于农村社区经济实力较强的人群中最主要的流动人口而言，应在机会均等的原则下，根据其流动范围及特殊需求，建立动态、异地相衔接的管理和服务

体系。一是实现在乡农民安居乐业，以丰富及凝聚社会资源为重点，加快农村基层组织从"村组"向"社区制"转变，通过建立以社区居民而非集体产权为基础的社区管理服务体制和提升社区内公共服务等方面，促进村民自治向社区自治转型。增强社区归属感和凝聚力。二是促进在城农民融入当地。一方面深入户籍制度改革，逐步敞开城市大门，促进农民工市民化和就地城镇化。另一方面开放城市社区，为新落户城镇的居民（包括农民工）提供均等的机会和权力，参与社区管理邻里关系等各个方面，从而真正的从地理入住到社会融入。三是完善农民工异地衔接服务，对于以农业为主，外出务工为辅的农民、无心落户城镇的流动农民，需在城镇、乡村及其异地衔接方面提供相应的管理服务，这包括维护土地权益、为留守儿童老人提供相应的社区服务，在村级事务等中保障参与知情权。

4.2 社会层面

一个村子的发展，经济实力的强弱，以及邻里关系的维护，很大程度上还受村中"能人"的影响，所谓"能人"不光是村里干部，还可能是村中长者，或者是在经济发展等方面极有能力的人。虽然随着城镇化的不断发展，农村社区内部人员关系已经由地缘、血缘不断向业缘方向发展，但由于农村社区相比于城市社区范围还是较小，确实还是存在所谓"能人"的影响。在农村社区发展时，还要求能诞生所谓能人带领全村一起发展经济，或是针对本村特点，发展优势产业，形成范围性产业集聚，或是发展特色农业或养殖业等，带动全村共同富裕。

总的来说，城镇化的过程其实就是由农村向城市，有农业户口向城市户口的一个发展过程，因此在农村社区向城市社区发展过程中所产生的一定空间分异现象实属难免。但如何缩小农民的贫富差距，提供公平的社会资源和公共服务，建立一个稳定健康的社区才是我们真正需要考虑的问题。

主要参考文献

[1] 费孝通.乡土中国.北京：三联书店，1985.

[2] 刘奇."三农"问策.合肥：安徽人民出版社，2005.

[3] 黄宗智.中国农业面临的历史性契机.读书，2006（10）.

[4] 王春光.新生代农村流动人口的社会认同和城乡融合关系 [J].社会学研究，2001（3）.

[5] 项继权.城镇化的"中国问题"及其解决之道 [J].华东师范大学学报：人文社会科学版，2011（1）.

[6] 王卫星.我国城乡统筹协调发展的进展与对策 [J].华中师范大学：人文社会科学版，2011（1）.

[7] 罗峰.流动中的农民异质化及其社会治理 [J].湖北大学学报：哲学社会科学版，2014（1）.

[8] 陈如.代际分流：当前农民工就业的必然选择 [J].南京社会科学，2009（9）.

[9] 刘奇.农村社会转型与"三农"政策取向 [J].中国农村经济，2007（4）.

台湾农村社区再造对大陆乡村复兴的启示
—— 台湾土沟村为例

罗璨

摘　要：台南市的土沟村是一个通过文化营造，提升村民集体意识、参与社区设计，实现村庄复兴的经典案例。文章介绍了土沟村的复兴的历程、提升村民集体意识的方法和社区设计的真实流程，认为村庄复兴的核心在于当地文化的保育和现代体验形态的创造，这对大陆乡村衰败有一定的借鉴价值。

关键词：文化营造；社区再造；土沟村；乡村复兴

引言

随着大陆城市化进程的不断推进，乡村却面临着空心化、老龄化等社会问题，农村不断衰败，乡村的价值与魅力不断被大家遗忘。新型城镇化背景下，更加关注农村的发展与转型，如何提升农村活力，传承农业文明与生态价值，是一名规划是需要去思考的重要议题。值得一提的是，台湾的农村曾经也面临着这样的问题，也进行了很多尝试，其中台南市土沟村就是一个非常具有代表性的成功案例。

土沟村通过社区再造实现了一个破败村庄的成功复兴，土沟农村美术馆于 2012 年年底正式成立，这个美术馆打破了人们对于传统对于美术馆空间的认知。这里没有美术馆单一的主体建筑或者特定的展示空间，整个农村社区就是一个美术馆，展示的内容包括农村自然人文景致、社区具体的艺术形态，也包括艺术家在农村屋舍的作品展示[1]。土沟村的复兴过程是一个漫长的不断探索与尝试的过程，是村民不断努力提升群体意识和创造社区共同体的过程，更是当地艺术美学价值现代化的过程。村民通过自我努力成立了"土沟文化营造协会"，台南艺术大学进入土沟村与营造协会共同探寻该村复兴的突破方式，历经十几年终于实现了彻底的复兴。

0　大陆乡村的发展现状

改革开放以来，中国大陆城市快速发展，从经济产业的角度分析，城市与乡村存在明显的二元结构形态[2]。城市第二产业第三产业发展迅速，吸引了大量到的农村人口到城市。同时第一产业效益低下，乡村整体面临着严重的发展动力不足问题。

另一方面农业生产技术的提升使得农村产生了剩余的劳动力，与第二第三产业相比农业产生的收入微薄，在这样大的经济背景下，农村空间发展处在停滞甚至退化的状态，青年人口流失严重。当地手工技艺也随着农村人口的迁移而渐渐消失，当地的非物质文化也随之减少。

而从乡村物质空间上分析，乡村建筑很多是被规划者复制另外风格而建设，没有人愿意深入了解当地的建筑特色与空间要素，乡村正面临着"千城一面"的严重问题[3]。此外，在靠近旅游区及城市的周边，虽然逐步出现了"农家乐"的服务形态，但是功能和定位相对单一，发展模式有待提升和探索。另一方面，因为农村人口的减少，和"撤村并点"政策的实施，看似在帮助乡村的政策，实际上从另外一个角度也加剧了乡村聚落的快速消失。

相比于城市，乡村在硬件上有很大的问题，首先基础配套设施不足，包括医疗卫生、教育配套和道路交通等。交通不便直接加重了城市与农村的二元结构，虽然国家划定了一定数量的古村名录保护名单，但是对于乡村的发展没有起到根本的推动作用。当前出现了新形态的乡村旅游方式，但是如何激发乡村活力，避免单一化和同质化破坏，如何延续乡村文化和农业文明仍旧不能有一个很好解决办法。

1　土沟村复兴的背景

在 2002 年前土沟还没有推动社区工作，落后的农村变成了垃圾村，社区仅存一些破败的屋舍、老农和最后一头水牛，这里的人不敢说自己是土沟人，可以想象这

罗璨：深圳市城市空间规划建筑设计有限公司

里的衰败对社区居民的影响以及他们心中的无奈。随后居民兴起了改变的想法，动员村民打扫环境，整治卫生，尝试打破村庄没落与衰败的景象。

1.1 土沟村简介

土沟村位于台南市后壁区，是台南市最北边的偏远农村，全村共有 430 户，总人口约为 1700 人，多数是老年人和小孩儿。是一个典型的在城镇化过程中不断衰退的农村，这是一个极为普通的农村，经济产业以莲花、水稻、洋香瓜为主。

1.2 土沟村面临的发展问题

随着台湾地区经济的起飞，城市的规模的扩大，农村人口不断向城市集中，青壮年人口多半离乡工作。同时，第一产业日渐衰落，农村的价值正逐渐被削弱。然而政府部门对农村虽然有一定的补助与复兴的政策，但是这些政策往往是独立的，多数因为停留在政策层面而未能奏效，因而整个村庄前景堪忧。

2 居民层面的再造行动

土沟村能够实现复兴，居民的改变和提升环境品质的意识是关键。居民可以站出来自发地为改善这里而出谋划策，这从意识上把大家凝聚在了一起，每一个人都觉得我们是一个群体，我们的家园值得复兴，这是推动村庄改造的力量不竭源泉。

2.1 居民自发成立土沟文化营造协会

作为 1994 年推动社区总体营造政策的响应，2002 年居民成立了"土沟文化营造协会"，年轻人通过这用的一个协会，集结了大家的力量，自下而上地进行社区的治理行动，来实现社区的复兴与再造。文化营造协会成为了土沟村社区营造的主要力量，希望从文化出发对村庄进行复兴。2002 年底，土沟村确立了以艺术作为社区营造的方向[4]。同时，随着当地"社区发展协会"改选年轻干部的当选，两个协会观念更为接近，更能整合群力进行文化环境的建设[5]。

2.2 凝聚村民意识创造共同记忆

进行社区的再造，人与人的关系的建立是最重要的，要让村民真正地对农村有认同感，并发掘农村的的价值。并将村里最后一头水牛作为土沟村的精神象征，用水牛的吃苦耐劳的品质表现土沟人的坚韧与勤劳。

从 2002 年一直到 2004 年，村民自发地组织了：抢救五分车铁路、寻找老牛车、绿色隧道景观道路营造、中央公园营造、活力公园营造、大树公园营造、新故乡营造计划书、水牛公园营造等活动，大大凝聚了村民的集体意识，提高了村民对于农村的价值的认同。

3 社会层面的再造行动

另外，对于土沟村能够实现复兴还有社会层面的行动，一方面台南艺术大学学生团队到当地协助，更挖掘出了村庄进一步复兴的可能性。而艺术家的进入使得村庄有实质性的艺术内涵，在社会与当地居民的合力推动下，用艺术的手法对农村空间进行装饰与呈现，土沟村终于在 2012 年正式打造出了台湾第一座以村为名的美术馆。村庄即是展览馆，村里的一切都是艺术品。

3.1 大学相关学生进入社区协助再造

2004 年台南艺术大学研究所社区营造组的师生（下文简称南艺团队），因课业实际练习的需要，选择了邻近的土沟村。从此以后他们以此作为社区营造的实际操作地点，进行了一系列艺术介入空间的创作，他们为土沟仅剩的最后一头水牛搭建牛舍，促进了文化协会推进水牛的精神宣传，并通过该活动使得水牛精神具体化。这个活动不仅挽救了水牛的命运，也挽救了整个村庄改造家园的决心，通过这样的活动，南艺团队强化了最初以水牛出发的社区认同感，同时也建立起了村民的社区合作的形象，激发了村民对于未来的想象。

此外，南艺团队还通过长时间与村民的接触，在融入他们生活里之后，让他们意识到这些学生真的是来帮助他们的。学生们还举办了相关社区营造的说明会，继续挖掘当地的艺术元素，包括田边的菜瓜花、牡丹花图案，让村民真正的了解到农村艺术品的价值。南艺团队和文化营造协会以及当地居民通过这样长期的互助合作建立了默契，从而达成了彼此的认同感和协作模式[6]。

3.2 艺术家介入引导社区复兴

2012 年 12 月 16 日，土沟农村美术馆正式开馆，并举办"村之屋当代艺术展"，邀请台湾 11 位当代艺术家和土沟当地了 6 名艺术家参展。这些艺术家的介入，并阐述了"村就是美术馆、美术馆就是村"的想法，兑现了"农田就是画布、农夫就是艺术家、农产品就是艺术品"的理念。

艺术家的介入和创作，将艺术与地方特色进行了结合与转化，这样的艺术品延续了农村整体环境的脉

土沟水牛　　　　　　　　　　土沟入口雕塑　　　　　　　　　　土沟村四位画家

图1　土沟村社区再造效果

络，承载了当地的文化故事与自然历史。在艺术家的带领和引导下，村民学会了艺术创作，包括了雕刻，美术和拼贴艺术等，极大地提升了村民的美学主动感和创造力，这也是土沟村复兴与成长的不竭动力。最具代表性的是，有几位当地的村民除了固定参加画室的创作外，也把自己家的客厅改造成了画廊，也有的把家中的仓库改造成了画室，这很好地契合了农村就是美术馆的思路。

4　启示

当前乡村的衰落正是因为乡村集体意识的消失，民众丧失了对乡村与土地的情怀。乡村是根植于土地的空间形态，有着上千年的历史与文明，把握住这个核心是实现乡村复兴的根本方式。乡村复兴的关键在于当地社群意识的建立以及当地特色的发掘，无论是怎样的发展方式，都要立足于当地的特色。乡村的发展应当让人民能够体验到城市里所不能体验的东西，这才是乡村可持续发展的基石。

4.1　保育地方文化，提升群体意识，加强乡村社会关系的延续

乡村复兴的核心在于地方社会关系的重新建立，城乡二元结构破坏了地方人与人之间的社会关系。因此，通过建立地方"社区发展协会"定期举办村民集体活动，提升大家相互接触的机会，乡村居民之间的交集是重建乡村社会关系的关键。例如，村庄内可以营造共同参与的公共空间来拉近村民之间的距离；也可以以"大家来谈自己村"的方式，为村庄选定一个明确的代表性形象或者是一个口号；也可以通过政策引导，拍摄每个村庄的宣传纪录片的方式，让每个家庭派出代表列举村民之间相关帮助的温暖瞬间以及辛勤劳作的相关记录，最后将拍好的纪录片在公共场合大家集体观看。

4.2　回归乡村本身，梳理当地特色资源，建立地方文化资料库

无论复兴乡村的策略是什么，一定要立足每一个乡村当地的特色，这样的方式才是永续的。因此，地方领导可以先以引导性和鼓励性的方式来组织村民整合建立每个村庄的文化资料库。通过邀请当地从事相关行业的人士到这里进行宣讲交流，告诉村民哪些资源是有价值的，并通过介绍与该村类似的村庄复兴案例，用切实的案例引导村民意识到乡村的价值所在和未来发展的可能性。

4.3　加强政策引导，鼓励乡村民间组织创业与多元主体参与乡村复兴

地方的力量是无穷的，唯有发动自下而上的民间力量，才能从根本上复兴乡村改变乡村不断衰败的现状。国家层面，应当出台相关鼓励民间自发进行乡村建设的官方文件，这是乡村复兴的重要政策支持；鼓励成立民间团体，比如自救协会等，鼓励不同的人，比如NGO组织参与农村复兴，并建议从事文化资产保存与创意产业相关人群到乡村成立工作室，唯有扎根到这里才会真正的引起村民的注意，村民才能真正认识到那里的价值。通过这样多种以点带面的方式，引起社会参与乡村改建的风尚。

4.4　鼓励相关专业大学生到农村实际操作，为不同乡村发展提供可行的思路

现在学生在学校学的很多东西不能直接应用到实际生活中，台湾地区非常重视学生对于社会的真实认识与实际参与的能力的培养，大陆有很多与乡村相关的专业学生，比如农业种植、建筑规划专业、园艺专业、景观生态学甚至艺术设计专业等等。乡村复兴正是锻炼他们在校所学的良好场地，也能锻炼他们社会交往的能力。学校应当鼓励大学生下乡参与乡村复兴等工作，一旦学

生的努力对一个地区产生了一定的效果，他们会对那里产生感情，甚至留在那里创业也很有可能。参与土沟村复兴的部分学生就最终选择继续在哪里做自己喜欢的事情，这是一个非常良好的现象。

5　结语

　　乡村是承载当地文化、地域风俗、社会生活重要空间形态，是上千年农耕文明的产物和结晶，更是现在接近5亿农村人生活的居所。虽然城市在快速发展，但是社会公平正义价值观的出现，新型城镇化的要求，乡村在未来的发展中，将在整个社会中占有举足轻重的地位。本文以台湾土沟村社区再造为例，系统地介绍了社区再造的策略与过程，从社区营造、学生团队的协助、艺术家介入等方面阐述了乡村复兴的重点在于乡村社会结构的建立和地方文化特色的保育与再创造。希望通过此案例的相关分析，拓展大陆在未来乡村复兴中的思路与方法。

主要参考文献

[1] 洪仪真. 村即是美术馆，美术馆即是村：台南土沟农村美术馆的叙事分析 [J]. 现代美术学报，2013.

[2] 罗小龙，许骁."十三五"时期乡村转型发展与规划应对 [J]. 城市规划，2015（03）：15-23.

[3] 孟莹，戴慎志，文晓斐. 当前我国乡村规划实践面临的问题与对策 [J]. 规划师，2015（02）：143-147.

[4] 陈可石，高佳. 台湾艺术介入社区营造的乡村复兴模式研究——以台南市土沟村为例 [J]. 城市发展研究，2016（02）：57-63.

[5] 土沟农村文化营造协会. 水牛起厝. 中国台南市：土沟农村文化营造协会发行，2005：112.

[6] 邱伟诚，乡村型小区与大学合作社区总体营造事务之研究：以倡导联盟观点视之 [J]. 东海大学，2011.

特色小镇导向下的小城镇发展路径探索
—— 以浙江省兰溪市马涧镇为例

耿虹　李明祥

摘　要：特色小镇的建设是目前小城镇建设中的焦点，是浙江省推动产业转型升级、实现创新驱动的重要举措。本文基于对特色小镇内涵的解读，从总结目前已有的不同类型特色小镇发展模式出发，提出特色小镇导向下产业重构、功能植入、全域提升的小城镇发展思路。并结合马涧镇的规划实践，在实施层面对小城镇发展路径进行了探讨，以期为其他小城镇的建设提供借鉴。

关键词：特色小镇；发展路径；小城镇

引言

2014 年下半年，浙江省结合新型城镇化的要求，积极推动特色小镇建设的研究，2015 年 4 月，浙江省政府出台《浙江省人民政府关于加快特色小镇规划建设的指导意见》（浙政发 [2015]8 号），提出在全省规划建设一批特色小镇，将特色小镇打造为创新、协调、绿色、开放以及共享发展的重要功能平台。并要求特色小镇的建设要突出产业上的"特而强"、功能上的"聚而合"、形态上的"精而美"以及体制机制上的"活而新"。

特色小镇建设的最终目的是为了推进供给侧结构性改革，加快产业的转型升级与城乡一体化发展，因而特色小镇的建设并不就是简单着眼于现有资源特色较为明显的小城镇特色化发展，更需要将区域层面的小城镇进行统筹考虑，协调布局。本文正是通过对特色小镇内涵的解读，总结现有的特色小镇发展模式，提取具有共性的发展策略，将其嵌入到其他小城镇的发展路径之中，进而提出以特色小镇为导向的小城镇发展策略。并以兰溪市马涧镇发展路径构建为研究对象，探讨如何融合特色小镇的建设发展模式，实现自身产业、文化、旅游和服务的融合发展，以期为小城镇的进一步发展提供一定的理论借鉴和经验总结。

1　特色小镇的内涵解读

1.1　产业转型升级的新平台

产业定位是特色小镇的核心环节，通过找准自身特色并紧紧围绕主导产业，兼顾历史经典产业，挖掘自身资源特色，选择最有优势的特色产业，突出重点，讲究特色。通过人才、技术、资本的高端集聚，突出单项特色产业，加快推进产业集聚、产业创新和产业升级，形成新的经济增长点，并以此为带动，打造全新的产业平台。

1.2　多功能融合的新型空间

在突出产业主导的基础上，结合浙江省丰富的山水人文资源，突出地方文化特色，深挖、延伸、融合产业功能、文化功能、旅游功能和社区功能，以文化为"内核"，产业为"主导"，旅游为"支撑"，坚持产业、文化、旅游"三位一体"；生产、生活、生态"三生"的融合发展，将特色小镇打造成一个有山有水有产业、有人文，一个让人愿意留下来创业和生活的特色小镇。

1.3　空间高度聚合的经济增长点

特色小镇是破解浙江高端要素聚合度不够的重要抓手，强调在有限的区划面积内，突出人才、技术、资本等高端资源要素的高度聚合，实现小空间大集聚、小平台大产业、小载体大创新；推动产业的集聚、创新与升级，形成新的经济增长点。

1.4　政企分工明确的新载体

政企分工明确，突显政府服务功能。以政府为主体，

耿虹：华中科技大学建筑与城市规划学院
李明祥：华中科技大学建筑与城市规划学院

完善各类服务设施布局，注重对文化内涵的挖掘传承、生态环境的保护以及对规划编制和各类项目的监管。充分发挥企业在产业发展中的积极作用，发挥市场在资源配置中的决定性作用，推动地方经济快速发展。

2 特色小镇现有发展模式总结

2.1 以业兴镇，打造品牌特色小镇

主要有新型产业带动以及传统产业转型升级驱动两种类型如基金小镇、江南药镇等。都有一定的产业基础，且基础设施配套较为完善，区位优势明显，是最先一类被选为特色小镇试点的城镇类型。在这类小城镇特色化构建的过程中，强调以产业创新为主线，以空间布局为支撑，突出特色产业。围绕特色产业，推动产业功能的升级与拓展，并与生态、生活功能相融合。构建具有独特品牌特色的，兼具文化、生活、旅游以及服务功能的特色小镇。

2.2 以文活镇，构建旅游特色小镇

以文化或生态资源为依托，以旅游功能为主导的休闲度假型小城镇如温泉小镇、嘉兴旅游特色小镇等。此类小镇的特色化构建，着重突出以下几点：充分发挥其文化资源以及生态本底优势，突出鲜明的地域特色和个性特征，将文化的传承与生态环境的保护相结合；产业上，以文旅产业的发展为主线，完善相关旅游服务配套设施；

在项目布局上，做强城镇休闲旅游功能的同时，通过发展都市农业、生态农业园等观光农业，促进三产与一产的融合发展，并带动相关农产品加工、旅游工艺品加工等二产的发展。

2.3 小结

特色小镇的构建因其空间载体不同、发展内涵不同，而发展重点各异，但总结起来，在发展路径上却有着其共同的特点。主要体现在如下几点：

2.3.1 产业上，以特色产业驱动产业整合

结合现有产业基础、产业特色，融入区域整体产业布局，对接区域发展，确定主导特色产业，以主导产业为驱动，进行产业链的衍生，促进三产的融合发展。

2.3.2 功能上，以产业发展促进功能融合

围绕产业体系的构建，以产业链为依托，融入地方文化、社会以及地域特征，将产业特色与地方文化特色相结合，构建多功能融合下的具有品牌特色的小镇。

2.3.3 空间上，以产业布局带动全域提升

产业的发展离不开空间载体上的落实，主要以产业的发展布局方向及其对未来对城镇空间发展影响的评估，对城镇空间结构进行优化调整。并从设施提升，节点优化上，提升城镇服务功能，打造宜居宜业的特色小镇。构建以产业发展带动城镇发展，以城镇发展促进产业升级的产城融合新载体。

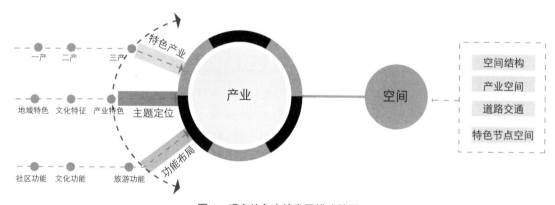

图1 现有特色小镇发展模式简图
（资料来源：作者自绘）

3 特色小镇导下的小城镇发展路径构建

3.1 融合"特色小镇"内涵，构建特色化的小城镇

因资源禀赋以及地理区位的不同，小城镇发展路径的构建不应只是简单的复制特色小镇的成功经验，而是将其内涵真正结合到小城镇的发展之中，因地制宜，因城而异，在对小城镇现状发展状况进行充分分析研究的

基础上，对未来发展趋势做出合理的预判，以区域产业差异化布局为前提，结合现有产业基础，以传统优势产业定主导特色产业，并与空间发展布局相耦合，实现产业与空间布局的对接，在产业规划确定的基础上，植入社区、文化以及旅游功能，做到多功能的复合发展，最终通过全域的提升建设，为城镇建设发展，产业转型升级奠定基础。

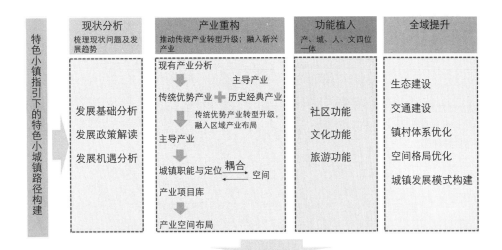

图2 特色小城镇建设路径图
（资料来源：作者自绘）

3.2 构建"大镇区"，形成镇域内的"特色小镇"

随着美丽乡村建设成果的逐步展现，村庄环境以及各方面设施快速提升，村民逐渐回流进入乡村，乡村活力得以提升。因而在村镇体系布局中，不应再是一味地推动人口往镇区的集聚，而是因地制宜，因时而异的调整政策，推动人口的就地城镇化，以集镇为核心，周边中心村庄为载体，推动镇域人口在大镇区范围内的集聚，同时又根据周边中心村庄与镇区功能定位的差异化，实现一村一产，一村一品，以产业促就业，以就业带动人口在集镇周边的分散集聚。从空间布局上，契合特色小镇在有限的空间范围内促进各要素高度集聚的内涵，将大镇区打造为镇域产城融合的新载体。总体上，实现镇域人口在大范围内的集聚，小范围内的分散。

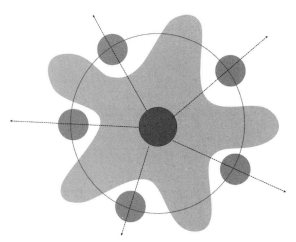

图3 大镇区结构图

3.3 深挖产业类型，培育特色产业

特色小镇的构建更多的是基于产业为导向的特色化构建，因而小城镇应立足于现有产业基础，挖掘自身优势资源，在此基础上，结合上位规划的产业布局，通过在区域层面对产业进行产异化调整，构建凸显自身特色的产业定位。坚持以创新驱动技术革新，以创新创业推动产业内部革命，加快推进产业之间的融合发展。以增链、补链以及拓链的方式，延伸上下游产业链，推动三产间循环关系的构建，以一产促二产，最终带动三产协调发展。

3.4 完善管理体系，构建特色服务型政府

地方政府应及时抓紧转变管理思路，以市场经济为导向，推动政府定位转型，构建服务型政府，专注于设施完善以及规则公平的维护，避免对产业发展细节的过多干预。同时积极顺应新技术，新产业的变革需求，完善硬件及软件设施，优化各类配套服务制度，吸引优秀人才以及相关企业的入驻，带动地方经济发展，社会进步。充分发挥基层政府的优势，调动地方民众参与家乡建设的热情，妥善协调各方利益诉求，在推动经济发展的同时，注重对生态环境的保护。

4 兰溪马涧镇发展路径建构实践

马涧镇作为浙江省兰溪市的一个综合型小镇，就其地理位置以及发展过程中所面临的问题而言，不论是在东部地区还是中、西部地区，都具有一定的典型性。通过对马涧镇的特色化构建路径研究可以为其他小城镇提供参考和借鉴。

马涧镇位于浙中城市兰溪市东部的中心位置，距离兰溪市区仅16公里。镇域面积159km²，辖33个行政村，总人口5.1万人，集镇建成区面积93.58hm²，常住人口1万人。马涧镇农业种植发达，种植面积保持在5.4万亩左右，其主要种植品种为水果和粮食作物，水果产量保持在1.7万吨左右，居兰溪市各乡镇水果产量榜首，号称"水果之乡"。

马涧镇工业企业数量在兰溪排名第五，与相邻的香溪镇基本持平，工业产值占兰溪市工业总产值的比重9%左右。2015年，全镇国内生产总值为27.2亿元，其中第一产业4.5亿元，第二产业15.4亿元，第三产业7.3亿元。一、二、三产业结构依次为14：57：27。其中工业产业仍是马涧镇的主导产业，增速在10%~15%，增长较为平稳；一产增速5%以内、有下降趋势；三产则增长缓慢，增速约5%~7%，呈上升趋势。整体呈现出工业为主导，农业稳定发展，休闲旅游缓慢增长的经济发展态势。

马涧镇2011~2015年经济指标一览表　　表1

	年末总人口（人）	二产总值（亿元）	三产总值（亿元）
2011	47763	9.7	4.6
2012	47167	12.4	5.8
2013	46920	12.6	5.9
2014	49950	13.7	6.6
2015	51000	15.4	7.3

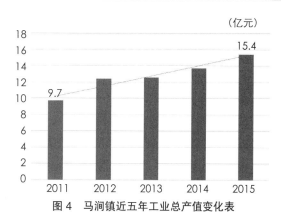

图4　马涧镇近五年工业总产值变化表

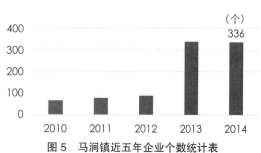

图5　马涧镇近五年企业个数统计表

4.1 马涧镇发展面临的问题

4.1.1 城镇化水平低，镇区人口集聚不明显

近年来，镇区人口规模保持在4~5千人，镇域常住人口4.1万人，其中80%为常住人口，流动人口占20%，流动人口中外出务工人口占据着绝大部分，比如在全镇青壮年工作岗位调查中，实现就地就近就业的仅占52%，其余则主要依赖外出务工寻求就业岗位。总体城镇化率为12.2%，远低于2010版总体规划预测值30%。

与城镇人口集聚效益较弱形成对比的是，得益于美丽乡村建设的开展，马涧镇中心村人口均达到预期规模。

4.1.2 产业发展缺乏统筹，特色不显

马涧镇杨梅种植面积占兰溪市杨梅种植面积一半以上，是兰溪市杨梅的主产地；但从浙江省层面来看，温州丁岙杨梅、宁波荸荠杨梅以及台州东魁杨梅，均有其悠久的种植历史且种植规模较大，因而不论是种植规模还是杨梅品牌的带动效应，兰溪市杨梅并不具备突出的产业优势。

工业产业的发展虽具一定的规模，但以印刷纺织等传统产业为龙头，缺乏创新，在市域层面缺少竞争力。

旅游业基本处于起步状态，旅游人口主要靠一产带动，一年一度的杨梅节能吸引上万外来人口，但均为短暂停留，缺乏对马涧镇的深度体验游览。

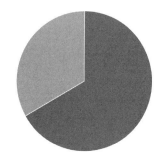

■ 马涧镇　■ 兰溪其余县市

图6　马涧镇杨梅种植面积在兰溪市总种植面积中的比重

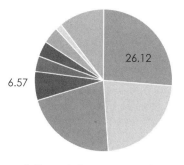

26.12

6.57

■ 台州　■ 宁波　■ 温州　■ 金华　■ 绍兴
■ 丽水　■ 舟山　■ 湖州　■ 其他

图7　浙江各杨梅产区平均种植面积比重（%）

4.1.3 镇村非均衡发展，城镇呈一核多点状布局

2015年，马涧镇城镇居民人均收入2.4万元，低于全国平均水平；与此相对比的是，在马涧镇美丽乡村建设的扎实推进下，以马坞、殿里为代表的众多乡村，凭借其优良的生态环境以及完善的基础设施覆盖，不断吸引着村民回村发展，农村居民人均可支配收入高达1.6万元，高于全国和兰溪市水平。因而，目前马涧镇人口的流动是两方面的，一方面中心村周边的人口就近进入中心村，一方面是由政府主导的，拆旧换新，进入镇区安置房入住。整体呈现出，镇区一核独大，重点中心村逐步发展的态势。

4.2 马涧镇特色化小城镇建构路径探索

4.2.1 产业重构，凸显自身产业特色

充分结合自身的资源特色，在产业融合发展的基础之上，结合省域层面的"7+1"产业体系，突出特色产业，做强产业链。

做精一产，坚持农业"规模化、品牌化、专业化"的发展原则，树立"生态、绿色、高效、精品"的现代农业发展理念，以农业产业化为核心，积极拓展品牌农业，大力提高农业科技含量和绿色化水平，形成全产业链式的农业经营发展模式；大力发展城郊农业、休闲农业、设施农业，提升现代农业发展水平。

做大二产，发挥马涧的区位、交通与产业平台优势，在产业体系上融入兰溪市，对接金华市，实现差异化、特色化发展。整合现有产业平台资源，培育精品企业，对接兰溪市新型产业园区建设，重点发展以先进装备制造业和时尚纺织业为龙头的大型企业，通过大产业、大项目以及大企业的联动发展，积极承接周边产业的辐射带动，改造提升传统产业。

做特三产，全方位对接金华山旅游经济区，构建城镇南北向旅游发展带，依托临金高速公路下盘山入口的建设，发展现代物流业，保障马涧产品流通；完善镇村配套设施建设，做好生活性服务业；注重科技研发、科研创新、电子信息系统、文化旅游以及综合服务的构建，推动产业发展由资源依赖型向创新驱动型转变。

根据产业发展的现有基础，从区域统筹的层面进行产业的差异化布局，梳理产业发展的薄弱环节，在保持自然环境特色的基础上，增强增长产业链，细化产业布局，根据产业分布及其功能分异，构建三产的项目建议库，切实推动产业的转型升级以及融合发展。

4.2.2 多功能融合，支撑小镇特色的形成

（1）服务功能

区域层面，将其定位为服务于兰溪市整个北部地区，带动整个东线生态旅游发展的集散地；从镇域层面来说，定位为镇域的服务核心，通过做强集镇的服务功能以及加大对科技创新、成果转化和规模化种植的扶持力度，完善各类基础设施与服务设施，为企业的入驻以及品牌孵化提供支撑。

（2）旅游渡假功能

发挥优良的生态本底资源以及历史文化资源优势，对接区域交通条件的提升以及南部金华山旅游经济区的开发，在现有基础上，完善各类旅游服务设施的布局，结合殿里村、马坞村以及富竹坑村等特色乡村的优势资源，开发具有地方特色的旅游项目，将其打造为兰溪市的乡村生态旅游基地和义乌、金华的后花园。

（3）宜居生态功能

注重生态环境的保护和生态平衡，提倡低干预式的开发建设，营造良好的人居和旅游环境，形成以人为本、各类要素集聚的宜居宜业宜游的生态特色小镇。

（4）产业转型升级示范功能

重点打造马涧镇与梅江镇合建的兰溪市新型综合产业园区，完善各项基础设施配套，推进工业平台做强提质，北部其他乡镇工业逐步整合、缩减、拆并，向产业园区集中，促进产业的集聚与整合，推动产业之间的协调合作、转型升级。

4.2.3 构建"大镇区"，形成特色展示区

以集镇为核心，周边重点村镇为依托，依照特色小镇的要求，推动人才、技术、资本等高端资源要素在大镇区范围内的高度集聚，在马涧镇则是构建以原有马涧集镇为服务中心，另有石渠、马坞、仁塘、大塘等四个城镇社区和红卫、西湖等10个基层村为依托的马涧大镇区，这里所讲的大镇区不是指建设用地范围上的蔓延扩散，而是产业配套、基础设施以及公共服务设施在空间分布上有针对性的差异化布局，区别于以往赶农民入城式的异地城镇化，在大镇区范围内，各节点村庄分担不同的产业功能，以产业定设施，完善相应的服务配套，并保留各村庄之间原有的生态空间，在实现村庄城镇化的同时，实现村民的就地城镇化，进而将原有的乡土记忆空间进行了延续，称之为留得下的乡愁。

4.2.4 严控生态边界，营造生态特色

对接上层次主体功能区划，明确上层次规划中划定的禁止准入区、限制转入区和重点准入区在马涧镇域的具体范围。结合Arcgis对马涧镇地形地貌、起伏度、水库防护、生物保护以及地址灾害敏感性的综合分析，划定马涧镇整体的生态敏感性分布空间，并以此为依据，

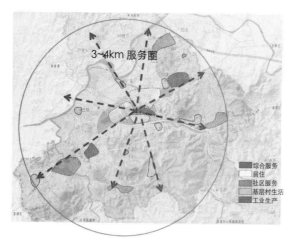

图 8　大镇区辐射结构

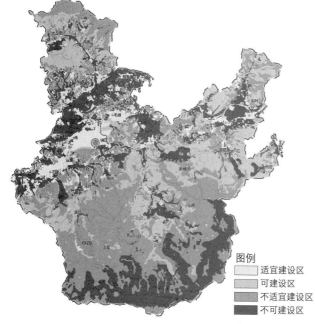

图 9　生态敏感性分析图（作者自绘）

结合土地利用规划中的开发建设状况，划定全域的生产、生活以及生态的三生空间。在后续规划建设中，严守生态边界线，将生态特色作为其发展目标中重要的组成部分，确保未来的马涧是一个有山有水有故事的小城镇。

5　结语

综上所述，通过对特色小镇内涵的解读，结合马涧镇特色化构建的实际案例，针对特色小镇引领下的小城镇特色化构建的过程，其实质则是特色产业的构建过程，基于产业的合理选择，在与空间布局相耦合的过程中植入文化、旅游以及社区功能，并最终依托全域设施的提升建设及空间的布局优化进行落实的过程。当然，不同

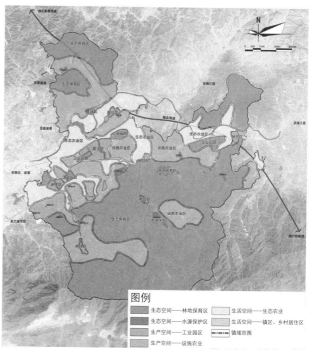

图 10　三生空间划定图

的小城镇所面临的问题也不同，其发展路径自然也不是全然一致。因而对于小城镇的研究以及发展路径的探索，也是长期性、动态性和持续性的。

主要参考文献

[1] 许益波，汪斌，扬琴.产业转型升级视角下特色小镇培育与建设研究——以浙江 e 游小镇为例 [J].经济师，2016（8）.

[2] 曹威威，张德生.海南特色小城镇建设路径研究——以儋州白马井镇为例 [J].上海国土资源，2015（9）.

[3] 厉华笑，杨飞，裘国平.基于目标导向的特色小镇规划创新思考——结合浙江省特色小镇规划实践 [J].小城镇建设，2016（3）.

[4] 李强.特色小镇是浙江创新发展的战略选择 [J].中国经贸导刊，2016（4）：10-13.

[5] 浙江省住房与城乡建设厅关于加快推进浙江省特色小镇建设规划编制工作的指导意见.[Z].2015.

[6] 宋维尔，汤欢，应婵莉.浙江特色小镇规划的编制思路与方法初探 [J].小城镇建设，2016（3）.

[7] 耿虹，鲁婧.工业发达型小城镇可持续发展路径研究——以浙江省兰溪市灵洞乡为例 [A].多元与包容——2012 中国城市规划年会论文集（11.小城镇与村庄规划）[C].昆明：中国城市规划学会，2012.

文化变迁论视野下的古村落空间特征解析 *
—— 以福建泉州市国家历史文化名村土坑村为例

张杰　孙晓琪　沈姝君

摘　要: 在古村落保护规划中,古村落空间特征的解析是规划编制的前提与依据。据此,以闽南土坑历史文化名村为例,基于文化变迁理论,通过对文化进化、涵化、反应等影响土坑文化变迁路径的分析,剖析了土坑村空间演变的历程,揭示了其空间特征,并在此基础上探究土坑村保护与活化之道。

关键词: 文化变迁;古村落;空间演变

1 引言

　　文化是人类在其历史实践活动中所创造的物质财富和精神财富的总和。古村落作为文化的物化,是人们在长期的实践活动中所形成的生活方式与人们在现实生活中处理问题和解决问题的规则的集中场所体现。

　　众所周知,在古村落保护规划中,对古村落空间特征的解析是规划编制的前提,是一切保护与合理利用的依据。据此,本文以福建省泉州市国家历史文化名村土坑村为例,尝试以文化进化论的相关方法来解读古村落的空间特征。

2 文化变迁论理论的解读

2.1 文化变迁的基本概念

　　文化变迁,是指在社会历史发展的过程中,民族融合、移民、政治制度改革、战争以及自然灾害等各种来自社会内部或外部的环境变化、社会进步、科学发展,引起人们生活或生存方式的变化,带来相应的文化的新变化。

　　文化变迁是一个动态的过程。经由 19 世纪古典进化论者的"文化单线架构发展理论"、传播学派的"中心传播、大规模借用理论"、新进化论者的"广泛规模的文化进化趋势理论"以及 20 世纪中叶以来人类学家对"文化涵化和指导变迁理论"等理论的研究与发展,文化变迁理论逐渐成型。

　　* 教育部人文基金项目(11YJCZH229):两岸文化交流下的闽南古村落保护与发展研究;国家社科基金项目(12CGJ116):文化生态下闽台传统聚落保护与互动发展研究;中央高校基本科研业务费专项资金资助(WZ1122002),文化生态学下的闽台古村落空间形态研究。

2.2 文化变迁的动因

　　文化变迁的动因,即促使文化变迁的动力因素,其主要来自两方面:一个是外部因素,即由自然环境变化及来自社会外部的环境变化(如人口迁移、文化接触等)引起的变迁;另一个是内部因素,即由社会内部变化(如制度变迁、经济发展等)引起的变迁(图 1)。古村落是文化的载体,也会受到来自外部和内部多重动因的影响,从而发生变迁。

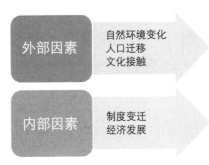

图 1　文化变迁的因素

　　引起变迁的各种因素在动力系统中协调运作,共同构成文化变迁的动力系统(图 2)。在动力系统纵向运动影响下,人类社会内部表现出社会形态的更替;在动力系统横向运动影响下,人类社会内部各要素之间相互作用,同时受到外部环境影响。在整个动力系统中,横向运动引起的社会文化变化汇入纵向运动,并带动纵向运动的变化。因此,文化变迁,是各种合力形成的动力系统最终带动纵向运动所促成的。当环境发生变化,足够

　　张杰:华东理工大学景观规划设计系
　　孙晓琪:华东理工大学景观规划设计系
　　沈姝君:华东理工大学景观规划设计系

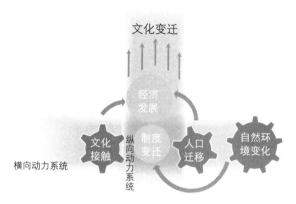

图2　文化变迁的动力系统运作

数量的社会成员接受这种变化，以新方式对此做出反应，并且新方式成为其文化的一种特点，便是文化开始了变迁。

2.3　文化变迁的路径

文化变迁的路径主要包括文化创新、文化进化、文化传播及文化涵化。

2.3.1　文化创新

文化创新，是指创造一种新的文化精神、新的文化价值观、新的知识体系或全新的文化结构，即创造一种新的文化。H. G. Barnett 认为：任何与固有形式有实质差别的新的思想、行为或事物都称为创新，一些创新表现形式比较明显，一些则仅仅停留在观念层面；创新是文化变迁的基础，是文化赖以发生变化的重要条件和因素，是文化发展的内在动力。[①] 文化创新对文化变迁有巨大的影响力和推动力。由诸多文化创新共同组成的文化创新群，包括不同层次的文化创新，连续不断的文化创新，是推动文化发生变迁的主要动力，是一种全面而又整体性的文化变迁。

文化创新包括文化发现、文化发明。文化发现是指发现原先存在过，后不知何故被遗忘或抛弃，目前尚无人所知的文化现象或文化。文化发现创造性的重新诠释了当下原有文化的内涵，赋予原有文化全新的生命力。文化发明是以原有文化为基础，深入发展原有文化或催生新文化的过程。每一次文化发明，都有可能掀起一波文化创新活动的热浪，甚至触发一场刻骨铭心的"文化革命"。

另外，文化创新是引起文化变迁的多个变化因素和条件的聚合体，因此，并不是每一次文化发现或文化发明都可以引起文化变迁的，在不同的社会背景及不同的

---

① 引自：H. G. Barnett. Innovation : the basis of cultural change[M]. McGraw-Hill. 1953.

文化时期，其产生的影响都存在一定程度的差异。

2.3.2　文化进化

文化进化是指由社会内部发展引起的文化模式、内容的充实和发展，整个过程具有持续性和累积性。文化进化一般都是进步的，但从简单到复杂的进化过程，有时候也是一种退步。如在闽南传统聚落中，埕是重要的建筑外部空间，不仅可以扩展大厝与外界的缓冲空间、弥补室外空间的不足，甚至有时可以起预警、防卫的功能。

2.3.3　文化传播

在时间的作用下，不同文化之间接触、整合、交流，产生双向的扩展和延伸，是文化发展过程中的自然趋势，即文化传播。

文化传播是选择的过程，不同文化对其他文化选择的态度以及不同文化系统之间的价值判断和转换，都是依据各自的价值观进行取舍和选择，接受其他文化的一部分特质并拒绝另一部分特质，通过相互选择和互动传递文化特质，形成文化的传播。文化传播通过不同文化之间复杂的互动实现文化之间良性的交流，达成和谐的文化共识，在文化变迁过程中发挥着不可替代的影响和作用。

2.3.4　文化涵化

在文化接触中，每个文化系统都是一个独立存在的单位，具有防止自身受外来文化影响的界限机制、系统内部社会组织之间及个人之间相互关系灵活变化机制、系统内部冲突与凝聚力量的自我平衡及完善机制。两种以上的不同文化因互相接触和影响而引起的一方或双方发生文化变迁的现象，是文化涵化。

文化涵化是文化传播的一种结果，不同文化的思想或特质通过文化接触和传播被传递到文化的接受方，产生作用，发生涵化。

文化涵化主要包括三种过程：文化接受的过程，即文化之间通过文化特质的传递，一种文化特质融入另一种文化中，或取代另一种文化旧的文化特质；文化适应的过程，即将另一种文化的特质融入自己的文化体系，并与自己的文化体系部分或全部协调起来；文化抗拒的过程，即处于支配地位的文化由于压力大而变迁过猛，致使人们不易接受，出现排斥、拒绝、抵制或反抗的现象。

2.4　文化变迁的模式

文化变迁是一个动态的过程，不同文化相互接触和影响，在内部和外部因素的共同作用下，文化的动力系统发生横向或纵向运动，当文化发生适应性改变到一定程度，通过文化创新、文化进化、文化传播和文化涵化等路径发生变迁。同时，文化的各个路径之间也是互相

作用或交叉的，文化变迁的过程是多种路径共同作用下的结果（图3）。

另外，文化变迁既可以是正向的发展，也可以是负向的回归或回退，即具有正变迁和负变迁两种方向指向。正负变迁只是一种方向指向，并不直接指代进步或退步的意义。

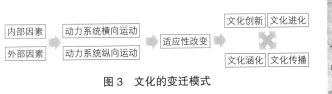

图3　文化的变迁模式

2.5　文化变迁理论选取的可行性

文化变迁理论不仅重视文化的现实内核，更强调文化的历史关联性、传承性和发展动向，认为文化会随人类生活变化而产生适应性改变。古村落是人类文化的重要实体形态和载体，铭刻着文化变迁的痕迹。作为承载人和人、人和自然关系的构成实体，古村落是人类栖居理念及聚居模式的直观反映，同时体现着其自身的演进过程与发展程度。[①] 文化变迁借助古村落空间形态的变化来呈现，古村落空间的变化与文化变迁过程具有一致性。

3　文化变迁下的土坑村空间解析

3.1　土坑村概况

土坑村位于福建省泉州市泉港区后龙镇中部，东邻碧霞湾，南毗福炼生活区，北与南铺镇接壤，面积约1.6km²，总人口4677人。土坑村南距泉港镇区约4km，村域距324国道和G15高速约8km，交通优势较为明显（图4）。同时，村域范围内有祥云北路和西海路相互交错穿过，交通便捷。

土坑村东南方向为土坑海，是湄洲湾与肖厝港的重要组成部分。湄洲湾和肖厝港为土坑村提供了天然的港口优势。

3.2　影响土坑村文化变迁的主要路径

土坑村在明代时发展迅速，其文化变迁经历了海洋文化影响下的文化进化和强力政策主导下的文化反应。而由于地处闽南、莆仙（指蒲田县和仙游县）交汇处，受莆仙文化熏陶发生文化涵化，土坑村文化呈现出闽南文化与莆仙文化交融的特点，体现出独特的个性。

---

① 引自：张震.传统聚落的类型学分析[J].南方建筑，2005：14-16.

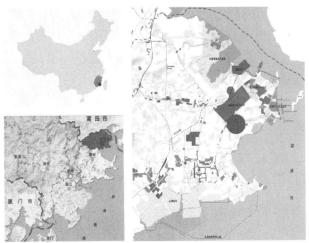

图4　土坑村区位条件分析

3.2.1　海洋文化影响下的文化进化

众所周知，泉州是海上丝绸之路的重要起点之一。在唐代，泉州刺桐港是我国四大外贸港口之一。宋元时期，泉州港与埃及的亚历山大港齐名，被誉为"东方第一大港"。明清时期"海禁"、"迁界"政策，加之战乱影响，泉州在海上丝绸之路上的地位逐步下降，泉州港逐渐衰落，沦为地方性港口，但总体上仍然比较繁荣。

土坑村发展于明代，其东南方向为土坑海，是湄洲湾的重要组成部分。而湄洲湾是泉州通往东南亚和世界各大港口便捷的出海口。其目前留存的与海上丝绸之路相关的港口、码头、土坑海、祠堂前街、典当行等都见证了明清时期土坑海上丝绸之路的辉煌，结合泉州其他明清时期海上丝绸之路遗存较少的现状，可以得出：土坑村是明清泉州的海丝重地，见证了明清时期泉州海上丝绸之路的繁荣。

3.2.2　莆仙文化熏陶下的文化涵化

土坑东部紧邻莆仙，莆仙是一块相对独立的区域，有着相对独立的文化，即莆仙文化。其中，莆仙方言、莆仙戏、妈祖信仰和三一教信仰是最能反映莆仙文化特色的几个方面。土坑村地处闽南、莆仙交汇处，在聚落发展演变的各阶段，受莆仙文化熏陶，与闽南文化交流融合，发生涵化，构成土坑兼具两种文化特点的独特文化现象。

3.2.3　强力政策主导下的文化反映

明清时期的"海禁"政策和"迁界"政策使闽南文化没有安定的发展环境。一些人迫于生计铤而走险继续从事海上贸易，还有一些人则离开古村落，扎根海外。土坑村也受到了此强力政策的影响，文化发展一度受阻。

3.3 文化变迁下的土坑村空间演变

基于土坑村的实地调研及其对刘氏宗谱的解读，结合其发展的文化路径，可知在海洋文化影响下的文化进化、莆仙文化熏陶下的文化涵化、强力政策主导下的文化反应这三个文化变迁路径的交叉作用下，多种文化特点逐渐融入到村落中，并在村落空间中得以体现，村落由此经历了"形成—发展—鼎盛—衰落"的历史时期，总体空间则从"点"到背山面海的龟背福地——"面"，进而向外衍生，发展出"母子十八村"的格局（图5）。

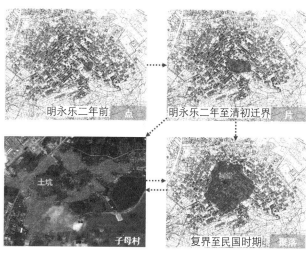

图5 土坑村空间形态演变

3.3.1 村落形成

据现场调研，建村之前便已有人在此居住，其村落发展历史可以追溯至明代以前。另据土坑村刘氏族谱[①]、《惠安县志》[②]记载，土坑村主要形成于明代，这一时期，儒学礼教得到重视，崇商尚贾之风盛行，以地缘、血缘为中心的崇宗敬祖的宗族文化也逐渐发展了起来，发展较为成熟的闽南文化为土坑村提供了宽松、自由的发展氛围。

土坑村选址于环山面海的环境中，据土坑村刘氏族谱载："宗孔公生长秀屿，而更远谋贻燕。爰渡海而南，览此地之形胜；奎岫拥护，状如凤凰展翼，翁山朝拱，势若驰马缭环。勃然兴曰：'此真可为聚族区也'"。其四周有岩山、柳山、奎秀山、割山及其他一些小山脉，在村落东北角有一后田溪直接通向海湾，整个村落有着典

---

① 入闽始祖刘韶乃河南光州人，于玄宗天宝年间入闽当官，任闽泉别驾，大历四年病故于任所。其子刘友扶柩北上，至涵江地带听闻北方发生兵乱，于是将其父就地安葬，并在涵江沙坂村定居、传代。南宋绍熙年间（大约公元1194年），刘韶的第十八代裔孙刘瑁移居兴化境内秀屿前云（湄洲湾北岸）。
② 土坑刘氏祖先刘宗孔于明永乐二年（公元1404年）从莆田迁居土坑。

型的"枕山、面屏、临水"的环境意向，形成了适合人们生存与发展的山水倚望的风水格局（图6）。

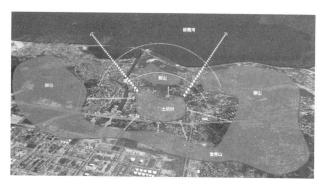

图6 土坑村山水倚望的风水格局分析

3.3.2 村落发展

作为明清时期的海丝重地，土坑村受到海洋文化的影响，在发展过程中逐渐呈现出海洋文化的特质。土坑村原本是一个农耕聚落，先民以耕种庄稼为生。明永乐二年（1404年）刘宗孔建村以后，人地矛盾突出，在海洋文化影响下，凭借得天独厚的地理优势，土坑村逐渐开展海上贸易，于许厝脚建码头，并在商屿岛上建停靠点。

刘宗孔携长房和四房来到土坑村，长子居祖祠南侧，四子居祖祠北侧，长子和次子共传下八支后裔，长子后裔主要在南边发展，四子后裔相应的在北边发展，形成以祖祠为中心的家族空间（图7）。刘氏发展至第三代，已繁衍生息出了八大支脉。

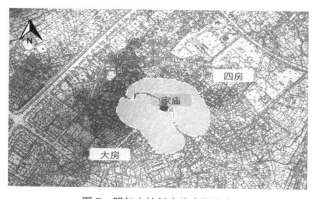

图7 明初土坑村家族空间分布

而明清之际的"海禁"、"迁界"政策下，闽南境内倭寇四起，土坑村文化发展一度停滞。祠堂及家谱均被焚毁。受强力政策主导，土坑村文化发展的进程被打破，村落发展受到极大冲击，居民在夹缝中求生存，族人陆续搬离至土坑村周边居住。

3.3.3 村落鼎盛

清康熙二十三年，政府施行"复界"政策，土坑村有了较为宽松的文化发展环境。土坑村刘氏一族陆续

返回，并开始大力发展海上贸易，由此，土坑村成为一方富裕之地，四房刘端瑜在土坑海的海岸线许厝脚开设杉行，利用海上交通运输，开展经贸活动，成为一方巨贾，长房刘端弘购置十八艘帆船，开辟海上通道"走关东"跨省经商，成为刘百万。随着海上贸易的发展，促进了村落经济的发展，在村落内形成了祠堂前街等商贸街，并开设了八处典当行。村落经济的发展反哺海上贸易，商屿岛成为海上商品贸易和船舶的投靠点，屿仔壁为海上货船码头，成为船只避风之港。

另外，在海洋文化、莆仙文化双重路径的影响下，土坑村的文化内涵不断得到充实，并反映在村落发展的过程中及村落空间形态里，"复界"后至民国时期前期，土坑村逐渐发展到了鼎盛时期。

（1）建筑空间和街巷空间方面

首先，明清"复界"以后，土坑村经济迅速发展，刘氏族人大片购置土地，修建、扩建祖祠，兴建家宅。刘氏兄弟分居祖祠南北两侧繁衍八支后裔，住宅以祖祠为中心分南北侧依次平行排列。发展到清末，村内共建有4座平行排列的三进古厝，33座二进的古厝，总共建有8排40多座（图8）。

图9　土坑村主要建筑类型

建筑比较	顶落高宽比
南安蔡氏古民居	1.07
晋江福全古民居	1.27
石狮永宁古民居	1.16
莆田洋尾村古民居	1.72
泉港土坑古民居	1.61

图10　传统古厝顶落高宽比对比

图8　土坑村古厝群

这些古厝多以"前埕后厝、坐北朝南、三或五开间或加护厝、红砖白石墙体、硬山式屋顶及双翘燕尾脊"为主要特征，具有闽南红砖大厝的特点又结合了明显的莆仙民居风格：①平面类型丰富，除了闽南古厝的平面形制，也有三间张带单护厝番仔楼式大厝、五间张三落带回向、角楼、丁字楼的大厝、五间张二落等突破闽南传统古厝的形式的变异形制；②民居顶落脊檩到地坪的距离与其到顶落檐柱的距离比超过1.6，其顶落高宽比相比闽南传统民居更大，接近莆仙民居的比值，顶落厅堂更幽深；③立面造型，继承了红砖白石镜面墙加燕尾脊的大形制，又因平面的多元而丰富多彩等（图9~图11）。

其次，除了进行海上贸易，土坑村内还发展当铺生意。当铺、商铺的发展丰富了土坑村的建筑空间并形成了祠堂前、时铺口、下门口铺等商业街。

再次，土坑村街巷随建筑发展呈现出折线形，街巷

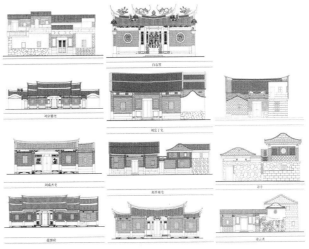

图11　土坑村传统古厝立面图

交汇处往往形成"丁"字形或错开的"十"字形，大大小小的街巷回环往复，加之村中地势起伏，形成了宛若迷宫的复杂街巷交通体系。街巷道路中主街宽2~3m，其余街巷约1~2m。随着建筑空间的扩展，土坑村逐渐形成"四横五纵"的街道体系和网状的空间格局（图12）。

（2）信仰空间方面

在土坑村建村以前，大约在南宋时期，先民已在后田岩山腰建大圣寺供奉佛祖和观音。建村后，由于靠近莆仙地区，受莆仙文化的熏陶，明清之际，在信仰方面

图12 土坑村网状空间格局

主要形成了三一教信仰、白石宫妈祖信仰、司马圣王信仰和土地公信仰，其中妈祖信仰和三一教信仰是极具莆仙特色的地域性信仰。

此外，清代土坑村中其他宗教信仰也迅速发展，体现出多元共融的信仰特征，集中体现在大量宫观寺庙建筑的兴建上。在土坑村中，德源房建兴天府、埔吓顶建玄天上帝府，下房建重安府，横龙中建五案宫，南头中建聚英亭，南头尾建水兴庙，顺裕房建太师爷府，来铺建土地公庙。众多各教神灵共处一村，有的甚至共处一庙。与信俗活动相关的传统表演艺术也在土坑繁荣起来。

因此，"复界"后，这些来自莆仙和闽南地区的宗教信仰，将土坑村中的族群黏合起来，共同促进了土坑传统聚落的和谐，逐渐构建出土坑村和谐、丰富的信仰空间（图13）。

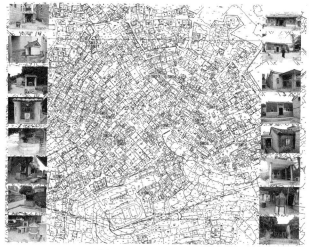

图13 土坑村寺庙分布

（3）家族空间方面

土坑村为单姓聚居聚落，自明代开基创业之始，建有刘氏祖祠，后历代不断扩建、修建。祖祠为全村的中心，是刘氏宗族最具凝聚力的场所，也是其家族文化的代表，因此具有极高的历史文化地位，民居建筑围绕祖祠展开布局。目前，全村建有支祠、房祠23处，同时，刘氏宗族重视修宗谱、立宗祠、建族墓、设义塾义田、举族合祭，体现了浓厚的宗族观念，也反映了深厚的家族文化底蕴（图14）。

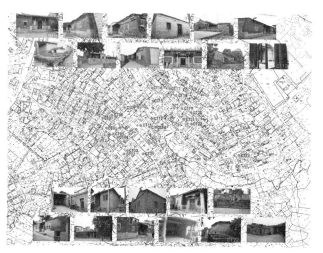

图14 土坑村祠堂分布

（4）文化空间方面

在村落发展的过程中，土坑村注重培养子弟入学、入仕，渐渐形成"以商贾兴、以官宦显"的传统观念。

首先，土坑村在建村第三代至第四代间，即，遴选塾师办馆，或寄读于名师家，此后土坑的塾馆随人口增加不断发展。至第五代，长三房出了一位太学生，成为土坑第一位读书出仕的子弟，促进了送子弟入馆读书的积极性，也鼓励子弟勤奋苦学好风尚。全村较早、较优的塾馆也因此被称"三房馆"，成为土坑初期教育兴学的基础。目前，土坑村内仍保留有凌云斋、选青斋两处书院遗址。

其中，选青斋始建于清代乾隆年间，由刘端弘出资建造。文革时期被拆除，2003年重建，为二落三间张传统古厝。占地面积267m²，建筑面积211m²。凌云斋始建于清代，又称北文馆，建于村北德源房榕树旁，俗称大馆，平面为二落三间张单伸手古厝，单伸手为二层，又名倚榕楼。占地面积358m²，建筑面积327m²。因此，土坑村在清代形成了南北文武两馆相对称的文化空间格局，培养了一大批文武人才。

3.3.4 村落衰落

清代后期民国初期，土坑村出现大量人口外迁的现象，人口规模锐减，减缓了文化变迁的进程，村落发展处于缓慢发展阶段。

4　土坑村传统聚落的保护与活化

基于上述，从文化变迁的视角分析，作为闽南、闽东交汇之处的古村落，土坑村历史悠久、村落格局独特，遗存类型丰富，保存相对较好，科学艺术价值较高，文化底蕴厚重，能够真实地反映不同历史时期的社会文化特征，对于研究闽南、闽东文化交流与变迁，海上丝绸之路的发展，民国时期革命等都具有重要的学术研究价值，同时对于丰富地方文化资源，推导社会、经济、文化的发展都具有积极的意义。

然而，目前土坑村急待保护。由于多年来村民拆旧建新，传统建筑自然老化、风化以及受台风等自然因素影响，土坑村传统空间破坏严重，古厝集中的区域日趋缩小。原先的山水格局及其周边的农田、溪流等生态环境目前已荡然无存，历史文化景观破坏严重。加之土坑村经济相对落后，使传统民居形态的延续及其保护面临巨大挑战。土坑村的历史文化资源优势也有待进一步挖掘。

4.1　保护与活化总体策略

4.1.1　保护母村，营造闽南文化生态家园

北禁东限南控西填策略——鉴于土坑村特殊的地理位置，其村落北部即为石化基地、化工园区，因此，村落北部必须建设生态卫生防护带，以确保土坑及其周边村落、城镇发展的安全，所以，在村域发展上，必须严格禁止向北发展，搬迁现有民居，原址建设为生态卫生防护带。其次，村落的东部、南部为农田，这是彰显土坑作为村落形态的重要组成要素，但是随着村落的发展，其农耕用地不断被蚕食，据此，严格限制村落向东、南发展。其次，土坑村西侧即为后龙镇集镇建设区，因结合海西路的南拓，积极引导土坑村向集镇区方向发展。

保护母村——根据前文的分析，首先保护母村，即抢救与整治传统建筑及其群落；保护传统街巷，保护主要历史环境要素；及其非物质遗存；保护古村山水空间格局。

配套建设安置点——因生态卫生防护带的建设，需要拆除土坑北部的大量民居，由此需要解决村民安置问题，为此，结合后龙镇建设、土坑古村保护工作的开展，合理建设安置点，安置区内以安置部分古村保护过程中拆迁的农户以及生态卫生防护带搬迁的居民。安置点的处置，部分由区、镇两级政府统一安置；以此，满足村落发展需要，并建设完善相应的配套设施以适应未来的发展。

4.1.2　展示文化，建设三苑

展示文化——在保护母村的基础上，积极建设刘氏宗族文化展示区，保护周边自然、人文生态环境，整治

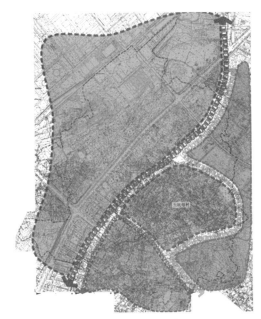

图15　保护与活化策略

内部及周边环境，营造古村内集休闲、人文、教育于一体的人文生态核心。

建设三苑——分别建设白石迎宾苑、选青文昌武德苑和凌云红色文化苑。白石迎宾苑主要是结合白石宫，及其村落自然、人文生态资源打造村落入口处的"白石迎宾苑"；选青文昌武德苑则结合聚英亭、青莲堂、木棉树等资源，展示土坑村历史上崇文敬武的历史风气；凌云红色文化苑则将土坑作为泉港红色革命策源之地的内涵进行展现，为营造"红色文化教育游"打下基础。

4.2　保护区划

为更好地对历史文化名村实施保护，准确地反映和体现土坑村的历史真实性、生活真实性和风貌完整性，根据现状风貌特征和保护原则，将规划区域划分为核心保护范围、建设控制地带和环境协调区三个层次（图16）。

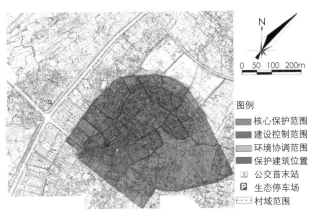

图16　保护区划图

大部分有保护价值的传统建筑群集中连片区、白石宫和选青斋都划入核心保护区，核心保护区东部以凌云斋东北为界、西至旗杆厝西，面积约7hm²；划定所围合的古村大部建成区为建设控制地带，面积约24hm²；建设控制地带以外的50m~100m的范围，包括割山北部区域，面积约27hm²的为环境协调区。

4.3 空间格局保护

基于前文，土坑村具有山水倚望的风水格局，因此，必须保护村落自然环境，重视对聚落内的涂山及周围岩山、割山等区域的保护，加强山体绿化及美化，保护古树名木，还原溪流、农田等生态环境，有助于逐步恢复聚落原有的自然秩序。

其次，视线通廊是体验村落特色风貌的重要景观通道，是自然和人文景观之间保持同视的基本条件，因此，要重视视线通廊的通达性，对古村落建设用地内的建设进行高度控制：核心保护范围内建筑的体量、风格、构造装饰及色彩要与传统街区的整体风格保持一致，建筑檐口高度应控制为7m，高度控制为2层；建设控制地带的建筑遵循保护措施的要求，檐口高度宜控制为7m，高度控制为2层，局部可建3层。

4.4 展示利用与旅游发展

文化遗产展示利用应充分展示文化遗产的真实性和完整性，并考虑资源的环境容量，以永续利用为前提，统筹、协调旅游开发与资源保护、生态保护、生活质量提高的关系，实现社会效益、环境效益和经济效益的统一。展示利用主要通过陈列室、旅游参观、户外活动、民俗体验、商业开发等不同方式对文化遗产进行展示和综合利用。陈列室、展示场所结合旗杆厝、提督府、凌云斋、选青斋等古厝建设，户外活动主要包括农耕体验、马术

竞技、宗教活动体验等形式。商业开发主要结合祠堂前街、海丝商贸街、民俗会所等展开。

以保护历史文化遗产作为发展乡村旅游的前提。在旅游发展方面，强调"刘氏单血缘亲情"、强调"闽南与莆仙文化交融"的文化旅游为主，辅以乡村农家乐的策略（图17）。

主要参考文献

[1] 新华社．习近平：留得住青山绿水，记得住乡愁 [N]．新华网，2015-1-22.

[2] 新华社．"一带一路"具体方案出炉，中国四大区域全面开放 [N]．新华网，2015-3-28.

[3] 中国网旅游频道．国家旅游局把海峡西岸旅游区列为重点扶持旅游区 [N]．中国网，2009-12-22.

[4] Bronislaw Malinowski. The Scientific Theory of Culture[M]. The University of North Carolina press.1944.

[5] Leslie A. White. The Science of Culture : A study of man and civilization [M]. Farrar, Straus and Giroux.1949.

[6] Julian H. Steward. Theory of Culture Change[M]. University of Illinois Press.1955.

[7] Elman R. Service. Cultural Evolutionism Holt[M]. Rinehart & Winston.1971.

[8] 克莱德·M·伍兹．文化变迁 [M]．石家庄：河北人民出版社，1989.

[9] 胡振洲．聚落地理学 [M]．中国台北：三民印书局，1975.

[10] 金其铭．中国农村聚落地理学 [M]．南京：江苏科学技术出版社，1989.

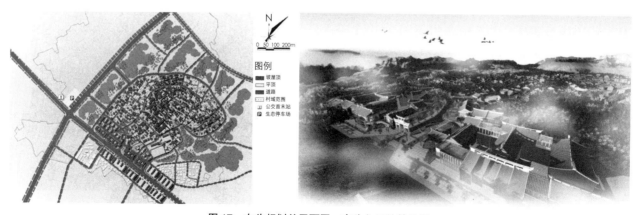

图17 左为规划总平面图、右为入口处效果图

系统论视角下特色小城镇循环发展的规划路径研究
—— 以扬州市邵伯镇为例

汪涛　王婧　张伟

摘　要：在理清特色小镇和特色小城镇概念的基础上，从系统论视角出发，审视当前小城镇规划的问题所在，探索特色小城镇的规划创新，提出树立核心线索引领的规划理念，建立多项复合发展的路径，完成小城镇的多维特色塑造。以扬州市邵伯镇总体规划为例，应用创新规划方法，解读了以资源调查梳理特色、以空间构建彰显特色、以产业发展激活特色、以三生融合形成特色发展良性循环的特色小城镇规划路径。

关键词：特色小城镇；系统论；循环发展；规划路径

1 "特色小镇"与"特色小城镇"

近年来，由浙江省引领的"特色小镇"建设在全国范围内掀起热潮。浙江"特色小镇"中的"小镇"，不是行政区划的单元，而是指"具有明确产业定位、文化内涵、旅游和一定社区功能的发展空间平台"，和以往常用于一般建制镇的"小镇"概念有本质区别。2016年7月，基于对全国发展情况的判断，住房城乡建设部联合国家发改委和财政部联合发文，要求在全国范围以建制镇为单元开展特色小镇的培育工作，将"特色小镇"的概念拉回到传统小城镇的理解中来。2016年10月，国家发改委再次出台了《关于加快美丽特色小（城）镇建设的指导意见》，又分别界定了"特色小镇"作为空间平台、"特色小城镇"作为建制镇的不同之处。

笔者认为，理清"特色小镇"与"特色小城镇"二者的概念很有必要。在"特色小镇"成为专有名词的时代背景之下，建制镇范围应当明确作为"特色小城镇"展开相应的研究。且由于"特色小镇"和"特色小城镇"在空间范围上的巨大差别，其建设发展思路和规划方法也有很大差异，无论在研究还是实践中都一定要避免混为一谈、随意套用。

2 特色引领的规划理念与思路创新

2.1 特色小城镇规划的现状问题

规划作为城镇建设发展的龙头，关于特色小城镇

规划的研究却相对滞后，一方面成果总量较少，另一方面更多地偏重于某类特色的研究。综合分析现有相关规划可以发现，主要以挖掘特色资源、塑造典型特色风貌、继承发展特色产业为核心工作，其对小城镇的初级发展阶段是起到较大作用的。但是进入新常态发展时期后，打造小城镇的特色成为普遍思路，而如何利用特色升级转型发展、提升竞争力，传统的规划技术路径就存在着较大的不足。其核心问题是，无法解答下一步产业核心如何升级，产业升级与物质空间的特色塑造如何相辅相成。

2.2 系统论视角下的问题分析

小城镇是一个有机的人居系统，特色小城镇规划可以借鉴系统论展开研究。系统论的核心思想是系统的整体的观念，关键在于"有机联系"。其认为系统的因素之间合理的相互联系和相互作用的关系，才使整体表现出新的性质和功能。其科学研究法，就是根据整体性、综合化、联系性和动态性的原则，把研究的对象放在系统中，考察整体与部分（要素）之间、部分与部分之间、整体与外部环境之间的关系。

对照现有特色小城镇规划路径可以看出，当前问题的根源在传统规划路径采用的是分项条线式分析策划思路，缺乏以系统的有机联系的思维来分析小城镇这一系统内各要素的关系；以静态的观点看待当前的特色资源与其他要素的关系，缺乏以动态的观点来考虑未来城镇发展后各要素的关系。因而往往导致规划中机械照搬旅游规划和历史文化保护规划的专项要求，缺乏对产业整体的整合与提升，缺乏对产业、空间、功能和

汪涛：江苏省城镇与乡村规划设计院
王婧：江苏省城镇与乡村规划设计院
张伟：江苏省城镇与乡村规划设计院

文化的深度融合，缺乏对传统文化的活化传承。以系统论为导向，将有利于探索形成更为完善特色小城镇规划路径。

2.3 以系统论为导向的特色小城镇规划创新

首先，应树立核心线索引领的理念。即特色小城镇的特色发展之路应是围绕产业升级的特色发展之路，其各项要素的整合利用与发展谋划均应紧紧围绕服务凸显传统特色产业、推进产业升级，树立以产业为核心的规划系统功能导向。

其次，应建立多项复合发展的路径。即把小城镇规划中的各项内容视为一个相对独立的子系统，各子系统之间应有功能上的分工合作。围绕产业核心，基于双向反馈机制和循环发展模式建立各子系统之间的密切联系，也就是表现为建立产业与用地、风貌、旅游、设施等特色子系统的关联，以及用地、风貌、旅游、设施等各子系统之间的关联。关联的目的推动各子系统相互作用、复合发展，形成新的性质和功能，为升级产业提供机遇和创新平台。

第三，应坚持多维特色塑造的原则。即在坚持用地、风貌、旅游、设施等各子系统特色塑造的同时，各子系统应始终坚持围绕产业功能核心的特色塑造，使每个子系统的特色存在相互间的密切联系，形成一个完整的、相互关联的特色系统。

3 新路径在扬州市邵伯镇总体规划中的应用

邵伯镇位于江苏省扬州市江都区北部，西濒京杭大运河，具有悠久的历史文化和优良的自然环境，是中国历史文化名镇之一。在时代的发展浪潮中，邵伯镇随着京杭大运河的没落也逐渐趋于平凡，作为一个曾经繁华的小城镇，亟待通过规划将自身的特色重新挖掘出来，并以特色带动复兴，形成长期的可持续发展。在系统论视角下，邵伯镇总体规划探索应用新的理念和思路展开工作。

3.1 基于资源调查的特色梳理

3.1.1 建立全面的资源调查清单

贯彻全域化特色规划的基本理念，资源调查清单力求全面，从空间上覆盖城镇地区和乡村地区，从内容上覆盖物质资源和非物质资源。突破原有的认识藩篱，除了调查生态环境、历史文化等传统意义上的特色资源外，将产业、交通、设施等都列入调查清单，以求资源调查的系统性，避免破坏其间的关联性。

3.1.2 挖掘潜在的各类特色资源

（1）交通资源。邵伯镇紧邻扬州市区，距离扬州泰州机场约22km，淮扬镇铁路从镇域东部通过，高速公路对外联通便捷，二级航道京杭大运河与五级航道盐邵河在镇区交汇。

（2）人文资源。邵伯镇人文景观资源丰富，邵伯古街、甘棠庙、斗野寺、甘棠仪井和梵行寺等仍有迹可循，保留了作为运河古镇的地方文化和生活印迹。

（3）自然资源。邵伯镇的水资源丰富，星荡湖、艾菱湖、渌洋湖、邵伯湖四面环抱，古河道、高水河、盐邵河纵横其中，丰富的水资源赋予邵伯镇独特的自然风貌。

（4）物产资源。邵伯全镇拥有水产养殖面积5万多亩，年产鱼、虾、荸荠、茨菇、藕等各类水产品占江都区水产总量的1/5以上，邵伯老菱、邵伯龙虾有一定的知名度。

（5）设施资源。邵伯镇作为水运交通枢纽，境内有邵伯船闸和盐邵船闸等水利设施，船只往来有序的景象具有特殊的观赏性和旅游价值。

3.2 基于空间构建的特色彰显

3.2.1 构建全域化特色空间体系

在全域范围内进行特色资源要素叠加和分析，以特色资源突出、风光优美的河流为纽带，串联各类特色资源承载地，构建点、线、面相结合的全域特色空间体系，形成"一心、一带、三区、两沿、多点"的特色空间结构。

一心：即邵伯古镇历史文化风貌区，集中展示古运河文化和邵伯明清商贸重镇的历史传统风貌。一带：即京杭运河景观风光带，包括沿运河的湿地区域，重点展示运河航运文化及沿线湿地风貌。三区：即以渌洋湖自然保护区的自然生态系统为特色的渌洋湖自然生态景观区、以邵伯湖重要湿地为特色的邵伯湖生态湿地景观区和以邵伯镇稻虾连作为特色的农业观光区。两沿：即以生态农业风光为主的沿戚墅河特色风光带和以城镇风貌特色为主沿盐邵河特色风光带。多点：即以湖荡湿地和产业为特色的若干特色村。

3.2.2 引导主题化特色风貌塑造

围绕空间特色体系及特色内容，引导形成主题化的特色风貌，彰显更具差异化、识别性的各类特色空间。通过专项研究历史文化名镇、自然生态环境、特色农业与乡村、旅游发展等，提出彰显特色的风貌塑造要求。例如，针对多点中两类特色村，通过列表分别提出村庄特色风貌的建设引导要求。

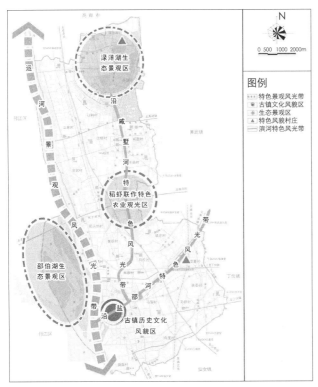

图1 镇域特色空间体系规划图

特色村庄风貌建设引导一览表（示例）　　　表1

序号	村庄名称	村庄分类	建设引导要求
1	渌洋湖村扬子东庄	自然特色乡村	1.保持现有住宅基地规模和周边河塘水系，逐渐改变其单一居住功能，将其改造成特色旅游景点和接待点，创造富有渌洋湖地方特色和浓郁乡土气息的农家餐饮、农家住宿、农家生活、农居新环境等休闲体验型特色旅游项目。 2.清洁住宅环境，设置处理废弃物的化粪池、沼气池。住宅周围主要种植花草树木和各种庭院蔬菜，宅间主要道路上安置竹木棚架，种植各种藤蔓瓜果。 3.村内河塘种植水生蔬菜——水八鲜，池塘养鱼，为旅游发展提供基础
2	艾菱村三组	产业特色乡村	1.在保持村庄整体风格协调的基础上，提倡符合地方风俗习惯的多样化设计，使村庄面貌呈现出充满个性的协调。引导农民转变生活方式。 2.围绕空间格局，营造村落特色空间，村庄建筑风格应体现邵伯地区的传统建筑特色。实施建筑物出新或环境风貌整治，建筑风貌体现地域及传统文化特色

3.3　基于产业发展的特色激活

制定以特色空间为基础的产业发展策略，推进产业与旅游互动发展，塑造小城镇产业特色，激活小城镇活力。

3.3.1　保护优先，推动产业可持续发展

以保护特色资源为前提，维护发展特色产业的基础条件，从而保障其长期可持续发展。在保护与利用相结合的原则下，规划编制历史文化名镇保护专项规划内容，

明确历史文化资源的保护利用要求和措施；落实生态红线，明确各类各级生态区管控要求；协调土地利用规划，确定土地利用与保护要求。

3.3.2　活化特色，多途径发展全域旅游

在保护生态、历史资源基础上，通过产业植入、产业做特、产业升级等方法激活特色、提升能级。基于特色和产业，多途径推进发全域旅游：生态特色培育观光游、景区游，文化特色培育古镇游、乡村游，产业特色培育休闲游、观光游。进一步融入扬州市域旅游体系，并通过旅游组织和设施提升为特色发展注入持续活力。

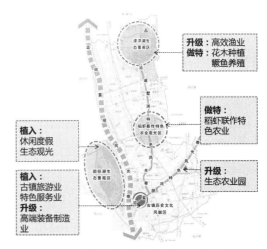

图2 基于特色空间体系发展特色产业

图3 全域旅游规划图

3.4 基于三生融合的特色循环

借力特色，提升城镇功能品质，促进生态、生产、生活空间相互融合，综合形成小城镇特色化发展循环。

3.4.1 景游复合，打造城镇特色功能空间

依托特色空间体系和特色产业，引运河景观和生态通过盐邵河、马荡河渗透到各个生活区，依托人文景观轴与环，生态景观轴、环和廊道、古运河历史文化生态景观带，塑造特色风貌，打造点线面结合城镇空间景观体系。将景观空间和游览空间相结合，布置慢行步道、居民休闲活动场地、绿化用地等功能空间，打造城镇慢行体系，提升城镇品质。

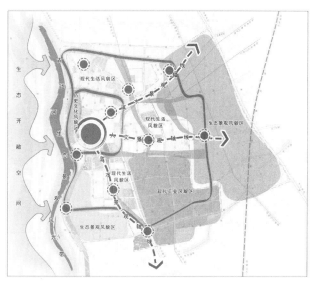

图4 城镇特色空间景观

3.4.2 三生融合，形成城镇特色发展循环

整体发展上，以产业升级为核心，在以产业激活特色、以特色催生旅游的基础上，以旅游反哺产业，从而形成良性的持久的特色发展循环，引导产业、特色、旅游深入融合。即规划以动态的观点来考虑未来城镇发展后各要素的关系，以全域旅游发展为基础，进一步复合联动生态、区位、商业、农业等要素，精准策划特色产业项目，做特做强六次产业，提升创新活力、文化活力、生态活力、运河活力和乡村活力，为升级产业提供机遇。

在城镇空间布局上，落实特色产业项目，塑造特色活力空间。进而依托慢行空间体系，围绕特色活力空间布置特色化的生活空间和服务设施，引导生态、生产、生活的空间聚合、功能复合，引导特色功能空间与特色活力空间有机联系、互动，促进交通减量，形成一个完整的、相互关联的特色系统，建设精致小镇。

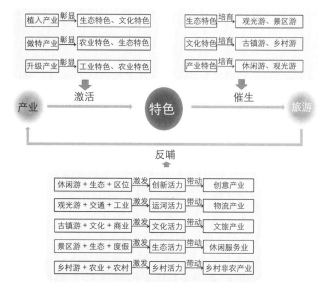

图5 "特色—产业—旅游"循环发展图

4 结语

当前，特色小城镇规划已不能停留在简单的特色塑造之上，特色小城镇要真正形成持续的活力和动力，需要将其看作一个系统，以动态发展的观念将产业、空间、功能和文化进行深度融合，将特色全面融入系统中的各个要素，才能真正长期、健康地发展下去。

主要参考文献

[1] 浙江省人民政府.关于加快特色小镇规划建设的指导意见 [Z]. 2015-05.

[2] 住房和城乡建设部，国家发展改革委，财政部.关于开展特色小镇培育工作的通知 [Z]. 2016-07.

[3] 国家发展改革委.关于加快美丽特色小（城）镇建设的指导意见 [Z]. 2016-10.

[4] 尹晓民.小城镇的特色及其塑造 [D].天津：天津大学，2006.

[5] 梁洁，胡志华.小城镇特色塑造和规划应对——以江苏省半城镇规划为例 [J].上海城市规划，2011（5）：78-83.

[6] 李旅，叶小群，徐伟.小城镇总体规划阶段特色建构路径探索——以安徽省佛子岭镇为例 [J].皖西学院学报，2016（4）：23-28.

[7] 李志民，周宝同，张玫.小城镇的特色发展探析 [J].安徽农业科学，2006，34（14）：3512-3514.

浙江省安吉县美丽乡村发展路径研究 *

郑国全　夏婷　郑建华　蒋晨　吴斌

摘　要：安吉县2008年开始实施"中国美丽乡村"建设以来，获得了社会的广泛关注和高度认可。以大量实践调查资料为基础，从村环境建设、三产联动、城乡统筹、社区管理和农民素质等方面总结了中国美丽乡村建设的成效，从规划建设、要素支撑、经济提升、统筹城乡和改革创新等方面分析了安吉美丽乡村发展的路径，并提出了安吉美丽乡村建设今后发展的重点。

关键词：美丽乡村；成效；发展路径；安吉

1　引言

　　安吉县深入贯彻落实关于构建城乡一体化新格局、建设生态文明的总体要求，进一步提升新农村建设水平，着力推进新农村建设在安吉的特色实践。从2008年开始在全县全面开展"中国美丽乡村"建设行动[1]。至2013年底，累计建成"中国美丽乡村"179个村，其中164个精品村、12个重点村和3个特色村，12个乡镇美丽乡村全覆盖，全县美丽乡村创建覆盖率达95.7%[2]。安吉作为长三角经济圈极具发展潜力和特色的山区县，在建设社会主义新农村，实现加快科学发展，依托和放大生态优势、区位优势、产业优势，积极探索、寻求社会主义新农村建设在安吉实践的融合点，实行错位式、差异化发展等方面积累了丰富经验。本文通过大量的实践调查资料，在总结安吉县中国美丽乡村建设的成效基础上，分析了安吉中国美丽乡村实践的具体路径，并对今后的发展进行了展望。

2　安吉县美丽乡村建设成效分析

2.1　安吉县概况

　　安吉地处长三角几何中心，是杭州大都市经济圈重要的西北节点。建县于公元185年，汉灵帝取《诗经》中"安且吉兮"，赐名"安吉"[1]。全县总面积1886平方公里，2013年常住人口46万，辖8镇3乡4街道1个省经济开发区和1个省级旅游度假区[3]。植被覆盖率75%，森林覆盖率71%，空气质量一级，水质常年Ⅱ类以上，被誉为"气净、水净、土净"的"三净"之地，

是中国竹乡、中国白茶之乡、中国椅业之乡、中国竹地板之都、首个国家生态县、全国首批生态文明建设试点县、国家卫生城市、国家园林县城、浙江省首个旅游经济强县，获中国人居环境奖，两度被评为长三角最具投资价值县，是民革中央、环保部、国家林业局，农业部和国家旅游局共同创建的"全国社会主义新农村建设调研基地"、"全国新农村与生态县互促共建示范区"、"全国林业推进社会主义新农村建设示范县"、"全国休闲农业与乡村旅游示范县"[1]。安吉县以生态文明理念为指导，以"中国美丽乡村"创建为抓手载体，将整个县域作为一个大农村来规划建设，把全县作为一个大景区来管理经营，作为一个大生态博物馆来布局展示，培育品牌产业、建设品位村镇、塑造品质农民，探索出了一条三产联动、城乡

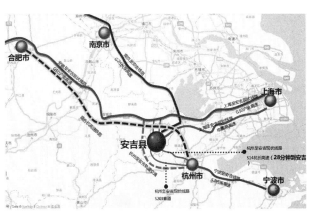

图1　安吉县区位示意图

郑国全：浙江农业大学风景园林与建筑学院
夏婷：浙江农业大学风景园林与建筑学院
郑建华：浙江农业大学风景园林与建筑学院
蒋晨：浙江农业大学风景园林与建筑学院
吴斌：浙江农业大学风景园林与建筑学院

* 杭州市社科规划重点课题（2014JD03）。

融合、农民富裕、生态和谐的符合地方特色的科学发展道路。2013 年实现地区生产总值 265 亿元，完成财政总收入 42.39 亿元，城镇居民人均可支配收入、农民人均纯收入分别达 35280 元和 17617 元[2]。

2.2 安吉县美丽乡村建设成效分析

安吉县根据科学发展观的要求，在生态文明理念指引下，综合考虑新农村建设任务、城乡一体化背景和县域发展需要。计划用十年左右时间，把全县 187 个行政村都建设成为"村村优美、家家创业、人人幸福、处处和谐"的现代化新农村样板，探索构建全国新农村建设的"安吉模式"[4-7]。"中国美丽乡村"的概念朴实而志向高远，"乡村"是安吉的地域特色，是安吉的本色，是由 187 个行政村单元组成的大农村。"美丽"涵盖内外两层意思，外指生态良好，环境优美，布局合理，设施完善；内指产业发展，农民富裕，特色鲜明，社会和谐。"中国"代表要将"美丽乡村"打造成安吉县继中国竹乡、全国首个生态县之后的第三张国家级名片[7]。启动两年多来，"中国美丽乡村"建设取得了丰硕的成果和良好的成效。

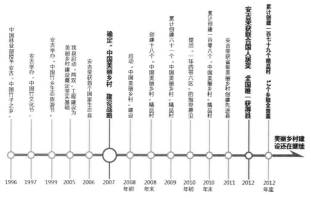

图 2 安吉县"中国美丽乡村"建设大事记

2.2.1 农村环境质量全面优化

围绕"中国美丽乡村"建设这一中心，至 2013 年底，累计建成"中国美丽乡村"179 个村，其中 164 个精品村、12 个重点村和 3 个特色村，全县美丽乡村创建覆盖率达 95.7%。形成了"中国大竹海"、"黄浦江源"、"昌硕故里"、"白茶飘香"四条精品观光带，12 个乡镇实现了美丽乡村全覆盖。农村环境基础设施进一步完善延伸，污水处理实现方式多样化、网络全覆盖，实行"就近入网、就地净化"分类处理；垃圾处理实现一体收集运、处理无害化，无害化处理率达到 100%；集中实施了一批联网公路、危房改造、农民新村等工程，全县所有通村公路（包

图 3 安吉县中国美丽乡村分布图

括自然村）全部硬化，危旧房改造全面完成。通过美丽乡村建设，全县农村环境监管能力显著提高，农民环境保护意识明显增强，农村环境质量优化。

2.2.2 农村三产协调联动发展

安吉县在发展农村经济过程中注重强化产业支撑，促进一二三产业融合发展、协调推进。2013 年末拥有现代农业示范园 55 个，其中省级 19 个，拥有农业龙头企业 39 家，其中省级 6 家，拥有省级无公害农产品基地 20.2 万亩，拥有无公害产品 84 个，拥有绿色食品 64 个。按照"一村一业"建设导向，建成 20 个工业特色村、28 个高效农业村、12 个休闲产业村、6 个综合发展村；农业发展实现"整合、联合、融合"，建成 4 个万亩现代园区，成为全国休闲农业与乡村旅游发展的示范和标杆。同时，围绕"一区一轴三带"的总体目标，启动 3 个现代农业综合示范区、15 个主导产业示范区、30 个特色农业精品园和 20 个休闲农业与乡村旅游景区建设。2013 年年接待国内外旅游人数 1044 万人次，其中，接待境外旅游人数 8.54 万人次。全年实现旅游总收入 102.31 亿元，其中，国内旅游收入 312.88 亿元，旅游外汇收入 1.73 亿美元。全年旅游景区门票收入 1.86 亿元。

2.2.3 城乡收入差距明显缩小

通过实施系列帮助农民就业和创业的措施，安吉农民年人均收入连续以两位数的速度上升，农村居民的恩格尔系数也从 2007 年的 40.6% 下降到 2013 年的 32.9%，城乡收入差距由 2007 年的 2.02 倍缩小到 2009 年的 2.00 倍[3]，远低于全国的平均水平 3.01 倍和浙江省的 2.35 倍[3]，成为浙江城乡差距缩小最快的县市之一。

2.2.4 农村社区服务不断提高

2008 年实施的《安吉县建设"中国美丽乡村"行动纲要》提出了加强村级基层组织建设，加强民主管理、民主决策，妥善处理经济社会发展中的各种利益矛盾，让农民群众充分享受民主权利和合法权益。实行村民事务代办制，促进干部作风转变，密切党群、干群关系。加大劳动关系协调力度，努力构建和谐劳动关系，进一步完善农民工权益保障机制。在换届选举和行政村合并过程中，选派机关干部、大学生充实农村基层组织，选好配强村级领导班子，为"中国美丽乡村"建设提供人才保证。随着"中国美丽乡村"建设取得初步成果，安吉县基层组织战斗力和公信力大幅提升，农村基层干部的群众威信、办事能力、工作水平都有了很大的提高，多名优秀创建村党组织书记破格提拔进入乡镇党委班子，涌现了林萍式基层支部书记群体。基层服务设施得到大幅提升，全县 80% 以上的村完成中心村建设、服务中心建设和健身路径、篮球场、农民广场的建设。

2.2.5 农民综合素质全面提升

2008 年实施的《安吉县建设"中国美丽乡村"行动纲要》提出了实施"素质提升工程"，开展农村乡土文化的个性化展示和农民素质的现代化培育，实现人人幸福的发展目标。注重文化的继承与弘扬，深化各类精神文明创建，繁荣文化体育教育事业。在开展"中国美丽乡村"建设的两年中，安吉县共开展各类培训 1000 多班次，培训农村劳动力 10 万多人，其中转移就业技能培训 3 万多人，新增农民转移 4 万多人。同时，美丽乡村建设带动了农村观念的改变，对各种陋习产生了一次深刻的"革命"，在农村形成了一股干部创事业、百姓创家业的新气象。

3 安吉县美丽乡村发展路径分析

3.1 县域统筹规划，注重品位提升

3.1.1 注重规划引领

坚持规划引领，突出把高标准、全覆盖的建设理念融合规划中，用科学的规划设计提升实践水平。坚持把全县作为一个大乡村来规划，注重与县域经济发展总体规划、生态文明建设规划、新农村示范区建设规划纲要、乡（镇）村发展规划等相对接，编制《安吉县新农村示范区建设规划纲要》、《"中国美丽乡村"行动纲要》、《"中国美丽乡村"建设总体规划》等纲领性规划和乡镇、村创建规划，形成一个规划系统引领建设，重点突出强化 60 个中心村和 100 个一般村的规划引导，着力体现"三大示范、两个更强、一大突破"。三大示范，即一二三产协调发展的示范，农村与城市共建共享发展成果的示范，

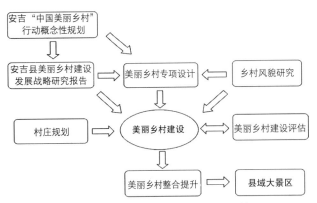

图4 安吉"中国美丽乡村"规划编制体系

现代文明与自然生态高度融合的示范；两个更强，就是农业特色产业更强、旅游休闲富民经济更强；一大突破，即现代家庭工业实现新突破。

3.1.2 注重内涵挖掘

结合安吉特色品牌，全力规划和打造"黄浦江源"、"中国大竹海"、"昌硕故里"、"白茶飘香"四条精品观光带，并按照"一村一品、一村一景、一村一业、一村一韵"的要求，致力于推进环境、空间、产业和文明相互支撑、一二三产整体联动、城乡一体有机链接，形成了一批主题鲜明的村庄。充分彰显地方文化魅力，初步形成东北部民间民俗文化区域、西北部书画艺术区域、西南部竹文化区域三大特色文化区域。启动中国生态博物馆建设，全力打造全国首个没有围墙的博物馆，并按功能建设 36 个馆点，全面展示安吉特有的生态文明。

3.1.3 注重执行落实

坚持不规划、不设计，不设计、不施工。各创建村美丽乡村建设规划设计不到位、城乡规划和土地利用规

图5 安吉县中国美丽乡村精品带分布图

划不符合，不得开展创建。专门成立勘察设计师协会强化对环境提升、产业发展、空间布局等专项设计和评审工作，进一步提高规划设计标准，严格建设门槛。全力探索和推进标准体系建设，创造性地设定"中国美丽乡村"的建设内容，设置"村村优美、家家创业、处处和谐、人人幸福"36项考核指标，力争建成"环境优美、生活富美、社会和美"的现代化新农村样板。

3.2 抢抓要素支撑，注重基层活力

以"政府主导、农民主体、政策推动、机制创新"为工作导向，充分调动基层组织和基层群众创建热情，全力推进美丽乡村建设。

3.2.1 强化政策支持

安吉县制定出台了关于社会主义新农村建设的若干意见，对加快发展高效生态的现代农业、全面建设文明和谐的农村新社区、加大对低收入地区和低收入农户的扶持力度、建立健全推进新农村建设的有效机制等方面作了全面的部署。采取"5+X"模式整合、评估、确认、审计建设项目，由县农办、发改委等五部门牵头，会同项目实施主管部门，对支农项目申报、立项、实施、考核验收、资金拨付、专款安全使用等全面审核把关。坚持对上争取、招商引资与社会参与相结合，实行整体策划、分头包装、结对共建、归口实施。

3.2.2 注重财政引领

生态投入是最有价值的投入，能为长远发展奠定坚实基础。安吉县不断加大对生态建设和美丽乡村的考核和奖励力度，每年安排1.2亿元资金，对生态村和美丽乡村建设村镇，按人口规模以奖代补，分别给予基数为300、200、150万元奖励，下保底数，年初预拨，年底兑现。

财政加大投入力度。2008~2009年安吉县财政累计投入三农资金2.36亿元，占全县可用财力的13.3%，2010年的预计投入资金2.46亿元，约占全年可用资金的19%。远远超过周边3%~6%的平均水平。在财政投入方向上，除了确保以奖代补资金外，还重点突出污染治理和清洁能源使用，实现垃圾、废水处理系统网络化，太阳能热水系统、太阳能路灯、清洁沼气广泛使用，地源（水源）热泵技术建筑面积达到4万平方米。

引导金融资金支持建设。安吉县财政局在县信用联社建立"美丽乡村建设项目风险专项资金"1200万元，用于乡镇建设资金的融资担保。县信用联社按基准利率下调10%为建设项目提供金融支持，两年来累计授信贷款2.4亿元，有效地解决了建设资金压力。

激励广大群众参与建设。美丽乡村建设成果得到了全县上下的高度肯定，也激发了群众参与建设、主动投入的自觉性。2008~2009年安吉县村级集体共投入1.5亿元，农户个人投工投劳1亿元，主要用于村内环境改造和农户庭院美化。

3.2.3 激发基层活力

完善工作落实机制，把美丽乡村建设工作成效作为考核各级领导班子、领导干部工作实绩的重要依据和工作能力、工作水平的重要内容；建立健全干部"一线工作体系"，实施"五百干部深入一线、千名干部服务一线"行动，选调近千名干部深入一线直接参与建设；认真落实省委关爱基层干部的政策措施，每年安排600万元用于村干部报酬三级统筹，激发基层建设积极性；注重在新农村建设一线选拔村干部，破格提拔多名新农村建设优秀书记进入乡镇党委班子。

3.3 加强三产联动，注重经济提升

围绕"一产接二连三"、"一产跨二进三"，以经营乡村为目标，以产业转型为途径，大力推进休闲农业和乡村旅游发展，培育了一批有较强区域特色、有竞争优势的专业特色村和特色产业。

3.3.1 农村工业集聚提升

依托优势工业龙头企业的强势带动，一批中小企业加快发展，推动了农村经济的全面发展。一批特色工业专业村不断涌现，如长林坞村的羊毛衫加工，义士塔村、禹山坞村的转椅配件加工，以及竹机械制造专业村、竹制品加工专业村等。深入实施"5211"中国美丽乡村人才合作开发计划，加大科技兴工和科技人才培育力度。

3.3.2 品牌农业加快发展

编制《安吉县农业产业招商目录》，先后在香港、澳门、北京、上海等大都市开展农业和休闲旅游业的招商。万亩白茶园已列入省农业综合开发项目，安吉白茶富农典型入选2009年全国两会专刊，成为全省唯一入选全国两会特刊的农产品地理标志证明商标。2010年，安吉白茶总产同比增长10%以上，产量达到850吨左右，产值9.5亿元。继续实施"双吨百公斤"（每亩产一吨桑果、一吨桑枝条和一百公斤蚕茧）现代蚕业发展模式，蚕桑产业全县累计完成和改造桑园3万亩，产量增幅达30%以上，仅果桑一项，每亩就能产生2000元以上的经济效益。

3.3.3 休闲产业带动明显

重点发展休闲农业与乡村旅游，2010年推进22个乡村经营项目建设，并建成5000亩农产品加工区、30个特色农业精品园、20个乡村旅游景区，抓住去年被农业部和国家旅游总局作为全国首个休闲农业和乡村旅游

试点县的契机，推进传统农产品转向休闲商品、农业园区转向休闲景区。建成农业休闲观光园区13个，面积7万亩，总投资超6亿元。中南百草园已被命名为国家农业旅游示范点。2013年年接待国内外旅游人数1044万人次，其中，接待境外旅游人数8.54万人次。全年实现旅游总收入102.31亿元，其中，国内旅游收入312.88亿元，旅游外汇收入1.73亿美元。全年旅游景区门票收入1.86亿元。近五年，安吉农民人均纯收入年均增长10%以上，2013年增幅高出浙江省0.5个百分点。广大农民依托丰富的自然资源，发展效益农业，涉足农家乐乡村游，实现了从卖产品到卖风景，再到卖环境的历史性转变。

3.4 强化城乡统筹，注重公共服务

把城乡一体化发展作为目标，不断推进城乡基础设施建设，实现城乡公共服务均衡化。2013年浙江省城乡统筹发展水平评估报告显示，安吉2013年城乡统筹发展水平达到87.48%，居于全省前列[8]。

3.4.1 推进基础设施一体化

把设施建设作为美丽乡村建设的基础，推进生态设施向县域全面延伸覆盖。全面开展生活污水治理，方式多样化、网络全覆盖，城镇和中心村污水"就近入网、

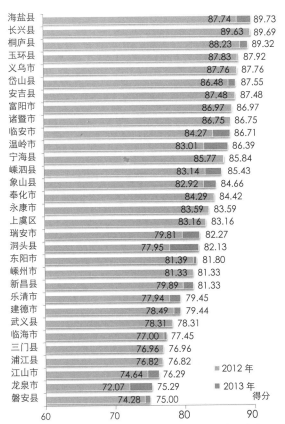

图6 2013年浙江省31个处于整体协调阶段的县（市、区）头筹城乡发展水平比较

集中处理"，散居农户污水处理"因地制宜、就地净化"，所有乡镇全部建成处理设施，到2013年底，生活污水处理受益率89.1%，全国领先；建立"户收、村集、乡运、县处理"的垃圾收集运模式，在全省率先实现收运一体化、处置无害化。在全国率先开展农业面源污染治理，大力推进废弃矿山复垦复绿、小流域生态改造，建成生态公益林43.73万亩，每年新增城乡绿化面积万亩以上。引入低碳生活理念，实施农村沼气系统建设、农房节能改造，推广农业生产节水节肥节能新技术；太阳能特色村覆盖面达到98.3%。到目前为止，全县15乡镇全部建成全国优美乡镇，建成市级以上小康示范村33个，其中省级29个。全县每个村都建立集就业职介、社会保险等于一体的劳动保障平台，都拥有农民广场、乡村舞台、篮球场、健身路径等文体设施，实现有线广播、电视、互联网和公共卫生服务站全覆盖；每年500户困难群众告别危旧房；90%的村建有标准化幼儿园，80%以上的村完成中心村建设，60%的村建成老年活动中心。

3.4.2 公共服务体系一体化

推进社会保障向农村覆盖，被征地农民基本生活保障、农村最低生活保障实现应保尽保；城镇"三无"和农村"五保"对象集中供养率、城乡居民养老保险制度覆盖率、重大疾病医疗救助率均达到100%；每年15万多农民享有免费健康体检，90%以上的农民参加新型城乡合作医疗，三级卫生服务网络全覆盖，运行日趋规范；农村社会助学、法律援助、慈善资助和民情反映机制更加健全；初步形成全面覆盖的城乡社会保障体系。

3.5 狠抓改革创新，推进富民强县

通过重点破解制约农村发展的难点和要素制约，激发农村发展活力，加快实现民富县强目标。

3.5.1 创新土地经营制度

安吉县制定了《安吉县人民政府关于加快农村土地流转的实施意见》，建立了全县土地承包经营权流转管理服务中心，完善了流转中介服务、价格形成和纠纷调处机制。建成乡镇土地流转服务中心16个，村级服务站180家；2010年新增土地流转4.45万亩，其中农田流转2.45万亩、山林流转2万亩，累计流转土地54万亩。在全省率先成立第一家毛竹股份制合作社—皈山尚林毛竹股份制合作社。

3.5.2 创新金融管理体制

积极探索新农村建设投融资体系创新，建立中国美丽乡村建设发展总公司，搭建美丽乡村建设投融资平台，破解建设资金难题。推进农户小额信用贷款和创建信用

村（镇）工作，加大"诚信彩虹卡"和"惠农卡"的发放力度。2009 年共发放林权抵押贷款 54 笔，金额 5530 万元，累计发放林权抵押贷款 9545 万元。探索实施"镇贷村用"模式，通过县财政注资担保，县信用联社按基准利率下调 10% 的利率向美丽乡村建设单位授信近亿元资金，用于农村公共基础设施建设。

3.5.3 创新农村管理机制

按照县财政拨一点、乡镇财政拿一点、村民自筹一点的渠道筹措，推行"中国美丽乡村"物业管理办法，在全县范围内建立"中国美丽乡村长效物业管理基金"，按照"公共卫生保洁好、园林绿化养护好、基础设施维护好"的总体要求，重点用于村容卫生日常保洁和公共基础设施日常维护，强化经费保障和监督考核。

4 安吉县美丽乡村发展重点

安吉的美丽乡村创建工作重心逐渐由山区向平原土斗区和偏远山区纵深推进，引领示范效应正从精品点线向核心区块延伸。下一步，安吉县将继续深入开展"中国美丽乡村"建设，着力构建规划、建设、管理、经营并重的"四位一体"发展体系，进一步开创"中国美丽乡村"建设新局面。

4.1 拓展建设领域

加快构筑"一环四带六区"总体布局，以县域交通环线为脉络，做精四条精品带，串起六大核心区。即加大黄浦江源、中国大竹海、昌硕故里、白茶飘香四条精品观光带的全线提升，按旅游"六要素"布局，通过两年努力，打造 100km 的旅游环线和景观通道，辐射全县100 个村，串联环灵峰山休闲度假区、中国大竹海观光旅游区、黄浦江源生态旅游区、昌硕故里文化体验区、白茶飘香休闲农业观光区和田园风光观光体验区六大核心区。突出平原土斗区这一建设难点，以整村整治为机遇，以宅基地整治为抓手，推进中心村住房和土地集中，做活田、塘、房、路、林等要素文章。

4.2 提升品牌经营

放大品牌效应、转化创建成果，是重中之重。进一步强化"全县大景区"的经营理念，以"中国美丽乡村"和"中国大竹海"为核心品牌，推动景区与精品带、精品点的整合联动、资源共享、做大品牌。着重建设一批休闲农业产业基地，创新开发多元复合型乡村旅游精品，大力发展休闲农业与乡村旅游。鼓励支持村村抓经营、抓项目包装和品牌宣传，引导村集体强化对既有资源的调控力，千方百计盘活村集体土地资源，增强村集体资源储备量，打造一批特色产业强村、特色文化名村，增强村级造血功能，实现可持续发展。

4.3 推进农村改革

以美丽乡村建设为契机，整体深化推进新农村建设综合配套改革。创新农村新社区建设管理机制。统筹城乡规划建设，以推进农村住房改建和管理为重点，建立健全规划建设与管理、财政投入与多元化投融资机制相结合的农村新社区建设机制，加快农民居住向城镇和新社区集中。创新农村公共服务均等化机制。以突破城乡分割的制度障碍为重点，着力建立覆盖广泛、城乡一体、接续灵活的全民社保体系，着力强化完善村庄环境卫生长效管理机制，着力建立确保农民利益增长的长效机制。创新农村发展要素保障机制。重点改革农村集体土地管理使用制度，创新农村金融服务机制。加大农地、林地土地流转力度，探索创新集体建设用地流转模式，建立健全集体建设用地流转收益分配机制，着力构建现代农村金融服务体系，开展农村住房、土地承包权等物权抵押试点。

主要参考文献

[1] 唐忠祥."中国美丽乡村"建设的安吉路径 [J]. 生态浙江，2009（6）：51–52.

[2] 安吉县统计局 .2013 年安吉县国民经济和社会发展统计公报 [M].2014-4-30.

[3] 安吉县统计局 . 安吉统计年鉴：2013[Z].

[4] 柯福艳，张社梅，徐红玳 . 生态立县背景下山区跨越式新农村建设路径研究——以安吉"中国美丽乡村"建设为例 [J]. 生态经济，2011（5）：113–116.

[5] 袁亚平 . 浙江省安吉县建设"中国美丽乡村"[N]. 人民日报，2008-05-12（1）.

[6] 农业部农村社会事业发展中心新农村建设课题组 . 打造美丽乡村统筹城乡和谐发展——社会主义新农村建设"安吉模式"研究报告 [J]. 中国乡镇企业，2009（10）：6–13.

[7] 彭真怀 . 安吉"美丽乡村"的示范意义 [J]. 决策，2009（4）：34–35.

[8] 浙江省统计局 . 浙江省 2013 年统筹城乡发展水平评价报告 [M]. 2014-10-13.

小议历史村镇的绿化环境改善与生活氛围保育
—— 以上海新场古镇设计实践为例

袁菲

摘　要：历史村镇在经年累月的社会实践中逐步演化成熟的适地环境，本不需要大手笔的规划设计干预，而应通过"微环境"的改善，克服历史环境与现代化生活的不适，进而使之留存并发扬光大，设计的重点是"在最小干预下实现活力再生"，而不是刻意进行新的添加和重组。

　　本文以上海新场古镇保护实践为例，重点阐述历史村镇中绿化环境改善设计的基本原则和维护原住居民生活氛围的场景保育措施，并以"图文并茂、优劣相较"的设计导则形式，尝试探索一种适应历史环境渐进改善的"微设计"方法。

关键词：历史村镇；绿化环境；生活氛围；"微环境"；"微设计"；新场古镇

1　关于"微环境"与"微设计"

　　本文所指历史村镇"微环境"，是相对于城镇规划宏观层面而言，更多关注的是与历史村镇居民日常生活密切相关的、由居民个人便可获得直观具象接触感知的空间环境[1]。

　　历史村镇是经由日积月累的漫长社会实践而逐步演化形成的，其本身具有强烈的地缘属性，并且呈现为成熟周到和经久考验的适地环境，本不需要什么大手笔的"设计"或"规划"。只是随着现代社会大规模工业化、快速城镇化、信息化与全球化等新发展运行机制而表现出不相适应的窘迫，故而需要引入适当有度的规划设计和环境友好的管理政策[2]，使其能够逐步适应现代生活的新需求，并成为现代社会进一步发展汲取智慧的文化家园[3]。

　　在我国当前社会制度转型阶段，城镇规划设计对于物质空间建设而言具有重要的龙头指向和规范约束作用。对待历史村镇这类稀少珍贵、一旦损毁、不可复得的人类共同历史遗产的设计与规划管理工作，尤当强调对细微点滴的谨慎关注，借一句古训所言，即"不以恶小而为之，不以善小而不为"。在"新常态"的社会经济发展新阶段，更当回归生活空间本原，以深入细致的设计关怀，为历史地段注入更多民生考虑，提供充满生活味的交往空间[4]。

　　本文以上海新场古镇保护实践中的绿化环境改善和生活氛围保育为例，探讨一种适应历史环境渐进改善的"微设计"方法。

　　袁菲：上海同济城市规划设计研究院

2　新场古镇概况

2.1　新场古镇特色与价值

　　新场古镇，位于今上海市浦东新区中部，是宋元时代东海之滨退岸成陆、下沙盐场东迁后"新的盐场"，伴随宋室南渡的官宦氏族和江南县府的盐业商号相继迁于此而日益兴旺，聚市成镇，故名"新场"；及至明清，市镇建设鼎盛，成为上海东南部地区的重要经济文化中心，有"十三牌楼九环龙、小小新场赛苏州"的美誉；加之气候温润、河网纵横，造就了一个既有海滨古盐文化地理特征，又有江南水乡典型风貌的城镇形态。近代以来，受上海都会西风日渐的影响，古镇"前街后河、跨河宅

图1　新场古镇位置示意图
（资料来源：作者绘制）

园"的江南民居中，普遍夹糅了中西合璧的建筑装饰艺术，蔚为绮丽[5]。

图2 新场古镇现状风貌环境
（资料来源：作者拍摄）

纵观新场古镇，从历史久远的沙洲渔村、滨海盐场，到明清水乡市镇，到近代市郊名镇，到现今——保留有"明清风貌建筑七十余处、雕花门头百余座、古石驳岸近千米、南北长街三里许"，是上海地区少有的、保存完整的传统水乡聚落，生动记录并展现着上海浦东原住居民的生活形态和物质积淀，是古代上海成陆与发展的重要载体，近代上海传统城镇演变的缩影，当代江南滨海水乡和谐共生人居理念的真实画卷！

2.2 古镇绿化环境特色综述

新场周边有大面积的桃林、稻田、菜园、杉林护卫滋养着古镇，这与当下大多数知名江南水乡古镇周边楼宇环绕、充斥着商业开发的场景相比，大为不同。在上海浦东新区二十多年日新月异的开发建设中，能留存这样处于田园环抱中的水乡古镇，实属不易。

图3 新场古镇的绿化环境与生活氛围
（资料来源：作者拍摄）

不仅如此，古镇里也处处绿意盎然——百年古树和参天大树遍布巷坊；河岸边、屋檐下，竹园苇丛随处可见；小院里绿篱成荫、花木繁盛；天井里、小巷边随处可见花草盆栽。在新场，粉墙黛瓦是时时处处都掩映在绿色中的，这与新场人爱种花花草草的长久习惯是分不开的。即便是在路边、屋角下巴掌宽的地方，也总会有人细细心心的育着两垄油菜或是一行花苗。无论到谁家探访，都会被热心的招呼到后院，看看他家那些有年头的黄杨、桂花，或是刚栽的新苗，脸上洋溢的是无比灿烂的骄傲——在新场，人人爱花、处处有绿，是个不争的事实。这些林林总总的缤纷花草、生机盎然的蔬菜瓜豆，为粉墙黛瓦的朴素小镇增添了丰富多彩的生命力，也透露出新场人对待生活朴质的热爱。

规划管理尤应注重对环镇生态田园环境的维护和全民种植习惯的呵护，为这种有特色且多样化的古镇人文生态特征提供存留的空间和激励政策。

3 新场古镇绿化环境"微设计"

3.1 绿化环境改善的主旨原则

根据新场古镇的历史文化与生态环境特色，以及古镇居民热爱种植的生活风尚，古镇公共空间的绿化种植与场所氛围营造，应当突出体现"沪郊·田园·水乡"的生活性（亲切近人的景观氛围）、实用性（家常瓜豆、四季果蔬）、本土性（本地常见植物品类）和自然性（富于野趣、忌人工修剪造型）。以下从"环镇绿化景观"、"线型滨水空间"、"街角闲碎空间"和"花坛树池设计"、"建筑绿化设计"五个方面分别制定改善设计策略。

3.2 "环镇绿化景观"营造策略

全面养护水乡古镇的田园生态绿化系统：

（1）鼓励环镇可绿化区域逐步增植桃、柳、黄杨、香樟等本地居民喜爱的树种；

（2）古镇东南片严格保护现存农耕田园，区域内形成以稻田、油菜花田和季节性时令菜地交互轮作的水乡农业景观，并提供绿色有机农产品；

（3）田间河道水体加强竹丛、苇丛等湿地生态绿化种植。

3.3 "线型滨水空间"绿化策略

（1）古镇东侧河港（东横港）宽二十余米，两岸视线开阔、绿树掩映，且南段河道蜿蜒于田园间，尤应保持自然生态岸线，保留现存滨水丛生型野生植被，不宜改筑人工石砌护岸。

（2）古镇内较狭窄的沿河空间不应强行增植绿化，可鼓励沿岸摆放盆栽，既增加美观，又起到一定的防护隔离，避免落水事故。盆栽植物的选择，除传统观赏花卉外，还可种植小葱、青菜、辣椒、小白菜、芫荽等。盆栽器皿除常规花盆外，还可选用破旧面盆、闲置瓦缸、泡菜坛子等弃置生活用品，或石槽、石臼、石井圈等乡间遗弃旧物，但不宜使用白色泡沫盒等不可降解材料。

▲ 狭窄的沿河空间鼓励摆放盆栽。盆栽植物除观赏花卉外，还可种植小葱、辣椒、小白菜、芫荽等。

▲ 盆栽器皿可选用破旧面盆、瓦缸、泡菜坛，或石槽、石臼、石井圈等乡间遗弃旧物，但不宜用不可降解泡沫盒。

图4 导则示例——狭窄的沿河空间绿化
（资料来源：作者拍摄并绘制）

（3）通行宽度较为富余的滨河步道，鼓励沿岸种植垂挂水面的常绿藤本植物，如本地多见的迎春花，不仅利于沿河防护，还可柔化不良驳岸景观；也可种植本地常见时令农作物，如油菜花、蚕豆、小青菜等，富于乡间农趣，对于临近住户也有吸引力和自觉性，常年悉心维护。

（4）沿河已有成行的较大乔木应保留，但要注意边角区域避免直接裸露泥土，可补植花草、时令蔬菜等等。

▲ 鼓励沿岸种植垂挂水面的常绿藤本植物。

▲ 或可种植本地常见时令农作物，如油菜花、蚕豆、小青菜等。

图5 导则示例——较宽的沿河空间绿化
（资料来源：作者拍摄并绘制）

3.4 "街角闲碎空间"种植策略

历史地段内往往建造稠密，宜"见缝插针"，利用不规则边角空地开展多种绿化：

（1）如在贴近建筑墙根狭长的地带种植翠竹，或草本花卉与高矮灌木搭配种植，可大大提升街区的绿化景观。

（2）古镇内沿主街道或河道的局部开敞空间甚为难得，不宜用大面积绿化侵占地面空间，可在场地周边的建筑或墙体前后种植极窄的一层贴墙绿化（以竹、芭蕉为最佳），既不挤占宝贵的空间，又能提升绿化景观。

▲ 不宜用大片低矮绿化侵占地面空间，可在场地周边的建筑或墙体前后种植极窄的一层贴墙绿化。

▲ 鼓励在贴近建筑墙根的狭长地带种植翠竹、芭蕉，或草本花卉与高矮灌木搭配种植。

图6 导则示例——古镇局部开敞空间绿化
（资料来源：作者拍摄并绘制）

（3）房前屋后、街角巷头等小块的闲碎空间，虽不起眼，却是最能突出体现浦东乡土特色的场所，不应按照常规的城市园林绿化方式种植。可鼓励邻近住户种植小片菜地、搭瓜豆架子、用竹扎矮篱围护等；也可适当撒种无

▲ 街角空间最能突出体现浦东乡土特色，不应按照常规城市园林绿化方式种植。

▲ 可鼓励邻近住户种植小片菜地、搭瓜豆架子、用竹扎矮篱围护等，也可适当撒种本地常见闲花野草。

图7 导则示例——街角闲碎空间绿化
（资料来源：作者拍摄并绘制）

需专门养护的野菊花、野荠菜、矮牵牛、婆婆纳、白花苜蓿、酢浆草、沿阶草、紫云英等本地常见的闲花野草。

3.5 "花坛与树池"设计举要

（1）除已挂牌保护的古树名木外，禁止砍伐已形成较大伞盖的景观树木。临水新增廊榭等景观构筑物时，应避让现状树木，为其提供生长空间，并与景观小品相结合。鼓励对保留树木设立铭牌，普及绿化科普知识。

▲ 树池宜与地面齐平，避免侵占和破碎分隔街道空间。

▲ 成行乔木不应分设单个树池，宜连续成条布局。

▲ 临水新建廊榭，应避让保留现状树木。　▲ 为保留树木设立铭牌。　▲ 不设树池则满植沿阶草。

图8 导则示例——保留现存树木
（资料来源：作者拍摄并绘制）

（2）街道上留存或新植的树木，应采用与地面齐平的树池形式，以避免对街道空间的破碎化分隔和侵占。树池的材质可多样化，以传统生态材料为最佳。

（3）沿河沿路种植成行的乔木，不应分别设置单个的树池边框，宜设置整体的连续条形树池，池内满植草本花卉或小青菜等，避免直接裸露泥土。

（4）宽阔场地上的树池可设计为与坐凳结合的花坛，选用石、木等天然材质为宜。

▲ 狭仄区域不宜用砖石砌筑花坛，鼓励使用竹木篱笆作分隔，也可直接将常绿灌木用竹片绑结为生态绿篱。

▲ 根据公共开放程度不同，可采用不同的篱笆高度和密度达到视线或通透或屏障的效果。

图9 导则示例——花坛、篱笆做法
（资料来源：作者拍摄并绘制）

（5）狭仄拥挤的绿化区域，不宜采用砖石砌筑花坛，鼓励使用具有乡趣的竹木篱笆作为分隔。篱笆的做法越自然随意越好，篱笆可与瓜豆架结合，也可直接将常绿灌木用竹片绑结，成为生机盎然的绿篱。根据所处位置的私密或公共程度不同，可采用不同的篱笆高度和密度达到视线或通透或屏障的效果。

3.6 "建筑+绿化"设计举要

古镇建筑密集、场地狭仄，应积极利用建筑立面、建筑屋顶、晒台挑廊等形成多样化的立体绿化种植：

（1）可在建筑立面上悬挂绿化盆栽，在建筑窗下墙体安置立体种植箱、种植挂袋等，或在建筑的台基、阶沿上摆放植物盆景。

（2）鼓励种植可依附建筑生长的本地爬墙植物、垂挂植物。如藤本蔷薇、紫藤、凌霄、爬山虎、常春藤等。

▲ 积极利用建筑墙面、阶沿、建筑屋顶、晒台挑廊等位置布置多样化的立体绿化，鼓励爬墙植物、垂挂植物。

图10 导则示例——"建筑+绿化"做法
（资料来源：作者拍摄并绘制）

4 古镇生活氛围保育"微设计"

新场古镇在经历从农耕到小手工商业社会漫长的自然演进过程中，积累了大量与生活形态息息相关的民间传统文化。这些文化，不仅仅表现为非遗展馆里的"锣鼓书"、"丝竹清音"、"浦东琵琶"等抑扬婉转的弹唱，而更因邻里亲和、家常味道、老幼相扶等日常且平凡的瞬间，而在一代代人的传袭和潜移默化中，维系和充实着古镇独特而丰富的物质空间环境：

（1）比如适当尊重和鼓励富有江南生活韵味的晾晒文化：居民应对潮湿天气又苦于家庭空间狭小，惯常在宅前屋后晒被子、晒衣物、晒鞋子的晾晒活动；在街边河边晒菜干、笋干、萝卜干；晾挂腌制的海菜河鲜等。

▲ 晒衣晒被、晒鞋子；晒菜干、笋干、萝卜干；晾挂海菜、河鲜等，富有江南生活韵味。

图11　导则示例——尊重江南晾晒场景
（资料来源：作者拍摄并绘制）

（2）鼓励店家用小黑板书写绘制广告，不仅经济便捷、生动有趣，也易于变换常新。

（3）炎炎夏日可允许街面上张挂遮阳篷布，但色彩应避免纯度过高而鲜艳刺眼，材质也以天然纤维的棉麻布幔为宜，不应使用塑料篷布。

（4）古镇内往往缺乏大面积的菜场空间，过去临近村民常于黎明或黄昏在街头巷尾摆摊叫卖，或推车挑担穿街走巷。与其三令五申的禁止驱赶，不如限定时段和地点，给予可行的办法。

（5）水乡居民多有在河边洗洗涮涮的习惯，和一边做事一边交谈的生活乐趣。所以，踏级入水的埠头应保护和加固，解放后陆续增建的河边洗衣台也应稍加改善，而不是简单拆违。

古镇里这些林林总总、服务于生活需求、又反过来影响和塑造着生活习惯的日常场景，是古镇"活着"的真实写照。维系住这种经久稳固、广泛存在于历史地段

中的良好氛围，才有可能延续鸟语花香、吴侬软语的水乡古镇，续写地域文化生命力的鲜活画卷。

5　结语：关于环境改善"微设计"的思考

历史村镇的规划和管理，尤应重视对"生活"的维系；历史村镇的设计者、管理者、使用者，都需在持续变化的社会发展中不断思考，体察居民需求，尊重生活习惯，在反复试错和调适中，渐趋合宜地改善设施，这是一个相互相长的互动过程，而不是简单粗暴的肃清或整饬。

如何避免保护整治工程实施过程中"处处开挖、大动干戈"的"大工地"现象？如何使古镇的保护与更新建设更加平稳有序，对居民生活的影响减小到最低？应当有什么样的政策或制度来激励居民们继续保持这种对生活的热情追求？或者说如何能够提供给居民一个可以追求生活意趣的平稳的环境？——这层层的追问与不懈探索，或许应是历史村镇规划管理与更新建设的目标与方向，而"微设计"只是一个前序的开始。

主要参考文献

[1] 袁菲.从"微环境"看历史地段的"理性与适度设计"——小议历史地段"新常态"的设计转变.第8届中国城市规划学会青年论文竞赛佳作奖，2015（9）.

[2] 仇保兴.重建城市微循环——一个即将发生的大趋势[J].城市发展研究，2011，18（05）.

[3] 金经昌.城市规划是具体为人民服务的工作——赠城市规划专业毕业班的讲话，1986（7）.

[4] 阮仪三，袁菲.迈向新江南水乡时代——江南水乡古镇的保护与合理发展[J].城市规划学刊，2010（2）.

[5] 阮仪三，袁菲，葛亮.新场古镇：历史文化名镇的保护与传承[M].上海：东方出版中心，2014（9）.

新乡村建设实验的思考与探索
—— 以浙江黄岩实践为例

承晨

摘　要：美丽乡村建设是推进生态文明建设和深化社会主义新农村建设的新工程，本文基于乡村生产力变更的视角，构建了"规划原理—建设探索"分析框架，结合实地调研以及浙江黄岩实践、乌岩古村的美丽乡村规划建设探索，对"美丽乡村"浪潮下的新乡村建设提出思考。"村建设的困境根源来源于生产关系与物质形态的不匹配，而好的人居环境必需达到生活（社会文化）－生产（产业经济）－生态（空间环境）这三者的有机结合。艺术介入的乡村有机更新是我国现代乡村建设的新外在动力，但以生活根植性的渐进规划才能最终激发乡村原真的内生性。

关键词：乡村建设；浙江黄岩；美丽乡村

0　引言

　　城乡问题一直是我国社会发展的重要议题，而现状乡村人居环境面临着严峻的社会和经济困境。随着经济新常态及"美丽乡村"的浪潮，乡村建设承载着给予公平原则的政治合法化要求，以及过剩资本空间转移的双重压力（武廷海，2014）。作为社会改良和发展的重要群体，知识分子介入乡村建设在我国有着深厚的历史背景，早自民国时期梁漱溟的邹平模式、晏阳初的定县模式等，而近年来乡建实验在全国尤其是东部地区再次大规模地进行实践与推广。

　　2013 年始同济大学规划系与黄岩区共建"美丽乡村"规划教学实验基地，以主动的姿态介入乡村建设。结合实地调研以及黄岩实践、乌岩古村的美丽乡村规划建设探索，笔者形成了一系列的感想。

1　"美丽乡村"的规划原理

1.1　乡村建设的困境根源——生产关系与物质形态的不匹配

　　基于列斐伏尔的空间生产理论，社会空间本身是由人类的劳动实践活动而生成的生存区域。如下图所示，村庄早期的形成过程就是人类在自然环境下与生产力不断适应和调试的过程，人居环境的演化发展就是人类不断摆脱自然限制、提升自身需求的过程，也即 a（物质形态）是对 A（传统农耕文明时代下生产力与生产关系）的反映。

承晨：同济大学建筑与城市规划学院

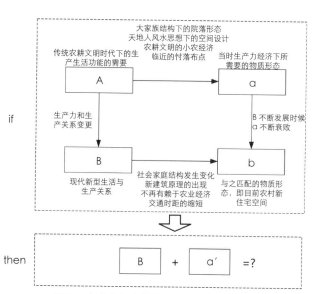

图 1　生产力与农村物质形态的关系图解
（资料来源：作者绘制）

　　然而城市化和工业化的快速发展导致无法适应的传统乡村景观发生了剧烈的变化，这种变化是以多样性的衰退、同质性的增加以及与历史和传统的根本割裂为特征的。但究其原因，是传统的物质形态所依附的社会关系已经不复存在，而随着城市价值观的渗透，村民无法自我鉴别有效而正确的建设路径，导致部分农村的原真性正在加速而不可逆转的退化中（即 b 并不是 B 的正确反映和回答）。在 a 向 b 演化的过程中，或有一些值得保留的村落地域，简单而无作为的纯物质保护；或粗暴地将城市原则复制于乡土环境中，农村形态环境却遭到了严重破坏，乡村社会也逐渐走向解体。

1.2 乡村建设的朴实理论——"三适原则"、"三位一体"和"三个层面"

中国乡村作为由各种形式的社会活动组成的群体，已经逐渐演化为完整而公认的社会单位，在这个基本社会单元中，产业经济、社会文化、空间环境相互联动，形成了辩证一体的关系。农民及村庄的经济产业既是美丽乡村建设的出发点，也是建设的落脚点。上文已经论述过，产业经济转型带来的生产力变革会在乡土物质环境中留下深刻的烙印，目前很多村庄依旧维持了原先单一的小农经济模式，而传统农业形式的生产效率已经无法满足农村人民现有的物质生活要求，部分对农村的建设甚至增加了农村生活的经济成本，在不更新或改变传统生产效率方式时，无法满足现有的生活水平需求。而生产效率的提高导致了大量富余劳动力，农村需要从对土地的单纯依附中脱离出来，重新寻找到自我新的发展方向与潜力点。

乡村独特的自然生态景观以及村民的生活行为及交流融合，也在今天逐渐呈现越来越重要的地位，这些看似潜移默化但却是影响整体美丽乡村建设的短板。部分地区单独重视产业经济的发展，导致了区村民不能以长远角度进行利益评判与发展选择；或小富即安，不愿意放弃自己落后的谋生方式；或目光短浅，破坏环境以追求一时的发展。而良好而开放的环境能够占得后发优势：注重邻里，维护逐渐瓦解的传统乡村社会契约；开放村庄管理，提升农村中的政治热情与自我权利诉求，这些都是提升人居环境、带动乡村整体一起前进的"催化剂"。

可以说好的人居环境必需达到生活（社会文化）－生产（产业经济）－生态（空间环境）这三者的有机结合，同时其客观的环境表达也需要与居住者的主观感受耦合在一起，才能达到最大化的乡村改善。

2 "美丽乡村"的建设探索——B+a′的找寻与求解

整体而言，在新的物质形态、新的功能需求下，如何利用中国传统的乡土资源，走出一条既吸取了西方现代化建设中的成功经验，又有别于中国过去的乡村建设，现代化发展的道路来，是目前学者不断求索的方向。

2.1 乡村建设的外在力——艺术介入的乡村有机更新

区别于政府层面的政策落实，目前的乡建实验发起者主要是非政府营利组织、高校和相关的专业性民间团体（刘天剑，2014），如安徽的碧山共同体、湖南的韶山计划、上海的设计丰收项目等。介入作为一种活动方式

或思维方式，同时还代表着一种价值诉求和态度（王春辰，2012），艺术介入的乡村建设最大的特征是希望通过外界要素的植入，以带来梁漱溟所言的"村民自觉"，但在实地调研中发现往往存在两大问题，一是外来自下而上的介入建设依旧存在发展断裂性的风险，村落共同体是内部联系相当紧密的"熟人社会"，外来介入需要长期的时期磨合，同时政策的稳定性也无法保障，所以拥有较好政府沟通度及实践自主性的黄岩实践，其成功有着很多必要因素，在挖掘现有资源的同时，如何着眼建立长效机制，依旧值得探讨。其次是空间改造吸引人们"回到"农村、挖掘农村价值的同时如何上升至村民自我意识的唤醒，乡村绅士化过程可以被认为是乡村土地脱离农业生产方式后实现再投资的有效途径，在黄岩走访时村民的关注点依旧集中在经济层面，位于沙滩老街周边、有良好潜力的村民家庭其积极性要大于只进行普通立面改造的村民，对于公共设施的布局等，村民们更多的是接受而不是参与（图2）。

我的猜想判断是，现有乡村的活化一般是具有一定显性的开发价值，或是优越自然文化景观或是完整邻里社会结构。但以亲缘维系、文化程度和组织程度较低的农村社会组织（徐璐，2015）必然不能完全独立地自我实现村庄的整治与改造，为了这些更新现有乡村必须要借助于部分外来的力量，所以在乡村建设的开端可能是"服务于他人的乡村"的形式，即依旧是外在的物质空间的匹配优化改造，这些空间及设施资源的改进既能被村民享有，也可以被外界使用，并通过该种方式使得村民通过农家乐等自我创作的服务形式获得增值。此后，乡

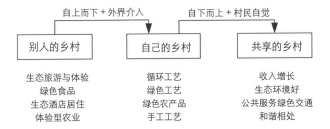

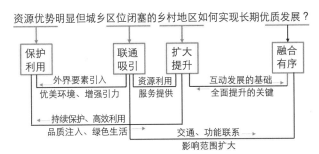

图2 乡村建设发展时序的推进逻辑
（资料来源：作者自绘）

村的改造要立足于"服务村庄及村民本身",即在外界要素的"孵化器"作用下以村民为实践主体进行地方重塑,美丽乡村建设的服务对象就是作为"人"的村民本身,恢复过去活力的村落细胞单元需要唤醒村民在经济诉求以外对于村庄的热情,并最终形成融合有序的"大家共享的乡村"。

2.2 乡村建设的内生性——以生活根植性的渐进规划

在乡村或者村域的级别,很明显单用一张总图无法阐述对于该村庄的改造构想,更多的是公共空间节点的设置优化以达到提升整体环境的目的,如沙滩村仅是原有兽医站的改建及功能置换,就需要结合入口广场、屋角绿地、外部墙体、内部空间等多重仔细推敲设计(图2);社戏广场和太极潭公园的改建也需要充分吸收村民家庭、村集体、艺术家的多方面意见,采用渐进式的微改善策略,根据不断变化的实际情况做出相应调整(图3)。

图2 沙滩村太极潭公园及沙滩老街
(资料来源:作者自摄)

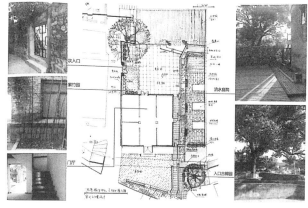

图3 沙滩村兽医站改建设计图与建设实景图
(资料来源:参考文献6)

乡土环境差异化的生态基底必然形成与其相适应的空间布局和建造模式,人为建设在介入环境改造的过程中也应充分尊重地域环境和传统习惯,充分保留特色(图4)。规划中也更应提倡一种"在地"规划,利用传统的生活语言及乡村要素进行组织构建,远离虚假的表演性,使规划建设更加"接地气",如利用闲置猪槽作为花坛洗手

图4 乌岩头村石桥及水井设计
(图片来源:网络搜集)

池、错落种植经济花卉作物、生土建筑的保留和置换,都是根植于黄岩本土特色的风貌延续。在这样的发展中,乡村自组织所重要的内生脉络才有了萌芽的空间。

3 总结

黄岩实践是一次对美丽乡村规划建设的积极探索,对于B(现代生产关系、城乡关系等)中,什么是正确而有效的a'(既符合当下的发展需求,也延续乡村文明基因的乡村空间形态)进行了解答。未来的乡村会向哪里发展、会演化成什么形态,很难有准确的判断,但黄岩实践的解答对美丽乡村及农村人居环境的实践有着很好的借鉴价值。

同时需要注意到的是,城乡互动并不是单单的城对乡的要素倾斜或者形成城乡的等级层次,乡村复兴也不是为了解构乡村文化或者唤醒乡愁记忆,而是为了找到乡村再次自我发展的动力。在新型的城乡社会关系中,乡村究竟应该以什么样的角色存在,并如何以此激活农村的价值,依旧是一个正在求解的回答。

(本文为同济大学建筑与城市规划学院杨贵庆教授讲座后感想之作,在此鸣谢。)

主要参考文献

[1] 梁漱溟. 乡村建设理论 [M]. 上海:上海人民出版社,2011.

[2] 刘天剑. 新返乡实验的困境与反思——"艺术介入"的多个案比较研究 [D]. 浙江大学,2014.

[3] 王春辰. "艺术介入社会":新敏感与再肯定 [J]. 美术研究,2012(4):25-30.

[4] 武廷海,张能,徐斌. 空间共享——新马克思主义与中国城镇化 [M]. 北京:商务印书馆,2014.

[5] 徐璐. 从集体记忆视角探究"乡愁"的产生与复现 [C]. 2015中国城市规划年会,2015.

[6] 杨贵庆. 黄岩实践:美丽乡村规划建设探索 [M]. 上海:同济大学出版社,2005:167-182.

新型城镇化背景下乡村整治规划方法研究
—— 以济宁市任城区长沟镇水牛陈东村为例

吕学昌　荣婷婷

摘　要：自党的十八大以来"美丽乡村"概念的提出，作为促进城乡统筹发展工作的重要组成部分，乡村地区的发展建设愈发受到相关政府部门的重视。本文在分析乡村发展建设的历程及存在问题的基础上，以济宁市任城区长沟镇水牛陈东乡村整治规划为例，基于可操作、可实施的角度，对乡村整治规划的工作方法、工作内容、工作重点等方面进行研究，并提出规划实施的具体策略建议。

关键词：乡村整治；美丽乡村；水牛陈东

1　引言

2015 年中国城镇化率已经达到 56.10%[1]。伴随我国城镇化率的快速提高，大量农村人口转化为城市人口，越来越多的人口在城市中聚集，进而促进了城市中商品住宅的开发建设，导致城市建成区的规模不断扩大。"十一五"期间，我国平均每天约有 20 个行政村消失[2]，人口流失和土地性质转变的双重因素迫使城市周边的自然村落走向消亡的道路。在城镇化进程快速提高的背景下，我们应该采取何种措施才能减缓乡村消亡或走向没落的发展趋势，提高乡村村民的居住环境；如何整治建设保留下来的村庄，营造具有特色的乡村风貌，使得乡村原本的历史文化记忆和空间风貌特色得以传承，这将是在进行乡村整治工作中特别需要关注的问题。

2　乡村建设发展概述

2.1　乡村建设发展历程

时间阶段划分		关于乡村建设的重要政策
新中国成立之前	晚清政府（1908 年）	颁布《城镇乡地方自治章程》和《城镇乡地方自治选举章程》；开展了"乡村治理运动"
	民国时期	在多个省区均发动了"乡村自治运动"
	近代	主要侧重于农村政治建设方面

吕学昌：山东建筑大学建筑城规学院
荣婷婷：山东建筑大学建筑城规学院

续表

时间阶段划分		关于乡村建设的重要政策
新中国成立以后至今	以粮为纲发展阶段（新中国成立初期——1978 年 12 月十一届三中全会以前）	1950 年代中期提出"农村现代化"的社会主义新农村建设目标；1960 年代中期"文化大革命"运动开展，使农业生产遭到严重的挫折而停滞不前
	市场化发展阶段（1978 年 12 月十一届三中全会——2005 年 10 月十六届五中全会以前）	十五届三中全从经济上、政治上、文化上对"建设中国特色社会主义新农村"的任务提出了要求
	社会主义新农村建设阶段（2005 年 10 月十六届五中全会——现在）	十六届五中全会具体地提出了社会主义新农村建设的 20 字方针，即"生产发展、生活宽裕、乡风文明、村容整洁、管理民主"，对新农村建设进行了全面部署
	党的十七大	进一步提出"要统筹城乡发展，推进社会主义新农村建设"，把农村建设纳入了国家建设的全局
	党的十八大报告	明确提出："要努力建设美丽中国，实现中华民族永续发展"；2013 年中央一号文件，依据美丽中国的理念第一次提出了要建设"美丽乡村"的奋斗目标，新农村建设以"美丽乡村"建设的提法首次在国家层面明确提出

2.2　乡村建设存在问题

在规划建设制度方面，缺乏关于编制乡村建设规划的规范依据，造成无序建设的现象普遍存在。目前我国农村地区规划建设的主要法律依据主要是《村庄和集镇规划建设管理条例》及与之相配套的《村镇规划编制办法》和《村镇规划标准》等，但受《城市规划编制办法》制约，上述法规涵盖的重点是"村庄和集镇"的规划。总之，现有村镇规划方面的法规标准注重村庄和集镇，较适用于建制镇，对于"乡"一级的规划表述并不够清晰，且与目前《城乡规划法》中提出的"乡规划和村庄规划"的界定不一致[3]。除此之外，《村庄和集镇规划建设管理条例》的针对性及可实施性都不够。鉴于我国的村镇建设一直没有更加科学合理的规划依据，所以之前的村镇建设没有引起规划编制单位的重视，设计单位习惯沿用解决城市问题的办法编制乡村建设规划。

就物质空间建设来看，乡村建设存在的问题主要包括以下几点：首先，对乡村空间的改造建设缺乏对社会经济因素的考虑；其次，对不同地域背景的村庄的风貌特色、历史文化内涵挖掘不够，随意复制粘贴各种风貌建筑形式的做法普遍存在；第三，城市化特征严重，规划建设过程中过多的采用城市空间形态的建设手法，忽略对乡村地域特点、空间肌理、环境特征的考虑，造成乡村活力和文化的流失。乡村建筑是村民在长期生产生活过程中与环境、社会和历史发展相适应的产物，实践中具有地域特点的建筑形式被移植到了不同区域，进而造成了"千村一面"的现象[4]。此外，规划师及建筑师等相关设计人员在工作中对表征特定地域乡村习俗与文化的元素的随意滥用也会使得乡村文化多元性的消逝。

2.3 "美丽乡村"建设与乡村整治规划

"美丽乡村"建设是在新农村建设的基础上提升、改良而来。美丽乡村之所以"美丽"是因为不仅强调自然层面的美化，还注重社会文化特色的传承与发展，更加尊重乡村内在的发展规律。与传统的新农村建设相比，美丽乡村规划将人与自然的关系作为影响规划建设的重要因素之一，更注重自然资源的保护利用。在我国新型城镇化背景下，美丽乡村规划对于"空心村"的改造，促进乡村产业发展，缩小城乡差距，促进城乡统筹发展有重大意义。

美丽乡村的建设是实现美丽中国的重要组成部分，而村庄整治规划的工作是美丽乡村建设的核心内容之一，是村庄产业多元化发展、基础设施改善、村庄集约用地宗旨、村庄生态环境改善以及村庄文脉传承的需要，是缩小城乡差距、促进农村经济增长、实现农村健康发展的必经之路[5]。在具体的规划设计工作中，应该以考虑新的发展时期农业生产方式的转变，强调乡村产业的可持续、多元性发展，注重农业文明的延续和保护；基于为农民生活生产服务的理念，完善乡村基础设施建设及道路网体系；营造和谐美丽的乡村居民生产生活环境场所，通过环境整治、提倡新能源的使用，使人与自然和谐相处；充分挖掘并利用具有地域特色的乡村历史文化，通过文化建设提高美丽乡村建设的内涵，塑造拥有风貌特色的乡村环境。

3 济宁市任城区长沟镇水牛陈东乡村整治规划实践

济宁市受济南都市圈影响，同时是鲁西南城市带中心，具有巨大的发展潜力。2014年济宁市开始启动"美丽乡村"建设工程，以示范区带动。水牛陈东村所在的长沟镇位于济宁西北部，在济宁—曲阜都市区内，且位于城市发展主轴和运河发展轴之上。目前，任城区已完成了村庄道路硬化、绿化、净化、美化、亮化。并在鲁西南率先聘用昌邑廉洁环卫有限责任公司，对全区7个镇街驻地、425个村庄的环卫进行了托管。

水牛陈东村东临京杭大运河、北靠日兰高速，紧邻济宁西互通立交桥，拥有连通济宁市、嘉祥县、长沟镇等地方的多种快捷交通通道。距济宁市18.7km，嘉祥县10.8km，长沟镇3km。

3.1 乡村建设存在问题

（1）空心户较多。村内常年无人居住的宅基地与独居老人宅基地所占比例较大，空闲地所占比例高，是水牛陈东人均建设用地较高的根本原因。

（2）大批有文化、懂技术、会经营的青壮年劳动力外出务工经商，老人、妇女、未成年人成为水牛陈东的主要成员。

（3）经过多次村庄综合整治，已经在一定程度上改善了村庄的环境品质，但还有很大提升空间。

（4）村庄产业亟待提升。从村民从业情况和收入水平看，人口流失严重，村庄后续发展动力不足，需要通过土地流转或产业升级解决村民就业问题，提高村民生活水平。

（5）公共设施及基础设施亟待完善。村庄内公共服务设施严重缺乏，给排水、电力电信、热力燃气等市政基础设施不成系统。村庄道路虽已经全部硬化，但在道路标识、停车设施等方面还有待提高。

（6）村庄特色消失。多次整治使得村庄物质环境已有很大改观但是村庄传统特色在改造过程中逐渐消失。

3.2 规划思路及目标定位

经营与管理并重，兼顾品质和形象。具体来讲分为以下几个方面：公共服务设施方面，利用现有乡村空置集体用地，完善公共服务设施；市政基础设施方面，结合实际情况提出科学合理的改造策略；文化特色方面，

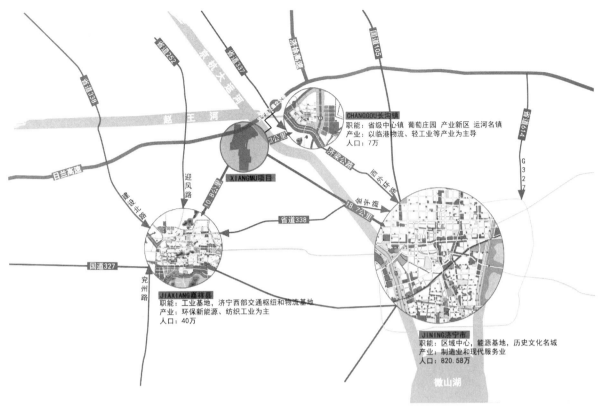

图1 区域位置图

挖掘当地"牛"文化及"陈"姓氏文化，打造水牛陈东特色，营造具有水牛陈东特色的公共空间；产业方面，结合"牛"文化发展与"牛"相关的产业，实现农村产业转型；提高村民参与的积极性，加强村企之间的合作关系。在以上规划思路的指导下将水牛陈东建设成为集特色生态教育，乡村文化体验，田园休闲旅游于一体的创新型乡村示范基地

3.3 规划理念

以村落、农田资源为景观基底，以运河为依托；抓取水、牛、陈氏文化为设计出发点；深度挖掘牛文化，扩充成牛产业，休闲水牛村走出农业转型路。对水牛陈东提出合理的客户定位：猎奇心理的年轻人、从事牛养殖的企业人、体验耕作、寻觅乡愁的城市人。景观定位方面：充分挖掘利用京杭大运河水牛陈东运河段的自然景观，并将其融入济宁市旅游体系：曲阜——宝相寺——水泊梁山——邹城——泗水——水牛陈。

3.4 规划方案

3.4.1 空间结构

打造点、线、面相结合的空间结构系统。点——主要打造水牛陈东文化中心、水牛陈东公园、水牛陈西公园、

水牛陈东村南入口、水牛陈东村东入口等重要节点空间，为村民休闲娱乐、游憩逗留提供场所。线——依托水牛陈东主要道路，打造街道线形生活空间，并且打造沿京杭大运河滨水休闲带。面——以线形生活空间串联生活节点，打造富有生机活力的乡村空间。

3.4.2 土地利用规划

水牛陈东规划后村庄总建设用地为15.81hm²，人均建设用地125.59m²/人。其中，主要增加了村庄公共服务设施的用地，采用集中与分散相结合的方式布局。绿地面积有所增加——扩建了水牛陈东公园，规划建设水牛陈西公园，并沿主要道路打造带状休闲绿地，供村民休闲娱乐、室外健身。村庄产业用地增加——将村庄分散加工、养殖等低效产业向园区集中，减少对村民的影响。充分利用现状利用率不高的建设用地，降低空置地所占比重。

3.4.3 公共服务设施规划

保留现状卫生室及商业网点。改造村委周边利用率较低的建设用地，结合现3层村委会建设文化活动用房。置换村委东侧独居老人院落，建设水牛陈东幼儿园。结合滨水路重要村庄出入口打造商业休闲中心，服务于周边临近村庄。在水牛陈村北建设祠堂，用于祭祀等活动。北侧规划水牛陈东产业用地，将村庄现有加工、养殖业等向产业园区集中。村庄南入口处规划建设秸秆沼气站。

图 2 水牛陈东空间结构规划图

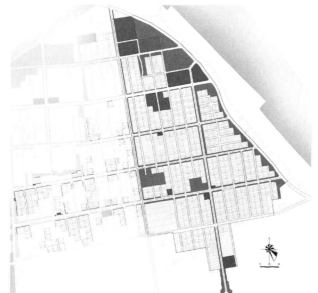

图 3 水牛陈东土地利用规划图

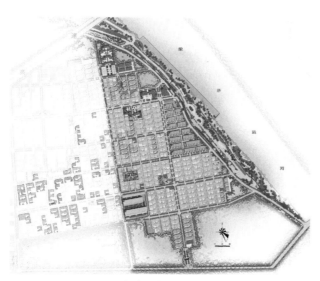

图 4 水牛陈东规划总平面图

3.4.4 道路交通规划

村庄道路系统分为"四级"——村庄连接线、村庄主要道路、村庄次要道路、村庄胡同路。

村庄主要道路：水牛陈东村委会北侧道路，路面宽度 7m，两侧绿化带宽分别为 1.5m；水牛陈东公园南道路与水牛陈东中心大街，路面宽度 6m，两侧绿化带宽分别 1.5m；道路绿化在原有基础上补充树种，充分体现季节性与视觉层次性。村庄次要道路：道路路面宽度 5~6m，绿化带宽度 1.5~2m，在原有绿化基础上，结合当地情况，丰富绿化树种。

村庄胡同路：路面宽度以 4m 为基准。当胡同两侧建筑间距小于 4m 时，全部硬化，在分别距离两侧建筑 60cm 处，预留 50cm×50cm 的方形或直径 50cm 的池子，用以种植藤蔓植物；当胡同两侧建筑间距大于 4m 时，

图 5 水牛陈东公共服务设施规划图

图 6 水牛陈东道路交通规划图

中间硬化 4m，两侧用以种植藤蔓植物。

3.4.5 市政基础设施规划

电力电信规划：对村庄现状杂乱的电力电信线进行梳理，线路沿建筑立面布设。给排水规划：在水牛陈西打深水井，作为村庄自来水主要水源。现状水牛陈东主要道路两侧已敷设排水管道，充分利用现有管道，雨污分流排放。雨水处理：村庄雨水排放采取雨水管和地表

径流结合方式排除。经过改造后生态冲沟的初步过滤，最终排入运河河道，丰富水源补给类型。污水处理：当地农村生活污水主要为厕所、洗浴、洗衣服、厨房污水等，基本不含重金属和有毒有害物质，含有一定量氮和磷，可生化性好；通过针对性较强的厌氧沼气池初步处理后，排入道路暗沟，流向村庄西北侧人工湿地进行二次处理，最后汇入村庄北侧运河河道，作为景观用水。

图 7　水牛陈东鸟瞰图

4 规划实施

在上述规划的基础上，规划实施应注重近远期的结合。从时间进度、整治细节、设施布局三个方面进行建设项目实施的引导，明确各类整治项目的建设时间、建设内容并制定切实可行的规划实施保障措施。

4.1 整治项目分期建设

4.1.1 近期（2015 年）村庄整治工作

（1）村委的改建扩建：整合用地，在原村委的基础上扩建，纳入文化活动等内容，增加室外活动用地，可供村民休闲健身。

（2）幼儿园：将村委东侧独居老人用地改建为水牛陈东幼儿园，原独居老人可享受养老院福利并给予一定补助。

（3）提升现状村庄道路景观，补种植被树木，增加道路绿化层次感。拓宽改造滨河道路，强化道路交叉口节点景观，提升村庄沿河景观风貌。

（4）村庄出入口的改造，增加特色小品，丰富绿化景观，打造特色出入口。

（5）整治现有多层住区的环境，布置适合村民活动的公共空间。

（6）改造现有坑塘，打造水牛陈西公园，丰富村民休闲场所。

4.1.2 中期（2016-2017 年）村庄整治工作

建设餐饮和休闲设施等商业网点，方便居民生活，拓宽部分村庄道路、改造沿主要道路两侧民宅、空置民宅以及滨水景观，建设给水管线系统、电力电信线路等。

4.1.3 远期（2018-2020 年）村庄整治工作

村庄服务中心、健身运动场、秸秆造气站、水牛陈东公园的改建和扩建、二层民宅示范区、燃气、热力工程及村北产业园区建设等。

图 8　村庄道路整治后

图9 公共活动空间

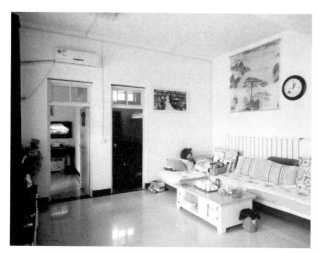

图10 村民住宅整治后

4.2 规划实施策略

4.2.1 加强管理与宣传

各级政府应积极发挥组织管理、协调作用，制定宣传计划，开辟宣传专栏，及时宣传新农村建设的重大意义，加强对村庄的指导、监督、管理，在规划通过后严格按规划实施。

4.2.2 农民自主

组织群众，依靠群众，农民自愿，村民自治，在规划过程倾听农民意见，在规划前期、中期、后期都积极吸收群众意见，尊重当地风俗习惯，力求规划切合实际，让农民接受，规划完成后，通过公开展示，深入宣传，以村规民约的方式确定规划，使规划具有准则约束力和形成执行规划的自觉性。

4.2.3 以鼓励代替强制

规划制定完成后，鼓励村民自主申报改造项目，自行投资投劳，与村民自己完成的工作量挂钩，多完成多补助，少完成少补助，不行动不补助，提高农民积极性。

4.2.4 选准切入点

在建设中研究农民的迫切需求，先易后难，先选择较易实施、易见成效、村民意见最大的脏、乱、差项目进行整治。

4.2.5 建章立制

建立长效机制，实行规范操作，使乡村建设步入制度化、规范化和科学发展轨道。可以成立水牛陈东建设村民理事会，主持村庄建设和调解矛盾纠纷。理事会主要由老党员、老干部、老教师和村中有声望、有公心的本村村民组成，通过理事会自主管理、民主决策、大胆工作，将在美丽乡村规划建设中发挥不可替代的作用。

5 结语

美丽乡村规划的规划对象是数量众多，地域和文化背景都存在巨大差异的农村，因此很难找到一种适应所以乡村地区的规划编制模式，应该因地制宜，具体问题具体分析，但是规划编制所应遵循的原则应该是一致的。本文从实践的角度出发，通过分析研究济宁市任城区长沟镇水牛陈东美丽乡村规划建设，提出适合北方村庄层面美丽乡村的规划方法供大家借鉴参考。

主要参考文献

[1] 中国统计年鉴2015.

[2] 李迎成，后乡土中国：审视城市时代农村发展的困境与转型[J].城市规划学刊，2014（4）.

[3] 范凌云，雷诚.论我国乡村规划的合法实施策略——基于《城乡规划法》的探讨[J].规划师，2010（01）.

[4] 孟莹，戴慎志，文晓斐.当前我国乡村规划实践面临的问题与对策[J].规划师，2015（2）.

[5] 张奔，杨忠伟，郑皓.基于创新分类引导下的苏州村庄整治规划模型探索[J].小城镇建设，2013（10）.

以体验为核心的全域旅游景观建设 *

郑辽吉　马廷玉

摘　要：全域旅游是促进美丽乡村建设的驱动力，以体验为核心的多功能景观建设是确保全域旅游顺利进行的空间基础。以河口村、大梨树村、绿江村、青山沟镇及芦茨村为例，通过深入访谈、调查问卷法并结合对旅游专业网站游客评价的分析，验证了在全域旅游背景下多功能景观网络理论框架及其功能差异。大梨树村与芦茨村属于经济发展较快而且社会包容性也较强的连续型景观空间，绿江村属于经济功能一般的而社会封闭的孤立型景观空间，青山沟、河口村属于经济发展水平一般而社会功能较强的整合型景观空间。通过优化健全景观空间开发与产业融合创新的发展机制，以产业为其生命力，以特色绿道建设为主要连接方式，充分发挥连续型景观空间的优势，促进对立型景观空间与孤立型景观空间的转型升级，推动乡村全域旅游多功能景观空间的可持续性开发。

关键词：全域旅游；旅游空间生产；多功能景观；行动者－网络；生态体验

1　引言

以旅游业为优势产业的全域旅游，通过对区域内经济社会资源尤其是旅游资源、相关产业、生态环境、公共服务、体制机制、政策法规、文明素质等进行全方位、系统化的优化提升，实现了区域的资源有机整合、产业融合发展、社会共建共享，以旅游业带动和促进经济社会协调发展的一种新的区域协调发展理念和模式。在以体验为核心的大众化旅游时代里，乡村旅游引领了全域旅游的快速发展，超过三分之二的旅游者将乡村作为首选的目的地。在全域旅游背景下，乡村资源、乡村环境、乡村社会及文化遗存等供给侧也进一步得到优化[1]，旅游供给已经超出了传统意义上的六要素组合，需要构建以旅游者生态体验为核心的多功能景观混合体验空间（Blended spaces）[2]，满足游客的多维旅游需求。然而，乡村旅游景观空间开发存在着两方面的短板：一方面是旅游景观空间开发的同质化现象严重[3]，直接造成产业功能单一，过分重视其经济功能，难以满足高端化个性化与多样化的市场需求。配套设施不健全、特色体验缺乏，景区内外差异显著，产业链条不完整，导致了核心价值的消失与乡土特色的丧失[4]。另一方面是乡村性与多样性不足造成的旅游景观空间结构性短缺问题严重，降低了乡村旅游发展体系有序构建与质量提升。如基础设施

建设水平较低，特色民宿不足，尤其是达标的乡村旅游厕所普遍存在数量不足、质量不高、布局不合理、管理不到位等突出问题。如何构建可以实现体验分享的多功能景观空间，建立无障碍链接全域的旅游廊，实现乡村旅游开发的全域化、特色化、休闲化、精品化，推动旅游空间供给链上要素的重新组合，促进乡村旅游从低端的农家乐向乡村休闲—乡村民宿—乡村生活的发展方向转化，以供给侧结构性改革的方式解决美丽乡村建设过程中产业升级的核心问题。因此，将"美丽乡村"与"魅力乡村"建设结合，借鉴台湾"富丽乡村"建设的理念，推动多功能景观的空间生产成为第一产业与第二产业及第三产业融合创新的驱动力，系统地推进全域旅游的可持续发展。

2　文献综述及理论框架

2.1　文献综述

以生态体验（Ecological experience）为核心的旅游活动是一种多维度景观空间的体验感知活动，而以生态体验旅游为基础的开发模式作为则成为全域旅游开发模式的有益补充，并有可能成为特色旅游村镇开发的最终选择[5]。郭文等人以资本维、生产维、权力维、阶层维、生活维和社会维6个维度为切入点，对周庄古镇旅游空间开发的研究表明：旅游空间生产更加关注社会效能，

*国家社会科学基金项目研究阶段成果"乡村旅游转型升级与多功能景观网络构建研究"（15BGL118）。

郑辽吉：辽东学院旅游管理学院
马廷玉：辽宁省城乡建设规划设计院

空间叙事也就成为旅游空间研究的新方式[6]。这说明，单一的景观空间必须要有相互叠合的地理空间、文化空间、社会空间来支撑，这才是景观空间生产的本质，也是全域旅游发展的空间基础。也只有多功能景观空间的物理性、社会性、符号性、可生产和可消费性等四大基本属性[7]，才能支撑全域旅游的可持续开发。通过原态保护式、历史复原式、模拟示范式、创新复合式、虚拟流动式等形成的发展脉络，最终促成游客在景观空间的情节化建构[8]，实现其空间体验价值的多样化，推动设施、要素、功能在空间上的合理布局和优化配置，达到全域旅游的发展目标（图1）。

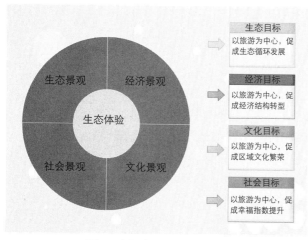

图1 乡村全域旅游发展目标

融入现代服务业的农业经济是塑造乡村多功能景观空间的基本动力[9]。其市场地位、创新能力及生产力三方面要素是多功能景观最重要的社会推动力，并使得空间生产进一步发生了分化。通过空间生产转型丰富空间的多维性和使用功能，实现土地空间功能的多维性，也包含农业的多功能性[10, 11]。将生态系统服务与多功能性整合在一起评价景观多功能价值的做法，实现了景观评价从科学理念到综合评估的重大转变[12]，为以生态体验为核心的乡村旅游发展奠定了坚实的基础。

随着分享经济（Sharing Economy）时代的到来，互联网+生态文明助推了这种新型经济业态与景观空间发展的速度[13]。分享经济崇尚最佳体验与物尽其用，集中体现了新的协同消费观和可持续发展观[14]。通过观光体验、休闲体验、娱乐体验、度假活动实现了对多功能景观空间的体验分享，也将乡村地区对"物"的生产过程上升到对"人"的体验服务，建立了一种融产品供给、社会安全保障、产业奉献、就业保障、生态功能与生活休闲为一体的多功能景观空间[15]。

2.2 理论框架

2.2.1 理论基础

多功能景观空间是一个渐进的转换过程。这涉及社会、经济、产业、人口、土地等多重因素构成的复杂景观空间系统转换过程。按照空间生产理论奠基人列斐伏尔（Henri lefebvre）的观点，空间生产是在一个不断自我生产和膨胀的"空间的实践""空间的再现"和"再现的空间"三位一体的关系中进行的[16, 17]。体验作为旅游研究的出发点与归宿[18]，乡村体验空间重构也涉及制度转型、经济结构转型与社会结构转型[19]，以生态体验为核心的"空间性"（Spatiality）与"社会性"（Sociality）及"历史性"是旅游空间开发关注的重要内容，是一个从物理空间向社会空间及文化空间递进的转化过程，反映了这种地理空间开发过程的时间属性。

多功能景观空间是异质性要素的整合过程。按照行动者－网络理论（Actor-network theory, ANT）[20]，以体验为核心的旅游空间开发[21, 22]，既是由各种异质性要素构成的行动者－网络空间构建过程[23]，也是通过不同行动者构成的空间网络类型。通过转译过程将每一个行动者在景观网络空间中的利益、角色、功能和地位进行重新界定、排序、赋予。按照分享经济学理念，通过实践、调整、融合与建构而融入乡村多功能景观行动者－网络空间之中的资本，也融入社区居民与游客建立起来的"场域"之中。以生态体验为核心的多功能景观空间开发，将传统农业只对"物"的生产过程提升至对"人"与"物"的空间共同分享发展过程。

2.2.2 理论构成

多功能景观是一种以生态体验为核心，由经济、社会、生态及文化四个主要维度构成的关系型景观空间，同时也是一种体验过程的分享空间（图2）。按照体验经济，多功能景观网络将旅游业提供的体验服务变成美丽乡村建设的驱动力，形成一种空间开发的动力，将"空间中的生产"（Production in space）和"空间的生产"（Production of space）有机地整合在一起，建立一种新型的空间生产关系，加快了推动乡村空间供给侧结构性改革的步伐。

按照社会交换理论（Social Exchange Theory），产业与多功能景观空间的协同也是一种"交换"关系。在交换过程中表达了多功能景观空间所有成员与旅游者共同的意愿和社会共识。按照社会表征理论（Social Representation Theory），在不同的沟通压力作用下，由各种要素行动者构成的多功能景观空间，也包括了乡村旅游供给链的各种表征元素中，形成了社会共识性知识[24]。因

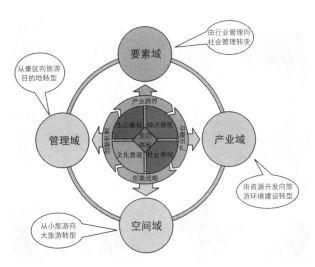

图2　乡村全域旅游多功能景观网络理论框架

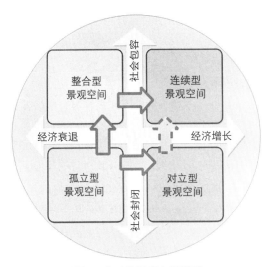

图3　多功能景观空间类型

此，按照经济发展状态、社会包容性及空间分布状态的差异，以及景观连续状态与功能转化方向划分为连续型景观空间（Continuous space）、整合型景观空间（Integrated space）、孤立型景观空间（Isolated space）及对立型景观空间（Differential space）（图3）。

3　生态体验空间开发案例

3.1　乡村旅游开发历程

选取辽宁省四个典型乡村及浙江省芦茨村进行比较分析，仅评价这几个村的生态景观、社会景观及经济景观。这五个乡村发展经历了自然景观—风情链—资本链—服务链—人才链—市场链等链条重组过程形成的关系型

网络空间，基本形成了以"景观+风情+产业"为主要特色的多功能景观空间。

3.2　资料收集

第一阶段：2014~2016年的7~8月，实地调查河口村、青山沟镇、大梨树村、绿江村及浙江芦茨村乡村发展基本概况。调研对象主要有：旅游管理部门、旅游专家学者、旅游企业经营者、社区居民及游客等42人（包括电话访谈），获得了乡村旅游发展的定性资料，包括区域环境背景，产业发展过程等背景资料，如河口村（图4）。

第二阶段：2016年2~8月，通过对空间行动者要素进行实地调查并发放部分调查问卷（采用李克特的5等

		旅游专业村镇景观空间的基本特征			表1
主要项目		辽宁绿江村	辽宁青山沟镇（村）	辽宁大梨树村	辽宁河口村	浙江芦茨村
人口与面积		57.5（km²），550户人	120（km²）（含水面23.3）3110户	48（km²）1642户	40（km²）1050户	54.5（km²）442户
地域类型Area type		东北的香格里拉	青山绿水天然画卷	中国农业公园	沿江万亩水果林	富春小瀛洲。
		民俗风情型—边境旅游专业村	景区依托型—风景名胜区旅游专业镇	创意产业型—辽宁省旅游专业村	田园休闲型—辽宁省旅游专业村	民宿度假型—特色"风情村镇"
发展特征	发展过程Developing process	中朝边境山水风光发展起来的旅游业，以水没地油菜花及冬小麦等种植	原生态美景为基础发展起来观光休闲产业，乡村生态旅游为主导产业	农工贸结合发展起来的旅游产业，社会主义新农村建设典范	北方艳红桃生产和种植基地，鸭绿江风景名胜区六大核心景区	以乡村田园为载体，以富春山水为内涵和主线，特色民宿经营
	经济结构Economic structure	淡水捕捞、传统种植及旅游业，主导产业缺乏。从事旅游业的劳动力有420人左右，占人口的1/5	以种养业为主、林下产业及旅游业。从事旅游业从业2000人，占劳动力总数1/3	特色农业。旅游从业300人，约占人口的1/16	艳红桃水果基地、旅游业。旅游从业人口180人，占人口1/10	以美丽乡村为载体的精品民宿发展。48户从事民宿经营。占人口11%
	发展水平 Level of development	人均收入0.80万元，全村是辽宁省贫困村，贫困户250户；2015年接待游客突破10万人次	人均收入1.2万元，年接待游客20万人次，旅游业收入3000万元。人均纯收入1/2来自旅游	人均收入2.1万元，有"东北华西村"之称，2015年接待游客20万人次，旅游收入1500万元	人均收入达0.86万元，从事餐饮的业户年收入3万元左右，年接待游客20万人次	人均收入超过2.4万元，年接待游客72万人次，旅游收入7000余万元，占总收入1/10

级评价法，即：-2，-1，0，1，2五个等级）。同时借助携程旅行网、驴妈妈、马蜂窝等网站中游客对5个村的点评（包括微博）分析游客的多重感受。

通过对6名专家及74名游客（年龄为19~72周岁的自驾游及自由行游客）的调查问卷并结合网络评价。在网络评价分析中，对来自携程旅行网中36条游友对河口村的点评（http://you.ctrip.com/sight/kuandian2137/60650.html）；蚂蜂窝对青山沟景区的105条评价（http://www.mafengwo.cn/poi/33899.html）以及对大梨树村的45条点评（http://www.mafengwo.cn/poi/33263.html）；马蜂窝上绿江村的11篇游记（http://www.mafengwo.cn/group/s.php?q=绿江村&t=info）以及携程旅行网中的95条对绿江村的景点点评（http://taocan.ctrip.com/sh/20959.html）；6条马蜂窝蜂蜂点评及芦茨村游记（http://www.mafengwo.cn/poi/7927079.html）（http://www.mafengwo.cn/i/5543785.html）。

在评价分析中，根据关键词出现频率及所表达的相近含义采集相关的数据，着重评价五个村镇的生态功

能、经济功能及社会功能，将文化功能融入社会功能中一同评价。将每一种评价的等级确定为：-2，-1，0，1，2五个等级。在网络评价中没有提到的事物，我们采用平均的方式，将其记为0。最终的得分与调查问卷的得分进行综合，得出五个乡村多功能景观空间的评价结果（表2）。

4 调研结果

评价结果基本表明了乡村多功能景观空间性的功能性差异。其中：辽宁大梨树村与浙江芦茨村的产业活力最强，其生态环境与乡村经济具有一定的区域影响力；河口村、青山沟的田园风光特色较为显著，其原生态的形象对外界影响较大；绿江村的乡村交通较弱，与外界交往的交通方式较弱，这也是该村开发较晚的一个重要原因（图5）。

从乡村景观的功能比较来看，所选案例乡村的生态景观、经济景观及社会景观存在着功能差异。其中，大

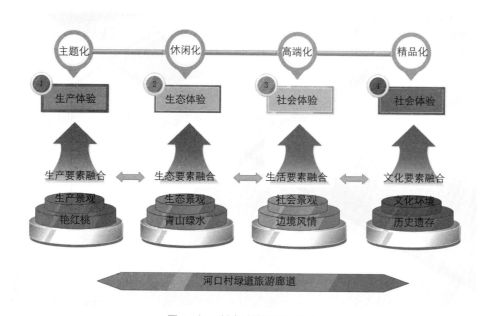

图4 河口村全域旅游发展模式

五个乡村多功能景观空间要素比较 表2

典型乡村	生态景观				社会景观			经济景观	
	田园风光	乡村交通	生态环境	文化遗产	民俗风情	社区聚落	特色产品	传统农业	产业活力
辽宁绿江村	1.61	1.06	1.61	0.78	1.11	0.83	0.92	1.16	1.08
辽宁青山沟镇	1.65	1.18	1.45	0.94	1.15	1.06	1.05	1.31	1.2
浙江芦茨村	1.75	1.69	1.66	1.37	1.39	1.39	1.24	1.35	1.25
辽宁河口村	1.55	1.59	1.34	0.81	1.06	0.96	0.98	1.25	1.09
辽宁大梨树村	1.69	1.61	1.73	1.44	1.34	1.42	1.33	1.41	1.7

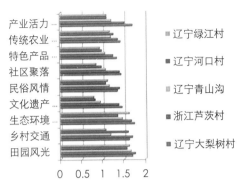

图5 乡村多功能景观空间生态体验感知评价
（实地调查，2016）

梨树村及芦茨村的经济功能最强，而绿江村的经济景观最弱（图6）。

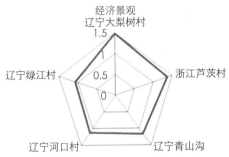

图6 乡村经济景观功能比较

从景观的生态功能比较来看，所选乡村的生态景观功能都很强，但最强的要数芦茨村与大梨树村（图7）。

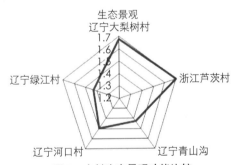

图7 乡村生态景观功能比较

从景观空间的社会功能比较来看，芦茨村与大梨树村的社会功能最强，绿江村的社会功能最弱，青山沟镇（村）与河口村的社会功能介于最强与最弱之间（图8）。

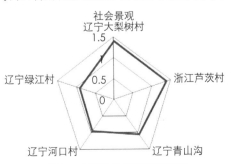

图8 乡村社会景观功能比较

在生态功能都较强的情况下，这五个乡村景观空间存在着转换性的差异：大梨树村与芦茨村属于经济功能强且社会包容性也较强的连续型景观空间类型；绿江村属于经济功能一般且社会相对封闭的孤立型景观空间（有鸭绿江边香格里拉之称）；青山沟与河口村属于经济发展水平一般且社会功能较强的整合型景观空间。五个乡村中没有那种经济增长较快而社会封闭差的对立型（存在等级差异较大的景观）景观空间。

5 结论与讨论

5.1 多功能景观网络整合了空间生产的功能性要素，提升了景观空间的生产效率

建立制度层面上的激励机制对土地利用的空间转换进行制约，解决乡村空间生产过程中的社会化现象和空间性危机诸多问题，促进连续型、整合型、孤立型及对立型景观空间的转换，打造原真性、原乡性及原生性的全域旅游产品。发挥政府对空间生产规划方面的主导作用，改变传统以景区为主的发展模式，构建起具有不同功能的旅游区、不同形态的旅游廊、不同类型的旅游场域，推动乡村旅游景观空间从以"景点空间"为重心向以全域化的"体验空间"为核心转型。以"绿道"建设为纽带，以智慧旅游建设为手段，实行以路串点、以路联景、串联旅游文化带、特色农业产业带、生态养生度假基地和民俗文化廊道等特色项目，促进景观开发的生态化、聚集化、板块化及产业化发展。

5.2 多功能景观网络凸显了地域的营销特色，发挥了不同景观空间的功能优势

多功能景观行动者－网络空间建构是美丽宜居乡村的重要载体，有助于实现乡村旅游体验空间供给侧结构性改革的成功目标，同时也是旅游目的地实施差异性营销的重要基础。以空间生产的结构性调整为切入点，因地制宜的优化空间布局和环境协调融合，连点成线、以点带面、整体推进。将历史文化与民俗文化等与空间生产有效地整合在一起，形成以生态体验为核心的空间生产载体，充分发挥其经济功能；在突出景观空间记忆的过程中，坚持就地取材、因势利导，保留空间中的老建筑、历史遗产；尤其是在挖掘地方饮食文化的过程中，要突出味觉记忆，采取原生态食材，重现传统技法、土法工艺，体现当地特色，恢复传统风味，唤起美丽乡愁。

5.3 多功能景观网络丰富了空间创意生产的基础

空间生产始终与人的行为紧密相连，"美丽乡村"建

设与"魅力乡村"建设结合，推动乡村旅游转型升级。将特色民宿、当地美食、民俗表演、生活方式、休闲生活氛围等纳入到生态体验活动的开发设计之中，大力发展休闲度假、旅游观光、养生养老、创意农业、农耕体验、乡村手工艺等。因此，将空间生产融入了"乡愁"主题，促进"生态创意"与"文化创意"融合，推动景观空间功能之间的有效转化。以创意方式改善乡村绿色交通网络、供水设施、停车场、厕所、垃圾污水处理、游客综合服务中心、宽带、餐饮住宿的洗涤消毒设施、景观观光道路、休闲辅助设施、乡村民俗展览馆和演艺场所等基础设施，加快不同等级空间转化速度，提升了乡村休闲体验创意产品的开发水平。

致谢

本研究得到国家社科基金项目"乡村旅游转型升级与多功能景观网络构建研究"（15BGL118）资助；王焕宇、罗云艳、周晓丽、赵艳辉及包大明老师等部分参与了深入访谈、调查问卷发放及网络评价分析过程。

主要参考文献

[1] 厉新建, 马蕾, 陈丽嘉. 全域旅游发展:逻辑与重点 [J]. 旅游学刊, 2016（09）: 22-24.

[2] Brian O'keefe 和 Benyon David.Using the blended spaces framework to design heritage stories with schoolchildren[J].International Journal of Child-Computer Interaction, 2015, 6（0）: 7-16.

[3] 刘峰. 供给侧改革下的新型旅游规划智库建设思考 [J]. 旅游学刊, 2016, 31（2）: 8-10.

[4] 冯娴慧, 戴光全. 乡村旅游开发中农业景观特质性的保护研究 [J]. 旅游学刊, 2012, 27（8）: 104-111.

[5] 张文磊, 周忠发. 全域体验开发模式: 区域旅游开发的新途径 [J]. 生态经济, 2013（02）: 29-32.

[6] 郭文, 王丽, 黄震方. 旅游空间生产及社区居民体验研究——江南水乡周庄古镇案例 [J]. 旅游学刊, 2012, 27（04）: 28-38.

[7] 桂榕, 吕宛青. 民族文化旅游空间生产刍论 [J]. 人文地理, 2013（3）: 154-160.

[8] 张旗. 慢旅游视角下的游客体验空间研究 [J]. 广西社会科学, 2015（03）: 75-79.

[9] Marc Benoît, Rizzo Davide, Marraccini Elisa, Moonen Anna Camilla, Galli Mariassunta, Lardon Sylvie, Rapey Hélène, Thenail Claudine 和 Bonari

Enrico.Landscape agronomy : A new field for addressing agricultural landscape dynamics[J].Landscape Ecology, 2012, 27（10）: 1385-1394.

[10] 龙花楼. 论土地利用转型与乡村转型发展 [J]. 地理科学进展, 2012, 31（2）: 131-138.

[11] 甄霖, 曹淑艳, 魏云洁, 谢高地, 李芬, 杨莉. 土地空间多功能利用: 理论框架及实证研究 [J]. 资源科学, 2009, 31（4）: 544-551.

[12] 吕一河, 马志敏, 傅伯杰, 高光耀. 生态系统服务多样性与景观多功能性 [J]. 生态学报, 2013, 33（4）: 1153-1159.

[13] 张孝德, 年维勇. 分享经济: 一场人类生活方式的革命 [J]. 学术前沿, 2015（12）: 6-15.

[14] 中国互联网协会分享经济工作委员会. 中国分享经济发展报告 [J].E-GOVERNMENT, 2016, 4: 11-27.

[15] 孙九霞和苏静. 旅游影响下传统社区空间变迁的理论探讨——基于空间生产理论的反思 [J]. 旅游学刊, 2014, 29（5）: 78-86.

[16] 陆扬. 社会空间的生产——析列斐伏尔《空间的生产》[J]. 甘肃社会科学, 2008（5）: 133-136.

[17] 郭文. 空间的生产与分析: 旅游空间实践和研究的新视角 [J]. 旅游学刊, 2016, 31（8）: 29-39.

[18] 郑辽吉. 乡村体验旅游开发探讨——以辽东山区为例 [J]. 生态经济, 2006（6）: 118-121.

[19] 钟晓华. 社会空间和社会变迁——转型期城市研究的"社会—空间"转向 [J]. 国外社会科学, 2013（2）: 14-21.

[20] R. Van Der Duim.Tourismscapes : an actor-network perspective[J].Annals of Tourism Research, 2007, 34（4）: 961-976.

[21] B.J. Pine 和 Gilmore J.H.Welcome to the experience economy[J].Harvard Business Review, 1998, 76（July-August）: 97-105.

[22] Andrzej Stasiak.Tourist product in experience economy[J].Tourism, 2013, 23（1）: 27-35.

[23] Kate Rodger, Moore Susan A. 和 Newsome David. Wildlife Tourism, Science And Actor Network Theory[J].Annals of Tourism Research, 2009, 36（4）: 645-666.

[24] 管健. 社会表征理论的起源与发展——对莫斯科维奇《社会表征: 社会心理学探索》的解读 [J]. 社会学研究, 2009, 24（4）: 228-242.

智慧小城镇的发展模式与空间支撑初探 *
—— 以北京副中心通州小城镇集群为例

曾鹏　朱柳慧

摘　要： 近几年，随着信息技术的跨越式发展，全国开始了智慧城市建设的热潮。在新型城镇化的背景下，小城镇已成为城镇化的重要载体，智慧小城镇作为智慧城市的延展，具有空间尺度适宜、产业业态精准、集群整合发展的优势，将成为智慧城市体系的主要形式以及未来城镇化的发展方向。本文以智慧小城镇为研究对象，通过其与智慧城市和传统小城镇的对比，解释智慧小城镇的内涵，并以北京行政副中心通州智慧小城镇的建设为例，提出智慧小城镇的规划框架和发展内容，以期为相关研究提供参考。

关键词： 智慧小城镇；发展模式；通州小城镇

1　引言

随着信息技术的跨越式发展，物联网、云计算、大数据等技术已逐步渗透到人们的衣食住行中，全面信息化推动了城市逐步进入到智慧阶段。2014 年，《国家新型城镇化规划 2014-2020》中提出了推动物联网、云计算、大数据等新一代信息技术创新应用，实现与城市经济社会发展深度融合。2016 年，国家"十三五"规划纲要明确提出，"推进大数据和物联网发展，建设智慧城市"。多项国家政策的引导，预示着全面建设信息化的智慧城市的阶段已经到来。

走新型城镇化的发展之路是我国城市建设的主要任务和未来三十年最大发展潜力所在[①]。小城镇作为重要载体，在新型城镇化建设中具有重要的地位。同时，小城镇也是中国城镇人口聚集的主体，是中国城镇体系重要基础和支撑[②]。在信息时代的大背景下，通过利用信息和通信技术，提高资源的高效利用，让城市生活更加高效便捷，实现全面的信息化和智慧化的小城镇建设必将是未来的发展方向。

当前针对智慧城市的研究很多，曹阳、罗亚[③] 探讨智慧城市的顶层设计智慧规划，从规划信息平台建设的角度入口，以"数据－业务－系统"模式建立城市信息平台。赵四东、欧阳东和钟源[④] 分析了智慧城市的缘起、内涵及发展态势，深入研究了智慧城市的应用体系以及

智慧城市发展对城市规划领域的影响。董宏伟、寇永霞[⑤] 整理了今年来国外智慧城市研究的重要文献，对智慧技术、智慧设施、智慧人民、智慧制度、智慧经济、智慧环境六方面的内涵做进一步阐释。各位学者的切入点大多为智慧城市整体构架、智慧城市内涵阐述或智慧城市对传统规划的影响等方面，缺少与我国城镇发展现状的联系，过于恢宏，缺少落地性。针对智慧小城镇的研究刚刚起步，根据知网的文献查询结果，相关文献数量少且大多来源于报刊数据库，缺乏研究的深度。

因此，本文结合新型城镇化的发展方向，集中讨论智慧城市的小城镇尺度的应用，探索智慧小城镇的发展模式，并以北京行政副中心通州区小城镇的智慧小城镇建设为例，提出智慧小城镇的规划框架和发展内容。

2　智慧小城镇概念解析

小城镇属于乡村和城市之间的结合地带，是乡村之"首"，城市之"尾"。沈玉麟曾说过"城乡结合将会发展出新的生活、新的希望和新的文明"，尤其在信息技术大幅度发展的背景下，与信息通信技术结合的智慧小城镇将是小城镇发展的新路径。

2.1　智慧小城镇与智慧城市

智慧小城镇是智慧城市的延展，两者都是利用物联网、云计算、互联网等新一代信息技术，构建智能、低碳、

* 国家自然科学基金面上项目资助（51678393）。

曾鹏：天津大学建筑学院
朱柳慧：天津大学建筑学院

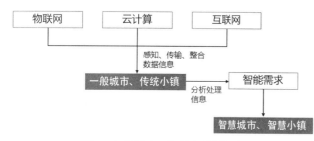

图1 智慧城市、智慧小城镇概念

生态的高质量的居民生活[6]（图1）。两者的不同之处在于城市是一定范围内的中心，智慧城市更多地表现在区域的信息控制空间和服务中心等方面，往往对人们的居住、生活、工作等方面无法做到兼顾。智慧小城镇则趋于小型化和专业化，具有空间尺度适宜、产业业态精准、集群整合发展的优势，并与优美自然环境连接紧密，通过信息化的技术，在网络上增强与城市、与其他小城镇的联系，人们在这样的环境下可以更加自由、舒适的选择工作、居住场所。当前，全球范围内成功的智慧城市，特别是综合型的智慧城市案例寥寥无几[4]，而智慧小城镇基于我国数目庞大、类型多样的小城镇，借助信息化、智能化的技术，为我们建设"有机生长、集约紧凑、城乡统筹、自然融合"的理想城市提供了一种可能[2]。

2.2 智慧小城镇与传统小城镇

笔者认为，智慧小城镇是传统小城镇的高级形式，从农业社会时单纯的从事传统农业的一代小城镇，到工业社会时加入传统工业的二代小城镇，再到后工业时代，用现代技术改造传统产业，形成现代农业、现代工业，并加入现代服务业的三代小城镇，现在，伴随着信息时代信息技术的普及，三代小城镇会向数字化、网络化、信息化以及自动化方向发展，形成四代小城镇——智慧小城镇（图2）。

图2 小城镇发展等级

智慧小城镇与以往的传统小城镇相比，在继承其优点的同时，会采用各种方式解决现存的问题。首先，智慧小城镇的生态环境更加优美，选择利于环境保护的生产方式和生活方式，继续维护小城镇的美好生态环境。其次，传统小城镇的各类公共服务设施配套往往不完善，商业不发达，对适应城市生活的人们来说生活不便捷，智慧小城镇将会完善各类基础设施，打造智慧生活，为居民提供更加完善的生活服务。再次，不同小城镇的产业基础条件不同，可通过城镇化的动力，全面提升城镇化的质量和水平，发展智慧小城镇，传统的行业可借助物联网、云计算、互联网等信息技术进行快速转型升级，焕发产业活力。最后，我国小城镇的空间布局相对均衡，具备发展产业集群的优势，智慧小城镇的布局会更加趋于集约、有序、均衡，利于发展规模化的，拥有区域竞争力的智慧城镇集群（图3）。

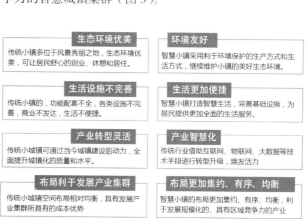

图3 传统小城镇和智慧小城镇对比

3 智慧小城镇规划方法——以通州智慧小城镇建设为例

3.1 项目背景

2015年7月，通州区成为北京城市副中心，承接北京市属行政单位及相关部门的疏解转移。有关部门开始编制北京城市副中心的智慧城市规划，各智慧策略在通州的全境均有应用，但不同区域的侧重有所不同（图4），6km²的行政核心区以"行政优先"为特点，主打智慧政务、公共安全和智慧交通，落实政府治理精细化的要求。155km²的北京城市副中心以运河及其沿岸为载体，开展智慧医疗、智慧教育、智慧环保等智慧城市建设。余下的通州区范围开展小城镇集群规划，在北京行政副中心的辐射下，其周边小城镇以高品质的自然生态和便捷的生产生活条件，将人从核心区吸引出来。通过智慧小城镇规划引领新兴产业的发展方向，带动小城镇的整体更

图4　研究范围及对象

新，提高人民生活水平，形成对京津冀地区辐射及协同发展。

　　通州区属的乡镇中，永顺镇、梨园镇靠近城市副中心，已全部实现城市化，张家湾、宋庄、台湖、马驹桥、永乐店镇、漷县镇、西集镇为重点发展的小城镇。随着北京副中心的建设，北京市中心城区功能疏解，部分人才产业留出，通州现有的小城镇需把握机遇，采用智慧小城镇的建设策略，切实提高小城镇的产业发展环境、教育、医疗、文化等公共服务能力，提高小城镇的吸引力，借力北京副中心建设，串起人才、产业、土地等核心要素，有效实现产业升级、基础设施建设一体化等任务，形成功能协调、层次分明的城镇体系。

3.2　智慧小城镇规划框架

　　智慧小城镇的规划框架如图5所示，要从五方面进行规划，包括智慧小城镇基础设施模块、智慧小城镇

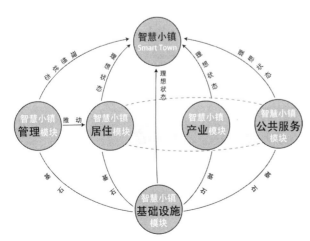

图5　智慧小城镇规划框架

管理模块、智慧小城镇居住模块、智慧小城镇产业模块和智慧小城镇公共服务模块。这五者并不是相互独立的，而体现着层次关系，智慧基础设施是实现智慧小城镇的基石，智慧基础设施实现对数据的感知、信息分析与处理。智慧小城镇的居住模块、产业模块和公共服务模块与小城镇居民的生产生活密切相关，智慧小城镇的管理会推动居住、产业、公共服务的发展，这五个模块共同撑起智慧小城镇的规划体系。五个模块的具体内容如下（图6）：

智慧小镇居住模块
　智慧小镇住区系统
　智慧小镇家居系统
　智慧小镇便民服务系统

智慧小镇管理模块
　小镇决策管理系统
　小镇信息管理系统
　小镇政务管理系统

智慧小镇基础设施模块
　智慧小镇能源　　智慧小镇防灾　　智慧小镇通信
　智慧小镇交通　　智慧小镇电力
　智慧小镇环保　　智慧小镇水务

智慧小镇产业模块
　小镇智慧农业
　小镇智慧制造
　小镇智慧物流
　小镇智慧旅游
　小镇智慧服务业

智慧小镇公共服务模块
　小镇智慧医疗卫生
　小镇智慧教育科研
　小镇智慧文化体育
　小镇智慧社会福利
　小镇智慧商业服务

图6　智慧小城镇模块内容

　　（1）智慧小城镇基础设施模块,包括智慧能源、交通、环保、防灾、通信等方面，智慧小城镇的创造性也需要基础设施来实现。在智慧基础设施完善的基础上，政府和企业进行科技和业务的创新也会更加便捷，每一个市民能够高效地参与到小城镇各系统中。

　　（2）智慧小城镇管理模块，包括小城镇决策管理系统、小城镇信息管理系统和小城镇政务管理系统，政府通过智能手段实现对日常政务的处理，提高办公效率，面向企业和居民提供智慧化的服务。小城镇管理模块开放性强，鼓励小城镇人民参与到小城镇的各项事务和决策。

　　（3）智慧小城镇居住模块，包括智慧住区系统、家居系统和便民服务系统，通过各项设施提升居住建筑、住宅设施的智能性，使其更加安全、便捷、舒适、高效，并通过云服务平台的构建，完成智能生活数据的采集、分析，为人们提供各类便民服务。

　　（4）智慧小城镇产业模块，包括智慧农业、智慧制造、智慧物流、智慧旅游和智慧服务业等方面。通过信息化、网络化、智能化的发展，产业发展降低了空间上的距离成本和信息传递的时间成本，各种产业可以在更广阔的

地域范围发展。智慧小城镇产业为智慧发展提供助力，应分析各小城镇的主导产业、未来发展方向以及大范围内的产业集群构成，使各小城镇之间相互穿插，各自形成独具特色的智慧型产业。

（5）智慧小城镇公共服务模块，包括智慧医疗卫生、教育科研、文化体育、社会福利和商业服务。构建各种互联网＋平台，提高公共服务水平，如智慧教育科研，可以在更大范围内有效配置教育资源，互联网＋教育，打造定制化的"互联网学校"、"手机知识库"，为小城镇居民提供更加便捷的方式获取知识。

3.3 通州智慧小城镇建设内容

3.3.1 建设智慧小城镇基础设施

根据上述分析，智慧基础设施是实现智慧小城镇的基石，因此，通州智慧小城镇的建设初期的主要内容是完善智慧基础设施（图7），例如，在智慧小城镇通信设施方面，全面建设通州各小城镇的信息网络、无线网络，增加互联网宽带接入比例以及无线网络覆盖率，实现以城市副中心为信息枢纽和互联网中心的小城镇信息系统。

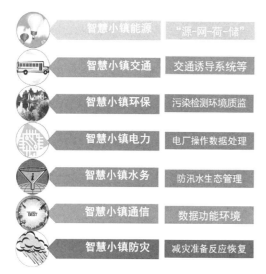

图7 智慧基础设施

3.3.2 推动产业升级区域联动

智慧小城镇需具有明确的产业定位，智慧产业是小城镇发展的引擎，依靠产业发展的专业性和聚集性吸引技术人才，进一步带动产业升级。同时，加强区域间的产业联动，使通州区的小城镇间形成产业集群，形成合理的产业分工，实现区域内的产业优势互补。通过分析通州小城镇的产业发展现状，在现有优势产业的基础，融合新时代互联网技术和创新创业活动，促进产业升级。宋庄镇将继续发展文化创意产业，可构建艺术品交易平

台，增加艺术品交易热度；永乐店镇是历史悠久的古镇，自古有"天下第一镇"的美称，重点发展智慧文化旅游产业；漷县镇现有工业企业300余家，具备良好的加工业基础，将发展智慧加工业；西集镇生态环境优越，将建成生态优美的智慧生态休闲小城镇；台湖镇西接亦庄新城，未来将发展智慧高新技术产业（图8）。

图8 小城镇产业集群

智慧产业区域还会配套商业区、智慧居住区及配套服务产业带。推动智慧社区、生活服务业、文化旅游产业协调发展，着力打造以"龙头产业为主、环境生态为基、创业创新为重、文化景区为衬"的智慧小城镇。

3.3.3 营造智慧宜居生活空间

智慧小城镇中居民的工作和生活的地理分割不再明显，大多数呈工作—休闲—生活的特征，工作空间、休闲空间和宜居空间融为一体，居住空间应采用高度融合化布局。居民生活空间更加注重优美的自然环境、宜人的尺度和高品质的文化休闲设施和丰富的交往空间，促进人群交流，激发创新活力[7]。充分利用物联网、云计算、移动互联网等新一代信息技术的集成应用，为城镇居民提供一个安全、舒适、便利的现代化、智慧化生活环境。

图9 智慧宜居生活空间

4 总结

随着我国新型城镇化的建设，智慧小城镇具有空间尺度适宜、产业业态精准、集群整合发展的优势，将成为智慧城市体系的主要形式以及未来城镇化的发展方向。本文通过对比分析智慧小城镇的内涵，总结了智慧小城镇的规划框架和建设内容，并结合北京副中心通州智慧小城镇的建设，探讨了智慧小城镇的发展模式，以期对推进中国新型城镇化具有一定的参考意义。

主要参考文献

[1] 董宏伟，寇永霞. 智慧城市的批判与实践——国外文献综述 [J]. 城市规划，2014（11）：52-58.

[2] 陈才. 新型城镇化背景下通过智慧城市推动京津冀协调发展的思考 [J]. 现代电信科技，2015（03）：55-58+62.

[3] 李浩. 从"极核"走向"均衡"——以智慧小城镇建设助力中国特色新型城镇化之梦 [J]. 西部人居环境学刊，2014（04）.

[4] 曹阳，罗亚. "智慧城市"的"多规合一"信息平台建设实践——以镇江市为例 [J]. 规划师论丛，2015（00）：8-12.

[5] 赵四东，欧阳东，钟源. 智慧城市发展对城市规划的影响评述 [J]. 规划师，2013（02）：5-10.

[6] 臧慧怡，奚冠东. 微时代背景下智慧小城镇建设发展模式的思考——以江苏省盐城市大丰区为例 [J]. 科技广场，2016（08）：115-119.

[7] 欧阳鹏，卢庆强，汪淳，张飏，王鹏. 乌镇3.0：面向互联网时代的智慧小城镇规划思路探讨 [J]. 规划师，2016（04）：37-42.

土地使用分区管制与土地超限利用危机
—— 以台湾乌来地区为例

林子新　宵方玺

摘　要：乌来是中国台湾唯一实施土地使用分区管制的水源保护区，但区内温泉业者却能长期超限利用土地。为了解管制失灵的原因，我们自 2015 年底，利用地理资讯系统，调查并分析了这些业者的土地使用情形，包括是否合法、是否超限以及位于何种使用分区。我们发现，管制失灵有两个原因。一是有关部门长期放任业者"非法"超限利用土地。二是有关部门未根据地质地形条件来划定使用分区，致使业者竟能"合法"超限利用土地。这表示，落实现行管制，不会解决、而会强化土地超限利用问题。反之，唯有先根据地形地质条件来重划使用分区，再落实管制，才能有效解决土地超限利用问题。

关键词：土地使用分区；土地超限利用；乌来；温泉

1　导论

乌来是温泉胜地，也是都会集水区。乌来邻近台北都会，又有丰富温泉资源。众多温泉会馆不只为乌来带来了庞大经济收益，也造成严重的土地超限利用问题。1984 年，台湾有关部门为维护台北用水安全，决定将乌来全区一体划入台湾唯一根据〈都市计划法〉来划定实施的水源保护区：台北水源特定区。乌来温泉业者自此不只要在"温泉使用"方面，还要在"土地使用"方面受到严格管制。

然而，2015 年 8~9 月间的乌来连续风灾显示，土地使用分区管制不仅未能有效维护台北的用水安全，也未能有效解决温泉业者长期超限利用区内土地的问题。为了解管制失灵的原因，我们决定在风灾过后，利用地理资讯系统（GIS），针对乌来 84 家温泉业者的土地使用展开一次实证调查与分析。

研究发现，管制失灵的原因有两个：一是有关部门未能落实管制，以至于管制实施迄今已逾三十年，仍有 49 家业者能够长期"非法"超限利用土地。二是有关部门未曾根据地质与地形条件来划定使用分区，以至于竟有 7 家业者能够"合法"超限利用土地。结果，就算政府能够落实管制，亦即铲除所有"非法"利用土地的业者，也无法铲除所有"超限"利用土地的业者，甚至可

能制造出更多"合法"超限利用土地的业者，从而非但无法解决、反倒可能强化乌来的土地超限利用问题。我们因此主张，先根据地质地形条件来划定土地使用分区，再落实管制，才能真正解决乌来的土地超限利用问题。

2　研究设计与方法

2.1　研究对象的代表性

乌来是探讨土地使用分区管制的失灵原因的绝佳案例。首先，乌来拥有相对严格的土地使用分区管制。1967 年，中国台湾地区政府以今天新北市乌来区的乌来里为范围，公布实施了"乌来都市计划"。这是台湾有关部门在山地乡实施都市计划的首次尝试；目的是希望能借由土地使用分区管制来在"开发"与"保护"山坡地两者之间求取平衡。计划初期编定了 74.77hm^2 的"都市发展用地"，以及 48.4hm^2 的"保护区"。不过，随着有关部门"保护"意识逐渐凌驾"开发"意识，计划区内的"都市发展用地"面积也随着"保护区"面积持续增加而不断减少，以至于迄今仅剩总计划面积的 32.64%（参见表 1）。

1984 年，台湾有关部门为保障台北都会用水安全，首度决定根据〈都市计划法〉来划定"台北水源特定区"，以将乌来区其余四里也一并纳入土地使用分区管制的范围当中（参图 1）。1999 年，乌来里为和其余四里一样领取水源保护回馈金，主动提请将"乌来都市计划"变更为"乌来水源特定区计划"。结果，乌来全区除了集中在乌来里的少数"都市发展用地"外，可说所

林子新：福建工程学院建筑与城乡规划学院
宵方玺：（台湾）政治大学地政学系

新北市乌来里的都市计划的变更历程（单位：hm²）　　　　　　　表1

实施日期	计划名称	计划面积	保护区面积	都市发展用地面积	摘要说明
1967.07.20	主要计划	152.50	48.4	74.77	乌来首次划定实施都市计划
1975.（未实施）	扩大计划	179.915	53.998	104.236	乌来乡公所鉴于游客遽增，首度自行编定扩大计划
1985.04.11	第一次公共设施通检	152.50	61.61	65.64	9.13hm² 地由 "公二" 变更为 "保护区"
1990.04.28	第一次公设保留地专案通检	152.5	66.54	60.71	4.93hm² "都发用地" 转 "保护区"。公园与机关用地变为停车场
1992.01.23	第一次通检	152.5	75.6	50.40	土地面积重测＋大幅变更。都发用地缩减主因为开发率过低
1999.08.03	变更为水源特定区计划	152.5	75.6	50.4	为使乌来都计区居民同享赋税减免及自来水回馈金
2003.09.29	第二次通检	152.5	76.26	49.78	民众陈情变更保安保护区为住宅区、商业区、与旅馆区未果。保安保护面积 +0.66；河川区面积 −0.04；都市发展用地面积 −0.62
2009.11.23	停五改游客中心	152.5	76.26	49.78	为推动观光发展
2011.12.05	土地使用分区管制要点通检	152.5	76.26	49.78	众多民众陈情不在本案检讨范围，须留待通盘检讨时再行审议

（资料来源：作者整理自历年乌来都市计划说明书）

资料说明：《乌来都市计划》自 1967 年实施以来，共历经 7 次变更，包括于 1999 年正式变更为《乌来水源特定区计划》。不过，在 "计划面积" 始终不变的情况下，每一次的计划变更，都让 "保护区" 面积随着 "都市发展用地" 不断缩减而持续增加。2012 年，新北市政府为实施《台北水源特定区计划》第三次定期通盘检讨，连带开始办理《乌来水源特定区计划》第三次通盘检讨。乌来区泰雅族人为反对新北市政府所提三通草案，分别于 2014 年 3 月和 2016 年 1 月间，两度发起大规模抗争。因此，三通草案虽经历多次修正，却迄今未能交付市府都市计划审议委员会进行审议，仅预定要在 2016 年 6 月底进行草案的 "公开展览"，故未能列入本表。

有土地都成了原则上不准开发与建筑使用的各种 "保护区"（参见图 2）。"保护区" 之大量编定，以及相应而来的卫星监控与违规查处，就此成为各级政府乃至专家学者眼中，台北水源特定区拥有绝佳水体、水质、水量的不二因素（周文祥 2014，陈恒钧、黄浑峰 2010，陈肇成 2014）。

第二，乌来有严重的土地超限利用问题。乌来因拥有丰富温泉资源，于日本殖民期间已发展出不少温泉会馆。这些温泉会馆为了占有优美景致并汲取温泉水，大多集中在本身即是河谷边坡、也是温泉水源的市中心（即

图1　台北水源特定区之行政与流域范围
（资料来源：网址：http://www.wratb.gov.tw/
ct.asp?xItem=45818&CtNode
=30911&mp=11)

资料说明：为保障台北市区内约五百万人口之用水安全，台北水源特定区范围约占新北市行政区域面积的1/3，完整涵盖新店溪流域的全部上游地区，包括石碇区、坪林区、双溪区所属的北势溪流域，以及乌来区所属的南势溪流域。

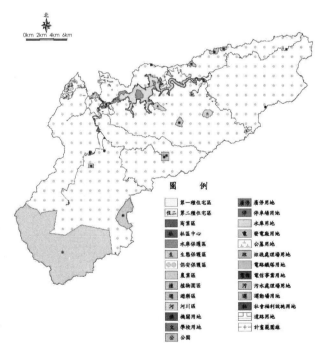

图2　台北水源特定区土地使用分区图
（资料来源：新北市政府 2011：4）

资料说明：台北水源特定区计划划定土地使用分区之办法，和台湾地区所有都市计划一样，都会先把 "都市发展用地" 与 "非都市发展用地" 区别开来之后，仅针对前者再细分出诸如 "商业区"、"住宅区"、"机关用地" 等的使用分区，而将后者悉数划归各式各样的 "保护区"，并施以更为严格的开发使用限制。

今乌来老街），其余才又沿着河谷边坡上的主要道路渐次向外蔓延（图3）。不过，相对于腹地有限的市中心，主要道路两旁不只拥有同样优美的峡谷景致，还有更方便的交通与更广大的腹地，因此成为辟建新型与大型温泉会馆（包括几个知名饭店）的首要地点。这表示，温泉会馆无论位在市中心还是主要道路两旁，其土地利用都存在两项特点：一是为了占有优美景致而强行辟建于陡峭的峡谷边坡之上（图4），二是为了汲取温泉水而私建抽水站，甚或私凿温泉井，从而导致各式抽水设备在山林之间无序蔓延（图5）。结果，温泉业不只带动了乌来的市区扩张与经济发展，也带动了居民与其他业者"超限"利用土地的强度与范围——既然乌来各种商业活动（特别是餐饮业、零售业以及观光休闲农场）的空间分布，都有邻近温泉会馆以增加游客数量的倾向。

基于上述两项特点，我们遂决定以新北市乌来区为调查范围，针对区内温泉业者的土地使用状况展开调查，以理清土地使用分区管制之所以无法根除土地超限利用问题的具体因素。

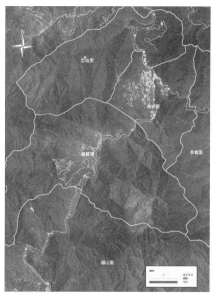

图3 乌来温泉业者的地理分布
（资料来源：作者自行绘制）

资料说明：在乌来，温泉会馆和主要联外道路一样，皆沿着河谷边坡而辟建。即便是温泉业者大量汇聚的市中心（即乌来老街），本身也是典型的河川谷地。结果，与其说温泉会馆多选择坐落在繁荣的市中心，不如说是温泉会馆才造就了繁荣的市中心。

图4
（资料来源：作者摄于2015年8月18日）

资料说明：上图为乌来市中心的温泉路上的连排温泉会馆。它们位于河谷又侵入河道，因此在风灾期间遭受洪水侵袭。下图为乌来主要联外道路（台九甲线）上的一家知名温泉会馆。它不只量体巨大，又强行辟建在陡峭的河谷边坡，因此在风灾期间遭遇土石掩埋。

图5
（资料来源：Mook景点家）（http://www.mook.com.tw/article.php?op=articleinfo&articleid=9228）

资料说明：2013年11月初，乌来最为游客诟病的漫天管线终于受到新北市政府的强制拆除。不过，超抽温泉水并私接管线的情形，并未获得实质改善，而不过是进一步隐藏在水泥围墙、地底下或是私人土地里头而已。下图河岸边的怪异水泥构造物与杂乱的植披背后，其实就隐藏着数量庞大的抽水马达与水管。

2.2 研究设计与研究方法

本次调查采取普查方式。我们借由回顾乌来地区历年都市计划书图、公开网站资料、新北市政府于 2010 年实施的"乌来温泉业者调查报告"以及实地调查等四个方法，确认了截至 2016 年 6 月底，乌来全区计有 84 家温泉业者，包括 2 家目前歇业的业者，以及目前仍在营业但已暂不提供温泉泡汤服务的 1 家旅馆与 2 家餐厅。由于我们的调查重点是土地利用而不是温泉利用，加上 2 家歇业业者迄今仍在新北市观光旅游部门的"温泉辅导名单"当中，因此，一并列入我们的调查范围。

我们设计了三个变项作为本次调查重点。第一个变项是乌来温泉业者的土地利用"是否合法"。由于分区管制实施后，乌来温泉业者的土地利用一旦违反管制规则，便不可能取得营业登记证，因此，我们选择借由清查业者的营业登记状况，来辨识"合法"使用土地的业者。接着，为理清没能完成营业登记的业者中，有多少同时也违反了管制规则，我们除了参照官方调查报告，又分别向中国台湾交通、观光旅游部门与新北市政府观光旅游部门进行了详细征信。我们最终确认了，没有营业登记证的业者，正好全都是违反土地使用分区管制规则的业者。

第二个变项是乌来温泉业者的土地使用"是否超限"。为此，我们参照台湾的土地使用与建筑管理规则，将是否位于"河川区"、"地质敏感地区"以及"坡度 30 度以上地区"等三项属性，视为是否超限利用土地的判准。接着，我们向新北市政府城乡发展部门取得了包含"河川区"在内的完整"使用分区"图资，并通过该部门向中国台湾地质调查研究所取得了"地质敏感地区"图资。这两项图资迄今仍是官方的最新资料。至于第三项图资中的"平均坡度"则是由我们自行计算的；我们的计算单位是 50m × 50m。其三，我们通过 google map 与 baidu map 等线上软件，将温泉业者的邮政地址悉数转换为经纬坐标。最后，我们利用地理资讯系统进行图层套叠，从而充分掌握了业者土地使用"是否超限"的次数分配。

第三个变项是乌来温泉业者的"使用分区"。为此，我们先向新北市政府城乡发展部门取得了相关最新图资。接着，我们利用前述线上软体，将温泉业者的邮政地址悉数转换为经纬坐标。最后，我们利用地理资讯系统进行图层套叠，从而充分掌握了所有业者在"使用分区"方面的次数分配。

3 研究发现

在 84 家温泉业者中，我们发现，其土地利用"是否合法"与"是否超限"之间，并不存在任何制度性关联。

首先，在 70 家"非法"利用土地的业者中，"超限"利用土地的业者只有 49 家，但"合理"利用土地的业者却有 21 家（表 2）。这事实证明了乌来的土地超限利用危机，其实有两个根源：一是政府管制不严，亦即长期放任 49 家业者"非法"超限利用土地。二是管制本身设计不良，以至于产生业者的土地利用"合理"但"非法"的情形。结果，政府就算能够强行落实管制，亦即依法铲除所有"非法"利用土地的业者，却要连带铲除 21 家"合理"利用土地的业者，从而不仅会增加业者的反弹力度，更要从根本上减损政府实施管制的正当性。

土地使用管制下乌来温泉业者的土地使用
状况的家数分配   表 2

	合法利用	非法利用
合理利用	7 家（合法合理利用）	21 家（超限管制）
超限利用	7 家（合法超限利用）	49 家（非法超限利用）

（资料来源：作者自行调查整理）

资料说明：乌来区温泉业者共计有 84 家。仅从土地使用管制的角度来看，有 14 家符合管制规则，有 70 家不符合管制规则。但若从"是否超限利用土地"来进一步检视"是否符合管制规则"则可发现，现行土地使用管制不仅有严重的"超限管制"倾向，更放任高达 66.67% 的温泉业者对土地进行非法或合法的"超限利用"。结果，合理且合法利用土地的温泉业者只占全部业者的 8.33%；现行土地使用管制的不合理管制率高达 91.67%。

其次，14 家"合法"利用土地的业者中，有 7 家是"超限"利用土地业者。这表示，落实当前管制，非但无助于解决、反而有助于强化土地超限利用问题。因为，不良的制度设计，不只造成了"超限管制"，更让超限利用的"合法化"成为事实。结果，假如政府有意落实管制，那么，"非法"业者必然会在生存压力下，积极动用各种政商关系来"合法化"其"超限"利用——既然这并天真幻想而是既存事实。

最后，我们参照温泉业者的使用分区，发现当前管制的主要缺陷，在于政府未曾根据地质与地形条件来划定土地使用分区，以至于错将 28 家"超限"利用土地的业者划入"都市发展用地"，又错将 7 家"合理"利用土地的业者划入"保护区"（表 3）。结果，就算政府能够落实管制，亦即按规定铲除"保护区"中的 35 家业者，也只能铲除 50%（即 28 家）"超限"利用土地的业者，但却要付出连带铲除 25%（即 7 家）"合理"利用土地的业者，并促成另一半"超限"业者进一步"合法化"的双重代价，以至于非但不可能解决、反而有可能强化业者超限利用土地的情形。

综合上述三点发现，我们认为，先根据地质与地形条件来重新划定使用分区，再落实管制，才可能真正解

乌来温泉业者所属土地使用分区的家数分配　　表3

		超限利用		合理利用	
		合法	非法	合法	非法
都市发展用地	旅馆区	0	0	0	1
	商业区	0	11	0	3
	住宅区	0	3	2	6
	第二种住宅区	1	3	0	0
	道路用地	0	5	2	5
	停车场用地	0	2	1	0
	人行步道	0	2	0	1
	公园用地	0	1	0	0
	小计	28		21	
保护区	河川区	3	5	0	0
	保安保护区	3	17	2	5
	小计	28		7	
总计		56		28	

（资料来源：作者自行调查整理）

　　资料说明：台北与乌来水源特定区计划对于区内各种"使用分区"的范围与使用细则有详细规定。本表并未列出所有使用分区，而只列出温泉业者的所有使用分区。此外，我们严格根据前述计划来编定表中"都市发展用地"的使用分区。但在"保安保护区"、"生态保护区"以及"水库保护区"之外，也将"河川区"纳入"保护区"范围。因为，"河川区"的管制强度其实比任何一种保护区都要更强。

决土地超限利用危机，也才是实施土地使用分区管制的正确程序。

4　结论

　　土地使用分区管制是预防和解决土地超限利用问题的重要手段。为确保大台北地区用水安全，台湾有关部门于1984年，决定将新店溪上游的南、北势溪两大流域一体划入台北水源特定区，以便实施严格的土地使用管制。不过，2015年8~9月间的乌来连续风灾显示，土地使用管制不仅未能确保台北地区的用水安全，也未能有效解决乌来所属的南势溪流域的土地超限利用问题。为了解土地使用管制失灵的原因，我们针对乌来温泉业者的土地使用状况展开调查。研究发现，台北水

源管理危机的根源，不在管制不严，而在管制本身出了问题。

　　首先，乌来的土地超限利用问题，确与有关部门放任非法温泉业者超限利用土地关系密切。不过，乌来现行的土地使用管制，非但将实际超限利用土地的业者悉数划入"河川区"与"保安保护区"等应保护地区，更赋予其中不少业者合法地位，因此，就算能够获得落实，也无法铲除所有超限利用土地的业者，却要在形成更严重的"超限管制"的同时，反而造就出更多能够"合法"超限利用土地的业者。就此而言，落实管制不仅无助于解决、反而有助于强化乌来的土地超限利用问题。

　　反之，要解决乌来的土地超限利用问题，就得在落实管制以前，先根据真实的地质与地形条件来重新划定土地使用分区，让合理利用土地的业者全面"合法化"，并让超限利用土地的业者全面"非法化"。当然，我们相信，这样的程序，不仅仅是适用于乌来，而是适用于所有地区的标准程序。

主要参考文献

[1] 周文祥.2014."集水区保育管理：以台北水源特定区为例."Retrieved：土地使用分区管制与土地超限利用危机：以台湾乌来地区的温泉业者为例__复原.docx.

[2] 陈恒钧，黄浑峰.台北水源特定区之水质管理检视：指标运用研究法.台湾政治学刊，2010，14（2）：135-88.

[3] 陈肇成.2014.集水区保育治理：以台北水源特定区为例.逢甲大学水利工程与资源保育学系.

[4] 新北市政府.变更台北水源特定区计划（土地使用分区管制要点通盘检讨）书，2011.

[5] Babcock, Richard F. 1966. The Zoning Game : Municipal Practices and Policies. Madison, Milwaukee, London : The University of Wisconsin Press.

乡村复兴视角下文化遗产旅游业的开发
——以顺德为例

罗丹　张俊杰　叶杰

摘　要：本文通过对广东省顺德区乡村文化遗产旅游开发模式的分析，阐述了以乡村文化遗产带动和协同旅游开发的模式，遵循"保护与开发"的协同发展机制。在此基础上，提出乡村文化遗产的保护和利用。新中国成立以来，我们对于乡村的认知大致经历了牺牲型乡村和追赶型乡村两个阶段，直至城乡统筹的概念提出，才发生了一定的改变。文章中提到乡村文化遗产与旅游开发之间存在着良性互动关系，通过两者的互动发展可以实现可持续性开发。并尝试通过分析在开发过程中面临的一些压力，提出促使文化遗产保护与旅游开发协同发展的策略。

关键词：乡村文化遗产；旅游开发；开发模式；协同发展

1　前言

乡村文化是人类与自然相互作用过程中所创造出来的所有事物和现象的总和，它具有自然性、生产性和脆弱性等特性。乡村文化遗产包括乡村的物质文化遗产和非物质文化遗产，是乡村文化的各构成要素在长期的历史发展过程中积累和沉淀下来的。乡村文化遗产的开发利用对旅游的决策产生重要影响，并可在一定程度上满足人们对乡村旅游的需求，是产生乡村旅游的动因[1]。国家的政策也推动了乡村旅游业的发展，近年来我国开始了传统村落保护行动，目前共有 2555 个村落被列入"中国传统村落名录"；2013 年末的中央城镇化工作会议提出，"要保留农村传统风貌"，"让居民望得见山、看得见水、记得住乡愁"。广东的乡村旅游起步较晚，尚处于从导入期向成长期过渡的阶段。而顺德有深厚的文化底蕴和别具特色的岭南文化，在民风民俗、景点特色、文化艺术、历史人物、美食等方面都独树一帜，相对广东省尤其是珠三角都市群范围而言，其乡村价值较高。

2　乡村文化遗产旅游开发背景

佛山市顺德区位于珠江三角洲中部，靠近广州、江门、中山等大中城市，毗邻港澳，距香港 64 海里、澳门 80km，面积 806km²，建县于明景泰三年（1452 年），1992 年 3 月撤县建市，2003 年 1 月根据省委、省政府的

罗丹：广东工业大学建筑与城市学院
张俊杰：广东工业大学建筑与城市学院
叶杰：广东工业大学建筑与城市学院

统一部署，撤市建区。被誉为广东经济发展"四小虎"之一。改革开放以来，伴随着全国、全省旅游业的蓬勃发展，顺德立足自身区域的经济优势和资源特点，积极开展旅游业务，建设宾馆酒店，开发景区景点，开拓客源市场，走上了旅游业发展之路。经过 20 多年的努力，顺德区旅游业已从初步发展期跃进到快速发展期，旅游经济规模不断壮大，并且成为顺德区国民经济发展的新增长点。

2.1　顺德区文化遗产优势
2.1.1　丰富的文化遗产资源优势

顺德是粤曲、粤剧的发源地之一，著名粤剧表演艺术家千里驹、白驹荣、薛觉先、马师曾等均出自顺德，2007 年顺德更被全国曲艺协会评为"中国曲艺之乡"。顺德的美食文化源远流长，天下闻名。民间素有"食在广州，厨出凤城"之说，今日更享有"中国厨师之乡"美誉，每年一届的"岭南美食文化节"已成为本地品牌盛会之一。顺德还是众多历史名人、贤才杰士的摇篮。北宋至清末出过状元四名，进士数百，还孕育了清代诗书画三绝的黎简和画坛怪杰苏仁山，以及国际武打巨星李小龙等杰出人物。除了坐拥秀丽的自然水乡风光，顺德还拥有清晖园、碧江金楼、西山庙、逢简水乡等古迹名胜，都是古代岭南建筑文化的杰出代表[2]。顺德已有 4 个项目被列入国家级非物质文化遗产项目名录，分别为顺德杏坛的八音锣鼓、香云扎染整技艺、龙舟说唱和人龙舞。省级的非物质文化遗产有：陈村花会、粤锈（广绣）、观音信俗、真步堂天文历算，市级非物质文化遗产有赛龙舟、水乡农谚、春节习俗；区级非物质文化遗产有咏

春拳、粤剧、粤曲、顺德烹调技艺、大良鱼灯制作技艺、双皮奶制作技艺、陈村粉制作技艺、伦教糕制作技艺、咸水歌、龙潭龙母诞。顺德人文旅游资源在空间分布上具有大分散、小集中的特征，表现为各景观景点相互交融，点面结合，形成了较好的地域空间格局，易形成规模效应。

2.1.2 良好的交通条件和市场定位

顺德地处珠江三角洲腹地，交通四通八达，距珠三角各主要城市基本都在两个小时车程之内，对于吸引珠三角和港澳地区的旅游客源都比较适宜。且珠三角地区是我国主要的旅游客源地，具有出游意识强，消费水平高的特点。在距顺德200km范围内的珠三角及港澳地区约有3000万人口，构成了庞大的旅游客源市场。

2.1.3 领先的区域经济发展水平

顺德是在改革开放中崛起的现代化城市，是广东经济最发达的地区之一。高速发展的经济和居民可支配收入的增加，成为了顺德旅游业发展的强大动力。同时，发达的地区经济也带来了大量的商务和公务客源，为顺德旅游提供了巨大的潜在旅游市场。

2.2 旅游开发的劣势

顺德的乡村文化资源具有一定的优势，但由于对旅游资源挖掘和开发的力度不够，至今没有形成顺德特色的拳头产品。改革开放以来，顺德实施的是工业立市和外向带动的发展战略。相对而言，旅游业基本处于自我发展状态，地位相对弱化。虽然旅游业已被确认为新的经济增长点，但与之相配套的产业发展政策、行业管理职能和大环境的营造等都尚未明确。2002年佛山市行政区域进行调整后，顺德撤市设区，改为佛山市顺德区。因此，从行政区域来看，顺德已经不再是一个独立的旅游城市，顺德的城市旅游形象已经在一定程度上纳入到了佛山市旅游形象的范畴。

3 文化遗产旅游开发模式

3.1 名人带动型模式

名人带动型模式即通过着力发展一种拳头产品，也就是这里所说的名人效应来带动其他非物质文化遗产的开发，通过以点带面或者连带效应的方式，使顺德地区的文化遗产都能得到发扬和传承。名人旅游开发就是变名人资源为旅游资本，将潜在的价值转化为实际的经济价值，名人代表了一个时代也是一种文化的特征。从旅游经营者的角度看，名人丰富了旅游产品的文化内涵，提高了景点景区的知名度。李小龙是具有世界影响力的名人之一，是成功融入国际社会并获得认可的华人，代

表着一个时代和民族文化，具有绝对的号召力和品牌价值，在此基础上可将其作为一个文化品牌。李小龙的祖籍是顺德均安，现已将故居扩建为李小龙乐园。

李小龙故居根植于顺德独居特色的水乡文化，被誉为"山色水韵、叠翠藏龙"，堪称珠三角的"世外桃源"。李小龙乐园将武术文化与岭南文化融入院内，以武术文化和水乡文化为基调，突出无数顺德独特的岭南水乡风格。园内除了李小龙纪念馆，还配套设立李小龙文武学院、矿泉理疗度假酒店、生态湿地公园、蚕桑果蔬院、体验野战营等项目，附加开发出具有顺德地域特色的旅游产品[4]。李小龙文化的旅游开发作为一种拳头产品，在整合顺德的文化遗产方面起到了带头作用，突出资源特色，打造出知名的文化品牌。在旅游开发的过程中，把顺德的文化遗产资源以联带消费的形式推广开来。如李小龙乐园推出"美食节"，还特别推荐了顺德美食如"均安煎鱼饼"、"均安烤猪"、"炒牛奶"等顺德美食，引起国内外游客对顺德美食文化的关注；李小龙故居以套票的形式，将具有"自梳女"习俗的冰玉堂景点囊括其中，以及在园内设立演艺广场，专门表演地方的曲艺和武术，展现"曲艺之乡"和"武术之乡"的文化魅力。李小龙乐园的成功尝试为顺德的文化遗产旅游开发带来了新的契机和示范作用。

3.2 文化转换型模式

文化转换模式就是将无形的乡村文化转化为有形的符号，增强其体验性，将其可观可感可消费，体现出顺德的岭南水乡文化。顺德自古以来就是鱼米之乡、龙舟之乡，是广府文化的核心，在经济发展的同时有了独特的岭南水乡文化，在岭南的文化体系中占有重要的地位。在顺德的现有资源中，底蕴深厚的桑基鱼塘、历史建筑、园林、水乡空间等具有特定符号意义的场所为外来游客提供了潜在的吸引点；水网密布的自然本底有可能成为面向本地企业白领阶层的消费场所。岭南水乡文明与近现代工业文明的空间形态与其背后的文化内涵呈现交织并存的局面。历史上顺德以"桑基鱼塘"农业商品经济而闻名。与水共生的环境孕育了包括美食、民间工艺、民间曲艺、宗教民俗在内的岭南水乡文化。新鲜水产品和丰富食材催生了享誉广东的顺德美食；与水相关的宗教信仰及名俗节庆；列入国家级非物质文化遗产的"香云纱"整染工艺都是水乡文化的具体体现[5]。

顺德宜从传统水乡文化为切入点，借助天然的水系及鱼塘所形成的自然景观，打造珠三角重要的生态休闲旅游地，以及水乡环境中孕育的深厚文化底蕴，使顺德

真正能够体现岭南水乡的空间特色。如规划建设中的逢简水乡，就是以文化体验的方式来对岭南水乡文化资源进行旅游开发，将无形的非物质文化遗产变成有形的生活体验。逢简村四面环水，古风犹存，具有典型的小桥流水人家的特色。保存多处古树、古建筑、古桥梁，沉淀了深厚的文化底蕴。逢简村保留了当地村民的民族风俗习惯以及传统生活方式，更设立多处农家乐，游客在观赏游玩的同时还可以品尝到顺德美食以及岭南地区传统的民风民俗。

顺德以"桑基鱼塘"的生态农业生产模式闻名于世。桑基鱼塘在顺德民间被描述为："桑茂、蚕壮、鱼肥大；塘肥、基好、蚕茧多。"人们通过桑基鱼塘充分地利用土地的空间与轮作的时间，以求最佳的经济效益。这种循环生产系统曾经被联合国教科文组织评为"环保金奖"。顺德区"桑基鱼塘"作为循环农业的典范，着力构建新型的"桑基鱼塘"模式，利用堤岸和一定的规划用地种植桑树、象草、籽粒苋和黄豆作为鱼类和鸡、鸭、牛的饲料，而禽畜粪便和塘泥则作为这些植物的肥料，进行循环。这种历史传承下来的农业生产劳作方式是一种文化遗产，已被顺德区列入申请世界非物质文化遗产的计划内。顺德区计划立足农业特色，在保护原土地使用功能的基础上，实施适当改造，完善景观配套，开发观光型农业和旅游业。

4　乡村文化遗产保护与旅游开发分析

乡村文化遗产作为蕴含深刻社会变迁与人文价值的文化资源，是中国悠久的农业社会历史记忆的构成部分，同样也是当前强势工业文明冲击之下文化繁荣发展的必要条件。顺德区在文化遗产旅游开发中以名人带动模式和文化转换型模式取得了一定的成效，但仍处于不成熟阶段。虽然乡村文化遗产的旅游开发在很大程度上能给当地的经济带来快速发展，但是在实践过程中文化遗产保护与建设开发存在着一定的冲突。如何妥善协调好文化保护与旅游开发的关系，是开发建设首要解决的问题。

4.1　乡村文化遗产保护过程中存在的压力

在旅游开发中经常遇到一些压力，如当地原有的基础设施不足，居民生活方式发生改变，开发破坏历史景观等。如福建南靖县申遗期间花费巨资修通前往土楼景区的山梅公路，短期内集中的商业开发往往会吸引遗产地内和周边地区大量居民积极从事商业活动，改变原有的生活方式，这在一定程度上破坏了遗产地的文化生态；

遗产地的旅游开发势必会对周边的生态环境带来一定的影响，一旦超过环境的承载力，便会在一定程度上限制旅游业；集中的商业以及人流对文化建筑的消防带来考验，在安全防范方面也会存在安全隐患。

4.2　旅游开发过程中存在的压力

顺德除了有多姿多彩的文化遗产资源外，地方特色的自然景观资源也很多，但并未能进行很好的整合。旅游产业内部的各景点、酒店与旅行社之间协调不够，各景点各自为战，整合力度不够；同时文化遗产的挖掘力度和宣传力度不够，导致顺德境内大量具有历史意义和文化价值的遗产不被人熟知，客源也以"珠三角"和当地人以及"港澳"为主；由于顺德人才的流失，导致适应旅游业发展需要的高素质管理人才不足，现代管理技术尤其是电子商务网络技术，在旅游业中未能得到充分利用。

4.3　文化遗产保护与旅游开发协同发展

4.3.1　优化旅游的总体布局

根据顺德的文化遗产旅游资源的优势定位，面向珠三角休闲度假旅游市场和共享外来商务公务旅游市场，合理选择市场切入点，突出拳头产品，扩宽旅游市场，可以将毗邻的中山、江门的文化遗产资源整合起来，最大限度地形成区域旅游综合效应，构筑具有浓郁地方特色的岭南文化旅游区。在旅游开发的过程中文化遗产资源科与地区生态自然资源恰当整合，提升顺德区整体的旅游资源优势。

4.3.2　加大整体宣传推介力度，提高知名度

产生乡村旅游的动力来自于乡村文化，因此乡村文化的每个构成要素都要体现乡村文化的内涵和特色，从而在整体上营造出独特的具有地域特色的乡村文化意象。所以加大文化的宣传力度是对推进旅游开发的原动力。

4.3.3　旅游配套设施规划，加强管理力度和公众参与

旅游的开发需一定的配套基础设施和服务设施，这些项目的建设需要政府部门和公众的共同监督。公众的参与对于旅游的开发有着重要的作用，特别在乡村文化遗产的保护和传承方面，尊重民意是保存乡村文化遗产完整性和可持续发展的重要保障。

4.3.4　加强旅游人才培养，提高行业整体素质

提高旅游业高级管理人员的整体素质和专业水平，旅游人才在文化的传播上起到了重要的作用，一方面能将顺德区的岭南文化、广府文化的精髓发扬，另一方面在旅游市场运营中创造更高的价值。

5 经验与启示

　　乡村文化遗产的旅游开发是通过综合协调推进保护与利用的平衡。对文化遗产的合理利用可以成为协调文化、社会、经济协调发展的有力抓手，文化遗产作为一种重要资源和品牌可以不同程度地刺激和带动当地经济的发展。需要当地政府和部门对文化遗产的管理予以大力支持和积极配合，从优化旅游的总体布局、发挥品牌效应、推动文化产业、培养旅游人才等多方面入手，将自上而下的决策与自下而上的民意调查结合起来，有效促进文化遗产保护和遗产地区旅游业的可持续发展。

主要参考文献

[1] 暴向平，张学波，庄立会，张碧星 . 乡村旅游的本质思考 [J]. 昆明大学学报，2007（18）.

[2] 毕天云 . 布迪厄的"场域－惯习"论 [J]. 学术探索，2004（1）：32-35.

[3] 曹国新 . 社会区隔：旅游活动的文化社会学本质——一种基于布迪厄文化资本理论的解读 [J]. 思想战线，2005，31（2）：123-127.

[4] 成海 . 旅游业负面影响的新视角 [J]. 昆明大学学报，2006，17（S1）：21-23.

[5] 董国文，陈艺方 . 民俗传承中民俗旅游资源的现代化阐释和应用的研究 [J]. 黔东南民族师范高等专科学校学报，2005，23（2）:63-67.

[6] 符霞 . 旅游对非物质文化遗产的影响研究——以西塘古镇为例 [D]. 硕士论文，北京：北京林业大学，2007.

[7] 宁可 . 反哺乡村：快速城市化的应然抉择 [D]. 广州：华南理工大学，2013.

[8] 叶红，郑书剑 . 华南理工大学与哈佛在中国农村的对话——一次有价值的联合规划教学 . 南方建筑，2010（1）.

[9] 叶红，郑书剑，罗异铿 . "开放协同"的村庄规划方法探讨 .2013规划年会论文集，2013.

[10] 薛德升，郑莘 . 中国乡村城市化研究：起源、概念、进展与展望 [J]. 人文地理，2001（16）.

[11] 周心琴，张小林 . 我国乡村地理学研究回顾与展望 [J]. 经济地理，2005（02）.

[12] 张京祥，陈浩 . 中国的"压缩"城市化环境与规划应对 [J]. 城市规划学刊，2010（6）：10-21.

"山地石头村"民居地域适应性营建智慧分析
——以天津市蓟县西井峪村为例

肖琳琳　王军　康渊

摘　要：西井峪村位于天津市唯一的半山县区蓟县，是国家级历史文化名村和传统村落。村庄适应当地的山地地理环境，形成独具特色的"山地石头村"。研究从村落结构、院落布局方式以及建筑单体三个层次入手，分析了西井峪民居具有依山就势、与自然相融合的整体布局特征、自由灵活的合院式院落布局方式以及以石材为主的建筑结构特征。最后总结了西井峪民居对环境的地域适应性营建智慧，"因地制宜，就地取材"的理念在西井峪民居中体现得淋漓尽致。

关键词：西井峪；山地石头村；地域适应性；就地取材

20世纪后半叶开始，城市化浪潮高涨，不仅城市空间急剧扩张，传统乡村聚落也受到很大冲击，使得传统民居受到前所未有的侵蚀。传统民居作为乡土建筑，有其特有的地域适应性。我国幅员辽阔，受各地区气候和材料的影响，乡村建筑主要由土、木、砖、石等材料构成，形成夯土结构、土木结构、砖木结构、砖石结构以及石砌结构等民居类型。石砌民居是我国传统民居类型中很重要的一种，目前，我国成体系的山地石砌民居建筑设计理论主要集中在南方的山地区域，如川藏石雕房、湘西石砌房、闽南沿海石厝房等，而北方除豫北石砌房，其他研究相对较少[1]。

近几年，各行各业的学者专家重新关注传统建筑文化的回归，尤其是自冯骥才老先生提出"传统村落"这一概念以来，建筑行业对具有本土特色的传统村落和传统民居建筑的关注度持续增加。现今越来越多的业界人士对传统村落的保护与发展展开研究，并提出了相关的保护规划发展理论。但是，作为国家历史文化名村和传统村落，已有对西井峪村的研究却比较少，目前最主要的研究只有《基于生态伦理的古村保护与发展研究——以天津市西井峪历史文化名村保护规划为例》和《基于拓扑建模的历史文化村镇聚居空间再生机制研究—以天津西井峪村为例》两篇论文。前者主要通过引入生态伦理思想，以道德伦理为基础研究符合古村历史文化特色的保护与发展策略，为古村的保护与发展提供理论依据[2]；后者主要是运用空间拓扑学的基本原理和软件平台对其空间样本进行空间拓扑建模，通过深入挖掘历史文化村镇空间形成的自然法[3]。目前，对西井峪村的聚落选址智慧、民居营建智慧等方面还没有系统的研究，本文主要从这两方面入手提

1　西井峪村概述

西井峪村位于天津市蓟县城区以北，蓟县是天津市唯一的半山区县。整个村子处于中上元古界地质剖面自然保护区的南端，村庄中的建筑、街巷等都是由有着十几亿年历史的石头堆建而成，形成了独具北方山地特色的石头古村落。村庄自然环境优美，村内绿树敞舍，景色宜人，尤为独特的是这里因石而生、因石而居的古朴遗风，积淀出耐人寻味的文化内涵。

西井峪村形成于清代，村内保留的石砌房屋约占村庄现有建筑的2/3，且多为清末民初的老房子，原貌保存

图1　村庄一角

肖琳琳：西安建筑科技大学建筑学院
王军：西安建筑科技大学建筑学院
康渊：西安建筑科技大学建筑学院

完好。村落形成几百年以来几乎没什么变化，延续着古朴的格局和生活方式。2010 年，西井峪村被评选为第五批中国历史文化名村，成为天津市首个中国历史文化名村。2012 年 12 月 20 日被列入第一批中国传统村落名录，是天津市唯一的国家级传统村落。

西井峪村现有 156 户人家，五百多居民。近年来，西井峪村根据自身特点和历史遗存，恢复了皮影坊、草编坊、缝绣坊、老磨坊、泥塑坊、漏粉坊、豆腐坊、煎饼坊、菜干坊和饽饽坊十个手工作坊。西井峪村独特的石材风貌和醇厚的民俗民风，吸引了京津众多摄影者的关注，成为远近闻名的摄影基地。

2 西井峪村落结构

2.1 村落选址

西井峪古村位于府君山山麓，风景优美，并有极深的文化渊源，据《道光蓟州志·山川》记载有龙脉之称，古村落也被后人喻为前有府君山"龙脉"的庇护，后有饽饽山而靠之（"饽饽"北方人的主食），人们在此可安居乐业、衣食无忧[2]。由于群山围合、交通不便，形成相对封闭的微观地理单位，所以村落形态、建筑风貌保存完好。

西井峪村的整体布局依托饽饽山山势，由低洼之处开始建设，呈放射状向高地势处发展，依形就势。整个村庄以石头广场为中心，分为上庄、下庄和后寺三个居住点，借由地势形成了村落层层错落的独特景观，与山体呼应，其整体布局体现了人与山势自然融合的特点。

鉴于其独特的地理条件，农民赖以生存的耕地在西井峪村呈现出不同的形态。由于用地紧张，农田主要是围绕山体走向而建，形成了独特的盘山而建的石砌梯田，与古村内的石砌传统建筑形成统一又有变化的村落空间环境。

图 2 建筑分类

历史民居统计览表

表 1

序号	名称	年代	建筑面积（m²）	保存状况等级	简介及主要特色
1	府君殿	明	300	3	现存遗址，原为重檐殿
2	周连顺	民国	150	1	北方传统民居，整个房屋用料以石材为主
3	周维	清末	75	2	北方传统民居，整个房屋用料以石材为主
4	丁云	民国	20	1	北方传统民居，整个房屋用料以石材为主
5	周连海	清末	190	2	北方传统民居，整个房屋用料以石材为主
6	周维奎	民国	80	1	北方传统民居，整个房屋用料以石材为主
7	周维仲	民国	80	1	北方传统民居，整个房屋用料以石材为主
8	周继光	民国	60	1	北方传统民居，整个房屋用料以石材为主
9	周继宽	民国	70	1	北方传统民居，整个房屋用料以石材为主
10	周增	民国	80	1	北方传统民居，整个房屋用料以石材为主
11	周继国	民国	60	1	北方传统民居，整个房屋用料以石材为主
12	周少全	民国	55	1	北方传统民居，整个房屋用料以石材为主
13	周维强	民国	75	1	北方传统民居，整个房屋用料以石材为主

保存状况等级注解：一级，历史建筑（群）及其建筑细部乃至周边环境基本上原貌保存完好；二级，历史建筑（群）及其周边环境虽部分倒塌破坏，但"骨架"尚存，部分建筑细部亦保存完好，依据保存实物的结构、构造和样式可以整体恢复原貌；三级，因年代久远，历史建筑（群）及其周边环境虽曾倒塌破坏，但已按原貌整体恢复

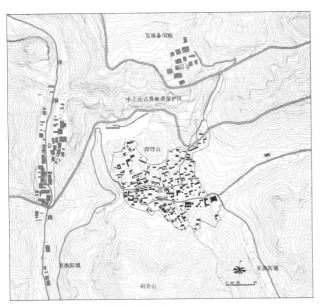

图3　西井峪总平面图

图4　道路交通体系

2.2　风貌特色

西井峪村四面环山，村庄形成于山石之上，其空间环境主要是由源自府君山的页岩堆砌而成，村落黑棕色、浅黄褐色的建筑群与山体浑然一体。村庄内街巷由石材铺就，依形就势，狭窄曲折，形成特色鲜明的石头街巷；街巷两侧墙壁为当地石材垒砌，色调古朴，别具一格；部分道路一侧有石凳，为居民提供一定的交流场所。民居建筑依山而建，主要以北方合院为主，依山就势形成

不同的院落空间形式；建筑单体以当地页岩石为主要材料，采用以石质为主体结构的建造方式，形成独具特色山地石头建筑群。

2.3　街巷空间

西井峪村的空间格局是由山势走向决定的，由此形成了村内随地形变化的路网格局。村落中的传统街巷形成于清末民初，现今保存较好、街巷格局较完整的有四

图5　街巷空间—1

图6　街巷空间—2

图7　街巷空间—3

图8　街巷空间—4

条,构成整个古村落的道路骨架。街道顺应地形高低起伏、贯穿各户大门,又有若干支路小巷将主路连接,方便居民的日常生活,构成西井峪村完整的路网。

村庄内的道路由石材铺就。骨架道路作为村子内的主要街道,宽度约为4m;次要道路宽度约为2.5~3m;小巷的宽度约为1.5~2.5m。部分街巷一侧有石凳,可以为民居的活动与休息提供场所;部分道路一侧有石磨,以前便于居民使用,现今成为村内的一道风景;村子主要入口位置设置石凳及亭子,形成公共交往空间;与道路相连的高差较大的踏道处砌筑石质挡墙,以保证通行的安全。建筑院落布局因受到地形的影响多做退让、扭转等处理,形成不规则的街巷景观格局。

2.4 历史要素

进入西井峪村,首先映入眼帘的是冯骥才老先生题写的"西井峪民俗摄影村",越来越多的摄影爱好者来到这里采风;村庄西南侧的村口处地势开阔,修建有一亭子叫望龙亭,旁边有巨石名曰"西崖晚眺",凭栏远眺是悬崖峭壁,远处山峦一览无余;村内街道旁的石碾随处可见,以前是粮食加工工具,现今成为一道风景。村落中祖祖辈辈居住的石头房子,使用过的石碾、石磨,现在都成了珍贵的历史遗产;在村子中行走所看到的每处石桌、石凳都有着上百年的历史,是重要的典型历史要素。

历史街巷一览表　　　　表2

名称	长度（米）	简介及主要特色	名称	长度（米）	简介及主要特色
街巷–1	381.4	两侧街墙均为石材垒砌,保存完整	街巷–2	224.2	石材垒砌,依形就势。狭窄曲折
街巷–2	321.3	两侧街墙均为石材垒砌	街巷–4	288.5	石材砌墙,依形就势

街巷之间相交情况:街巷–1与街巷–3通过西井峪村主要东西道路纵向相交;街巷–2与街巷–4相交。

文字简介:传统街巷依山就势而建,街巷两侧墙壁为当地石材垒砌,蜿蜒狭长,色调古朴。别具一格。因石材坚固耐久的特点,街巷形态保持完整,传统风貌连续

图9　村口题字

图10　望龙亭

图11　石碾

图12　石凳

3 西井峪村民居地域适应性营建智慧分析

西井峪民居建筑作为典型的北方山地村落传统民居，有着独特的魅力。村内民居建筑多为清末民初时期所建，大多继承原有的建造体系，并不断改良，形成最符合当地地域特征的建筑形式，极具地域适应性。能够对当地的资源有效利用，为我们今天营建人居环境提供了极为有益的借鉴意义。

3.1 民居院落空间分析

山地民居合院具有"外封闭，内开敞"的特点。"外封闭"，是为了安全、避风，同时营造出了私密性较好的居住环境；"内开敞"，是为了争取尽量多的阳光日照，以及创造良好的居住小环境，形成人、住宅、环境的和谐统一[1]。

西井峪村传统民居以合院为主，一个完整的院落包括院门、院子、正房等，平面多为长方形。院落因地制宜的随地形而呈现多种多样的样式，多以一进式院落纵向进深为主要，兼有两进式院落，并由此发展出自由多变的空间布局。院落的具体布局还与居住者的喜好及家庭经济状况有关，常见布局有"一"字形、"L"形、"U"字形、"口"字形等平面形式。主体建筑沿山体等高线的走向，多为坐北朝南，随地形走势会向东或西产生一定的偏移，形成东南、西南、南三个主要朝向。

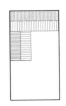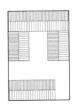

图 13 院落布局方式

从整个院落的空间布局来看，正房最高，其次是东西厢房、南屋，最后是大门。民居院落一般以南北为中轴，呈左右对称格局，正房多为三间，厢房两至三间不等，中间是四面围合的院子。但由于山地地形的限制、功能需求、家庭的经济条件等又形成了灵活的院落布局形式。院子大门的位置随地形走势，不能设置在高地势一侧，以防止雨水因地势不利而不能顺利排出。大门对面一侧或两侧盖厢房作为厨房，院落西南角常用来设置旱厕、猪圈，东南角用来放置农用器具，各房之间有石板路相连通。

图 14 院门

3.2 民居建筑单体分析

西井峪民居依据地形高低错落的布置单体建筑，有利于采光和通风。村落内民居建筑单体的开间有三间、五间等形式，以三间为主。三开间房屋的内部空间划分一般是一厅两卧；五开间房屋会根据功能的需要划分为两个独立的区域。

传统民居建筑的立面通常由屋基、屋身、屋顶三部分构成。基座部分所占比例较小，且形式简单，因此其立面形式主要取决于屋身和屋顶的样式。西井峪村民居建筑的屋顶由于受到封建礼制的影响，主要是硬山顶，由灰瓦铺就，屋脊及檐口部分无过多的装饰。屋身主要是黑棕色和浅黄褐色的页岩石砌筑，门窗洞口采用石质或者木质过梁，窗洞口一般较小，山墙面和背立面面不开窗。门窗的样式较为简洁，没有繁杂的装饰，反映出当地自然淳朴的民风。

图 15 页岩石

3.3 民居建造材料分析

由于西井峪村的山地地理环境，页岩和白云岩比比皆是，页岩是村庄和民居建造的主要材料。民居建筑的整体色彩以页岩的黑棕色、浅黄褐色为主要基调，整个村落与山体浑然天成。

石砌建筑有着极大的经济价值，首先，石头自身的属性中不仅具有极高的抗压强度和耐久性，还有较好的耐火性、化学稳定性、大气稳定性和耐磨性，而且吸水率低，所以由石头砌筑而成的石建筑，坚硬厚重，结实耐用。石材本身就是不燃物质，既不会着火也不能传播火源，这些是其区别于传统木建筑的根本特征[4]。再者，传统石砌建筑的材料主要源于基地附近的天然岩石，取材便利，价格低廉，经济适用。西井峪村民居建筑主要原材料取自府君山的天然石材，随取随用，不需要经过过多的人工雕琢，只需与其他本土材料，如砖、木简单组合，便可以营造出舒适的居住环境。其次，由于石砌建筑本身的构造，建筑能耗小，维护成本低。

3.4　民居营建技艺分析

由于石材是西井峪民居建造的主要材料，因此形成了以石质为主体结构的建造方式。民居的建造方式并一般以建筑的实用性为出发点，在传统技艺的基础上不断改良，形成适合居民需求的建造方式，具有极强的地域适应。西井峪传统石砌民居建筑的建造过程主要有以下几个步骤：

（1）石材的获取与加工：西井峪民居建筑的石材一般依据所需的尺寸在府君山选择相应的岩石进行开采；开采后的石材后期需要加工方可使用，主要包括修边打荒、粗打、錾凿、剁斧、磨光和特殊加工等[5]。

（2）打房屋基础：先丈量；然后，挂上里线、外线，根据平线，将打磨好的石材砌筑到一定的高度；最后在铺好的地槽面上"看水平"。

（3）砌筑墙体：基础打好之后开始砌筑墙体。为了将墙体砌直，需要在墙底放线，四角放置线杆。厚厚的石头墙，采用错缝搭接的方式，横平竖直，不需水泥勾缝。长方形石头稍有小小的斜边误差，石头缝隙就用薄薄的石头片片夹在其中，稳定、牢固。

（4）上梁：房子盖好后需要上梁，上梁是民间建房流程中很重要的一项民俗，很多农村地区在上梁这天邻里都来祝贺，喝"上梁酒"。

4　结论

西井峪村无论是从村落形态还是民居建筑单体，由于其所处的独特地理环境呈现出鲜明的地域特色。整个村庄充分尊重山体，尽量减少对原有风貌的改变。村庄

内无论是道路、建筑主体还是细部装饰，基本都采用石材，"因地制宜，就地取材"的理念在西井峪村民居建筑上体现得淋漓尽致。西井峪民居地域适应营建智慧主要体现在以下几方面：①从村落选址来看，整个村庄顺应地形，因山就势，反映了人与自然和谐相处的关系。②村庄形成了随地形变化的路网形态，街巷由石材铺就，形成独具特色的石头街巷；街巷两侧随处可见的是石磨、石碾、石桌石凳等石质构件，石材已深入当地人的日常生活。③民居院落因山体的走势呈现多种布局方式；建筑主体基本朝南，适应当地的气候条件。④民居建筑单体就地取材，造价低廉，冬暖夏凉；又由于石砌建筑本身的构造特征，建筑能耗低，维护成本低。建筑单体建造中巧妙运用天然石材等乡土材料，顺应当地气候特征和地域文化，体现了当地居民尊重自然、利用自然、与自然相融共生的价值观念。

说明

文章中表1、表2资料来源于《基于生态理论的古村保护与发展研究—以天津市西井峪历史文化名村保护规划为例》。

图片来源：作者自摄和自绘。

主要参考文献

[1] 张晓楠.鲁中山区传统石砌民居地域性与营建技艺研究[D].济南：山东建筑大学，2014:3-4，39-40.

[2] 张媛，陈天，臧鑫宇.基于生态理论的古村保护与发展研究——以天津市西井峪历史文化名村保护规划为例[J].城乡治理与规划改革——2014中国城市规划年会论文集，2014（9）.

[3] 李长虹，李小娟，吕永泉.基于拓扑建模的历史文化村镇聚居空间再生机制研究——以天津西井峪为例[J].新建筑，2016（4）:129-131.

[4] 宋海波.豫北山地传统石砌民居营造技术研究——以林州高家台村为例[D].郑州：郑州大学，2012:54-55.

[5] 黄浩.江西民居[M].北京：中国建筑工业出版社，2008.

传统山地民居垂直性空间的象征意义
——以山西盂县梁家寨乡灯花村为例

贺然　张天新

摘　要：环境危机已成为当前全球化焦点问题，其深刻根源在于人地关系从顺应到对立的改变，人与环境的日渐疏离。另一方面，在如今快节奏的生活步调中，人们容易被物质实体的视觉冲突所吸引，却很少关注人的潜意识和情感，与自我内心日渐疏离。

在建筑现象学的理解中，建筑是人与环境建立关系的过程，建筑空间也是人类意识的居所。建筑同时反映了人与环境、人与自我的相处。而早期的传统民居反映了人与环境相处的原始模式，垂直方向的建筑空间则暗含更多的内心价值。因此，本文选取具有典型垂直性空间特征的传统山地民居为研究对象，以建筑现象学的"空间诗学"认识论对其象征意义进行分析，旨在从传统建筑空间中窥见更本质的人，反思当今建筑实践。

关键词：传统民居；垂直性；空间；象征意义

资源枯竭、环境污染，目前人类面临的环境危机已成为全球化焦点问题，其深刻根源在于人地关系的改变（谢成海，2001），从早期的顺应到近现代的对立，人与环境日趋疏离。另一方面，在如今快节奏的生活步调中，人们容易被视觉冲突所吸引，对建筑空间的理解也较为单一，常局限于实体空间而忽略"内部精神空间"，较少关注空间中的人的潜意识和情感，与自我内心日渐疏离。

在建筑现象学领域的理解中，人的存在基于栖居，筑造，是真正的栖居（Heidegger M，1996）。作为筑造的一种形式，建筑是人与环境建立关系的过程（潘天波等，2011）。建筑空间也并非填充物体的容器，而是人类意识的居所（Bachelard G，2009）。建筑同时反映了人与环境、人与自我的相处。传统民居则因其历史性而呈现了更加原始的相处状态。

在传统乡村社会中，人在水平方向上的可达性远高于垂直方向，人际交往活动也更为集中，建筑在水平方向上是人与人发生关系的媒介，是社会关系的反映。而在人可达性较低的垂直方向，建筑空间相对内向，更多时候是人独处的空间，暗含着人的内心价值体现；另一方面，建筑在垂直方向上与自然环境联系更为密切，向

下接触大地，向上指向天空，对人与环境的关系有象征作用。因此，本文试图结合建筑现象学理论，探讨传统山地民居中的垂直性空间对人与内心、人与环境的关系有何象征意义。

1　国内研究现状

目前，国内对传统民居的研究多集中在旅游开发、保护改造等领域，近年来日益转向与建筑文化、人文地理、现象学相结合的研究方向。蔡凌（2005）提出中国传统民居研究的三个层次分别是建筑、村落、建筑文化区，并针对每一个研究层次提出了具体的研究内容与方法；陆元鼎（2005）论述了我国传统民居建筑形成的规律及特点，提出了人文、方言、自然条件相结合的研究方法；吕倩（2007）引入建筑现象学的研究内容和方法，系统分析了晋中地区传统民居的建筑形式及人文背景，探讨了其现象学本质及场所精神；姜梅（2007）论述了民居研究方法从结构主义、类型学到现象学的变迁轨迹；卫东风（2009）以喀什高台民居为例，从建筑现象学角度阐释了生土民居的场所精神与建筑体验；曾艳等（2013）提出开展传统民居文化地理研究的重要性，对研究框架、方法、内容、目标等进行了梳理。

在建筑的象征意义方面，主要认识论集中在现象学和人类学方向。常青（1992）在对文化人类学与建筑象征主义的综述中，认为象征主义注重情感，倾向于从内部意义来认识外部秩序；郑先友等（1998）分

贺然：北京大学建筑与景观设计学院
张天新：北京大学建筑与景观设计学院

析了中国传统建筑意蕴的质素，举例说明了传统建筑是如何对"天"的意象进行象征的；王良范（2002）从美学人类学的角度对侗族鼓楼进行解读，诠释了隐含于其中的大量丰富象征；计旋（2010）对徽派建筑进行了现象学阐释，论述了"诗意的居住"在徽派建筑中的体现及其意义。可以看到，大多数案例分析的是建筑创作中所体现的人对意象的有意识象征，而非其中暗含的人类潜意识。

在山地建筑的形态与意义方面，部分研究关注到了垂直性空间，但论述主要针对的是形态和功能意义。王海松（1995）在分析山地建筑形态时，提出建筑布局的竖向组合适用于崎岖地形；郭红雨（2000）认为山地建筑为适应基地面积的束缚，在向上部空间的扩展中争取最大的使用空间。而在建筑的垂直或水平性方面，对中国传统建筑的研究主要关注水平方向的空间特征和意义。符英（2000）等分析了中国传统建筑中水平方位的礼制与象征意义；张汇慧（2015）探讨了西方古代建筑的"高"和中国建筑的"广"与各自文化的关系。

本文抓取了传统山地民居中的垂直性空间，以现象学的"空间诗学"认识论对其象征意义进行分析，并结合实际案例探讨建筑空间中对人类潜意识的反映，旨在从传统建筑空间中窥见更本质的人，反思当今建筑实践。

2 "空间诗学"视角下的垂直性空间形象

2.1 "空间诗学"认识论

法国重要科学哲学家加斯东·巴什拉（Bachelard G）于1957年在《空间的诗学》一书中，提出并建构了栖居的"空间诗学"，其中心观点是，"空间并非仅仅是物质意义上的载物容器，更是人类意识的幸福栖居之所"（叶木桂，2010）。这一观点在当时建筑文化快要窒息的氛围中产生了剧烈的回响，改变了建筑认识一直以来关注物质空间的传统，强调"内部精神空间"。巴什拉在这一理论中认为，避免对形象的个人化阐释，即是拒绝服从形象的直接动力（Bachelard G，2009）。因此他建立了"物质与诗意统一"的想象观，从现象学和象征意义的角度，对建筑展开了独到的思考和想象，并重点考察了几个"幸福空间"的形象的人性价值。

2.2 建筑的垂直性及其象征意义

在巴什拉对幸福空间形象的探索中，首先考察了"家宅"这一重要形象载体。为区分和组织其承载的形象，巴什拉提出了家宅的垂直性。他认为，"家宅被想象成一个垂直的存在，它自我提升，在垂直的方向上改变自己"

（Bachelard G，2009）。因此，家宅在垂直方向上不同位置的形象具有不同的象征意义，反映了人的内心价值和人与环境的关系。

2.2.1 对内心价值的象征

家宅安顿回忆，庇护梦想，并将人的思想、回忆和梦想融合在一起。作为人"最初的宇宙"，家宅首先是内心价值的象征。巴什拉对具体场所的分析如下：

（1）地窖的象征意义：地窖是家宅底部的空间，虽有其功能意义，但它首先是家宅中的阴暗存在，是一种地下力量的存在。地窖象征着恐惧、非理性、不确定、疯狂和冲突。

（2）楼梯的象征意义：楼梯的意义随着其方向的不同而改变。通往地窖的楼梯意味着向下、下降，通往阁楼的楼梯往往更陡峭更粗糙，它象征着"最安静的孤独的上升"。

（3）阁楼（屋顶）的象征意义：阁楼（屋顶）是家宅的顶部，是家宅中光明的存在，在明亮的阁楼里，我们处于理性区域。阁楼中积累的白天、光明的经验，能够消除夜晚的恐惧，恐惧感很容易变得"理性化"。

2.2.2 对人地关系的象征

家宅与大地相接触，在地窖的深度上，家宅与土地融为一体。家宅成了自然中的一个存在。地窖如同家宅的根，深入土地，如果没有根，家宅就难以生长。作为人心灵的幸福空间，家宅必须扎根于土地。

3 案例分析

3.1 灯花村简介

梁家寨乡位于山西省阳泉市盂县北部（图1），境内群山起伏、沟壑交错，河流纵横（盂县地名委员会，1989）。灯花村位于梁家寨乡西南部的南沟（图2），村史可追溯至明初，时邓氏迁此建村，取名邓花。1956年改名为灯花。灯花村民居建筑形式以抬梁式木架构和窑洞相结合为主，两种形式的主要建造材料都是当地的自然石材。大体积石头用来垒拱券和护坡，当地盛产的页岩代替瓦片成为屋面用材。2008年左右，位于灯花沟内的原灯花村村民全部迁出，成为无人居住的"荒村"，村中建筑维持着数百年来的风貌（图3），仿佛在时间中凝结。

灯花村中住户以梁、崔两大姓为主。实地调研中，重点对村口水井旁上坡道路沿线保存较为完整4个院落及建筑进行考察和测绘，并采访原在此居住的村民。调研院落分别以小梁家、小崔家、崔兄弟家和大梁家进行代称（图4）。

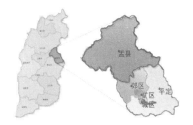

图1　盂县区位
（图片来源：2016台大北大川大三校盂县设计团队）

图2　梁家寨乡及南沟区位
（图片来源：2016台大北大川大三校盂县设计团队）

图3　灯花村风貌
（图片来源：2016台大北大川大三校盂县设计团队）

图4　调研院落分布
（图片来源：作者改绘自团队成果）

3.2　从村落环境垂直性到建筑空间垂直性

3.2.1　村落的垂直生长

灯花村坐落在群山之间的一处沟谷，从低处的沟口沿山势向高处蔓延（图5），村落的布局形态受到自然地势的约束，具有明显的垂直性特征。

在生产方式上，灯花村的耕地多为狭长的旱地梯田，沿等高线分布在村落周围的山坡上（图6）。在建筑方式上，村中的许多民居建于陡坡上，然而却不仅没造成山体破坏，反而形成了与地形相融合的聚落呈现了灯花村的居住不是开发与破坏，而是共生与保护。

图5　灯花村地势
（图片来源：作者改绘自团队成果）

图6　坡地梯田
（图片来源：2016台大北大川大三校盂县设计团队）

3.2.2　院落的垂直嵌合

与山地环境相适应的垂直性特征同样反映在了院落结构上，形成院落间在垂直方向上的分布（图7）。但不同于大多数山地村落中各个院落的独立分布，灯花村的院落在垂直方向上存在互相嵌合的结构特色。例如，在

图 7　院落的垂直分布
（图片来源：2016 台大北大川大三校盂县设计团队）

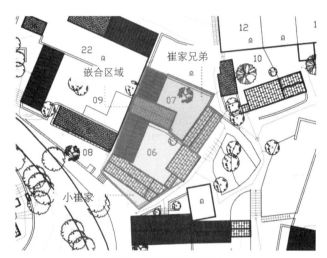

图 8　院落嵌合平面图
（图片来源：作者改绘自团队成果）

图 9　院落嵌合剖面图
（图片来源：作者改绘自团队成果）

村中靠近水井处的路口有相邻的两个院落，分别为小崔家与崔氏兄弟家（图 8）。地势较低（蓝色）的小崔家与地势较高（黄色）的崔氏兄弟家存在较大的高差，小崔家的二层正好是崔氏兄弟家的一层，两家在高差处合力建设了一个二层房屋。该房屋外部看似一个独立建筑，但内部上下却不相通，一层属于小崔家，二层属于崔氏兄弟家，两家的院落在此处发生重叠和嵌合（图 9）。

3.2.3　建筑的垂直分层

灯花村的建筑形制丰富，但都在垂直方向上有着较丰富的分层结构，按照每一层的功能形式不同可大致分为两类。最普遍的一类是"地窖－房屋底层－屋顶/阁楼"模式（图 10），又因房屋的形式不同可细分为"木构式"和"窑洞式"两种。另一类则是"地窖－窑洞－房屋底层－屋顶"模式（图 11）。

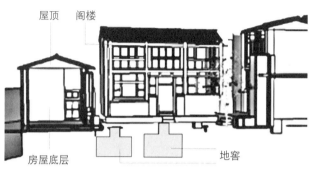

图 10　"地窖－房屋底层－屋顶/阁楼"模式
（图片来源：2016 台大北大川大三校盂县设计团队）

图 11 "地窖－窑洞－房屋底层－屋顶"模式
（图片来源：2016 台大北大川大三校盂县设计团队）

两种模式的最下层都是地窖，地上部分的窑洞常用于储存日常用品和圈养家畜，当房屋不足时也可改为居住场所。房屋底层则是最常用的室内生活空间，主要功能是满足居住，灶台和厕所都在室外。房屋的生活空间之上是屋顶，有的还建有阁楼。

3.3　垂直性建筑空间对内心价值的象征

3.3.1　地窖——恐惧与保护

灯花村几乎每个家户都有地窖，有的在院落中，有的在房屋里（图 12、图 13）。从实用功能来讲，地窖是

图12　小梁家房屋中的地窖口
（图片来源：作者摄影）

图13　崔兄弟家房屋中的地窖口
（图片来源：作者摄影）

为储存物品的方便，主要用于储存土豆、红薯等农产品。然而以现象学视角直面地窖的形象时，地窖作为家宅中最阴暗的存在，首先使我们体验到恐惧：地窖口吞噬着光明，蔓延的黑色包容着未知。地窖上的石板轻易不能挪开，未知带来的恐惧和好奇藏在心灵深处的记忆中。

而在灯花村，地窖还有另一层象征意义——保护。在灯花村的传说中，东汉光武帝刘秀在征战南北时曾率大军沿滹沱河从庄里往河北方向奔走，大将邓禹随后护驾，当时有几个伤兵不能随军远征，留下养伤，这就是最早立村的邓姓人。灯花村的先民为避匪乱和山洪，几经辗转后定居现灯花村旧址，每当遇到战乱，村口发出警示后，村民们便进入地窖中安然度过。据村民口述，抗日战争期间，许多人因藏进地窖成功躲避了日本军队的扫荡。祖先留下的经验埋入内心深处，成为一种共同记忆。

地窖的黑暗成为一种包裹，藏匿了不知名的危险和恐惧，却也同时意味着免于暴露在敌人面前的保护。面对危险，我们本能地想要蜷缩进黑暗中，把自己包裹进

隐秘的小空间，这也许源于婴儿时期对母体的记忆。在精神分析的观点中，人从黑暗、温暖而平静的子宫而来，子宫象征着对安全感的寻求（Freud S，1986）。地窖正是黑暗、温暖而平静的隐秘空间，它在精神深处、在非理性的潜意识中，象征着保护。

3.3.2　房屋底层——依恋与连接

建筑垂直分层中，房屋底层通常是真正的居住空间，人们从不在阁楼上睡觉。因此，居住空间或下方直接扎根于土地，或侧方依靠于山体，皆紧密贴合大地，而非凌驾于空中。居住是心灵最大的庇佑，居住与大地的贴合，是人对环境的依恋，如同孩子要紧紧抓住母亲的手，只有直接的触摸才能带来安慰。

底层房屋还是重要的连接空间，用楼梯建立了自身与地窖、阁楼的连接，但两种楼梯在形象和象征意义上都截然不同。在灯花村中有两个较为典型的例子：崔兄

图14　崔氏兄弟家通往地窖的楼梯
（图片来源：2016台大北大川大三校盂县设计团队）

图15　小崔家通往阁楼的楼梯
（图片来源：作者摄影）

弟家通往地窖的楼梯（图14），和小崔家通往阁楼的楼梯（图15）。崔兄弟家的地窖十分宽敞，通往地窖的是石质阶梯，尺度颇大，宽2m有余。宽大、厚实的石材增强了感官上的坚固性，作为承载人们走向地下空间的通道，楼梯用坚固帮助人抵御对地窖的恐惧。小崔家通往阁楼的楼梯为木梯，狭窄、陡峭而粗糙，却用轻盈通透引导人去往光明。

3.3.3 阁楼——不同的希望

在空间诗学观点中，在阁楼上人们看到赤裸的屋顶，有序排列的木条，结构明朗的梁架，在这里，所有思想都是清晰的，屋顶象征了理性，以及光明带来的希望。灯花村民居的屋顶同样是几何性较强的空间（图16），可以看到清晰的结构。同时，由于地势更高，干燥、通风、鼠害少，因此屋顶和阁楼上贮存着更为珍贵的粮食。调研样本中的小崔家（图17），二层木建筑带有阁楼，贮藏谷子、玉米等。

图16 小梁家的屋顶
（图片来源：2016台大北大川大三校盂县设计团队）

图17 小崔家的二层阁楼
（图片来源：2016台大北大川大三校盂县设计团队）

在传统乡村社会中，粮食代表着饱满、富裕，是幸福生活最基本的符号。人的居所位于阁楼之下，意识在对幸福的守护中安居。从这个角度讲，灯花村的阁楼、屋顶上的储存空间同样象征着希望，但不同于西方世界宗教影响下的纯精神意义上的希望，这里是以物质贮藏象征着对幸福生活的希望。

4 总结

4.1 传统山地民居牢固密切的人地关系

灯花村村址周边山地起伏，沟壑纵横，村落依山而建，如同木材、石材组成的大型植物生长在大地上，而地窖就是它的根。正因为有深埋在地下的根，建筑才与周边空间建立了切实的联系，紧紧抓住了土地。在经年累月与自然环境的相处中，民居建筑经历环境中的各种冲突，牢固的根使它在人们的内心世界中既不会被"吹倒"，也不会"陷落"。

灯花村的建筑内部空间，地窖同时象征着潜意识中的恐惧与保护，屋顶和阁楼则象征着中国传统乡村式的希望，而房屋底层的居住空间则在多种方向上贴合大地。灯花村的民居在垂直性上充分体现了紧密结合的人地关系，象征着人对环境的崇拜、敬畏和依恋。在传统乡村中，建筑作为人的居所，不仅顺应自然，而且本身就处于自然之中，是自然环境的一部分。人借助这一媒介，感受自然，拥抱自然，进而与自我内心获得沟通，最终得到安居。

4.2 与当下建筑实践的对比

反观今天的城市现代建筑，大量"视觉冲击"的建筑既没有与周围环境建立关系，也没有自身的垂直性，只有外在的高度，和代替了楼梯的电梯。而无论这一表象的高度有多高，人在其中居住的状态已成为单一的水平性，居所没有扎入环境中的根，空间形象也难以区分内心价值。同时，城市中居所和空间之间的关联成了人为和机械的，人的内心生活几乎消失，进而与所处环境的关系日趋淡薄。因此，从传统乡村民居中体会建筑空间对人内心价值的象征、对人地关系的反映，能够带来丰富的启发。而如何将这些启发应用于实践，应是进一步研究的方向。

致谢

首先，感谢导师张天新老师在本文的研究和写作期间全程提供的耐心指导和帮助，在此致以最深的感谢！在张老师的带领下，作者在2016年7~9月参加了"2016台大北大川大三校盂县设计团队"，在山西盂县进行了为期一个月田野调查，这是本研究的重要基础。感谢团队的指导老师——台湾大学建筑与城乡研究所张圣琳老师、朱嘉明老师和吴金镛老师，感谢老师们在团队组织、研究考察、建筑测绘、总结汇报、论文撰写等方方面面给予我的亲切关怀和悉心指导！感谢团队中的所有同学，是在同学们的紧密合作和不懈努力下，才得到了详实全面的调查数据和测绘成果，感谢你们的支持和帮助！感谢山西吉天利科技实业有限公司董事长刘林娣女士和总经理梁福明先生，感谢你们在研究期间提供的资料支持和生活帮助，大大提高了研究效率；感谢盂县史志办主任崔石头先生，感谢您提供的大量宝贵资料；感谢盂县梁家寨乡武装部部长郭倩娜女士、武装部职工李文婷女士和武嫦英女士，感谢你们在团队工作的档案整理阶段给我的大力帮助。在此谨向所有在研究和撰写论文期间指导、帮助过我的人们致以诚挚的谢意！

主要参考文献

[1] Bachelard G. 空间的诗学. 张逸婧译, 上海：上海译文出版社, 2009.

[2] 蔡凌. 建筑－村落－建筑文化区——中国传统民居研究的层次与架构探讨 [J]. 新建筑, 2005（04）:6-8.

[3] 曾艳, 陶金, 贺大东, 肖大威. 开展传统民居文化地理研究 [J]. 南方建筑, 2013（01）:83-87.

[4] 常青. 建筑人类学发凡 [J]. 建筑学报, 1992, 05:39-43.

[5] Freud S. 梦的解析：揭开人类心灵的奥秘 [M]. 赖其万, 符传孝译. 北京：中国民间文艺出版社, 1986.

[6] 符英, 段德罡. 方位与中国传统建筑 [J]. 华中建筑, 2000（04）:128-129.

[7] 郭红雨. 山地建筑意义的探寻 [J]. 华中建筑, 2000（03）:28-29.

[8] Heidegger M. 海德格尔选集 [M]. 孙周兴译. 上海：上海三联书店, 1996.

[9] 计旋. 论人的"诗意的居住"及其意义——徽派建筑的现象学阐释 [J]. 美与时代（上）, 2010（06）:107-109.

[10] 姜梅. 民居研究方法：从结构主义、类型学到现象学 [J]. 华中建筑, 2007（03）:4-7.

[11] 陆元鼎. 从传统民居建筑形成的规律探索民居研究的方法 [J]. 建筑师, 2005（03）:5-7.

[12] 吕倩, 徐飞鹏. 晋中传统民居的建筑现象学语义解读 [J]. 青岛理工大学学报, 2007（06）:52-57+72.

[13] 潘天波, 胡玉康. 论建筑意义与关系——与建筑现象学家诺伯格·舒尔茨的对话 [J]. 美与时代（上）, 2011（03）:81-86.

[14] 王海松. 中国传统山地建筑形态初探（上）[J]. 时代建筑, 1995（01）:5-10.

[15] 王良范. 文化境域中的诗性象征——侗族鼓楼的美学人类学解读 [J]. 贵州大学学报（艺术版）, 2002（04）:47-52.

[16] 卫东风. 生土民居场所精神与建筑体验——以喀什高台民居为例 [J]. 华中建筑, 2009（03）:266-270.

[17] 谢成海. 环境危机反思：重估人与自然的关系 [J]. 浙江社会科学, 2001（02）:92-96.

[18] 盂县地名委员会. 盂县地名志（内部出版）, 1989：166-168.

[19] 叶木桂. 论加斯东·巴什拉的空间诗学 [J]. 美与时代（上半月）, 2010（02）:95-98.

[20] 张汇慧. 高与广的对峙——从传统建筑布局看中西方文化差异 [J]. 福建建筑, 2015（06）:1-4.

[21] 郑先友, 陆刚. 中国传统建筑意蕴的质素分析 [J]. 合肥工业大学学报（自然科学版）, 1998（S1）:12-17.

对传统毛石墙的美学解读：从建筑到景观的转变

任雷 张天新

摘 要：在地处偏僻山区的河北省蔚县大台子村，保存了形态各异、颇具历史痕迹和当地特征的毛石墙。在当地人居环境的发展过程中，毛石墙作为具有实用性的民间建筑工程成果出现，随着历史演进包含了丰富的人文特征，具有深厚的景观美学价值。本文将以大台子村的毛石墙为对象，通过阐述时间、空间相互作用的机制，来发现废墟化的毛石墙的景观之美，结论将有益于启发当地乡村建设发现、保护和利用毛石墙的艺术价值和人文价值。

关键词：毛石墙；乡土景观；场所；美学价值

前言

建筑、景观或者其他人类活动的物质表达，用20世纪50年代思想家亨利·伯格森的说法便是"使人的绵延得以显现的媒介"[1]。纵观当代建筑设计，有很多优秀的"石头"作品：刘家琨在犀苑休闲营地的设计中使用了就地取材的粗制低矮卵石墙，适当做旧，穿插于绿地和建筑之间，形成时间感知维度的新旧场所之间的过渡和连接[2]（图1-a）；王澍在宁波博物馆的建造过程中精确地通过对场地材料、建造技术的保留和重组，以旧砖瓦为材料建造出来一个场所、一处景观，连接了新旧空间[3]（图1-b）；李晓东在玉湖完小的设计中亦采用了大量当地石材来建造建筑和庭院，并通过运用现代设计语言来重新解读了当地建筑形式，将场地中的时间感通过新的形式传递下来并得以继续延伸[4]（图1-c）。

而在传统的乡土建筑中，往往具有更真实的时间感和场所感，比如传统的毛石墙。一面石墙现存风貌的形成往往是诸多自然、人工要素通过时间积累的成果，这是任何一蹴而就的设计建造成果无法媲美的。M·福柯在其"时间异托邦"概念中阐释道：（博物馆、展览馆等）是一个脱离了时间却又包含所有时间、（从其出现伊始）所有时代、所有形式、所有爱好和愿望的场所[5]。成为废墟的毛石墙便是一种当地人类和自然活动痕迹的博物馆，具有丰富的美学价值，这些美学价值在当地乡村建设中将发挥重要作用。

现存文献已有大量对于石砌乡土建筑、乡土景观美学价值方面的研究。如吕文明研究了湘西石头建筑，从村庄选址到建筑结构、形态、装饰等进行了研究和描述[6]；宋海波、张晓楠等分别通过学位论文对豫北山区和鲁中山区地区的石砌民居进行了研究，试图对其地域性特征和独特营造模式进行详细的记录[7-8]；林胜利在《找寻蔚县古堡》中对蔚县境内的石头堡垒建筑进行了走访，记录了当地独特的建筑形式和文化内涵[9]。总体看来，现存文献对石砌乡土建筑的研究多为整体的建筑结构、形态特征和文化特征的研究和记录，对石墙本身的美学特征和地方性或场所性特征的深入、细致的研究比较少甚至空白。然而要想深入解读传统毛石墙的美学价值，尤其是在传统毛石墙建筑迅速减少的现状下，结合相关理论深入阐述已废墟化的毛石墙的美学价值是十分必要的，如此才能在传统毛石墙功能价值的转变中找到合适的途径，比如将废墟化的毛石墙建筑进行景观化的利用，让传统毛石墙找到新的存在价值。

图1 当代建筑中的"石头"作品
（资料来源：网络）

1 场地概况

大台子村，位于河北省张家口市蔚县南部的草沟堡乡，海拔1295.7~2882m，平均气温2.3℃，无霜期78~110天，年平均降水量约522mm。明初建村，以戏台

任雷：北京大学建筑与景观设计学院
张天新：北京大学建筑与景观设计学院

之大，故名。人口 285 人，以汉族为主，耕地 1031 亩，为到东甸子梁风景旅游区的必经之路，村庄产业以畜牧业为主，农业主产马铃薯、莜麦。

从明朝初期到 20 世纪 60、70 年代以前，村庄坐落于位于半山坡的位置，以防止洪水侵袭。20 世纪 60、70 年代至今，尤其是 1980 年代河流整治后，村庄向低处发展（图 2）。而位于半山坡的传统建筑几乎被废弃，至今保存完好，尤其是保留了大量石砌墙体。

图 3　不同功能的毛石墙
（资料来源：作者拍摄）

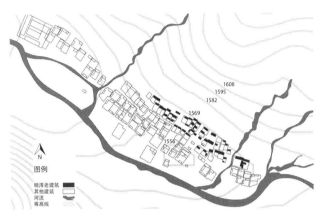

注：图中河流为季节性河流
图 2　大台子村村庄平面图
（资料来源：作者通过调研绘制）

2　传统毛石墙的工程性特点

2.1　石材来源及种类

当地传统民居以汉族典型的合院式建筑为主，其他建筑物有寺庙、戏台及牛羊圈等，建造所用多为石块、黄土、秸秆、杨柳枝干、落叶松树干等当地材料。大台子村所隶属的草沟堡乡有砾岩、砂岩、页岩、安山凝灰砾岩、灰岩、白云质灰岩等，石材多呈现灰色、土黄色以及肉红色，随着每年季节性降雨形成的洪水及径流，石块被源源不断地从山上冲下，成为建造房屋的理想材料。

2.2　毛石墙的功能及结构特征

村庄中的大小传统建筑，包括民居及寺庙等建筑的主体部分、附房、院墙、牛羊圈围墙、护土墙等，均以石块砌筑（图 3）。

建筑墙体多 34cm、35cm 厚，院墙、门楼墙体多 40cm 厚，基础部分有时厚达 1m，多为选用小到十几 cm 大到 50~60cm 的自然形状的石块进行干砌。建筑主体的墙体表面用加秸秆的黄泥进行抹面，院墙多为裸露的干砌墙。墙体构造多为错缝乱搭（图 4-a），也有采用长短相

间的石块进行比较规整的"丁顺式"错缝搭接（图 4-b）；石墙基础部分更多地采用较粗石块，上部则采用较细石块，因此一面石墙往往呈现出多种肌理；院墙顶部多不封口，呈现出石块自然搭接的状态，也有少量院墙用石块、砖块或灰瓦加黄泥进行整齐的封口；转角处形成弧形墙面或通过采用较大石块或增加墙体厚度的方法保持其稳定性。

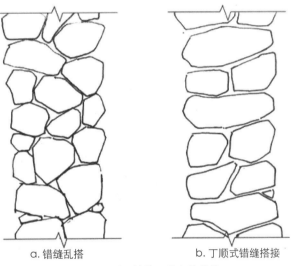

a. 错缝乱搭　　　　　　b. 丁顺式错缝搭接

图 4　毛石墙的两种砌筑结构
（资料来源：作者绘制）

毛石墙长期以来因经济廉价、工艺简单，为当地人生活、生产所用建筑物最主要的构成要素，直至今天。随着烧制砖、混凝土的普及，毛石墙也逐渐被取代，越来越少在建筑中出现，而已经建成部分也慢慢遭到废弃。可以说，在村庄的自然发展状态（无设计）下，毛石墙的建筑实用性功能逐渐消失了。

3　传统毛石墙中所体现的场所信息

虽然毛石墙作为实用性的建筑构件已经不具优势，但是由于经历了长时间的村庄发展，其本身的形态特征中蕴含着丰富的场所信息，包括各种自然要素和人文要

素影响下造成的痕迹：

山洪频发。大台子地处山区，季节性暴雨经常导致山洪暴发，洪水将石块冲至低洼处，其中有很多体积较大的石块。因此处于低洼处边缘地区的建筑的墙体中多大石块，墙体纹理更有趣（图5-a）。

利用地形。村庄整体建造在一面向阳的山坡上，以防止被山洪侵袭。因此村庄建筑呈台地式层层抬高，地形非常复杂，由此出现了大量顺应地形、形态各异的毛石挡土墙，这些挡土墙往往继续加高延伸，成为院墙。由此产生了部分外部高度超过3m的石墙。除此之外，也有大量低矮石墙沿等等高线方向分布，形成独特的山地景观。

上　　较大石块错搭　小石块错搭、麦穗状侧切　大石块平砌　下

图5　墙体机理
（资料来源：作者拍摄和处理）

修补式的建造过程。由于时间久远，石墙多经历多次的坍塌和修复，呈现出多种机理共存的状态（图5-b、c）。而且为了保持石墙稳定，在修复过程中会对石墙基础部分进行加固，有整体均匀加厚的做法（图6-a），也有以三角形或者其他形状的平面进行加厚的做法（图6-b）。

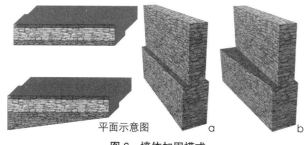

平面示意图　　　　a　　　　b

图6　墙体加固模式
（资料来源：作者绘制）

经营畜牧业与种植业。当地以畜牧业和少量蔬菜种植业为生，很多牛羊猪圈围墙由毛石墙和杨树干栅栏构成，农地则由低矮的类似于挡土墙围成不同的形状。这些毛石墙的平面布局形态各异、高矮不一，同牛羊等动物形成独特的牧区景观，而农地则在围墙的围绕下形成独特的层层叠叠的阶梯状台地景观。现有部分坍塌老建筑直接被用来当做农地使用，坍塌后残留的低矮围墙被用作农地边缘。

漫长的时间。时间在毛石墙中的表达途径除了建造过程或人类劳作等之外，还可通过与石墙共生的植物得到表达。如石缝及墙头的野草的枯荣，与石墙背阴面生长的地衣和苔藓及其痕迹等，都是一堵堵毛石墙经历过时间的佐证（图7、图8）。

图7、图8　生长植物的毛石墙
（资料来源：作者拍摄）

这些场地信息是珍贵的美学价值，通过毛石墙及其附属物的各种形态和组合展现了出来。通过对时间和空间的综合理解，将有利于深入解读传统毛石墙美学价值的根本来源。

4　对毛石墙的美学解读

人可以通过物体表面得到美的感知，传统的毛石墙便是一种承载着美的"表面"。至于美感发生的机制，则不仅仅是分析其表面形态即得以了解的。

上文所述的场所信息是美感产生机制的重要提示，而时间则是其中最为重要的要素之一，需要通过相关哲学理论来阐述其作用机制，如亨利·伯格森所认为的时间、空间不可分。尤其可以把连续的时间看做是空间的内涵，即"空间化的时间"：异质的、连续的、纯粹的、内在的——"在这些峻削的晶体和这个冻结的表面下面，有一股连续不断地流，它不能与我们任何时候见到的任何流相比较"；"这是一种状态的连续，其中每一种状态都包含着既往预示着未来"[10]。废弃的石墙、苔痕、荒草、层层叠叠不同的砌筑肌理之下，便是这股时间之"流"，是被压缩的人类活动和自然活动的集合。或许在一片石墙被建造之初仅仅为了遮风避雨、躲避豺狼，但是在不断地倒塌、被摧毁、被重建的漫长过程中，人造的痕迹就不仅是单纯的实用性了。建造者不可避免地将其生活习惯、审美意趣夹在了石缝中，成为石墙所承载的美学价值的重要组成，使毛石墙成为当地人类建造活动和审美意志的"石头之书"（图9）。

当毛石墙完成其历史任务之后，成为废墟或被拆除成了不可避免。大台子村因其特殊情况，大量的毛石墙被保留下来，以废墟的状态存在着。当建筑成为废墟就不再发挥其作为建筑的实用功能了，反而具有了更多的景观性。米歇尔·柯南在《穿越岩石景观》一书中对喀桑采石场公路景观进行了基于经验观察的艺术创作评论，并描述了"废墟景观"的内涵：一是"人类的劳作把自然转化成艺术品"，二是"自然征服人工劳作产生的废墟"[11]，这两者恰好构成时间对人的胜利。这种人与（包括时间在内的）自然间抗争过程的痕迹也是毛石墙美学价值内涵之所在，这就是为什么长有芒草和苔藓却又屹立不倒的毛石墙给人以美感的原因。而且，就像过于崭新或人工化会破坏美感一样，并非时间感越强就是越好的，过于废墟化的石墙也不会引起观者对于美的共鸣。

无论伯格森的时间绵延理论或拉絮斯的场所营造方法均指向同一种理念，即景观代表了一种潜在的无限的价值储备，其内涵应该被充分理解、利用和延续。大台子村的传统毛石墙所储备的价值有待于进一步转化，成为具有独特地域特色的乡土景观。

图9　现存各种状态的石墙
（资料来源：作者拍摄）

5　结语

对毛石墙的美学研究过程即是一次对发现美和利用美的思考。首先，毛石墙作为一种简单的建筑形式兼具实用性与美感，这在新老建筑中皆有所体现；其次，毛石墙所具有的"时间感"是其最重要的根本特征，是其美学价值所在，对毛石墙的重新利用可以被看做是对时间的重新拆解和组合；再者，作为废墟的毛石墙脱离了其原本作为实用建筑的功能特征，而将继续发挥具有丰富场所感的景观功能，这一点在乡村的更新建设中应被充分认识；非常重要的是，场所的形成需要时间，保留传统的毛石墙有利于场所的延续和发展，因此保护和利用传统毛石墙将在一定程度上保持当地特征和防止场所感的流失；最后，自然要素和人工要素的共存和积极的互动才会使场所继续延续下去，美的价值在于动态的变化，而非一蹴而就的刻意美化与粉饰。

致谢

十分感谢李迪华老师、李蒙同学和黄彬凌同学以及草沟堡乡政府工作人员在场地调研过程中的指导和协助以及李溪老师的理论指导。

主要参考文献

[1][5] 汝信主编. 外国美学 [J]. 北京：商务印书馆，1994:216，241.

[2] 刘家琨. 此时此地 [M]. 北京：中国建筑工业出版社，2002.

[3] 城市行走编委会. 王澍建筑地图 [M]. 上海：同济大学出版社，2012.

[4] 周榕. 从中国空间到文化结界——李晓东建筑思想与实践探微 [J]. 世界建筑，2014（09）:33-35+135.

[6] 吕文明，吴春明. 湘西石头建筑 [J]. 中外建筑，2007（08）:36-38.

[7] 张晓楠. 鲁中山区传统石砌民居地域性与建造技艺研究 [D]. 山东建筑大学，2014.

[8] 宋海波. 豫北山地传统石砌民居营造技术研究 [D]. 郑州大学，2012.

[9] 林胜利. 找寻蔚县古堡 [M]. 北京：北京大学出版社，2011.

[10] 亨利·柏格森. 形而上学导言 [M]. 刘放桐译. 北京：商务印书馆，1963:7-23

[11] 米歇尔·柯南. 穿越岩石景观：贝尔纳·拉絮斯的景观言说方式 [M]. 赵红梅，李悦盈译. 长沙：长沙科学技术出版社，2006.

桂北侗族村寨空间形态浅析
——以广西柳州市三江侗族自治县平岩侗寨为例

陈建滨

摘　要：广西三江县平岩侗寨经过长期演变，形成了复合而完整的空间结构，具有极强的地域和文化特征。文章从影响其空间形态的三个因素出发，分析了平岩侗寨整体的平面形态和空间层次，并从自然基底、界域空间和内部空间三个层次解读其空间形态的构成和含义，发现平岩侗寨空间形态与当地侗民的意识形态联系甚密，为村寨形态保护提供了依据。

关键词：侗族；空间形态；构成；平岩侗寨

聚居在广西三江县的侗族是一个古老的民族，虽一直居住在交通不便、信息闭塞的山区内，但外来文化的极少渗入使得侗族聚落空间较为完整地保存下来，有一种原真、古朴、自然、和谐之美，是人类不可多得的文化遗产。

平岩三寨[a]山、林、田、水等生态资源丰富，民族文化底蕴深厚，居民通过建筑物、建造技术以及各种材料与自然环境的相互作用，创造出了因地制宜的居住场所，并以其简洁的造型、自由多变的布局，展示了人与自然的和谐关系，形成了丰富多样的空间形态，极具地域特征。

1　平岩侗寨空间形态影响因素

1.1　自然环境

三江县的山地地形造成平岩侗寨采取"大分散小聚居"的空间布局方式，丰富的林业资源也为村寨建设提供大量原材料，决定其木构建筑基础形态——干栏式，也决定了村寨高度统一的外部空间形态（图1）。

1.2　生活习俗

侗族的生活习俗丰富多样（包括住居、餐饮、宗教信仰、婚丧嫁娶等），其强烈的族群意识对村寨空间形态起着决定性的作用，侗民各种集体活动也在很大程度上影响着村寨公共空间形态。

1.3　生产方式

陈建滨：成都市规划设计研究院

① 平岩侗寨包含三个村寨：分别位于西北部的岩寨、东北部的平寨和南部的马安寨。

图1　平岩侗寨外部空间形态
（图片来源：作者自摄）

平岩侗寨生产方式传统落后，导致村寨发展程度较低，决定了其只能是以居住功能为主的小型村寨。近年来随着旅游业的发展，生产方式逐渐发生转变，大体量建筑偶见出现，村寨空间形态也随之演化。

2　平岩侗寨的整体空间形态

2.1　内聚向心的平面形态

侗族聚族而居，擅长与环境共存，能巧妙地将住居与当地特有地形结合。为满足以族姓为核心的社会组织结构要求，侗族村寨在平面形式上多围绕以鼓楼为中心布局，呈现出具有秩序化的内聚向心形态，具体又分为以下两种形式（图2）。

（1）单核团聚式：村落有明确的中心。根据侗族独特的社会组织结构，构成侗族传统社会的基层单位为"斗"，一个"斗"表示一个以父系血缘为纽带的家族。

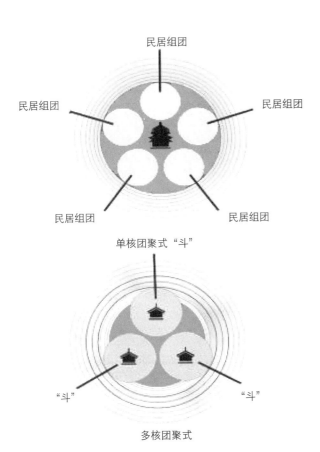

图2 村寨空间平面形态图式
（图片来源：《侗族聚居区的传统村落与建筑》）

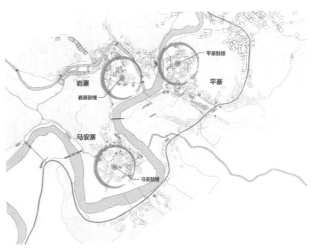

图3 平岩侗寨平面形态布局模式
（图片来源：作者自绘）

图4 鼓楼统领的村寨空间（岩寨）
（图片来源：作者自摄）

一个鼓楼，代表一个"斗"的存在。单核团聚式以一个鼓楼为活动中心，公共场所集中于鼓楼周围，有鲜明的场所特征。

（2）多核团聚式：受到地理条件限制，村落发展到一定规模后，部分居民从大村寨中分离出来，村落由若干个组团单位构成，每个组团都各有中心。多核团聚中心用多个鼓楼表示有血缘的几个"斗"或者不同的宗族所在[a]。

三江县"程阳八寨"[b]属于多核团聚式布局，其中每个寨子又呈单核团聚式布局，因受地形约束而采取具有自由布局特点的向心方式，围绕村寨中心体，顺应地形地势（图3）。

2.2 鼓楼高民居低的空间层次

平岩侗寨属于河谷平坝型，平寨、岩寨、马安寨各自沿山脚向中间的林溪河谷平坝地区展开建设。从空间

高度层次看，侗族村寨是由高耸入云的鼓楼与鳞次栉比的民居建筑群一起构成。鼓楼在空间上具有很强的标志性和可识别性，从高度与建筑艺术形象上都成为村寨环境的视觉焦点，统率整个村寨空间形态（图4）。

侗族规定一般民居的形制不能高过鼓楼，尤其位于鼓楼附近的民居要更注意从高度与气势上去反衬鼓楼的统帅地位。木楼民居在建造中非常注重与地形契合，通常顺应等高线呈梯级排列，随着地形起伏在高程上不断变化，形成民居群在空间上的高低错落。民居群屋顶通常整齐统一，以此突出鼓楼复杂多变、重叠有致的屋顶形式，形成横纵、高低、繁简对比，营造出整体气势紧凑集中的空间层次。

综上，平岩侗寨的布局形态无论从平面布局形式还是竖向空间层次上，都以鼓楼为中心，使村寨空间构造与社会性构造达到高度一致，是侗族强烈内聚力物化的体现。

---

① 分类及相关概念参考《侗族聚居区的传统村落与建筑》255页。

② 位于桂湘黔交界处，是侗族千户大寨，有马安、平寨、岩寨、平坦、懂寨、程阳大寨、平埔、吉昌等八个自然村寨，平岩三寨是最南边三个寨子，是目前保存传统最好的三个寨子。

平岩侗寨整体空间形态示意 表1

村寨名称	马安寨	平寨	岩寨
村寨整体格局	河流围合而成的扇形结构	依傍河流形成的平行结构	河流穿行形成的半圆形结构
民居分布形态	以鼓楼为中心呈同心圆分布	以老鼓楼为中心呈扇形分布	团状布局和线性分布
村寨空间形态示意			
村寨空间形态抽象示意			

（表格来源：作者自绘）

3 平岩侗寨的空间形态构成

平岩侗寨的空间布局并无事先规划，建筑往往顺应山势、河道自由伸展，形成了一种自然而富有节奏感的肌理，但其空间从室内到室外却透出有一种内在的逻辑结构，且贯穿着系统而整体的营建策略（表1）。总体说来，平岩三寨的空间格局是在由山林、溪河等形成的自然基底下，通过边界界定村寨领域，并由丰富的内部空间要素构成。

3.1 自然基底

平岩侗寨的空间形态美建立在原生态的环境背景之上。无论是单体空间形态的营建，还是群体空间形态的营建，都如生命体一样有机地生长，蕴含"顺其自然，因地制宜"之大法，层层延伸、错落有致，充分体现了侗族"天人合一"的观念。

林溪河是寨内的主要河流，受到一条伸向南方的山嘴阻拦，向南部弯曲，在河湾突出地带，泥沙淤积成相对平坦的河坝，平岩村三个寨子就位于这些河坝上，环绕、穿插其间的绿树、青山、碧水共同映衬村寨。在这种原生态的自然基底上形成的村寨形态丰富却不复杂，巧妙

却不造作，于对比中凸显和谐，于渐变中展现韵律，形成了鲜明的地域特征。

3.2 界域空间

平岩侗寨通过边界的界定形成村寨领域，以此作为居住的地域环境中人工物聚集之处与周边环境的分界，从而对村落共同体生活的最大范围进行限定，在界域范围内形成"一姓为主，多姓杂居"的大聚落。这种依靠血缘关系形成的社会力量具有天然的稳定倾向，它既为侗族村寨提供了基本的生存条件，是村寨秩序的起因，又增强了聚落的认同感和归属感以及集体意识。

从狭义上说，侗族村寨的界域空间是由村寨周围连续的自然地景如山脉、溪河、稻田等以及非连续性的寨门、风雨桥等诸多要素相互穿插间隔而共同组合形成。其中，界域范围内建造的寨门、风雨桥或是入寨道路，作为象征性边界，达成了村寨与外界的交通联系。

因此，侗族村寨的界域首先明确了村寨的空间范围，而寨门、风雨桥等则是完成了村寨内外空间的延伸与过渡。

3.2.1 寨门

寨门是侗寨界域的重要限定因素，起到防灾辟邪、保寨平安等作用。它设置在村寨主要出入的道口上，最初作为村寨防御设施，只是简单的土垒或栅栏，后来发展为装饰精美的干栏式建筑，作为侗族进行集体活动如迎接宾客，唱拦路歌等仪式的地点，表明寨门已经演变为加强族群的地域识别性和民族凝聚力的象征性功能。

平岩侗寨的寨门在建筑造型上追求自然朴实，同时兼顾优美别致，运用了具有侗族特色的建筑手法，从而形成了各具风格的寨门形制。

3.2.2 风雨桥

风雨桥是侗寨界域的另一个标志，又称"花桥"、"福桥"、"回龙桥"，设置于村寨入口处，有留住财富、拦住妖邪的神圣文化内涵，除了作为侗寨界域外，还为侗族村民在山谷溪涧提供安全方便的通道，也是人们平时休息交往的空间。

平岩侗寨的程阳桥为石墩木结构楼阁式建筑，是风雨桥的代表。桥中五个多角塔形亭子飞檐高翘，犹如羽翼舒展，桥的壁柱、瓦檐、雕花刻画精美。整座桥雄伟壮观，气象浑厚，仿佛一道绚丽的彩虹。其复合的使用功能、丰富的精神内涵以及被赋予的独特建筑艺术形象展现着侗族人民的智慧和凝聚力（图5）。

3.3 内部空间

3.3.1 道路与水系形成的村寨骨架

平岩侗寨的道路和水系是村寨中最丰富的环境要素，共同构成了村寨环境空间的骨架。

（1）自由布局的道路体系

三江侗族地区在长期的历史发展进程中，逐步形成了因地制宜、方便快捷的村寨道路系统。村中道路多数是由居民惯常的足迹建成，因此道路的走向自然随意而富于变化。

平岩侗寨的道路经过长年累月形成了灵活多变、巧于因借的自由式网络布局形态，并与地形及民居有机地结合，三个村寨各自在内部形成完整的街巷系统，具有宜人的尺度和自由的走向。马安寨的道路形式以鼓楼为中心向四周发散并在高地四侧的堡坎边缘围合；平寨的传统街巷以东西向连接鼓楼和县道的主街为轴向两侧发散出多条次级街巷；岩寨的道路体系由三条主要石板路围成环形构成（连接马安、岩寨的石板路，万寿桥到频安桥一线和频安桥以西的沿河路以及鼓楼南面的东西向小路）。房屋之间的入户道路和田间地头交错联通的小道呈树枝状连接在主要骨架上，通常较狭窄，但道路的曲折多变也会让行走时的视野和角度在短时内产生很大的变化，形成步移景异的景观效果。

（2）多层次的水空间体系

平岩侗寨水空间层次分明，除林溪河蜿蜒流进村寨以外，村寨内还分布有星星点点的水塘和泉井，维系着老巷、风雨桥、古宅、侗族鼓楼的生命。村民住房建筑就像"血肉"一样依附于水系统空间形成的"骨架"自然生长和蔓延（图6）。

平岩侗寨的水空间结构从形态上可分为"点"和"线"两种类型。"线"是指线性流动的溪流林溪河，是平岩村发展的脉络；"点"是指点状分布的水塘和泉井，穿插在民居组团之间，既可做消防水源，平时亦可养鱼，既调节了小气候，又方便了生活。水塘具有"内聚"特点，能把周围建筑连为一个整体，并使之有向心感，从而形成村寨的副中心。而泉井时常结合小塘或小溪布置，不仅为居民

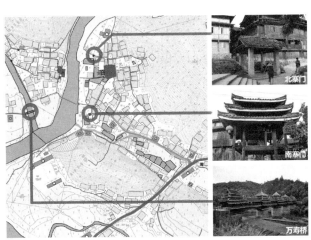

图5 水系，寨门，风雨桥形成的界域空间
（图片来源：作者自绘）

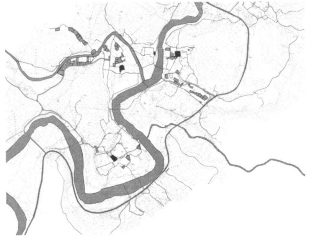

图6 道路和水系形成的村寨骨架
（图片来源：作者自绘）

提供重要的生活水源，还极大地丰富了村寨的水环境。

林溪河与平岩侗寨的关系可分为环绕与穿行两种。马安寨和平寨属于前者，村寨临水而建，以水岸限定空间范围，起到防护作用。岩寨属于后者，溪流穿寨而过，民居沿岸而布，河流与民居因地形和位置的变化而产生机动灵活的联系，增加了建筑的亲水性。这两种关系均可以创造出具有浓郁生产、生活气息的侗寨环境景观。

3.3.2 以鼓楼为村寨灵魂塑造的寨心

鼓楼是侗寨的寨心，是其社会、文化、政治的中心，是"群"的产物，是族姓的徽章和标志。鼓楼是侗族聚落形成秩序化的核心。侗民们把鼓楼看成是族姓神的物化物，族姓以鼓楼为精神支柱紧紧团结在一起，起到稳定和凝聚人心、强化家族认同感的作用。

平岩侗寨的寨心在以鼓楼为中心主体外，通常还在鼓楼前设置一个广场——鼓楼坪，同时还配以戏台、井亭等其他公共建筑，形成公共活动中心。三寨的鼓楼都位于村寨中较突出的地段，位于村寨的几何中心，在空间尺度上都比民居组团空间大。民居建筑之间紧密相连，空间狭小，而鼓楼作为村寨中心，通过中心活动空间的放大，取得从外到内逐渐由封闭到开敞的空间效果，创造出欲扬先抑，开合有致的空间形态；在空间围合形式上，鼓楼往往与戏台相对，强调轴线对称（如岩寨）（图7），或戏台、鼓楼、歌坪三位一体（如马安寨）。这些空间的出现，充分体现了侗族社会组织结构与空间构造的高度统一。

图7 鼓楼，歌坪，戏台形成的寨心（岩寨）
（图片来源：作者自绘）

3.3.3 凉亭、井亭、土地庙形成的空间节点
（1）凉亭

凉亭在平岩侗寨随处可见，有时桥和亭融为一体，通常风雨桥上就有好几座亭子。此外，侗族先辈们还在山间小道、山坳半山腰处以及村寨的风口视野开阔处修筑小凉亭，供人休息。村寨内的凉亭是村民日常交流、舒缓生活的重要节点。建设位置随形就势，体量小巧随意，建筑类型富于变化。

（2）井亭

在平岩侗寨还可常见专门的井亭，以维护泉井，反映出侗族人民对生活质量的重视，是侗族水文化的一种体现。有的井亭内还设置休闲座凳，半开敞的户外空间成为村民喜爱的交往聚集场所。

（3）土地庙

平岩侗寨的土地庙并没有固定的形制，也没有规定不变的朝向，但大都选择在背面有山体或是较高土坎的位置修建；有的使用不规则砖或石块搭起一间三面有封挡的简陋小空间；有的则专门用砖整齐垒砌并且上加青石制作的小房顶，或者整体均用青石细致地凿刻而成，这类土地庙较为精细并且体量也较大。土地庙是居民供奉土地神的小型建筑，是当地民俗的物化。

4 结语

三江县平岩侗寨空间形态与当地侗民的意识形态联系甚密，内聚向心式的布局形式体现着族群极强的凝聚力，浓郁的民族文化与生态环境在整个聚落空间中交相辉映。

平岩侗寨整体呈现多核团聚形式，各个侗寨又呈现单核团聚形式，三个村寨均以鼓楼为中心统领平面和竖向空间，在和谐统一的自然基底上，通过寨门或风雨桥的界定，以道路体系和水系为骨架，凉亭、井亭、土地庙为节点形成了秩序分明、功能清晰的空间形态，对此空间形态的把握为侗族村寨的保护提供了前提。

主要参考文献

[1] 蔡凌.侗族聚居区的传统村落与建筑[M].北京：中国建筑工业出版社，2007：255.

[2] 李长杰.桂北民居[M].北京：中国建筑工业出版社，1990：39.

[3] 范俊芳，熊兴耀.侗族村寨空间构成解读[J].中国园林，2010（7）：76-79.

[4] 祝家顺.黔东南地区侗族村寨空间形态研究[D].四川：西南交通大学，2011：12-17.

[5] 李志英，孙奕.黔东南传统侗族村寨建筑文化分析[J].华中建筑，2010（3）：153-156.

下沉式窑洞传统营造与现代更新研究
——以河南陕县官寨头村为例

房琳栋

摘　要：下沉式窑洞民居是生土建筑中重要类型之一，因其建造过程独特，且具有相对完整的施工流程而受到学术界以及相关部门的重视。近年来，下沉式窑洞村落的数量逐渐减少，村民缺乏科学合理的指导与示范，使当地新建房屋代替传统窑洞的实例屡见不鲜，传统技艺面临消失。本文通过对下沉式窑洞传统营造过程的梳理，结合更新设计与建设实践为当地窑院的改造与保护提供一定借鉴，试图结合现代技术对传统窑洞进行更新改造，探索适合并体现地域性特点的农房设计与建设的方法与途径。

关键词：下沉式窑洞；营造；更新保护

1　下沉式窑洞民居概述

　　下沉式窑洞经历数千载之演进，以其独特的形式成为民居建筑史上的一大奇观。在黄土台塬地貌显著的地区，无山坡、沟壑可利用，村民充分利用自然条件，依据黄土的直立边坡稳定性建造各类窑洞，其中下沉式窑洞就是其中重要的类型之一。下沉式窑洞伴随着人类文明和社会发展，始终满足着人类的生活需要，造就了人类群居于地下的奇特生活方式，构成了一幅"人在房上走，闻声不见人，进村不见房，见树不见村"的奇异生活景象，同时也是绿色建筑研究的重要范例。作为最为独特的建筑类型之一，下沉式窑洞不论从建筑特点、空间形态、建造方式都具有重要的建筑价值。此类窑洞不仅继承了窑洞天然的生态性能，又兼具了我国传统民居合院式布局的特征（图1~图3）。

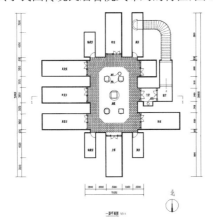

图1　人马寨村王氏下沉式窑洞平面

房琳栋：西安建筑科技大学

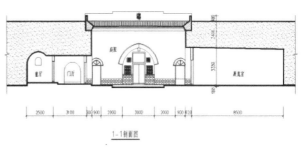

图2　人马寨村王氏下沉式窑洞平面

图3　下沉式窑洞内建筑细部

　　河南地区的地坑院历史悠久，《资治通鉴》记载："大业二年十月置洛口仓于巩义市东南原上，筑仓周围20里，穿黄土窑300窖，窖容8000石"，"洛口仓"位于今河南省巩义市，由此可见当时营造洞的技术已经相当成熟，被官府用作粮仓。陕县世代人民智慧的积累使下沉式窑洞的营造方式在长期的生产生活过程中形成了一套完整的建造流程，成为这一民居生存智慧的具体体现，在当今下沉式窑洞村落的发展与建设中具有重要借鉴意义和研究价值。

2 下沉式窑洞民居传统营造方式

地坑院的营造大致分三个阶段，即方院子、下院子、挖窑洞。地坑院开挖之前要根据各地的地理自然条件及特有的风水讲究进行方位、朝向的选择，同时确定天井的长宽尺寸，当地人称之为"方院子"；院心天井的开挖过程称为"下院子"；天井挖完后，在开挖形成的平整的四壁即崖面上向四个方向开挖窑洞，窑洞一般尺寸高3m，宽3m左右，向内开挖深度在8~12m。窑洞两米以下的墙壁为垂直形，两米以上至顶端为拱形。将其中的一孔窑洞作为入口窑，窑内用成斜坡形成阶梯状直线形或弧形甬道通向地面，作为地坑院的出入口。

下沉式窑洞的营建涉及土工、泥工、瓦工、木工等行当，还有风水师的参与。完全由业主自行组织人员实施，技术全部来自当地民间人士，很少需要借助外来资源。所用材料（包括少量使用的砖瓦）和工具依靠本地出产。主要建造流程包括以下步骤：

①策划准备；②择地、相地；③定向、放线；④挖天心（天井院）；⑤挖入口坡道、门洞、水井；⑥挖窑洞；⑦刷窑；⑧挖排气孔、烟囱；⑨砌筑窑脸、下尖肩及散水；⑩砌筑檐口、拦马墙；⑪建脚、滚院心；⑫做门楼、滚门洞坷台；⑬挖拐窑、地窖；⑭修建散水坡、加固窑顶；修建窑顶排水坡、排水沟；⑮做门窗；⑯扎窑隔、安门框、窗框、扎窑隔；⑰粉墙；⑱地面处理；⑲砌炕、砌灶（图4）。

图4 下沉式窑洞营造流程

3 传统营造智慧与局限性

因地制宜创造有利环境：在没有良好地理条件和充足自然资源的条件下，农民就地挖一个矩形地坑，形成相对闭合的地下四合院，然后再向四壁挖窑洞，整个过程不需过多的建筑材料，只需相对易得的劳动力即可；在挖掘过程中将挖出的土垫高窑顶，减少施工的土方量；同时向下挖掘所产生的地下空间能够有效避免平原上的

寒冷气流与风沙的影响，使院内气候保持相对静止，营造出宜居的小气候。

适宜技术引导室内空气循环：由于下沉式窑洞的大部分墙体都未做硬化处理，利用黄土具有吸湿性的特点吸附室内空气中的水蒸气，调节空气湿度；同时在后方设置马眼，与窑脸的通风口形成空气循环系统，保证室内温度的同时加快室内气体的流动速度达到通风效果；坑灶产生的烟气则利用自身的窑腿结构部分当做烟道排出室外。但由于窑洞进深较大、通风口较少，室内空气的流通仍然是其不可避免的关键问题所在。

内外结合的排水系统：由于地下院落的排水与地上院落相比具有其明显的不利条件，因此在营造过程中选择排水的方式上也具有自身独特性，一般通过窑院内部和外部排水结合设置的方式。窑院内部院心四周铺青砖形成环形通道，中间为素土夯实或自然黄土种植花木，使部分雨水渗入地下。院心一角挖直径约1m、深度7~8m的渗井，利用黄土自身渗透性让雨水渗透，基本可以解决年当地年最大降雨量的排水问题。在窑洞外部，窑顶部分修建拦马墙避免雨水流入院内，拦马墙外修散水坡，坡度一般为5%，四周做排水沟将雨水汇积排入村庄的排水系统中。

节约利用的蓄水系统：黄土高原地区由于地下水位深且年降雨量稀少，在一些地区无法通过一般的打井的方法解决吃水问题。当地人在地坑院挖掘时会在入口窑位置另外挖掘一口深井，井内用红胶泥抹面避免雨水渗漏，用来收集雨水供生活实用。这一方法在很大程度上解决了当地缺水的现状，达到了节水与排水相结合并有效利用资源的效果。

朴素有效的能源处理方式：在传统的农耕地区生产与劳作，生物质能的应用是原生态民居重要的能源提供方式之一。生活用的燃料等能源主要依靠植物秸秆、动物粪便或煤炭，由地上运送至地下；产生的垃圾或肥料再运送至地上。由于下沉式窑洞的空间特点决定了其上下交通的局限性，因此，当地人在利用能源和处理肥料的过程中多采用朴素的处理方式，想尽可能方便快捷地处理牲畜等生物肥料时多采用燃烧或挑出院外等方式，存在效率不高、耗费人力等问题。

4 下沉式窑洞更新探索

随着现代社会经济的发展，生活习惯、传统观念的改变，传统下沉式窑洞的建造往往由于自身的一些不足而失去生命力，导致下沉式窑洞遭受很大的冲击，大规模的"弃窑建房"现象正愈演愈烈，在下沉式窑洞内居住的村民在逐渐减少；部分窑院由于多年无人修缮与管理，局部出现了坍塌、废弃；现有居民选择在旁边空地或将老院填埋后盖新房居住。针对现有情况，本文选取河南陕县官寨头村杜氏宅院的更新设计建造，分析挖掘其建造过程中的优势经验，并在今后下沉式窑洞的新建或改建过程中应用推广，使传统建造方式与现代技术结合，更加适应当今的社会生产生活条件。

4.1 概述

官寨头村占地 $36.6hm^2$。总体地势西高东低，一条发育完全的天然冲沟自北由东向南依次环绕整个聚落。沟深处可达百米，沟底部有泉水。具有典型的黄土高原冲沟聚落景观特征，台塬上有数量众多的下沉式窑洞。位于村北部的杜宅修建于 2009 年，院子呈 13×16m 矩形，院内窑洞共 12 孔，有主窑、客窑、厨窑、储藏窑等，并结合入口窑洞设置独立卫生间（图 5）。

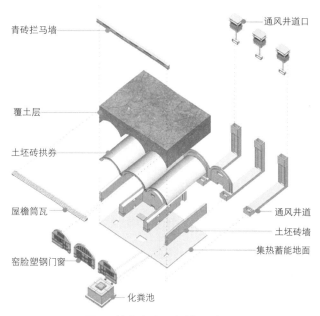

图 6 杜宅建造设计分解示意图

图 5 南河官寨头村杜宅改造前

4.2 更新改造

传统建筑形态的传承：原生态下沉式窑居具有的冬暖夏凉的特点，因此，保留传统的建筑形式是更新设计的重要内容和前提。在改造实践过程中结合现代技术，使用挖掘机开挖天井院，之后砌筑基础并用砖箍窑洞的主体拱券，之后回填原始土壤至砖拱之上，利用黄土导热系数较小的特点使新窑洞延续"冬暖夏凉"的特性。"新方法＋老院子"的组合建造形式既提高了下沉式窑洞的建造效率和安全系数，又保持了窑洞的建筑特点和生态优势（图6~图8）。

室内品质的提升：传统材料和结构的限制对窑洞室内空间在采光、通风、室内装修和布置时存在较大影响，杜氏宅院利用砖砌拱券结构替代原生性窑洞黄土拱券结构体系，增大了窑洞的开间与层高的同时也提升了自身

图 7 建造施工现场

图 8 改造后实景

图 9　杜宅窑洞室内空间　　　　　图 10　窑顶外通风口　　　　　图 11　窑洞内通风口

结构的安全性。室内空间更接近现代居住空间的尺度和品质，更加符合现代居民的生活需求。能够为当地亟待改善生活条件但又存在一定盲目性的村民提供良好的借鉴与示范作用（图 9）。

　　通风系统的改良：传统下沉式窑洞是在平地竖向下挖形成的院落，虽然可以避免寒冷气候的侵袭，但是也在一定程度上给窑洞室内的通风带来不利影响，导致居住空间内空气流通不畅，室内环境潮湿。针对该情况，设计建造时在窑洞后面位置设置竖向通风井道，通过下沉式窑院窑顶与地坪之间产生的压差促使空气循环，提升室内空气品质（图 10、图 11）。

　　给排水循环系统的改善：针对向下挖掘形成院落中给水和排水问题，提出了蓄水和排水一体化循环系统。同时，在对院落进行设计时考虑后续逐步建立起雨水收集和污水处理设施，实现能源有效利用的最大化。修建窑院时考虑雨水储存功能，以供必要时进行有限补灌。同时，针对传统窑洞的雨水侵蚀破坏，延续拦马墙与渗井等构筑物，保证窑洞内部不受雨水侵蚀的同时合理引导和利用雨水资源。

　　沼气池能源的合理采用：针对下沉式窑洞生活废物的排放不便的问题，建设过程中考虑将生产生活废料通过相应处理后输送至转化能源的小型沼气化粪池，实现就地能源的转化处理，不仅使废料的输送得到简化，还为窑院的能源提供一定的补给。

5　小结

　　下沉式窑洞民居的营造蕴含着许多值得重视的问题，涉及当代建筑关注的空间布局、材料选择、能源利用等一系热点内容。窑洞在建造与使用过程中存在的局限性使其难以适应现代乡村生活的快速发展。当经济条件得到改善，传统窑居建设在合理的传承与发展的同时也需要相应地变革。下沉式窑洞营造的保留与现代技术的更新探索在当地传统民居保护过程中具有同样重要的意义，探索一条适应条件、适宜建造、适合推广的更新之路是下沉式窑洞民居进行活化与创新的必要途径。

主要参考文献

[1] 王军 . 西北民居 [M]. 北京：中国建筑工业出版社，2009.

[2] 马成俊 . 下沉式窑洞民居的传承研究和改造实践 [D]. 西安建筑科技大学，2009.

[3] 王徽，杜启明，张新中，刘法贵，李红光 . 窑洞地坑院营造技艺 [M]. 合肥：安徽科学技术出版社，2013.

[4] 左满常 . 河南民居 [M]. 北京：中国建筑工业出版社，2012.

[5] 王贵秀，李红光 . 豫西地坑院防排水体系构造分析 [J]. 施工技术，2013.

"功能复合"概念下的乡村公共空间整合与利用
——以木桥村养猪场空间改造为例

由懿行　王军　康渊

摘　要：在当今中国乡村快速化建设的热潮中，城市文化与价值观不断冲击着传统的乡村社会。作为乡村传统的公共文化和生活载体的公共空间逐渐消失废弃，建构新的乡村公共文化空间成为乡村建设的重要部分。本文针对木桥村吴家湾的深入调研提出以下问题：（1）如何将现有废弃建筑进行改造提升设计；（2）如何针对农村公共空间进行多方面考虑，实现功能复合。针对问题提出时空差异下的空间使用复合策略，使乡土性得以延续和传承，实现乡村公共空间的传承与创新。

关键词：乡村公共空间；营造设计；空间功能复合；更新

在经济发展步入新常态、社会发展面临新挑战的背景下，湖北省在发展经济的同时，积极响应国家的号召，兼顾城乡之间的均衡发展问题，提出城乡"四化同步"的建设方针。湖北境内乡村地区经济发展水平差异较大，从各地的实际情况出发，积极稳妥地实现城乡一体化，逐步形成合理的乡村产业结构模式，可以为经济发展提供持久的动力和促进乡村经济良性循环、保证乡村社会协调发展。为响应襄阳市城乡一体化发展及建设的要求，我们对木桥村吴家湾进行重点调研并进行乡村建筑更新改造设计。

1　乡村概况

1.1　木桥村村域概况

木桥村地处国家级历史文化名城湖北省襄阳市西南部，卧龙镇的东南边。东经112°02′，北纬31°55′，村域面积10km²。2013年底，村庄内共527户，2065人。全村由吴家湾、雷家庙、张家湾等10个自然湾落构成。就行政区位而言，木桥村西侧与卧龙镇行政村观音村、闻畈村和尤河村相接，北侧毗邻襄阳市生态农业示范乡尹集乡，南接欧庙镇，欧庙镇的定位为以生活居住、都市休闲功能为主（图1）。木桥村属于典型的湖北省丘陵地形，村内地形多高低起伏，坡度较缓。整体空间结构是以305省道为主要脉络，以通村道路为分支连接各自然湾落，由于生产方式、地形地貌和道路的

影响使整体形成葡萄藤式空间结构（图2）。村庄自然景色秀美，林、田、路、宅和谐一体，并位于陇南景区辐射范围内，景区的大量人流将为村庄未来发展提供机遇（图3、图4）。

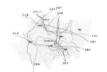

图1　木桥村区位图
（资料来源：作者自绘）

图2　木桥村谷歌现状图
（资料来源：谷歌地图）

由懿行：西安建筑科技大学建筑学院
王军：西安建筑科技大学建筑学院
康渊：西安建筑科技大学建筑学院

图3　木桥村自然风景1
（资料来源：作者自摄）

图4　木桥村自然风景2
（资料来源：作者自摄）

1.2　吴家湾概况

吴家湾位于木桥村的最南端，为木桥村人口第二多的村湾，共86户，388人。属于亚热带季风型大陆气候过渡区，具有四季分明，气候温和，光照充足，热量丰富，降雨适中，雨热同季等特点，为农业生产提供优越的气候条件。同时，吴家湾属于微丘陵平原地带（图5），自然资源可以分为林、丘、水、田四类（高低错落，阡陌纵横）：

（1）林，全村共有栓皮栎、楠竹、马尾松、果树等树木。除了集中林地外，木桥村几乎每家每户宅前屋后都会种植树木，前人栽树后人乘凉，林木已经成为木桥村的一大资源。

（2）丘，木桥村属于微丘陵地区，丘陵坡度变化不大却富有层次。

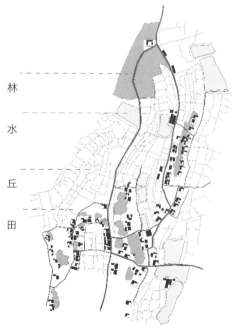

图5　吴家湾村湾现状图
（资料来源：作者自绘）

（3）水，村湾内散落着众多水塘，犹如散落在大地上的珍珠，是村湾主要的地表灌溉水资源，另外村口处有一处大水塘，成为村口重要景观标志。

（4）田，村湾内田地面积所占比例极大，主要种植农作物有：水稻、玉米、小麦。分布在平原、丘壑之上，从远处看极具大地立体景观。

村湾整体空间符合中国传统村落山水格局，村湾具有隐世、田居、水湾的特点（图6）。村湾顺应丘陵地形走势，呈背山面水、顺应道路的态势，空间层次丰富。吴家湾传统农耕文化没有受到破坏，具备旅游发展的潜力（图7）。

1.3　问题发现

虽然吴家湾整体乡村农耕文化及景观没有受到破坏，具备旅游发展资源，但仍存在一些问题：

（1）城市化的扩张对村民的传统观念和意识产生了巨大冲击，传统价值观的动摇促使了村民生活方式和生活环境的改变，传统文化与乡土特色在这一建设过程中存在甚微，乡村的传统价值也得不到村民的认同，以传统民俗、节庆、民间技艺等为代表的传统文化也正逐渐被城市文化取代。[1]

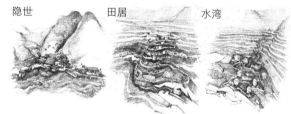

图6　吴家湾村湾山水格局
（资料来源：作者自绘）

图7　吴家湾村湾自然景观
（资料来源：作者自摄）

（2）村湾中青壮年外流，平时村内难以见到年轻人。村中老龄化、空心化的问题突出。

（3）村湾中闲置废弃的房屋及空地较多，空间未整合。同时，村内缺乏可供村民活动的公共空间；其次，若作为传统农业生产生活体验片区，村湾则缺少为游客提供活动休息的场所。

综上所述，应在主要路径上结合村落入口、现状景观及废弃老房子，营建村落主要公共空间节点，为村民和游客提供公共活动空间，同时为传承传统民俗文化提供承载场所。

2 基地现状分析

2.1 现状环境要素分析

木桥村属于典型的中国长江中游地区的农村，水草丰美，粮食富庶。从本次设计的基地之中，研究分别从三个方面提取出不同的现状要素作为下一步工作的设计元素，分别为：其一，田，作为村落的代表型景观，一定是必不可少的地景元素，是一种大型的面状的环境要素，在场地与自然之间的建设方式应最大限度地减少对原有环境的干扰，故将基地周边的农田之景作为该方案可利用的景观；其二，湖，星罗棋布地散落在吴家湾之中，是小型的面状景观元素，通过景观综合设计实现交织共融的建筑及景观环境，基地旁的自然水景也作为方案设计可利用要素之一；其三，筑，是我们即将的切入点，进行改造的现状猪圈是接下来公共空间的主要室内承载场所，它有着自身独特的历史及建筑特点，对原有的自然生态过程及文化传统的延续的同时，有机地融入原有的空间环境中（图8）。

图8　基地现状要素分析
（资料来源：作者自摄）

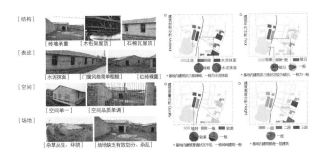

图9　现状建筑分析
（资料来源：作者自绘）

2.2 现状建筑分析

基地现状建筑为一个废弃的养猪场，由两栋主体厂房和两栋附属建筑组成，其结构为砖墙承重，木桁架屋架直接搭接在砖墙上，并铺设石棉瓦屋顶；外表皮为粗糙的水泥抹面或红砖直接裸露；在空间形式上，两栋主体建筑为跨度10m的无柱大空间，高度为2.4m，长为36m和39m，空间单一，品质单调；建筑周边杂草丛生，缺乏有效划分，杂乱无章（图9）。相对于村口标志，村民活动中心紧邻现有农家展示片区以及传统民居展示及重建的滨水农家乐的风貌进行对比，发现其不能满足在村湾中整体风貌及功能的需求，于是我们提出对其进行大部分的改建或重建。

2.3 总结问题与提出策略

我们提出改造策略来应对四个危机，分别为：①村内文化教育氛围差；②老年人生活枯燥无味；③缺乏有效的游客集散场所；④儿童缺失游乐场所。我们的改造策略包括目标、环境、需求、建造四个方面，整体目标面向村庄、村民和游客，主要包括增加娱乐设施、丰富村民生活、保留原有建造形式、弘扬村庄文化、建立有效的游客集散中心、提供便捷的服务、延续原有生活方式、关注老人儿童等弱势群体的生活状态等方面；环境主要应对自然和人为两方面，包括气候、地形地貌、植物、基础设施、交通等；需求是从服务半径和当地现状两方面入手；建造是从材料、美感、记忆、功能、技术等方面进行考虑。

3 "功能复合"下的建筑改造策略

3.1 "功能复合"概念提出

在乡村逐渐发展的今天，乡村的生活内容越来越丰富，除了村民作为主体，还存在其他人群介入的可能性。比如在旅游发展型乡村中，游客作为新的人群参与到乡村社区中，并与原住民相互影响。在公共空间方面，复合性的空间除了承载固定的公共活动和使用功能外，还在某一特定时间用于容纳特殊活动，复合性一直是乡村公共空间的特色，并使空间本身具有灵活性和适应性。在乡村公共空间多样性的前提下，乡村的公共空间可能仍然是有限的，不能为了不断地建造新的空间而破坏原有的乡村肌理和风貌。无限制地建造对于乡村相对低下的经济水平而言也是不适用的。因此，在乡村建筑更新中要兼顾复合性这一特点。[2]

"功能复合"概念是指将两种或两种上的使用功能，在一定时间、空间范围内复合共置在同一片建设用地中的设计方法。这种设计模式区别于传统现代主义城市规划中将不同功能用地严格分区的设计模式，其设计主要表现为对一个地块功能布局、土地利用及空间形态的复合使用。[3]

乡村公共空间作为乡村空间最为核心的部分，是村民日常生活交往的重要场所，是农民的社交中心。它涉及农民日常的经济、政治、文化与生活的诸多方面，对于农民的生活和乡村的和谐稳定发展具有重要的意义。[4]在这次方案设计中，重点考虑了农村公共空间的具有复合性，提出了时空差异下的空间使用复合，在农忙季和农闲季不同人群的不同时段的不同功能空间的使用，同时将文化教育、生活休闲、室外景观、旅游服务、精神凝聚等功能置入在空间中（图10）。

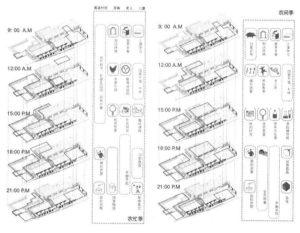

图10 时空差异下的空间复合使用分析
（资料来源：作者自绘）

3.2 建筑功能定位

对村民及游客所需功能进行分类，可分为娱乐、展示、老年、教育、服务等主要功能，并制定设计任务书，得出各部分所需面积配比（图11）。

图11 建筑功能研究
（资料来源：作者自绘）

3.3 设计改造方案

方案对主体建筑设计概念来自田园，通过对《归去来兮辞》所描述田园隐居生活图景的提取，同时联系游客中心的功能需求，考虑如何通过功能空间的设计承载模山范水的理念。把中国汉字"田园"进行拆分，"田"是散落在田中的几间小屋子，"园"是用土、视野、树枝和房屋围合成的一系列空间。我们的建筑是作为滤镜的建筑，沟通着自然要素和人体感知，它是一个被动反转的建筑，不再是一个抵抗大自然的方盒子，而是与自然融合的建筑，创造良好的场所氛围。

3.3.1 总平面设计

根据以上分析需求将原有东边厂房进行改造，西边厂房进行重建，退让出有良好景观朝向的观景平台，同时将原有两栋附属用房拆除，增大入口广场面积以满足村民及游客的室外活动需求。利用周边废空地进行梨树桃树等果树种植，一是增加游客果林种植的体验，二是烘托出乡土建筑应有的乡土特色（图12）。

3.3.2 建筑改造方法

（1）空间操作：对于改造部分首先是因原有墙体高2.4m，不能满足公共活动空间需求，故在原有建筑基础上加工字钢柱提高层高以满足新功能，建筑中间部分消解体块形成视线通廊，右侧缩进成舞台。新建建筑的屋顶则改变直线屋脊，形态上借远山之势，呼应景色。对于利用景观方面主要手法为沿主要人流方向设置广场供村民集会娱乐，同时对应后面的景观形成良好视线；结合池塘设置休息区域，收纳周边景色；结合建筑与良好的视线，设置休憩廊道作为建筑附属空间，提高建筑品质；在基地周边设置试验田，种植当地果树，供孩子及游客体验（图13）。

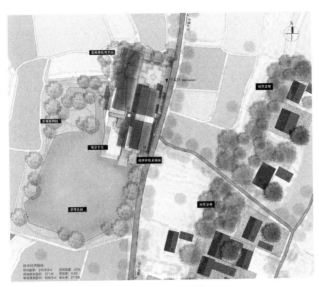

图12　总平面图
（资料来源：作者自绘）

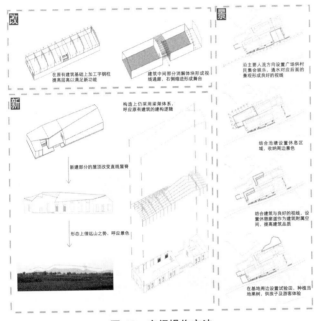

图13　空间操作方法
（资料来源：作者自绘）

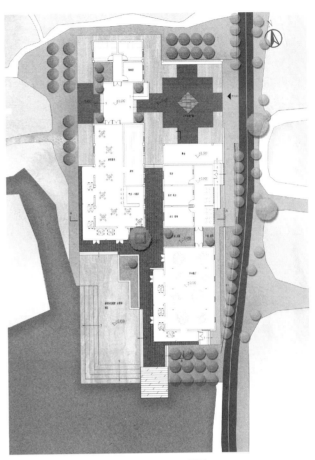

图14　一层平面图
（资料来源：作者自绘）

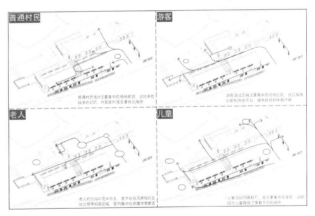

图15　流线分析图
（资料来源：作者自绘）

（2）交通流线设计：不同人群有不同的流线组织，普通村民活动主要集中在场地前区，此地承载较多记忆，并且是村民主要社交场所；老人的活动以定点为主，室外处在风景较好且社交频率较高区域，室内集中在附属休息廊道；儿童活动范围较广，且主要集中在室外，试验田为儿童提供了寓教于乐的场所；游客活动区域主要集中在场地后区，结合服务功能和休息平台，提供良好的休息环境（图14、图15）。

（3）立面设计：在新建建筑部分仍延续原有村庄墙体的空斗墙建造方式，可起到冬季保温、夏季隔热的作用。屋顶放弃对石棉瓦的继续使用，使用小灰瓦屋顶，以与环境良好融合（图16、图17）。

（4）废弃材料的利用及节点设计：在建筑外围形成两种界面形式，一是将原有厂房拆掉屋顶的石棉瓦与竹子通过螺栓搭接，形成第一道界面；第二道界面是建造高2米的花砖景观墙，不仅可以对改造建筑原有形象较差的水泥磨面墙进行遮挡，同时也体现出浓浓的乡土风。在地面铺地的材料上将大量村内废弃砖瓦利用，通过铺装设计进行铺装。

在节点设计中，重点是对两个休憩廊道外表皮采用竹立面格栅抱箍的设计。竹子分布在南侧和西侧，在炎热的夏季里，起到一定建筑遮阳作用。具体手法是用膨胀螺栓与抱箍焊接形成基本连接构建，直接锚固进梁中，采用低技的手法，不做预埋和龙骨，节约造价（图18）。

图16 流线分析图
（资料来源：作者自绘）

图17 入口效果图
（资料来源：作者自绘）

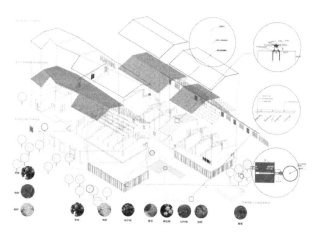

图18 节点构造图
（资料来源：作者自绘）

4 结语

农村与城市是地球表面两种不同形态的居住单元，农民的生活世界与城市有着天然区别，两者像磁极的正负极相互吸引、排斥着。[5] 乡村公共空间的衰颓，不仅影响了村民的日常使用和公共活动的开展，还对乡村传统文化的传承造成不利影响，而乡村文化的衰落与消逝更加速了被城市文化同化的可能，这是我们不希望看到的。

我们通过自身体验和资料阅读对农民的生活进行全方位的了解，提出时空差异下的空间使用复合策略，使乡土性得意延续和传承，实现乡村公共空间的传承与创新。同时，把村内以及拆除建筑中的废砖废瓦通过节点创新设计得以充分利用。

当前乡村公共空间建设面临如何复兴及营造活力的问题，因乡村蕴有自身乡土性，以及不同于城市中公共空间的空间功能复合，故乡村公共空间塑造应以围绕着人的活动、人的使用、人的感知、人的精神和人的传承来展开，通过对使用功能重组及形式创新，达到复兴、提升乡村公共空间活力的目的。

主要参考文献

[1] 马永强.重建乡村公共文化空间的意义与实现途径[J].甘肃社会科学，2011（3）:179-183.

[2] 廖橙.乡村建筑更新研究——乐立村为例[D].北京：中央美术学院，2016:42-43.

[3] 盛启寰.功能复合大型居住片区公共空间形态研究[D].南京：东南大学，2015:2.

[4] 董磊明.乡村公共空间的萎缩与拓展[J].江苏行政学院学报，2010（5）:51-57.

[5] 霍华德，金纪元译.明日：一条通向真正改革的和平道路[M].北京：商务印书馆，2000:1-10.

鄂西地区传统民居传承性设计实践
——以恩施大峡谷沐抚女儿寨为例

陈永琪

摘　要： 现代建筑设计中，展现本地域的传统建筑特色具有非常重要的意义，本文通过分析鄂西民居的建筑特色，总结出鄂西传统聚落特征、民居外部空间、院落空间的特点。以恩施大峡谷沐抚女儿寨设计为例，从设计本身对地形利用、外部空间设计、建筑的传承性与创新型设计等方面探讨了现代建筑设计中展示鄂西传统民居的有效途径和设计方法。

关键词： 鄂西民居；筑特色；传承性设计；传统民居

前言

　　湖北省是一个农业耕作发展的地区，自然环境与人工环境合而为一，山水田园的独特环境使得古镇整体体现出具有强烈田园气息的空间结构。然而随着时代的进步、经济的发展，以木质结构为主体的古村落民居建筑正在逐渐消亡，取而代之的是一幢幢钢筋水泥结构具有现代气息的小洋楼。因此，加强古村落民居建筑的发掘与保护迫在眉睫。位于古镇的景区如何在反映时代性的同时又能体现出地域特色，使游客高手到浓郁的地方风情，是我们设计者值得思考的问题。

　　充分挖掘利用当地民居建筑特色是旅游区建筑设计的重要途径。在景区建筑设计中，充分展现乡土建筑的特色不仅有利于景区建筑的地域性表达，而且有利于当地地域建筑知名度的提高，具有良好的宣传效应，对当地旅游业的提升有积极作用。

1　鄂西传统聚落的空间形态

　　鄂西村寨布局主要分为三种形式：一是山巅之上，二是半山腰间，三是山脚溪河之畔。建筑依山傍水、遵循地势，开合有度，能曲能直；建筑簇群生长，建筑与建筑之间、街道与建筑之间、建筑群体与环境之间，紧密衔接，比邻相生。建筑形式以干栏建筑为主，为扩大居住空间，向外悬挑，形成"吊脚楼"风格。

　　通过对恩施地区最具代表性的民居空间类型的研究，将当地民居空间的三种原型总结为三种：散布、院落以

陈永琪：华中科技大学建筑与城市规划学院

及线性布局（图 1）。

　　宣恩沙道沟彭家寨作为鄂西民居的代表，是湖北土家族聚居区吊脚楼群保存最完好的地区之一，被张良皋教授称为"龙潭河上的一串明珠"。寨子位于沙道沟镇两河口村八组，是"鄂西土家聚落的典型选址"。寨子临河靠山，寨中四十余栋吊脚楼错落分布，依山而建，分台而筑，透出自然园林的神采，数十栋吊脚楼也各不相同。众多单体建筑以公共用地的院坝、桥梁为中心展开，单体建筑分布灵活自由，形凝神聚。众多村寨沿着龙潭河流域散布成"一串明珠"，村寨之间的选址、布局、规模、房屋大小与形状各不相同，人们走在其间，犹如置身园林，移步易景。

2　鄂西传统民居外部空间结构

　　鄂西传统民居街巷因人的需求发展，鄂西街巷具有交通功能、商业经济功能和休闲交流功能。街巷尺度宜人、通风效应明显，也可为行人遮阳、避雨。中国传统建筑的真正魅力在于其蕴涵的空间层次，著名的"灰空间"理论也是黑川纪章从古典建筑主殿造到"数寄屋风"书院造中的"广缘"得到启发而来。而灰空间这一概念在鄂西传统民居中都得到充分的体现。街巷空间与建筑灰空间共同营造了人们日常生活交流的场所。

2.1　街巷尺度

　　宣恩庆阳凉亭街是恩施州"民间文化生态保护区"，凉亭街两条街道交错排列，以街面、巷道和桥梁贯通，集土家吊脚楼和侗族凉亭构架于一体。街道建筑面积 0.1km²，主街道长 561m，靠山面水而建。主街道两侧建木质瓦房，六十五栋房子排成两条，间隔 5m 相对而立，

	民居案例	鸟瞰图 / 透视图	平面图 / 剖面图	分析图
散布	宣恩沙道沟彭家寨			
院落	利川大水井			
线性	宣恩庆阳凉亭街			

图 1　传统聚落空间原型
（图片来源：作者自绘）

形成集市。临街面为商铺，临溪面是吊脚，整条街为凉亭式、檐搭檐、角接角首尾相连，一气贯通。

2.2　丰富的建筑剖面关系

建筑与街道的剖面关系十分丰富（图 2）。

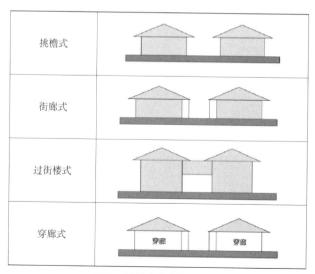

挑檐式	
街廊式	
过街楼式	
穿廊式	

图 2　街巷丰富的剖面空间
（图片来源：作者自绘）

挑檐、街廊、街楼在传统的土家族建筑中都是建筑灰空间的重要组成部分，人们在此休憩、交谈、售卖，是人们日常生活中公共空间的重要组成部分。其中过街楼是一种跨越街道，连通两侧的阁楼式建筑。旧时，恩施的过街楼很多，有的现在依然存在，有的已经消失了。

3　鄂西传统民居院落空间序列

间是形成建筑空间最基本的单元，湖北"间"的体现主要是"一明两暗"，无论是住宅还是店铺皆由"间"构成，使古镇的空间模式维持矩形不变。由此演变的传统民居有以下几种类型：

"一"字形：一列三间，中间为堂屋，祀奉祖先和起居会亲朋的地方，左右间是卧室或灶房。"钥匙"头：即二合院，在正房的左侧或右侧接出耳房若干间，作卧室、灶房或储藏等辅助用房之用即二合院，在正房的左侧或右侧接出耳房若干间，作卧室、灶房或储藏等辅助用房之用。三合水：由横长方形住宅的两端向前增扩而成，多为封闭式的硬山建筑，中间明间作祖、客堂与起居室之用，其后划出一小间开设后门，左右次间作卧室，次间向前增扩部分做厢房或厨房。四合水：即"四合院"，

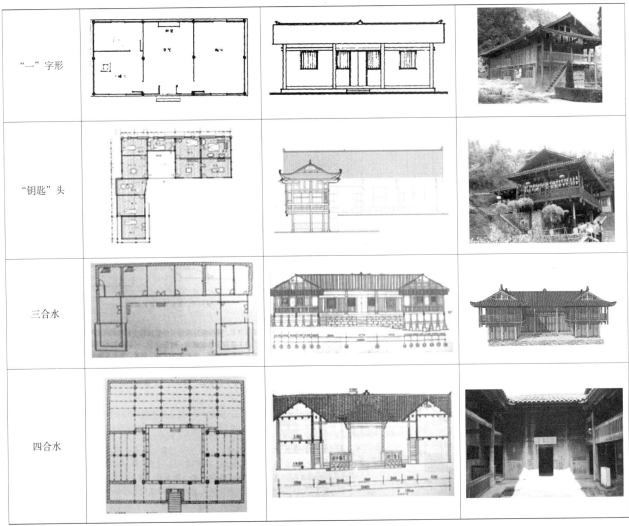

图3　建筑单体原形
（图片来源：作者自绘）

仅以建筑围合成院子，其中多半为天井，规模不大，建筑对称布局，入口居中，如利川大水井（图3）。土家群落丰富的组群关系都是由这四种基本形制灵活组合而来。

4　基于鄂西传统民居的恩施女儿寨传承性设计

湖北恩施女儿寨位于恩施大峡谷景区，恩施土家族、苗族自治州，是土家、苗、侗、回等少数民族聚居区，其民居建筑以吊脚楼为代表闻名于世。恩施大峡谷沐抚女儿寨风情小镇作为鄂西生态文化旅游圈投资有限公司"十二五"期间在武陵山地区的重要举措。设计中对传统建筑文化的传承体现在传统院落群体组织、传统空间尺度营造、地域风貌语汇应用等几个方面。

4.1　外部空间的缘地性传承

缘地性是指建筑或聚落的形态结构与自然地形的特征之间的逻辑关系，它塑造了各地建筑丰富的地域特质。

鄂西地区吊脚楼就具有良好的"缘地性"。吊脚楼半地半楼，在此基础上地面比例可以随意调整变化，协调与地形的关系，有效地同地形起伏紧密结合而建造起来，使得吊脚楼能够尽量较少对土地的破坏、适应各种坡度复杂的地形（图4）。

4.1.1　建筑群体分散布局

在对地形的处理上，女儿寨的设计传承鄂西土家民居尊重自然的传统，采取了分台跌落的方式，层层跌落的竖向景观，与周边山地互相呼应，相互渗透，融入山地的肌理中（图5）。

吊脚楼建筑布局自由灵活，完全是顺应自然地形分级而筑，临坎吊脚，陡壁悬挑，依山而建，临河而居，鳞次栉比，错落有致，顺乎自然。土家吊脚楼不仅在外观上很美，在色彩上也十分协调，偏冷的青灰泥瓦和偏暖色的杉木板壁及长短相间的屋柱显得古香古色，形成一定冷暖对比，在明度对比上，偏冷的青灰泥瓦和浅色

图4 总平面规划
（图片来源：女儿寨旅游小镇规划设计）

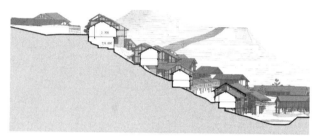

图5 建筑与地形契合关系
（图片来源：女儿寨旅游小镇规划设计）

的木柱板壁形成鲜明对比，沉稳而庄重。

4.1.2 建筑外部空间的塑造

鄂西传统街巷尺度宜人，女儿寨新规划的毕兹卡是土家商街，融入土家民俗，引入各种业态，包括西兰卡普、苞谷酒、富硒产品、服饰、小餐馆等是弘扬土家文化必不可少的文化载体。毕兹卡商街整体规划以街巷和院落结合布局，利用建筑形体和体量的组合，进行有机的布置（图6、图7）。

4.2 院落空间的原型性设计

女儿寨项目中传统鄂西建筑散布、院落以及线性布局融于整体规划中（图8.基于建筑原型的单体设计）。

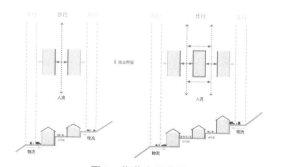

图6 街巷空间分析
（图片来源：女儿寨旅游小镇规划设计）

图7 街巷透视图
（图片来源：女儿寨旅游小镇规划设计）

传统的土家民居主要类型是木构、砖、石混合而建的四合院式天井屋，四周以墙体围合"回"字形。而新规划的民居也是继承了土家"回"字形的构成模式，在木构、砖、石的基础上融合了更多的方格木栅和玻璃，营造房中有院、院中有景的土家特色四合院。在保持通达性的同时创造安全和静谧的院落空间，为小孩玩耍、大人聊天、增加邻里感情提供户外交往场所。同时，将绿化化整为零，有机渗透于院落空间，延续了院落与自然的亲近感。

4.3 风貌语汇的地域性呼应

女儿寨的建筑力求浪漫、飘逸和通透，体现时尚和拙朴的气质，又满足功能和审美需求。建筑立面造型把土家族的传统语言，通过艺术的再加工和简洁的抽象变形，作为建筑表现的构成元素，使立面风格统一、古朴大气（图9）。

整块吊脚楼区域色彩纯度较低，而和周围的河流山川、青山绿水纯度较高的色彩形成对比，相互映衬。随着季节的变化，色彩也随着变化，景色优美。

考虑到建筑材料的现代化因素，设计中对鄂西传统吊脚楼的构件做了"减法"和变化，在传承历史的基础上对建筑元素进行艺术加工和简洁抽象，使街巷呈现出小青瓦、灰屋脊、石板路、白粉墙、木质墙、坡屋面的风格。这样既便于构件的生产和安装，在体现土家族建筑特色的同时，也最大化地减少了建房的成本，符合现代建筑工业化生产和装配的需要。女儿寨采用可降解的、具有地域及时代特点的竹复合材料，使吊脚楼建筑以现代建筑的面貌呈现在人们眼前。

5 结语

在传统民居的传承性设计中，应该认真研究传统民居生成和使用模式，学习传统建筑的智慧，同时综合多方面因素，维护和挖掘具有地域特色村镇面貌的

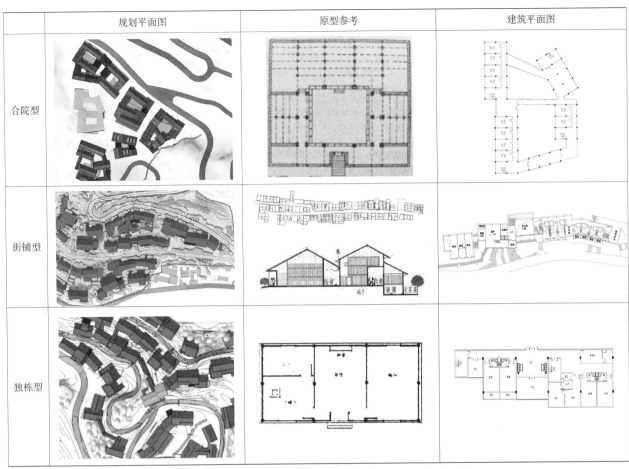

图8　基于建筑原型的单体设计
（图片来源：作者自绘）

图9　女儿寨酒店建筑外立面
（图片来源：女儿寨旅游小镇规划设计）

多样性，使地域建筑文化能够得到延续和传承。恩施沐抚女儿寨旅游小镇的设计，对村落关系的传承、空间尺度的塑造和建筑的传承与创新等方面进行了探索，给我们以启示，在现代建筑设计中，完全地追求或抛弃传统都是不可取的。对于地域性建筑，应该吸纳其精华，将其融入现代建筑设计中去。

主要参考文献

[1] 彭一刚.传统建筑文化与当代建筑创新[M].北京：中国建筑工业出版社，2002.

[2] 刘炜.湖北古镇的历史_形态与保护研究：[博士学位论文].武汉：武汉理工大学，2006.

[3] 张良皋.干栏——平摆着的中国建筑史.重庆大学建筑学报，2000（04）.

[4] 满益德，谢亚平.鄂西土家族村寨民居建筑初探——以湖北恩施三个土家族村寨为例.建筑，Construction and Architecture，2007（11）.

[5] 赵逵，李保峰，雷祖康.土家族吊脚楼的建造特点——以鄂西彭家寨古建测绘为例.华中建筑，2007（6）.

[6] 张劲松.鄂西土家传统天井院落的建筑特点.建筑设计管理，2008（01）.

[7] 陈纲伦，颜利克.鄂西干栏民居空间形态研究.建筑学报，1999（09）.

[8] 蒋孟.土家族民居建筑在城市旅游景观设计中的应用研究：[硕士学位论文].武汉：武汉理工大学，2006.

基于 AHP 分析法的南太行传统民居韧性保护对策研究
——以河南省林州市石板岩镇为例

胡俊辉　运迎霞　张赛

摘　要：基于民居特色逐步丧失的严峻形势，以促进南太行民居特色的永续发展为目标，文章首先采用图示方法明确南太行空间区位，接着系统分析了南太行的自然地理特征，并从建筑选址、材料、外形和平面布局等角度归纳石板岩镇民居特色；以 AHP 分析法为手段，将镇区行政村民居等级划分为三个等级，从韧性理论角度，解读一般保护和韧性保护的差异，并构建镇区民居韧性保护框架，最后，以行政村为分析单元，采用表格方式，逐个分析其韧性保护对策。

关键词：AHP；南太行；民居特色；韧性保护

国务院关于深入推进新型城镇化建设的若干意见》指出"要加大对传统村落民居和历史文化名村名镇的保护力度，建设美丽宜居乡村"，民居保护已上升到国家层面。林州市石板岩镇随着太行大峡谷旅游品牌的不断提升，镇域休闲旅游增速较快，旅游人数连续攀升，由此带来的负面影响已威胁到石板民居特色的可持续发展，适时开展民居韧性保护显得尤为必要。

1　南太行概况

1.1　南太行地理区位

太行山横亘北京、山西、河北、河南四省市，大致呈东北——西南走向，位于我国第二、三阶梯分界线上。南太行即太行山南段山脉，是太行山向北延伸的根部，通常将河南省安阳、鹤壁、新乡、焦作、济源境内的太行山称为南太行，南到黄河，西至山西，北达河北，东抵京广铁路，大体上呈弧形延伸，长约250km，总面积约 1.5 万 km²[1]（图 1）。

1.2　南太行自然地理特征

传统民居特色是地域自然环境的外在物化表现形式之一，反映特定时期人与自然的关系。通过分析南太行自然地理特征，是解读传统民居特色形成的第一步。

胡俊辉：天津大学建筑学院
运迎霞：天津大学建筑学院
张赛：天津大学建筑学院

图 1　南太行地理空间区位示意图
（资料来源：作者自绘）

1.2.1　气候特征

南太行位于我国温带半湿润性季风气候带，具有典型的温带季风气候特征：四季分明，日照充足，月均日照时数 200 时左右 [2]，春秋季节较短，寒暑季节较长，雨量较为充沛，年均降雨量在 680mm 左右，总体上为"春旱多风，夏热多雨，秋凉气爽，冬寒少雪"的特征；南太行相对于华北平原海拔突然增高，具有山地气候特征，地形雨较频繁，峡谷通常形成地方性风系——峡谷风。

1.2.2　地质特征

南太行经历了较复杂的海侵和海退过程，分布大面积陆相和海相间隔沉积构造，如石板表面波痕、龟裂等；

太行山受太平洋和亚欧板块强烈挤压隆起形成，山体东南侧在此作用下，形成大量断崖和长崖，高差达千米。

太行山内的河流（沁河、漳河等），冲刷侵蚀断崖、长崖作用明显，形成大小不同的峡谷；特殊的地质构造，造成山体垂直空间上色彩差异，下部以紫红、灰紫色石英砂岩为主，中部红色页岩为主[4]，上部为石灰岩或第四级黄土沉积为主。

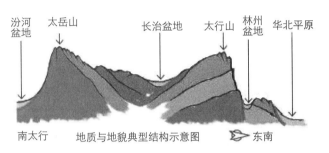

图2　南太行地质地貌结构示意图[3]

图3　南太行地貌分层示意图
（资料来源：作者自摄）

1.2.3　地貌特征

南太行地貌总体表现为：上部夷平面，在林州段分布面积较广；中间长崖、断崖，下部峡谷或沟谷。大部分峡谷两侧受瀑布溯源侵蚀或崩塌等重力作用形成围谷，通过豁口与外相连；不同高度长崖、断崖或者接近山体顶部山体在水平节理或者风化作用下，形成众多剥蚀台阶面，土层沉积较厚[4]；山地用地面积有限，平台往往成为居住或农业生产用地首选。

1.2.4　植物资源

南太行集中了太行山大部分的水与林业资源，山地森林覆盖率较高，植物种类繁多，山体四季各成一景，山地景观特色突出，但是建筑用林业资源较少。

2　林州市石板岩民居特征

2.1　林州市石板镇区位

石板岩镇位于林州市西部南太行大峡谷之中，辖17个行政村（图4），是河南省历史文化名镇和国家特色景观旅游名镇；东依姚村镇，南和西接山西省平顺县，北连任村镇；任石、林长公路贯穿镇域。

图4　林州市石板岩镇行政村空间分布意图底图
（资料来源：Google earth）

2.2　林州市石板岩镇民居特征

石板岩镇位于南太行腹地，特有的地质资源，使其民居具有鲜明特征。

2.2.1　建筑选址

我国传统民居选址遵循"背山面水、负阴抱阳、节约耕地"等原则。南太行民居在布局上也遵循此原则，在满足避开不利地质灾害和保证耕种用地前提下，受限于山地可用地规模，其选址主要集中在山地开敞向阳河谷阶地、空旷山腰平台、山腰缓坡地带及山顶平地（图5），形成依地势而居，高低错落的空间格局形态。

图5 石板岩民居选址——山顶平地
（图片来源：网络）

2.2.2 建筑材料

我国传统民居建造贯彻"道法自然，天人合一[5]"思想。石板岩地区植物种类较多，但建筑用木材较少，山区运输不便，就地取石成为必然。石板具有耐压、防水、防潮、易劈性能，成为天然建筑用料；屋顶石板大小基本在 0.5~3m 长，0.6~1m 左右宽，3cm 左右厚，面积基本上在 0.5~3m² 之间；墙体石板规模不一，由墙体决定，但大部分厚度较大。

2.2.3 建筑平面布局形式

我国民居平面布局讲究"中轴对称，封闭围合，尊（主）卑（微），长（左）幼（右），男（前）女（后）"的传统礼法原则。石板岩地区由于可用土地面积有限，民居平面布局在遵循传统礼法前提下，建筑平面布局多以单间和多间相互映衬，建筑单体较长，院落面积较小，三合院和四合院很少。

图6 石板岩民居屋顶石板规模
（图片来源：网络）

2.2.4 建筑外形

镇区民居外观上基本为两层，上层为储存货物，下层为生活之用，两层间通过木梯连接；门两侧基本上有 1~3 个窗户，墙体开口上下一致（图7）；屋顶大部分是双坡屋顶，由面积较大的板岩由下向上依次搭接而成（图5）；墙体有干砌和料砌，干砌是板岩直接上下错开，内外搭接堆砌，不经过压缝和勾缝处理，外立面显得较为粗犷；料砌是板岩经过简单打磨，经过料灰压缝和勾缝处理（图8），外立面显得较为细腻美观[2]。

图7 石板岩民居外立
（资料来源：作者自摄）

图8 石板岩民居外墙
（资料来源：作者自摄）

3 基于 AHP 的决策模型

3.1 AHP 概述

AHP 是美国匹茨堡大学萨迪教授提出的一种决策分析方法，运用此方法进行一系列实践，取得显著效果并得到广泛普及[6]。

AHP分析法前提是充分了解要做出决策的问题，了解影响决策各个因素直接的相互联系，并分析相互之间的层次关系，构建总目标层、准则层、方案层的递阶层次结构，结合评价尺度，构建判断矩阵确定下层次各元素对上层次某元素优先权重，最终归结为方案层对于总目标层相对重要程度的权重及优劣排序[7]。

3.2 民居保护等级评价因子的选取

我国传统民居种类繁多，地域差别大，影响民居保护因素也有差别。在实际工作中，即使根据地域特点，主观确定民居保护方法也显得说服力不足，基于此，从民居位置、保护价值、使用情况、完好程度等四个方面对民居进行分等定级，依据不同等级确定保护优选顺序及对策[8]。

3.2.1 民居位置

民居位置指其在所属地区的空间位置，一般以交通方便与否为衡量依据，交通方便其位置自然好，反映"先近后远"的民居保护原则。民居位置在其保护过程中是相当重要因素，在一定程度上决定其价值的体现、使用状况及完好程度。

3.2.2 民居保护价值

民居保护价值体现在社会、经济及美学等方面。社会价值是指其以特有建造方式反映一定时期地域历史文化、社会生活习俗，作为历史文化信息物质化载体而存在，体现地域文化发展脉络；经济价值是指由地域特色而带来的旅游收入增加，刺激山区居民生活水平的提高；美学价值是指以与自然和谐而带来艺术教育价值及反映的建造艺术风格，民居与周围山体浑然一体，美学价值极高，国内很多高校在此建立野外写生基地。价值反映民居保护的迫切程度，价值越高，珍贵性就高。

3.2.3 民居使用情况

民居使用情况主要指是否有居民居住。无人居住的民居，其损坏程度会逐步加快，如所处位置较好，且数量较多，应采取有效保护措施，以发挥相应价值；有人居住的民居，应积极创造条件，使其发挥应有的价值。随着生活水平的提升，居民纷纷外迁，地处偏远村落大部分无人居住，民居破败不堪。

3.2.4 民居完好程度

民居完好程度主要是指民居当前整体结构的稳定性，体现在墙体开裂、屋顶损坏等方面。影响其稳定性的因素有自然和人为两方面，自然主要指山区地质灾害；人为主要指不当的开发建设，对于此类民居在保护时序上需优先考虑。

3.2.5 民居保护社会环境

民居保护社会环境主要指当地居民的保护意识、政府的支持度、保护资金的筹措等方面；民居保护意识体现在对民居特色认识水平及支持上，居民保护意识高，开展民居保护相对容易，受到阻力相对较小；支持度体现在政府对民居保护政策制定、民居保护基础设施建设等方面，支持度高，越有利于民居保护及经济价值实现；民居保护需要资金，资金筹措渠道及方式多样，能加快民居保护进程。

3.3 AHP决策模型

3.3.1 构建民居保护等级体系

根据民居保护等级影响因子，结合镇域17个行政村，构建分析层次结构如下：

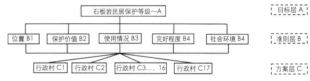

图9 石板岩镇民居保护等级层次结构

3.3.2 确定民居保护排序权重

（1）构建准则层相对于目标层和方案层相对于准则层的判断矩阵。

目标层 A		准则层要素				
		B1	B2	B3	B4	B5
准侧层要素	B1	1	1	1/2	1	1
	B2	1	1	1	1/3	1
	B3	2	1	1	1/3	1/2
	B4	1	3	3	1	2
	B5	1	1	2	1/2	1

准则层相对于目标层判断矩阵 A。

准则层要素 B_i		方案层要素 C_i			
		C_1	C_2	...	C_{17}
方案层要素 C_i	C_1	1	a_{12}	...	a_{1-17}
	C_2	a_{21}	1	...	a_{2-17}
	...	...	...	...	...
	C17	$1/a_{1-17}$	$1/a_{2-17}$	...	1

方案层相对于准则层判断矩阵 B。
注石板岩镇行政村过多，为简化说明，只列出矩阵通式。

（2）根据上述矩阵，分别计算对各判断矩阵的单排序权重向量和方案层针对目标层的排序权值并进行一致性判断，计算结果如下：

3.4　民居保护等级分类

根据 AHP 分析法结果，以权重 0.03、0.04、0.05 三个衡量尺度将镇域行政村民居保护分为三级。

石板岩镇民居保护行政村排序求解过程及结果　　　　　　　　　　表1

准则		民居位置	民居价值	民居使用情况	民居完好程度	民居保护社会环境	方案层组合排序权值及一致性比例
准则层一致性比例 CR		CR(2)= 0.0743					
准侧层权向量 W2		0.1655	0.1527	0.1527	0.3390	0.1902	
P(3)		P₁(3)	P₂(3)	P₃(3)	P₄(3)	P₅(3)	W(3)
方案层单排序权值及一致性	大脑村 C1	0.0252	0.0406	0.0613	0.0446	0.0588	0.0460
	漏子头 C2	0.0300	0.0423	0.0589	0.0618	0.0564	0.0521
	车佛沟 C3	0.0288	0.0406	0.0432	0.0395	0.0424	0.0390
	西乡坪 C4	0.0501	0.0600	0.0552	0.0547	0.0460	0.0532
	韩家洼 C5	0.0320	0.0406	0.0450	0.0411	0.0375	0.0394
	梨元坪 C6	0.0406	0.0423	0.0480	0.0569	0.0564	0.0505
	郭家庄 C7	0.0879	0.0736	0.0650	0.0569	0.0664	0.0676
	上坪 C8	0.0864	0.0440	0.0450	0.0464	0.0424	0.0517
	马安脑 C9	0.0514	0.0440	0.0488	0.0504	0.0499	0.0493
	桃花洞 C10	0.0947	0.0798	0.0677	0.0670	0.0869	0.0774
	朝阳 C11	0.0873	0.1110	0.0488	0.0593	0.0602	0.0704
	东脑 C12	0.0741	0.0416	0.0432	0.0464	0.0360	0.0478
	石板岩 C13	0.1156	0.0866	0.1227	0.1050	0.1385	0.1130
	三亩地 C14	0.0619	0.0798	0.0677	0.0758	0.0491	0.0678
	贤麻沟 C15	0.0447	0.0433	0.0450	0.0525	0.0555	0.0492
	高家台 C16	0.0447	0.0866	0.0816	0.0892	0.0769	0.0779
	东脑坪 C17	0.0447	0.0433	0.0530	0.0525	0.0407	0.0476
	方案层一致性指标 CI(3)	0.0561	0.0244	0.0403	0.0338	0.0373	
	方案层一致性指标比例 CR(3)	0.0349	0.0152	0.0251	0.0211	0.0232	CR(3)= 0.0978

石板岩镇民居保护等级划分表　　　　　　　　　　表2

级别	权重范围	数量	涉及村庄
一级	0.0500~0.1200	10	石板岩, 高家台, 桃花洞, 朝阳, 三亩地, 郭家庄, 西乡坪, 漏子头, 上坪, 梨元坪
二级	0.0400~0.0499	5	马安脑, 贤麻沟, 东脑, 东脑坪, 大脑村
三级	0.0300~0.0399	2	车佛沟, 韩家洼

4　南太行石板岩民居韧性保护对策

4.1　韧性保护界定

民居韧性保护是基于韧性思想提出来的一种保护思路，从民居可持续发展视角，通过准确预判外界冲击干扰及威胁，并进行有效准备，增强民居适应外界复杂环境变化能力的一种保护；韧性保护不是对民居韧性的保护，而是对于民居的保护来说是韧性的，不同于一般保护。

民居一般保护与韧性保护对比分析表　　　　表3

保护方式	保护主体	保护策略	保护过程	保护手段	保护效益	保护利弊
一般保护	民居单体	维护、更新、保留、拆除、重建等，侧重工程措施	间断性过程	封闭的单体建筑保护	促进旅游业发展，提高经济效益	保护效果立竿见影，易出现"保护性破坏"，影响周边生态环境
韧性保护	民居及其紧密相关环境	除一般策略，注重民居周围环境评估、保护、管理	动态调整连续适应过程	开放的民居系统保护	具有经济效益，同时带来生态效益	效果持续长久，优化周围生态环境，民居注入新活力

4.2 韧性保护原则

4.2.1 系统性原则

民居是地域自然地理要素的景观化表现，反映与地域自然环境的关系，两者构成一个动态和谐系统；从韧性理论的视角，将民居保护视作一个动态系统，其可以吸收外界不断变化的元素并在原有结构的基础上建立新的内在联系，实现系统内各个要素（民居、自然环境、文化、社会等）在外界扰动力作用下进行优化重组和能量消散，以使民居系统呈现较高的韧性量级[9]。

4.2.2 多样性原则

当今民居旅游热潮不减，影响民居保护因素也复杂多变。多样性首先体现在民居保护的影响因素复杂多样，韧性保护可动态预判影响民居保护的因素，并重视各因素间的联系及优化组合，提升韧性量级；多样性还体现在设置一定备用保护模块（隔离带、绿地、广场等），构建多尺度保护网络，从空间上规避风险，同时也可为民居提供更多保护思路、技术和信息[10]。

4.2.3 永续性原则

传统民居是与自然和谐共存的结果，民居特色就是地域特色的一种体现，民居保护应体现对周围环境保护。韧性保护注重周围环境动态评估，提倡民居原生态利用及修复，倡导保护与发展和谐，摒弃经济利益驱使，不断吸收新的保护理念、建造技术等，及时淘汰落后保护方式，实现民居永续发展。

4.3 石板岩民居韧性保护对策

4.3.1 石板岩民居韧性保护框架

根据民居特色及保护等级，结合韧性思想和原则，构建韧性保护框架（图10）：

将民居保护作为动态变化系统。韧性保护子系统包括具有主体能动性的人体系统、周围环境系统和实际修复的工程系统。

4.3.2 石板岩民居韧性保护框架内在肌理分析

环境指自然和人文环境；其中，自然环境指民居所在地区地质灾害，包括崩塌、滑坡和泥石流等，南太行

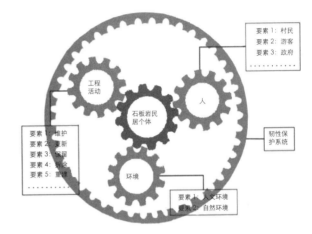

图10　石板岩镇民居韧性保护框架示意图
（资料来源：作者自绘）

民居受地质灾害威胁情况较突出，需结合GIS空间分析技术进行地质灾害评估，明确灾害影响范围，加强对相关村落民居（如朝阳、漏子头、石板岩等）地质灾害防治工程建设力度，积极开展灾害预警系统建设；人文环境指准确评估民居休闲旅游形势，从全国、省级、安阳市的层面预测客流量，分析民居承载能力，及时从交通、食宿服务等方面做出应对；民居特色吸引游客，过多的游客影响自然环境，两者是相互影响的，如何达到两者动态和谐，其中人文环境准确预判至关重要，是实现民居韧性保护关键。

工程活动指民居工程修复方式，根据"重视民居乡土气息和历史文脉传承，保护民居空间形态美"原则，以不破坏民居生态环境为基础，提倡先进营造技术，结合民居现状进行改造、更新、拆除（迁）、维护、保留等活动，根据现场调研情况，结合AHP分析法确定保护等级，采取合适工程方式，一等侧重维护、保留，二等侧重更新、保留、改造，三等侧重改造、拆迁。

与民居保护相关的人有政府、居民和游客等；政府在民居保护中的作用较为重要，是民居韧性保护引领者，关系着人文环境预判、民居保护规划编制、保护制度制定、基础设施建设、保护技术引进及教育、

保护资金筹措及工程保护方式落实等；居民是民居韧性保护操作者，引导居民了解民居及其周围生态环境价值，加强民居保护意识及营造技术教育，事关民居韧性保护成败；游客是为民居特色而来，是民居特色传播者，首先进行民居特色保护意识教育，避免有损民居特色的"人为破坏"。

韧性保护系统的动态和谐发展，需在分析各个子系统内在影响肌理基础上，制定切实有效保护对策。

4.3.3 韧性保护对策

根据民居保护等级及环境、工程活动、人等韧性保护内在肌理，结合石板岩镇 17 个行政村民居现状，制定韧性保护对策见表 4。

石板岩民居韧性保护对策分析表　　　　　　　　　　　表 4

韧性保护实施主体	保护等级	环境		工程活动	人
		自然环境	人文环境		
石板岩镇政府	—	积极着手镇域民居保护规划编制工作；密切关注民居旅游趋势，做出准确预判；积极制定民居保护制度；特色民居登记造册制度、民居保护奖励制度等；民居保护技术的居民化教育；开展镇域民居数字化信息库建设（民居特色、位置、结构、形式等）；逐步取消大峡谷漂流等严重影响峡谷下游生态环境的旅游项目			
石板岩	1	岩相路西侧山坡地质灾害加固，东侧加大植树造林力度	沿岩相路草庙一班庄增加停车场数量，扩大王相岩景区门口停车场规模；提升农家乐服务质量	更新、维护、保留西湾西部民居逐步迁出	居民保护意识较好，加强游客、写生者旅游素质
高家台	1	村西南、峡谷东侧地质灾害预防	高家台村南增建一处停车场；提升农家乐服务质量	维护、保留	居民保护意识较好，加强游客、写生者旅游素质
桃花洞	1	村东、北、西滑坡、泥石流灾害预防，加大植树造林力度	本村为旅游目的，结合游客预估，提升服务，扩大旅游承载力	更新、维护、保留	居民保护意识较好，加强游客旅游素质
朝阳	1	村西北滑坡预防，建设挡土墙、拦土网等工程	本村为河南传统村落，民居特色显著，临太行天路设置小广场	维护、更新、保留	本村位于山顶平台，环境优良，居民保护意识较好，村里环境整洁，加强游客旅游素质
三亩地	1	村西部滑坡、崩塌预防，村西临山建设挡土墙；村东河谷植树造林	增加旅游服务设施等	维护、保留	加强居民保护意识和写生者旅游素质
郭家庄	1	村西滑坡预防，临山建设挡土墙	增加旅游服务设施等	维护、保留、更新	本村居民较多，但环保意识较弱，如上山砍伐崖柏较普遍，应加强思想引领
西乡坪	1	村西滑坡预防，临山建设挡土墙和拦土网等	本村临近太行平湖，应逐步增加旅游服务设施和停车场地等	村西临山民居加固及拆迁，其他民居更新和维护	加强居民保护意识较强及村容整治
漏子头	1	村北、东滑坡、泥石流预防，加强植树造林力度	本村为河南传统村落，民居特色显著，地理区位不理想，加强对外道路整治力度	维护、更新、保留	本村位于镇域北部山区，环境优良，民居特色显著，居民保护意识较好，加强村容整治和游客素质
上坪	1	村东、东南、西预防滑坡崩塌等，建设挡土墙等工程	交通不方便，加强对外道路整治力度	保存完好，维护、更新	加强保护意识和村容整治
梨元坪	1	村南、东崩塌预防，建设挡土墙等工程	交通不方便，加强对外道路整治力度	数量不多，保存完好，维护、更新	保护意识一般，村委会应加强引导
马安脑	2	村西滑坡和崩塌预防	畜牧养殖较发达，加强与上级政策衔接	民居侧重整治加固与维护	加强山体生态保护引
贤麻沟	2	村西、西北崩塌预防	畜牧养殖较发达，应加强与上级政策衔接，交通条件较差，加强对外道路整治	民居侧重整治与维护，拆迁临山民居	居民经济意识较好，应加强山体生态保护引
东脑	2	村西滑坡预防，建设挡土墙等工程	本村交通不方便，加强对外道路整治力度	整治、加固	居民保护意识一般，村委会应加强引导；
东脑坪	2	村西滑坡预防，建设挡土墙等工程	本村位于山顶平台，对外交通不便，随着太行天路击班，夺诵有所汝	民居质量一般，存在个别特色民	居民保护意识一般，村委会应加强引导

5 结语

民居保护是个持续动态调整过程，应摒弃传统一劳永逸保护模式，并考虑影响民居安全因素的复杂性，并给以及时预判，保证民居特色持续发展；韧性保护基于韧性理念提出，要求保护对象更为具体，进行深入调查研究，并进行量化分析。文章对镇区各个行政村民居数量、人口等数据尚未进行深入研究分析；然而基于 AHP 分析法提出民居保护等级及其韧性保护是对民居保护的有益探索，对山地民居保护有一定借鉴意义。

主要参考文献

[1] 赵忠奇. 南太行旅游生态建设与可持续发展 [J]. 河南商业高等专科学校学报，2010，23（2）:61-62.

[2] 马海鹏，南太行山区传统地域建筑保护与更新研究——以万仙山风景区传统"石屋"为例 [D],陕西，西安:西安建筑科技大学，2015（6）.

[3] 范晓. 太行山——高原向平原的转折很壮丽 [J]. 中国国家地理，2011（5）:9-17.

[4] 俞孔坚. 自然景观空间意义之探索——南太行山典型峡谷景观韵律美评价 [J]. 北京林业大学学报，1991（1）:9-17.

[5] 赵群. 传统民居生态建筑经验及其模式语言研究 [D]. 西安:西安建筑科技大学，2004（10）.

[6] 张炳江. 层次分析法及其应用案例 [M],北京:电子工业出版社，2014：4-29.

[7] 张运杰，陈国艳. 数学建模 [M]. 大连:大连海事大学出版社，2015：1-18.

[8] 戴颜. 巴蜀古镇历史文化遗产适应性保护研究 [D],重庆，重庆大学，2008（4）.

[9] 邵亦文，徐江. 城市韧性：基于国家文献综述的概念解析 [J],国际城市规划，2015，30（2）:48-54.

[10] 杨敏行，黄波，崔翀，肖作鹏. 基于韧性城市理论的灾害防治研究回顾与展望 [J]，城市规划学刊，2016（1）:48-54.

人文和谐导向下的乡村聚落整治改造分析 *
——以信阳郝堂村村庄整治为例

王峰玉　闫芳　赵淑玲　罗萌

摘要：乡村聚落是人地关系和谐的产物，是生产、生活、生态"三生"合一的人类聚居体。人文和谐是聚落内在的本质属性，也是未来整治改造的方向和目标。文章以信阳郝堂村村庄整治为例，以人文和谐的理念为指导，宏观层面强调与山水自然环境的和谐共生和生态修复，中观层面注重村庄历史文脉和空间肌理的链接和延续，微观层面重视乡土材料和要素的运用、乡土景观的塑造和循环再生节能技术的应用，从系统的角度探讨农村聚落整治改造的方法。

关键词：人文和谐；乡村聚落；整治

1 引言

传统乡村聚落是一定历史时期和地域社会、经济、技术、文化等因素共同作用的产物，反映出人类在自然界中求适应、在共处中求和谐、在实践中求融合的内在特质，是人地关系和谐相处的结果[1]。随着城镇化的推进，乡村聚落正经历嬗变、转型和更新，以城市住区为导向的规划理念造成了村庄面貌的趋同性和景观的同质化，忽视了乡村的地域性和文化多样性，乡村聚落的人地关系遭遇危机。党的十八大报告提出要"建设生态文明，建设美丽中国"，

当前全国各地正掀起一场建设美丽乡村的热潮，针对不同特点和类型的村庄，出现了不同理念和模式的整治规划探索，涉及村庄环境卫生治理、基础设施改善、地域特色传承、历史文化保护、乡土景观塑造等很多方面。在借鉴已有村庄整治模式的基础上，本文尝试从乡村聚落的内在本质出发，用综合系统的视角，将人文和谐的理念贯穿其中，从不同的空间层面探讨乡村整治的理念和方法，从而促进村庄生产、生活、生态"三生"功能的协调和完善。下文以信阳郝堂村为例，通过分析其在不同层面的整治改造方式和措施，探讨人文和谐理念下的乡村聚落整治改造方法，以期对当前美丽乡村建设和乡村可持续发展有所启示。

2 郝堂村村庄概况

郝堂村位于信阳市平桥区五里店镇东南部，地处大别山余脉，四面环山，属于北亚热带地区，水资源丰富，自然条件优越。它距离信阳市区 10km，村域总面积 16km²，G4 京珠高速、石武高铁、宁西线西合段铁路从村庄外围经过，区位交通条件良好。郝堂村全村 18 个村民组，总人口 2300 人，水田 127hm²，茶园和板栗等林果园约 1333hm²，人均山林 1hm²，林地资源丰富。全村居民主要从事种植业和畜牧业，农业以小麦、水稻种植为主，经济作物有茶叶、板栗等；畜牧业以家庭养殖业为主。郝堂村海拔多在 95～120m 之间，受到地形条件影响，村庄布局较为分散。在整治前村庄没有统一规划，整体环境较差；无完善的排水和污水净化系统，污水直接排入村外的坑塘和荒地；建筑布局无序，道路系统不太完善。

在河南省农村综合改革信阳试验区建设的背景下，郝堂村从 2011 年开始进行村庄整治改造：在保护自然环境和生态安全的基础上，保留和整合山、水、田、林、村的整体格局，重塑乡村景观意象；延续村庄传统节点空间和历史文脉，梳理和改造空间形态肌理；展开水系的调整治理和垃圾分类收集处理活动，挖掘传统元素对房屋进行改建，塑造出豫南地域特色民居。通过不同层

*2013 年度河南省哲学社会科学规划项目（2013BJJ043），2014 年度河南省教育厅人文社科项目（2014-GH-090），郑州航空工业管理学院青年基金项目（2014093003）。

王峰玉：郑州航空工业管理学院土木建筑工程学院
闫芳：郑州航空工业管理学院土木建筑工程学院
赵淑玲：郑州航空工业管理学院土木建筑工程学院
罗萌：郑州航空工业管理学院土木建筑工程学院

面的村庄整治，实现了郝堂村在生态环境、村容村貌、建筑特色等方面的改造，使其重新焕发了活力，并带动了有机农业和乡村旅游服务业的发展壮大，提升了村庄的经济发展水平和村民的生活水平。

3　村庄整治改造分析

3.1　宏观层面——与山、水地理环境的整合

自古以来，中国村庄选址大都遵循天人合一的思想，按照枕山、环山、面屏的理念[2]，结合水体、山体等自然要素进行布局。村庄聚落大都注重与自然山水的有机融合，空间形态也表现出适应地形的自由随机性，与周边的地形地貌、山水自然环境和谐统一，充分利用自然环境特征创造空间特色[1]。比如，在南方水网地区，河网密布、地形平坦，该地区的农村聚居点要对区域自然地理环境充分尊重，形成江南水乡村镇的特色；在山地、丘陵地区，要强调村落与山体的关系，寻求聚居点与自然环境的呼应；在北方平原地区，村庄常表现为团块状布局，边界自由，被成组成簇的树木或耕地所包围。

郝堂村四面环山，结合地形分散布局，具有典型的农耕文明的聚落特征，村庄与周边的稻田、茶园、溪流和坡地野生林地相融合，体现了村落建筑与自然生态相和谐，农民生产生活与山水环境互交融，构成了乡村特有的空间布局和乡村景观意象。在整治改造的过程中，保留并优化了村庄外围层层叠叠的梯田，环绕村庄的溪流，坡地上大片野生的毛竹、山核桃、构树、板栗和刺槐混杂而生的密林，作为村庄环境基地[3]。在此基础上，开展土壤、景观等方面的生态修复，开发大面积的紫云英当作稻田的有机配料，成规模的种植茶园突出茶乡特

色，保护和优化自然植物群落，改造百亩荷花池，建湿地生态系统，使乡村景观还原成具有自然野性的本质特征，并将景观效益和农业经济效益结合。通过保留、优化和改造，促进了村庄与山、水自然环境的进一步融合，实现了乡村聚落与自然生态的和谐共生。

3.2　中观层面——空间形态肌理改造

凯文林奇认为，"道路、边界、区域、节点、标志物"是构成空间认知的五大要素。村落的传统空间形态，是村庄在发展演化过程中形成的外在表现形式和内部空间结构形态，受到自然因素、经济形态、人文理念等因素的影响，是乡村记忆与文化的载体，由村落内的用地、路网、界面、结节点和自然环境等要素组成。通过对郝堂村的空间节点、交通体系、水体水系等要素的整理、挖掘和改造调整，延续村庄原有的历史文脉和空间形态，在更新改造中凸现村落文明的文化内涵。

3.2.1　节点空间的保护与改造

在村落中，节点是人们往来行程的停留空间，它可能是连接点，道路的交叉或汇聚点，从一种结构向另一种结构的转换处，也可能只是简单的聚集点，也可以是聚落空间中起到统领作用的标志点，具有集聚和浓缩功能或建筑特征的特点[4]。通过梳理郝堂村的节点空间，对出入口、村中心、桥头等重要节点进行保护和改造（表1），可以强化村庄的公共空间，凸现了村庄形象和可识别性，增强村民对家园的文化认同感和归属感。

村庄节点梳理改造　　　　　　　　　表1

节点位置	价值意义	改造措施
村中心	古银杏树原是村庄的庙树，承载村庄的历史记忆，是村落精神的象征	清理古树周边圈养的家畜和杂物，整理出一定的场地，结合旁边村委会的改造和乡村培训中心的建设，形成全村的公共中心
村入口	百年古柳，村庄的标志	对古柳周边环境进行整理，增加石桌、石凳，形成村头广场
桥头	体现多水的乡村特色	结合水流条件建漫水桥、七孔桥等各种创意桥，适当扩大桥头空间，吸引村民和游人驻足停留

3.2.2　道路体系改造

道路体系是体现村落格局的重要场所，是村庄的脉络。在整治改造中，尽量保留村庄原有的网格状加自由式的结构，对其空间肌理进行修补、整合。将郝堂村主要的对外联系道路由原来3m"村村通"道路扩展为

图1　郝堂规划效果图

10m，铺设沥青路面，满足村庄与外部联系的需求，同时尽可能保留沿道路两侧的绿化。另外打通村内邻里小路，沟通邻里关系，宽度约3m左右，保持道路自然的高低起伏，铺设为砂石路面，既保留村路原有风貌，有利于地下物种的生存，又方便山区水系的流动。在村口设立停车场，以供外来车辆停放。

为适应乡村游的发展，围绕村落建设了长、中、短三条环形车道，沿途经过不同的山林、茶园、湿地、民居、塘堰，将展示乡土景观特色的重要节点进行串联，并做好统一的标识系统。

3.2.3 水系的梳理整治

"山为骨架、水为血脉"、"风水之法、得水为上"，体现了古代风水理论和传统村落布局中理水的重要性[5]。郝堂村原有水系呈带状环村而过，近年来逐步堵塞填埋。在整治改造中，对水系进行了调整和疏通，修建水坝，疏通了原有沟渠改道水系，将村口水稻田改造成百亩荷塘，兼具污水净化功能，形成了以溪流、荷田、堰塘为主体的水生生态系统；建设了七孔桥、二龙戏珠桥、放生桥、进村的双桥、桩桥等水系工程，方便村民生活的同时，也增添了乡野情趣。河流沟渠等尽量保持自然景观，保持原有河道的植物群落，补充式的增加一些本地的树种。

3.3 微观层面——住宅院落改造和环境卫生治理

住宅院落是村落的基本构成单元，是村庄风貌特色体现的载体。结合地域特点对住宅、庭院等进行改造和整饰，建立住宅与自然环境、文化特色、营建传统的关联，重塑人文和谐的乡村聚落。同时，利用生态技术实现低成本的环境卫生治理，也是改善村落环境条件，实现与自然生态和谐共生的重要途径。

图2 一号院改造前主体建筑

图3 一号院改造后的院落和住宅

3.3.1 提取地域特色元素进行住宅和庭院改造

由于地理气候条件的特殊性，又受南北历史文化的交融，豫南民居特征表现出多样性。郝堂地处豫南的南部，传统民居白墙青瓦，具有明显徽派民居风格。但近年来受农村整体建房风气的影响，新建住宅普遍采用瓷砖贴面的两层小楼形式，完全割裂了与气候、环境与文化的关系，失去了与营建传统的关联，建筑面貌同质化严重，传统特色消失殆尽。

在郝堂建筑整治改造中，重点挖掘传统的豫南民居元素，尽量使用本地材料，对住宅内部进行加固和功能性改造，对建筑的外饰面和庭院环境进行整修；新建住宅使用青砖、黛瓦、马头墙的元素，融入徽派风格（表2）。如对一号院的改造，该建筑原本是典型的瓷砖贴面二层楼，有围墙，在改造过程中，没有涉及主体架构，除了增加室内卫生间和楼梯，主要对外部装饰进行改造，包括加建中式木质窗框，改造二层晒台，将平屋顶改造为坡屋顶，重建特色门头，结合木格窗用青瓦拼接的花格做立面装饰，使用本地石材、免烧砖加建廊道，通过改造完善了房子的使用功能，解决了排水、保温等技术问题，并与乡土建筑风格相契合，让房子具备乡村村落古朴、自然与美观的效果。庭院改造方面，拆除砖石围墙，用砖砌矮篱并装饰青瓦拼接的花格，自然界定出改造后的内院范围和道路边缘，内院和外院地面分别采用石材和三合土铺设，外部布置竹、芭蕉等植物和废旧农具巧妙利用后的乡村小景，以更加生态、自然的方式形成院落景观，院内建仿湿地的生态小池塘，净化家庭污水。

郝堂新建的公共建筑，如客栈、"农家乐"、幼儿园、学校、养老院、卫生所、公厕、图书室等都融入了地方文化和风格。如位于村委会东侧的乡建培训中心，建筑面积500m²，设计利用旧材料，包括旧砖、旧瓦、旧石料、旧木料等完成新建筑的建设，体现豫南民居传统建筑精神，同时植入了现代建筑空间，在村庄建设中具有一定的示范作用[6]。

图4　新建住宅

住宅建筑改造（建造）类型　　　　表2

住宅建筑类型	改造（建造）方式
瓷砖贴面的两层小楼	主体不变，拆除猪圈、旱厕，增加室内卫生间和楼梯，改造外部立面、窗框、晒台、屋顶、门头，使用本地材料，形成豫南民居特色
旧土房	保留原有土、木结构的外部形态，修旧如旧，重点结构加固和内部功能性改造
新建住宅	使用青砖、黛瓦、马头墙等要素，吸取徽派建筑特点，形成新豫南民居特色

3.3.2　利用生态技术进行环境卫生治理

当前农村的环境卫生状况普遍较差，污水横流，垃圾遍地，人畜生活空间混杂，能够使用节能环保、循环再生的生态技术方法，以低廉的成本实现村庄生产、生活、生态的可持续发展，是广大村庄整治改造的方向和目标。郝堂村在改造过程中，应用多种生态技术，对村庄环境进行治理。在改造房屋过程中改水、改厕、改厨、改圈，建立家庭人工湿地污水处理系统20处，三格化粪池卫生改厕450户，建设120户家庭户用沼气，废弃物通过埋地式管道统一收集，最终流入规划建设的荷花池，恢复自然湿地系统和建设集中式无动力湿地污水处理系统，采用最经济简便的方式最大限度地降低农村水污染问题，促进了生态可持续发展[6]。以郝堂小学的生态厕所为例，按照台湾建筑师谢英俊的设想，使用轻钢结构的材质，通过简单的设计将粪便和尿液分开，一方面，解决了以灰土覆盖不卫生的方式，另一方面，用可移动的容器收集并定期清理，并将收集的粪便、尿液通过发酵处理制成有机肥料，最大程度实现了环保节能。

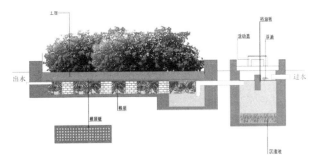

图5　郝堂家庭污水处理生态池

图6　郝堂生态厕所内部

图7　郝堂生态厕所外部

4　结语

在当前城乡关系急剧变化、乡村空间快速重构的背景下，乡村聚落的走向至关重要。郝堂村的整治规划是一个很好的探索，它改变了以往将城市住区规划思路应用在村庄的做法，以改善村落环境卫生条件和修复生态环境为先导，优化聚落与山、水、田、林等自然要素的空间关系；在此基础上，对聚落内部空间肌理、布局结构进行梳理和改善，强化村庄形象和可识别性，增强村民的归属感和认同感；再次，尝试运用乡土元素和材料强化乡土建筑特色，使用循环再生的生态技术降低成本，塑造乡土特色景观。在整个改造的过程中，始终贯彻人文和谐的理念，强调与自然环境的融合、与历史文脉的契合、与乡土、生态技术的结合，力求"把农村建设得更像农村"，继而通过金融创新和村庄社会组织的有效运营，实现了村庄改造的有效实施，成为"美丽乡村"的典型。在我国当前的美丽乡村建设中，要树立整体系统的观念，以郝堂为借鉴，从乡村聚落人文和谐的内在本质出发，力求实现村庄生产、生活、生态的可持续发展。

主要参考文献

[1] 戴志中，郑贤贵，巴蜀地域传统聚落空间形态对当代新农村规划的启示 [J]. 室内设计，2010（6）:52-55.

[2] 乔家君. 村庄选址区位研究 [J]. 河南大学学报（自然科学版），2012（1）: 47-54.

[3] 卢伟娜，陈新林等. 乡村景观建造思路探索——基于信阳市郝堂村的实践 [J]. 林业科技开发，2013（6）: 131-135.

[4] 邱丽，渠滔，张海. 广东五邑地区传统村落的空间形态特征分析 [J]. 河南大学学报（自然科学版），2011（9）: 547-550.

[5] 严云祥. 地方传统村落整治规划探析——以江山市大陈村村庄整治规划为例 [J]. 城市规划，2008（12）: 89-92.

[6] 王磊，孙君等，逆城市化背景下的系统乡建——河南信阳郝堂村建设实践 [J]. 建筑学报，2013（12）: 16-21.

基于生态视角下的乡村建筑材料应用研究 *
——以生土材料为例

李楠　张宇　郎鸣雪　张宝祥

摘　要： 乡村建筑材料的应用是先民建设经验总结和智慧结晶的产物，但是随着现代材料技术的发展以及新材料、新技术的应用，传统乡村建筑材料的应用逐渐被忽视。新型建筑材料能够更好适应现代建筑工业化大生产的需求，但也导致中国建筑面貌特征模糊，地域差异性逐渐消失。相较于现代建筑材料，传统乡村建筑材料的一些物理性能相对较差，但是其具有良好的地域文化性和生态环保性。同时，通过一定的现代技术手段，乡村建筑材料同样能够具备良好的物理性能。现代建筑材料的加工工艺很多均来自于传统材料做法，如以茅草作为保温层等，因此应更好的挖掘乡村建筑材料的生态性特征。基于上述内容，本文从生态性视角重新审视乡村建筑材料的现代应用，保持其文化性、舒适性、生态性。并以生土材料为例，从生土材料的生态特性出发，以现代建筑实践为例着重分析传统生土建筑材料的生态应用，以期能为乡村建筑材料的现代生态化应用提供参考。

关键词： 生态；乡村建筑材料；生土

1　引言

乡村建筑材料作为建筑材料中的一大类别，不同于现代工业化发展中所运用的钢筋、混凝土等材料，其真实地反映了建筑所在地域的地质、气候、地貌等自然环境特征。梁思成说："建筑之始，产生于实际需要，受制于自然物理，非着意创制形式，更无所谓派别。其结构之系统，及形式之派别，乃其材料环境所形成。"一定程度上揭示了乡村建筑材料的选用，最初是被动的，受到一定的地域资源的限制，体现出了乡村建筑材料就地取材、物尽其用的优势。乡村建筑材料取自本乡本土，减少了工业生产和流通环节，这是其生态性的表现之一。另一方面，乡村建筑材料基本都是自然材料，如生土、竹、木等，自然材料的加工制作过程较少产生污染和垃圾，同时自然材料更容易回归大自然，这是乡村建筑材料生态性的表现之二。

随着生态环保意识的提升，乡村建筑材料的发展逐渐成为一种趋势，生土、竹、木等乡村建筑材料如何在建筑"全球化"的背景下重新发展，寻回自身的价值，这是当代很多中国建筑师正在思考和实践的问题。

图1　传统窑洞民居
（资料来源：网络）

2　生土材料的生态性

生土作为建筑材料，是指未经焙烧的天然土，仅改变其组成成分比例（如含水率、颗粒配比等），经过压实、涂抹等简单物理加工而用于建造的材料。生土材料用于建

* 基金资助：教育部人文社科青年基金项目（15YJCZH229）；辽宁省社科基金（L13BSH005）；中国博士后基金（2014M560207）。

李楠：大连理工大学建筑与艺术学院
张宇：大连理工大学建筑与艺术学院
郎鸣雪：大连理工大学建筑与艺术学院
张宝祥：大连理工大学建筑与艺术学院

造房屋已有几千年的历史，早在半坡遗址中的半穴居、穴居和地面建筑就已经采用生土作为建筑材料。资本主义工业革命之后，受到工业化和现代主义建筑发展的冲击，生土材料一度成为落后的象征。随着生态可持续发展观和自然建筑运动的兴起，生土材料由于其生态可持续性，重新焕发出强大的生命力，是前景良好的绿色建筑材料。

2.1 尊重建筑所在场所环境，适应当地气候

建筑生态性强调取之自然，回归自然，人与自然和谐共生。生土材料的运用大多就地取材，针对不同的地形条件和生态气候特点形成不同类型的生土建筑，如西藏生土建筑根据当地气候特点和生活习惯，形成了特有的"外不见木，内不见土"的居室，以适应高寒多雨的气候。福建地区温热多雨，年降雨量达1500mm，却产生了闻名于世的土楼建筑。这些不同建筑形态的生成反映了生土材料对于气候的良好适应性。同时，生土建筑适应不同的地形条件可以建设地上和地下多种建筑类型，也可在斜坡地形上开挖窑洞等建筑。我国辽阔大地上形成的不同类型的生土建筑充分反映了生土建筑材料对当时当地建设条件的适应性，体现了生土建筑材料的生态性。

2.2 最大程度上节约能源

建筑能耗已经成为我国能源消耗的三大"耗能大户"之一，建筑全生命周期能耗主要包括建造初期的材料能耗、运输能耗，施工过程中的能耗，建筑物使用和维护能耗以及建筑废弃时的能耗。相较于其他建筑材料，生土材料在建筑中的应用有其独特的生态优势，在建筑全生命周期内，生土均可作为完全生态的材料被合理地应用，最大程度上节约能源。

建造之始，采用当地生土，就地取材，就能减少开采和运输的能耗，节约人力物力，降低能源消耗。建设过程中，采用低技手段处理生土材料，如夯实工艺、非烧结技术等，尽可能零排放以减少自然资源消耗。使用和维护过程中，生土材料由于其优异的热工性能，调节室内温度，使建筑冬暖夏凉，节约空调能耗。建筑弃用后，生土材料可退耕还田，几乎不会产生建筑垃圾。

2.3 创造自然平衡合理舒适的使用环境

生土材料优越的物理性能为生土建筑提供了舒适的使用环境。首先，生土建筑优越的热稳定性为建筑使用空间提供了适宜的、动态的热环境，生土建筑冬暖夏凉，节约空调能耗，减少使用者的经济支出，节约能源和资源，令人们可以享受最健康的"空调"效应。其次，经过检测

证实无辐射的土，是最健康的生态材料之一。现代建筑中采用了大量的化学材料，材料中散发的有毒物质容易引发人体的疾病，甚至导致死亡。这使得生土材料的健康效应显得尤为可贵。最后，生土材料的隔音性能、防火性能均十分优异，营造了一个安静、健康、舒适、安全的室内环境。

2.4 取之于自然回归自然

生土材料的建造过程是一个从自然土到土体构件的过程，生土材料只是以另一种物理形态存在，这在建筑物中只不过是其生态物质循环的一个环节，在建筑物完成其生命周期之后，生土材料可以回收利用，循环成本较低且生态无污染。

2.5 传承人文生态文明

生土材料除了保护自然环境的生态性能之外，其生态性还体现于其对人文生态文明的保护上。生土材料的运用保持了当时当地的地域性文化，同时保持了传统集体互助式的聚落营造方式，对传统生活形态的历史传承有着不可忽视的作用。体现生土材料的人文生态性和传承者的生态文明性。

生土材料的优势除了生态性，还体现在经济性、物理性能等多个方面（表1）。

生土材料优势　　　　表1

生土材料优势	具体表现
便于取材	土随处可见，举手可得，就地取材，减少运输能耗，具有天然的优势
易于物理加工	生土材料可塑性强，稍进行物理加工和低技处理即可用于房屋建设
施工简易，技术要求低	施工手法主要由有经验的师傅传授，一般民众即可掌握其施工方法，这也是土在乡村建筑中运用最广的原因
地域性	生土材料的运用继承和发展了地方特色，强化建筑地域性面貌，改变"千村一面"的现状
造价低廉	生土材料的运用，减少了建筑成本，中国黄土窑洞的造价仅为一般地面建筑的1/10

（资料来源：作者自绘）

3 生土材料的生态性应用案例

3.1 甘肃庆阳毛寺生态实验小学

项目地点：甘肃庆阳毛寺村

建成时间：2007年

建筑师：吴恩融　穆均

建筑面积：938m²

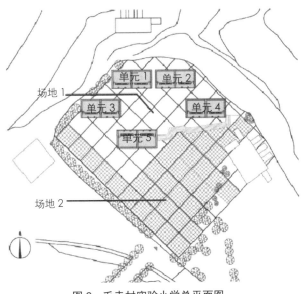

图2　毛寺村实验小学总平面图
（资料来源：作者改绘）

抹面，平整了墙面，同时也美化了室内外环境。最后，运用当地的毛石砌筑建筑基础，防止潮气对生土墙面的侵蚀，延长其使用寿命。

毛寺村实验小学材料应用信息表　表2

传统建筑材料应用				
图例	材料运用方式	传统材料名称	材料用途	材料特性侧重	材料生态性
	土坯砖墙	生土	结构	结构属性	适宜技术生态性表达

（资料来源：作者自绘）

3.2　长城脚下的公社——二分宅

项目地点：中国北京
建成时间：2002年
建筑师：张永和
建筑面积：449m²

3.1.1　建筑描述：

毛寺村实验小学是一座生态性学校，位于甘肃省东部的毛寺村。建筑选址于毛寺村中心向阳的台地上，三面为黄土丘呈环抱之势，南面面向蒲河。学校共建设10间教室，分为五个单元，两两一组。建筑沿东西向布置于两个台地上，五个单元围合出两个室外活动场地。这种分散的布局方式有助于夏季的自然通风。

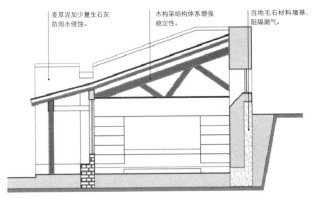

图3　毛寺村实验小学改进方式
（资料来源：作者改绘）

麦草泥加少量生石灰防雨水侵蚀。

木构架结构体系增强稳定性。

当地毛石材料墙基，阻隔潮气。

3.1.2　生土建筑材料生态性应用

毛寺村实验小学的建设充分运用了当地的生土资源和建造技术。相较于当地运用生土材料建房的传统方式，毛寺村生态小学有所改进。首先，采用木梁柱作为其结构体系，外部墙体由生土制成的土坯砖砌筑而成，既发挥了生土材料良好的热工性能，又避免了单纯用生土建造房屋的易倾覆性。其次，为了保护生土墙体不被雨水侵蚀，在生土墙体的内外表面用掺杂了生石灰的麦草泥

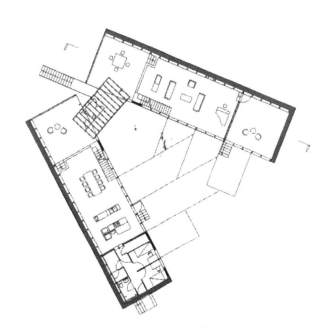

图4　二分宅首层平面
（资料来源：作者改绘）

3.2.1　建筑描述

二分宅，位于北京北郊水关山谷。二分宅的设计可以作为张永和实验性建筑的实践，建立了一个灵活的原型，建筑分为两个体块，其两翼的角度并不是固定的，可随着不同的山地地形而调整，两翼角度可在0°~360°之间任意变化，可出现"一字宅"，"平行宅"，"直角宅"等形式。

图5 二分宅二层平面
（资料来源：作者改绘）

3.2.2 生土建筑材料生态性应用

建筑材料的选用以朴素的生态观念为指导，以天然材料为主，人工材料为辅，主要选用了四种建材——混凝土、土、木、玻璃，其中土和木为传统乡村建筑材料，混凝土和玻璃又是建造的地域性选择。四种建筑材料彼此作用才构成了一个不可分割的整体，建筑师称其为"中国传统土木建造的当代阐释"。

二分宅原计划采用石砌基础，然而当时的工艺和便捷度都倾向于采用钢筋混凝土基础，于是本土的历史诉求最终还是让位于现实选择。从受力角度分析，混凝土条形基础充分发挥了它的耐压性，承受了建筑的全部荷载，包括上方厚重的夯土墙。钢筋混凝土条形基础的使用减少因地面不均匀沉降引起的夯土墙开裂。

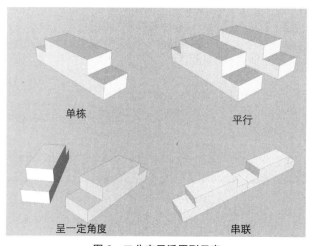

图6 二分宅灵活原型示意
（资料来源：作者自绘）

二分宅中将生土材料以夯土墙的形式加以运用，并作为表皮呈现。设计师原计划将厚达60cm的夯土墙作为承重墙使用，但因无法满足国内现行规范而作罢。作为建筑结构体系的是有钢节点的木梁柱体系，夯土墙与胶合木梁柱水平向上脱开4cm，仅作为建筑表皮存在。

厚实的夯土墙有着良好的热工性能，保证了室内冬暖夏凉，减少空调能耗。同时为了增强夯土墙的防水性能，在墙面上喷涂了两遍憎水剂以达到防水的目的，延长夯土墙的使用寿命，以达到生态环保。夯土墙的表面肌理

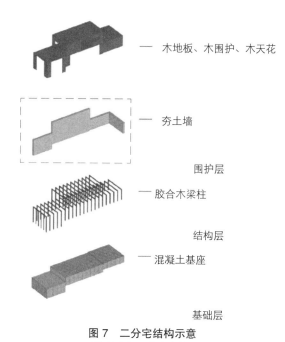

木地板、木围护、木天花

夯土墙

围护层

胶合木梁柱

结构层

混凝土基座

基础层

图7 二分宅结构示意
（资料来源：作者自绘）

二分宅材料应用信息表 表3

传统建筑材料应用					
图例	材料运用方式	传统材料名称	材料用途	材料特性侧重	材料生态性
	夯土墙	生土	表皮	感官属性	保温隔热可循环无建筑垃圾
	水梁柱	木材	结构	结构属性	可降解无建筑垃圾

（资料来源：作者自绘）

真实显示了施工的方法和过程，未做后续饰面处理，一定程度上践行了生态理念。夯土墙夯实过程中一次夯一层，每次放土 120mm，夯至 60mm，拆模后留下 6cm 高的施工过程中留下的水平线条。

4 结语

随着全球化和乡村城镇化的共同作用，与其发展相关的能源、材料的消耗与浪费问题日益凸显。在发展建设新农村的大背景下，新型农村社区的建设势在必行，为了保留传统农村的整体风貌，加强建筑地域性特征，需要对农村建设活动进行正确引导；以生态可持续原则，鼓励村民营建环境友好型建筑，着重解决乡村建筑材料在农村住宅建设中的生态性应用问题。同时，还需在实践中探索可以复制，便于推广的适宜技术，保证建筑与自然及周边环境之间的协调关系。

在乡村建筑建设过程中，尽量选择低投入、高产出的材料和设备才是农村住宅建设的目标，其中使用生态性的乡村建筑材料是一个可行的办法。生土材料由于其自身优越性，不但可以降低投资成本，而且可以节省后期维护费用。因此，在乡村建设中推广生态乡村建筑材料是农宅建设中的合理选择之一，应吸取传统乡村建筑民居建设中的生态观念，运用适宜技术，积极研究推广乡村建筑材料的现代应用。

主要参考文献

[1] 邵勋 . 传统材料在当今建构创作中的应用初探 [D]. 西安建筑科技大学，2011.

[2] 许剑峰，李冰，颜婷婷 . 探究乡土材料的低技术生态应用——以生土材料为例 [J]. 新建筑，2014（04）:120-123.

[3] 郑小东 . 建构语境下当代中国建筑中传统材料的使用策略研究 [D]. 清华大学，2012.

[4] 产斯友 . 建筑表皮材料的地域性表现研究 [D]. 华南理工大学，2014.

[5] 王祥生 . 传统建筑材料表情的当代表达 [D]. 西安建筑科技大学，2012.

[6] 陈晓龙 . 传统建筑材料的现代运用案例研究 [D]. 西安建筑科技大学，2015.

[7] 何苗，刘塨 . 传统建筑材料演绎下的现代建筑 [J]. 中外建筑，2006（05）:189-192.

[8] 吴恩融，穆钧 . 毛寺生态实验小学，毛寺村，庆阳，甘肃，中国 [J]. 世界建筑，2008（07）:34-43.

[9] 吴恩融，穆钧 . 源于土地的建筑——毛寺生态实验小学 [J]. 广西城镇建设，2013（03）:56-61.

[10] 野卜，张洁 . 从材料角度分析——二分宅 [J]. 时代建筑，2002（06）:48-51.

[11] 李振宇，李垣 . 本土材料的当代表述 中国住宅地域性实验的三个案例 [J]. 时代建筑，2014（03）:72-76.

多元主体协同参与的乡村规划落地实施研究
——以湖北省房县土城镇黄酒民俗村建设实践为例

姜新月　罗翔

摘　要：乡村规划建设落地的必要条件是其能够改善居民生活条件、提升生活水平。只有充分考虑乡村的多元化问题和在地居民的差异化需求，并以问题为导向提出具有可操作性、切合乡村实际与发展水平的规划策略，乡村规划才能最终实现落地。为此，克服单一规划主体的弊端与不足，多元主体的协同合作、共同参与是乡村规划建设落地的重要因素。本文以湖北省房县土城镇黄酒民俗村规划建设为例介绍了规划思路与制定过程，总结了多方协同共建土城村的工作经验与工作方法，以期提供一种乡村规划建设落地思路。

关键词：乡村规划；多元需求；多元主体；协同参与；落地实施

1　规划背景与上位规划

1.1　项目背景

　　土城村位于湖北省十堰市房县土城镇，距离十堰市区 67km，距房县县城 33km。土城村村民主要以酿制黄酒、售卖黄酒为生计。村庄 80% 农户赖以生存的家酿黄酒产业亟需复兴，黄酒销量需提升、销路需要拓宽，日渐衰退的黄酒文化也要在当代得到弘扬与继承。为了实现农民创收、民生改善及传承黄酒文化的目标，在湖北省政府、十堰市政府、房县县政府、土城镇政府等多重支持下，"土城黄酒民俗文化村"的乡村规划建设项目得以立项并付与实施。

1.2　上位规划

　　土城村作为湖北省房县美丽乡村建设试点于 2014 年 12 月正式开工建设。土城村上位取决于其三大发展优势。一是区位与交通优势：土城村是十堰市至房县必经之地，处于国家 5A 级景区武当山与神农架旅游线路中心，且环境资源丰富，极具发展乡村旅游潜力。209 国道与 235 省道成"Y"字形贯穿土城全境，十堰至房县高速公路设有土城站出口，交通通畅。二是产业与文化优势：土城村的黄酒制作工艺自唐朝流传至今，目前家庭作坊式黄酒经营仍是大部分农户的主要经济来源。黄酒亦名皇酒，因谪居房县的皇帝唐中宗李显而命名，在当地关于皇酒

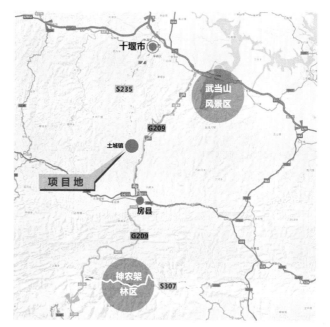

图 1　土城村区位
（图片来源：孙君工作室）

的民谣和行酒令如数家珍，历史谪居文化与黄酒文化底蕴浓厚。三是群众优势：在政府的全力支持下，黄酒民俗村的建设受到百姓的热烈欢迎，有利于项目建设的落地实施。

2　乡村规划理念与乡村设计原则

2.1　规划理念

　　由村委会、村民代表、县镇政府代表共同商讨集体决定村庄的发展方向与规划方向。沿用"把农村建设得

姜新月：昆明理工大学建筑与城市规划学院
罗翔：中国乡建院

更像农村"[a] 的理念，坚持农民主体性，用更加生态、系统的方式建出"美丽乡村"并实现乡村经营化。规划紧密联系农民生产生活，不仅要解决当下存在的问题，还要满足村庄可持续发展需求，实现农民增产增收、生活质量提升等多元化需求的目标。

以村庄集体经济壮大发展为总揽，以民居改造为载体，以产业培育为支撑，以合作社的建设为引领，以社区支持农业为抓手，以村庄、村镇的资源整合与创新为动力，以生态文明建设为样本，打造生态与环境友好、村庄特色鲜明、产业彰显活力、积极服务市民、富裕农民、社会经济持续发展的村社发展新样本。

2.2　乡村设计原则

乡村规划设计原则：以问题为导向，基于对农村生活的了解和乡村规划的经验总结，从乡村发展方向为主线引导，对村庄进行整体规划。通过对村庄地理环境（自然、地质、水文等）、人文环境和村庄产业发展情况进行深入调研，多次现场考察与分析，与村镇主要负责人了解相关情况，从农民口中了解更多实际情况，具体问题具体分析，综合考虑并从村庄整体层面进行规划设计。

乡村建筑设计原则：乡村建筑与农民生活联系的紧密程度应该作为衡量乡村建筑是否更有意义的一个标尺。研究当地民居类型与空间模式，为民居改造提供原始资料，同时为民居设计提供建筑元素设计原型，保证民居设计的地域特色和文化特性的呈现。在村庄公共建筑设计方面，加强对地方特色元素的提取，表现公众对村庄文化的诉求、增加公众参与度，同时融入现代化功能需求，将公共建筑的作用发挥到最大。在建筑场地环境设计方面，增加乡村生活趣味性，为乡村经营提供多种可能性。

乡村景观设计原则：乡村景观设计以服务于乡村生活、服务于产业发展为主要目标，融入乡村旅游，将院落景观、水系景观、道路景观、节点景观等融合整体环境是实际操作的重点和难点。

3　乡村规划面临问题的多元化

乡村规划应以解决问题为最基本要求。面对乡村问题的多元化，本案以土城村实际存在的问题为导向，制定符合现实情况的、满足发展要求的、落地性强的、可持续的乡村规划（图2）。

---

①　提出者系孙君，乡村规划落地实践者，中国乡建院联合创始人。

图2　乡村规划建设落地经验总结图示
（图片来源：罗翔绘）

3.1　土城村"三农问题"梳理

各村庄有共性的问题，也有个性问题。对于村庄中出现的多元化问题，要具体情况具体分析，不能主观臆断，也不能先入为主，采用"田野调查法"能较为真实地剖析村庄存在的问题并发现问题根源。田野调查法在乡建工作中的灵活运用是获取乡村有效信息的基础技能。如何取得村民信任，同时把握某种亲密程度都是需要技巧的，这些都不是简单的调研取证、问卷调查和走访能够实现的。

3.1.1　调研工作特点与方法

采用田野调研法，工作实践紧密跟进项目进程。从分析基础条件的粗放式先入为主的调研[b]，到入户调研[c]的精准式亲身体验的调研（从感性认识到理性认识的过程），再到实现施工过程中的落地性调研[d]，最后是回访式改进服务的调研[e]。贯穿项目全过程的多角度多层次的调研方式，不仅能在规划阶段精准分析乡村，还能在落地工作实践中改进工作方法。

3.1.2　村庄"三农问题"的梳理

（1）"农村"整体问题。土城村存在的问题有：乡村生态环境恶化[f]；山体遭到不同程度的破坏（常有滑坡现象）；河滩植被被破坏、河流受到不同程度污染；村容风貌逐渐丧失地域特色，庭院空间杂乱不堪，基础设施建设不完善等。

（2）农民的多元化需求问题。农民生活不仅要有基

---

②　基础性田野调查分析调研：这一阶段主要是对村庄基本条件进行调研分析，对村庄的整体进行调研，梳理凸显的主要问题。

③　入户精准调研：这一阶段主要是走进农民的生活，了解农户的基本情况，了解村庄最真实的基本情况，"侧面"进行民意调查。同时对"先入为主"阶段的想法和思路进行修正。

④　落地性调研：落地实施阶段，驻场设计师根据实际情况现场调整设计方案，保证落地顺利进行的过程。

⑤　回访调研：在整个建设工程中，基本上没有不加以修改的方案。设计方案终归难以做到十全十美，由于乡建实践的独特性，需要设计师跟进设计。

⑥　污染源主要来自生活污水排放、养殖污物以及生活垃圾堆放等。

本的生活需求、生产需求，还要有更深层次的乡愁需求、文化需求和审美需求等。土城村大部分农户都存在的问题有：居住空间不足，居住水平不高、居住环境差，养老设计与儿童活动空间不足，服务于生活的基础设施不完善，文化自信不足等。

（3）"农业"问题即乡村的产业问题。土城村的产业问题表现在：①黄酒产业发展遭遇困境（黄酒储存时间短，销售能力不足），农民收入难以提升；②自然资源、特色产品与区位优势明显，却未能发展乡村旅游产业；③产业结构不合理等。

3.1.3 针对问题提出的整体要求

针对乡村存在的"三农问题"，相应提出"生态"、"生活"和"生产"的三生要求，为了实现可持续发展，提出"生长"、"生意"和"生机"的实现村庄经营可持续发展的新三生要求。解决"农村"问题的最基本要求是在规划建设过程中，对村庄提出空间利用、基础设施建设、人居环境改善的整体要求。要做到"环境优美、村容整洁"，达到"村庄环境的净化、美化与绿化，建筑布局合理，农民居住环境舒适，公共基础服务设施完善"等目标。在乡村规划中要解决农村的产业规划问题、在乡村建筑设计中要注重服务于产业发展的空间设计，借助周边环境优势或是自身发展条件通过合理的乡村经营方式来实现乡村的可持续发展。

3.2 村庄规划的多元需求

乡村规划需要不同层次的规划来解决相应的问题并满足多元化的需求，比如区域问题、空间布局问题、微观问题等问题由相对应的村庄布局规划、村庄建设规划、村庄整治规划、农村综合体建设规划等来解决（图3）。

图3 土城黄酒村空间规划图
（图片来源：孙君工作室，罗翔整理绘制）

3.2.1 以产业复兴为导向的整体规划

整个村庄规划以黄酒产业为中心，同时发展农家乐、民俗文化、乡村旅游等延长整个黄酒产业链条。用黄酒文化丰富乡村文化类型，丰富乡村人文特色，打造具有地域特色的黄酒文化民俗村。为满足黄酒生产[a]和乡村旅游的整体格局，采用"村镇联合"、"多村联动"的规划方式实现整体规划。通过复兴黄酒产业，带动其他经营产业的配套发展，以此激活乡村，实现复兴乡村的目的（图4）。

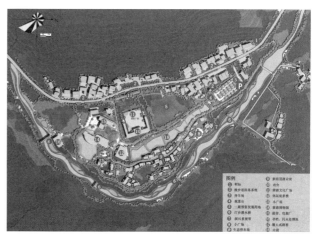

图4 土城黄酒村整体规划图
（图片来源：孙君工作室；罗翔整理绘制）

3.2.2 村庄整治规划

民居建筑风貌整治要突出地域特色。在土城村，我们研究当地原始民居类型和当地居住历史文化，提炼元素使新民居建设或民居改造反映当地特色，形成建筑与环境相应成彰的村庄新面貌。建筑使用材料皆取材于本土，使得土城村整体风貌设计凸显其乡土特征和自然特性。其中建筑风貌整治技术路线图如图5所示。

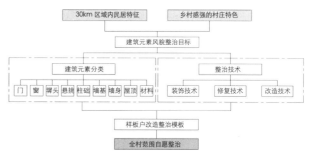

图5 建筑风貌整治技术路线图
（图片来源：罗翔绘）

① 黄酒生产用的主要原料糯米需要其他村庄的水田种植供应。

环境整治方面，首先整理院落空间，使院落景观突出乡村特色，然后将区域的院落串联，形成黄酒售卖—酒文化展示的休闲步道慢行系统，塑造出一条极具地方特色的乡村生态旅游线（图中第8功能区）。

建筑改造方面，首先要改善居住条件，提升居住质量；其次，突出经营模式设计，注重建筑服务于产业经营（提升农民收入）的细节，将"参观—品酒—购买—餐饮—民宿"等系列消费活动的多元功能需求融入建筑设计中。

3.2.3 新村建设规划

土城现状的基础设施并不完善，超市、公共厕所、污水处理池等公共基本设施不足，缺乏公共活动空间（村委会、广场等）。由政府招商、企业投资的黄酒加工厂及相配套的服务设施建筑建设也需要在规划新村中完成。黄酒新村要围绕黄酒生产与加工、黄酒附属产业发展与建设。新村规划有黄酒博物馆、黄酒广场、村委会、超市、公共厕所、污水处理中心等公共服务设施，新民居、黄酒作坊等民用建筑（图3中1，2，5功能区）。

3.3 乡村规划落地实施

从整体布局规划到具体落地实施，需要过程与时间，分阶段地逐步推进，切忌急于求成。乡村规划与乡村建筑建设应遵循本土特色，并由在地村民集体选择决定乡村发展方向和规划方向，这应当是乡村规划建设活动的基本准则。乡村建筑、景观、公共基础设施的建设作为乡村规划落地的载体实现，要凸显地域特色和乡村特色，相关设计要以农民为主体，紧密联系农民的生产生活。从方案设计到落地实施，多方力量的协同参与是重要保证。

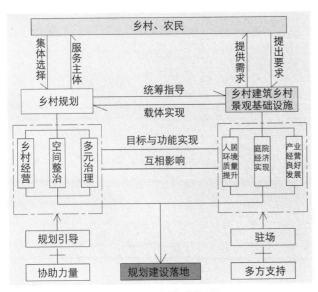

图6 乡村规划落地关系图
（图片来源：罗翔绘）

4 多元主体力量的协同共建

面对村庄中存在的多方面的复杂问题，应避免各类乡建力量发挥作用的单一性所带来的各种弊端，多方力量的协同参与能解决多元化的问题。在"协调力量"的统一配置安排下，以解决乡村问题为导向满足乡村多元化需求的乡村规划建设也就具有了实际意义和较强的可操作性。

4.1 多元主体各自力量的发挥

4.1.1 设计师团体的协调作用

在本案中，设计师团体作为乡建"协助者"、"协调者"和"传话者"，成为"自上而下"和"自下而上"的中间（坚）力量。①规划阶段。为土城村的发展方向提出建议并作出初步规划；②设计阶段。以农民为乡村设计的主体，设计方案不仅要实用性强，还要为农民节省建设成本；③落地阶段。发挥设计师的驻场优势，及时与农民沟通，根据现场情形的变化，能及时调整方案，保证现场施工的进度和质量；④责任性强。在本项目实践采用"1+1"模式，即"一个设计师＋一个现场施工指导"，通过协作指导规划建设设计落地过程，施工现场调控由"1+1"共同决定；⑤回访与改进阶段。施工完成后，进行回访、记录农民的使用后评价。然后进行改进设计，同时总结项目经验，不断改进工作方法。

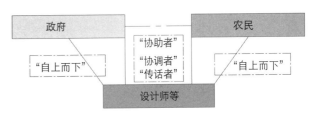

图7 设计师协调作用示意图
（图片来源：罗翔绘）

4.1.2 政府力量的积极引导作用

政府把控着乡村建设的大量资源，比如资金、财力与物力等，这是其他个人、组织或团体所不具备的条件。政府的影响主要表现在其政策宏观把控、施工管控和引导作用的发挥上。①项目整体把控。主要表现在设计方案的把控和施工质量的把控上，不具当地地方特色和乡村生活感的方案不通过，施工不合格的工程不验收等；②财政支持和相关政策扶植土城村发展黄酒产业，通过招商引资将企业的作用发挥到乡村建设中来；③调解作用。项目进行过程中，不时发生各方纠纷与矛盾，比如农民之间因产业发展的恶性竞争、土地或宅基地的边界纠纷等，施工队和设计者之间的矛盾，农民与施工队之间的矛盾等。政府调和一些难以缓解的矛盾效果尤其明显；④合理配置资源。在资金方面，合理分配整治规划、新建规划与产业规划[a]等各环节所需的资金；在采购方面，政府采用集体采购方式，严控质量且将材料价目明细公开，真正做到实惠为民；在土地资源配置方面，政府按照国家相关规定征地并给农民相应的补偿；在人力资源配置方面，政府相关部门支持有关工作，比如公路局支持道路景观建筑与基础道路修建，工信局、电力局等进行相关线路改线或"入地处理"来支持相关基础建设等等；⑤制定相关优惠政策。农民改房或建房资金来源于政府补贴和农民自筹，其中政府以2–300元每平方米的标准补贴，前提是施工质量和建成效果达到工程验收标准。这种方式既能调动农民的建设积极性，也能给农民带来能够看到的实惠，还能约束施工队。

土城黄酒民俗文化村项目投资协议

甲方：房县人民政府
法定代表人：
地址：
联系方式：
乙方：湖北庐陵王酒业有限责任公司
法定代表人：
地址：
联系方式：

根据《中华人民共和国合同法》和有关法律法规的规定，甲、乙双方本着平等、自愿、诚信原则，经协商一致，订立房县黄酒民俗文化村项目投资协议。

第一条 项目概况

房县土城黄酒产业按照"公司+合作社+农户"的经营模式，走专业合作式发展道路。到2015年，年销售黄酒达500万斤，产值达4000万元，农民直接利润达2000万元，实现了农民增收致富的产业发展目标。为了进一步促进黄酒产业发展，房县县委县政府决定在土城镇建设黄酒生态文化演绎园、黄酒博物馆、黄酒酒庄，以土城镇为中心带动全县黄酒产业发展。新建生态文化演绎园6000m²，新建黄酒酒庄1800m²，计划于2015年10月1日前交付使用。

土城镇村民建房申请表

申请人 | 年龄 46 | 性别 男 | 人口数 4人
联系方式 15971881755
5000斤
土城 乡（镇、街道）
层数 2 | 面积 107.6

土城镇民居建筑施工承包合同

甲 方：（户主，以下简称甲方）
身份证号：
乙 方：（施工方，以下简称乙方）
身份证号：
丙 方：房县土城镇土城村委会（以下简称丙方）
丁 方：房县土城镇人民政府（以下简称丁方）

为了保证甲乙双方的经济利益，确保工程质量和进度，经过甲、乙双方友好协商，在丙、丁方的监督下，甲方将住宅一幢房屋建设（新建或改造）工程交给乙方施工，为了明确三方的职责和义务，达成以下协议，具体协商如下：

一、工程概况

1、工程地点：土城镇土城村
2、工程面积：平方米
3、建设标准：合格

二、工程内容

旧房改造或新民居建设，按照甲方和丙方、丁方认可的中国乡建院提供的方案进行施工。

三、建设方式

包工包料，乙方所购材料须经甲方、丙方和丁方验收合格后方可使用，乙方负责建设施工所需设备、工具、器具（大型设备除外）以及安全保障设施。

四、承包价格

按照该房屋建筑的面积和设计方案确定该户的工程价格预算约为 万元，确切费用以乙方承建房屋的实际工程量确定。

五、付款方式

工程完工后，经甲方、丙方、丁方和中国乡建院确认并验收合格后甲方支付工程款，其中15%为质量保证金，一年后无质量问题再行支付。

六、权力和义务

1、乙方必须按照中国乡建院提供的方案和图纸施工，乙方在施工过程中，如遇无法施工的地方或图纸方案无法理解的地方，要及时与甲方、丙方、丁方及中国乡建院沟通，经确认后方可继续施工，合同自签定之日起生效，全部施工工期不能超过60个工作日。

2、乙方确保施工安全和施工质量，因乙方原因导致返工，损失由乙方全部承担，施工期间发生的所有由施工安全和施工质

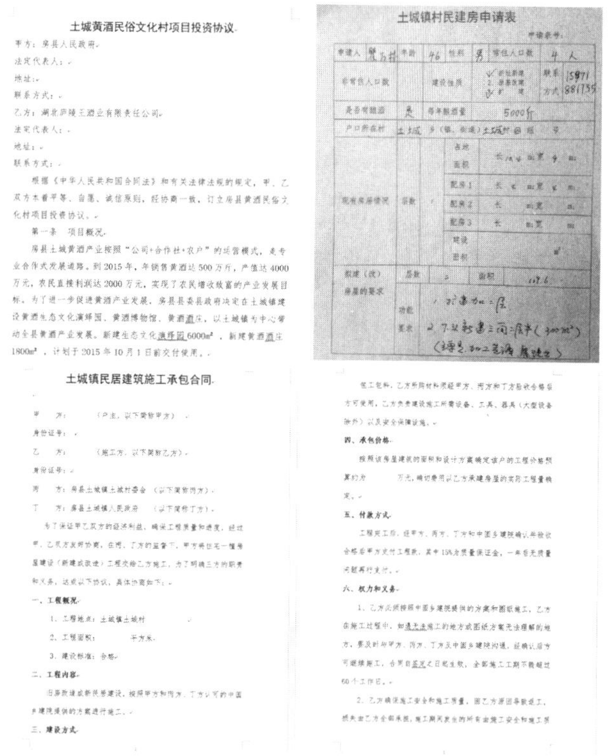

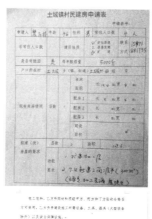

图8 政府投资协议、村民建房申请表与民居建筑施工合同
(图片来源：土城镇政府)

4.1.3 非政府组织的积极作用

非政府组织主要通过乡村公益、志愿者活动参与到乡村建设中来以帮助农村发展。主要表现有：①培养农民环保意识，帮助农民做污水处理和垃圾分类；②帮助农民养成健康的生活习惯；③关注乡村食品安全；④关注乡村儿童教育；⑤关注乡村绿色生态发展；⑥组织乡村教育、培训等活动。

4.1.4 农民积极配合的主体意识作用

农民是乡村建设的直接主体、参与者和受益者，理应自身凝聚一股力量通过"自下而上"的方式参与到乡村建设活动中。农民主体作用的发挥主要由以下7个方面表现：①十分关心自家建设，主人公意识强；②邻里协助。他们通过"换工"[b]的方式来实现邻里之间的互相帮助；③"男主外女主内"的家庭协助方式；④自觉参与基础设施和公共空间建设与维护；⑤成立互助合作经济组织。目前土城村已成立"白茅家酿黄酒洑汁专业合作社"，现有社员126人，这一规模在继续扩大；⑥农村乡贤的模范带头作用。他们对各项工作的支持和信任，对于其他农户工作的进一步开展起着模范带头作用；⑦不做"钉子户"。在建设过程中遇到土地占用或是换用的情况，土城村村民不会"寸土不让"或是"纠缠不休"，他们通过个人协商（邻里协商）或村委会协商（集体与个人）都能得到妥善解决，这得益于良好的群众基础。

相互作用	政府	设计师团体	非政府组织	农民
政府	—	委托设计、咨询，审批，要求	提供平台、管控	资金政策支持、管理、引导
设计师团体	提供方案设计、协助管理	—	调研资料共享、提供相关设计	提供施工指导、参与式设计
非政府组织	协助政府开展公益活动	开发空间价值、相关信息反馈	—	改善生产、生活条件水平
农民	反馈基本情况、支持工作	提供建房基本信息、提出要求	参与活动，生活意识习惯改善	—

图9 各方力量的相互作用
(图片来源：罗翔绘)

4.2 多方力量协同的相互作用与优势

各种乡村建设主体力量及乡建参与者的协同关系与相互作用，可用图9来概括与总结。多方力量协同推动落地的优势显而易见，多元主体各司其职、彼此间相互协助才能最大化发挥作用（图10）。如果其中一环出现问题，项目难以进行或是停工。

① 黄酒产业发展基金，为农户提供技术指导和销售渠道保障等。

② 换工指农民之间你帮我、我帮你的劳工交换。

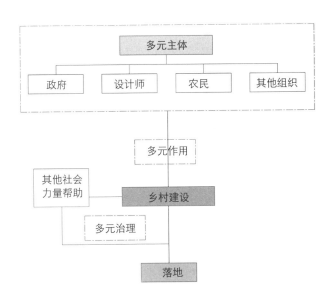

图 10　多元主体力量的多元作用
（图片来源：罗翔绘）

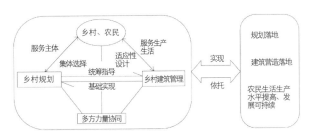

图 11　多元作用下的乡村规划落地
（图片来源：罗翔绘）

4.3　多方力量的调动与协同机制

在乡建过程中，要能持续调动多元乡建主体的协同合作动力，根据乡村工作特点和乡村建设的过程性特征，制定以下协同共建的协助机制：①尊重乡村建设过程的基本规律（阶段性、持续性、系统性）；②规划设计基础建设先行落地。通过基础建设解决一部分急需解决的问

题，并在动态建设过程中不断解决新的问题、改进完善旧的问题；③乡村产业扶持手段要有事先约定。任何力量不得强制干涉村支两委及村民的集体决定，扶持方式不得损害农民既有集体利益。④多方参与主体的行为限制约定。强调"责任"，同时成立有效地监管机制保证乡建过程的透明度和廉洁性。

5　结语与展望

以产业规划、资源配置、乡村治理统筹土城村规划建设，目前已部分解决了土城村村民生活生产问题，也正逐步通过乡建协助者与村民的共同努力建设出以生活为主体、乡村产业得以延续的、民风淳朴、原汁原味的美丽乡村（图 12）。

图 12　土城村初步建设成果实景
（图片来源：罗翔摄）

多元参与主体皆能在乡建活动中受益，因此有持续参与到乡村建设中的动力。在当前乡建完成度的基础上，新时期研究应当对乡建的运行机制、协调机制及管制机制进行详细研究。乡建"运行机制"应当兼顾合理、经济及实用技术的综合运用，乡建"协调机制"应当寻求最佳解决乡建问题的方法，乡建"管理机制"应当多元管理并高度协调好村庄建设活动、经济活动与社会活动的方方面面。

乡建规划是动态的规划，乡建过程是一个动态的过程，各个阶段需要解决的问题也各不相同、复杂程度各异。因此，如何用动态思维来制定问题解决策略、如何找到适合村庄建设发展"运行机制"、"协调机制"和"管理机制"的工作方式与方法是后续研究和实践的挑战与难点所在。

主要参考文献

[1] 邬艳丽，刘海燕．我国村镇规划编制现状、存在问题及完善措施探讨 [J].规划师，2010（06）：69.

[2] 蒋蓉，邱建．城乡统筹背景下成都市村镇规划的探索与思考 [J].城市规划，2012（01）.

[3] 韩波，顾贤荣，李小梨．浙江省村镇体系规划中产业、公共服务与特色规划研究 [J].规划师，2012（05）：10.

[4] 文剑钢，文瀚梓．我国乡村治理与规划落地问题研究 [J].现代城市研究，2015（04）：16.

[5] 罗翔，杨健．基于场所精神视角下的场所选择与营造 [J].建筑与文化，2015（11）：104–105.

[6] 王磊，孙君，李昌平．逆城市化背景下的系统乡建——河南信阳郝堂村建设实践 [J].建筑学报，2013（12）：016.

[7] 李辉，杨莹．基于生态美学的乡村特色景观生态规划探讨——以南京江宁"美丽乡村"示范区规划为例 [J].中华建设，2014（09）：088.

土地流转背景下的乡村旅游规划策略
——以武汉市江夏区杨湖村为例

沈乐　赵丽元

摘　要：随着我国新农村建设的展开，农村建设问题得到了越来越多的关注，而在新型城镇化推进过程中，我国乡村旅游获得巨大的发展空间，乡村土地是旅游开发的重要载体，因此土地流转是乡村旅游发展的前提。但由于我国农村集体土地产权制度以及政策法律的缺失与限制，土地流转没有强力的保障，许多乡村土地流转后发展旅游都缺乏统筹的组织。笔者以武汉市江夏区杨湖村为例，定量分析村庄现有的旅游资源，并分析了村庄在土地流转背景下发展旅游的困境，最后明确指出：①人文和景观资源特色是发展旅游的基础，必须尊重和保护好乡村独有的乡土文化，维护乡村旅游的吸引力和竞争力；②乡村旅游发展要依据不同的区位环境及不同类型乡村旅游对土地的需求，并提供差异化引导；③发展乡村旅游需要协调好村民与游客、村民与经济实体组织之间的关系，激发村民公共意识、乡贤带动以及建立合理可行的规划机制等方面来探讨村庄旅游规划对策。

关键词：土地流转；乡村旅游发展；旅游资源；乡贤

1　背景

1.1　土地流转政策

《中华人民共和国土地管理法》按照土地的所属权和土地的使用权将我国范围内的土地划分为国有土地与（农村）集体所有土地。其中，国有土地的所属权在于国家，集体土地的所属权在于农民集体。

目前，土地流转的概念具有统一界定，即指在保证农村集体土地所有权和使用性质不变的前提下，由村民或村集体将农村土地的承包经营权（即使用权）以一定的价格转让给其他经济实体组织或企业，由承包土地的业主来经营土地。广义上的土地流转包括农业用地的流转以及非农建设用地的流转，狭义的定义只是农业用地流转。土地流转的实质是土地承包经营权（即使用权）的流转，农民及村集体以转让、入股、租赁等方式出让经营权，发展规模经营方式。本文主要针对村庄所有土地的流转，包括农业用地和非农建设用地。

1.2　乡村旅游发展

十七届三中全会明确提出了土地承包经营权制度，鼓励发展乡村内部适度规模经营，并对乡村旅游发展提

沈乐：华中科技大学
赵丽元：华中科技大学

出了明确要求，强调要加大扶持乡村旅游发展，并且拓展旅游发展的空间，由此乡村旅游迎来了政策的春风。2015 年中央一号文件也指出，乡村发展要积极挖掘村庄的生态休闲、文化旅游价值，并鼓励开发农业的多种功能。

乡村旅游最早源于欧美，其中乡村旅游占所有旅游活动的 10%~25% 左右[1]。在我国，乡村旅游开展的较晚，而且通常被称为"休闲农业"、"都市农业"等等，这三者在表面意思上相近，但在具体内容、特征及功能上还是存在些细微差别，见表1所示。

休闲农业与乡村旅游、都市农业比较　　　　表 1

	空间布局	构成特征	功能特点
乡村旅游	具有很强的地域性	乡村地区 + 乡村性自然人文景观 + 乡村休闲空间	侧重乡村性（乡村聚落景观、乡村民俗、乡村生活）的体验功能
都市农业	都市内部及近郊	都市内部及近郊 + 农业资源生产 + 农业休闲	注重发展设施农业、提供农副产品和有优美的环境，其次才是休闲功能
休闲农业	无地域限制，不仅可以在农村、也可以在大中城市甚至大都市内部和郊外	农业产业、农业产业延伸的休闲旅游，几乎是乡村旅游和都市农业的总和	综合产业概念在农业生产基础上，侧重发展农业自然资源观光，农事活动休闲和农耕体验等体验功能

（资料来源：百度搜索整理）

目前，对于乡村旅游的概念并没有一致的界定，但大多从空间范围、旅游资源、市场群体以及经营管理群体等几方面展开讨论。欧盟组织和世界经合组织定义的定义是发生在乡村内部的所有旅游活动[2]。而唐代剑[3]指出乡村旅游是指开发以乡村自然资源和人文资源为基础，吸引都市居民前来消费、并集参与性、娱乐性、科技性于一体的休闲产品。张传时等（2010）[4]认为乡村旅游的市场群体不应只包括都市居民，还应包括乡村居民。而且乡村的吸引力表现在它能提供有别于都市提供的东西，具体表现在乡村所独有的农业景观、农业环境、生产活动以及传统的民族习俗等人文自然资源以及这些所构成的乡村整体景观。国内乡村旅游的管理者主要是当地村民之外的个人、企业等，当地居民往往被排除在开发、经营、管理与利益分配之外。

2 杨湖村土地流转现状及问题

2.1 杨湖村土地流转现状

2.1.1 杨湖村概况

杨湖村位于武汉市江夏区乌龙泉镇梁子湖畔，地处中亚热带，雨量充沛，四季分明。

杨湖村毗邻武汉高新技术开发区和五里界产业园区，位于江夏生态农业发展区范围内，距离武汉市主城区40km车程，距纸坊城区15公里，位于武汉一小时经济圈内，资源优势明显。

图1 杨湖村在武汉的位置

2.1.2 土地流转现状

村庄共有7个湾子，11个小组，行政总面积7800亩，耕地总面积3695亩。2000年和2014年左右村庄内部分别开始进行土地流转，杨湖村内部共有两家经济实体企业在流转村庄土地，分别为湖北金林畜牧有限公司、中建三局有限公司，具体土地流转如图1所示：

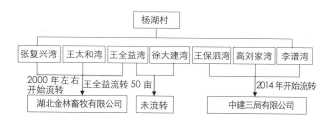

图2 杨湖村土地流转框架图

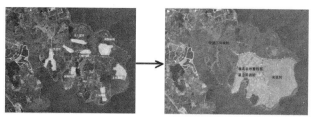

图3 杨湖村土地流转示意图

由于湖北金林畜牧有限公司流转土地年份较早，政策与当下不同，合约不规范，很多费用也不明确，故笔者主要研究中建三局流转的土地。其中，中建三局流转土地费用如下：

总流转费用 = 土地流转费用 + 青苗补偿费，其中：

个人流转费用 =（湾子土地总面积 ×600 元 / 亩 / 年）/ 湾子总人数

青苗补补偿费 = 田地里所有苗木（按棵计算）× 当下苗木单价

笔者根据武汉市边缘乡村土地流转情况，对比了周边农村的土地流转费用，得出杨湖村土地流转费用处于中等水平。

2.2 杨湖村土地流转问题

由于中建三局流转土地所采取的方式是直接与村民商量，没有经过政府这一级，并且在开发村庄前并没有做可行性报告，导致在流转过程中出现了很多问题。

2.2.1 利益不明确，村民认可度不高

村民大多数感性的认为中建三局只是一个利益团体，进驻村庄为了开发村庄，以达到盈利的目的，并不会对村民带来太大的利益。因此很多村民普遍抱着排斥心理，

周边乡村土地流转对比表   表1

序号	单位名称\项目	中建三局	湖北金林畜牧有限公司	龙洲置业	湘隆房地产	洪山菜苔
1	面积（亩）	3000	500	2000	5000	8000
2	流转时间（年）	30	30	30	30	30
3	流转费（元/亩·年）	600	400	600	600	700
4	流转费递增方式	无	无	自第六年开始每两年每亩增加10元	自第二年起每年每亩增加10元	每三年在原土地流转租赁费基础上递增6%
5	递增后流转费（元/亩·年）	600	500	670	745	922
6	附着物补偿费（万元）	800（含迁坟）	合约未体现	110	600（不含迁坟费）	合约未体现
7	协调费	50元/亩·年	合约未体现	合约未体现	100万元	50元/亩·年
8	总价1（万元）	6650	600	4130	11875	23328
9	折合单价1（元/亩·年）	738.89	435.25	688.33	791.67	972.00
10	别墅价格（万元）	700	/	/	/	/
11	基础设施建设（万元）	300	/	/	/	/
12	总价2（万元）	7650	600	4130.00	11875.00	23328.00
13	折合单价（元/亩·年）	850.00	435.25	688.33	791.67	972.00

（资料来源：作者根据资料整理）

给流转带来很大的难度，一些同意流转的村民主要视流转费的高低而行。同时，由于中建流转土地是以湾子为单位进行流转，以人均土地流转费为标准，所以同一湾子内部的流转费是相同的，而村子内部不同湾子之间的费用并不相同，然而最初分配土地的制度又不健全，导致因为流转费用不均而起的冲突不断。

2.2.2 流转土地后没有规划，导致土地闲置

中建三局最初流转村庄土地并没有做可行性报告，他们的规划大而全，并没有落地，导致流转土地后的最初两年土地闲置现象较明显，仍然选择种苗木来收回部分成本，导致土地流转前和流转后并无差别。

2.2.3 村民失地即失业现象严重

土地流转后村民都成了失地农民，仅靠每年的土地流转费（合计5000每年/人）生活，而随着乡村各方面的发展，物价也随之上升，村民生活变得没有保障，导致许多村民失地即失业。

3 杨湖村旅游资源现状及问题

3.1 杨湖村旅游资源现状

杨湖村三面环梁子湖，依托水资源的旅游优势潜力较大。其中，梁子湖生态系统结构完整，自然性保持良好，水体质量较好，是武汉市二级水源保护地。但由于村庄地理位置较偏，交通不发达，因此开发程度不高，村庄保留较多原始林，空气和环境质量也较好。

图4 梁子湖景观
（资料来源：作者自摄）

3.2 杨湖村旅游资源定量分析

乡村旅游的发展必须以旅游资源的综合评价为基础，而乡村旅游资源的综合评价也是组织和开发旅游活动的依据和前提[5]。本文评价村庄旅游资源的目的在于确定村庄旅游资源的质量以及确定资源的开发潜力，为村庄旅游发展制定合理的规划方案提供依据[6]。

国内学者在乡村旅游资源评价定量研究的领域成果较少，尚未建立统一的评价模型以及指标体系。因此，笔者结合实地调研以及其他评价方法和旅游资源评价的国家综合评价体系，拟采用层次分析（AHP）这种方法来确定指标的权重，以获得更加客观科学的评价结果，从而对杨湖村旅游资源进行系统的评价。

3.2.1 立层次结构模型

笔者依据指标选取的系统性、代表性、科学性、层次性及操作性等原则，选取乡村的可进入性、乡村资源、乡村设施、乡村性等作为准则层；选取内外部可达性、文化资源、自然资源、公共服务设施、基础设施、乡村人口以及乡村产业作为指标层；选取便利性、选择性、

杨湖村旅游资源综合评价 表2

目标层	准则层		指标层		因子层
乡村旅游资源综合评价	可进入性	F1	内部可达性	S1	连通性 T1
					距离 T2
			外部可达性	S2	便利性 T3
					选择性 T4
	乡村资源	F2	文化资源	S3	乡村聚落 T5
					乡村历史 T6
					乡村产业 T7
					乡村建筑 T8
					乡村遗产 T9
			自然资源	S4	环境舒适性 T10
					环境安全性 T11
					地形地貌 T12
					水体特征 T13
					植被特征 T14
	乡村设施	F3	公共服务设施	S5	教育设施 T15
					休闲设施 T16
			基础设施	S6	道路设施 T17
					水电设施 T18
	乡村性	F4	人口	S7	人口密度 T19
					人口外迁 T20
			产业	S8	乡村就业 T21
					乡村产业 T22

乡村聚落、乡村历史、乡村产业等作为因子评价层，最后得到乡村旅游资源评价指标体系。

3.2.2 确定权重及评分标准

广泛与乡村研究有关专家交流，通过数据处理，得出以下分析结果（表3），并于此进一步构建乡村旅游资源分级评价内容（表4）[7]。

评价因子权重 表3

评价因子一		权重值	评价因子二		权重性
可进入性	F1	0.127	内部可达性	S1	0.750
			外部可达性	S2	0.250
乡村资源	F2	0.392	文化资源	S3	0.50
			自然资源	S4	0.50
乡村设施	F3	0.346	公共服务设计	S5	0.648
			基础设施	S6	0.352
乡村性	F4	0.135	人口	S7	0.482
			产业	S8	0.518
总计		1			

分级评价 表4

评价因子			评分等级				
			0~2	3~4	5~6	7~8	9~10
可进入性	内部可达性	连通性 D1	差	一般	较好	好	很好
		距离 D2	很远	远	较远	一般	近
	外部可达性	便利性 D3	不方便	一般	较方便	方便	很方便
		选择性 D4	差	一般	较方便	方便	很方便
乡村资源	文化资源	乡村聚落 D5	差	一般	较典型	典型	很典型
		乡村历史 D6	差	一般	较丰富	丰富	很丰富
		乡村产业 D7	差	一般	历时较久远代表性较强	历时久远代表性较强	历时很久远代表性很强
		乡村建筑 D8	差	一般	较丰富	丰富	很丰富
		乡村遗产 D9	差	一般	较丰富	丰富	很丰富
	自然资源	环境舒适性 D10	差	较差	中等	优良	极佳
		环境安全性 D11	差	较差	中等	好	很好
		地形地貌 D12	景观特征稀少或缺乏	仍有趣味性的细部特		断崖、高而垂直地形起伏	
		水体特征 D13	缺少或不显眼	没景观上的支配因子		干净清澈或白瀑状的水流	
		植被特征 D14	缺少或没有植物的变化或对照	有某些植物种类的变化，但仅有一、二种主要形态		植物种类、构造和形态 有趣且富于变化	
乡村设施	公共服务设施	教育设施 D15	无	一般	较丰富	丰富	非常丰富
		休闲设施 D16	无	一般	较丰富	丰富	非常丰富
	基础设施	道路设施 D17	无	一般	较丰富	丰富	非常丰富
		水电设施 D18	无	一般	较丰富	丰富	非常丰富
乡村性	人口	人口密度 D19	>801	800~601	600~401	400~201	<200
		人口外迁 D20	<5%	6%~15%	16%~25%	26%~35%	>36%
	产业	乡村就业（第一产业人口就业比）D21	<20%	21%~40%	41%~60%	61%~80%	>81%
		乡村产业（第一产业占比 D22）	<20%	21%~30%	31%~40%	41%~50%	>51%

旅游资源分值及等级划分　表5

类别	分值	乡村资源
普通	≤ 2.5	1
优良	2.5–4.5	2
特品	≥ 4.5	3

3.2.3　评价结果

根据旅游资源评价模型和评价标准，笔者通过实地调研及对村庄居民进行访谈，对杨湖村的旅游资源进行评价（表6），村庄整体旅游得分为优良，表明村庄的资源性较强，但同时村庄的可进入性较低，设施较不完善，由于人口外迁及回流和产业未转型导致村庄的乡村性较低，因此旅游优化应着重提高村庄的可进入性和乡村的基础设施。

评价结果　表6

旅游资源综合评价	可进入性	乡村资源	乡村设施	乡村性	总计
评分	0.28	1.88	0.42	0.66	3.24

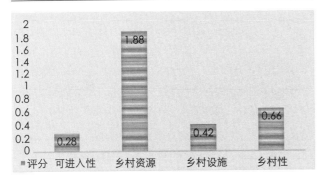

3.3　杨湖村旅游业发展问题分析

3.3.1　乡村可进入性不高，吸引力度不强

村庄的内部和外部可达性均不高，虽然处于武汉城区边缘，且距离主城区40min车程，但是从主干道进入村庄的道路只有一条，并且村庄内部的道路也不完善，内部连通性不高，不利于对内对外联系。

3.3.2　乡村设施较薄弱，需前期构建

村庄内部几乎没有公共服务设施，现有的设施只有一个诊所，一家超市，一家邮政服务网点。基础设施也较为缺乏，给水供电供网系统不完善，停水断电现象较为普遍，并且排水设施没有布点。

3.3.3　区块化的土地流转模式，致使村庄旅游发展不统一

村庄现有土地流转不统一，分为三大板块：流转给畜牧公司、流转给中建三局、未流转。从土地空间布局上，这些流转的土地不连贯，对强调线路组织的旅游发展不利。

4　国内乡村旅游的主要模式研究

4.1　"农家乐"旅游发展模式

1987年《成都晚报》上第一次出现了"农家乐"，介绍了"农家乐"的发展模式及概念。1991年成都郫县农科村最先正式打造"农家乐"招牌以增加吸引力[8]。村民纷纷以家庭为单位，依托乡村的公共空间环境，以各自的庭院为空间自发地为城市游客提供以"特色农家餐"为主的"农家乐"产品。

"农家乐"对于丰富城市居民多样化的休闲需求、增加村民自主就业的机会、提高村民收入、调整产业结构、促进城乡交流以及等美化乡村环境方面发挥了积极作用，并促进了国内旅游模式的转变，即由传统观光型旅游向休闲型以及体验型旅游转变[8]。

4.2　景区化旅游发展模式

乡村旅游景区发展模式主要是需要政府主导，并挑选出资源禀赋优异的村庄对其进行规划，吸引资本投入并对该区域进行封闭式景区化开发、经营与管理的一种乡村旅游发展模式[9]。乡村旅游景区化发展模式分为两种模式，一种是保留原居民的发展模式，一种是迁出原居民的发展模式（图5）。保留原居民的发展模式保持了乡村生活的原真性，为游客提供了原汁原味的旅游环境，保证了游客乡村体验的真实性，更符合乡村旅游的内涵。但在景区后续的经营管理中，这种模式需要协调好景区内村民利益与景区利益，避免冲突。迁出原居民的发展模式虽然从形式为游客提供了纯正与完整旅游空间，但也因为原居民的缺失而导致景区乡村人文景观的空心化。

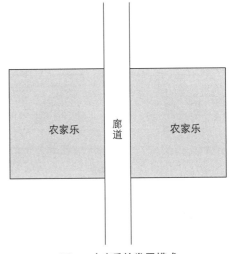

图5　农家乐的发展模式
（资料来源：作者自绘）

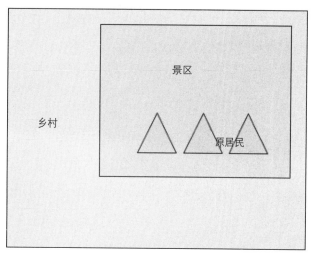

图6 保留原居民的发展模式
（资料来源：作者自绘）

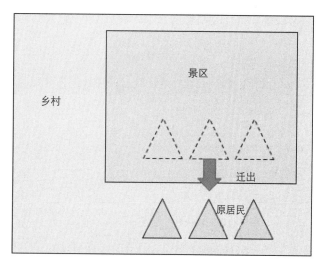

图7 迁出原居民的发展模式
（资料来源：作者自绘）

图8 分析村民和游客各自需求
（资料来源：作者自绘）

5 杨湖村旅游发展的优化策略

5.1 结合村民和游客各自需求，打造完整的"景区化"旅游空间

研究国内乡村旅游发展的路径，可得土地流转背景下的杨湖村乡村旅游的开发应打造完整的旅游线路，这就需要乡村空间资源的支撑。分析村民和游客分别各自的需求，杨湖村需要通过对村庄地域环境的整体把握，确定合理的村湾迁并，分析地域各居民点之间的关系，迁并村湾以及区域整合，为乡村旅游腾出空间并避免旅游对村民生活的干扰。

纵观乡村旅游从小规模的"农家乐"模式到"景区式"模式的发展历程，笔者认为景区式发展模式是现阶段乡村旅游发展的趋势，因此杨湖村的旅游开发可采用景区式的发展模式，同时在景区内部设置各种功能分区主题，嵌入农家乐发展模式等，通过规模化的经营与管理获取最大的利益。

5.2 利用区位和环境优势发展城郊都市型乡村旅游

区位因素是影响乡村旅游发展的重要因素，位于武汉城郊的杨湖村应充分利用都市边缘区这一特定的地理

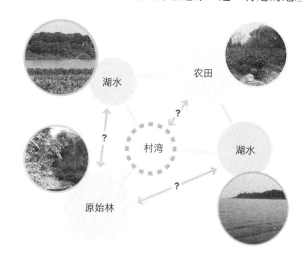

图9 利用景观优势打造乡村旅游
（资料来源：作者自绘）

产业状况：   资源现状：   政府规划：

一产主导

历史人文
优良区位
自然环境

创意农业
旅游业

图10 利用资源优势打造乡村旅游

优势，着力承接都市旅游产业的转移，扩大乡村旅游市场范围、丰富产品类型、并将乡村旅游纳入城乡休闲体系、发展城郊都市型乡村旅游。如打造城乡一体化的游憩空间、带有乡土文化的娱乐休闲中心，面向城市为主的都市型乡村旅游产品，包括乡村公园、乡村俱乐部、乡村民俗博物馆、乡村娱乐与体育休闲、特色农家乐餐饮等。

在乡村旅游开发中，应充分利用环境优势，基于地域文化特色，杨湖村必须结合田园风光、农业生产活动、自然与文化景观等，以及独特地域特色和文化价值的文化要素，构成独特的与城市不同的乡村旅游发展线路，打造以梁子湖为主要特色的旅游空间。

5.3 发挥乡贤带动作用，构建合理的土地流转体系并协调各方面利益分配

农村土地流转的主体呈现多元化的发展趋势，主体由政府演变为各种经济组织，这些多元主体的利益构成了一对对矛盾统一体，其中包括村民与农村集体、村民与经济实体组织、村民与地方政府、政府与经济实体组织等之间的利益矛盾。其中，利益失衡现象较为普遍，主要是农民的利益遭到损害，制约着我国现阶段的土地流转，给国家带来了经济、政治、社会和生态等各

方面的巨大风险。因此乡村土地流转需要国家配套的法律、法规与政策加以规范与调整，不应以牺牲村民的生活和利益来换取资本。发挥乡贤带动作用，调动各方力量，创建多元参与的组织模式，规划有特色的乡村旅游环境。

主要参考文献

[1] 尹占娥，殷杰，许世远. 上海乡村旅游资源定量评价研究. 旅游学刊，2007（08）：59-63.

[2] Reichel, A., O. Lowengart, and A. Milman,（Rural tourism in Israel: service quality and orientation.）Tourism Management, 2000. 21(5): 451-459.

[3] 唐代剑. 中国乡村旅游开发与管理. 杭州：浙江大学出版社，2005.

[4] 张传时. 城郊乡村旅游空间组织与优化研究. 西北农林科技大学，2011.

[5] 刘庆友. 乡村旅游资源综合评价模型与应用研究. 南京农业大学学报（社会科学版），2005（04）：93-98.

[6] 付华，李俊彦. 内蒙古兴安盟旅游资源单体的特征与开发. 地理研究，2010（03）：565-573.

[7] 刘庆友. 乡村旅游资源综合评价模型与应用研究. 南京农业大学学报（社会科学版），2005（04）：93-98.

[8] 王德刚. 乡村生态旅游开发与管理. 济南：山东大学出版社，2010.

[9] 尤海涛. 基于城乡统筹视角的乡村旅游可持续发展研究. 青岛大学，2015.

新型城镇化背景下的乡村三生空间的转型与重构
——以武汉法泗镇大路村为例

方卓君

摘　要： 在新型城镇化的快速推进下，我国的乡村发展进入新的发展阶段，乡村空间呈现出新的特征，同时也暴露了诸多问题。大路村的乡村转型是在城乡互动发展的背景下发生的，通过城市化力量、政府力量、市场力量等"外部力量"的推动，实现了其在三生空间上的转型与重构。本文通过研究大路村乡村空间的重构模式，探索新时代背景下，如何进一步建设乡村集约高效的生产空间、宜居适度的生活空间和山清水秀的生态空间，搭建新农村建设和城乡一体化发展新平台。

关键词： 土地流转；乡村三生空间；城乡统筹；新农村建设

1 引言

在新型城镇化的快速推进下，我国的乡村发展进入新的发展阶段，传统乡村特征逐渐转化，经济上从农业向非农业转型、聚落从乡村型向城镇型转化、空间从分散向集聚转变、社会构成上农民分化和乡村文化发生转型等[1]，土地流转、宅基地改革等政策也影响了乡村发展。与此同时，乡村空间也呈现出新的特征。

首先，各级城镇空间规模快速扩张导致乡村空间的快速消退，同时乡村用地的集约度逐步增强；再者乡村功能的分化带来了乡村空间的分异，乡村地域功能分区日益明显，呈现出各异的功能空间。在此影响下，乡村的生态、生产和生活空间都发生巨变，在某些已成型的乡村集中社区中，村民的生活方式、房屋的建筑形态、社区的基础设施已与城市无异，村落空间形态发生巨变，村落的乡土性也已荡然无存。如何制定正确的空间发展策略，实现三生空间一体协调发展，重塑村落的乡土特性，成为当前乡村规划所必须思考的问题。

大路村的乡村转型是在城乡互动发展的背景下发生的，城市化力量、政府力量、市场力量等"外部力量"推动了其聚落功能转型和空间形态演化。通过研究大路村乡村空间的重构模式，对于相同条件下其他村庄的转型发展，具有良好的借鉴意义。

2 研究对象

大路村位于武汉市江夏区法泗街中部，全村版图面积 4210.01 亩，现有住户 384 户，1003 人。2008 年前，大路村农业生产条件、农民收入水平、农村居住环境都十分落后。村里耕作方式落后，周边又无工业发展，村民收入甚微，200 余名青壮年不得不长期到外地打工，由此也引发了"留守儿童"、"空巢老人"、"留守妇女"等一系列社会问题；村内红砖房以红砖房为主，建筑质量较差，村庄缺乏规划，居住分散、宅基地浪费严重。大路村集体经济薄弱，是出了名的空壳村，负债十分严重，截至 2011 年 8 月共清查出负债 70 余万元。

2008 年，为改变村内生产生活条件落后现象，大路村按照"统一规划、逐湾推进、产业支撑、连片开发"的原则，通过"农民自愿、产业支撑、村企共建、生产生活同步改善"的发展方式，开展了怡山湾新农村的建设工作。同时《江夏区法泗镇城乡建设用地增减挂钩项目区拆旧还建实施方案》于 2010 年上报湖北省国土资源厅并获得批复。新农村建设共分四期推进，涉及大路、石岭、珠琳、法泗 4 个行政村、52 个自然湾的集并工作，共 2002 户 6300 人，面积 28319.11 亩。怡山湾新农村是江夏区首批试点建设中心村，也是 2013 年武汉市第一批重点建设的示范村。

一期项目由银河生态农业有限公司主导实施，涉及大路、珠琳、法泗 3 个行政村 5 个自然湾，共有 202 户 600 人，总面积 1805 亩。同时配套建设了小区内道路、管网、太阳能、绿化、亮化等基础设施。

方卓君：华中科技大学建筑与城市规划学院

当前正在进行二期项目建设，实施主体是怡山湾生态农业有限公司。按照市级示范村建设要求，涉及大路村剩余 7 个自然湾和珠琳村 9 个自然湾，共 600 户 1600 人，可节约宅基地 624 亩。二期建设项目包括三个部分：一是农民住房建设，共 600 套，户平 132 ㎡，占地 103 亩。二是公共设施建设，包括怡山湾大街、荷花广场、荷花池、舞台、科技文化中心、室外运动广场、幼儿园、酒店、商场、荷花旅游观景广场、环卫所等建设项目。三是商业项目建设，包括农家乐、宾馆、商场等。

新农村规划充分考虑法泗镇的经济发展水平、人口规模、资源条件，深入挖掘水乡荷韵的历史文化底蕴，突出产城一体化、城乡公共服务均等化、新农村产业发展和社区管理信息化，力求新农村建设生态、景观、风格协调和绿化、商业配套。

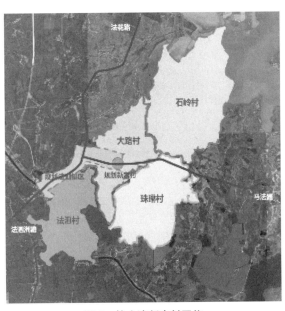

图 1 怡山湾新农村区位

图 2 怡山湾新农村规划鸟瞰图

3 乡村空间发展的矛盾与重构

我国大部分乡村空间存在种种问题，具体包括：①生产空间受限。如何在村域内有限的土地资源中保护优质耕地、高效利用耕地、提高粮食产量，同时实现工业集聚，规模化生产；②生活空间杂乱。乡村人口非农化、大量人口向城市转移，导致了"空心村"现象，乡村生活空间进一步衰落，如何整治居住环境，恢复生活空间活力；③生态空间恶化。工业化、城镇化快速的发展多以生态、资源的消耗为代价，耕地农田污染、水资源污染、森林资源急剧减少，乡村传统文化景观流失。如何实现生态的恢复和保护，保留与传承乡村传统文化景观。

据龙花楼研究，乡村空间重构，即在快速工业化和城镇化进程中，伴随乡村内生发展需求和外源驱动力综合作用下导致的农村地区社会经济结构重新塑造，乡村地域上生产空间、生活空间和生态空间的优化调整乃至根本性变革的过程。乡村空间重构也是优化城乡空间结构、推进城乡统筹发展的综合途径[2]。

乡村空间重构应聚焦以下核心问题：①产业发展集聚，即实现工业生产向城镇工业园区集中，农业生产向规模化经营集中；②农民居住集中，即农民居住向城镇和农村新型社区集中，改善公共基础设施配置条件，以有效控制农村居民点用地规模，保存乡村传统文化景观；③资源利用集约，通过产业发展集聚和农民居住集中，解决农村生产发展和农民生活居住中的资源低效利用问题和环境污染问题，实现乡村地域的人口资源环境协调发展[2]。

下文将从乡村生产空间、生活空间和生态空间三个方面来探讨城乡统筹背景下大路村的乡村空间转型与重构。

4 基于土地流转的乡村生产、生活和生态空间重构

4.1 生产空间重构

4.1.1 农用地整治推动农业空间规模化经营

耕地被弃耕、田块破碎化和粗放经营严重影响农业规模经营的推行。农用地整治是指在以农用地（主要是耕地）为主的区域，通过实施土地平整、灌溉与排水、田间道路铺设、农田防护与生态环境保持等工程措施，增加有效耕地面积，提高耕地质量，改善农业生产条件和生态环境的活动。其目标主要是加强农田基础设施建设，大规模建设旱涝保收的高标准基本农田，优化耕地多功能布局，有效引导耕地集中连片，便于实现规模经营[2]。

大路村由于地处丘陵地带，大都是斜坡地、荒坡地、豆腐块田、异形田，原有的水利设施基本所存不全，渠沟被毁坏，年久失修，为此村庄进行了农田综合改造工程，对流转来的土地进行集中平整并对"四荒地"开发整理，使可耕地面积由原来的1754亩增加到了3570亩；人均耕地由原来的1.75亩增加到3.57亩。同时，加强对农业基础设施的升级改造，铺设灌溉管网4万m、新建蓄水当家塘8口、修建机耕路60m、安装315kW变压器1座、架设输电线路7000m、购置农业机械14台。在上述措施的推进下，已流转土地范围内的农业生产实现了现代化、规模化、科学化耕作方式。

4.1.2 非农产业已经成为塑造乡村生产空间的主导力量

（1）业集聚发展

农村工业化加速了乡村空间结构的转型，使原来封闭的、半封闭的自给自足农村在产业结构、经济结构、社会关系、价值观等各个领域发生了全面的变化。非农产业已成为塑造乡村经济空间的主导力量，乡村工业集聚区逐渐成为乡村工业布局的主要形式[3]。

按照产业发展规划，大路村协同法泗街，着力推进"两园五基地"建设，一是采取对内整合、对外招商的办法建设农产品加工园区，一方面扶持现有的企业发展，支持桂子米业公司、怡山湾公司、红心禽蛋公司进行整合，组建农业集团公司，提升法泗农业企业的竞争力；另一方面招商引进一批籽莲、蔬菜、水产、肉类深加工项目，壮大农产品加工产业集群；二是依托市农业局蔬菜项目建设农业示范园区，新建1500亩钢架大棚基地，发展200亩洪山菜薹基地、300亩生态景观农业基地；三是鼓励农业龙头企业、家庭农场、种植大户等新型农业经营主体加快土地流转，发展农业规模经营，推进五个种养殖基地建设。目前，已建成的有法泗村4500亩优质稻基地、900亩水产养殖基地和500亩畜禽养殖基地，计划建设的有珠琳村5500亩优质稻基地、石岭村2200亩和1800亩两个水生菜基地。

（2）农用地利用方式向农业现代化变

现代都市农业空间的发展与传统种植业空间的不断压缩，导致与都市旅游结合的都市农业空间逐步成为农村生产的新亮点[4]。

大路村依托怡山湾新农村农家乐、酒店等服务设施和蔬果产业基地，推出"观新农村、吃农家饭、摘有机菜"的快乐乡村游，开发怡山湾新农村品牌价值，打造法泗乡村休闲旅游的新亮点，打破了传统农业空间结构、景观，改变了农业空间功能。

4.2 生活空间重构

4.2.1 村镇连绵区发育，城乡混合空间出现

在城乡统筹发展的时代背景下，"农村包围城市"的地域空间格局被打破，城乡空间一体化成为我国乡村空间转型的方向，要把打破城乡分隔的二元地域结构、重构城乡空间作为乡村建设和规划的核心内容。

大路村在规划上打破行政区划限制，实施中心镇和怡山湾新农村建设一体化发展，将法泗村、大路村、珠琳村、石岭村、联盟村并入镇区范畴，作为一个产村复合单元，在产业和居住、设施上联动发展，打破现有集镇单街狭长发展的传统格局。

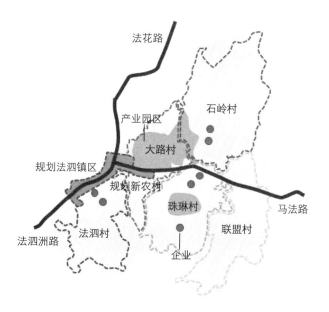

图3 法泗镇镇村连绵区示意图

4.2.2 新农村规划建设彻底重构生活空间

随着城镇化进程的加快，农村人口不断流入城镇。伴随着人口外流，农村过疏化问题逐渐出现，广大农村地区的村庄中心建设用地（主要是宅基地）出现废弃和闲置。囿于农村宅基地退出机制不健全以及产权制度的缺陷，农村人口不断减少，大量农村宅基地被闲置，农村空心化现象明显，最终导致"空心村"的出现[5]。

为解决"空心村"和城镇建设用地短缺的问题，大路村通过土地增减挂钩政策，以农民自愿为前提，将缺乏规划、居住分散、房屋占地面积大、土地浪费严重的村湾集中起来统一规划建设农民新社区。通过集中建设，宅基地面积由原来的277亩减少到61亩，节省建设用地216亩。每户只需出资5万元即可住上功能齐全、设施完备、整齐划一的132m²套房或160m²的小洋楼，自来水、用电、热水器、化粪池、绿化、路灯、排水管网、沥青路等应

有尽有；同时，专门为 60 岁以上孤寡老人和特困户免费提供 60m² 的住房，确保无力支付房款的特殊群体能够共享新农村的成果，实现全覆盖。二期项目还配套建设了相关公服设施，同时服务于迁并范围内的其他村庄。

图 4 怡山湾社区住宅

4.2.3 农业生产空间与生活空间分离

长期以来，承包地、农房及其宅基地被农民视为"私产"，"人人分地、户户种田"的家庭联产承包责任制延续和强化了传统乡村聚落分散布局[6]。然而随着土地流转深入发展，农民生活方式发生了显著变化。土地流转将农民从土地中解放出来，转出经营权的农民同时获得流转收益和其他产业收入；土地流转还解决了农民进城后经营土地的后顾之忧，为"农村由分散居住向集中居住转变"创造了环境。

以大路村为例，由于大路村的土地基本全部流转，土地流转出去的农户或出去务工，或自己创业，或承包土地，每家人都在寻求新的致富路径和生活方式。村民徐某将土地流转给企业之后，又把地租回来做了草莓大棚；同时住在新农村中，生活条件得到改善。

但土地流转中也涌现出一系列问题，生存前景的不确定性、对于社区生活的不适应给乡村拔根的农民带来与日俱增的不安全感[6]。因此村庄在推行土地流转制度的同时，也应尽快健全社会保障体系，统一城乡养老制度，增加就业岗位努力消除流出土地农户的后顾之忧。

图 5 村庄居民的日常生活

4.3 生态空间重构

乡村空间总体建设密度较低，历来是城市周围的环境缓冲区。但随着城市建设用地的无序蔓延，现代乡村正成为区域的重要环境保障区[7]，如何避免土地污染、工业污染成为重要议题；同时很多乡村在村落改造时，

水体、植被、山体、建筑、产业以及居民生活中各种有形、无形的地域资源被迫改变，村镇面貌趋向雷同，自然和文化特征亟需保护。

法泗镇自古以来就是农业大镇，4/5 版图面积为长江冲积小平原，土地肥沃，是种养殖业得天独厚之地，粮、油、菜、莲，特别是水稻曾在历史上颇有名气。村庄土地流转之后，原本零散的土地被集中归置并出租给公司。原本小农经济的种植面貌发生改变，但深厚的农耕文化底蕴被保留下来。

以湖北天耘生态农业发展有限公司为例，该公司通过土地流转在联盟村和珠琳村种植水栀子 3800 亩。水栀子不挑地，耐旱好打理，见效快且长远。其果实广泛用于提取天然色素制作绿色食品的原材料，同时还可以作中药材，有很高的经济价值。水栀子的季节花朵连绵成片并伴有阵阵清香，美化了村庄的生态环境，成为当前珠琳村的一大特色。

同时大路村规划建设生态农业示范园区，集生态农业种养和田园观光旅游为一体，利用法泗传统农业资源优势和位于大城市郊区、交通便利的区位优势，规划大棚有机蔬菜基地、洪山菜薹基地和有机果林基地，并提供果蔬采摘线、水产垂钓线和园区观光线三条线路，生产空间与生态空间相结合，景观与功能日趋复杂化。

图 6 土地流转后的村庄环境变化

5 结语

随着乡村空间转型的深入推进，乡村聚落由"工业生产＋农业生产＋生活居住"三位一体，到"工业生产"、"农业生产"和"生活居住"三者分离，乡村聚落功能的变迁推动乡村生产和生活空间的分化，乡村地域功能分区日渐明显。同时，城市化力量、政府力量等"外部力量"在推动乡村聚落功能转型和空间形态演化中的作用越来越大。

与此形成鲜明对比的是乡村规划的滞后，其基本规划依据和标准、模式等要不仿照城市规划、要不沿用旧有的镇村规划标准，缺乏对时代背景变迁的针对性探索。大路村在其规划建设实践中，亦有不足之处，但应对乡村空间的合理重构做出了积极努力。在今后的乡村规划中，应重新定位乡村及其规划的价值与地位，并做到与时俱进，引导乡村三生空间的合理转型。

主要参考文献

[1] 张小林.乡村概念辨析[J].地理学报,1998,53(4):365-371.

[2] 龙花楼.论土地整治与乡村空间重构.地理学报,2013(8):1019-1028.

[3] 陈晓华,张小林,马远军.快速城市化背景下我国乡村空间的转型[J].南京师大学报,2008(3):125-129.

[4] 王勇,李广斌.苏南乡村聚落功能三次转型及其空间形态重构——以苏州为例.城市规划,2011(7):54-60.

[5] 刘彦随,刘玉,翟荣新.中国农村空心化的地理学研究与整治实践.地理学报,2009,64(10):1193-1202.

[6] 折晓叶.合作与非对抗性抵制——弱者的"韧武器".社会学研究,2008(2):1-28.

[7] 陈小卉.当前我国乡村空间的特征及重构要点[C].规划50年——中国国城市规划年会论文集,2006.

湖北改善农村人居环境的发展态势与策略选择 *

何佳 李红

摘　要：本文以湖北为研究对象，分析农村人居环境改善现状和代表性地区农民意愿，挖掘存在的问题和挑战，总结出当前湖北农村人居环境改善中发展条件差异化、多"管"齐下缺协调的态势，思考改善农村人居环境的方向。为推进湖北改善农村人居环境工作，文章针对上述发展态势提出统筹协调和差异发展两大策略，就区域、产业、土地和环境等四个方面提出具体的统筹协调措施，按照阶段、类别、主体部门等进行划分，在操作层面探索差异化应对策略。

关键词：改善农村人居环境；策略；统筹协调；差异发展

1　引言

2013 年 11 月，党的十八届三中全会对深化农村改革作出了全面部署，以赋予农民更多权利和利益、推进城乡发展一体化为主线，提出一系列农村改革任务和举措。2014 年 5 月，国务院办公厅印发《关于改善农村人居环境的指导意见》，明确了"改善基本生活条件、开展环境综合整治、建设美丽宜居村庄"三个层次的工作。当前农村对人居环境的诉求不仅反映了对生存条件和居住环境的要求，更反映出当代农民追求生活质量的迫切愿望。

近年来，江苏省村庄环境整治实践、浙江省和安徽省的美丽乡村建设，在环境改善和经济社会方面均取得了显著成效。通过改善农村人居环境，地方政府有效解决了农民群众最关心、最直接、最现实的利益诉求，农民素质得到提升、卫生意识和文明意识逐步增强。

"十二五"期间，湖北省连续发布《湖北省"宜居村庄"示范项目建设实施方案（2011-2015）》《推进"绿满荆楚行动"实施细则》和《湖北省绿色示范乡村建设标准（试行）》，以设施齐全、居住舒适、村容整洁、生态良好、管理科学、群众满意为目标，大力实施植树造林、开展农村绿化美化，推进"宜居村庄"和绿色示范村建设。2014 年，湖北省启动全面改善农村人居环境工作后，针对当前改善农村人居环境的态势，进行了全面深入的研究，提出了发展策略与分类指导措施，也为其他地区的农村人居环境改善工作提供了一条可借鉴的思路。

2　发展态势

从 2004 年开展新农村建设起到 2014 年十余年间，湖北省各地农村人居环境得到了有效的改善，尤其在基本生活条件和基础设施建设方面有了较大程度的提升。"十三五"时期，湖北农村人居环境改善处于基本生活条件改善将要完成和环境整治全面铺开的阶段，面临着发展具备基础、农民提出诉求、问题逐步显现的新形势。

2.1　发展基础

当前湖北省农村人居环境发展主要涉及十二个方面，包括：产业发展、清洁生产、信息建设、电力建设、道路建设、基本公共服务、危房改造、饮水安全、水网净化、垃圾与污水治理、防灾减灾和绿化美化等。其中，电力、道路、饮水和基本公共服务等"农村基本生活条件"发展基础相对较好，其他方面起步较晚，是未来发展的重点。

截止到 2014 年，湖北省农村供电可靠率已超过 99.8%，乡镇和行政村道路通畅率分别达到 100% 和 98.7%，农村饮水安全普及率达到 82.8%；基本公共服务方面，全省卫生室"五化"达标率 80%，新农合参合率 99.2%，有限广播电视入户率达到 51.6%，集中养老能力接近 48%；此外，农村危房已改造过半，3G 网络覆盖率超过 35%。另外，通过开展项目和试点工作[a]，湖北省为

何佳：湖北省城市规划设计研究院
李红：湖北省城市规划设计研究院

① 农村清洁工程示范村建设工作、万民干部进万村挖万塘的水网净化工作、垃圾与污水治理方面开展农村环境连片整治示范工作、农业经营组织化促进产业发展和绿满荆楚等一系列农村地区绿化活动等。

* 来源于湖北省住房和城乡建设厅、湖北省城市规划设计研究院"湖北省改善农村人居环境规划与实施意见"课题研究。

今后持续改善农村人居环境奠定了基础、积累了经验。

2.2 农民意愿

农村中蕴含着中国社会经济变迁的一切基因，深入了解农村不仅有利于准确地把握农村特征，也有利于全面地了解社会特征和城乡关系。农民群众作为村庄的主体，村庄规划建设和人居环境改善应当反映他们的需求和意愿。

村镇类型	调查地区
山区型	神农架林区松柏镇、远安县、五峰县
平原地区型	钟祥市、京山县、沙洋县官垱镇
丘陵地区型	孝感市孝南区、谷城县石花镇
城郊型	武汉市五里界村、鄂州市汀祖镇

为了解湖北农民对于农村人居环境的现状基础认知和未来发展愿望，本次研究按照不同村镇类型选取了10个具有代表性的地区组织开展了"改善农村人居环境农民意愿调查"，调查内容包括公共服务和基础设施的配套情况、人居环境状况等。调查结果显示，对于供电、给水、道路、电讯等覆盖率相对较高的基础设施建设，农民很少有意见；多数的受访者对公共服务和居住环境更加关注。如神农架松柏镇村民在住房条件和设施建设方面的满意度超过了50%，在医疗和教育方面的满意度却不高、希望改善；孝感市孝南区83%的受访村民希望对居住环境进行改造；谷城县石花镇村民对村庄环境整治要求十分迫切，希望解决临时搭建建筑及危房、村庄绿化、排水管渠、垃圾和污水处理等问题。

谷城县石花镇某村，改善村庄环境的意愿调查		响应人数	百分比
需要解决的问题	拆除临时搭建的建筑以及危房设施	101	23.82%
	道路硬化，增加停车场	56	13.21%
	改善道路照明，增设路灯	29	6.84%
	增设垃圾桶	61	14.39%
	建设排水沟渠和管道，污水集中处理	75	17.69%
	改善村民饮水条件，建设自来水设施	23	5.42%
	改善村庄绿化环境	79	18.63%
总计		424	100.00%

尽管各地存在一定的差异，但总体上农民的意愿相对于十多年前已经发生了本质的变化，其关注点从生存转移到了生活上，他们不再因水电路讯伤脑筋，转而在生活环境和经济条件方面有所要求。鄂州市汀祖镇村民的关注

点比较有普遍性：一是关注如何提升收入；二是关注生存环境的改善，尤其关心农村污水处理；三是关注农村社区基本公共服务，期望能借助公共设施建设提高生活质量；四是关注乡村旅游以及高附加值的特色农业发展。

2.3 存在问题

2.3.1 规划协调不力

当前湖北没有全域性的规划，全省仍未完成城乡总体规划、镇域规划、村庄规划的覆盖。一些地区因缺少与环境相协调的规划，或在规划中没能协调好发展与环境之间的关系，导致开发建设缺乏科学的指导；一些地区虽不断强调规划引领作用，但在实施中未能理顺政府、设计方、建设方与农民群众在规划建设过程中的关系，因此难以将规划真正落实于建设中；还有一些地区编制了城乡统筹规划，实施时城乡协调不够，管理存在脱节。

2.3.2 发展条件存异

湖北农村发展因地貌类型不同、地区经济发展水平不同有一定差异。平原与丘陵地区耕地条件较好、农业机械化程度较高，山区因地形条件限制，适宜耕种土地少、农业生产相对困难。湖北省2014年城乡建设统计资料显示，全省集中供水的行政村占49.5%，用水普及率平均为51.9%。各地集中供水的行政村比例存在较大差距，武汉市、仙桃市、潜江市集中供水的行政村超过90%，而孝感市、随州市、恩施州集中供水的行政村仅占30%。"硬件"规划建设滞后，已经成为部分地区农村进一步发展的重要障碍。农村村庄建设投资与当地的经济发展水平、政策支持等多种因素有关，数据显示，湖北农村村庄建设投资呈现分布不均状态，神农架林区、仙桃市等地的人均村庄建设投资超过1500元，而咸宁、荆州人均不足500元。

3 策略选择

上述问题，归根结底还是"城乡统筹"和"分类指导"[a]不足的问题。因此，选择制定针对性的策略，可因势利导、顺势而为：规划引领不够，就加强统筹协调；基础条件不同，就推动差异化发展。"统筹协调"、"差异发展"之间本身存在辩证统一、相互渗透的关系，对于需要统筹协调的因素，"因地制宜、突出特色、分类指导"是方法路径，而差异化操作的同时，也应"统筹兼顾、系统推进、协同发展"。

---

① "城乡统筹"、"分类指导"是《关于改善农村人居环境的指导意见》提出的改善农村人居环境指导原则。

3.1 统筹协调策略

3.1.1 城乡区域统筹

区域统筹是村庄人居环境整治的基础，主要因素包括区域经济社会发展、城乡建设、土地利用、环境保护等。区域统筹在县域及镇域层面进行，可结合产业结构和城镇化发展趋势，在城镇合理布局的基础上，通过宜聚则聚、宜散则散、适度聚居的方式，优化城乡布局；同时应考虑自然环境保护和历史文化保护的要求，统筹安排区域内村庄布点、产业发展、土地利用、公共服务设施布局，重点确定乡村建设、土地利用、清洁生产与生态保护等内容；并通过合理确定不同区位、不同类型、不同规模村庄基础设施和社会公共服务设施配置标准，明确改善人居环境的重点和时序，推动城镇基础设施向农村延伸和社会服务事业向农村覆盖。

3.1.2 产业协调发展

产业发展应以提高农业综合生产能力为方向，以增加农民收入为目标，结合产业发展基础及地方特色，优化产业结构、完善产业体系、统筹产业布局。产业协调需要充分研究差异性，可按照资源禀赋、产业特色、发展方向将湖北农村划分五类，因地制宜。城镇周边区域发展设施蔬菜等高效园艺产业和畜禽水产业，开发设施农业观光园。鄂西山区发展特色有机农业生态种养、立体种养模式，打造休闲度假、民族村寨等休闲游项目。鄂北丘陵区围绕小麦、棉花、大蒜、香菇、山野菜等传统特色农业，培育发展绿色、生态、有机的高附加值农副产品。江汉平原及鄂东沿江平原区要发挥农业综合生产能力，加强农田水利和高标准农田建设，创建现代农业示范区，大幅提升农业现代化生产水平。鄂东山区要扶持地方特色的桑蚕、中药材及茶叶加工，发展红色教育和休闲旅游一体化项目。

3.1.3 土地统筹治理

农村土地整治旨在促进农业生产发展、提高农民生活水平、改善整体村容村貌，根据土地利用总体规划、城乡总体规划等对田、水、路、林、村进行综合治理，可增加耕地面积、提高耕地质量、减少建设用地总量、改善农村生产生活条件和生态环境、修复受损生态。

土地统筹治理包括农用地整治、农村建设用地整治、未利用地开发和土地复垦四个方面。农用地整治应统筹规划、连片推进，加快建设田块平整、渠网配套、道路畅通，配套完善农业基础设施，提高粮食综合生产能力。通过统筹全省农村集体建设用地整治，改造现有村庄散乱分布的状态，改变"脏、乱、差"的村容村貌，配套建设基础设施，改善农村生产生活条件，调整城乡建设用地结构与布局。以全省次高山地区为重点，依据当地自然环境条件及土地适宜性确定宜农未利用地开发利用方式及强度，管制土地用途，治理水土流失、土地退化等问题，改善生态环境。对闭坑矿山、采煤塌陷或挖损压占等废弃土地，生产建设活动新损毁土地和自然灾毁地等进行土地整理复垦，合理安排复垦土地的利用方向、规模和时序。应将地质环境灾害治理问题、农业水利设施建设与土地统筹治理相结合，优化土地利用空间格局，促进土地合理利用。

3.1.4 统筹区域环境

统筹区域环境，需保护、治理相结合。保护生态环境，目标是构筑区域生态安全格局，具体措施包括：加强各类自然保护区和自然景观资源保护，增强自然的生态服务功能；保育森林生态系统，提高森林覆盖率。在城乡发展过程中保护和发展本土植物、野生动物，特别是珍稀生物栖息、繁衍、觅食场所和通道，保证城乡生物有良好充足的生态环境，促进物种多样性发展。

以流域共治、区域联防联治和设施共建共享为手段，逐步治理和改善农村区域环境质量。水治理方面，以保护饮用水源为重点，优化调整取、排水格局，通过划定区域供水通道和区域排水通道，构建统筹优化的区域供排水通道，实现区域高、低用水环境功能之间的有序协调。大气治理方面，以区域大气污染物联合减排为主线，针对重点行业大气污染排放，划定大气重点污染源监管区；优化完善区域空气质量监测网络站点及设施，实施严格减排和监管措施，控制主要污染物排放；全面实施区域内大气污染源减排，促进区域大气环境质量改善。固体废弃物管治方面，一是在区域内积极推进统一的垃圾分类收集标准，提高资源再生利用率，促进源头减量化；二是将卫生填埋、焚烧和综合处理等功能综合为一体，加快市政集约化建设；三是鼓励相邻地区共建垃圾处理设施，合理制定垃圾转运线路，使之服务周边相邻区域。

3.2 差异发展策略

3.2.1 明确重点、分级推进

农村人居环境治理存在递进式发展规律，推动农村人居环境改善工作，应量力而行，规划按照轻重缓急分级确定整治重点。首要保证农村基本生活条件、启动环境整治；再按照阶段目标逐级推进，直至全面深入环境综合整治、推动美丽宜居村庄建设。

基本生活条件尚未完善的村庄应以水电路气房等基础设施和避险防灾等公共设施建设为重点。基本生活条件比较完善的村庄应以垃圾与污水收集治理、清洁生产、

区域环境整治为重点。在此基础上稳步推进,建设家园美、田园美、生态美、生活美的美丽宜居村庄。

3.2.2 分类确定、差异发展

以主体功能区划分为基础,结合各县(市、区)产业基础、区位条件和资源禀赋等发展条件,根据不同村庄人居环境现状,兼顾中长期发展需要,按国家和省重点开发区域所在县(市、区)、限制开发区域的国家农产品主产区所在县(市、区)、限制开发区域的国家和省重点生态功能区所在县(市、区)三类地区进行分类,按照"基本生活条件改善、环境综合整治、美丽宜居示范村庄建设"三个层次差异化确定改善农村人居环境发展目标与发展速度。

3.2.3 分类优选、点线促面

按照村庄的功能与特色,选择历史文化名村、传统村落、旅游名村、规划新建村庄、较大规模的中心村等村庄,进行现状发展条件评估,对符合要求的村庄优先推进人居环境改善工作,发挥典型示范村庄"提升形象、展示成果、增强信心"的引领作用。

在优先选择上述五类村庄的基础上,着重考虑城镇主要出入口附近、重要交通沿线、重点城镇和工业园区周边等其他窗口地带的村庄人居环境整治,发挥其辐射作用,带动其他相邻村庄抱团行动,促进整治工作纵深推进、连线连片发展。

3.2.4 分项整治、综合集成

农村人居环境的新内涵涉及经济社会发展的各个方面,包括村庄整合、土地整治、住房建设、道路建设、供水设施建设、污水处理建设、环卫设施建设、电力设施建设、信息设施建设、防灾设施建设、公共服务配置、清洁生产、产村融合、生态环境保护、景观环境治理、历史文化保护和社区管理等十七项内容,具有系统化、综合性特征。村庄环境改善目标的实现是各单项工作分项推进、综合集成的结果,相辅相成、互为支撑,不可偏废、不可或缺。

3.2.5 部门分工、协同合作

村庄人居环境改善工作任务繁重,涉及省农办、发改委、经信委、卫计委、环保厅、农业厅、水利厅、财政厅、交通厅、民政厅、人社厅、教育厅、文化厅、国土资源厅、林业厅、住建厅、旅游委、电力公司等十八个部门,坚持从策略到实施紧抓这一特点,采取部门分工、协同合作的模式,将工作任务专类化、指标化,形成可操作、可统计、可考核的目标体系,将任务分工到各涉及部门,全面推动村庄人居环境改善工作的开展,实现1+1>2的集成效应,保证提出的一系列措施与行动效益最大化、效果持续化。

4 结语

本文以优先保障基本生活条件、实现乡村基本公共服务均等化为前提,针对当前湖北农村人居环境改善中发展条件差异化、多"管"齐下缺协调的态势,提出统筹协调和差异发展两大改善策略。

为落实上述策略,我们进一步研究制定了以规划引领、项目集成、部门协同三大体系为主导的行动指南。一是建立规划引导体系,即构建县域镇村体系规划、镇域规划、村庄建设规划以及各相关专项规划的综合规划体系,从宏观协调、中观布局到微观建设,不断完善规划编制与实施的各项机制,发挥规划的统筹引领作用。二是建立项目集成体系,将涉及土地、住房、设施、环境和产业等十七个方面的村庄环境综合整治项目,针对不同村庄建设的基础与条件,因地制宜、突出重点、有机组合、有序实施。三是建立部门协同体系,针对涉及农村人居环境改善的农办、环保、农业、住建等十八个部门,构筑统一的政策支持平台,建立部门联动、整合推进的工作机制,强化责任意识,统筹安排、集中投入、形成合力,扎实高效推进农村人居环境改善工作。

主要参考文献

[1] 湖北省人民政府办公厅.关于改善农村人居环境的实施意见.2015.

[2] 湖北省城市规划设计研究院.湖北省改善农村人居环境调研报告.2015.

[3] 湖北省城市规划设计研究院.湖北省改善农村人居环境规划.2016.

[4] 湖北省住房和城乡建设厅村镇建设处.湖北省"四化同步"示范乡镇试点规划编制厅、市工作专班赴浙江省考察"美丽乡村"建设学习报告.2014.

[5] 江苏省住房和城乡建设厅.乡村规划建设,2013(01).

[6] 何佳,黄明涛,陶磊.多地貌融合区域的村庄居民点量化分析与整合——以湖北省汉江流域中下游地区为例.多元与包容——2012中国城市规划年会论文集,2012.

乡贤文化视角下的美丽乡村建设
——以湖北省美丽乡村建设实践经验为例

熊周蕾　赵守谅　陈婷婷

摘　要：随着城镇化的快速发展，很多乡村人才流失，人去地荒，呈现出空心化的趋势。本文首先介绍了乡贤文化的内涵及其时代价值，其次以湖北省喻畈村美丽乡村"136"建设模式为例，初步解析乡贤文化在美丽乡村建设中的作用。对于日益严重的"空心化"带来的各种乡村发展问题及村民基本不参与传统村庄规划的现象，发掘和创新乡贤文化，利用乡贤引领发动群众来建设美丽乡村能为新时期乡村建设和治理提供一种新思路。

关键词：乡贤；乡贤文化；美丽乡村建设

1　研究背景

1.1　快速城镇化下乡村"空心化"现象严重

当前，中国城镇化迅速发展，外出务工潮波澜壮阔，乡村精英流失、人去地荒，中国农村正呈现空心化。数据显示，从 1990~2004 年乡和村的户籍人口虽然只减少了 0.71 亿，减少幅度为 0.82%，但加上 2.74 亿农民工，实际减少了 3.45 亿，减少幅度高达 39.93%。在这 24 年里，乡村建设用地增加了 216.1 万 hm^2，增加幅度为 17.3%。乡村的人口在减少，乡村建设用地在增加，表现出来就是乡村的"空心化"：有文化的青壮年劳动力流向城市工作，造成村庄人口在年龄结构上的分布极不合理；同时由于城乡二元体制和户籍制度的限制，以及村庄建设规划的不合理，导致村庄外延的异常膨胀和村庄内部的急剧荒芜，形成了村庄空间形态上空心分布状况[1]。

人口空心化会逐渐演化为人口、土地、产业和基础设施整体空心化，将直接导致乡村精英人才的严重流失、乡土文化的断裂、农村治理失效等很多问题。城市化背景下的乡村发展与治理、千余年的文脉接续、传统乡村文化的重构成为重中之重，如何让农民回归、修复文化、改造乡村环境、发展乡村产业是当今乡村治理过程中的当务之急。

1.2　弘扬乡贤文化、传承乡村文明成为当务之急

2015 年中央一号文件《关于加大改革创新力度加快农业现代化建设的若干意见》中提到，要"创新乡贤文化，弘扬善行一举，以乡情乡愁为纽带，吸引和凝聚各方人士支持家乡建设，传承乡村文明"。2016 年中央一号文件《关于落实发展新理念加快农业现代化实现全面小康目标的若干意见》中指出，把坚持农民主体地位、增进农民福祉作为农村一切工作的出发点和落脚点，用发展新理念破解"三农"新难题。

乡贤文化作为传统文化的一部分，是实行了上千年的乡村治理模式核心，国家及社会呼吁我们要重视发掘乡贤文化，扶持并鼓励更多新乡贤积极参加乡村社建设和治理，让乡贤引领村民成为"美丽乡村"的创建者，真正把我国广大农村建设成"看得见山，望得见水，记得住乡愁"的美好家园。由此可见，深入研究乡贤文化，弘扬乡贤文化，合理利用乡贤引领能有效促进美丽乡村的建设和发展。

2　乡贤文化的内涵及其价值

2.1　乡贤类型

《汉语大词典》对"乡贤"的解释是：乡里德行高尚的人。在漫长的中国历史进程中，一些在乡村社会建设、风习教化、乡里公共事务中贡献力量的乡绅或乡贤之士，都被称为"乡贤"，即"传统乡贤"。

2014 年 9 月 13 日在北京召开的《培育和践行社会主义可信价值观工作经验交流会》上，中宣部部长刘奇葆明确提出："从现实情况来看，农村优秀基层干部、道德模范、身边好人好事是农村改革发展中涌现出来的

熊周蕾：华中科技大学建筑与城市规划学院
赵守谅：华中科技大学建筑与城市规划学院
陈婷婷：武汉大学

先进典型,在当地有着较高的威望和影响,日益成为新乡贤的主体。"也就是说,德高望重的还乡高官、耕读故土的贤人志士、农村的优秀基层干部、道德模范、热爱家乡反哺桑梓的成功人士等,是我们当代的"新乡贤"。

2.2 乡贤文化的定义

2014 年 10 月 26 日浙江上虞乡贤研究会会长陈秋强提出,乡贤首先是一个本乡本土的榜样、精英,他们积淀下来的文化称之为乡贤文化。乡贤文化可以说就是乡土的精英文化、榜样文化、先进文化;就是一个地域的精神文化标记,是连接故土、维系乡情的精神纽带,是探寻文化血脉,张扬固有文化传统的一种精神原动力[2]。乡贤文化随时就发生在我们的周边,看得见,摸得着。

2.3 乡贤文化的特点

2.3.1 地域性

传统中国是一个以农村为主体的社会,每个乡村都有自己的乡贤。通俗讲,乡贤就是在民间基层本土本乡有德行有才能有声望而深为当地民众所尊重的人,所以说乡贤文化研究的是本地区的乡贤,有各自的地域特点。

2.3.2 先进性

乡贤文化散发的是榜样的力量。传统乡贤或以学问文章,或以吏治清明,或以道德品行而闻名,最容易引起当地人们的认同感,增强地方社会的凝聚力。

2.3.3 持续性

梁簌溟先生讲过,中国文化的根本就是乡村,乡村是根,都市是末;乡村原本是人类的家。中华文明几千年不间断的历史证明,乡村可持续发展是建立在振兴文化的根基上,乡贤文化从古延续至今,是推动乡村发展的重要力量。

3 乡贤引领下美丽乡村建设实例

中国乡村是以血缘、族亲为圈层的社会结构,这个社会结构衍生出一种社会机制,就是熟人社会治理。而弘扬乡贤文化,团结培养乡贤的最根本的目的的利用熟人社会治理通过乡贤来发动群众,乡村建设一切的工作没有群众参与的话就都是空话。

3.1 乡贤文化的时代价值

3.1.1 激发村民的爱乡情怀

习近平总书记曾说:"一定要留得住绿水青山,系得住乡愁!"乡贤文化便是"系得住乡愁"的一种人文因素,无论走到哪里,故乡永远是自己的一个精神家园。让村

民参与到自上而下资源的分配中,通过资源分配,调动所有村民参与公共事务的热情,能激发乡村社会的活力[1]。

3.1.2 促进乡村治理现代化

城市化进程所带来的农村"空心化"现象,已经越来越多地显现出不稳定因素。浙江上虞乡贤研究会会长陈秋强指出,乡贤文化是农村治理中的一台稳压器。乡村治理最重要的举措是重现乡村的活力和生机。这些不仅靠外界的力量,更需要乡村自身的更新,也就是村民的参与,重塑村民对乡村的归属感。乡贤在村民中的社会地位及较高,有一定的威信,有利于解决乡村矛盾、推进乡村发展。

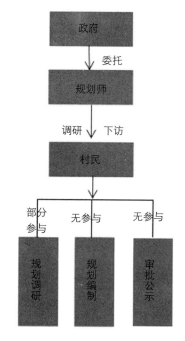

图 1 传统村庄规划中村民参与模式
(图片来源:作者自制))

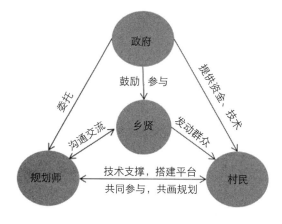

图 2 乡贤在村庄规划中的作用示意图
(图片来源:作者自制)

传统的美丽乡村建设就是自上而下的规划模式，村民基本无参与村庄规划编制过程，而乡贤能在政府、规划师和村民之间起到沟通协调的作用，带动村民真正参与村庄规划的全过程，是发自内心的参与家乡建设。

3.2 喻畈村"136"建设模式实例

3.2.1 开展美丽乡村建设背景

湖北省红安县永佳河镇喻畈村，全村12个村民小组，15个自然垸，一共369户、1368人。长期以来喻畈村田地贫瘠、收入低微，村民们大部分外出务工；村里垃圾遍地、污水横流，是湖北省内较为典型的空心村、留守村。

自2014年11月开始，喻畈村启动美丽乡村建设，建立了村两委领导下的村民自治机制，通过镇村基层组织引导、村民自觉参与，扎实有序地开展美丽乡村建设，探索出一条投资少、效果好、成本低、可复制的"136喻畈模式"，得到了湖北省各级领导以及广大群众的肯定，也是通过乡贤引领作用发动群众的典型实例。

3.2.2 喻畈村改造难点与思路

（1）改造难点

宏观分析：村落为山坳式布局，三面环山，以老建筑为主，建筑形态统一，背山面水，受地形影响形成叠落式布局，建筑较集中。村内道路条件比较差，厕所条件差，排水系统差。

微观分析：排水差、污水横流；主要道路为泥路，通达性存在安全隐患，需要硬化处理；建筑形态不统一；公共基础设施如厕所条件差，基础照明及公共活动场地缺失；村庄周边植被多，村内植被缺乏。

（2）改造思路

对村落南面的植物与老建筑进行梳理，使村落视线、空间相对开阔，尽可能保存建筑原貌，对建筑的梳理和修补始终遵循修旧如旧、统一的原则，保留原汁原味的乡村风情。同时，以塑造生态化环境为目标，从污水处理、道路铺设、基础设施完善、景观视野营造等角度对喻畈村环境升级改造。

3.2.3 "136喻畈模式"解读

"1"就是一个理念，包括自治激发活力，产业创造价值，文化改变命运。

自治激发活力：依靠乡贤带动来激发、引导和发动广大村民群众参与。依靠乡贤，才能真正地带动村民。

产业创造价值：因地制宜找到乡村精准的产业定位，通过植入产业，盘活乡村资源，促进村企对接，发展乡村经济。

文化改变命运：依靠激活乡村内在、自生长的文化因子，才能实现可持续发展，才能彻底改变乡村面貌和村民自己的未来。

"3"就是三个阶段：一是自治组织、清洁乡村；二是综合治理、美丽乡村；三是产业运营、小康社会。三者不是层级关系，是同时兼顾的。

自治组织、清洁乡村：建立以群众为主体的自治组织，召开了村民代表大会，举手表决通过了各种乡规民约。群众是主体，在美丽乡村的建设中，乡贤时时刻刻地发挥着引领作用。

综合治理、美丽乡村：以乡土味的美丽乡村建设为目标，完成污水治理为抓手的美丽乡村建设。环境综合改善、功能设施修复、文化复兴都是同步进行的。

产业运营、小康社会：以增殖性的产业策划规划为手段，完成以产业运营为抓手的小康乡村建设。

"6"就是六个步骤：完善自治机制、创建宜居村庄、修复乡村文化、建设美丽乡村、规划乡村产业和运营乡村产业。六个步骤有层级但是相互穿透、首尾相连。

3.2.4 喻畈村改造过程

（1）转变观念、树立信心

2014年11月喻畈村启动美丽乡村建设：村两委和党员代表与每户沟通，听取各方意见；通过发倡议书、张贴横幅、召开座谈会和动员大会等多种形式，将美丽乡村建设的相关政策、意义和形势宣讲；组织外出参观，让村民开阔眼光。

（2）乡贤引领，人人参与

结合实际，重新修订和完善制度。召开党员会、户主会和村民代表大会，在每10户中一名村民代表。村中一切的事务由村民代表大会讨论决议，召开各类形式的群众会议300余场次，真正发挥村民的民主权利。

同时形成村两委和常务理事会、长老会成员共同议事，村民代表大会定事，村常务理事会和各小组理事分会办事、长老会监事的制度，成立了由村会计、常务理事会、长老会各选一人共同监管的村财务管理委员会，并建立了相关村财务审批和公开流程，在此基础上，成立文化、森林保护、文明新风、清洁卫生、污水处理及

图3　众多乡贤能人，群策群力，成为村民信任的带头人

（图片来源：网络）

图4 喻畈村群众会议
（图片来源：网络）

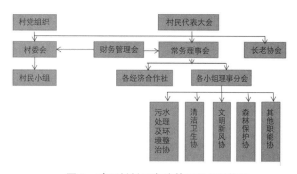

图5 喻畈村村民自治管理组织架构图
（图片来源：作者整理绘制）

图6 喻畈村污水改造示意图
（图片来源：网络）

图7 喻畈村道路改造示意图
（图片来源：网络）

图8 喻畈村新旧建筑改造示意图
（图片来源：网络）

图9 喻畈村公共设施改造示意图
（图片来源：网络）

环境整治协会等6个协会分会，制定《村规民约》和详细的协会章程。长老会的众多乡贤能人在其中起到了很大作用，解决了很多单靠村"两委"不可能化解的难题。

（3）清洁卫生、改善环境

在规划建设中，村组干部、各协会和理事会成员务工不要一分钱；群众自觉自愿推倒村口有碍观瞻的茅厕、猪圈、牛棚不要一分钱补偿，都自发参与到清洁卫生和环境整治大行动中。建设美丽乡村资金来源为每户凑一点，能人捐一点，集体和理事会借一点，争上级支持一点。喻畈村美丽乡村建设每一步都离不开乡贤的引领作用。

污水及污水问题：改造规划采用污水进地下净化处理、生态排水沟、水塘清淤等手段，既有效控制了污水排放与流向，又降低了工程体量。

道路问题：道路修整是喻畈村环境规划改造的另一重点工程。采用深色碎石与少量的入户铺砖相结合，实现美观与功能的结合。

新旧建筑风格统一问题：对建筑不统一的墙体进行乡土泥墙处理与外装饰处理，整体自然古朴又和谐相融。

公共基础设施问题：增加公共厕所、宣传栏、公共活动场地及基础照明等设施，材料多使用当地树木、稻草等。

绿化问题：加大村庄的绿化量，在一些视觉交点处增加景观大树，加强宅间绿量，打破视觉天地线变化。

（4）产业植入、文化修复

在保护现有乡村格局的基础上，以农耕活动为基底，发展生态循环经济和田园休闲经济新业态，致力于打造"一组一品、一组一景、一组一业"的错位互补与协同发展的国际慢行品牌。

图 10　喻畈村绿化改造示意图
（图片来源：网络）

图 11　喻畈村水景改造示意图图
（图片来源：网络）

图 12　喻畈村景观小品改造示意图
（图片来源：网络）

喻畈村在美丽乡村建设中强调要进行修复性和创新性的文化体系建设，以小组各协会为单位，开展最美农户、文明家庭等多种多样的活动，传承中华传统文化，重建乡村文明新风；拟建村民学校，让广大群众和社会贤达和农业专家面对面学习、沟通、交流，以传统文化教育活动为核心培育发展新型农业。

4　小结

从喻畈村美丽乡村"136"建设模式来看，乡村建设的要点是抓乡贤带动、乡村建设的痛点是产业发展、乡村建设的原点是文化振兴、乡村建设的难点是发动群众。

乡贤文化作为乡村地域精神和文化的标记，有利于健全乡村村民利益表达机制，营造乡贤参与家乡建设的氛围，激发村民参与村庄公共事务的积极性，建设乡村共同体，并提高其凝聚力和自治能力。如何培育乡贤文化并发挥其引领作用对湖北省乡村治理至关重要，可以作为下一步乡村治理的重要研究内容。

主要参考文献

[1] 冯树芹.浅析农村"空心化"背后的土地利用问题 [J].柴达木开发研究，2013（03）:37-38.

[2] 商浩辉.用乡贤文化滋养主流价值观 [J].前进，2015（06）:47-49.

GIS 技术支撑下山地村庄居民点布局优化研究
——以恩施五峰山地区为例

李彦群　王绍勋　杨珺

摘　要：乡村规划的兴起，使得村庄居民点空间布局研究逐渐成为学者关注的对象。本文以恩施市五峰山地区村庄为例，总结村庄居民点从早期地缘型自由散点式布局转向沿道路带状布局形式，再演变成横向卫星状布局形式的规律。基于村庄居民点的离散－集聚度进行分析，依据 ARCGIS 技术，分析村庄居民点的布局现状，总结村庄居民点布局特点，最后在五峰山地区整体用地适宜性评价图的基础上，提出发展型、限制发展型、迁弃型三类村庄居民点的不同优化策略。以期为此类山地村庄居民点布局优化提供参考。

关键词：村庄居民点；离散—集聚度；GIS；用地适宜性

1　引言

乡村作为人类文明史中最早形成的聚居形态，是一个不断发展、演变的社会经济文化物质实体。自下而上形成的乡村聚落，就是"将一组组家庭分布在空旷的田野上"的一种空间组织模式。改革开放以来，随着我国城市化飞速发展，乡村由于其地理环境偏僻、交通不便利、社会经济不发达等原因，与城市、城镇之间的差距逐渐拉大，城乡"二元"结构出现，城镇与乡村之间的矛盾愈发明显。直到 1993 年国务院发布《村庄和集镇规划建设管理条例》，以行政法规的形式规定了乡村规划建设问题，乡村才逐渐走入了人们的视野。

2008 年 1 月 1 日施行的《城乡规划法》将乡村规划纳入城乡规划编制体系中，就乡村规划的制定、实施、修改及监督检查等问题做出了规定，为系统研究乡村规划提供了法律依据。十八大以来，越来越多的专家学者将目光转移到村庄聚落上，各类学术会议不断召开，村域环境与村庄居民点规划逐渐成为城乡规划编制内容中的"新常态"。

随着大时代大数据的运用，在研究村庄居民点环境特征、布局形式、空间结构和演变规律等问题上，学者们开始将 GIS、景观格局法等研究方法引入到居民点的研究中，用于居民点形成的内在动力、居民点的扩张模式、居民点的影响因素以及居民点的空间优化布局等问题的探究。通过对不同要素进行逐一分析，最后将所有的要素进行叠加，在保证科学性的同时，也更直观地感受研究对象的各项内容。因此，ARCGIS 技术在当前时代背景下，对于研究村庄居民点具有非常重要的意义。

2　数据来源与研究方法

2.1　数据来源

以《恩施五峰山片区控制性详细规划》划定的片区边界作为本次研究对象，利用谷歌地理信息系统和恩施市规划局提供的五峰山片区 CAD 地形图、五峰山片区土地利用现状图等资料，确定五峰山片区内居民点、山体、道路等要素的相关地理高程数据。以 Arcgis10.1 和层次分析法为主要技术平台，选取五峰山片区居民点的信息，建立直观的五峰山片区村庄居民点的空间布局特征感受。

2.2　研究方法

本次研究的主要方法是：依据密度分析法总结出五峰山片区村庄居民点的布局特征和演变规律。并利用 GIS 空间统计分析模块对五峰山片区村庄居民点的空间离散性进行评价，得出村庄居民点的离散—集聚度评价图。再利用五峰山片区现有 CAD 地形图，采用 GIS 技术对五峰山片区的高程、坡度、坡向、山体阴影、交通便捷性等相关因子进行评价，采用层次分析法对相关因子进行权重分配，而后进行叠加，综合得出五峰山片区的用地适宜性评价图。将离散—集聚度评价图和用地适宜

李彦群：华中科技大学建筑与城市规划学院
王绍勋：华中科技大学建筑与城市规划学院
杨珺：华中科技大学建筑与城市规划学院

性评价图进行叠加分析，在居民点布局特征的基础上，综合得出村庄居民点布局优化的策略。

3 五峰山村庄居民点布局现状

3.1 五峰山片区概况

五峰山片区南北向坐落于湖北省恩施市中心城区东南部，西临清江，东抵城市主干道——金龙大道，南接大沙坝，北至马鞍山路，总面积3.53km²。其中五峰山为恩施中心城区海拔最高的山体，整体山势较高、地形起伏较大，是恩施市"三山清江"山水城市格局的重要部分，与中心城区遥相呼应（图1）。

五峰山片区包含五峰山村和窑湾村两个行政村，其中五峰山村共有十三个村组，主要集中分布在五峰山中部和南部，共计904户，3150人；窑湾村有四个村组，主要分布在五峰山北部，共计390户，1140人。整个五峰山片区内村庄居民共计4290人（图2）。

3.2 村庄居民点布局特征及演变规律

村庄居民点的布局往往受到自然环境、经济发展、社会文化等多种因素的影响，呈现出散点状、带状、块状等多样化的空间布局模式。而在五峰山上，由于其

图2 五峰山地区村居点分布图

独特的地形地貌特征，早期村居点主要依靠山体地势自由布局，随着经济社会发展与五峰山路的建设，村居点开始摆脱地形的限制，逐渐形成沿五峰山路横向布局的模式。

本次对五峰山村居点布局特征的研究，采用的是GIS点密度分析法，工作原理是：首先将村居点按居民建筑外墙边界划定边块中心，将其抽象为点状要素，利用GIS空间分析中的点密度分析路径，对每个栅格像元中心的周围都定义一个邻域，将邻域进行空间叠加，最后确定整个范围内所有邻域的叠加值，依据叠加的深度划定点密度大小（图3）。其中颜色深的为高密度集中区块，也就是村居点分布密度最多的地区。我们将这种高密度集中区块假设为村居点的早期布局区，低密度区块假设为村居点演变过程中形成的布局区。之后将得出的密度分析图与五峰山村居点分布现状进行对比分析，总结五峰山村居点的布局特征和演变规律。

3.2.1 布局特征

在五峰山片区内，五峰山路是五峰山村和窑湾村外接中心城区的唯一车行道路，因此，在现在的五峰山片区内，村居点主要是依托五峰山路进行布局建设。

通过实地调研观察和对五峰山村居点分布现状的分析，我们发现五峰山片区内村居点主要呈现为两种布局

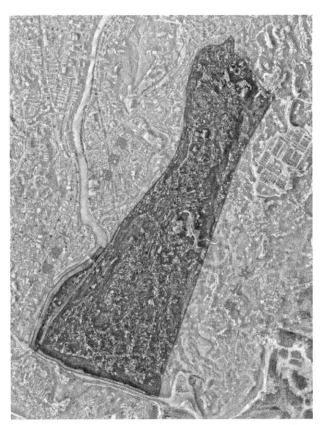

图1 五峰山地区区位图

图3 五峰山地区村居点密度分析图

形式，第一种是集中分布在沿五峰山路两侧，呈带状分布，主要包括窑湾村一、二、四组和五峰山村二、四、五、六、七、十二、十三组；第二种是以五峰山路为主线，呈卫星状横向分布在其两侧，主要包括窑湾村三组和五峰山村一、三、八、九、十、十一组。

3.2.2 演变规律

自然村落的成型，主要是由血缘、地缘、业缘等不同社会关系人群的集聚而促发的。五峰山片区因其独特的地理环境而催生了地缘型村落的形成，通过研究村志发现，五峰山片区内最早形成的居民点主要位于现窑湾村四组和五峰山村四、十二组三处，而后因五峰山路的建设，逐渐扩大到现在的窑湾村一、二组和五峰山村二、三、五组等处。

对此，我们将之前得出的五峰山村居点密度分析图与分布现状进行分析，发现在早期出现村居点的八个村民小组都出现了高密度集中区块，其中有五处高密度集中区块位于五峰山路两侧。这些结果表明，高密度区块就是村居点早期布局区，而五峰山路两侧集中区块则是由原始村居点逐渐演变发展而来的。因此可以将五峰山村庄居民点演变规律总结为：由早期的地缘型自由散点式布局形式逐渐演变成沿五峰山路带状布局形式，再演变成沿五峰山路横向卫星状布局形式。

3.3 村庄居民点离散—集聚度分析

研究五峰山村居点布局特征，首先将村居点按村组为单位抽象为点状要素，一般来说，自然和社会中点状要素有离散、均匀和集聚三种空间分布类型。

Voronoi 多边形分析：在 GIS 中提取每个农村居民点图斑的质心，获得每个农村居民点的中心点，其反映了农村居民点位置的点坐标，使研究转向"点集"研究。变异系数 CV 值（coefficient of variation）是 Voronoi 多边形面积（A_i）的标准差 σ 与平均值 μ 的比值。

$$CV=\{\sigma/\mu\},\text{其中}\sigma=\sqrt{\frac{\sum_{i=1}^{n}(A_i-\mu)^2}{n-1}},\mu=\frac{\sum A_i}{n}$$

当某个点集的空间分布为均匀分布时，其 Voronoi 多边形面积的可变性小，CV 值低；当空间分布为集群分布时，在集群内（"类"内）的 Voronoi 多边形面积较小，而在集群间（"类"间）Voronoi 多边形面积较大，CV 值高。但是，规则的周期结构和周期性重复出现的集群分布也会形成较高的 CV 值。因此在此设定 CV 值：当 CV 值小于 33% 时，点群为离散分布；当 CV 值介于 33% 和 67% 之间时，点集为均匀分布；当 CV 值大于 67% 时，点集为集群分布。

依据五峰山地区各村组的实际情况，结合各个村组的地域面积 A(area)、居民点数量 N(number)、居民点密度 D(density) 等指标，计算各个村组的 CV 值（表 1）。

五峰山各村组相关值统计一览表　表 1

村组	A（公顷）	N	D（/公顷）	CV 值（%）
窑湾村一组	35.75	102	2.85	0.74
窑湾村二组	31.79	128	4.03	0.48
窑湾村三组	15.46	42	2.72	0.16
窑湾村四组	18.20	118	6.48	0.39
五峰山村一组	14.36	59	4.11	0.28
五峰山村二组	26.35	35	1.33	0.15
五峰山村三组	13.11	128	9.77	0.88
五峰山村四组	19.39	80	4.13	0.31
五峰山村五组	17.52	52	2.97	0.40
五峰山村六组	13.94	86	6.17	0.59
五峰山村七组	6.44	44	6.83	0.69
五峰山村八组	22.34	36	1.61	0.24
五峰山村九组	11.22	79	7.04	0.73
五峰山村十组	19.38	63	3.25	0.55
五峰山村十一组	18.82	91	4.84	0.47
五峰山村十二组	35.69	104	2.91	0.68
五峰山村十三组	33.24	48	1.44	0.34

从上表中，我们可以看出，五峰山村二组、八组和十三组居民点密度相对较小，其余村组的居民点密度则都在2以上，相对比较合理。依据前文中所给出的CV值划定标准，窑湾村三组、五峰山村一组、二组、四组、八组村庄居民点属于离散分布状态；窑湾村二组、四组、五峰山村五组、六组、十组、十一组村居点属于均匀分布状态；窑湾村一组、五峰山村三组、七组、九组、十二组属于集群分布状态。

4 五峰山用地适宜性分析

城市用地适宜性评价是影响城市进行开发建设活动的重要因素，是土地合理开发利用的指导。在建设用地的分析选择中，我们需综合考虑各种自然环境条件和社会条件的影响，由于影响因子的多样性和复杂性，为确保对用地适宜性进行客观定量分析，本次研究采用GIS技术，科学分析影响五峰山土地利用的各项因子，绘制单因子适宜性评价图，利用GIS叠加分析工具对各项因子进行加权叠加，最后得出五峰山片区用地适宜性评价图。

4.1 评价因子选择

根据城市用地适宜性评价基本原理，结合五峰山地区特征和现有的相关数据选择对土地利用具有共性且对五峰山村居点布局影响相对较大的独立因子，本次研究选择的因子如下：高程、坡度、坡向、山体阴影、交通便捷性等。

4.2 单因子评价

4.2.1 高程分析

五峰山自然地势较高，相对独立，四周植被覆盖，是恩施城区面积最大的生态休闲林地。片区中部高两侧低，地势起伏大，最高点位于连珠塔所在的片区西南部山体，海拔高度约574m，同时也是城区制高点、城区全貌最佳观景点，最低处为清江河谷处，海拔高度为400m，相差高度为174m（图4）。

4.2.2 坡度分析

通过将CAD地形图中等高线和高程信息输入GIS，利用坡度分析工具进行分析，绘制出五峰山片区坡度坡向分析图，发现五峰山地形坡度以15%～25%居多，内部高山地形显著，坡度较大。其中沿五峰山路西侧、南部与清江河接壤处以及用地东北角地形坡度超过30°，不适宜进行任何形式的建设活动；其余坡度在10°~30°之间，便于建设（图5）。

4.2.3 坡向分析

五峰山山体呈南北向走势，位于五峰山片区西侧，龙首峰峰顶以西地区坡向主要朝西和西北方向，不适宜

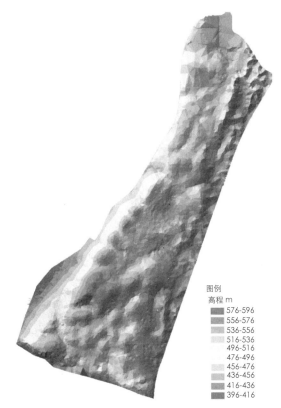

图例
高程 m
576-596
556-576
536-556
516-536
496-516
476-496
456-476
436-456
416-436
396-416

图4　五峰山地区高程分析图

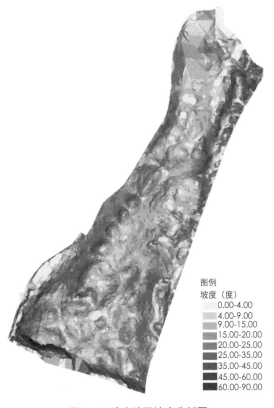

图例
坡度（度）
0.00-4.00
4.00-9.00
9.00-15.00
15.00-20.00
20.00-25.00
25.00-35.00
35.00-45.00
45.00-60.00
60.00-90.00

图5　五峰山地区坡度分析图

建设村庄居民点。山体南部沿山体走势以南地区坡向主要朝南、西南方向，建设村居点的条件相对一般；其余地区坡向主要朝东、东南、东北、北向，建设居民点条件较好（图6）。

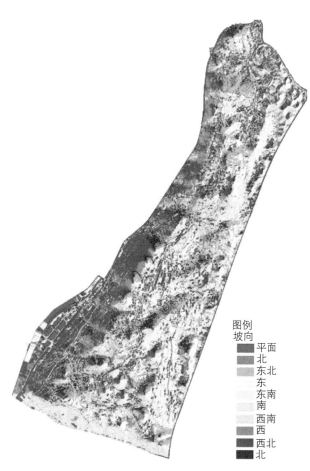

图例
坡向

平面
北
东北
东
东南
南
西南
西
西北
北

图6　五峰山地区坡度分析图

4.2.4　山体阴影分析

在高程分析、坡度坡向分析的基础上，利用 GIS 空间分析中的山体阴影工具为高程栅格中的每个像元确定照明度，设定太阳方位角、太阳高度角等山体阴影参数为默认值，并计算与相邻像元相关的每个像元的山体阴影，计算公式为：

Hillshade = 255.0 × ((cos(Zenith_rad) × cos(Slope_rad)) + (sin(Zenith_rad) × sin(Slope_rad) × cos(Azimuth_rad − Aspect_rad)))

其中式中的 Zenith 表示太阳高度角，Azimuth 表示太阳方位角，Slope 和 Aspect 分别表示坡度和坡向。后缀 _rad 表示所有的角度都是以弧度为单位的。

通过 GIS 分析，绘制出五峰山山体阴影分析图（图7）。

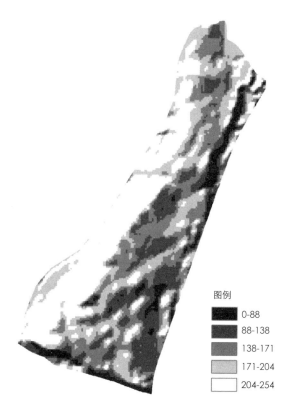

图例

■ 0-88
■ 88-138
■ 138-171
□ 171-204
□ 204-254

图7　五峰山地区山体阴影分析图

4.2.5　交通便捷性评价

交通便捷性评价将根据村居点距离村庄主要道路的远近加以确定。五峰山片区内以五峰山路为主要对外交通，因此村居点距离五峰山路的远近将直接关系到居民点的可达性与进出居民点的便捷性等相关问题。

依据村庄居民点到五峰山路的距离划定为150、300、450、600米四个等级，利用 GIS 邻域分析中的多环缓冲区分析工具，在【距离】指标中设置相应的四个等级和 1000 米缓冲距离（注：设置 1000 米缓冲距离可以保证研究区域全部落入缓冲区内），之后利用工具默认数据计算缓冲区，最后形成一幅由五个环构成的要素类，五个环分别代表距离五峰山路 0−150、150−300、300−450、450−600、>600 米。

由交通便捷性评价图可以看出，五峰山片区主要村居点都位于距离五峰山路 300m 以内地区，只有五峰山村三组、八组和十组部分村居点位于 450~600m 范围内，其中五峰山村八组部分村居点离五峰山路距离则大于 600m（图8）。

4.3　评价因子叠加分析

对于各单因素的用地适宜性评价，采用 GIS 分析中的重分类工具，统一将评价值分级成 1~5 级（其中 1 级

图 8　五峰山地区交通缓冲区分析图

代表不适宜建设，5 级代表最适宜建设区），然后在 GIS 叠加分析中进行加权叠加运算，绘制五峰山片区用地适宜性评价图（图 9）。

图 9　五峰山地区用地适宜性评价图

【每个因子的评价体系各不相同，结合每个因子的特征，将每个因子的要素划分为五个级别，分别对应不适宜建设、较差、一般、较好、适宜建设等五个级别。】

4.4　用地适宜性评价

结合五峰山片区用地适宜性评价图，得出五峰山各村组用地适宜性评价（表 2）：

五峰山各村组用地适宜性评价表　表 2

村组	用地适宜性指数	村组	用地适宜性指数	村组	用地适宜性指数
窑湾村一组	3	五峰山村三组	4	五峰山村九组	3
窑湾村二组	3	五峰山村四组	2	五峰山村十组	3
窑湾村三组	4	五峰山村五组	4	五峰山村十一组	3
窑湾村四组	4	五峰山村六组	5	五峰山村十二组	4
五峰山村一组	2	五峰山村七组	5	五峰山村十三组	2
五峰山村二组	3	五峰山村八组	3		

从上表可以看出，五峰山地区用地适宜性整体相对较好，其中窑湾村三组、四组和五峰山村三组、五组、六组、七组、十二组等七个村组用地适宜性较好，只有五峰山村一组、四组和十三组用地适宜性呈现出不适宜建设的现状。

5　五峰山村庄居民点布局优化策略

依据五峰山村居点布局特征和村组集聚 – 离散度的分析，在用地适宜性的基础上，将五峰山村居点划分为发展型、限制发展型、迁弃型三种类型（图 10）。

5.1　发展型

将用地适宜性评价指数高于 4，空间布局表现为集聚型的村组划分为发展型，主要包括五峰山村三组、六组、七组和十二组。此类村组由于其自身的地理地形环境和交通区位的优势，保证在接下来的发展过程中具有较高的竞争力。因此在规划中，对此类村组提出合理扩大此类村组的村居点规模，加强此类村组的公共服务设施和基础设施建设，并合理调控此村居点的集聚度，保证居住空间的舒适性等优化策略。

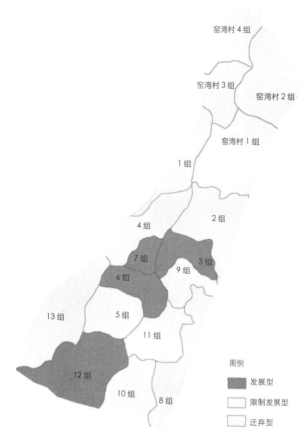

图 10 五峰山地区村组优化策略

5.2 限制发展型

限制发展型村组主要是指村居点形态为均匀分布，村居点所处用地适宜性比较一般（2 或 3）的村组。主要包括窑湾村一组、二组、四组和五峰山村五组、九组、十组、十一组。此类村组的各方面特色不够明显，也不能满足更多地村民居住需求，在发展过程中不具备较强的竞争力。结合该类村组的自身情况，提出优化策略为：控制此类村组不再扩大，有条件的将一些位于用地适宜性较差地区的居民点和空间较为离散的居民点进行迁移。

5.3 迁弃型

将用地适宜性较差（1 或 2）、村居点的空间离散性较大，表现为离散分布的村组划分为迁弃型村组，主要有窑湾村三组和五峰山村一组、二组、四组、八组、

十三组。此类村组由于地理环境和交通的限制，不适宜村民居住，同时由于村庄发展的需要，此类村组不能承担相应的村庄职能，也不能满足村庄的发展需求，因此对此类村组应采取统一迁移，并入发展型村组中，将原有居民点拆除，采用植被复绿等手段提升该地区的用地适宜性等优化策略。

6 结论与启示

五峰山地区作为山地型村庄的一个典型案例，具有非常大的研究意义。通过分析研究发现，五峰山地区村居点呈现出的沿主要道路带状、卫星状布局特色，而这种布局特色也是目前国内大部分山地型村居点的显著特色。随着乡村规划的兴起，村居点成为学者们争相研究的目标，山地型村庄作为村庄的重要组成部分，具有非常广阔的研究前景。因此，本文希望利用五峰山地区的相关研究为其他山地型村庄提供借鉴。

当然，本研究的微观视角，不能概括地总结为山地型村庄居民点的演化规律和布局特点。本文所提出的基于 ARCGIS 技术的村居点相关规律与布局研究对于其他山地型村庄同样可行，但个体案例毕竟有局限性，要想研究整个山地型村居点，则需要更多地案例进行支撑，进行大样本实证研究，才能提高研究成果的有效性。

主要参考文献

[1] 恩施市五峰山片区控制性详细规划 .2012.

[2] 孙婕 . 我国农村人居环境体系规划方法及实施策略研究——以辽宁省法库县为例：[硕士论文]. 同济大学，2007.

[3] 佟玉权 . 基于 GIS 的中国传统村落空间分异研究 [J]. 人文地理，2014（4）:44-49.

[4] 耿旭辉 . 基于 GIS 的农村居民点空间优化布局研究——以莱西市为例：[硕士论文]. 中国海洋大学，2014.

[5] 王露露 . 基于 GIS 空间分析的县域农村居民点布局优化研究——以平阳县为例：[硕士论文]. 浙江大学，2013.

村镇规划"多规合一"的技术路径探讨
——以湖北省宜城市为例

张星

摘　要：我国当下多规并存的编制机制，导致"一级政府、多本规划、难以实施"，为此业界围绕多规合一已经进行了多角度、多路径的研究探索。多规之所以不协调，源于多项规划对于核心资源要素的争夺与分歧，导致各类规划自成体系、互不认账、内容冲突等问题，而当前以大城市行政机制改革推进多规协调的实践探索，对于大多数城市而言并不现实，更难以落实到村镇层面相关规划。本文以宜城市为例，研究分析了当前多项规划编制过程中多规合一的技术性核心问题，提出了"同一平台、统一纲领、一本蓝图"，在同一技术平台基础上，形成城市发展战略共识，解决不同规划对核心资源要素的分歧，有针对性在人口、经济、用地、空间等方面实现多规之间的充分衔接和协调，在全域范围内促进三生空间协调融合，引导规范村镇规划建设，统筹城乡一体化发展。

关键词：村镇规划；多规合一；技术路径；核心资源要素

1　新常态背景下"多规合一"转型与突破

多年来，我国城乡规划创新与改革不断推进，"新常态"形势的到来令其由过去的"量变积累"走到了"质变突破"的关口，国民经济与社会发展规划、土地利用总体规划、城乡总体规划作为国家规划系列的重要组成部分，经多年的完善和调整，在引领城市发展建设、实现资源有效配置等发挥了重要的作用，但规划不协调也导致城市土地资源紧张、规模无序扩张、生态保护失控等问题。同时村镇建设面临着基础设施滞后、生态环境恶化、乡村活力不足等问题，面对复杂繁冗的上位规划，村镇层面缺乏统一的编制体系，村镇规划编制深度广度不一、缺乏特色，急需统筹城乡发展以带动村镇地区经济活力、人居环境建设、生态空间保护。构建新型规划协调与融合机制，实现村镇层面的多规合一是城乡统筹发展必经之路。

自 2014 年 8 月由国家发改委、国土资源部、环境保护部及住房和城乡建设部（以下简称"住建部"）四部委联合下发的《关于开展市县"多规合一"试点工作的通知（发改规划 [2014]1971 号）》以来，在国家层面政策推动下，地方政府对"多规合一"的探索渐有成效，为接下来更大范围、更高层面推进"多规合一"提供有益探索与支撑。

国内大城市如上海、武汉、深圳、广州等城市率先将规划和国土部门整合，试图通过机构调整降低行政成本，强化规划编制与管理的协调，从而推进多项规划协调。而在我国当前的行政体制下，对大多数城市，单纯依靠机制改革解决多规冲突并不现实。多规合一的理论研究和实施策略不能仅停留在制度层面的改革协调，如何将政策、指标和项目落实到空间层面也需要同步推进，关于规划协调的技术创新和路径关键的探索还需要进一步加强。

2　宜城多种规划编制缺乏协调的关键因素

宜城市作为湖北省副中心城市、襄阳大都市区中的重要城市，在基础设施建设、产业布局等方面与襄阳市充分对接和融合，同时，国家"中部崛起"和打造长江中游城市群的城镇化发展战略、国家新型城镇化试点、襄宜南一体化发展的推进等新的政策和要求，使宜城市迎来了新的发展机遇。

本次多规合一主要研究宜城市市域范围内土地利用总体规划、国民经济与社会发展规划、城乡总体规划、村镇建设规划（新型社区建设规划）、农业产业化规划、城乡建设用地增减挂钩规划六项规划内容。

土地利用总体规划以非建设用地控制与保护为前提，通过土地指标调控与空间管制分区，实现对土地资源的有效管控；城乡总体规划侧重于城市空间规划与布局，通过对各类资源要素在城市空间的分配与管控，指导城乡发展和建设活动；国民经济与社会发展规划是政府资源调配、经济发展和市场管控的重要依据，对城市及社会发展目标、产业发展定位以及项目开发落地在时间与空间上所做的具体部署；村镇建设规划以建立合理的村镇建设模式为目标，对村镇各项基础设施建设、新型农村社区规划指引以及生态资源特色保护等方面提出明确的规划策略；农业产业化规划以推进村镇农产业集群集聚为目标，是村镇农业产业布局、产业结构和农业基础设施规划的重要依据；城乡建设用地增减规划以耕地占补平衡为前提，通过盘活废弃闲置低效用地，实现建设用地不增加。

六项规划编制关系图　　　　表1

收集并整理宜城市各部门组织编制的多种规划，从多项规划编制目标与内容入手（表1），剖析其中存在的核心问题与关键要素，其主要矛盾分歧表现在以下三个方面。

2.1 自成体系，缺少全局观念

由于各项规划出发点和指导层次的不一致，各项规划各有一套体系，基础数据、空间管理范围、规划编制期限等不一致，造成村镇规划所面向的内容技术标准与平台体系不一，直接导致村镇规划编制内容程度深度难以统一。

2.1.1 基础数据不一致

宜城多项规划中涉及的人口数据、经济数据和土地数据统计口径不同。其中城乡总体规划、土地利用总体规划中宜城市总人口与城镇人口数据分别相差0.84万、1.60万。城乡总体规划全市土地面积数据来源于襄阳市规定指标，而土地利用总体规划依据是土地详查资料及土地利用变更调查的更新成果，城乡总体规划数据来源不同于土地利用总体规划，造成土地指标的下沉。落实到农村一级中，数据缺乏标准化，同时与镇乡级别数据

对接时候缺乏衔接，造成基础数据匮乏不统一，支持村镇规划的基础薄弱，直接导致多项规划在关键资源要素难以对接协调。

2.1.2 空间管理范围不一致

城乡总体规划的编制过程中存在市域、规划区和中心城区3个层次。市域层面的主要内容确定城镇空间结构、职能定位和发展规模，但具体的空间资源的规划布局是以"规划区"为边界的，而土地利用总体规划、国民经济与社会发展规划、农业产业化规划、城乡建设用地增减挂钩均以市域全域范围为管理边界。"规划区"以外的其他空间的内容主要在城乡总体规划城镇体系规划中加以体现，对于中心镇、一般镇等内容有所涉及，归结到对乡村规划缺乏深入研究。

2.1.3 规划编制期限不一致

短期的规划主要包括国民经济与社会发展规划（规划期限为5年）、农业产业化规划（规划期限为5年），中期的规划为城乡建设用地增减挂钩规划（规划期限为8年），长期的规划为城乡总体规划（规划期限为15年）、土地利用总体规划（规划期限为15年），以及村镇建设规划（规划期限一般为10~20年）。现有规划编制期限不一致，直接导致国民经济与社会发展规划、农业产业化规划难以作为战略性纲领性文件统筹中长期规划。同时多种规划编制与审批各成体系，在时间序列上互不重叠，难以为村镇规划提供直接的法律依据。

2.2 互不认账，规划承接关系模糊

上位规划以及三规——土地利用总体规划、城乡总体规划、国民经济与社会发展规划确定城市功能定位与指标体系相互重叠甚至矛盾，各项规划互不认账，区域层面没有形成明确清晰的战略共识，难以统筹城乡一体化发展，更无法指引规范村镇层面的空间建设指引和具体行动计划。

一方面上位规划形同虚设，其调控与统筹作用难以在多项规划中细化落实，另一方面多项规划侧重点不同，各个规划都可以对发展目标、职能规模和空间结构提出要求，基层规划过多，规划层次不明确，规划承接关系不明。

有些学者将各部门对各类规划特点总结为"国民经济与社会发展规划管目标、土地利用总体规划管指标、城乡总体规划管坐标"，国民经济与社会发展规划确定的目标体系并未得到有效执行，城乡总体规划、村镇建设规划制定很少以国民经济与社会发展规划确定的生产总值年均增长率作为直接依据，这也直接导致招商引资盲

目扩张的建设乱象出现；而土地利用总体规划更多是指标逐级分配的过程，对国民经济与社会发展规划考虑更是少之又少。

土地利用总体规划指标约束性较强，常常作为其他规划实施的约束性框架，但是城乡总体规划、村镇建设规划对于与土地利用总体规划是否相协调一般不作为审批考查的必要内容，指标与坐标难以衔接，出现了规模超标以及具体项目难以落地的问题出现。由于缺乏衔接体系，土地利用总体规划中的农用地规划控制也难以延伸到农业产业化规划中。城乡建设用地增减挂钩内容只限于土地利用总体结构的调整和一些原则性引导，缺少可实施的专项规划内容，无法直接指导村镇规划。

2.3 内容冲突，规划内容重叠矛盾

部门之间相互争夺规划空间，各项规划内容虽然名目不一，各有侧重，但是其关键矛盾在于多项规划对核心资源要素管控上的交叉分歧（图1），对于村镇产业空间布局、建设用地规模、生态环境管控等没有形成统一明确的规划措施，阻碍三生空间协调融合。

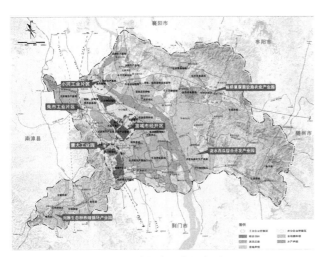

图1　城乡产业空间布局

在平行的制度设计下，城乡总体规划综合协调城市空间资源配置与规划，其涵盖了人口规模、用地布局、产业布局、空间管制等内容，与国民经济与社会发展规划经济发展策略、土地利用总体规划对用地资源的调控和空间布局等方面存在重叠甚至冲突。

虽然各项规划体系中都明确提出与其他部门政策规划相衔接，但是在实际操作过程中，任一规划都无法对其他规划内容形成明确的约束作用，形成了多套标准、多套方法、多套管理"打架"的局面，造成了大量的资源浪费、工作重复甚至互相矛盾。

3 "多规合一"技术创新与路径关键

多规合一是对城乡空间资源进行整体的统筹管控，构建统一衔接、功能互补、相互协调的规划体系，收集梳理各项规划内容，形成宜城城市空间规划信息库，在同一技术平台基础上，形成城市发展战略共识，重点解决不同规划对核心资源要素的管控，有针对性在人口、经济、用地、空间等方面实现多规之间的充分衔接和协调，实现城乡统筹一体化发展。

3.1 同一平台，加强技术对接

针对相关技术壁垒，如"多规"的基础数据统计口径不一致、规划期限不一致及管理规划范围不一致等问题，应结合充分加强多规技术对接，在"多规协调"中，走向城乡空间的全覆盖，统一基础资料与数据，统一规划年限，这是多规从空间平台上统一协调的基本前提。

3.2 统一纲领，谋划战略共识

多规融合是对城乡空间资源的整体统筹，而要形成协调统一的空间发展战略必须构建战略共识。

首先加强对区域宏观发展战略的研究，对各级发展规划、政府工作报告及政策文件进行解读，明确行政主体的发展诉求与发展重心，给予更加明确清晰的城市功能与发展目标。

其次以上位规划为指导，整合多项规划发展目标与定位，结合村镇发展诉求，发挥自身优势，因地制宜，制定合理的规划目标、策略与措施，引导村镇特色化、可持续建设与发展，实现多规发展目标的协同。

3.3 一本蓝图，核心要素管控

3.3.1 人口规模

在市域范围内统筹规划人口规模，将人口规模研究与土地利用总体规划的建设用地指标分配相结合。对各个村镇人口规模、城镇化率和城乡建设用地规模提出合理化建议，实现全域人地规模对应，优化城乡空间结构。综合考虑上位规划以及多规，以城乡总体规划人口预测为主，同时通过多角度检验人口规模预测的结果，如基于农村人口转化、经济发展弹性系数法以及资源环境承载力等对城镇人口和城镇化水平进行再检验。

3.3.2 产业发展

落实多规合一提出的统一纲领，规划提出富裕宜城建设，形成以新型工业化、农业现代化为主导、园区引导、结构优化的产业统筹战略。

实现对产业发展战略、产业体系构建到产业空间布局的合理衔接，加强发展目标与空间布局联系的通道建设，根据各类产业对空间所提出的要求和条件，以及村镇现状建设基础和特色资源研究，梳理城乡总体规划、国民经济与社会发展规划、农业产业化规划中的重点发展区域、产业园区、重点建设项目，细化产业规划内容，与村镇建设内容衔接，在全域范围统筹产业空间发展，将具体的项目落实到城市空间，合理引导园区的建设，构建一镇一品的产业特色，形成园区引导、特色突出、功能互补的产业发展体系。

3.3.3 空间管制

基于多规协调的统一纲领，建设空间融合、高度统筹的城乡地域，结合国民经济与社会发展规划重点项目分布、城市重点建设区域以及城乡建设用地增减规划，构建城市生态安全格局，在全域层面严格控制永久基本农田保护边界、城乡生态保护边界、建设用地边界控制线和建设用地增长边界控制线"四线"（图2），明确城市建设和保护空间。

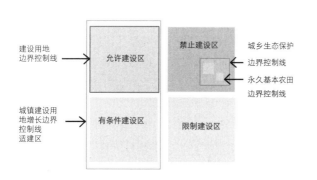

图2 三区四线范围示意图

严格控制基本农田，以土地利用总体规划和城乡建设用地增减规划为依据，划定永久基本农田控制边界。保护生态敏感空间，对基本农田、林地、草地、水域、地质灾害高（易）发区等城乡生态空间要素，按照从严管控的原则，划定城市生态保护边界，禁止一切开发性建设行为。

建设用地边界确定城市建设用地规模，属于刚性控制的界线，严格控制城市开发建设行为；考虑到城市建设的弹性与可持续发展，划定城市建设用地增长边界，土地利用总体规划称为建设用地扩展边界，整合城乡总体规划城市增长边界与土地利用总体规划的有条件建设区，以城市建设规模边界为依据，统一划定城市建设用地增长边界控制线。该控制线是根据城市发展需求在一定范围内划定的弹性边界，当城市重大基础设施、产业项目发生变化时，城市建设用地增长边界在不突破建设用地规模指标的前提下，采取增减挂钩机制对建设用地布局做出调整。

3.3.4 用地规划

系统梳理城乡各类用地，依据划定四线，统一用地分类标准，协调土地利用总体规划和城乡总体规划用地规模、用途规划差异，实现用地边界和范围的统一。在不突破城乡建设用地规模基本农田保护面积等土地利用总体规划的控制性指标的基础上，优先保障重点发展片区、重点项目建设以及基础设施建设，优化城乡空间布局，有效缓解城乡发展与耕地保护的矛盾，满足城市发展的用地需求。

根据城乡总体规划和土地利用总体规划在用地规模和用地功能差异分析（图3、图4），针对不同差异情况，结合新型社区建设规划、城乡建设用地增减挂钩规划以及基础设施规划，如表2、表3所示进行差别化协调，实现两者的无缝对接和统一，形成城乡统筹用地规划图，实现宜城城乡统筹发展，保障宜城城市发展诉求。

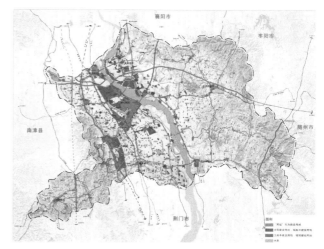

图3 两规建设用地规模差异分析图

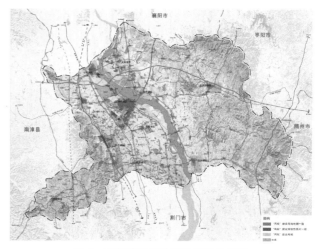

图4 两规建设用地用途差异分析图

两规建设用地规模差异分析表　　表2

差异特征	用地情况	协调措施
土规有规模，总规无规模的用地	总规未涉及用地类型且现状已建以及土地规划情况定为建设用地	保留规模，调整总规为建设用地
	总规规划情况以及现状建设稳定为非建设用地且单个图斑大于5000平方米	腾挪规模，调整土规为非建设用地
土规无规模，总规有规模的用地	重点项目用地、民生设施用地和市政设施用地	首先供给规模，调整土规为建设用地
	处于土规有条件建设区内靠近城市集中建设区的城乡建设用地	其次供给规模，调整土规为建设用地
	处于土规有条件建设区内靠近城市集中建设区的其他建设用地	再次供给规模，调整土规为建设用地
	处于土规禁止建设区内无重点项目落点的城市绿地	不给规模，纳入禁建区，调整总规为非建设用地
	其他建设项目用地	不给规模，调整总规为非建设用地

两规建设用地用途差异分析表　　表3

差异特征	用地情况	协调措施
总规为城市建设用地，土规为交通水利用地	总规为公共绿地，但实际为对外交通了两侧防护绿地	不给城乡建设用地规模，调整总规用地性质
	总规为道路交通用地，但实际上为对外交通用地	不给城乡建设用地规模，调整总规为区域交通设施用地
总规为城市建设用地，土规为其他建设用地	总规为军事用地、殡葬用地、外事用地、安保用地	保留总规用地性质，土规纳入调整区

4　结语

关于多规合一的理论研究和实践探索一直是行业热点、焦点，而关于多规合一技术体系如何落实到村镇层面这一关键领域，当前相关研究极少真正涉及。在多规合一的技术路径上，应以在同一技术平台体系基础上，遵循上位规划指导，结合村镇特色，谋划战略共识，在全域范围内促进三生空间协调融合，在人口、经济、用地、空间实现协调衔接，引导规范村镇规划建设，统筹城乡一体化发展。

主要参考文献

[1] 齐奕，杜雁，李启军，刘可心."三规合一"背景下的城乡总体规划协同发展趋势 [J].规划师，2015（02）:5-11.

[2] 沈迟，许景权."多规合一"的目标体系与接口设计研究——从"三标脱节"到"三标衔接"的创新探索 [J].规划师，2015（02）:12-16+26.

[3] 陈雯，闫东升，孙伟.市县"多规合一"与改革创新：问题、挑战与路径关键 [J].规划师，2015（02）:17-21.

[4] 谢波，彭觉勇，李莎."三规"的转型、冲突与用地整合 [J].规划师，2015（02）:33-38.

[5] 苏涵，陈皓."多规合一"的本质及其编制要点探析 [J].规划师，2015（02）:57-62.

[6] 刘妍."多规合一"下的小城镇总体规划改进 [D].山东建筑大学，2015.

[7] 杨玲.基于空间管制的"多规合一"控制线系统初探——关于县（市）域城乡全覆盖的空间管制分区的再思考 [J].城市发展研究，2016（02）:8-15.

[8] 刘彦随，王介勇.转型发展期"多规合一"理论认知与技术方法 [J].地理科学进展，2016（05）:529-536.

村镇规划建设中中心村选择的因子分析研究
——以鄂东平原地区为例

洪光荣

摘　要：中心村如何选择？这是当前村镇规划、建设与管理必须面对的重大问题。文章以公众参与为导向，以鄂东平原地区村镇规划编制与管理为实践基础，采用因子分析方法，运用社会调查手段收集资料，用计算机 SPSS 软件对所收集资料、数据进行因子分析，选取了影响中心村选择的几个主要因子：现状基础与环境、人口用地规模、经济发展、交通水利条件、区位、离市镇远近等。这为减少中心村选择的人为盲目性提供了参考依据，可为政府决策与管理人员、规划设计人员、乡村干部与群众提供直接指导。

关键词：村镇规划；中心村选择；因子分析

1　研究背景与意义

　　为提高人民幸福指数，实现大中小城市、小城镇、新型农村社区协调发展，中共十八大正式提出新型城镇化。十八届三中全会及 2014 年中央 1 号文件进一步提出要改善乡村治理，加快推进农业现代化。十八届四中全会及 2015 年中央 1 号文件《关于加大改革创新力度，加快农业现代化建设的若干意见》、2016 年中央 1 号文件《关于落实发展新理念，加快农业现代化，实现全面小康目标的若干意见》提出要持续夯实现代农业基础，推进农村产业融合，推动城乡协调发展，提高新农村建设水平。当前，各级政府正加强农村服务设施建设，夯实农业农村发展基础，完善农村发展机制。

　　因我国仅行政村就有几十万，自然村更有数百万之多，故不可能遍地开花。而中心村作为农村居民集聚点及周边自然村服务中心，其在建设美丽乡村，贯彻新农村规划建设"二十字"方针，合理化乡村用地布局，引导农村产业化、规模化、集约化，实现区域资源再调配和城乡一体化发展方面具有不可替代作用。若中心村选择科学合理，则节能提效，事半功倍，能引领方向，正确指导村庄布局与建设；否则，劳民伤财，浪费资源，误入歧途。当前，地方领导、规划建设部门、规划编制人员、乡村居民对于选择哪个自然村作为中心村规划建设，往往感到无所适从，迫切需要进行相关研究。

　　本研究采用因子分析方法，运用社会调查手段收集资料，用计算机 SPSS 软件对所收集资料、数据进行因子分析，选取影响中心村选择的主要因子。在理论上，可进一步丰富村镇发展、村镇体系规划、农村居民点选址等相关理论，对新型城镇化、农业现代化、新农村规划建设与管理等具重要指导意义。在实践上，可减少中心村选择的人为随意性、盲目性，节能提效，对当前我国正在进行的美丽乡村规划建设、村镇土地利用总体规划、撤村并点、农村土地整治等具重要实际价值。同时，它还可为政府决策与管理人员、规划设计人员、乡村干部与群众提供直接指导。

2　研究状与思考

　　诚如上所述，中心村规划建设是当前各地村镇规划建设中的重要内容，中心村是村镇规划建设的关键点，中心村规划建设是农业现代化的必由之路[1][2][3]，并已引起各级政府的普遍关注，但中心村选择现有研究文献不足。

　　国外中心村选择建设主要考虑其服务系统的服务效率、住宅与耕地的关系等[3]。如：以色列建立等级服务中心的村落布局，6~10 个村庄围绕一个乡村服务中心而建，包括学校、医疗所、社区中心、储蓄所、农业辅助系统等，村民与服务中心距离最远约 3~5km。美国的新村建设，土地混合使用，具良好步行环境，将居住、工作、购物、娱乐休闲、市政、文化等融为一体，规模由办事距离少于 400m 或 5min 确定。英国加大农村中心村（Key Settlement）投资，促进乡村地区人口、住宅、就业、服务及基础设施向中心村集中，支持中心村腹地发展。

洪光荣：湖北工程学院建筑学院

国内学者从层次分析[4][5][6]（甄延临、陈怀录等，干旱区村庄布点规划重点

及方法探讨，2008 年第 3 期，干旱区资源与环境）、综合实力[2]（刘英、朱雅玲等，中心村选择中村庄综合实力评价指标体系的研究—以湖南临武县为例，2010 年第 9 期，湖南农业科学）、发展潜力[7]（陈山山、周忠学，中心村选择中村庄发展潜力评价指标体系的探讨，2012 年第 32 期，安徽农业科学）、选址—配置[8]（宋小冬、吕迪，村庄布点规划方法探讨，2010 年第 5 期，城市规划汇刊）、引力[9]（洪光荣，基于引力模型的中心村选择量化方法研究，2013 年第 3 期，湖北工程学院学报）等方面提供了有益探索。但指标选取或各类型等级分类标准人为主观性仍较大，有些重要指标如年均收入、商业服务等没考虑，有些只给出指标选取的出发点，应用较复杂，难以实际操作。

因此，尚需进一步思考的是：影响中心村选择的因子究竟有哪些？怎么确定既科学合理，又易于操作？采取什么方法？中心村与行政村、自然村等概念是什么关系？若中心村选择建立在行政村域范围基础上，则实际操作起来会不会更容易些？本研究将进行有效探索。

3 研究方法与思路

3.1 研究方法

主要采用因子分析方法。其数学模型设为：X=（X_1，X_2，…，X_m）T 为可观测的 m 维随机变量，其中每变量各测量 n 次。为方便计算，将随机变量进行标准化，标准化后计为 x=(x_1, x_2, …, x_m)T，其中第 i 分量第 j 次测量值的标准化值为：$x_{ij}=(X_{ij}-X_i)/S_i$($i=1, 2, …, m$; $j=1, 2, …, n$)，式中 X_i 为第 i 个变量的观测均值，S_i 为第 i 个变量的观测标准差。显然，标准化变量的均值为 0，方差为 1。各变量均受 p（p<m）个公因子支配，同时每变量还受一特殊因子制约，于是标准化变量 x_i 可用公因子 F 与特殊因子 U 线性表示，即

$$\begin{cases} x_1=a_{11}F_1+a_{12}F_2\cdots+a_{1p}F_p+c_1U_1 \\ x_2=a_{21}F_1+a_{22}F_2\cdots+a_{2p}F_p+c_2U_2 \\ \cdots\cdots \\ x_m=a_{m1}F_1+a_{m2}F_2\cdots+a_{mp}F_p+c_mU_m \end{cases}$$

准备用适宜性分析与信度检验测试问卷的代表性与可靠性，用 SPSS 软件对所有因素进行因子分析。按协方差矩阵提取主要影响因子，从而获得能反映影响中心村选择大部分因素的少数几个主要因子。

3.2 研究思路

研究以公众参与、联络式与协调式规划理论与村镇规划编制与管理实践、前期研究、专家咨询等为基础，设计并完善中心村选择影响因素调查表。通过现场访谈、信函、专家咨询等方式获取研究信息。运用计算机 SPSS 软件，将收集的资料进行因子分析，获取中心村选择影响因素主成分及方差贡献率。

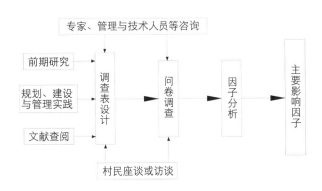

图 1 研究思路

4 研究过程

4.1 调查表设计与资料收集

4.1.1 调查表设计

研究分两步设计合理、简便的调查表。第一步，以经验法设计初表。基于已编制完成 1000 余项村镇规划的实践及已有文献，初步设计中心村选择（或重新选址）影响因素（如：村庄人口规模、原有建设基础、环境条件、区位、人均收入、经济发展潜力、交通条件、与市镇远近等）排序调查表。第二步，以访谈法完善初表。通过现场访谈相关专家、管理人员、村民等，了解其想法与建议，补充、完善内容，形成最终调查表。调查表可封闭与开放结合，被调查者可去除或添加影响因素。

4.1.2 资料收集

资料收集采取专家咨询、现场访谈、邮寄、电话等方式结合。本次发放调查问卷 350 份，有效回收卷 294 份，回收率 84%。调查对象按其职业占比为：村民 78.9%，管理人员 11.2%，专业人士 9.9%。

4.2 因子分析

4.2.1 适宜性分析与信度检验

研究采用 KMO 值评价各因子间的一致性程度。本次分析的 KMO 值为 0.533，适宜应用因子分析。采用 Cronbach 所创的 a 值测试调查结果的可靠与有效性，本次分析的 a 值为 0.514，CITC 值为 0.652，所做问卷的

信度是可以接受的。

4.2.2　主成分提取

用 SPSS 软件对所收集数据资料进行因子分析。按协方差矩阵及具有 Kaiser 标准化的倾斜旋转法提取 6 个主要影响因子，其累计贡献率为 69.5%（表 1）。

因子分析主成分提取　表 1

因子	主成分总体描述		
	方差贡献（特征值）	方差贡献率	累计方差贡献率
1	23.056	16.777	16.777
2	20.732	15.086	31.863
3	14.064	10.234	42.097
4	13.339	9.706	51.803
5	12.621	9.184	60.987
6	11.641	8.471	69.458

4.3　中心村选择主要影响因子分类

据旋转后各因子所包含的子项目，将中心村选择主要影响因子归纳为以下 6 个，以 6 个主要因子反映影响中心村选择的大部分因素（表 2）。

转置后因子及其贡献率　表 2

因子归类名	子项目名	因子贡献率
现状基础与环境	已有服务设施	0.675
	环境条件	0.715
	人文资源	0.748
人口用地规模	人口规模	0.880
	耕地面积	0.719
经济发展	人均收入	0.889
	经济发展潜力	0.570
交通水利条件	交通条件	0.315
	水源条件	0.934
区位	区位	0.963
离市镇远近	离市镇远近	0.908

4.3.1　现状基础与环境

表示某自然村现有服务设施状况及自然或人文环境。调查表明，若某自然村村委会、学校、文体活动场所、诊所等公共服务设施与给水、电力等基础设施具备，自然环境优美，人文资源丰富，则村民愿意往该村集聚。

4.3.2　人口用地规模

表示某自然村的人口数量及耕地面积多少。调查表明，若某自然村居住的人口数量多，耕地面积多，则村民也愿意往该村集聚。

4.3.3　经济发展

表示某自然村现有的人口收入水平及未来经济发展潜力大小。调查表明，若某自然村现有人均纯收入较其他自然村高，企业发展前景广阔，则其人气指数高，吸引力强。

4.3.4　交通水利条件

表示某自然村交通便利程度及水源、水利条件。调查表明，若某自然村临近国道、省道、县乡道或高速公路出入口，水资源丰富，有河流穿越，则其人气指数也高，吸引力也强。

4.3.5　区位

表示行政村域内某自然村与其他自然村的位置关系。调查表明，若某自然村的区位处于其他自然村的中心，其他自然村围绕，则其往往成为村委会、学校等公共设施建设地点，为村民集会及开展各种群众活动的汇聚之处。

4.3.6　离市镇远近

表示某自然村离城市、县城或乡镇、集市的远近。调查表明，若某自然村离城镇或集市较近，则其具有贸易等便利条件，也有较强吸引力。

5　研究结论与应用

5.1　中心村选择的影响因子

用 SPSS 软件对收集的 294 份有效调查资料做因子分析，得出影响中心村选择的 6 个主要因子即现状基础与环境、人口用地规模、经济发展、交通水利条件、区位、离市镇远近。

5.2　研究应用

既可将本研究的方法运用到具体行政村的中心村选择中，也可将本课题研究的结论直接运用到具体行政村的中心村选择中。

本研究的数据资料虽主要来源于平原区域，但对其他不同地形条件区（如：丘陵区、盆地区、山区等）的中心村选择应有参考价值。当然，也可做进一步的验证。

主要参考文献

[1]　全国城市规划执业制度管理委员会. 城乡规划与相关知识 [M]. 北京：中国城市出版社，2014.7.

[2] 刘英，朱雅玲，祝琪雅，胡任远，黄振国.中心村选择中村庄综合实力评价指标体系的研究—以湖南临武县为例 [J].湖南农业科学，2010（9）:152-155.

[3] 徐全勇.中心村建设理论与我国中心村建设的探讨 [J].农业现代化研究，2005（1）:13-15.

[4] 陈怀录，徐艺涌，冯东海，孟杰.西部贫困地区开发区发展模式探索 [J].西北师范大学学报，2012（2）:109-114.

[5] 甄延临，陈怀录，李忠国.干旱区村庄布点规划重点及方法探讨 [J].干旱区资源与环境，2008（3）:51-56.

[6] 安爽，陈栋，蒲欣冬，马丽黎.西部欠发达地区小城镇中心村选择研究 [J].干旱区资源与环境，2014（6）:44-49.

[7] 陈山山，周忠学.中心村选择中村庄发展潜力评价指标体系的探讨 [J].安徽农业科学，2012，40（32）:16026-16029.

[8] 宋小冬，吕迪.村庄布点规划方法探讨 [J].城市规划汇刊，2010（5）:65-71.

[9] 洪光荣.基于引力模型的中心村选择量化方法研究 [J].湖北工程学院学报，2013（3）:24-27.

[10] 周三多，陈传明.管理学 [M].北京:高等教育出版社，2010（2）.

[11] 徐维军，罗莛云，关雪伟.财富管理中心评价指标体系构建:对我国六个主要金融城市的比较与评价 [J].管理现代化，2015（3）:61-63.

[12] 吴云清，张文静，张再生，蔡为民.中心村集中居住区农民满意度及其敏感性分析 [J].中国人口·资源与环境，2015（4）:69-75.

[13] 宁秀红，龙腾，赵敏.上海市中心村规划与建设的发展路径研究 [J].江苏农业科学，2015（1）:416-419.

[14] Chavdar Malenkov, Margarita Ilieva. The depopulation of the Bulgarian villages[J]. Progress in Human Geography, 2012（9）:99-107.

[15] Floor Brouwer. Special issue: Ecosystem services and rural land management. Environmental Science & Policy, 2013（11）:1-4.

湖北生态平原小镇"三生"空间重构研究
——以安陆市巡店镇为例

陈剑

摘　要：在国家建设美丽中国和推进新型城镇化的时代背景下，村镇规划和建设的重要性日益凸显。湖北省江汉平原和鄂东沿江平原内乡镇分布广泛，本文选取具有代表性的巡店镇作为个案研究，通过分析其特征和问题，在产、城、村一体化的总体发展战略指导下，针对性提出"三生"空间重构路径，为镇村产业发展、空间布局、生态保护等方面提供对策建议，并在多规合一方面做出尝试。

关键词："三生"空间；产城；产村；城居；村居

1　研究背景

1.1　新型城镇化与美丽中国

在党的十八大，国家提出了"把生态文明建设放在突出地位，融入经济建设、政治建设、文化建设、社会建设各方面和全过程，努力建设美丽中国，实现中华民族永续发展。"这是美丽中国首次作为执政理念提出。同时提出"把生态文明理念和原则全面融入城镇化全过程，走集约、智能、绿色、低碳的新型城镇化道路"，此后"新型城镇化"逐步受到各行各业人士关注。

新型城镇化区别于以往以经济发展为首要任务的粗放型传统城镇化，是包含经济、社会、环境、就业、民生等全面发展的城镇化；是产业互动、区域协调、城乡统筹、集约生态、低碳转型、社会公平、特色传承、制度创新为重点的城镇化；是实现可持续发展和全面建设小康社会为目标的新型城镇化道路（表1）。

1.2　中央城市工作会议

2016年中央城市工作会议在北京举行，时隔37年后，"城市工作"再次上升到中央层面进行专门研究部署。会议指出，要坚持集约发展，框定总量、限定容量、盘活存量、做优增量、提高质量，立足国情，尊重自然、顺应自然、保护自然，改善城市生态环境，在统筹上下功夫，在重点上求突破，着力提高城市发展持续性、宜居性。在统筹空间、规模、产业三大结构，统筹生产、生活、生态

陈剑：湖北省城市规划设计研究院

新型城镇化与传统城镇化对比　　表1

比较项目	传统城镇化	新型城镇化
关注重点	立足城市，主要关注经济产业发展	以人为本，追求城乡社会、经济、环境的协调发展
发展侧重	关注城镇化水平的提高，偏重城镇规模的粗放式扩张，人口规模和城镇数量的增长	追求城镇化质量是提高和内涵式发展，着重提升城市文化品质，完善公共服务
产业发展	过于依赖工业化带动城镇化发展，以满足传统工业发展需求为重点	适应新型工业化发展需要，提倡农业现代化、信息化等相结合的"四化同步"发展
资源环境	忽视长远利益，以过度消耗自然资源为代价，破坏了省厅环境	保护生态环境为本底，集约高效利用资源，创建循环经济和宜业宜居的人居环境
城乡关系	重城轻乡，忽视农村和农民问题，扩大了城乡二元结构	以城乡统筹协调发展为方针，推进城市文明向农村辐射，市民与农民具有统一的公民待遇
推进主体	政府主导	政府、企业、个人

三大布局等方面提出重要要求。

1.3　小结

巡店镇紧邻安陆城区，直线距离仅15km，是湖北典型的生态平原镇，属江汉平原北缘和大洪山山脉延伸的低山丘陵交汇地带，地势平缓。境内有府河和漳河两条河流贯穿，渠、塘、堰星罗棋布，农业种植景观丰富。

在国家新型成长化和美丽中国战略下，湖北的特色小城镇占有重要一席，本文以巡店镇的规划建设为例，

按照中央城市工作会议等有关精神，尝试在新型城镇化发展路径，"三生"空间协调策略等方面进行探索。

2 巡店镇特征与问题

2.1 人口大镇，农业强镇

巡店镇近年来经济稳步增长，生产总值、农民收入同比增长 25% 和 20%。2012 年镇域总人口 45654 人，是安陆第一大镇。农林用地占比 84%，农业增加值 25558 万元，名列安陆乡镇之首，以种植业为主，兼而畜牧业、林业和水产养殖业。

2.2 历史文化和旅游资源独具特色

盛唐时期设立巡检司，故此得名巡店。曾因府河便利的水运交通而繁荣，素有"河中帆船万只，岸上店铺百家，商贾南来北往，货物应有尽有"的"小汉口"之美誉。有晒书台遗址、胡家山遗址、柏树黄革命烈士纪念碑文物保护单位，以及荒冲、武马岭两个森林林场等。

2.3 工业处于起步阶段，产业发展驱动力不足

巡店镇工业化发展仍处于起步阶段，2012 年巡店镇规模以上工业增加值 3240 万元，处于安陆市中下游水平，工业小而分散，产业发展驱动力不足。

另一方面，巡店镇农民人均纯收入为 7947 元，在安陆市各乡镇中排名并不高，与安陆第一大镇、农业强镇并不符。工业化和第三产业发展滞后，是影响巡店镇社会经济发展的关键。

2.4 城镇化水平低下，异地城镇化明显

2012 年巡店镇城镇化率仅 18%，与安陆市、孝感市、湖北省、全国的平均水平相比较，分别低了近 26、30、35、34 个百分点，还处于城镇化初级阶段，增速缓慢。城镇化水平低下，导致大量农村人口选择外出务工，外出从业人员占全镇从业人员的一半以上，且主要为省外、县外务工，分别达到 37% 和 19%。

2.5 村庄分布散，规模小，用地粗放

巡店镇村庄人口规模普遍较小，大部分村庄人口在 1000 人以下，1000~1500 村庄有 11 个，1500~2000 人村庄有 7 个，仅砂子村人口规模达到 2000 人以上。巡店镇共有 245 个村民小组，平均每个村民小组 186 人，村庄分布较散（表2、图1）。

2012 年巡店镇农村居民点建设用地面积 775.15hm²，

人均建设用地面积为 206m²，远超过国家规范要求，用地较为粗放。

村庄规模（人）	个数（个）	村名
>2000	1	砂子
1500~2000	7	洪山、桃李、八里、联河、程畈、刘桥、刘河
1000~1500	11	新堤、文刘、周胡、大坝、牌坊、肖杨、桑树、同兴、长塘、彭河、何程
≤1000	16	荒冲林场、武马岭林场、涂杨、肖堰、石场、大柯、顾李、甘聂、李河、沙洲、三里、山寨、艾庙、梅陈、武马、杨坡

巡店镇村庄人口分布特征　　表2

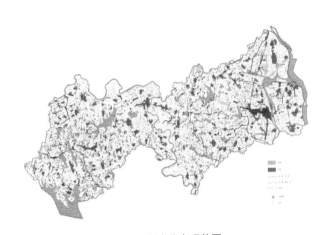

图1　村庄分布现状图

2.6 城镇沿路扩张，滨水特色不突出

镇区主要沿鲁班街、金墩街、金中街等主要道路一层皮式发展，用地骨架拉的太大，纵深发展不足。缺乏对内府河滨水资源的利用，绿地严重缺乏，滨水特色不突出，景观环境不佳（图2）。

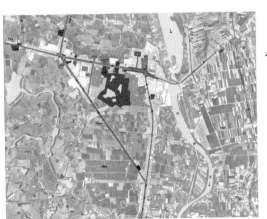

图2　镇区用地现状图

3 基于"三生"协调的新型城镇化战略

按照国家新型城镇化发展战略要求，从统筹生产、生活、生态空间协调发展的思路出发，根据产业、人口、空间协调发展的内生机制，以人为本，引导人口科学流动和规模集聚，依据产业要求和土地经营模式合理进行城乡空间布局和设施配套，逐步打造出产城村互动、协调、一体化发展的发展模式（图3）。

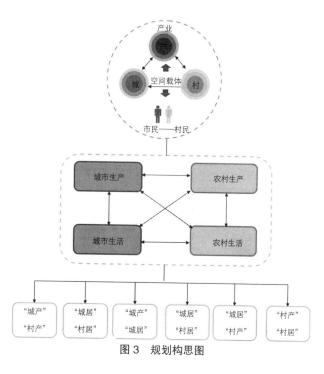

图3 规划构思图

4 "三生"空间重构路径

4.1 "城产"+"村产"一体融合

4.1.1 促进产业转型升级

根据巡店镇自身资源优势，基于区域发展格局和上位规划要求，提出"一基础、三支柱、一战略"的"131"产业体系规划，促进产业转型升级，实现新型工业化、新型城镇化和农业现代化的高度融合和全面提升。基础产业即现代农业基石，支柱产业是巡店镇新型工业化的主导优化方向，战略产业是引领带动巡店镇创新发展的新引擎（表3）。

4.1.2 "产城"+"产村"双融合

"产城"融合重点加强镇区工业园区发展，强化镇区商贸服务核心建设，大力发展农副产品加工、商贸物流、创业农业等支柱产业，培育生态种养等技术研发产业。通过工贸双轮驱动增加就业岗位，吸纳部分村民从事现

巡店镇产业体系规划 表3

产业体系	产业类型	
基础产业	现代农业	农业种植、水产畜牧养殖、特色林
支柱产业	农副产品深加工	白花菜、南乡萝卜、蔬果加工
	商贸物流	商贸服务、农副产品物流、农机物流
	创意农业	特色休闲农场、都市农园、农业大地景观、创意农产品商品制造
战略产业	技术研发	生态种养技术研发

代工业和上面服务业，实现工业化与城镇化的同步、无缝协作发展。

"产村"融合重点推进农业转型，发展现代农业等基础产业，形成东部农业种植、中部林特旅游、西部畜牧养殖三板块。通过"家庭农场"、"村企共建"、"企业农工"等多种方式，有针对性提出"农户+农民"、"村企共建"、"企业+农工"多种"产村"融合模式，鼓励部分村民进入新农村从事现代农业规模化经营，逐步实现农业现代化和农村建设集约化发展（图4）。

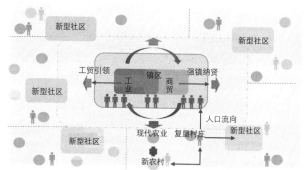

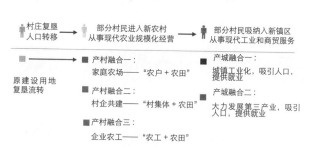

图4 "产城"+"产村"双融合示意图

4.2 "城居+村居"空间集聚，多元互补

4.2.1 人口集聚，有序流动

突破均衡推进的传统发展模式，强调空间集聚，淡化城乡界限和行政划分，依托现状镇村建设基础和主要的交通廊道，将处于交通节点和重要经济增长点的城镇

和村庄作为空间增长点，构建"镇区–新型农村社区–基层村"三级镇村体系（表4、图5）。

规划梅陈、李河、艾庙因镇区规划建设并入镇区。合理考虑村庄规模、区位、设施条件、经济发展等因素，选择联河、彭河、刘桥等7个村为新型农村社区（图6）。合理引导农村人口向镇区、农村社区融合聚集，全面推进新型城镇化的发展，逐步促进"村民"向"市民"的转变。

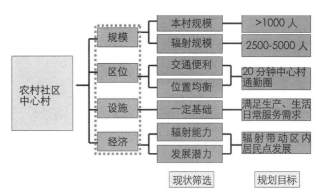

图6　农村社区筛选路径图

巡店镇镇村体系规划				表4
等级	类别	数量(个)	名称	人口规模（人）
一级	镇区	1	镇区	2
二级	新型农村社区	7	联河村	0.15~0.3
			彭河村	
			刘桥村	
			桃李村	
			桑树村	
			砂子村	
			洪山村	
三级	基层村	25	其他村庄	0.05~0.1

新型农村社区开发边界线和镇域生态控制线，形成集中建设区、弹性控制区、生态底线区（图7）。制定"两线三区"的管制区划和相应管控要求（图9）。其中开发边界线是控制镇区、农村社区无序扩展的控制线，重点优化内部空间布局，形成集中建设区；生态控制线是保护区域生态本底的底线，原则上禁止开发建设，形成生态底线区；两线之间区域形成弹性控制区，主要安排区域公共基础设施，鼓励开展土地整理和农村居民点缩并。

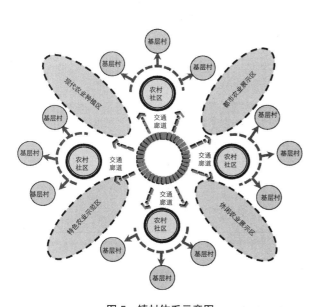

图5　镇村体系示意图

4.2.2　先底后图，划管结合

根据城镇自然特色、生态本底以及环境资源约束条件等因素，利用GIS将巡店镇全域水域、林地、基本农田保护区等进行叠加分析（图8），合理确定镇域生态格局。结合镇村体系，与土地利用总体规划衔接，划定镇区、

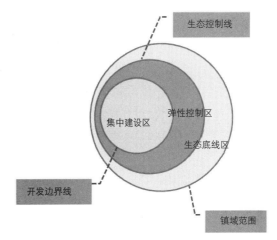

图7　"两线三区"示意图

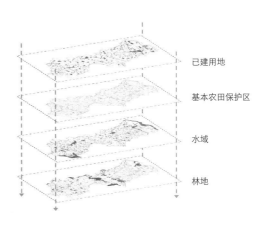

图8　GIS叠加分析示意图

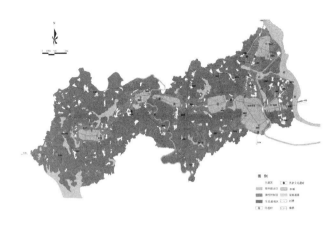

图9　镇域空间管制图

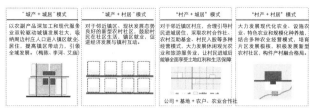

图10　居住社区布局模式图

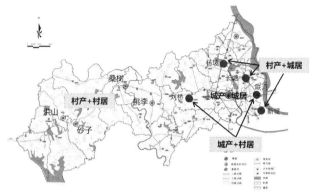

图11　居住社区布局图

4.2.3　两规合一，减量增长

规划引导村庄向新型农村社区集聚，人均建设用地面积控制在120m²以内，其他基层村适当放宽。与土地利用总体规划协调，积极推进城乡用地增减挂钩，至规划期末，通过村庄集并，可腾退建设用地4.27km²，节约建设用地2.97km²（表5）。

巡店镇城乡用地指标控制　　　　表5

类别	2012年			2030年			面积增减（+/-）km²
	人口（万人）	用地面积（km²）	人均（km²/人）	人口（万人）	用地面积（km²）	人均（km²/人）	
镇区	0.8	0.9	112	2	2.2	110	+1.3
新型农村社区	3.77	7.75	206	1.65	1.98	120	-4.27
基层村				1	1.5	150	
合计	4.57	8.65	—	4.65	5.68	—	-2.97

4.2.4　居住社区多样化布局

在"产城"+"产村"一体化产业发展路径基础上，尊重农民意愿，推行"城产+城居"、"村产+村居"、"城产+村居"、"村产+城居"等多样化生活社区布局模式，实现"城居"与"村居"一体化发展（图10、图11）。

"城产+城居"：以农副产品深加工和现代服务业双轮驱动城镇发展壮大，吸纳周边村庄人口进入镇区就业、居住，提高镇区带动力，引领全域发展。主要包括镇区及梅陈、李河、艾庙等村。

"村产+村居"：大力发展现代化农业、设施农业、特色农业和规模化种养殖，结合多种农业经营模式，培育片区发展极核，积极发展新型农村社区，构建产村融合格局。如砂子、洪山、武马等村。

"城产+村居"：对于邻近镇区、现状发展态势良好的新型农村社区，鼓励村民在社区生活，镇区就业，促进经济发展与镇村互动。如刘桥、联河等村。

"村产+城居"：对于邻近镇区村庄，合理引导村民进城居住，采取农村合作社、农村互助基金、村民入股等多种经营模式，大力发展休闲观光农业和旅游服务业，让村民进城后能够全面享受土地红利和生活保障。如杨坡、长塘、新堤等村。

4.2.5　村庄建设差异化指引

根据产业规划和农村社区布局，积极引导村庄建设特色化发展，形成城镇化型、种植型、养殖型、旅游型、保护型等五大类型，提出差异化的村庄分类建设指引（表6）。

城镇化型村庄——加快新型城镇化进程，融入镇区建设，农民市民化，从事第二产业和第三产业。

种植型村庄——坚持规模化、产业化和集约高效现代农业的发展路径，根据现代农业生产方式和农村生活方式引导村庄适度集聚。有条件的村庄应结合地方特色积极发展观光农业、体验农业等乡村休闲产业，提升农业产品附加值。

养殖型村庄——具有一定规模的村庄养殖产业应相对集中布置，并设置安全防护设施，满足卫生防疫要求；注重养殖水体的污染治理，严格保护村庄环境。

旅游型村庄——强化旅游规划内容，根据当地旅游资源特点和发展前景，统筹安排基础设施配套建设，结合村庄公共服务设施、村民住宅的开发利用合理安排旅游服务功能，注重旅游资源和村庄生态环境的保护，避免旅游对村民生活的不合理干扰。

保护型村庄——对具有重要历史文化保护价值的村庄，应按照有关文物和历史文化保护法律法规的规定，编制专项保护规划。现存比较完好的传统和特色村落，要严格保护，并整治影响和破坏传统特色风貌的建、构筑物，妥善处理好新建住宅与传统村落之间的关系。应结合乡村旅游，协调好村庄历史文化资源开发利用。如肖堰村、程畈村。

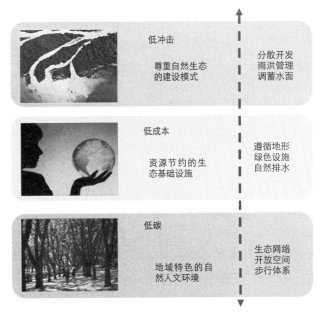

图12　规划理念示意图

村庄规划引导一览表　表6

城产＋城居	梅陈、李河、艾庙	城镇化型
城产＋村居	刘桥	种植型
	联河	旅游型
村产＋城居	杨坡、长塘、新堤	种植型
村产＋村居	荒冲林场	旅游型
	武马岭林场	
	肖堰	保护型
	程畈	
	砂子、洪山、武马	养殖型
	牌坊、八里、涂杨、石场、大柯、顾李、甘聂、沙洲、三里、山寨、文刘、周胡、大坝、肖杨、桑树、同兴、彭河、何程、桃李、刘河	种植型

4.3　彰显"生态＋文化"特色

4.3.1　三"低"开发，三网融合

倡导三"低"开发理念（图12）。首先从尊重自然生态的角度出发，增加调蓄水面，进行雨洪管理，提倡"低冲击"建设模式；其次遵循地形地貌特征，因地制宜规划道路及各项基础设施，鼓励低成本的开发方式；最后融合生态网络、开放空间、步行体系，打造富有地域特色的自然人文环境的"低碳"城镇。

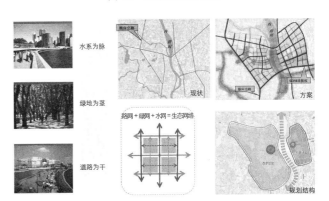

图13　规划方案构思图

资源，以大尺度农田肌理景观和高科技现代农业为依托，发展农业观光和农业体验旅游，带动全域发展，打造绿色景观品牌（图14）。

梳理现有水系，重点以水为脉，引入镇区；绿地为茎，有机生长；道路为干，组团布局。构建三网融合的"一轴双心两组团"空间结构。沿河发展轴：以内府河为支撑，镇区跨河向南沿河发展。双心：河西布置行政办公、商业金融，文化体育等公共设施，形成主中心；河东布置配套商业设施，形成副中心。西部组团：以老镇区为基础向南发展生活居住、商贸物流、工业等功能。东部组团：发展配套居住和新型产业（图13）。

4.3.2　生态保育，重塑名片

强化巡店特色，构筑江田水城相互交融，具有明显地方特色的空间格局。开发府河滨水岸线和农田的景观

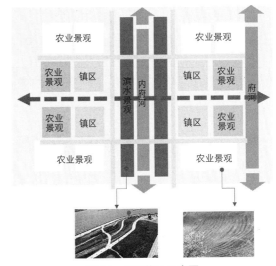

图14　景观格局示意图

搭建"一带两点多廊"的景观体系，将水系引入镇区，形成中央景观轴线，打造镇域综合服务中心。结合中央景观轴线，建设小汉口风情商业街，重塑"小汉口"的城镇名片（图15）。

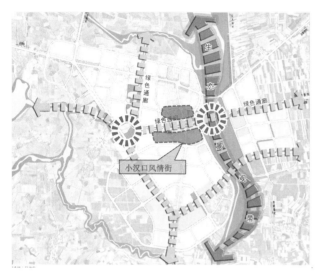

图15　镇区景观结构规划图

5　结语

"三生"空间的重构是生产、生活、生态空间统筹协调的过程，应从产业、人口、空间协调发展的内生机制出发，制定产、城、村一体化的发展战略。本文以巡店镇为例，通过研究人在产、城、村中的流动机制，首先构建"基础产业（现代农业）+ 支柱产业（新型工业）+ 战略产业（创新产业）"的产业体系，引导产业转型升级。然后在此基础上，结合生态平原特征，探索出"产城"+"产村"、"城居 + 村居"、"生态 + 文化"等"三生"空间统筹协调路径，以期能够为其他小城镇的规划建设提供参考。

主要参考文献

[1] 仇保兴. 新型城镇化：从概念到行动 [J]. 行政管理改革，2012（11）.

[2] 仇保兴. 中国特色的城镇化模式之辨——"C 模式"[J]. 现代城市研究，2009（01）.

[3] 汪光焘. 城乡统筹规划从认识中国国情开始——论中国特色城镇化道路 [J]. 城市规划，2012（01）.

[4] 单卓然，黄亚平."新型城镇化"概念内涵、目标内容、规划策略及认知误区解析 [J]. 城市规划学刊，2013(01).

[5] 扈万泰，王力国，舒沐晖. 城乡规划编制中的"三生空间"划定思考 [J]. 城市规划，2016（05）.

[6] 李伟松，李江风，姚尧，谭旭. 三生空间重构视角下的镇域农村居民点整治分区——以湖北省荆门市沙洋县官垱镇为例 [J]. 地域研究与开发，2016（01）.

[7] 冯奔伟，王镜均，王勇. 新型城乡关系导向下苏南乡村空间转型与规划对策 [J]. 城市发展研究，2015(10).

[8] 李迅. 生态文明视野下的城乡规划转型发展 [J]. 城市规划，2014（02）.

基于村民自治的过程式村庄规划探索

张静　沙洋

摘　要：本文从现状村庄规划存在的某些问题入手，分析了传统村庄的形成过程与现行村庄规划的本质异同，尝试将村庄规划从自上而下的"规划师视角"，转变为"自下而上"的村民视角。通过分析村庄建设的内在规律，针对不同类型的村庄，合理设置刚性控制要素和弹性控制要素，在必要管控和村民自治之间寻求平衡点。将先导性的蓝图式规划方式转变为规划伴行的过程式规划方式。

关键词：村民自治；过程式村庄规划；刚性控制要素；弹性控制要素

1　引言

我国及世界上很多国家自古以来采取的就是村民自治的管理方式。古时中国"皇权不下县"，乡村的民事事件主要由族长、乡绅处理。当前，村委由村民直选，村庄也具有相当大的自治权。但在村庄规划方面，目前的做法是由规划师确定规划的道路线型、宅基地选址、公共空间景观设计等主要内容，村民参与的方式一般仅限于规划公示，或在规划的基础上提出意见，村庄规划仍是由规划师主导的蓝图式规划。但村庄建设通常是一个缓慢的过程，村庄的建设主体也以村民个体为主，这种建设方式与城市小区有着本质的区别。蓝图式的规划不能较好的反映时代变化的要求，村民的自治权也不能得到较好的体现。

2　目前常见的村庄规划方式

目前村庄规划中通常会进行总平面布局，计算出规划期内所需宅基地的数量，并对每一个宅基地的位置进行"布置"，有些还会标注每一栋农居的四角坐标，使宅基地的审批有据可依。这种做法因其具有布局紧凑、均好性强、易于建设管理等优势而被广泛采用。但是，目前这种"自上而下"进行宅基地布置的方式也存在着一定的问题，如村民的自主性不强、规划的弹性弱、受规划师个人能力水平影响大等。即使规划师秉承"设计结合自然"的理念，在规划中尽量结合

地形植被，也与传统村庄在自然环境中有机生长的形成过程有着本质的区别。这与规划"自上而下"的传统视角和蓝图式规划方式有着必然联系。其结果就是不论是规划业内还是业外，都感觉到错落有致、丰富灵活的村庄基本都是传统村落，规划出的村庄总是少了点"味道"。

3　传统的村庄形成方式

要探究传统的村庄形成方式，就需要从村庄的形成过程进行分析。对于绝大多数自然形成的村庄来说，村庄的起源往往可以追溯到某一代祖先，率领族人来到此处，发现这里或土地丰腴，或灌溉便利，或易守难攻，或通风向阳。古籍丹经口诀有："阳宅须教择地形，背山面水称人心。山有来龙昂秀发，水须围抱作环形；明堂宽大斯为福，水口收藏积万金。关煞二方无障碍，光明正大旺门庭"。总之此处符合传统的风水理论，符合当时当地人们的需要，因而在此定居下来。最初只有几户人家，选择了最好，也就是最符合需要的位置建造住宅。随着人口的不断积聚，每一个建房者都选择了当时可以选择的最好的位置，再经过漫长的磨合，才形成了今天与自然和谐共生的传统村庄。这种在一定朴素理论指导下的、以村民个体为建设主体的、自下而上的、缓慢的建设方式不会大规模的改造自然，只能因势利导的利用自然、融于自然。并且，在建造过程中能够发挥每个建造者的聪明才智，充分利用地形，争取阳光、雨水、通风等有利条件，规避山洪、寒风等不利条件，进而形成既和谐有机又丰富灵活的空间形态。

张静：浙江省城乡规划设计研究院
沙洋：浙江省住房和城乡建设厅

4 基于村民自治的过程式村庄规划方式

4.1 现代村庄的建设方式

笔者认为，绝大多数的现代村庄在建设方式上与传统村庄并无本质不同。除村改居、移民村等一次性建设的特殊类型的村庄以外，多数现代村庄的建设过程仍然是以村民个体为建设主体的、自下而上的、缓慢的，并且多在原有村庄的基础上更新和拓展，村庄的形成过程并未断裂。只是由于现代生产生活方式的改变、现代法规的完善和居民对于通风、日照、消防等要求的提高，村庄建设遵循的内在规律与传统风水理论有所不同了。但这个内在规律本身在一定时期一定地域内仍然是稳定的、通行的。它就像村庄的基因，影响着每一户农宅的选址要求和建设方式，这就对形成和谐有机的村庄形态提供了内在基础。规划管理部门如能在规划和管理方式上提供一定的弹性，让村庄建设的内在规律发挥作用，村庄形态将更加合理，也更加丰富有机。

4.2 基于村民自治的过程式村庄规划的具体做法

在实际的村庄规划中可以尝试采取基于村民自治的过程式村庄规划方式，结合村域用地规划、土地利用总体规划、三区四线规划及人口规模预测等，确定村庄建设边界。再扣除主要街巷、公共设施用地、开敞空间、道路退界等，确定村民住宅用地范围。在满足村民住宅用地范围、宅基地面积标准、村民住宅间距要求和村规民约中确定的（或约定俗成的）建设要求的前提下，村民可自由选择宅基地位置和住宅平面形态，见缝插针建设。在这种基于村民自治的过程式村庄规划方式中，住宅用地范围、宅基地面积标准和宅间最小间距是规划中的刚性控制要素，村庄规划一经审批，便具有一定的法定性；实际住宅间距（须不小于宅间最小间距）和村规民约中确定的（或约定俗成的）建设要求是弹性要素，建房者只需协调好与四邻等其他村民的关系即可；在此基础上的宅基地位置和住宅平面形态则完全是自由要素，建房者拥有自主权。规划管理部门在审批宅基地时只需要控制刚性要素，即确定宅基地是否超出村民住宅用地范围，核对面积标准和宅间间距是否符合当地规定。弹性要素由村民自行协调，如遇无法达成一致的情况，由村委会或村中公认具有较高威望者进行调解。如，规划管理部门规定日照间距的最小值和推荐值，后建住宅与先建住宅的间距小于推荐值时，可与先建住宅所有者协商，采取给予一定的经济补偿等方式取得先建者的同意。但即使双方无异议，也不允许间距小于规划管理部门规定的最小值。

基于村民自治的过程式村庄规划方式一览表　表1

	刚性控制要素	弹性控制要素	自由要素
管控方式	规划管理部门审批	村规民约约束或村民间协商解决	村民自主
具体内容	必须配置的公共设施、村民住宅用地范围、宅基地面积标准、村民住宅间距最小值、其他必需的控制要素（如色彩、材质、风格的负面清单等）	其他公共设施、实际住宅间距、村规民约中确定的（或约定俗成的）建设要求等	宅基地位置、住宅平面形态等

注：上表只是普通村庄常见的规划方式示意，实际规划内容可根据村庄的性质、功能、风貌要求等因素在村庄规划中具体确定。

这种基于村民自治的过程式村庄规划方式既实现了"自上而下"必要的管理，又发挥了村民"自下而上"的智慧。刚性控制要素保障了生态、农田、交通和公共设施等的底线，也保障了村民基本的居住要求。弹性要素和自由要素体现了磨合和博弈的过程，追求超越均等之上的平等。

在这种规划方式下建设的村庄更接近村庄传统的形成过程，通过每个个体自发争取更好的居住条件，自下而上的促进村庄布局更加合理，对阳光、景观、通风等资源的利用更加充分，同时使村庄布局更加灵活有机。

4.3 规划实践

在笔者作为项目负责人编制的《嵊泗县五龙乡黄沙村村庄规划及设计》中，规划尝试了这种规划方式。黄沙村是一个典型的山地海岛型村落，土地资源匮乏，可建设用地少。建筑布局依山就势，街巷纵横，建筑多以山墙面朝向海岸，体现了传统海岛建筑保温避风的功能要求。

随着海岛乡村旅游业的兴起，黄沙村建设需求大增。但现代海岛旅游度假的功能要求建筑占有尽可能大的景观面，即主立面朝向海岸。现代的居住者对通风、日照、消防、通行等方面也提出了异于传统的要求，村庄布局的内在规律与传统相比产生了较大变化。在村庄规划中全部推倒重建固不可取，完全的原址更新也不完全符合村民现实的居住要求。因此，规划首先根据人口规模预测，计算出需要增加的建设用地面积；再根据土地利用规划、基础设施廊道规划、三区四线规划等上位规划，确定保留和增加的建设用地范围。再扣除需要控制宽度的主要街巷红线、保留和新增的公共设施用地红线、开敞空间用地线、道路退界等，确定村民可用于住宅建造的用地范围。同时，规划依据当地的村庄建设管理规定，确定了日照系数最小值和推荐值、宅基地面积标准等。考虑到海岛村庄可建设用地匮乏的现实情况，确定日照系数最小值为0.8，推荐值为1.0。

规划对不符合最小日照间距、占用消防通道、超出道路街巷控制线等违反刚性控制要素的宅基地进行只拆不建控制，现状保留，只允许进行必要的维护。如需新建或大修，则需在满足本次规划确定的管控方式的前提下，重新选择宅基地位置或调整建筑平面形态。

规划实施以来，规划管理部门和村民反映良好。在公共设施配置方面，除按相关规范必须配置的之外，村民自发利用废弃仓库等存量空间，建设了沙艺术馆、书吧等旅游休闲设施，提高本村旅游接待的品质。

在村民建房方面，对于规划管理部门来说，审批宅基地时更加有据可依，工作难度降低；对于村民来说，建房的自由度大大增强，可根据现实的居住需求更加积极主动的争取更好的居住条件；对于村庄整体布局来说，日照、景观、通风等有利条件的利用更加充分。若能长期坚持，必能更好地延续村庄灵活有机的传统布局形式，更好的继承和发扬"天人合一"的传统思想精髓。

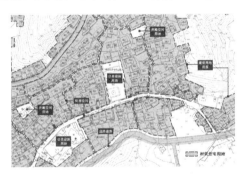

图1　黄沙村村民住宅用地局部

图2　黄沙村沙艺术馆实景

图3　黄沙村书吧实景

5　结语

对于村庄的建设管理而言，还可以将更多的控制要求纳入基于村民自治的过程式村庄规划方式中。如在历史文化名村规划中，传统风貌核心区和协调区就需要将色彩风格要求作为刚性控制要素，由规划管理部门负责把控。对于大多数普通村庄，在取得村民认同的前提下，合理的引导村民达成共识，将部分非法定的村庄建设要求以村规民约的形式确立为弹性控制要素，作为法定建设要求的补充，长期坚持，可有效促进村庄特色风貌形成。

当然，在基于村民自治的过程式村庄规划方式的探索实践中还存在一些问题，如村规民约的约束力不足、村民建房的设计水平不高，对自由度的利用心有余而力不足等。这些问题涉及乡村社会形态和管理方式、村民素质提高等方方面面，很难一蹴而就。但笔者认为，基于村民自治的过程式村庄规划方式在指导思想上是符合时代潮流和村民意愿的，具体细节可结合现实情况深入思考、积极探索，在工作实践中继续完善。

主要参考文献

[1] 吴萍，吴波，黄山建. "康居乡村"目标导向下村庄特色塑造探讨——以无锡市西前头村为例［J］.江苏城市规划，2012（11）：36-39.

[2] 叶步云等. 城市边缘区传统村落"主动式"城镇化复兴之路［J］.规划师，2012（10）：67-71.

[3] 吴迪华等. "链接"与"生长"——兼并过程中小城镇形态保护的两种方式［J］.城市规划，2005（1）：89-92.

[4] 王建波.江南运河古镇——塘栖古镇国家历史文化名城研究中心历史街区调研［J］.城市规划，2010（3）.

[5] 刘宇红，梅耀林，陈翀.新农村建设背景下的村庄规划方法研究——以江苏省城市规划设计研究院规划实践为例［J］.城市规划，2008（10）.

[6] 张弘，凌永丽，付岩，王颖.传统农村风貌在新时代的适应性及其完善与提升——以上海市金山地区为例［J］.上海城市规划，2008（1）：137-142.

[7] 杨豪中，张鸽娟. "改造式"新农村建设中的文化传承研究——以陕西省丹凤县棣花镇为例［J］.建筑学报，2011（4）：31-34.

　　加强学术研究和实践领域成果交流是当前村镇地区的发展建设与规划工作的迫切需求，本次研讨会论文征集工作得到了社会各界的广泛支持和响应，仅一个多月时间，主办方就收到了173篇投稿论文。

　　为了提高研讨会的学术水平，主办方专门成立了论文评审专家组，分别在村镇规划理论与方法、村镇建设发展研究、田园建筑、湖北省村镇规划建设实践经验等四个方面择优推荐，在充分考虑地域代表性和学术领域代表性的基础上，主要从学术性角度评选出81篇论文汇集成论文集，在学术研讨会期间正式出版。主办方还将在已经收录的论文中，进一步评选优秀论文推荐大会发言交流。

　　在如此短的时间里完成从论文征集到论文评审，直至正式出版，得到了众多相关部门、组织机构和评审专家的支持。为本次论文征集和评审作出积极贡献的相关专家及工作人员名单已经列入本书编委会和评审专家组。此外，还特别感谢中国建筑工业出版社及杨虹编辑的鼎力相助，同时也衷心感谢同济大学建筑与城市规划学院和上海同济城市规划设计研究院的出版资助。

　　由于时间仓促和充分尊重作者意愿，并充分体现文责自负原则，论文集仅对入选论文的格式进行编排，以及对少量文字性疏漏进行校对，未对内容或观点等提出具体修改意见。对于本书在编排中出现的错漏或不足，由编者承担责任并致以诚挚歉意。

编者

2016年12月3日